実践 生物実験ガイドブック【新装版】

実験観察の勘どころ

[監修] 半本秀博
[編集] 生物の科学 遺伝 編集部

JN241781

NTS

巻頭言

半本 秀博 *Hidehiro Hanmoto*

放送大学 非常勤講師，『生物の科学 遺伝』編集委員

バイオテクノロジーなどの飛躍的な進歩に伴って，生物学の劇的な進展を受け，生物教育は特に高等学校において質，量ともに大きく変化し，探究活動の活発化も要請されています。これらの状況に教科書だけを参考に対応するのは困難です。しかし，学校業務の多忙化，その中で，生物自体から学ぶことの大切さをどう具体的に生かすか。生物担当の先生は，理科の中でも独特な苦労を求められます。

実験や観察の経験は，生物学や医療系，生命科学系への進学者には本来は"必須"な時間だと思います。しかしそれ以上に生物生命系へ進まないほとんどの生徒にとっては，ヒトを含む生物とその環境についての基礎を学ぶ最後の機会です。彼らには生物の事細かな細部を覚える意味は殆んどありません。むしろ多少の時間をさいても，生物と向き合ってしっかりその目で確かめる経験をした方がよいとも考えられます。本書では，多様な生徒と先生方の役に立つことを目指して記述，構成をしています。

〈本書の特徴と構成〉

この本の構成は，『生物の科学 遺伝』に全国の先生方から執筆いただいた「実験・観察の勘どころ」シリーズの論稿を「勘どころ編」，一部特別寄稿で掲載されたものも含めて「基礎編」と「資料編」を加え3編で構成しました。貴重な原稿の散逸を防ぎ，現場で使いやすい形にまとめました。

第一編は，観察・操作・培養の基礎編です。従来の実験・観察の確認を目的とし，簡潔明瞭にできるような情報を加えました。また，古い内容に見える題材にも現代的意義のあることを紹介しました。

第二編は，「実験・観察の勘どころ」の連載を軸とし，連載後に得られた知見も加えました。

第三編は，野外調査の準備や観察のポイントを記し，野外での生物の様子をビジュアルに示しました。

3編とも「このポイントなしでは立ち行かない」，しかしこちらは「神経質にならなくてよい」，いわば「勘どころ」を丁寧に紹介しています。これらは，現場の工夫と繰り返し実践したことを踏まえ，新しい視点からの情報も含めてお書き頂いています。教科書の項目立てを意識しながら，生徒が喜んで理解でき，現代的要請にも応えることを目標に練られています。内容の領域や難度はさまざまです。

1980年代には，本格的な高校向け実験手引書が相次いで出版されました[1][2]。また，実験を取り上げた雑誌も多く発刊されました[3]。こうした書籍や，雑誌の記事などが実践に大いに活用されていました。これらの編著者でもあった方々と当方は旧知の間柄であり，異口同音に言われたことは，「生物を見ずして何が生物教育だ」ということでした。この「当たり前」をどう継承するかを意識して，本書は実験のプロセスを集めただけでなく，それぞれが現場の経験から「失敗しない」ための勘どころを明解に解説していただいたのが特徴です。

このほか，これまでの実験手引書にはないユニークな企画として，特に現場で混乱のあると思われる，

「減数分裂をどう理解するか」，「わかってきた生体膜中の脂肪酸の重要性」，「今日の免疫学」，について専門研究者の先生がていねいに解説して下さいました。是非お読み下さい。必ず発見があります。

〈Study nature, not books〉

　伝統あるウッズホール海洋生物学研究所の "Study nature, not books" の扁額は有名です。ただ，「自然そのものから学ぶ」には，相当な訓練が必要だと思います。思い込みや一般論に左右されて，理解した気になりがちです。生物自体から学ぶことの重要さを今あらためて認識したいと思います。実際，生物についての書籍も模試図も，学ぶための補助手段です。そのことに自覚的でないと，極端な場合，模式図が正解で，生物現象はノイズになってしまいます。一方，実験は正確に「操作をするだけ」，観察は「ただ見ただけ」では何の意味も持ちません。"・・not books" は研究者の姿勢として本質をついている言葉ですが，学習者には "books" も必要です。対象を理解したうえでさまざまな気づきがなければ，観察も成り立ちません。

〈ある日の生物室―2場面〉

　現場での実験や観察もただの作業義務に堕する危険性もあります。限られた授業時間内の実験や観察で「見えませーん」の声に，焦って走り回ったことはないでしょうか。このようなことはできるだけなくして，考える時間，確認する時間を少しでも確保したいものです。

　実験室の様子です。定番の体細胞分裂の観察。何しろ定番ですから，うまくいかない「筈」がないのです。しかし，教科書の実験欄には，大学でやっているようなステップは書いてありません。らくちんに書いてある教科書に従って実施してみました。なまじ数人きれいに見えた生徒がいるのはよしわるし。あとは「なーんにも見えない」生徒ばかりです。ちゃんとやれば全員が見える「筈」にもかかわらず。

　限られた時間の内でおこなう実験授業ですが，対象の多くは中学時代実験も観察もあまり経験のない生徒です。焦ります。3年ほど工夫を重ねてからの観察では，一目顕微鏡を覗くなり，生徒の歓声があがりました。教科書も，とくに実験や観察に関しては，鵜のみにしないことにしました。懲りました。

　また時には，現場で苦労されている先生の記事が役だつことあります。――例えば――

　ある時，高校の先生による水棲昆虫調査の記事が目に留まりました。当時，勤務校の生物部員が20人を超え，みんなでできることをしたいという雰囲気が漂っていました。5年間の継続調査を皆でおこないました。始めてみるとわからないことの連続で，調査では不可解に思える課題がたまり，当時この方面の第一人者の研究者に何回かご相談しました。多くは「いまのところわからない」，「権威のある本にはそう書いてあるがすべて見なおし中」，妙に感動を覚えました。数十年後，河川と生物について再び指導する立場になり，調査経験や人脈が生きました。あの「記事」のおかげです。

　2020年，この本の実現を見るにあたって，エヌ・ティー・エス編集部大西順雄氏，『生物の科学 遺伝』編集委員の皆様および株式会社エヌ・ティー・エスに多大なご援助を賜りました。厚く感謝し上げます。本書が生徒，学生の皆さん，並びに先生方のお役に少しでも立てることを願っています。

［文 献］

1）今堀宏三, 山極隆, 山田卓三・編. 生物観察実験ハンドブック（朝倉書店, 1985）.

2）岩波洋造, 森脇美武・著. 絵をみてできる生物実験（講談社サイエンティフィク, 1983）.

3）生物の科学 遺伝（裳華房）.

「推薦のことば」に代えて

片山 舒康 *Nobuyasu Katayama*

東京学芸大学名誉教授・生物教育研究所 所長

　本書の推薦文を書いてもらいたい，と依頼された。本書は，高校で生物を担当している教員を主な読者と考えているとのことであった。正直なところ，本書がそのような方々に対して推薦できるものかどうか，私にはわからない。私は高校で生物を担当した経験がないからである。本書の内容を通読してみて，高校生物における実験や観察の指導に役立つであろう，とは思う。しかし，役立つかどうかを判断するのは私ではなく，高校の生物担当教員である。また，役立たせることができるのも，その方々である。ぜひ，本書を生徒実験の指導に役立たせていただきたいと思う。

　私の手許には，かなりの数の生物学関係の実験書がある。その多くは，学生・院生時代に利用したものや，大学で学生実験の指導に当たっていた時期に購入したものだから，前世紀の遺物という語がぴったりする書籍だ。それらの実験書には，現在の高校生物の実験や観察の指導に役立つ内容が少なからずある。しかし，それらの書籍の多くはたぶん絶版となっているだろうから，古書店でしか入手できないだろう。また，都道府県の生物教員グループや私立学校の生物教員が編纂したものもある。それらは，当時の教育現場で実施されていた実験や観察項目を内容とするものだから，現在の教育現場でも役立つ可能性が高い。しかし，それらが現在も継続して発行されているかどうかわからないし，また，販売域が限定されているために，入手が困難に違いない。

　現行の学習指導要領 (2017年告示) では実験や観察を通してさまざまな生命現象を学ばせることを求めているから，高校では昔と違って実験や観察を必ずおこなっているはずだ。ならば，現在の生物教員はどのようにして実験や観察の手引きを入手しているのだろうか？　その方々が大学で履修した実験や実習の内容は，教員養成系大学・学部以外の場合，教育現場で実施されている実験や観察項目を反映しているわけではないので，それらのマニュアルだけでは教育現場で十分に対応できないだろう。私の持っているような古い実験書が生物教員室に残されていればよいが，そのようなものがなければ現在入手可能な生物の実験・観察の手引書を手に入れるほかないだろう。インターネットで探してみると，入手可能なものはあまり多くない。今世紀になってから発行された実験・観察の手引書については，ブックレヴューや購入者の評価数が少ないので，それらの書籍がどのくらい生物教員に役立っているのかわからない。インターネットで相当数の実験・観察のマニュアルやヒントが入手できるが，それらが十分に信頼できるかどうか定かではない。ということで，本書が生物教員の役に立つであろうと判断したのである。

　ところで，手引きに書いてあるとおりに実験や観察をおこなえば，必ずうまくいくのだろうか？　私の経験では，そんなことはありえない。私が大学で学生実験の指導を担当することになったとき，まず，学生時代の実験プリントや市販の実験書の内容を丸写しにしたプリントを用意した。しかし，1度目の実験で予想どおりの結果が得られないグループが少なくなかった。用意したプリントには何か大事なことが抜けていたようである。それで，翌年は失敗例を参考にして改訂版のプリントを作ったのだが，そ

れでも実験に失敗するグループがあった。結局その後も毎年改訂版を作り続ける羽目になった。実験・観察の全操作を細かいところまでわかりやすく文章で表現することは不可能だったのだ。履修者の実験・観察の経験歴や技能の程度は多様であるから，全員がこちらの期待どおりに実験や観察を進めてくれるとは限らない。また，私にとっては当たり前のことが，ある学生にとってはとても考えられないことであったりする。さんざん考えて，これなら誤解されないだろうと思った文章が，見事に誤解されることもあった。このようなことは，たぶん，多くの高校生物教員も経験しておられることだろう。そうした事態に陥るのは，実験プリントを作成する側 (指導教員) とそのプリントを利用して実験や観察をする側 (生徒や学生) の間にさまざまなずれ (相違点) があるためである。最も考慮すべき相違点は，経験の有無である。指導教員は何度も同じ実験や観察を繰り返しているのに対して，生徒や学生は初めてその実験や観察をするのだから，教員にとっては容易なことが生徒や学生にはかなり難しいということが少なからずある。これは，同じ実験や観察を再度やらせてみると，初回よりも短時間でよい結果を得ることが多い，ということも傍証となる。また，実験手順を説明する文章で「試薬を数滴加える」や「試薬を加えてしばらく置く」というような表現をすると，生徒や学生は「数滴とは何滴?」「しばらくとはどのくらいの時間?」というところで戸惑ってしまうし，「緩やかに攪拌する」という表現では，緩やかさの加減がわからず，指導者から見るとかなり激しく攪拌していることもある。このように，曖昧な表現の文章を渡して生徒や学生に適切な判断を期待するのは禁物なのだ。「実験や観察の勘どころ」というサブタイトルが示すように，本書は，従来の実験・観察の手引書を使った結果，生徒や学生の失敗例をいやというほど見てきたベテランの教員や元教員の皆さんが，そうした経験から学んだ「こう指導すればよいのですよ」「こういうところに注意すれば失敗させずに済みますよ」というアドバイスを含んでいるのだと思う。

　本書には古典的な内容の項目もあるが，新規性・独自性に富む内容の項目が少なくない。それぞれの項目の執筆者はその実験や観察の内容や操作などに精通しているだろうが，読者にとっては初めてお目にかかるものであるかもしれない。その場合，上述の指導教員と生徒や学生との間と同様のずれが生じる可能性がある。読者は，本書に書かれているとおりに実験や観察をしてみて，戸惑いやつまづきを経験するかもしれない。教員である読者には，生徒や学生と違ってそうした際の適切な判断を期待したい。また，それらの実験や観察のコツや勘どころを自分自身で発見してほしい。それに基づいて自分の言葉で書いたプリントを用意してそれらの実験や観察を授業実践すれば，生徒は円滑に実験や観察をおこなうことができ，授業内容をより深く理解することができるだろう。

生物の実験および観察についての留意事項

【実験に当たっての諸注意】

(1) 衛生管理に関すること
- 手をよく洗い，必要に応じて洗剤と消毒用アルコールでさらに念入りに洗う。
- 自分自身の口腔内や眼球付近に触れるときなどは，思わぬ雑菌やウイルスが紛れ込むことがあるので，必ず実験前にこれらを履行する。
- 感冒やインフルエンザ，その他感染症が流行っているときは，マスク等を着用し，飛沫感染を防ぐ。感染症の流行の程度によっては，実験の実施を見合わせる必要もある。
- 動物の肉片・骨髄・筋肉あるいはツメガエル等，動物個体を手で触れる際も，上記と同様の注意が必要である。
- 実験や観察の終了後も，丁寧に手洗いあるいは必要に応じてアルコール消毒をおこなう。
- 実験器具等も，汚れたまま放置しておくとバクテリアなどが増える可能性がある。必ず洗剤水や消毒液に一定時間浸して水洗いをおこなっておく。
- 洗浄した使用器具は風乾でもよいが，扱った材料によっては，乾熱滅菌等をかけておく。

(2) 実験上のケガなどの防止
- 両刃カミソリ等を使うときは，必要に応じて軍手などを着用し，万一の切り傷による血液感染等を防ぐ。ガラス片によって手に切り傷等が軽くできた場合にも，傷口をよく洗い絆創膏などで傷口をふさぐ。
- 使用する薬品などは，実験台の中央に整理しておき，転倒を防ぐ。特に有機溶媒（アルコール類，キシレン，クロロフォルム，アセトン）などは使用の都度こまめにふたを閉め，揮発させないようにする。皮膚，粘膜に有毒である。無毒の薬品も，念のためこれに準じる。

(3) 血液感染等を防ぐ
- (2)にも述べたように，もし切り傷や擦り傷等で血液が出た場合も，そこから雑菌が入る可能性があるだけでなく，他の人との血液感染の可能性も指摘されている。よく水洗し絆創膏等で傷口をふさぐ。

(4) 眼球の保護
- 有機溶媒等の栓を開けた状態で，開口部上部に顔を近づけない。
- 蛍光色素等を用いることが多くなっているが，紫外線が目を傷つける恐れが多いので，紫外線保護メガネ（ゴーグル）をかけて観察する。

(5) バクテリア等の培養実験をおこなった場合
- プラスチックシャーレ培地ごと，高圧滅菌し，必要に応じてしかるべき業者に引き取ってもらう。

上記の件は, 実験や観察の上で基本的に事故を防ぐために励行していただきたい。ただし, 状況によって程度はさまざまなので, 常識の範囲で判断できる場合はそれで構わない。

【実験や観察後の試薬の処理】

　大きなポリエチレン製タンク（約20 L）を用意して, 以下のように分類し廃棄までの間, 貯留する。よくわからない場合は, 学校のある自治体あるいは納入業者に問い合わせまたは回収を依頼する。

⑴ 有機系廃液

① 　アルコール・エーテルなどハロゲン元素を含まないもの。アルコール類などは, 量が多くなければ, 流水希釈などして流すことも考えられる。

② 　ハロゲン元素を含むクロロフォルムなどの有機化合物の処理は, 専門業者に委託する。

⑵ 酸廃液

　塩酸・硝酸・硫酸など, PH6～8程度になるように中和し, 多量の水で希釈し, 流す。

⑶ アルカリ廃液

　水酸化ナトリウム・水酸化カリウム・石灰水など, 中和して, 多量の水で希釈して流す。

※⑵と⑶はある程度貯留して流すことも考えられるが, それぞれのPH値が極端でない場合や, 量が少ない場合は, 中和して水道水等で薄めることでPH6～8になれば, それでも良い。酸・アルカリの混合中和に関しては, 濃度が高い場合, 熱をもつこともあるので, 注意しておこなう。

⑷ その他

　重金属廃液：水銀を除く重金属イオンが混在している廃液は, 中和法, フェライト法, 鉄粉法などによって処理する。残った汚泥は, 保管するか, 専門の廃棄物処理業者に委託する。その他の重金属廃液については, 個々の薬品について, 処理方法を調べるか, 納入業者に責任を持った対応を依頼する。

⑸ 染色剤など

　時計皿やスライドガラス上の染色剤程度であれば, ティッシュペーパーでふきとって紙でくるみ, 燃えるごみとして処理する。

※ここに挙げたのは一般的な事柄の抜粋であり, 材料や実験の性質もさまざまなので, それぞれの場面に適した判断をして処理をする。

実践 生物実験ガイドブック 新装版
—— 実験観察の勘どころ ◉ Contents

〈生物実験・観察『動画視聴サイト』のご案内（ご購入者特典）〉

『実践 生物実験ガイドブック』の各論考に関連する実験プロセス動画や顕微鏡画像を,
以下のサイトでご視聴いただけます。

http://www.nts-book.co.jp/item/detail/summary/bio/20200810_233.html

右の二次元コードのフォームにメールアドレスなどのご登録をいただきましたら,
パスワードをお送りいたします。

［Part I］
観察実験の基本操作の確認と工夫

光学顕微鏡
——その基本的な使い方と注意点のおさらい

大川 均 *Hitoshi Ohkawa*

大妻嵐山中学校・高等学校 教諭　　プロフィールは P.327 参照

顕微鏡は小学校高学年でその使い方が登場する。それまでの虫眼鏡で見えた世界からさらに微小の世界を覗くことができる。また中学生では光の現象の範囲で凹凸レンズの原理を学ぶ。しかし，顕微鏡がなぜ肉眼では見えない小さな世界を見ることができるか，その科学的な説明をし，生徒が正確に理解した上での顕微鏡使用ができている生徒はそう多くないのが現状である。

その要因として

① 中学校では顕微鏡の使い方は2分野，物が大きく見える原理が1分野で学習することで関連性が低くなる。

② 生徒が見やすい大きさに調節するだけでなく標本の細部まで正しくとらえているか，を正確に理解しないまま使用している

理科教員が本来伝えたい，肉眼では見えない小さな世界を観察できる素晴らしさや感動，その魅力を少しでも多くの生徒に伝えることができたら生徒の科学的に探究する力（思考力・判断力・表現力）を醸成することができると考える。

ただ小さいものを拡大して観るのではなく，その目的にあった使い方をすることが重要である。たとえば，光やコンデンサー（condense: 凝縮する）の調節まですることが観察法としては望ましい。

---

1 虫眼鏡・ルーペ・双眼実体顕微鏡・光学顕微鏡の違い

虫眼鏡：凸レンズの原理を利用して小さいものを拡大して観察する道具である。

双眼実体顕微鏡‥観察したいものを立体的に見ることができる。10倍〜40倍程度が多い。

光学顕微鏡：見たい部位を観たい倍率で見ることができる。数十倍〜数百倍のものが多い。

【光学顕微鏡の原理】

観察対象であるABは光源により実像A′B′に拡大され，接眼レンズを通して虚像A″B″になり拡大されて観えるようになる。実像は上下反対になるので顕微鏡の観察像は上下反転したものになる。また，接眼レンズによる虚像A″B″は実像A′B′を拡大しただけなので観察対象であるABの像をクリアに観るには対物レンズの解像度を上げることが大事である。

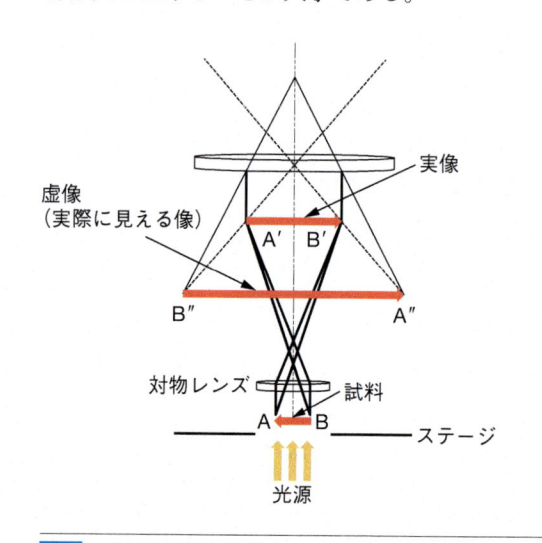

図1 光学顕微鏡の原理

2 顕微鏡の使い方

【顕微鏡の使い方】

　近年，顕微鏡は高性能な分，重量があるものが多い。また，鏡筒の向きを変えることが可能で接眼レンズ・対物レンズがすでに装着されているものが多い。以前の顕微鏡は反射鏡があり，使用する人が顕微鏡の背中側にいて接眼レンズを覗く機種が多かった。しかし近年では，顕微鏡の腹側に接眼レンズを向けて使用する機種が普及している。そして反射鏡設置型の機種は集光調節が可能であり，光源や調光ダイヤル付きの顕微鏡も一般的である。顕微鏡にはさまざまな種類があるので中学生や高校生が使用する顕微鏡の使用の一例を紹介する。

【顕微鏡の使用手順】

① 顕微鏡は棚に置いているとき，鏡筒の向きは背中側を向いている。顕微鏡を運ぶときはアームと鏡台の下を持ち，水平に運ぶ。設置・保管は水平な場所を選ぶ。
② 使用するときは鏡筒の向きを変える。（**図2**）
③ 電源スイッチをONにする。
④ 調光ダイヤルを回して視野の明るさを調節する。
⑤ コンデンサーの高さを調整する。
⑥ ピントを合わせる。
⑦ 低倍率の対物レンズにする。
⑧ 標本をステージにのせ，標本のある場所を中央にする。
⑨ コンデンサーの開口絞りレバーを対物レンズの倍率に合わせる。（**図3**）
　ここで観察したい部位がうまく見えない場合は調整する必要がある。
⑩ 観察したい部位を中央に移動させる。高倍率に変える。
⑪ 明るさを調整する。ピントを合わせる。標本を移動する。
⑫ 検鏡が終了したら，ステージ上を確認する。コンデンサーを一番上にセットしておく。対物レンズは最低倍率に戻す。
⑬ 電源（光源）スイッチを切る。
⑭ 鏡筒の向きを変え，顕微鏡をもとの位置に戻す。

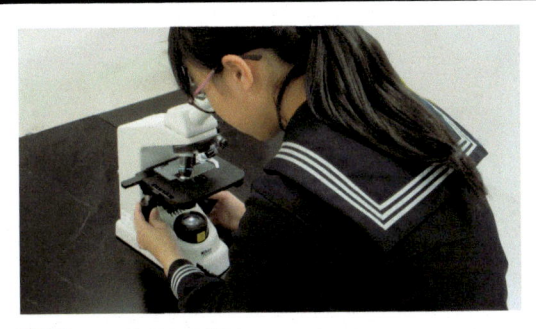

図2　顕微鏡使用の様子

対応する
レンズの倍率　[60×] [40×] [10×] [4×]

── 開口絞り
レバー

図3　開口絞りレバー

【顕微鏡倍率の上げ方と検鏡しているものが高倍率で見えなくなった時の対応】

　中学校や高校の顕微鏡の対物レンズは×4，×10，×40が一般的である。
(ア) 対物レンズ×4で，存在を確認し視野の中央にもってきてピントを合わせる。
(イ) 上記の状態で，対物レンズを×10にし，ピントや位置を微調整する。
(ウ) 上記の状態で，対物レンズを×40にし，ピントや位置を微調整する。
(エ) 対物レンズ×40で検鏡しているうちに，ピントがずれたり観察物が見つからなくなった場合，(ア)に戻る。

※1 倍率が低いほど，焦点深度（DOF）が大きく，対象物を見つけるのが容易なので，高倍率に合わせるにしても，低倍率から徐々に上げた方が早い。
　高倍率で最初から探すような状態だと，慣れない生徒にとってはそれだけで時間を大幅に費やしてしまうことがある。
※2 上記の流れが適応できるのは，顕微鏡本体に付属のレンズがセットになっている場合に限る。

③ 観察物の実測（ミクロメーター）

【接眼ミクロメーターの目盛算出】

　顕微鏡での観察時に標本の大きさを計測するため（学期の初めに各生徒が倍率ごとの値をノートに記録しておくとよい）の接眼ミクロメーターの1目盛りを対物ミクロメーターの1目盛りを用いて長さを求めておく。

① 　低倍率で対物ミクロメーターと接眼ミクロメーターの目盛りが平行になるように接眼レンズを調整する。（**図4**）

② 　観察したい倍率で両目盛りが一致するところを探し，接眼ミクロメーター1目盛り当たりの長さを算出する。（**図5**）

　対物ミクロメーター5目盛りに対し，接眼ミクロメーター20目盛りが対応した。

$$(5 \times 10\ \mu\mathrm{m})\,/20 = 2.5\ \mu\mathrm{m}$$

　つまり，①，②の倍率の例では，接眼ミクロメーターの1目盛りは 2.5 μm になる。

図4 接眼・対物ミクロメーターをセット

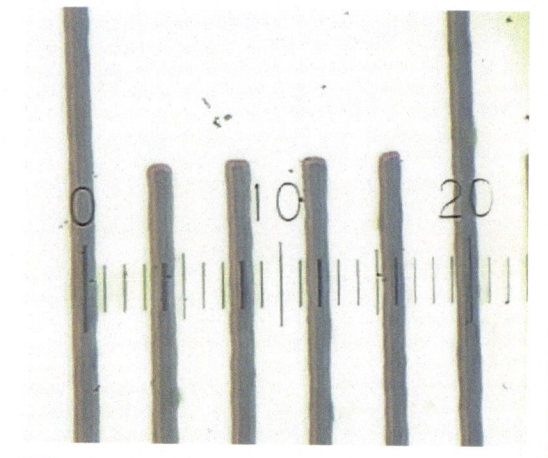

図5 両ミクロメーターの目盛りを重ね合わせる

③ 　観察する標本をセットしたら目盛りを数えるとその長さを求めることができる。（**図6**）

　対物ミクロメーターをステージからはずし，プレパラートを載せる。倍率を変えずに接眼ミクロメーターの目盛りを読む。図6の青い楕円形の構造の横径は約3目盛りになっている。上記の計算で1目盛り2.5 μm だったので，2.5 μm × 3 ＝ 7.5 μm となる。

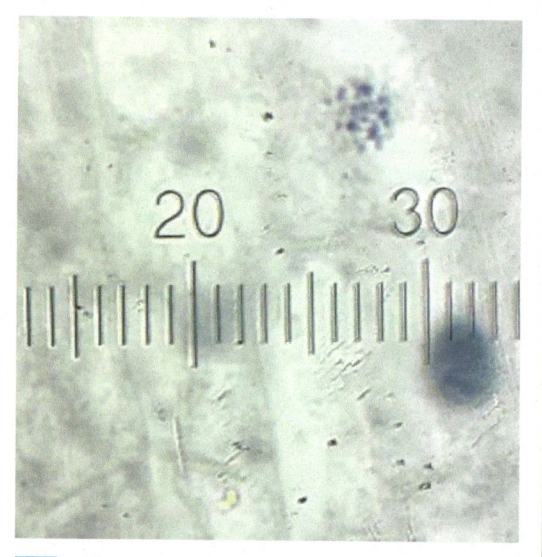

図6 プレパラートを載せて計測

4 調光によって見え方が変わる

【開口絞り】

　開口絞りは照明光の開口数を調節するものである。明るさを調節する場合は調光ダイヤルで調節する。開口数（NA：Numerical Aperture）とは対物レンズやコンデンサーレンズの性能を決定する重要な数値で，この値が大きい対物レンズほど像が明るく，分解能が高い。

　　開口数：$NA = n \sin \alpha$

　　n：媒質の屈折率

　　α：軸上から出た光線と光軸との最大角度

表1　開口絞り

絞る	明るさ低下	細部がよく見えなくなる	コントラスト大	焦点深度深い
開く	明るさ増加	細部がよく見える	コントラスト低下	焦点深度浅い

【焦点深度（DOF：Depth Of Field）】

　ある物体にピントを合わせたとき，同時に見える上下の範囲（深さ）をいう。対物レンズの開口数が大きいものほど深度が浅くなる。一般的に開口絞りは対物レンズの開口数の70〜80％に調節すると非常に観察しやすくなる（図7）。開口絞りを絞り過ぎると対象物の微細な部分が見えづらくなるのでなるべく60％以下にはしないよう心掛ける。対物レンズの開口数は対物レンズの側面に表示されている。（図8）

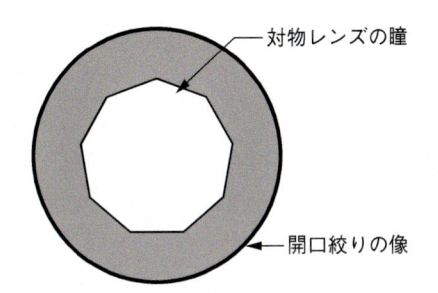

開口絞りの視野全体を100としたときの70〜80％に絞ると良い。60％以下にはしないこと。

図7　開口絞りの適正な大きさ

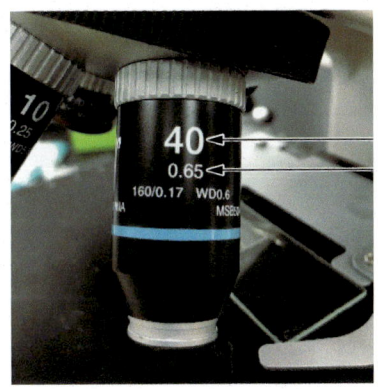

表示例　40
　　　　0.65

倍率40×
開口数0.65

図8　対物レンズを拡大

【コンデンサー】

　コンデンサーが装着されている顕微鏡では，対物レンズの倍率に対応した開口絞りレバーの目安の位置が数字で示されている。これは対物レンズの開口数の70〜80％の位置の表示である。対物レンズの倍率を切り替える場合，開口絞りレバーを対物レンズの倍率と同じ数値に合わせると良い。このちょっとした工夫で解像度が変わる。

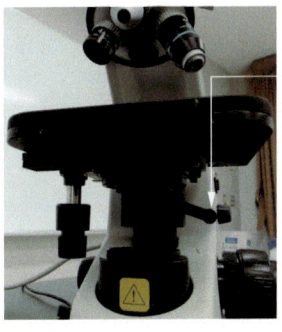

コンデンサー上下レバー
（コンデンサー調節には
さまざまなタイプがある）

図9　コンデンサー上下動レバーのある顕微鏡

コンデンサー上下動レバーを上げるとコンデンサーが下がり，レバーを下げるとコンデンサーが上がる。

【コンデンサーの上下動と焦点深度】

(1) プレパラート標本が薄層切片や押しつぶし標本などの場合

① コンデンサーを上にした状態

② コンデンサーを下にした状態

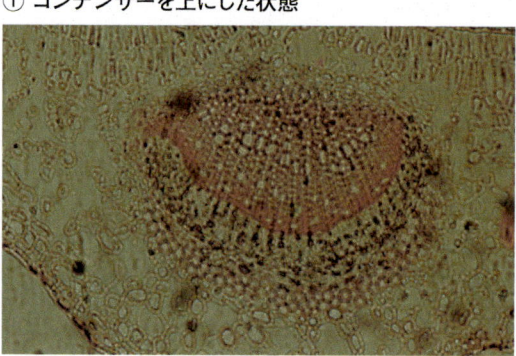 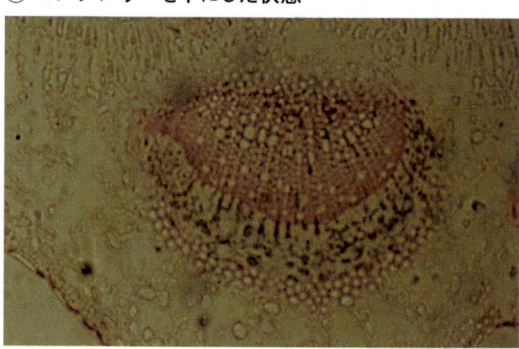

ツバキ葉 維管束（包埋切片）

① コンデンサーを上にした場合，輪郭のコントラストがはっきりする（焦点深度が浅い）。

② コンデンサーを下にした場合，コントラストは弱い（焦点深度が深い）。

(2) プレパラート標本に厚みがある，または立体的な場合

① コンデンサーを上にした状態

② コンデンサーを下にした状態

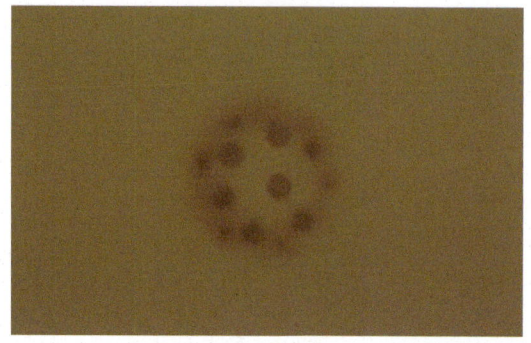 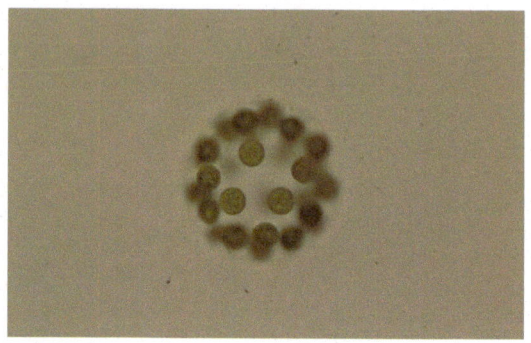

プレオドリナ（未成熟なもの）

① コンデンサーを上にした場合，表面や立体の特定の面のみ観察できる。

② コンデンサーを下にした場合，立体感がわかる。

【絞りの開閉とコントラスト】

① 絞りが開き過ぎ（視野は明るいが立体感は少なくなる）

② 適正な状態（焦点深度が深い）（コントラストが良い）

③ 絞り過ぎ（視野は暗くなる。ただ微細構造などは見えやすい場合がある）

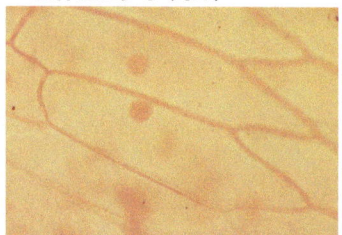 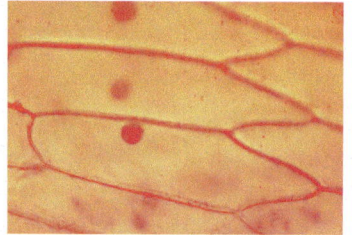 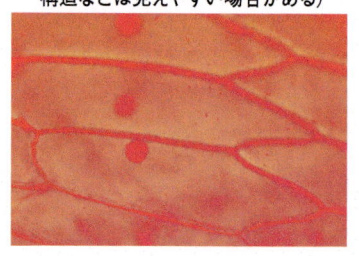

タマネギ表皮細胞

⑤ 顕微鏡に携帯電話やスマートフォンなどのデジタル機器を活用する場合

平成29年度青少年のインターネット利用状況環境実態調査によれば，平成29年度時点で高校生の97.1%，中学生の66.7%がスマートフォンもしくは携帯電話を所有・利用している。ICTと は「Information and Communication Technology」の略称で情報伝達技術と訳される。現在は電子黒板やタブレット端末を授業に活用する事例が加速している。自分で撮った画像を同じグループの生徒に共有することも可能であり，スケッチとはまた異なるデータの蓄積にも役立っている。

顕微鏡写真を撮るためにはタブレット端末と顕微鏡をつなぐアダプターという道具が便利である (たとえばナリカS77-2551)。アダプターはカメラレンズに入ってくる余分な光を遮断するのが主な働きだが，最近はレンズを固定するものもあり，アダプターも多様化している。実際に肉眼で顕微鏡のピントを合わせ，その後，タブレット端末を通して画像に収めると良い。タブレット端末にはオートフォーカス機能がついており，ピントがぶれることは少ない。

ただし，接眼レンズの口径と市販の生物顕微鏡用撮影クリップが合わない場合は，フィルムケースに穴をあけて黒画用紙で覆ったものを接眼レンズにはめると，タブレットを付けたクリップにはめ込んで固定できる。タブレットでの撮影はまだまだ改良の余地がある。

※竹下俊治他「紙で作るスマホ用顕微鏡アダプターの製作と活用」を参照。

[参考資料]

Nikon顕微鏡使用説明書,光学顕微鏡の使い方 (森川千春 植物防疫第63巻 2009)

サイエンスビュー生物総合資料 (実教出版)

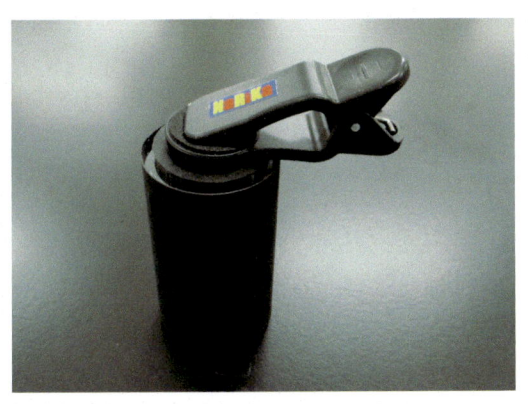

図10 フィルムケースを工夫して固定する

図11 タブレットを用いて顕微鏡画像の撮影

実体顕微鏡下で
両手でピンセットを操作する練習課題

薄井 芳奈 *Yoshina Usui*

KOBE らぼ♪ Polka 代表　　プロフィールは P.191 参照

　双眼実体顕微鏡は，奥行きを認知でき，ステージと対物レンズとの間に作業距離を大きく取ることが可能であるため，立体物の観察だけでなく，小さな材料に対して手作業によるさまざまな処理を施す場面で使われる。両手でピンセット操作をおこなう例として，小さな花や果実などの分解，小魚やマウス胚，ニワトリ胚などの観察や解剖，エビなど節足動物の付属肢の観察，小さな昆虫の展足など，枚挙にいとまはない。さらに，線虫などをシャーレからピックアップする，両生類胚の観察や結さつ，染色，移植などの処理，麻酔したショウジョウバエのより分けなど，先の細い金属線のピックや小筆などの道具を操作することもあ

る。初めての場面では，道具の先端が安定せず，遠近感もつかみにくくて，上手く操作できないことも多い。

　双眼実体顕微鏡や生物顕微鏡下に置いた材料に対して，ピンセットやパスツールピペットなどを操作するには，接眼レンズの調節を正しくおこない，双眼の顕微鏡をきちんと両目を使って見る，顕微鏡下での距離感をつかむ，ピンセットなどの器具はコントロールできる持ち方をし，手首を固定して操作する，といったことを意識し，少し練習してみて，慣れる必要がある。有効な事前の練習課題を紹介する。

トレーニングメニュー

① エンボス加工をした 2 枚仕立てのキッチンペーパーを 1.5 cm 角に切る。

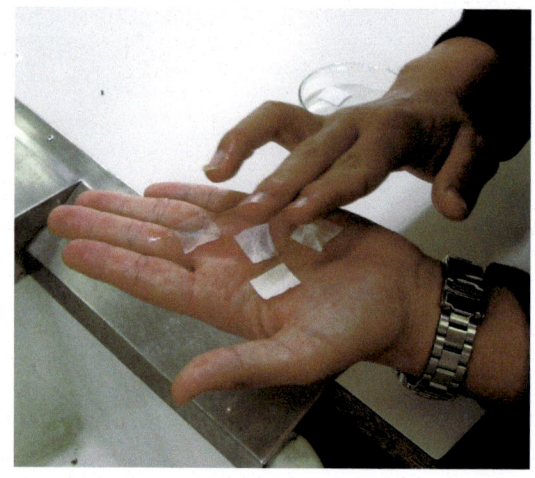

② 4 枚を水で湿らせる。

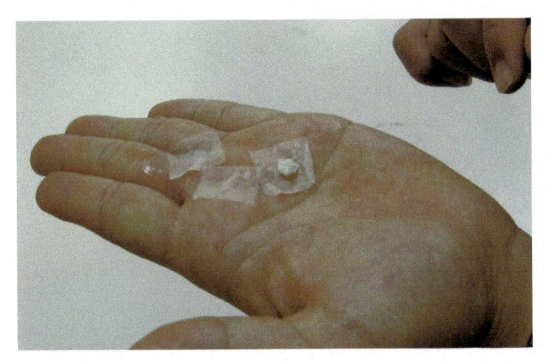

③1枚を指で小さく丸め，2枚目に乗せる。

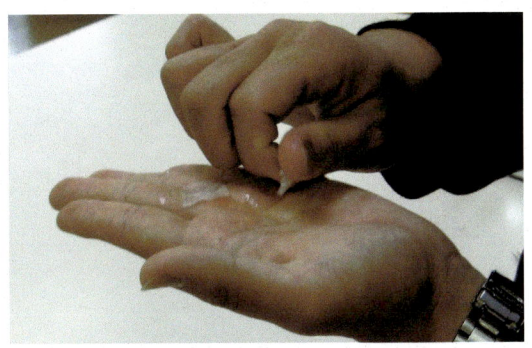

④1枚目のだんごを2枚目でくるんで丸める。

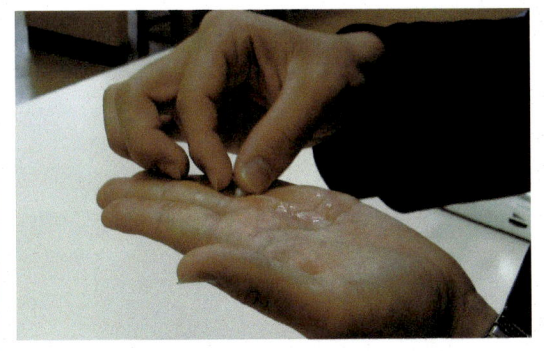

⑤つぎつぎにくるんで丸め，4重のだんごを作る。

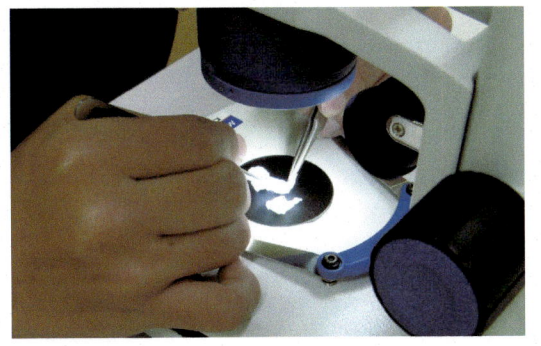

⑥顕微鏡下でピンセットを両手に持ち，キッチンペーパーを破らないように広げていく。

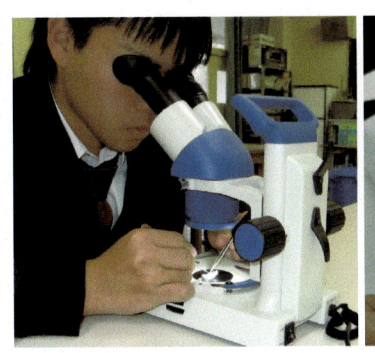
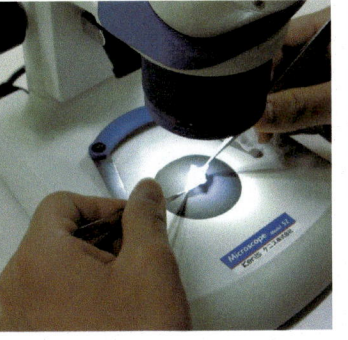

⑦4枚バラバラにしたら，1枚を2枚にはがして分けていく。

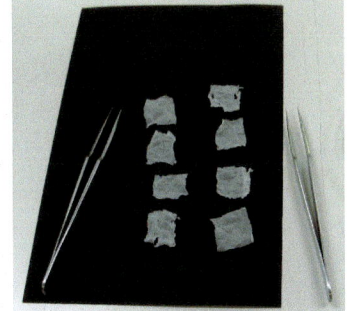

⑧8枚の薄い紙に広げられたら完了。

【留意点】

　練習している間に，操作しやすい道具の持ち方，手首の固定のしかたを，いろいろ試してみると早く上達する。肩や腕の力は抜いて，手先に集中するようにするとよい。

　ショウジョウバエなど軽くて壊れやすい材料を扱う場合には，アルミホイルを小さくちぎって軽く丸め，端をつまんだり，裏返したり，筆で散らしたり，集めたりする練習も有効である。

　さらに，明瞭な観察や確実な作業のためには落射照明の角度も重要である。昨今は小さなLEDライトが安価に手に入るので，顕微鏡に付属の照明と併用するなどの工夫もできる。

モバイル顕微鏡の
過去・現在・未来

佐藤 和正 *Kazumasa Sato*

ラ・サール高等学校，中学校教諭

モバイル顕微鏡とは，スマートフォンやタブレット端末などのモバイル端末と，その外側に取り付けるレンズユニットからなる顕微鏡である。この進化にともなって，驚くべき簡便さで物体を拡大できるようになってきたことを紹介したい。

はじめに

モバイル顕微鏡には多様なものが市販されており（図1），通常の光学顕微鏡を小型化して，接眼レンズにモバイル端末のアウトカメラを密着させて撮像できるようにしたものもモバイル顕微鏡とよぶことができる。廉価で手軽なものから，10万円を超える高価なものまであるが，モバイル端末を手で持ちながら撮影する必要があるものが多く，手ぶれやピント合わせの難しさなどの課題が

あった。販売会社などによって，ハンディ顕微鏡と名づけられたり，組み合わせるモバイル端末との組み合わせでスマートフォン（スマホ）顕微鏡や，タブレット顕微鏡などとよばれることもある。

また，USB顕微鏡とよばれるタイプの顕微鏡も市販されている。カメラが内蔵されており，USBケーブルでパソコンに接続しながら観察する仕組みだが，可搬性が低いので，ここではモバイル顕微鏡とは区別することにした。

2013年，フロントカメラ（インカメラ）の上にレンズユニットを置くものが開発された。このタイプのモバイル顕微鏡はさらなる開発がおこなわれ，近年では，光学顕微鏡とほぼ遜色ない像が得られるようになっている。

筆者はフロントカメラを用いたモバイル顕微鏡の開発に微力ながら寄与してきた。本稿においては，このモバイル顕微鏡の概要や，授業での展開，応用などについて概説する。

図1 多様なモバイル顕微鏡の例

② フロントカメラ式モバイル顕微鏡の構造と歴史

もともと，フロントカメラを用いたモバイル顕微鏡レンズユニットは，電子顕微鏡の開発が専門であった自然研究機構生理学研究所の永山國昭教

注）　本論文で紹介した画像や関連画像・動画を以下のWebページでご覧いただけます〈https://seibutsu-kagaku-iden2.jimdo.com/archive/73-5special/〉

授および伊藤俊幸技術員（両者当時）が，アウトリーチ活動用にレーウェンフックの顕微鏡を流用して開発した。

　オランダの商人であり市民科学者でもあったレーウェンフックが1675年ごろに開発したのは，一枚の球形レンズを眼に近づけ対象物を観察するという，いわば虫眼鏡の倍率を高めたものである。しかし，焦点を合わせるためには眼にレンズを極端に近づける必要があり，安定した観察が難しかった。永山らはこの問題の打開策として，直径3 mmの球形レンズをモバイル端末のフロントカメラに固定し，倒立顕微鏡のように，その上に試料を載せることにした（**図2**左）。構造は自作もできるほど非常に簡単なものであったが，100倍以上の倍率，分解能は2 μm程度を実現していた。ただ，レンズの収差が大きいことで像の周縁部が大きく歪み，焦点距離が短いことが難点であった。なお，この点は最新製品において解決されている。筆者はこのモバイル顕微鏡の性能の引き上げを図った。

　まず，フロントカメラの画像にズームを施すことができ，多様な撮影ができるモバイル端末のアプリケーションを探索した。一般に分子細胞生物学の研究に用いられる顕微鏡は顕微鏡ユニットをコンピュータによって制御するが，モバイル端末をディスプレイ兼コンピュータユニットとして一体化させたのである。これにより**タイムラプス***撮影などの高度な顕微鏡観察が可能になった。さらに，偏光観察や蛍光観察が可能であることを確認した。これらの手法はすでにフロントカメラを用いたモバイル顕微鏡の基本技術となりつつある。

　球形レンズを小さくすることにより高倍率化がはかれることから，簡易的な精子チェッカーも開発された。しかしながら，焦点距離も短くなるためにスライドガラスやシャーレなどの汎用的な器具を観察に用いることは困難であると思われる。

　近年になり，低倍率のレンズユニットや収差補正したレンズを用いた，まさに簡易的な倒立顕微鏡ともいえるような構造を持ったレンズユニット

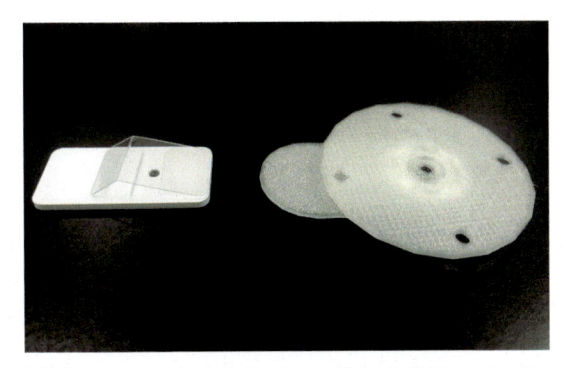

図2　初期型のフロントカメラ式モバイル顕微鏡（左）と，最新型のモバイル顕微鏡のレンズユニット（右）

初期型のものは折り曲げられたプラ板の上にサンプルを置き，これを押さえ込むことでピントを調節する。最新型のものは，円盤状になっている部分（ステージ）を回転させることでピント調節がおこなえるようになっている。

が開発・商品化された（**図2**右）。シャーレやスライドガラスが使えるようにレンズ設計がなされ，ピント調整機能も持つため，驚くほど簡単に観察ができるようになった。

③ モバイル顕微鏡の使用法

　フロントカメラ式のモバイル顕微鏡の使い方は非常に簡単である（**図3**）。

① 　モバイル端末を用意し，フロントカメラでのズーム機能を持つアプリケーションをインストールする。

② 　カメラアプリケーションを起動し，フロントカメラの映像に切り替える。

③ 　映像を見ながらレンズユニットをフロントカメラのレンズの真上に置く。

用語解説 Glossary

【タイムラプス】
微速度連続撮影。長い期間にわたる現象を定点的に一定間隔で撮影し，この静止画をつなぎ合わせてアニメーションにすること。時間の経過に伴う変化を早回しのように観察できる。分子細胞生物学の分野では，細胞の移動や分裂などの観察に用いられる。

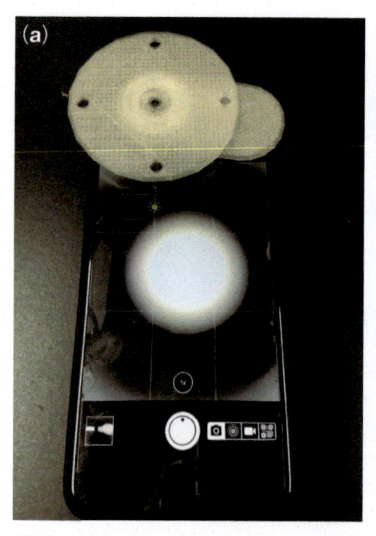 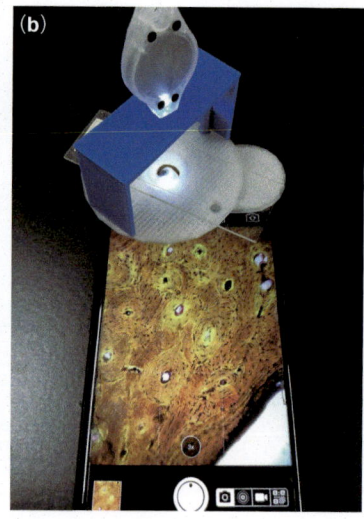 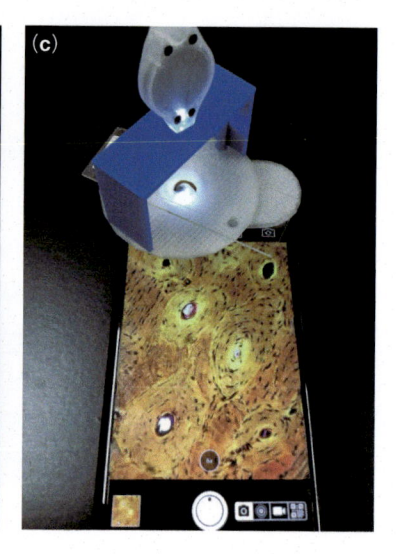

図3　フロントカメラ式モバイル顕微鏡の使用例注) Webサイト参照
(a) モバイル顕微鏡を視野の中心になるようにセッティングする。
(b) サンプルとLEDライトを設置し，観察する。
(c) アプリケーションで倍率を変化させることができる（骨組織の永久プレパラートを使用）。

④　レンズユニットの上にプレパラートを静置し，ステージを回転させてピントを合わせる。ズームをかけることによって，シームレスに倍率を調整できることが通常の顕微鏡とは大きな違いである。この際，レンズとフロントカメラの性能が良いほど，より高精細な像が得られる。

　通常の顕微鏡と違い，移動したい方向にプレパラートを移動させることに留意が必要である。また，花の構造など数mmを超えるサンプル（実体顕微鏡で観察するもの）に関しては低倍率（30倍程度）のレンズユニットを用いるとよい。なお，筆者はレンズユニットとしてはライフイズスモール社（現：科学コミュニケーション研究所モバイル顕微鏡ラボラトリ<http://mml.scri.co.jp>）のL-eye Tissue Elegans（現：モバイル顕微鏡Anatomy，180倍）を愛用し，モバイル端末にはiPhone7を，カメラアプリケーションとしてはProcam6（高度な観察に便利）かシンプルカメラを用いている。

　モバイル顕微鏡の最大の特徴は構造の単純さと小ささにある。持ち歩きが可能であるため，野外など教室以外での使用も可能になる。またインターネットを通じて画像や動画を共有したり，AIを用いた自動識別などを利用することが容易になる。

　授業時において顕微鏡観察をさせる時の問題点は，顕微鏡の移動やセッティングに時間が取られること，実験中にピントを合わせるために机間巡視に時間を取られることであった。生徒が観察できているのか否かは，生徒の顕微鏡を覗くか，スケッチによって評価せざるをえなかった。もちろん，顕微鏡の使い方を教えることは非常に大事であるが，「どのように見えるか」という感覚をまず学習者が持たねば顕微鏡を扱うことは難しい。筆者はモバイル端末をプロジェクターにつないで，動植物の組織などを見せたりしている。生徒と像を共有して説明したり，生徒同士をディスカッションさせるためにモバイル端末を利用することも大事であると考えている。

　また，大学の医学部の組織学実習においてグループを作らせてタブレット端末に撮像した組織像のスケッチをさせたり，ディスカッションさせているところもある。

④ タイムラプスによる花粉管伸長の観察

アプリケーションの組み合わせによってタイムラプスによる微速度撮影が可能になる（**図4**）

【材料・器具】

- ホールスライドガラス，カバーガラス，スポイト
- スクロース水溶液（5〜10％）
- インパチェンス（アフリカホウセンカ）の花
- モバイル顕微鏡用レンズユニット（L-eye Tissue Elegans）
- モバイル端末（iPhone7）
- タイムラプス作成アプリケーション（筆者はiMotionを使用している。）

【方法】

① モバイル端末のカメラアプリケーションの設定を1分ごとのインターバル撮影にし，モバイル端末にレンズユニットをセットする。

② インパチェンスの花を分解し，雄蕊をホールスライドガラスに押し付け，花粉を採取する。スクロース水溶液を封入し，カバーガラスを掛けてプレパラートを作成する。

③ プレパラートをモバイル顕微鏡にセットし，花粉の撮影を開始する。数分後には花粉管が発芽する。静置状態で数十分自動撮影を続ける。

④ 撮影終了後，タイムラプス作成アプリケーションを起動し，連続写真を取り込む。花粉管の伸びる様子のアニメーションを作成できる。

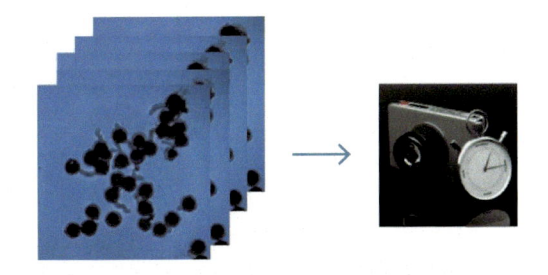

図4 アプリケーションの組み合わせによる花粉管伸長タイムラプス像（180倍レンズユニット）注）Webサイト参照

が極めて小さく，細胞単位での蛍光観察は困難であった。2018年11月に山口大学農学部でカイコの卵巣由来のBmN4細胞を用いた遺伝子導入キットが開発され，中高等学校などの教育機関に限っての領布を開始した（http://www.tlo.sangaku.yamaguchi-u.ac.jp/insect-dnakit/）。

昆虫細胞を用いる利点は，基本的な細胞の構造や機能がヒト細胞と類似していること，培養時に最適な温度が27℃前後であり室温でも培養が可能なこと，通常動物細胞の培養に必要とされるCO_2インキュベーターを必要としないこと，昆虫細胞への遺伝子導入は，遺伝子組換え実験やヒトを対象とした研究など法律的規制や倫理指針の対象外であり，届け出・承認等が不要であることなどがあげられる。このキットでは簡易的な蛍光観察用のLEDとフィルターまで付属している。このフィルターとLEDを利用してモバイル顕微鏡においても蛍光観察が実施できることを実証した。

⑤ GFPの蛍光観察

技術的チャレンジとして**GFP**[*]を遺伝子導入したカイコ由来BmN4細胞の蛍光観察を実施した。これまで高校課程における遺伝子導入の実験としては，大腸菌や酵母へのGFP遺伝子の導入が一般的なものになっているが，いずれも細胞の大きさ

用語解説 *Glossary*

【GFP】
緑色蛍光タンパク質（green fluorescent protein）。1960年代に下村脩博士によってオワンクラゲから発見されたタンパク質である。青色光を照射すると緑色の蛍光を発する。このタンパク質の遺伝子（DNA）を細胞の中に取り込ませることにより，組織の中での細胞の動きや，細胞内でのタンパク質の動きを生きた状態のまま追跡・観察できるようになった。

 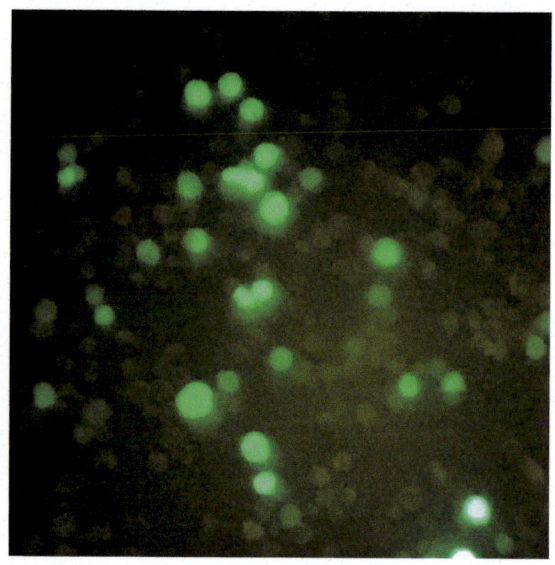

図5 **GFP導入 BmN4細胞 明視野像**（左），**蛍光像**（右）（180倍レンズユニット）

【材料】

GFPが遺伝子導入されたBmN4細胞（本実験はこのキットを開発した山口大学農学部の内海研究室において蛍光観察を実施した。）

【器具】

- 470 nm青色LED
- カットフィルター（500 nm以下の光をカットする専用のものが望ましいが，本実験では山口大学より頒布された市販品の黄色セロハンを用いた。）
- モバイル顕微鏡

【方法】

① 暗室内（遮光した部屋）でシャーレとモバイル顕微鏡の間にフィルターを挟み，明視野で細胞を撮影する。

② 暗黒下でシャーレに青色LEDの光を当て，蛍光観察をおこなう。この際，LED照明の角度を変化させて，蛍光をうまく観察できる角度を探す必要がある。

【結果】

明視野での像と，同一視野の蛍光像を示す（**図5**）。GFPを発現している細胞だけが黄緑色に光っていることがわかる。この場合，安定した像を得るためには光の強さや向き，フィルターなどについての最適化が不可欠であり，現在，筆者らも良い条件を検討中である。なお，同様にしてDsRedを導入したBmN4細胞においても蛍光像が得られることを確認している。このように，比較的簡易にレンズユニットへの工夫ができることが，モバイル顕微鏡の最大の利点であろう。

バックカメラを用いたモバイル顕微鏡と石綿に特異的に結合する蛍光タンパク質を用いることによって石綿の蛍光観察を可能にした研究グループ（広島大学大学院先端物質科学研究科 黒田研究室）や，石綿を偏光で観察できるモバイル顕微鏡を開発した研究グループ（東京労働安全衛生センター）もあることから，これらの技術は今後大きな市場ニーズを掘り起こす可能性がある。

⑥ モバイル顕微鏡を用いた シチズン・サイエンスと 科学技術コミュニケーション

　モバイル顕微鏡を用いた科学技術コミュニケーションの例としては，気象庁気象研究所によって2018年の冬におこなわれた「＃関東雪結晶プロジェクト」が挙げられるだろう。これは関東地方の市民にスマートフォンのバックカメラにマクロレンズを取り付けた即席の「モバイル顕微鏡」で雪の結晶を撮影してもらい，メールやSNSを使用して提供された写真を研究に資するというものであった。単に市民参加の科学研究（シチズン・サイエンス）の範疇にとどまらず，広くその写真を公開したり，SNSで共有するという楽しみがあり，ニュースでも取り上げられた（**図6**）。ここで得られた知見をどう一般の市民に伝え，還元していくかはこれからの課題であるが，モバイル顕微鏡による観察をエンターテインメントにまで昇華させたものとしては好例ではないだろうか。また，現在進行中のプロジェクトもあり，大きな成果が期

図6　鹿児島で撮影した雪の結晶（30倍レンズユニット）

待される。

　さらにモバイル顕微鏡の可搬性を活かし，プランクトンや変形菌などの野外での観察会や，博物館や科学館でも導入の動きが広がっている（**図7**）。従来と違って観察したサンプルの写真を参加者に手軽に持ち帰ってもらうことができるのも強みである。

図7　変形菌 シロジクキモジホコリ（左），シロウツボホコリ（右）（30倍レンズユニット）

⑦ おわりに

これまでモバイル顕微鏡の開発の動向について概説してきた。モバイル顕微鏡はここ数年で飛躍的な進化を遂げている。しかしながら，顕微鏡を完全に置き換えるほどの機能には至っていない。たとえば，

① 500倍を超える高倍率のレンズユニットについては，焦点距離が短いため，ピント合わせがユーザの手技に依存する（図8）。なお，筆者は500倍以上のレンズユニットを用いる際，プレパラートを裏返すか，少し大きめのカバーガラスの上に試料を乗せて観察している。
② ピントを合わせるために回転式を採用したために，位置決めと撮影個所のマッチングに改善の余地が見られる。
③ 観察倍率を変更するためにはレンズユニットを付け替えることが必要である。

など，課題もある。

近年，スマートフォンなどのモバイル端末も低価格化が進み，電話機能を持たせないならSIMカード抜きでフロントカメラの画素数が1,000万画素以上のものが数万円で手に入るようになったことを考えると，状況によっては研究目的であってもモバイル顕微鏡を用いた観察が選択肢に入ってくる。

また，発展途上国での使用や，医療診断などへの応用も期待される。さらなる技術開発とともに，顕微鏡観察がより身近なものになる時代がやってくることが期待される。

［謝辞］

本稿を書くにあたり，山口大学農学部の内海俊彦教授（GFP観察），藤田保健衛生大学医学部解剖学第二講座の齋藤成講師（大学での事例紹介），本校生徒の角田健真君（変形菌サンプル提供）など，また，研究を進めるにあたりまして，開発者の永山國昭先生はじめ，多数の方に協力をいただきました。ここに記して深謝いたします。

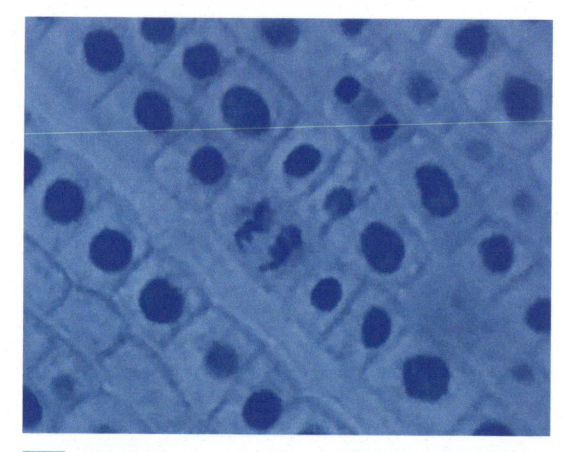

図8 **500倍レンズユニットを用いて観察した根端分裂組織の体細胞分裂** （画面中央）（永久プレパラート）

［文献］

1) 佐藤和正. スマホ・タブレット顕微鏡を用いた顕微鏡観察・指導の研究, 日本理科教育学会全国大会要項 **65**, 380 （日本理科教育学会, 2015）.

2) 佐藤和正（他7名）. 理科教育ニュース縮刷・活用版 理科実験大百科第16集p.89–93 （少年写真新聞社, 2016）.

3) 永山國昭, 寺田勉, 長澤友香, 竹下陽子, 佐藤和正. 科学と教育のフロンティアシリーズ10, スマホ&タブレット顕微鏡を活用しよう!（大日本図書教育研究室, 2016）.

4) 白根純人, 永山國昭. モバイル顕微鏡「実験医学増刊 イメージングの選び方・使い方100＋」（原田慶恵, 永井健治・編）203–204 （羊土社, 2018）.

5) 内海俊彦, 小林淳, 守屋康子. 実験7.カイコの培養細胞の継代と増殖. カイコの実験単 p.84–90 （日本蚕糸学会編, エヌ・ティー・エス, 2019）.

6) 内海俊彦, 小林淳, 守屋康子. 実験15. カイコの培養細胞の遺伝子発現・細胞小器官を可視化する. カイコの実験単 p.142–149 （日本蚕糸学会編, エヌ・ティー・エス, 2019）.

7) スマートフォン顕微鏡で観るアスベスト （東京労働安全衛生センター）〈http://metoshc.org/asbestos_rc/RCPJ_smartphoneAS.html〉.

8) 荒木健太郎(気象研究所). #関東雪結晶プロジェクト〈http://www.mri-jma.go.jp/Dep/fo/fo3/araki/snowcrystals.html〉.

佐藤 和正 *Kazumasa Sato*

ラ・サール高等学校，中学校教諭

名古屋大学医学系研究科医科学専攻修士課程修了（神経情報薬理学講座）。広島工業大学高等学校，近畿大学附属東広島高等学校・中学校非常勤講師を経て，2009年より現職。広島市科学技術市民カウンセラー（現：科学技術コミュニケーターひろしま）としても活動していた。2014年，北海道大学科学技術コミュニケーター養成講座修了。このころ初期型のフロントカメラ式モバイル顕微鏡と出会う。本業のかたわら，モバイル顕微鏡の高性能化と学校現場にとどまらない応用研究に取り組んでいる。専門分野は，分子細胞生物学，発生生物学，理科教育学，科学技術コミュニケーション論。

紙で作るスマホ用顕微鏡アダプターの製作と活用

竹下 俊治 *Shunji Takeshita*
広島大学大学院 教育学研究科 教授

浅海 詩織 *Shiori Asaumi*
シンガポール日本人学校
小学部クレメンティ校 教諭

雑賀 大輔 *Daisuke Saiga*
米子市日吉津村中学校組合立
箕蚊屋中学校 教諭

樋口 洋仁 *Hirohito Higuchi*
広島大学附属中・高等学校 教諭

三谷 俊夫 *Toshio Mitani*
福山市立培遠中学校 教諭

顕微鏡で見る微小な世界は魅惑的だ。微細な美しさを見たとき，その感動を誰かに伝え，自分の宝にしたいと思うであろう。そんなときに役立つ器具として，スマートフォンを顕微鏡に取り付けるための自作アダプターを製作した。その着想の経緯から活用例，導出された課題を記すとともに，「付録」としてアダプターの作り方を紹介する。

 はじめに

　生物学の領域では，基本的な観察機器である顕微鏡を使いこなし，観察した結果を記録することが求められる。現在，学校現場で観察物を記録する方法の主流はスケッチである。しかし，授業の中で十分な観察をおこなうほどスケッチのための時間が不足する，という問題があるのも事実である。現在，理科機器のカタログを見ると，種々の「デジタル顕微鏡」の類が掲載されている。それらの多くは，観察が容易で画像の撮影や共有が簡便であることがうたわれており，これからの新しい授業スタイルでの活用が期待されている。しかし依然として高価であり，学校に児童・生徒の数だけ整備するのは現実的ではない。比較的大型のディスプレイを備えていることからも，グループでの使用が想定されているといえる。

　デジタル顕微鏡は，デジタル化されたとはいえ，原理が従来の顕微鏡写真撮影装置と大きく変わっているわけではない。顕微鏡の拡大像を適切な倍率で画像素子面に結像させ，それをディスプレイに表示しているだけである。そこで，個々人が所有するスマートフォンや，学校現場にも導入されるようになったタブレットといったICT機器を有効に活用しない手はない。実際，種々のアダプターが市販されており，また，茂原 (2017)[1] は，プラスチック製のシリンジや洗濯ばさみを利用して簡易的なアダプターを作製し，授業での実践を報告している。このように，スマートフォンやタブレットでも，工夫次第でデジタル顕微鏡と同等の機能を持たせることができるのである。仮にそのようなアダプターが普及し，日常的に使用されるようになれば，より効果的な顕微鏡観察が実現するの

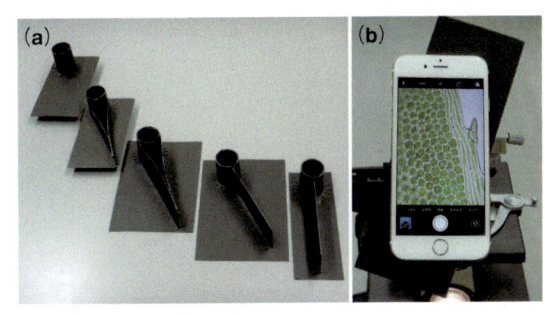

図1　紙製のアダプターの変遷

(a) 試行錯誤により改良を重ねた。

(b) 現在の最新型の使用例。

ではないだろうか。そのためには，構造がシンプルで簡単に使えるものが望ましい。また，より広範に活用されるためには，スマートフォンや顕微鏡の機種に依存しないものが良い。さらに入手しやすい材料で容易に自作できればいうことがない。そこで，①顕微鏡の光軸をカメラの光軸に合わせること，②接眼レンズとカメラの間を適切な距離で維持できること，③両手がフリーになること（手を放しても保持されること），④より汎用的であること，⑤誰でも簡単に作れること，を念頭に，スマートフォンを顕微鏡に装着するアダプターを作製することとした［**図1**(a)，(b)］。

② スマホ⇔顕微鏡アダプターの作製

当初は，耐久性を考慮し，塩ビパイプを加工して顕微鏡の接眼レンズの外径に合わせた筒を作り，スマートフォンの樹脂製ケースに万能接着剤で固定したものを作製した。十分実用的であったが，ケースはスマートフォンの機種ごとの専用品であり，汎用的ではない。次に，鏡筒の内径がJIS規格で統一されていることから，接眼レンズ一体型のものを試作した。さらに，接眼レンズが高価なため，ルーペや凸レンズで代用したものも作製した。これらはスマートフォンと接眼レンズの間の距離を調節できる機構もあったが，工作や操作が煩雑で，性能的にも満足できないものであった。そこで，誰もが簡単に作れて気軽に使えるもの，ということを第一に，「紙製で十分ではないか」と考えるようになった。耐久性とはトレードオフになるが，紙であれば傷んでも作り直せばよい。各自が使っているスマートフォンや学校の顕微鏡に合わせたものを自作できる上，工作に特殊な工具は不要である。素材には100円均一ショップで見つけた厚紙がちょうど良かった。

まず，接眼レンズに取り付けるための「筒」を考えた。接眼レンズにはいくつかの種類がある。従来のものだとスマートフォンをほぼ密着させれ

ばピントが合うが，近年普及している広視野タイプのものでは，10 mmほど離す必要がある。光軸調整に加えてその距離を素手で保持するのは難しく，手のひらで筒を作る，ペットボトルの蓋を利用するなど，さまざまなアイデアが知られているほか，㈱ナリカは「生物顕微鏡用撮影クリップ」を市販している。今回は両手がフリーになることを目指しているため，接眼レンズの外径に合わせて作製した筒の差し込み具合によって，接眼レンズとスマートフォンのカメラとの距離を調節することとした。紙製の筒には適度な摩擦があり，差し込んだ際にずれにくいという利点もあった。

次に，スマートフォンを固定する「台」である。カメラのレンズの位置も全体のサイズもスマートフォンの機種により異なっているため，大きめの長方形とし，レンズのおおよその位置に直径8 mmの皮用のポンチで穴を開けた。

上記二つのパーツを両面テープで接着し，スマートフォンの取り付けには電線を壁に固定するフックを利用した［**図2**(a)，(b)］。使用してみたところ，実用に耐えうる強度があり，非常に具合が良かった。特に，ハイアイポイントタイプの接眼レンズの場合，レンズ表面に天井の照明が反射して写り込むことがあるが［**図3**(a)］，接眼レンズを覆う形にしたことで照明の光が遮断され，非常にクリアな撮影画像が得られた［**図3**(b)］。

さっそく，教員免許状更新講習の際にキットとして配布し，受講者に作製してもらった。その結果，光軸を合わせるのに手を添えねばならない失敗作が多くできてしまった。この原因は，参加者のスマートフォンの多くが大型で，筒と台の接着部の強度不足でその重量に耐えられないことにあった。そこで筒を支える「支柱」を台へ固定することとし［**図4**(a)，(b)］，日本生物教育学会第102回全国大会のワークショップ（竹下・三谷・原田 2018）[2]にて参加者に製作してもらったところ，好評であった。その後，より大型のスマートフォンでも保持できるように支柱を改良したものが「生物教育」誌に付録の製作用型紙とともに掲載され

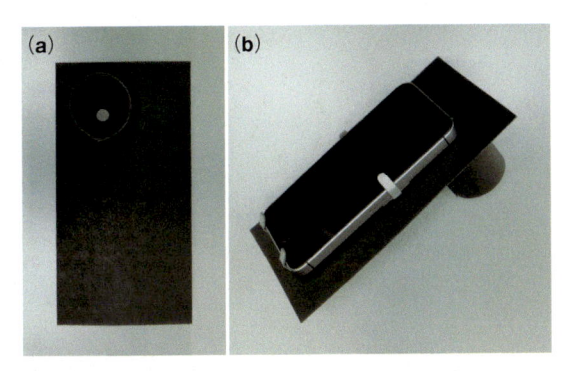

図2　初期のアダプター

(a) 筒を台に固定しただけの単純なもの。

(b) スマートフォンを電線用フックで固定した様子。

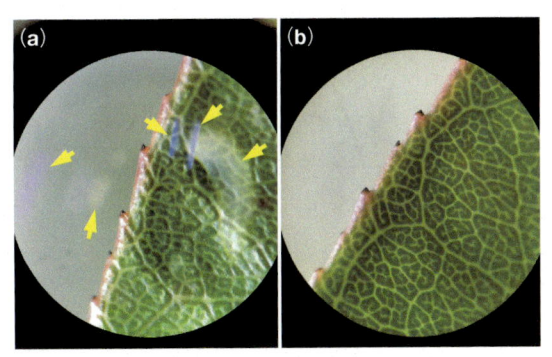

図3　アダプターの有無による撮影画像の違い

(a) 天井の照明が映り込んでいる（矢印）。

(b) アダプターによって接眼レンズへ照明が当たらなくなった。

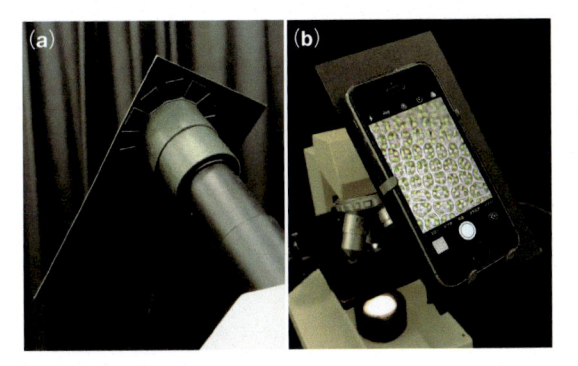

図4　筒の支えを改良したアダプター

(a) 裏側の様子。「支柱」によって強度が増した。

(b) 使用の様子。しっかりと固定されている。

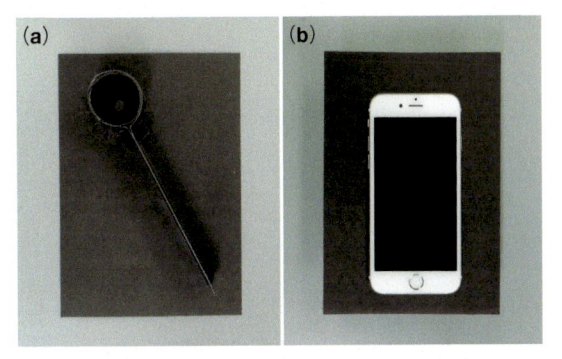

**図5　さらに大型のスマートフォンでも支えられるように改良
したアダプター**

(a) 支柱の取り付け方を変更した。

(b) 汎用性をもたせるために，台のサイズには余裕がある。

た（竹下ほか2018）[3]。また，さらに改良した一般配布用のキットも作製した［**図5**(a), (b)］。

③ 教育現場での活用

　このアダプターは，学校現場で活用してこそのものである。ここでは，小・中・高等学校や研修会等における活用例や活用の可能性について，現状を報告する。

　小中学校では，児童・生徒の個人のスマートフォンを授業で使用することはほとんどなく，通常は学校に整備されているタブレットを使用している。したがって，子どもたちよりも教師が教材作成の際に用いたり，授業で顕微鏡像を子どもたちに提示したりする場面での活用を期待したい。スマートフォンのライブ画像をHDMIケーブルやWi-Fiで出力し，外部ディスプレイやスクリーンに表示させるのは容易である。また，スマートフォンのアプリには，撮影した写真にすぐに注目すべきところにマークをしたり，コメントを入力したりできるものがあり，それを併用することで効果的な授業実践が可能であろう。

　高等学校では，小中学校に比べると個人のスマートフォンを使用できる学校は多いと推察されるが，少なくとも広島県においてそのような学校は稀有である。そこで，スマートフォンを使用できる学校として，大学の附属高校にて実践した

（図6）。当初は生徒に製作してもらうことを考え
たが，観察時間をなるべく長く確保することを優
先させ，生徒の人数分のアダプターを製作し，授
業で使用した。このとき製作したアダプターは，
スマートフォンを固定する台の幅を狭くしたもの
とした［**図7**(a)～(e)］。スマートフォンの固定に
粘着シートを使い，スマートフォンの一部が固定
されれば十分な強度が得られることが確かめられ
たからである。材料費の節約や，運搬時にコンパ
クトにまとまることも考えてのことだった。授業
はユスリカの唾腺染色体の観察であったが，生徒
同士で見せ合ったり，撮影した写真を自慢しあっ

たりと，特に指示をせずとも，こちらが期待した
とおりの使い方をしていた。

　大学では，学生は自由にスマートフォンを使用
できるため，教員養成系の学生実験において学生
に各自で製作させ，自分の専用品として使用して
もらった。このときは，実体顕微鏡でも使えるよ
うにし，目的の倍率によって使い分けるよう指示
した。学生はスマートフォンを使いこなして写真
を撮影し，上記の高校生同様，お互いに見せ合う
場面や，議論する場面が見られ，十分に活用して
いた。また，およそ10回の実験での使用にも耐え，
実用性も確認できた。

　教員対象の研修としては，先にも述べた教員免
許状更新講習のほか，広島県立教育センターでお
こなわれている教材バザールで作製キットの配布
をおこなった。先生方の用途としては，ご自身の
教材作成時に使いたい，机間巡視の際に生徒の顕
微鏡に取り付けて説明するのに使いたいという声
もあった。その後，実際に使用された先生から，「き
ちんと使うことができた」との感想をいただいた。

　また，発展途上国の授業で使いたいという要望
も聞かれた。これは簡単な紙工作で実用的なもの
ができるということで，現地での材料の調達から
作製・実践までの可能性を見いだしておられたよ
うである。JICA青年研修「アフリカ初中等理数
科教育」コースでも研修生に作製してもらったと
ころ，非常に好評で，本国の授業でも活用したい
とのことであったので，需要はかなり高いと感じ
た（**図8**）。

　以上のように，児童や生徒が自由にアダプター
を使って観察をおこなうには未だ制約が多いが，
実際に使用すると，積極的に観察している生徒の
姿を見ることができた。また，先生方にも使って
いただくことで，より効果的な使い方を考えるな
ど，授業について新しい可能性を感じておられる
ようであった。一方で，機器の所有率や規則の問
題とは別に，実際の使用に際して次のような課題
を見いだすことができた。

図6　生徒が使用している様子

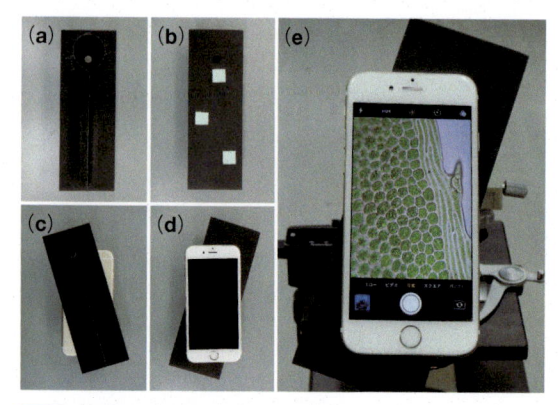

図7　附属高校で配布したアダプター

(a) 台の幅を狭め，支柱を中央に配置した。

(b) スマートフォンの固定には粘着シートを使用した。

(c), (d) スマートフォンの対角線に取り付けた様子。

(e) 使用の様子。

図8 JICA青年研修では研修生が自作した

④ 活用における課題

今回の附属高校での実践では，プレパラートの作製から染色体の観察までの一連の実験操作に，初めて使用するアダプターが加わり，授業全体がややスムーズさに欠けたことは否めなかった。事前に練習する機会があることが望ましいであろう。たとえば，ミクロメーターの使用法を学習する際に練習を兼ねて使用すれば，接眼ミクロメーターと対物ミクロメーターの目盛りを合致させているかどうか，通常だと手間取る確認作業が，生徒同士あるいは生徒と教師で容易におこなうことができる。学習活動の充実とアダプターの試用をおこなうことができ，一石二鳥である。

大学生には，事前に，撮影前に観察すべきポイントを押さえること，目的のものを中心にしてピントを合わせることなど，写真の撮影法について解説した。しかし学生の中には，十分な観察をせずに撮影する者，低倍率で撮影した写真を見ながらスケッチする者などが散見された。これは学生のレポートからも明らかで，写真を撮ることで満足してしまったことがうかがえる。

スマートフォンのディスプレイを見ながら観察対象を探す生徒や学生も多かった。スマートフォンが大型化したとはいえ，しっかりと観察するにはディスプレイが小さく，ズームで拡大すると視野が狭まるため，顕微鏡を直接見て観察し，写真撮影や情報交換の際にスマートフォンを装着するという使い方が適しているであろう。

アダプターの構造的な点でも課題が見られた。まず，スマートフォンの大きさや重量の点で，現状のアダプターは，ほぼ限界である。「筒」と「台」の接合部の改善が必要である。また，生徒や学生のスマートフォンは非常に個性的で，背面にさまざまな装飾が施されていたり，手帳型のケースを付けていたりと，アダプター装着の妨げとなる場合があった。「台」へ固定する方法を使用者自身が工夫することも必要である。

実践中に興味深かったのは，生徒や学生がスマートフォンを顕微鏡に取り付けて試料を観察しているとき，ディスプレイを指でスワイプして視野を移動，つまりプレパラートを移動させようとする者が少なからずいたことである。スマートフォンを見ている感覚から普段の使用が想起され，顕微鏡を操作して観察しているという感覚がなくなってしまった可能性が考えられる。さらにいえば，リアルな顕微鏡像ではなく，単なる画像・バーチャルな存在として認識しているのかもしれない。顕微鏡を直接覗いているときには，このような感覚になることはない。直接体験が乏しいといわれる現代の子どもたちにとって，このような顕微鏡観察を推奨すべきか否かについては，また別の議論が必要である。

⑤ おわりに

「主体的で対話的で深い学び」の導入に伴い，生徒実験でも協働的な活動やグループでのディスカッションが頻繁におこなわれるようになったが，その基盤となる実験観察を役割分担しておこなうのは，学習の目的によっては，必ずしも望ましいといえない。なぜならば，観察の視点をはじめとした実験技能やの習得は，個人の活動で実体験によって身に付けるべきものだからである。そういう意

味では，顕微鏡観察や記録も個人でおこなうのが基本であることはいうまでもなく，本稿で紹介したアダプターを活用できる場面は多いといえる。

スケッチには，観察した形態を描写することで，観察者の視点や解釈を記録し他者に伝えるといった意義がある。一方，写真は，シャッターを押すだけで被写体の姿を記録できるため，理科や生物の学習では，観察の視点を身に付けるための手段には不向きとされてきた。しかし，教師による学習者への働きかけが重要であることは，記録の手段が何であろうと変わりはない。目的に応じてスケッチと写真を使い分け，観察活動をより充実させることを主眼とした授業も提案できるであろう。

筆者は，実物を見せながら授業をすることが多く，さまざまな方法を考えている。スマートフォンの映像は，TeamsやZoomなどのテレビ会議システムで共有できるため，これをうまく活用することも模索している。スマートフォンをPCと接続して外部カメラとして使用したり，スマートフォンだけ持って野外に出て，植物観察の生中継もできるため，これまでのような教室での授業ではできなかったことも実現できそうである。

また，通常の対面式の授業においても，テレビ会議システムを使えば容易に学生の顕微鏡画像を共有することができる。テレビ会議システムは意外に簡単に使えるので，さらに効果的な使用法について工夫したいと考えている。

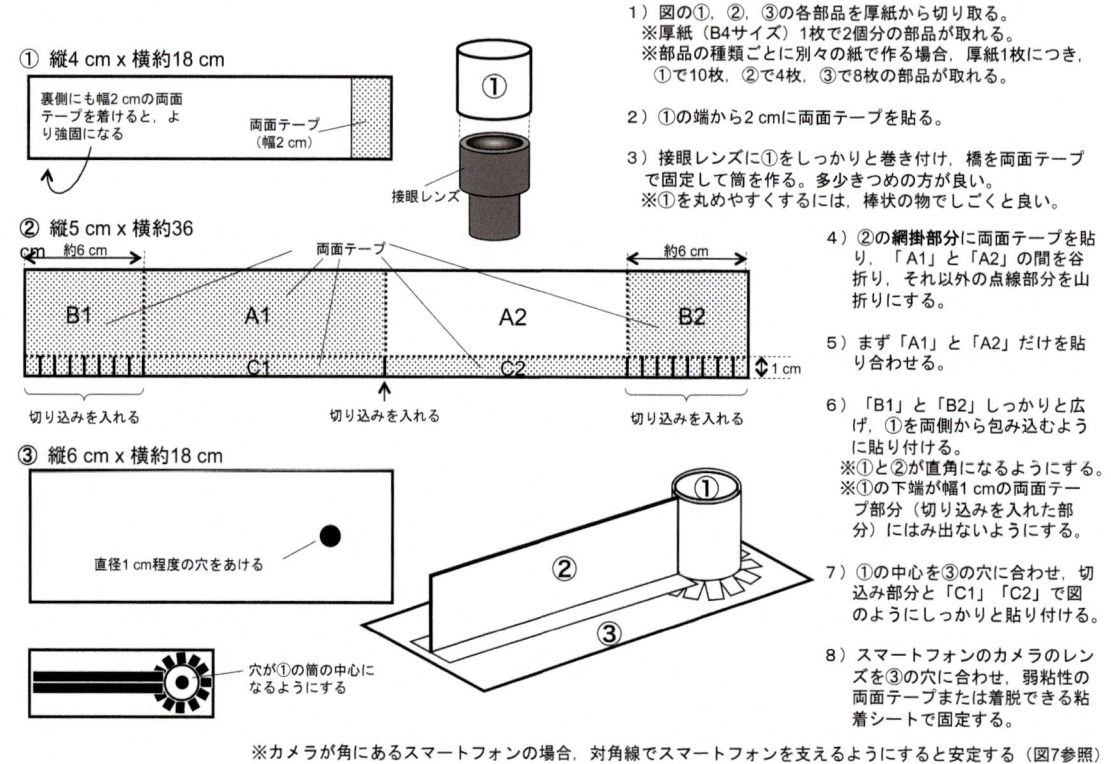

1）図の①，②，③の各部品を厚紙から切り取る。
※厚紙（B4サイズ）1枚で2個分の部品が取れる。
※部品の種類ごとに別々の紙で作る場合，厚紙1枚につき，①で10枚，②で4枚，③で8枚の部品が取れる。

2）①の端から2cmに両面テープを貼る。

3）接眼レンズに①をしっかりと巻き付け，橋を両面テープで固定して筒を作る。多少きつめの方が良い。
※①を丸めやすくするには，棒状の物でしごくと良い。

4）②の網掛部分に両面テープを貼り，「A1」と「A2」の間を谷折り，それ以外の点線部分を山折りにする。

5）まず「A1」と「A2」だけを貼り合わせる。

6）「B1」と「B2」しっかりと広げ，①を両側から包み込むように貼り付ける。
※①と②が直角になるようにする。
※①の下端が幅1cmの両面テープ部分（切り込みを入れた部分）にはみ出ないようにする。

7）①の中心を③の穴に合わせ，切込み部分と「C1」「C2」で図のようにしっかりと貼り付ける。

8）スマートフォンのカメラのレンズを③の穴に合わせ，弱粘性の両面テープまたは着脱できる粘着シートで固定する。

※カメラが角にあるスマートフォンの場合，対角線でスマートフォンを支えるようにすると安定する（図7参照）

付録 紙製「スマホ用顕微鏡アダプター」の作り方

[謝辞]

本アダプターの開発は，JSPS 科研費19K02708，19K03144およびに17H01980の助成を受けておこなった。広島県立向原高等学校の原田吏先生に感謝いたします。また，高校生が使用するアダプターの製作を手伝ってくれた学部生・大学院生諸氏に感謝いたします。

[文 献]

1) 茂原伸也. 科学技術教育 **228**, 19-20 (2017).

2) 竹下俊治，三谷俊夫，原田吏. 日本生物教育学会第102回全国大会予稿集 p.119 (2018).

3) 竹下俊治，三谷俊夫，原田吏，浅海詩織，雑賀大輔. 生物教育 **60(1)**, 23-24 (2018).

竹下 俊治 *Shunji Takeshita*

広島大学大学院 教育学研究科 教授

1991年，広島大学大学院理学研究科博士課程後期中退。同年，広島大学助手（学校教育学部）。2000年，広島大学博士（学術）。2011年，広島大学教授（教育学研究科）。分類・生態学を基盤とした生物教材の開発をおこなうとともに，身近なものを素材にした安価な自作教具の作製にも取り組んでいる。主な著書に，教師教育学講座第15巻「中等理科教育」，第8章「生物教材の開発と学習指導」（磯﨑哲夫・編著，共同出版，2014年）。

浅海 詩織 *Shiori Asaumi*

シンガポール日本人学校 小学部クレメンティ校 教諭

2016年，広島大学大学院教育学研究科博士課程前期修了。私立学校および広島大学附属小学校を経て，2019年より現職。身近な生物を用いた実験・観察教材の開発や，簡易的な実験法の考案など，学校現場での実践に根差した授業の工夫を進めている。

雑賀 大輔 *Daisuke Saiga*

米子市日吉津村中学校組合立 箕蚊屋中学校 教諭

2012年，広島大学大学院教育学研究科博士課程前期修了。同年より，鳥取県公立中学校教諭。デジタル顕微鏡を活用したヒト毛細血管の血流観察法，360度画像を用いたバーチャル観察教材などICTを活用した教材開発を進めている。日本生物教育学会下泉教育実践奨励賞（2017年）を受賞。

樋口 洋仁 *Hirohito Higuchi*

広島大学附属中・高等学校 教諭

2004年，広島大学大学院教育学研究科博士課程前期修了。私立学校勤務を経て，2015年4月より現職。社会的・日常的文脈に根差した生物教育の構築を目指し，国際バカロレアを含む諸外国の生物教育や，理科教育におけるSSI（Socio-scientific Issues）に関する研究を主におこなっている。

三谷 俊夫 *Toshio Mitani*

福山市立培遠中学校 教諭

2008年，広島大学理学部生物科学科卒業。広島市立五日市南中学校，福山市立至誠中学校などを経て，2019年4月より福山市立培遠中学校。大学ではナメクジウオの飼育下での個体発生を研究。基本情報技術者，WEBクリエイター能力認定試験エキスパート，レクリエーションインストラクターなどの資格を活かした教材開発，授業づくりを目指している。

生物観察実験で使う 指示薬の特徴と使い方

清水 龍郎 *Tatsuro Shimizu*

埼玉たのしい科学ネットワーク

近年の分子生物学の発展にともない高校生物においても，特に核酸やタンパク質は生命現象を担う分子として多くを学ぶことになっている。しかし，生物中の主要な有機物質の呈色反応による確認実験や，色の変化で代謝反応を簡便に確認できるいくつかの指示薬は，今では時間的なゆとりのなさもあり，分子生物学的な手法のかげで実施・記載は減りつつあるので，主要なものを整理してまとめた。

表1 生物実験で使われる基本的な呈色反応と指示薬の作り方と用途

試薬	作り方	用途
ヨウ素ヨウ化カリウム溶液	ヨウ化カリウム2gとヨウ素1gを100 mLの水に溶かす。	デンプン・グリコーゲンの検出
フェーリング液	A液：硫酸銅（Ⅱ）7gを水に溶かして100 mLにする。 B液：酒石酸ナトリウムカリウム（ロッシェル塩）34.6gと水酸化ナトリウム13gとを水に溶かして100 mLにする。 使用時，A液とB液とを等量混合する。	グルコースなど還元糖の検出
ニンヒドリン液	ニンヒドリン1gを水100 mLに溶かす。	アミノ酸の検出
スダンⅢ（Ⅳ）	スダンⅢ（Ⅳ）1gを70％エタノール100 mLに溶かす。	脂肪の検出
ジフェニルアミン液	ジフェニルアミン1gを氷酢酸100 mLに溶かし，2.75 mLの濃硫酸を加える。	DNAの検出
BTB溶液	ブロモチモールブルー0.1gを95％エタノール20 mLに溶かし，水を加えて100 mLにする。	酸性・アルカリ性の指示薬
メチレンブルー	メチレンブルー0.3gを95％エタノールに50 mLに溶かして水50 mLを加える。	酸化還元状態の確認

【実験実施上の留意点】

有機物の呈色確認反応は，それぞれの物質が存在する資料に薬品を添加，加熱などすれば検出できる。とはいえ純度の高いあるいは比較的夾雑物の少ないサンプルを使って呈色を見ただけでは，確かに反応・呈色する（実験操作が良好にできた）ことが確認できるだけで，生徒にとってそれほど感動的でない，あるいは学習効果が少ないこともある。そこで，以下の①から③の留意点や工夫を提案したい。

① 生物由来の混合物や身近な市販品などを材料にして，有機物の存在を確かめる
② 顕微鏡下の細胞レベルで呈色反応を，組織化学的に有機物の存在を確かめる。
③ 有機物の抽出や酵素実験などと組み合わせて呈色反応をおこない，反応の確認をおこなう。

なお，粗抽出物や市販品で呈色があっても純物質として単離されてはいないこと，また酵素分解での生成物の検出は比較的容易であるが，基質の完全分解による消失の確認はよりハードルが高いことには留意する必要がある。

指示薬による代謝反応の検出は，色の変化が何を意味するのか読み取ることがポイントとなる。そうでないとただ色の変化がわかるだけである。そのためには，逆にpHや酸化還元反応による指示薬自体の変色を，事前に確かめておくことが望ましい。

炭水化物

ヨウ素デンプン反応【デンプン】

　多糖類の検出反応として最も知られているのは，ヨウ素デンプン反応であろう。

　デンプンのらせん構造の中に要素が入り込んで，紫色に発色すると考えられている。

確認方法：ヨウ素ヨウ化カリウム溶液を滴下する。デンプンがあれば青紫色（アミロース）〜赤紫色（アミロペクチン）になる。

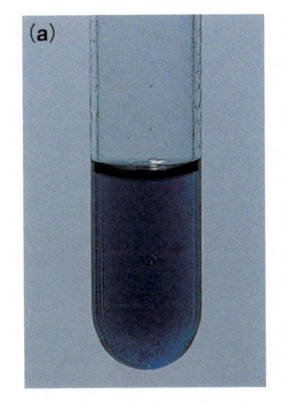

図1 ヨウ素デンプン反応

（a）アミロース，（b）アミロペクチン

（実教出版，サイエンスビュー，生物総合資料，2016より引用。以下，図6，8〜10を除いて同様）

フェーリング反応【還元糖】

　還元糖の検出反応としてはフェーリング反応がある。還元糖でないスクロースやデンプンは反応しない。なお，フェーリング液の代わりにベネディクト液で代替できる。

確認方法：フェーリング液を加えて煮沸する。グルコース，マルトース，ラクトースなどの還元糖があれば赤色沈殿ができる。

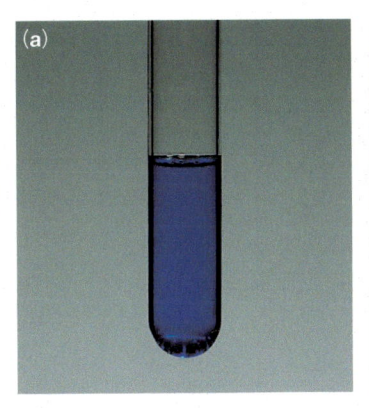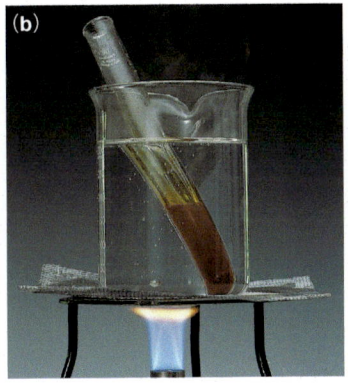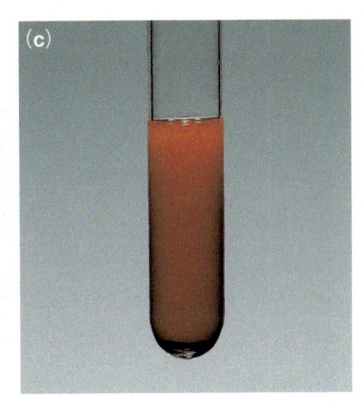

図2 フェーリング反応

（a）反応前，（b）加熱中，（c）反応後　（前掲書より引用）
実験後の赤褐色の酸化銅は，希塩酸などで溶かすとよい（そののち，希アルカリ液で中和し，廃液は重金属廃液にストックする）

【実験実施上の留意点】

① デンプンの材料としては，片栗粉（ジャガイモデンプン）が手軽でよい。また，ジャガイモやバナナ自体もそのまま材料にできる。
　一方，還元糖の材料としてはシロップ用の液化糖（グルコース＋フルクトース）が使用できる。スポーツ飲料などにも液化糖は多く入っている。牛乳の酸沈殿物の上清でもよい。牛乳は，タンパク質，脂質の検出もでき総合的な実験ができる。

② バナナの実は，スライドグラス上に少量つけてからヨウ素デンプン反応をおこなうと，細胞内のデンプン粒を確かめることができる。

③ 酵素反応との組み合わせでは，デンプンのりを作って市販のジアスターゼなどの消化酵素によって分解させるとデンプンのりが溶け，フェーリング反応で還元糖ができたことがわかる。

タンパク質

ビウレット反応【ポリペプチド】

　タンパク質の呈色反応はいくつかあるが，ペプチドに反応するビウレット反応を紹介する。

確認方法：水酸化ナトリウム水溶液と硫酸銅（II）水溶液を加えて赤紫色になれば，ポリペプチドの存在を示す。

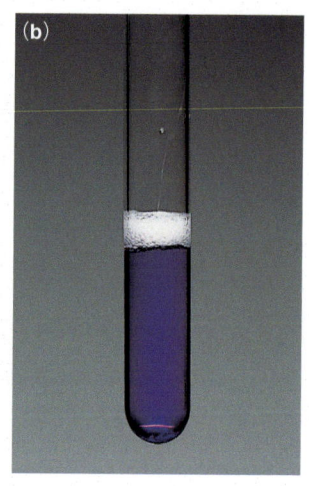

図3　ビウレット反応
(a) 反応前，(b) 反応後

（前掲書より引用）

ニンヒドリン反応【アミノ酸】

　アミノ酸の検出反応としてはニンヒドリン反応が有名である。

確認方法：ニンヒドリン水溶液を試料に加えて加熱する。アミノ酸（やタンパク質）があれば紫色になる。

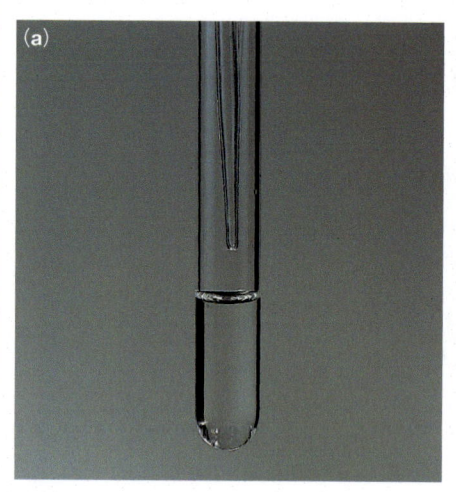
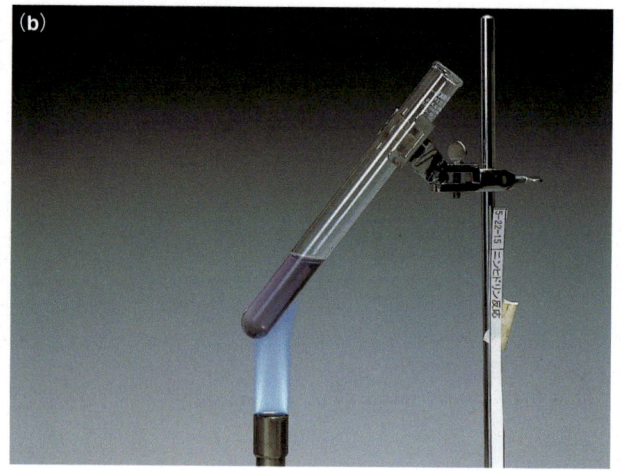

図4　ニンヒドリン反応
(a) 反応前，(b) 反応後

（前掲書より引用）

【実験実施上の留意点】

① タンパク質の材料としては，卵白，牛乳（および沈殿物またはスキムミルク）のほか，ヨーグルトや各種プロテインサプリも利用できる。アミノ酸の材料としては，アミノ酸サプリがある。

② 酵素関連では，ゼラチンにパイナップルやキウイフルーツなどの果汁に含まれるプロテアーゼによって，ゼラチンが分解されて固まらなくなる実験ができる。もちろん，試薬のペプシンを用いてもよい。

脂質

スダンⅢ（またはⅣ）【中性脂肪】

脂質にはさまざまなものがあるが，代表的なものが中性脂肪である。この呈色反応として，スダンⅢまたはⅣによるものがある。

確認方法：液体脂肪にスダンⅢ（Ⅳ）粉末を加えると溶けて赤色になる。牛乳やあぶらみなど脂肪を含む固形物にスダン溶液を滴下すると，脂肪部分が赤く染まる。

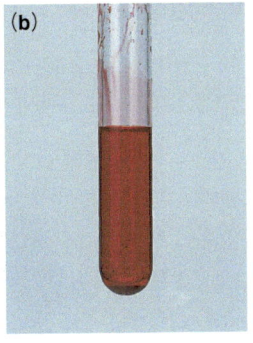

図5 **スダンⅢ（またはⅣ）**
(a) 反応前，(b) 反応後 （前掲書より引用）

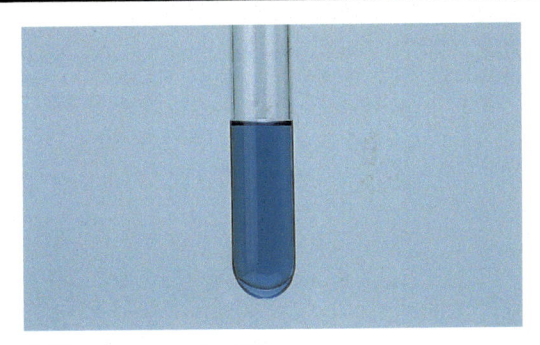

図6 **スダンⅢ**
(a) あぶらみにスダンⅢ液を滴下，(b) 対照

【実験実施上の留意点】

① 脂肪の材料としては，サラダオイルやごま油が手軽だが，牛乳，ナッツ類なども使える。

ただし，スダンそのものが赤いので，脂肪が染まったのかややわかりにくい。

② 牛乳の脂肪粒は，顕微鏡で観察するとスダンⅢ（Ⅳ）に染まっているのがわかる。

核酸

ジフェニルアミン反応【デオキシリボース】

核酸の検出反応として，ジフェニルアミン反応がある。これは，デオキシリボヌクレオチドのデオキシリボースに反応する。

確認方法：試料溶液にジフェニルアミン溶液を加え，沸騰水中で加熱すると青色になる。

図7 **ジフェニルアミン反応**

（前掲書より引用）

【実験実施上の留意点】

① 核酸の材料としては，市販の核酸アプリが手軽。

② DNAの抽出実験は広くおこなわれているが，粗抽出物を再び食塩水に溶かして，ジフェニルアミン反応をおこなえば，DNAが含まれていることがわかる。

BTB【pH指示薬による光合成の実験】

水溶液の酸性・アルカリ性によって色調が変化するpH指示薬はさまざまなものが知られているが，生物実験ではBTB（ブロモチモールブルー）がよく使われる。BTB水溶液は，酸性（黄）→中性（緑）→アルカリ性（青）と変化する。そのため例えば二酸化炭素が溶解して炭酸ができると黄色に，溶けた二酸化炭素がなくなると緑→青と変化する。このことを利用して，呼吸による二酸化炭素の放出（黄色化）や，光合成による二酸化炭素の吸収（青色化）を検出することができる。

ホウレンソウ（オオカナダモがよく使われるが，ホウレンソウでも実験できる）の葉1枚を0.004％の試験管に入れたBTB溶液に入れ，試験管は栓やアルミホイルでふたをしておく。2時間光を当てて変化を見る。結果，写真のように光を受けたホウレンソウの試験管では，青色に変化しアルミホイルで光を遮断した方は黄色に変化したことがわかる。

BTB溶液を3倍の0.012％にし，同じ条件で光を照射すると約120分で青色への変化がわかる（写真はオオカナダモを使用）。

さらに短時間に反応を確認する工夫として，黒画用紙に銀紙を張り付け，**図10**のようにしておこなうと良い（かなり強光なので取り扱いには注意）。

図8　**BTBの反応による色の変化**

(a) 対照実験（0.004％BTB溶液のみ）。(b) 光を2時間当てたホウレンソウ。光合成で二酸化炭素が吸収されBTB溶液は青色に変化した。(c) 光を当てなかったホウレンソウ。呼吸で二酸化炭素が放出されBTB溶液は黄色に変化した。（写真と写真説明：大妻嵐山中学高等学校，大川均先生撮影原案による）（BTBは昭和化学製）

図9　**オオカナダモによる実験**

オオカナダモでBTB溶液の濃度を濃くして実験し，青色変化を目立たせた (a)。なおホウレンソウは，オオカナダモのようにBTB溶液に浸しても，溶液の色の変化を観察することができる (b)。

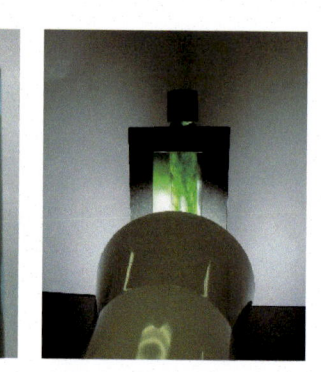

図10　**実験時間短縮の工夫**

黒画用紙を三角柱状にして内側に銀紙を張り付ける。そこに約2,000 luxの光を当てる。こうすると，実験時間の短縮も可能である。

【実験実施上の留意点】

中性のBTB溶液は緑色なので，これに酸やアルカリを滴下して色の変化を確かめる実験を必ずおこなう。試薬の酸アルカリのほか，市販の炭酸飲料（酸性）や重曹（アルカリ性）などもよい。ただし重曹は，成分の炭酸水素ナトリウムがどうしてアルカリ性を示すのか，理解が必要になる。その場合，水酸化ナトリウムが入っているパイプ用洗剤でもよいだろう。

呼吸による二酸化炭素の放出は，呼気を吹き込むだけでよい。この状態から光合成させ，緑→青と変色するのを確かめればよい。

植物の呼吸と光合成を同時に確かめるには，次のようにする。

まず，BTB溶液に重曹などを少し加えて弱アルカリ性（青色）にする。これに呼気を加えて中性（緑色）に戻す。この状態で，①光を当てる，②光を当てない，③植物を入れない対照の実験をおこなう。①は黄色に②は青に③は緑のままになる。ただし，光はかなりの強光が必要で，弱光では短い時間では変化がわかりにくい。

Mb【酸化還元指示薬による脱水素酵素の実験】

生物では染色液として有名なMb（メチレンブルー）は，酸化還元指示薬でもある。すなわち，還元剤を作用させると，通常のメチレンブルー（青色）から還元型のロイコメチレンブルー（白色）に変化する。反応は可逆的で，酸化剤によって酸化するともとの青色に戻る。これを利用して，脱水素反応を検出することができる。

たとえば，コハク酸脱水素を含む酵素液（酵母菌懸濁液）にメチレンブルーを加えると，青色が消える。ただしこの実験は，酸化剤である酸素があると検出されにくいので，反応前に空気中の酸素をアスピレーターで除去し，その後メチレンブルー液を混合できるツンベルク管を使うことが多い。

なお，酵素液として濃度の濃い酵母液を使う場合，ツンベルク管を使わなくても脱水素反応による白色化と，激しい攪拌による酸素供給によって青色化を見ることもできる。

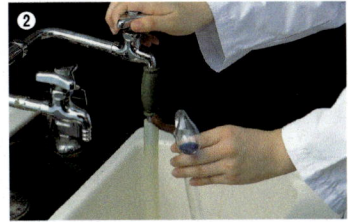
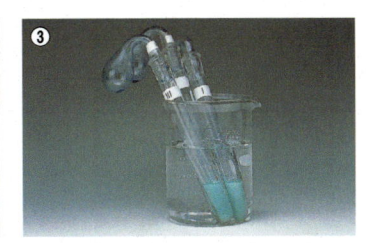

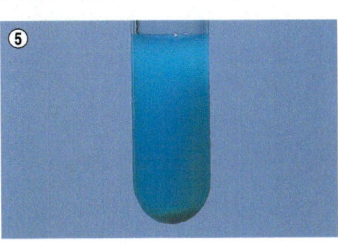
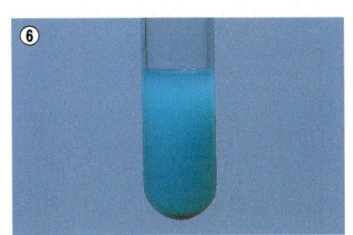

図11　メチレンブルーによる脱水素酵素の実験

①酵母菌懸濁液　②アスピレーターで吸引　③酵素液と基質，メチレンブルー液を混合して37℃で温浴
④温浴反応後　⑤対照実験（基質なし）　⑥対照実験（酵素なし）

（前掲書より引用）

【実験実施上の留意点】

メチレンブルーの実験も，酸化還元によってどのように色調が変化するか，あらかじめ実験しておくことが大切である。方法は簡単で，還元糖であるグルコース（0.1 mol/L程度）をアルカリ条件下（水酸化ナトリウム0.4 mol/L程度）で三角フラスコに溶かし，メチレンブルーを加えて温浴するとメチレンブルーは還元されて白色化する。三角フラスコを取り出して激しく攪拌して空気（酸素）を送り込むと酸化されて青色化する。

その後，アスピレーターを用いた脱水素酵素などの実験をおこなうとよい。

なおアスピレーターを使う際には，使用後，減圧を解放してから水流を停止させないと逆流することがあるので注意すること。

清水 龍郎 *Tatsuro Shimizu*

埼玉たのしい科学ネットワーク

1978年，名古屋大学大学院理学研究科修了，理学修士。1978年，埼玉県立高等学校教諭。1985年，埼玉県長期研修（埼玉大），「微小植物の教材化」。1996年，仮説実験授業授業書《生物と種》完成。2000年，埼玉たのしい科学ネットワーク発足。以後，代表を務める。専門分野は，科学教育，微生物学。「遺伝教材としての酵母菌」で東レ理科教育賞（1986年）入賞，埼玉県教育長表彰（1996年），読売教育賞理科教育部門最優秀賞（2002年）を受賞。主な著書に，課題実験マニュアル.（共著，東京書籍，1995），高校生におくる楽しい学び方・考え方.（仮説社，1999），水中の小さな生き物けんさくブック.（監修，仮説社，2016），サイエンスビュー生物総合資料 四訂版.（共著，実教出版，2019）。

ウニとカエルの初期発生の観察
——簡単に，そしてリアルに美しく観せる工夫

山下 登 *Noboru Yamashita*

元埼玉県立高校教員

ウニとカエルの発生の観察は高校の生物教育において最も重要な意味のある実験観察の一つと思っている。残念なことに現在の学習指導要領では最新の研究成果を盛り込むためにかなりあっさりと扱われるようになってしまったが，体軸形成の知見にもつながる基本的な部分であり，基礎的な理解を深めるには，とても良い材料である。

ウニの初期発生の観察

『海なし県の埼玉』でウニの発生を生で見せるために随分と苦労して生きたウニを手に入れ，放卵放精の様子を生で見せ，受精の瞬間を観察させ，プルテウス幼生までの発生の過程を生きたままで観察させてきた。それでも普通の光学顕微鏡を使って見る世界はいま一つ美しくない。双眼実体顕微鏡で見るようにリアルに美しく見せたい。そこで「横から光を当ててやったら反射光で双眼実体顕微鏡と同じように見えるんじゃないか」と思い試してみた。そこに見えたものは想像以上のものだった。

ということで，今回はウニの発生，特にウニの受精の観察をLEDライトを使って，よりリアルにより美しく観察する方法を紹介するとともに，これまで広くおこなわれてきた観察方法の確認もしたい。

(1) ウニの入手方法

ウニの産卵期は，関東地方ではムラサキウニが6〜8月，バフンウニが1〜2月であるが，バフンウニが卵が透明度が高く受精膜が高く上がるので好適である。筆者は1月の大潮の近くに三浦半島の海岸に夜の干潮を狙ってウニを採集に行く。もちろん漁協，警察に許可を取る。

冬の太平洋側の海辺では，大潮の日の夜には磯がすっかり水が引けてしまうので，簡単に採集できるのである。外にも海の生き物を少し持ち帰り生徒に見せる。

(2) 放卵放精の観察

直径25〜30 mmの管瓶に海水を満たし，口器を取り除いたウニを腹側を上にして乗せ，KClを注入する。ウニが少ない時は口器をとらず注射器を使えば何度でも見せることができる。放卵放精の様子は本当に神秘的で何度見ても感動する。雌雄の見分けは難しいが，管足の色が黄色く腹側全体が少し黄色みがかって見えるのが雌，白みがかって見えるのが雄である。

(3) 受精の観察

放卵させた卵をピペットでビーカーにとり，海水で一度洗ってから使う。卵はパスツールピペッ

図1 雌雄の見分け方（右：雌）　**図2** 放卵放精の様子

トでホールスライドガラスに多めにとる。海水が少ないと卵がスライドガラスに張り付いてしまってうまく受精膜が上がらない。精子は管瓶に放精させたものではなく，放精している雄を時計皿の上に背中を下にしておき，放精させたままの精子白濁液を柄付き針の先で少量ビーカーにとり適度な濃度に海水で薄めて使う。卵は2時間くらいは受精する能力を保つが，精子は10分，20分で使えなくなる。ただし，卵は冷蔵庫に保存すれば2日くらい使えるし，精子は海水に薄めなければ2，3日使える。

　卵をとったホールスライドガラスを顕微鏡にセットし，対物レンズを4倍にしてピントを合わせたところへ，精子をパスツールピペットで1滴加える。照明はペンシル型のLEDライトを斜め30°くらいに照射する（**図3**）。

　LEDライトの光の下，卵に群がる精子があたかも肉眼で見ているようにリアルに見える。**図4**は受精膜が上がって行く途中をLED光と透過光で見比べたものである。左から3番目と右端は同じ卵である。

　写真の上に見える丸い塊はゼリー層が卵からはがれ，それに群がっている精子である。ゼリー層から精子の吸引物質が出いていることがよくわかる。

　図5は受精が終わった卵を100倍で観察したもの。左端は透過光・絞り解放，中央は透過光・絞り絞り込，右端はLED光で見たものである。写真に撮ったものでもこれだけの違いがある。実際に観察している時の違いは格段の差である。是非ともこの方法を試してもらいたい。

(4) 初期発生の観察

　受精卵をその後正常に発生させるためにはいくつかの工夫が必要である。まず，受精直後は残った精子が大量に酸素を消費してしまうので強めにエアレーションを2，3分おこなう。その後，卵を沈殿させ上澄みの海水を捨て新しい海水に換える。この操作を2回ほどおこなう。以後はエアレーションの必要はない。

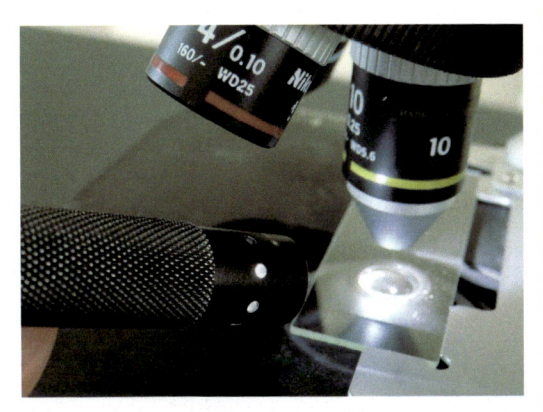

図3　LEDライトを照射したところ

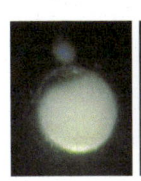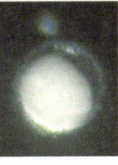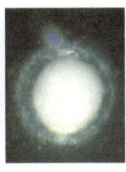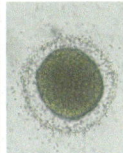

図4　受精中の卵
左3点：LED光，右：透過光

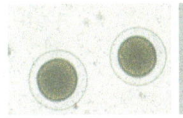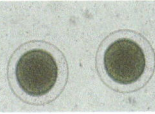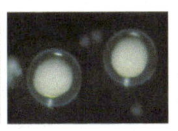

図5　受精が終わった卵
左：透過光・絞り開放，中央：透過光・絞り絞込，右：LED光

　およそ半日で胞胚が泳ぎ出し，1日で原腸胚になる。この時，底に残っている死骸をピペットで吸い取って除去することが大切である。2日でプリズム幼生，3日でプルテウス幼生になる。

　この一連の過程を生徒に2時間くらいの授業で観察させるためには，時間をずらして何度か受精させるとともに，冷蔵庫や恒温器を駆使して温度変化を付けて，発生のスピードを管理してやる必要がある。

　2細胞期から胞胚ふ化前までの胚は，最初に大量に受精させ，それぞれの時期に必要なだけホルマリン（5%）で固定しておいて，それらを混ぜて一度に見られるようにするとよい。固定胚は長期保存が可能である。胞胚から先は固定胚はすぐにだめになってしまうので，是非生きて泳いでいる胚を観察させたい。

カエルの初期発生の観察
——胚断面をよりシャープに
　　観察するために

　「教科書に載っているカエル胚の『原腸胚』や『尾芽胚』の断面図を見て，本物のカエルの胚は本当にこの図のとおりになっているのか？」。長い間自分も見たことがないものを，教科書そのままに教えていて，自分に問いかけていた。物の本には寒天に抱埋して切るという方法が紹介されているが，何回か試してみたがそれほどうまく切れるものではなく，生徒がおこなうには無理があった。

　そんな時，先輩の先生が「カエルの胚は大根に埋め込んで切るんだよ」とアドバイスしてくれ，実際にその方法を実演して見せてくれた。大根？　とビックリしたが，実に簡単に綺麗に切れた。鮮やかであった。

(1) 大根抱埋法の利点

- 大根は組織がしっかりしていて，潰れたり歪んだりすることなく，サクッと切断できる。
- みずみずしくて卵を乾燥させることもない。
- 大根は安価であり，1年を通して簡単に入手可能である。つまり，いつでも実験ができる。

(2) カエルの卵の入手方法

　大きさや入手できる可能性から考えて，ヒキガエルの卵が一番であるが，最近ではヒキガエルの卵の入手も，容易ではなくなりつつある。

　一番良い方法は，生徒や同僚に情報の提供をよびかけることだ。生徒によっては，自宅周辺などの棲息を知っている場合がある。筆者も何度も生徒の家に貰いに伺った。今は自宅に小さな池を造り，毎年産卵に来てくれるようになった。ヒキガエルの卵の入手が困難な場合は，アフリカツメガエルを飼育して産卵させた卵を，以下ヒキガエルと同様にホルマリン漬けにして

おくと，簡易でかつシャープに断面を見ることができる。

(3) 卵の保存方法

　入手した卵は水槽等で発生を続けさせ（水温の管理が大切），必要な時期の胚になったところでジャム瓶などへ取り分けホルマリン漬けにして保存する。ホルマリンの濃度は5%程度とする。

　いろいろな時期の胚を入手するためには，産みたての卵を手に入れなければならないので，情報収集は大変重要である。ただ，卵塊が見つかりさえすれば大量の卵が得られるので，数年は使える。

　卵はホルマリン漬けにして2～3年は保存してからでないと使えない（軟らかくて崩れてしまう）ので注意が必要である。採卵してすぐ使える訳ではない。だんだん固くなって縮んで行くが，固定後10年くらいまでは使える。

(4) 大根抱埋法で使う器具

- 大根を厚さ7 mm，縦1.5 cm，横2.5 cmほどの大きさにカットしたもの
- スライドガラス（まな板としても使う）
- 安全カミソリの刃（ステンレス製の切れ味の良いもの。両刃を使う場合は刃の片方をマスキングテープ等で覆ったもの）

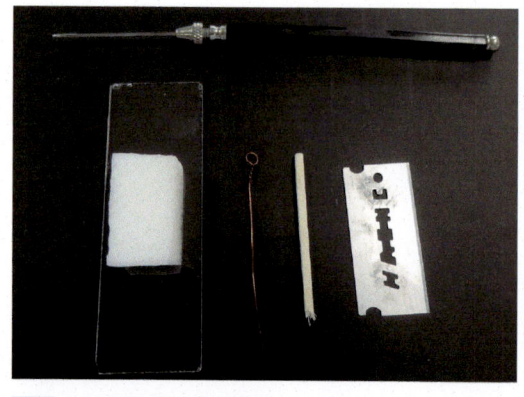

図6　大根抱埋法で使う器具

図7 大根に穴を開けているところ (a)，穴を開けた大根 (b)

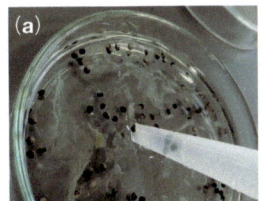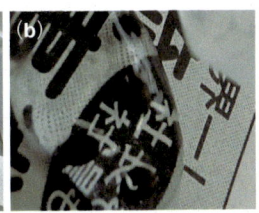

図8 胚をプラピペットで数個取り (a)，新聞紙の上へ落とす (b)

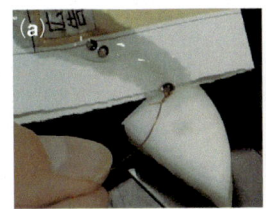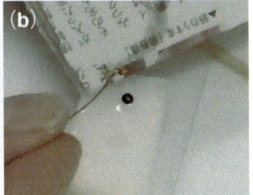

図9 エナメル線を使って胚を大根の上へ落とす

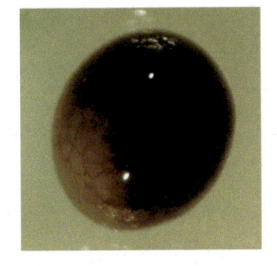

図10 桑実胚の表面

図11 原腸胚を穴に落としたところ

- 頭を切り取ったマッチ棒
- 直径4 mmほどのリングを作ったエナメル線
- 柄付き針
- 先端をカットした10 mL用プラ駒込ピペット
- 文庫本ほどの大きさに切った新聞紙

(5) 観察の手順

① 大根にマッチ棒を使って約3 mmほどの深さの穴を開ける。マッチ棒を刺して2, 3回クルクル回す。これでちょうどヒキガエルの胚がぴったり入る穴になる。尾芽胚の縦切りをする時は穴を並べて二つ開ける〔図7(a), (b)〕。

② 観察したい時期の胚をプラピペットで数個吸い取り，新聞紙の端の方へ置く〔図8(a),(b)〕。

③ エナメル線のリングに胚を入れ軽く引きずるようにして寒天質を取り除き大根の上に

落とす（直接穴の中へは入れない）〔図9 (a), (b)〕。

④ スポイトで胚に水をかけ双眼実体顕微鏡で外観を観察する（図10）。

⑤ 柄付き針を使って（胚を傷つけないように注意）胚を大根の穴の中へ落とし込む。この時胚の向きがとても重要である。特に原腸胚は卵黄栓が見えるようにする（図11）。

⑥ 胚を切る角度を考え（切る角度によって中の見え方が違う）切断後観察しやすくなるように大根の面取りをする（図12）。

⑦ カミソリの刃を両手で持って，胚の真ん中にカミソリの刃を当て，真上から視認しながら一気に大根を切る。度胸とカミソリの切れ味が決め手（図13）。

⑧ 胚を壊さないようにカミソリの刃をスライドさせながら抜いて，大根を左右に開く。

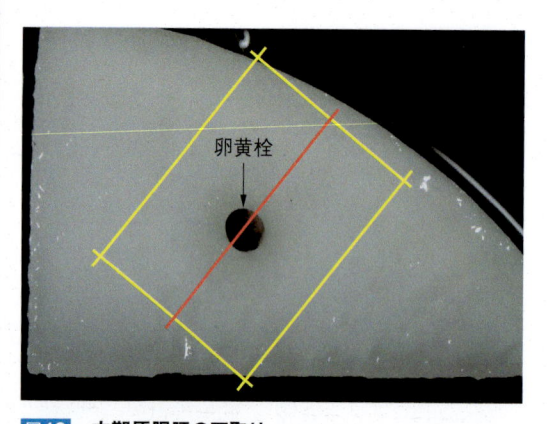

図12　中期原腸胚の面取り

黄色線：面取り線，赤線：胚を切る線

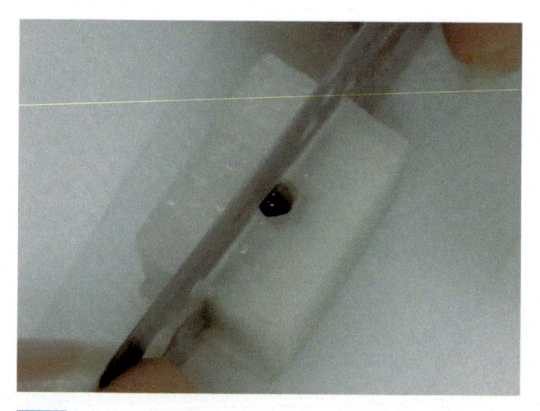

図13　カミソリの刃をしっかり持って一気に押し切る

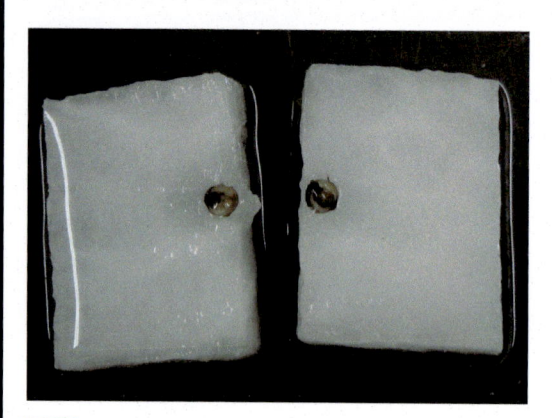

図14　カットした胚を開いたもの

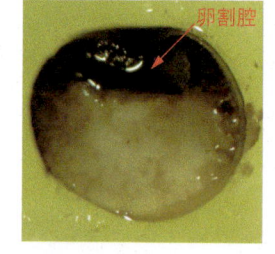

図15　桑実胚

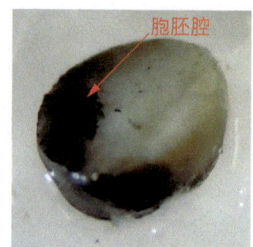

図16　胞胚

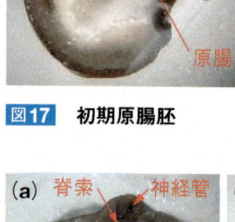

図17　初期原腸胚

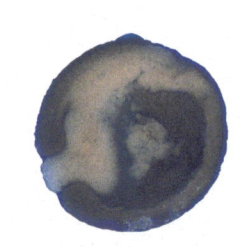

図18　後期原腸胚

胚が大根に付いてしまった時は洗浄ビンで水をかけて落とす（**図14**）。

⑨　スライドガラスの上に胚をのせた大根を置いて水をかけてから双眼実体顕微鏡で観察する。観察にはLEDライトを使うか，直接太陽光を使うときれいに見える。

（6）各時期の胚の断面

確かに教科書に載っている図のとおりになっている。

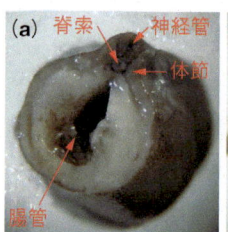

図19　初期尾芽胚輪切（a），**初期尾芽胚縦切**（b）

［参考文献］

サイエンスビュー生物総合資料（実教出版）

ニワトリの卵で発生を観察する意義とポイント
――発生の古典的な観察材料を見直す

半本 秀博 *Hidehiro Hanmoto*

放送大学 非常勤講師　　プロフィールは P.109 参照

ニワトリの発生 ―― 胚盤葉による発生の理解

　鳥類の発生は卵割後の卵割腔内に内部細胞塊ができ胚盤葉上層と胚盤葉下層を形成する。これら二層の細胞層は胚盤を形成する。胚盤上層は外胚葉，下層はおもに内胚葉になる。胚盤上層の上下軸下方から原条が落ち込んで，内胚葉との隙間に中胚葉を形成する。胚を作る。ニワトリ卵は，胚盤葉から体軸・神経管・体節形成などを観察でき，ヒト胚の初期形態形成を理解しやすくする（**図1**）。

　昔から一部の現場ではおこなわれていたものだが，現代的意義の見直しもかねて整理しておく。

　鳥類と哺乳類では初期卵割は異なる。魚類・鳥類は端黄卵・盤割，哺乳類は等黄卵・等割である。哺乳類では胞胚に当たる時期の表面細胞は胎盤になり，ほとんど胚形成には関与しない。内部細胞塊が胚盤葉を形成する。内部細胞塊の形成は，ES細胞（Emblionic Stem Cell）など昨今話題の多能性幹細胞を理解するうえでも重要である。ニワトリ卵では胚盤形成後，脳胞・脊髄・体節構造，眼胞，耳胞，前肢芽，後肢芽などが，産卵後三日目胚で観察できる。

　盤割による発生の観察にはヒメダカもよく用いられてきた（コラム参照）。胚盤部分に二細胞期から胚盤葉が広がり胚ができる。脊髄，体節，眼胞，脳胞も見られる。比較的飼育が簡易であり場所を取らない。発生途中で止める必要もなく，小中学校で生物を大切にする観点からも有効と思われる。

➡より優れた材料として本編「ウズラ卵の発生」参照
総合的に優れた教材ウズラ卵（薄井芳奈先生の論稿）

　「実験観察の勘どころ」編の薄井芳奈先生のウズラ卵の発生は，恒温器内で同時に多くの発生を進めることができるだけでなく，切り出した胚の鮮明度が非常に高く，また顕微鏡観察もニワトリよりもおこないやすいと評判である。説明も丁寧になされているので，P.184を参照されたい。

【比較】ニワトリ胚盤は盤割面に，ヒト胚盤は胚盤胞内に形成
胚盤形成後，胚盤上層の陥入により中胚葉ができる
ニワトリ；卵割→胚盤・胚葉形成
ヒト；卵割→胚盤胞（胞胚に相当）→胞内に胚盤・胚葉形成

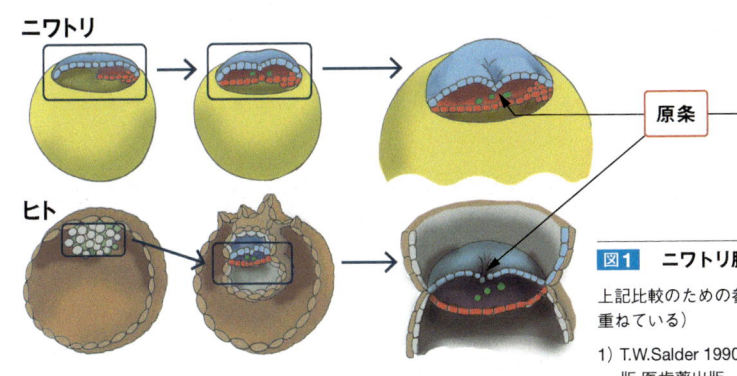

図1　ニワトリ胚盤葉形成とヒト胚盤葉形成の比較説明図

上記比較のための参考文献（以下の本は1990年代から2019年まで版を重ねている）

1) T.W.Salder 1990, 沢野十蔵・山田峰生訳 ラングマン 人体発生学 第6版 医歯薬出版

2) S.F.Gilbert 2000. 6th.ed. Sinauer associates, Inc.Publishers Sunderland Massachussetts

胚盤葉／胚盤上層の細胞：青　胚盤葉／胚盤下層の細胞：赤
内部細胞塊：灰色　栄養芽細胞：茶　外胚葉から落ち込んだ中胚葉：緑

ニワトリ

【準備する用具・試薬類】

恒温器内をエタノール等で拭いて殺菌し，湿度を保てるようにビーカーに水を張って入れておく。温度は38℃に設定すると良い。37.5〜39℃が目安となる。ただ40℃近くなっても3日目胚までならダメになることはない。

シャーレ（径9 cm），時計皿（径5 cm以上），300 mL程度のビーカー（紙コップでもよい），ステンレス製薬さじ（大さじ，小さじ両用タイプ），はさみ（先がとがったものがよい），ピンセット，柄付き針，駒込ピペット，先細口つきポリ容器（水を入れておく）

〈発生の失敗の主な原因〉

恒温器，ふ卵器内の雑菌汚染か，湿度不足が原因のことが多いが，年によって有精卵のコンディションが悪い場合もあることに留意する。

【観察手順と胚盤葉および体節・神経管・脳胞・眼胞の観察】

〈産卵直後（受精後約20時間）の観察〉

胚体はまだできていない。図2のように白濁した胚盤葉が見られる（径3〜5 mm位）。

シャーレ内に目玉焼きを作るときの要領で黄身を崩さず落とす。

上から白濁部分が見られない場合➡裏側か横になっている場合➡卵を他のシャーレ等にひっくり返して入れる。

産卵までの間に細胞数は増えているが，組織器官の分化は見られない。

〈三日目胚の観察〉

胚軸が形成され，胚体外に向けて血管が伸びている。1 mmに満たない心臓の拍動がわかる（図3）。顕微鏡で見ると脊椎とその両側の体節がわかる。脊椎の頭部側は脳胞，眼胞，耳胞，前肢芽，後肢芽がわかる。顕微鏡コンデンサーや光量の調節によっては羊膜も確認できる。

産卵直後卵と同様，シャーレ内に卵の殻を割って中身を落とす。産卵直後の卵に比べると，卵黄と胚盤のできる透明膜が崩れやすいので注意する。

すでに胚体外血管から胚形成のための栄養を胚盤葉中央に集め始めている。このため卵黄密度が低くなり弾力が低下しているので崩れやすい。崩れやすさを考えると，多少の予備を用意しておいたほうが良い。

3日目胚で血管・胚体がよく観察できる胚盤も，シャーレに落とした時に必ず上側に出るとは限らない➡側面やシャーレの底から目視して，上に来るように調整する。

胚盤の切り出し；卵黄を覆う卵黄膜の一部から胚盤が形成される。卵黄を取り巻く卵膜は思いのほか強度があるので，眼科用のはさみを使用している（図4）。

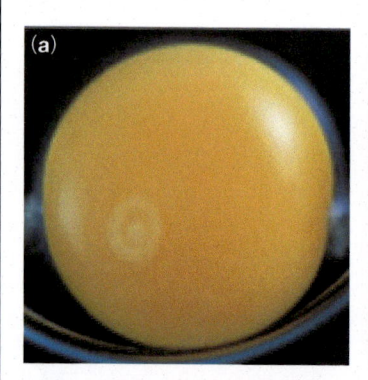

図3　三日目胚の切り出し前の確認

恒温器内で1日1回転卵

図2　産卵直後卵の胚盤葉の観察（有精卵を購入し静置した状態で5日間利用可）

（a）白濁部分が胚盤葉　　（b）胚盤葉の検鏡　　　　　　　　　（写真提供：津田保志氏）

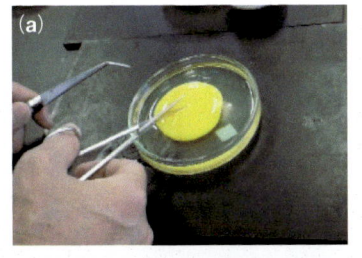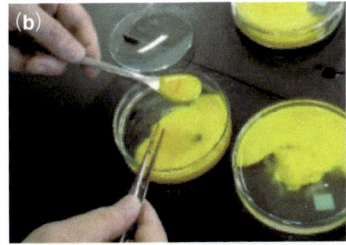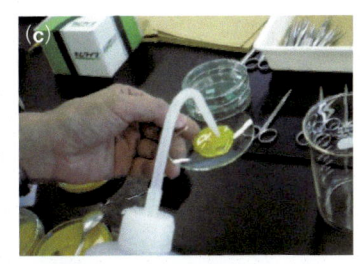
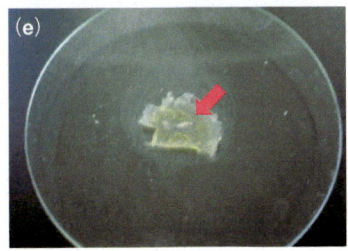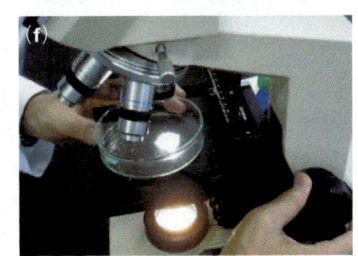

図4　胚盤葉の切り出し

(a) 胚盤葉周囲切除　　(b) 胚盤葉をすくいとる　　(c) 胚盤葉裏の黄身の水洗
(d) 水洗の繰り返し　　(e) 水洗の終了　矢印；透明な胚盤中央に胚
(f) 対物レンズ4倍で観察（透過光・落射光）　※写真では時計皿をシャーレ内に置いている

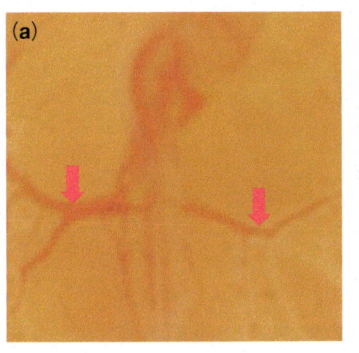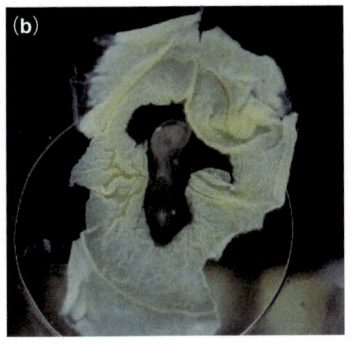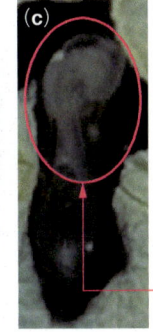

対物レンズ4倍で
確認できる大きさ

図5　ニワトリの胚盤葉と胚の形成

(a) 胚盤葉切り取り前の胚盤と心臓・血管；矢印は卵黄動脈（胚体外動脈）　　(b) 胚盤葉切り取り後，卵黄除去後の胚盤と胚
(c) 体節構造　脊索　眼胞（透過光），落射光にすると耳胞やさらに細かい構造がわかる

（写真提供：津田保志氏 放送大学実験授業より）

【留意点】

留意点1；薬さじの大さじ側を使って，切り取った胚盤を移す。この時，胚盤の外周の切断が不十分であると，薬さじですくったときにくしゃくしゃになってシャーレ側に引きずられてダメになる。また，十分切断できていても卵黄等が付着している。粘着性があり引きずられやすいので，薬さじですくう時にピンセットで胚盤を少し広げるように押さえながら移動するとよい。

留意点2；胚盤を広げて，蒸留水・イオン交換水等を胚盤の裏の黄身を落とすように流し込む。流し込んだ水の上で少し胚盤葉を動かすと卵黄が落ちる。ティッシュに吸い取らせる。ピンセットで押さえながらおこなう。

留意点3；卵黄が取り切れないので，数回これをおこなう。胚体の周りが透明になって肉眼でわかるようになってきたら，観察に用いることができる。全体像は解剖顕微鏡または双眼実態顕微鏡を用いるとよい。部分は顕微鏡対物レンズ4倍で見る（**図5**）。

Column 資料 ヒメダカ

【盤割，胚盤葉から胚体ができる】

　胚盤上の盤割による胚の形成が観察できる。

　卵内に多く見られる丸い粒は油滴である。通常の水槽や水がめなどに水草を入れておくと産卵し付着する。水草に付着する側に付着糸があり，反対側に卵門があり，精子はここから侵入する。

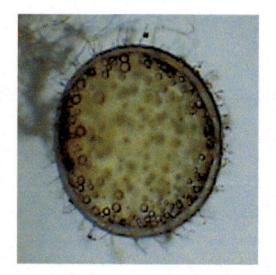

受精卵

1時間後
2細胞期

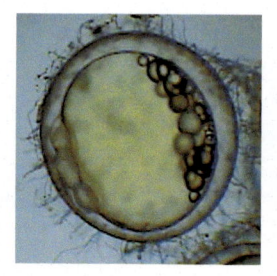

2時間後

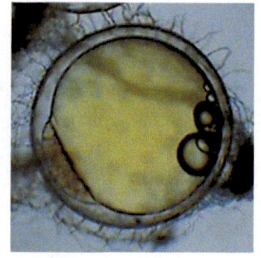

5時間後
桑実胚期

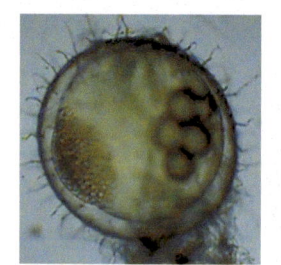

8時間後

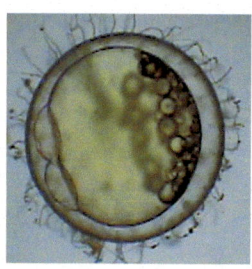

12時間後
胚体がうっすら現れる

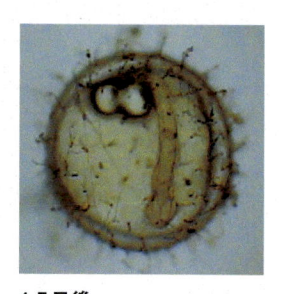

1.5日後
胚胎がはっきりする

2.5〜3.5日後
脳胞・眼胞・体節・脊髄・耳胞などがわかるようになる

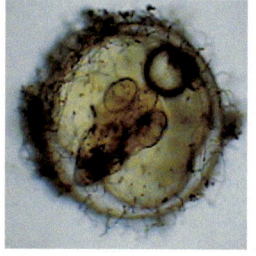

4日後
ニワトリ同様，卵黄から胚体を作るための大静脈ができる。形態形成が進む

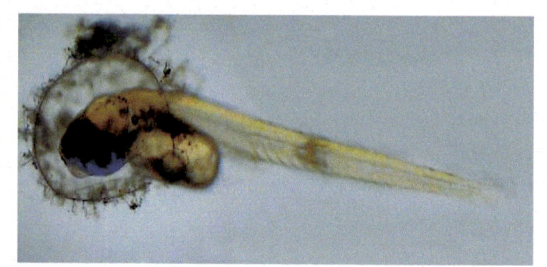

10日後
泳ぎ始める

図6　ヒメダカの発生における盤割と胚軸の形成

（実教出版「サイエンスビュー　生物総合資料」より抜粋転載）

【留意点】

　飼育に当たっては水流があるとなおよい。詳しい条件および顕微鏡での観察による詳細な器官形成については，以下のホームページ等が参考になる。基礎生物学研究所 https://www.nibb.ac.jp/about/videogallery/index_3.html

PCR法と電気泳動法による DNA分析の基礎的な技術

服部 明正 *Akimasa Hattori*

埼玉県立松山高等学校 教諭　　プロフィールは P.257 参照

1 マイクロピペットの使用法

マイクロピペットは，1.0 mL（＝1,000 μL）以下の微量の液体を測り採る器具である。

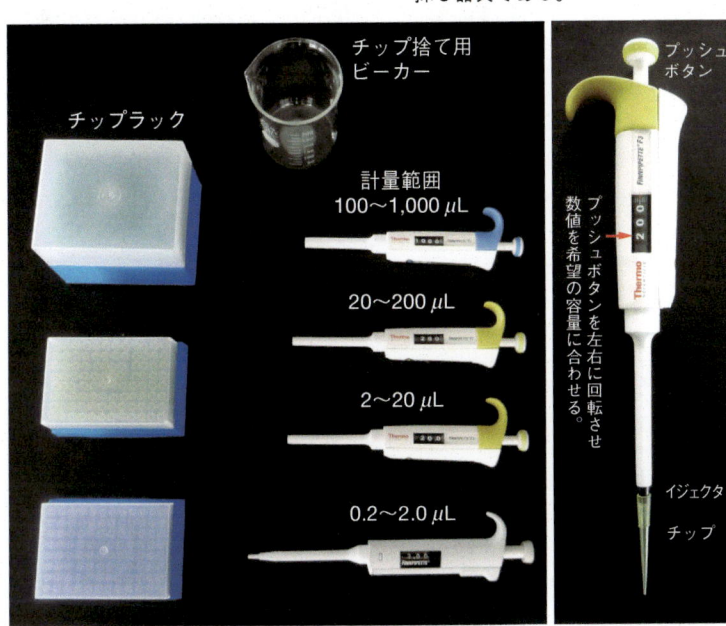

チップ捨て用ビーカー

チップラック

計量範囲
100〜1,000 μL

20〜200 μL

2〜20 μL

0.2〜2.0 μL

プッシュボタン

プッシュボタンを左右に回転させ数値を希望の容量に合わせる。

イジェクタ

チップ

容量の設定

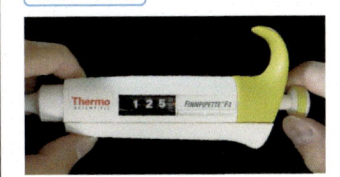

プッシュボタンを回転させ希望の容量にする。

ピペットの装着と脱着

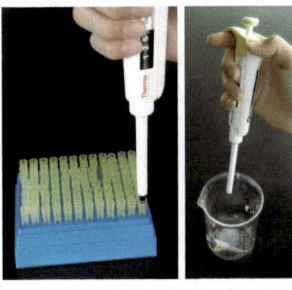

ピペットの先をチップに差し込み，数回軽く押し付け装着する。チップは素手で触らない。外すときは，イジェクタボタンを押す。

ピペット本体にチップを先端に取り付けて使い，別の液体に使うときはチップを捨てて，新しいものに取り替えることで液体の混合を防ぐ。ピペットとチップの組み合わせは決まっているので，計量するときに確認が必要である。

吸い込みと排出の操作

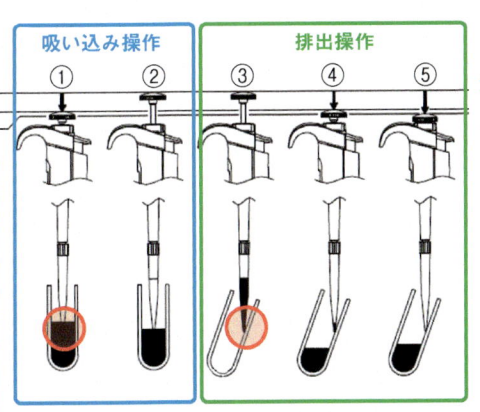

初期位置
第1ストップ
第2ストップ

吸い込み操作　① ②
排出操作　③ ④ ⑤

プッシュボタンを初期位置から第1ストップまで押し下げたまま，液面下2 mm〜3 mmにチップの先端を入れる（①）。
プッシュボタンをゆっくり初期位置まで戻し，液体をチップ内に吸引する（②）。

初期位置からゆっくりと第1ストップまで押し下げた後，引き続きゆっくり第2ストップまで押し下げて液体を排出する（③〜⑤）。

先を液面より少し下に入れて吸う

先を容器の壁面に当て，排出する

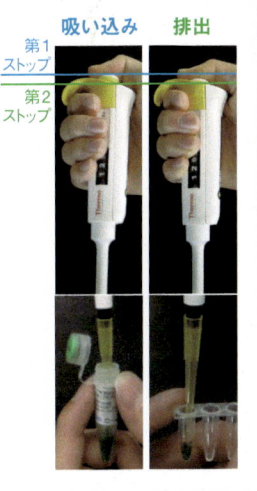

吸い込み　排出
第1ストップ
第2ストップ

② サーマルサイクラー

PCR法により目的のDNA断片を複製させるための機器

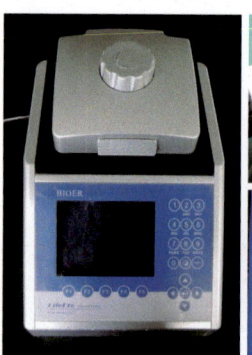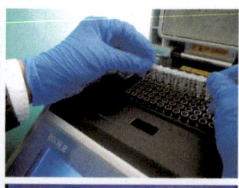

マイクロチューブを入れ，タッチパネルで反応条件（変性温度・時間，伸長温度・時間，サイクル数など）を設定する。

③ 小型遠心分離機

マイクロチューブ（0.5 ～ 2.0 mL）内の分解できなかった組織などのゴミを含む溶液から遠心力により効率よくゴミを底に集めることができる。

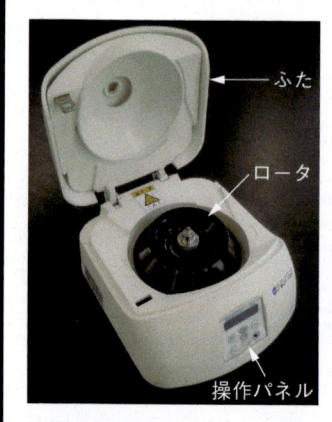

ふた
ロータ
操作パネル

⭕バランスが良い

❌バランスが悪い

④ 電気泳動法

担体（アガロースやポリアクリルアミドなど）に試料を入れて電圧をかけると電気を帯びた分子（DNAやタンパク質など）の大きさにより移動速度が異なることを利用している。

寒天ゲルの作製法

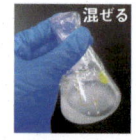
混ぜる

泳動用緩衝液と寒天（錠剤）を入れ，混ぜる。

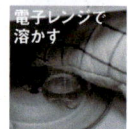
電子レンジで溶かす

電子レンジで寒天を溶かす。

ゲルメーカーの名称

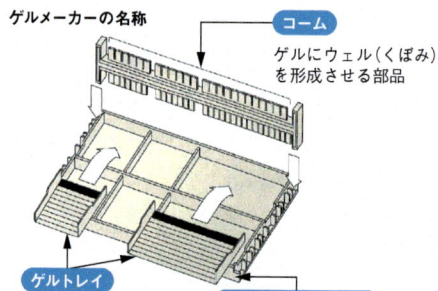

コーム
ゲルにウェル（くぼみ）を形成させる部品

ゲルトレイ
ゲルメーカースタンド
寒天溶液を流し込み固体化させる。
コームを立て掛ける。

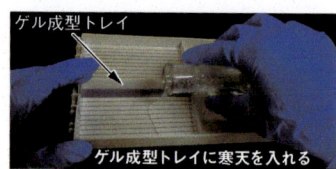
ゲル成型トレイ
ゲル成型トレイに寒天を入れる

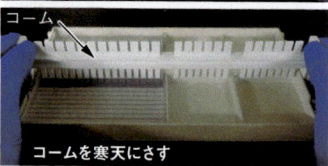
コーム
コームを寒天にさす

電気泳動

電気泳動装置の名称

プラス極　マイナス極

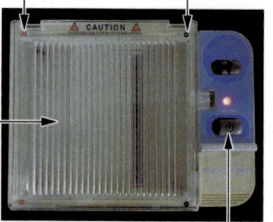

泳動カバー
電源を入れる前にカバーをかける。

電源スイッチ

DNAの移動する方向
（－極から＋極へ）

担体分子（細い線）

電気を帯びた分子

寒天が－の電気を帯びた分子をさえぎるので，小さい分子ほど移動距離が長くなる。

①ゲルのウェル（DNAなどの試料を入れるくぼみ）がマイナス極側になるように置く。

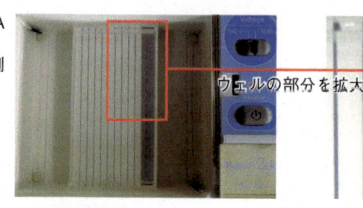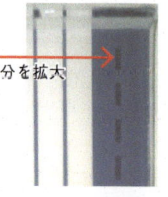
ウェルの部分を拡大

②試料とマーカーをそれぞれのウェルに入れる。
※チップの先を指で支えると入れやすい。

マーカー

③カバーをして電源を入れる。染色液がゲルの8割程度に移動したら電源を切る。

ゲル撮影装置

染色液で染色したDNAに紫外線を当て蛍光シグナルを検出し，カメラで撮影ができる装置。

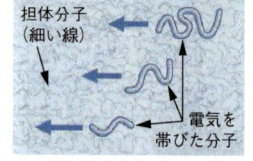
観察窓
カバーの取手

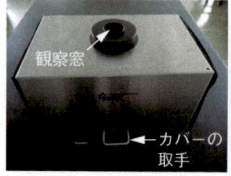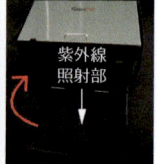
紫外線照射部

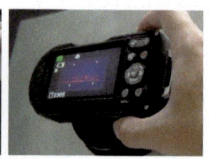

ゲルを紫外線照射部に載せ，観察窓からカメラで撮影。

5 塩基配列のブラストとアラインメント

ブラストとは，ジーンバンクなどからから目的の塩基配列に類似した配列を検索することであり，**アラインメント**とは，ブラストした配列の中から共通部分を抽出し整列することである。

NCBIサイトのBLASTによる検索方法については，NCBI BLAST チュートリアル（https://www.jst.go.jp/nbdc/bird/minicourses/blast-tutorial.pdf）を参照。

MEGAは，アミノ酸配列やDNAの塩基配列の違いを利用して分子系統樹の作成や配列のアラインメントができるフリーソフトである。作成方法は，［MEGAを使って配列アラインメントおよび系統解析をする統合TV］。（https://togotv.dbcls.jp/20110705.html）を参照。

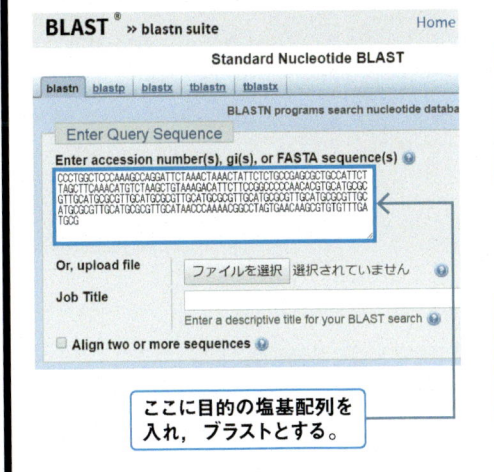

ここに目的の塩基配列を入れ，ブラストとする。

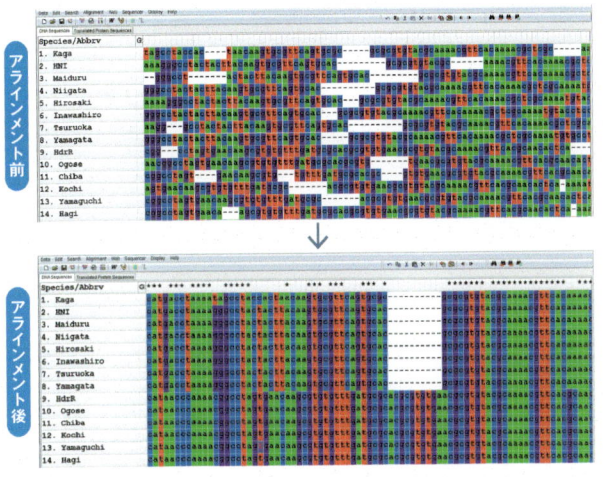

6 プライマーの作製

目的の遺伝子の塩基配列がわかれば，PCR用のプライマーをウェッブ上で作成することができる。

プライマー3は，ウェッブ上でプライマーを作成できるフリーのツールである（http://bioinfo.ut.ee/primer3-0.4.0/）。

下図は，2種類のメダカのミトコンドリアのD-loop領域の塩基配列の相異を利用して，2種を選別できる専用のプライマーを作成した例である。

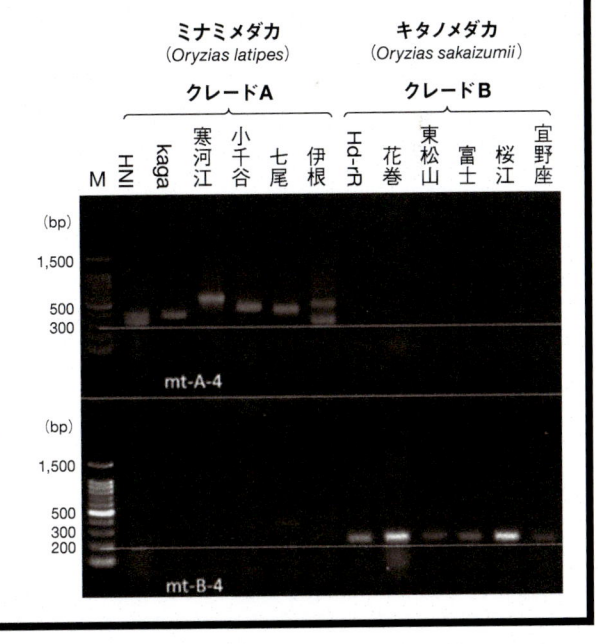

目的の遺伝子の塩基列を入れる

目的の塩基配列のサイズ指定した後，クリックする

Pick Primersをクリックすると自動的にプライマーが作成される

7 無菌操作
空気中に存在する微生物などが混入して，目的の生物が汚染されないようにおこなう操作。

簡易無菌操作 バーナーの炎の周辺に生じる上昇気流を利用すると，簡易的に無菌操作ができる。炎の周辺の空気の流れから，空気中の細菌等が培地に落ちないからである。

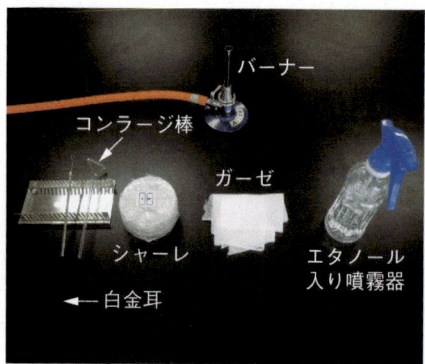
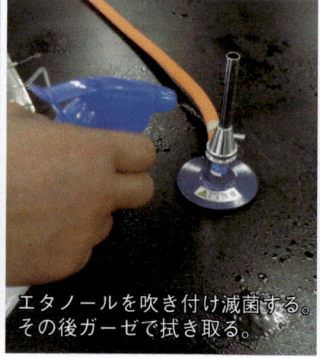
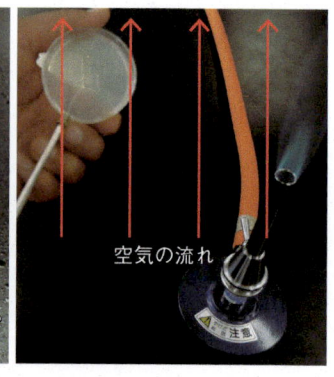

エタノールを吹き付け滅菌する。その後ガーゼで拭き取る。 空気の流れ

無菌操作できる専用装置 無菌状態で作業できる装置として，無菌箱とクリーンベンチがある。

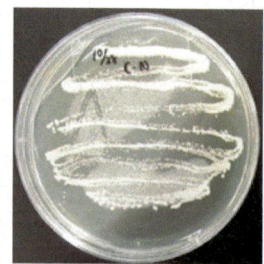
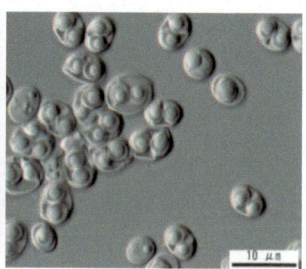

無菌箱 　　　クリーンベンチ 　　　土壌から分離した酵母菌（左：寒天培地で培養　右：顕微鏡写真）

8 微生物の単離と培養
単一のコロニー（1個の細胞から増殖した集団の塊）を白金耳で取り，目的の生物以外を含まないように培養（単菌培養／単藻培養）する。

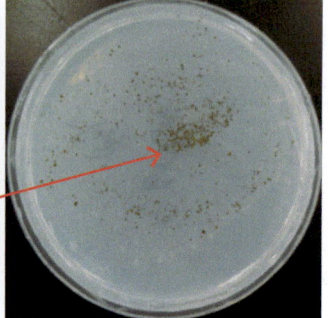

池の水からの単離 → 珪藻類を単離
緑藻類と珪藻類が混在

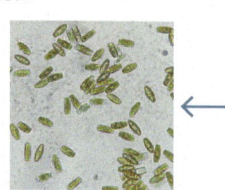

単離した珪藻の
顕微鏡写真

9 オートクレーブ
高温高圧の水蒸気により滅菌処理できる。培地などを滅菌する。

実験器具などは，アルミ箔で包む。通常，2気圧・121℃で，20分間処理する。
オートクレーブがない場合は，1日1回100℃ 30分ずつの滅菌を3日間連続で繰り返す間欠滅菌法がある。この方法でも，熱に耐性を持つ芽胞を形成する細菌を滅菌することができる。

【Column】

単細胞生物アメーバ・ゾウリムシの培養と教材的意義
——生体膜リン脂質二重層のフレキシブルさを知る手軽な教材として

半本 秀博 *Hidehiro Hanmoto*
放送大学 非常勤講師

韮塚 弘美 *Hiromi Niraduka*
埼玉県立熊谷高等学校 主任実習教員

持田 睦美 *Mutsumi Mochida*
埼玉県立川越女子高等学校 主任実習教員

アメーバやゾウリムシは，従来から主に以下の三つの内容の確認観察に用いられてきた。

① 生きた単細胞生物の観察（動きがあると生徒が生きていることを感じやすい）
② アメーバ運動；時々刻々と移動する細胞内顆粒と細胞膜によるアメーバ自体の移動の観察
③ 繊毛運動によるゾウリムシの運動やエンドサイトシスと食胞に捕食の観察

※②，③では，細胞膜表面の流動性や，細胞膜から生体膜胞としてできた食胞の細胞内移動をリアルタイムに目撃できる。細胞膜を含む生体膜系の可塑性・流動性「流動モザイクモデル」の「流動」について実感を持ってとらえることができる。

これらは，すべての生体膜の特徴として詳しく理解されるようになってきた。

細胞膜のこの流動性は細胞の生体膜一般に程度の差はあれ，基本的な性質であることの理解を助ける。ゾウリムシについては，接合や走電性などの探究的な実験も古くからおこなわれてきた。

しかし，本稿では，この二つの単細胞生物の生体膜流動性ににも着目して紹介する。生体膜流動性の理解は，小胞体膜，輸送小胞　ゴルジ体，分泌小胞などのつながりを意識するのにも役立つ。

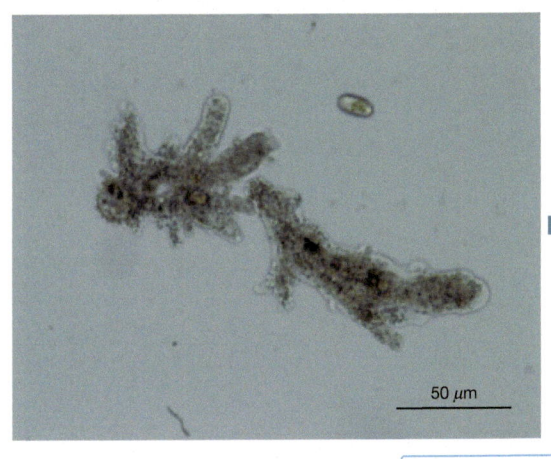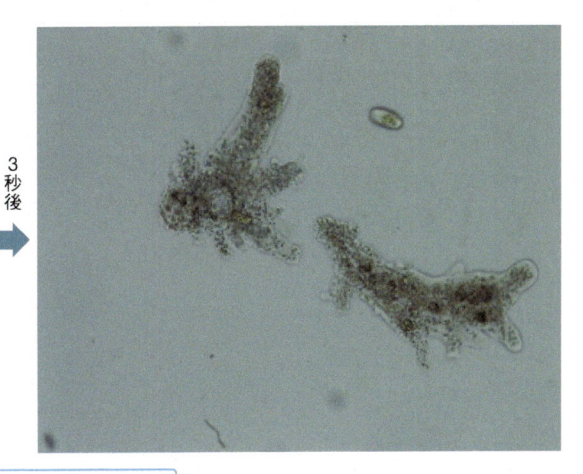

3秒後

50 μm

アメーバの運動による細胞膜のリアルタイムな可変性を観察で追う

図1　アメーバ運動の様子
原形質流動とそれに伴う細胞膜の様子がよくわかる。

生体膜の流動性の原因となる
リン脂質多様性とリモデリングへの理解

【アメーバ，ゾウリムシの観察から
脂質二重層生体膜の流動性を考える】

　脂質二重層の細胞膜は側方向に流動性がある。また細胞膜のリモデリングも速やかにおこなわれることがある。アメーバの活発な膜の変形による移動は，細胞膜の性質の一つの特徴を表している。

　リン脂質で構成される生体膜は，細胞膜・小胞体・分泌小胞・輸送小胞・リソソーム・ゴルジ体など一連の細胞内輸送系の活発さを保証している。アメーバやゾウリムシに見られるようなダイナミックな膜の変形は，常に多細胞生物の中でも活発に起きている。リモデリングのダイナミズムを実感できる教材としての新しい側面を期待できる。

【細胞膜を含む生体膜は，様々な性質の
脂肪酸鎖を持つリン脂質二重層からなる】

　生体膜を構成するリン脂質二重層では，リン脂質同士はお互い結合力をもたない。外層と内層の入れ替えは通常起きないが，側方には比較的自由に移動できる。このため細胞膜に埋まっているタンパク質も側方に移動できる。リン脂質の運動性は，脂肪酸鎖の炭素数と二重結合の数によって影響を受ける。たとえば二重結合をもたないステアリン酸は室温では蝋のように固く，運動性は低い。炭素数が同じだが，二重結合を1個持つオレイン酸は室温では液体で運動性が高くなる。生態膜リン脂質は飽和脂肪酸と不飽和脂肪酸を適当な割合でもっていて，生体膜に適当な運動性を与えている（東京大学大学院薬学研究科新井洋由教授）。アメーバの移動部分やゾウリムシの食胞の形成は，このリン脂質二重層の性質による。

　さらに細胞の中の小胞体からの輸送小胞やゴルジ体・分泌小胞などは，同じリン脂質二重層からできている生体膜で，必要に応じて形状の変化が起きる。

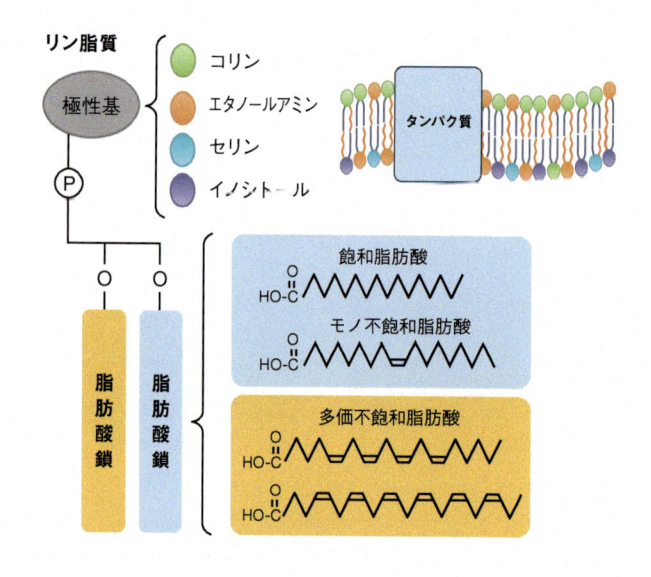

図2　生体膜リン脂質の構造と脂肪酸鎖の多様性

（河野望「生物の科学 遺伝2017 No.2」より許諾を得て転載。P.60を参照）

アメーバ

【アメーバの培養】

〈培養に必要なもの〉

- よく洗い滅菌したシャーレ（90 mmのもので良い）
- 白米
- チョークレー液（調整は右表参照）
- 蒸留水（D.W）または汲み置きの水
- アルミ箔

〈培養条件〉

- 培養可能温度：約10〜30℃（急激な変化不可）
  ※30℃は1日のうち，2，3時間までなら可。
- 最適温度：18〜20℃（継代間隔長），約23℃（増殖早い）
- 光条件：暗条件下（明るくなければよい）
- 米粒から生えるミズカビを餌にしてキロモナスが増える。

  微少繊毛虫のキロモナスはアメーバの餌になる。ミズカビが生えるのは1〜3週間くらいのことが多かった。
- 著者たちは，ワムシが多少混ざった状態で培

表1	チョークレー液 (貯蔵液)
NaCl	10 g
KCl	0.4 g
CaCl$_2$	0.6 g
D. W	1 L

使用時に100倍に希釈

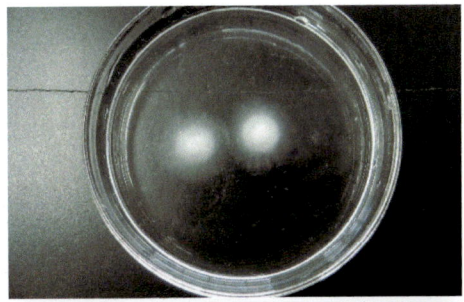

図3 チョークレー液内に置いた米粒と水カビの生じた様子（上），恒温器内の培養皿の様子（下）

養している。ただし，ワムシが増えすぎると，継代が難しい。

シャーレ内の培養液に米粒（90 mm以上のシャーレに2粒）を入れ，もとのシャーレ底にへばりついているアメーバをスポイトで取って入れる。ミズカビが生えなくてもアメーバが増える場合も最近よく経験している。

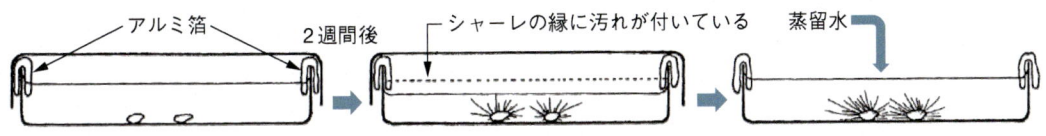

- 新しい培養液（pH 6〜6.5）7〜8日分目まで入れてよい。米粒は2，3粒。
- 水位は半分くらいになっている。（pH 5〜5.5くらい）夏は減りが早いので注意。
- もとの水位（たいていシャーレの縁に汚れがついている）まで蒸留水を入れてやる。（pH 6〜6.5くらいにもどる）蒸留水がなければ，汲み置きの水，湯冷ましでよい。

アルミ箔をかませなくても，コンディションによっては培養できる。

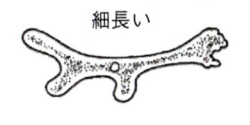
細長い

状態がよいとき（pH 6.5前後）

針状の仮足を出す

状態がよくない（pH 5.5〜6前後）

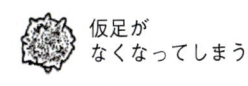
仮足がなくなってしまう

瀕死の状態（pH 5.0前後）

図4 アメーバの培養とコンディションの調整

ゾウリムシ

【ゾウリムシの培養準備】一応の目安（大雑把で大丈夫）

- 培養液・培養容器：農薬等使用していないワラ（イネワラ；感想だが，ムギワラよりよかった）を，純水1Lに対して約10 g用意。茶褐色の瓶。さましてコーヒー等の空きビン（褐色ビン）に注ぎ，約7 cmに切ったワラを10〜20数本入れる。

※弓道の的用のワラを購入し水にさらしてから使用している。

水1Lにワラ約10 g

【ゾウリムシの培養方法】

- 培養方法：①ワラを20分ほど煮込み煮汁をつくる。②ワラとともに茶褐色の瓶に入れ，アルミのふたをする。③煮汁が冷めたら②にゾウリムシを入れる。
- 培養温度：空き箱などを用いて，暗い場所に置く（明るい場所では，他のプランクトンが増えてしまうため）。15〜20℃くらいがよい。ただし，維持するだけならば10〜35℃まで可能である。

※自宅で半年間放置したが，健在であった。

図5　ワラの煮出し汁によるゾウリムシの培養
この後，暗所に保存

ゾウリムシの細胞膜のはたらき【エンドサイトシス（食胞形成の観察を通して）】

【ゾウリムシの細胞膜による色素分子の取り込み】

① 墨汁（市販墨汁液可・5倍希釈）の入った時計皿にゾウリムシを培養液ごと，数滴入れ，3分浸す。

② カーミン粉末液の入った時計皿に移して，3分間浸す。

③ 塩化ニッケル0.1 %水溶液を時計皿に，カーミン粉末液とほぼ等量入れ，繊毛の動きを阻害する。

④ 2，3分置くとゾウリムシが底に沈む。ピペットでスライドガラス上に載せて検鏡。

⑤ 墨汁とカーミンを取り込んだ食胞が観察できる。墨汁に浸しておく時間を5分にすると黒い食胞が増える。活発に食作用が続いていることがわかる。

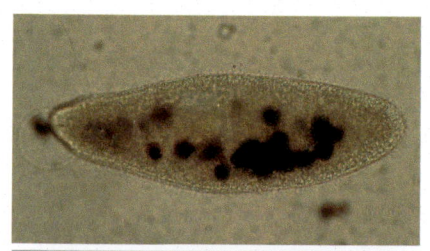
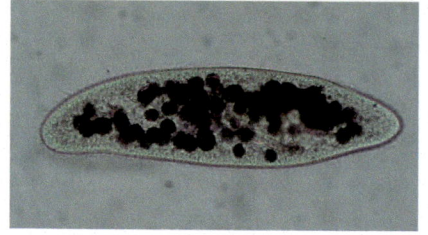

図6　墨汁とカーミンを取り込んだ食胞の様子
上；食胞に取り込み始めたところ
下；取り込み始めてから約5分経過した状態
左下；順次スライドガラス上のゾウリムシに墨汁液・カーミン液を滴下

（長野敬・監修　2018実教出版サイエンスビューに提供した写真より転載）

【Column】

確率の理解に基づく統計処理

吉田 和宏 *Kazuhiro Yoshida*

埼玉県公立高校 非常勤講師

はじめに

自然科学では，多くの場合，データの処理を通じて物事を考察する必要が出てくる。データには，調査結果を示すデータと実験結果を示すデータがある。調査によるデータは対象（母集団）を自然のまま観察，記録（多くの場合，母集団からの標本になる）して，その対象の特性や傾向などを明らかにする。実験によるデータは設定した一定の条件の下で対象に働きかけ，意図された刺激に対して，変化したと言えるか，言えないかを明らかにする。「変化した」と言える場合は，刺激と変化の間に「因果関係がある」と言える。このようにデータには研究対象の違い，研究目的の違い，条件やデータの種類の違いなどがあり，データの処理にあたっては，最適な統計手法を用いなければならない。実際には数十種類以上の統計手法がある。ここでは，いくつかの統計手法について具体例を考え，統計的見方・考え方・理屈に触れることを主な目的にする。

I. 記述統計の方法

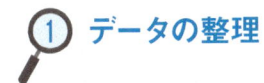 **データの整理**

ある集団から収集されたデータを使って，その集団の様子や特徴を表す方法を記述統計という。まず，得られたデータを度数分布表などに整理し，ヒストグラムなどのグラフで表すことで視覚化する。次に，データ全体を代表する数値（代表値）を計算する。主な代表値には，平均値，中央値，最頻値の3つある。集団の分布の様子や何を調べたいかによって，どの代表値を使うかを判断する必要がある。さらに，集団の散らばり具合（散布度）を表す数値を計算する。こういった代表値や散布度など客観的な数値を基にデータの持つ傾向をつかむことが大切である。

1.1 代表値

平均値 $\bar{x}$：データの総合計値 $T = x_1 + x_2 + \cdots + x_n$ をデータの個数（大きさ）n で割った値

$$\bar{x} = \frac{T}{n}$$

ただし，データの中の極端な値に左右されやすい。

中央値：データを大きさの順に並べたとき，中央の位置に来る値。データの個数が偶数個のときは，中央の二つの値の平均値。データに強い偏りや極端な値がある場合は，平均値より，中央値の方が集団の代表値としてふさわしいことがある。

最頻値：データの各値の個数（度数）において，その個数が最も多いデータの値。度数分布表の場合は，度数が最も多い（大きい）階級値を最頻値とする。最頻値は2つ以上の場合もある。

表1を使って，以下で具体的に説明する。

1.2 度数分布表

データ全体の傾向や特徴が良く現れ，見やすく

表1 ある高校の一年生のあるクラスの生徒の身長と体重の測定結果

	番号	1	2	3	4	5	6	7	8	9	10	11	12	13	14	15	16	17	18	19	20
男子	体重	66.7	54.9	55.3	47.7	68.6	70.1	62.8	54.4	63.2	60.1	60.7	56.2	54.7	60.7	68.5	46.9	85.5	58.3	48.7	53.0
	身長	169.4	170.7	155.3	152.9	179.6	180.5	167.9	166.6	172.9	175.7	157.6	169.5	172.3	173.4	176.4	166.6	172.3	164.5	163.3	169.2

体重はkg，身長はcm

なるように，また，後々の計算などがしやすいように，階級の幅と個数を決める。データの個数が多いときは，10個から20個程度が一般的である。（スタージェスの式の値$k = 1 + \dfrac{\log_{10} n}{\log_{10} 2}$を目安としてもよい。）ここでは，階級の個数を6個とする。階級の幅は，（最大値85.5－最小値46.9）÷6＝6.43より，7 kgとする。各階級の中央の値をその階級の階級値という。各階級に入るデータの個数を度数という。$\dfrac{度数}{全度数}$を相対度数という。以上から，**表1**の度数分布表は**表2**のようになる。

総合計値T＝66.7＋54.9＋…＋53.0＝1197.0 kg

平均値$\bar{x} = \dfrac{1197.0}{20} = 59.9$ kg

　度数分布表から計算するとき，階級値×度数の合計を総合計値とする。したがって，平均値$\bar{x} = \dfrac{1208}{20} = 60.4$ kg　または，平均値$\bar{x}$＝階級値×相対度数の合計＝60.4 kg

中央値　$= \dfrac{10番目＋11番目}{2} = \dfrac{58.3＋60.1}{20} =$ 59.2 kg

　度数分布表から計算するとき，10番目のデータは階級値55.5の階級にあり，11番目のデータは階級値62.5の階級にあるので，$\dfrac{10番目＋11番目}{2} = \dfrac{55.5＋62.5}{2}$＝59.0 kgとなる。

最頻値　＝55.5 kg：度数分布表で度数が最も大きい階級の階級値

　表2のヒストグラムは**図1**のようになる。

表2 体重の度数分布表

階級	階級値 kg	度数	相対度数	階級値× 度数	階級値× 相対度数
45以上〜52未満	48.5	3	0.15	145.5	7.275
52以上〜59未満	55.5	7	0.35	388.5	19.425
59以上〜66未満	62.5	5	0.25	312.5	15.625
66以上〜73未満	69.5	4	0.2	278	13.9
73以上〜80未満	76.5	0	0	0	0
80以上〜87未満	83.5	1	0.05	83.5	4.175
合計		20	1	1,208	60.4

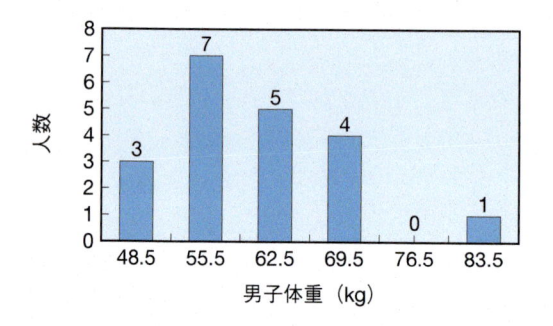

図1 体重のヒストグラム

1.3 データのばらつきを表す数値

　データのばらつきを表す数値には，分散，標準偏差，平均偏差，範囲，四分位範囲などがある。どれも数値が大きいほどばらつきが大きい。平均値を基準にばらつきを数値化したものが，分散，標準偏差，平均偏差であり，特に統計的推定，統計的検定で重要なのは，分散と標準偏差である。中央値を基準にしたものが，四分位範囲である。例1を使って，分散と標準偏差を計算する。

分散s^2　$= \dfrac{（データの各値－平均値\bar{x}）^2 の総和}{データの個数} =$

$\dfrac{(66.7 - 59.9)^2 + (54.9 - 59.9)^2 + \cdots + (53.0 - 59.9)^2}{20}$

$= 79.3$

度数分布表から計算する場合は

$$分散 s^2 = \frac{(階級値の各値 - 平均値\bar{x})^2 \times 度数の総和}{度数(データの個数)}$$

$$= (階級値の各値 - 平均値\bar{x})^2 \times 各相対$$

度数の合計 $= (48.5 - 60.4)^2 \times 0.15 +$

$\cdots + (83.5 - 60.4)^2 \times 0.05 = 74.0$

標準偏差 $s = \sqrt{分散} = \sqrt{79.3} = 8.9$ kg

② データの相関と回帰

　身長と体重の関係などのように一方の数値が増加すると，もう一方も増加する関係や，反対にもう一方が減少する関係など，自然現象や社会現象の中には，相互にいろいろな関係を持っているものが多い。ここでは，2つの変量（人や物事の特性を数量的に表したもの）の間の増加または減少の関係を調べる。

2.1 散布図

　一人ひとりの身長と体重を座標（身長，体重）にして，平面上に点をとった図を散布図（相関図）という。図2は表1の散布図である。

2.2 正の相関，負の相関

　身長と体重の関係のように，一方が増加すれば他方も増加する傾向にあるとき，「正の相関」があるという。一方が増加するとき他方が減少する傾向にあるとき，「負の相関」があるという。正の相関も負の相関もないとき，「相関がない」という。

2.3 相関係数

　相関関係の強さを -1 から 1 までの数値で数値化したものを相関係数 r という。$-1 \leq r \leq 1$ で，-1 に近いほど負の相関が強く，1 に近いほど正の相関が強くなる。0 に近いほど相関が弱い。相関係数と相関関係の強さを図3に示した。

身長と体重の共分散

$$= \frac{1}{データの組数} \times \{(x のデータの各値 - x の平均$$

値$\bar{x}$）$\times$（y のデータの各値 $- y$ の平均値 $\bar{y}$）の合計$\}$

$$= \frac{1}{20} \times \{(169.4 - 168.8)(66.7 - 59.9) + (170.7$$

$$- 168.8)(54.9 - 59.9) + \cdots + (169.2 - 168.8)$$

$$(53.0 - 59.9)\} = 35.58$$

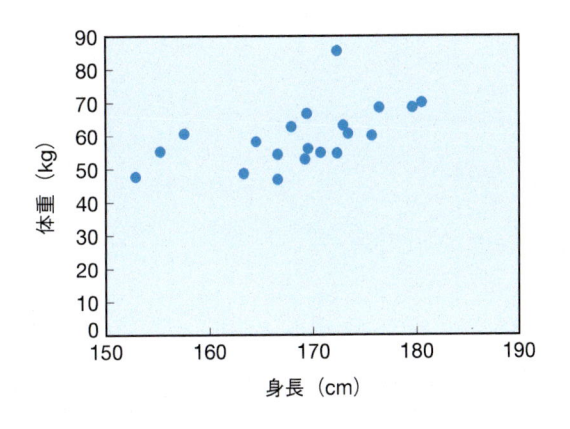

図2　表1の男子の身長と体重の散布図

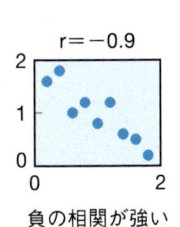 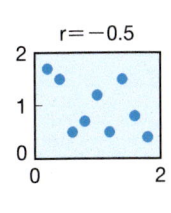 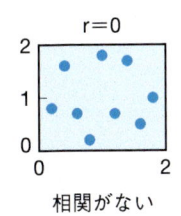 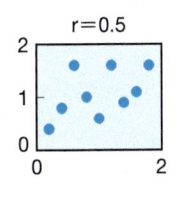 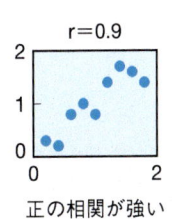

図3　相関係数と相関関係

身長と体重の相関係数r

$$= \frac{身長と体重の共分散}{身長の標準偏差 \times 体重の標準偏差}$$

$$= \frac{35.58}{8.91 \times 7.23} = 0.55$$

2.4 回帰直線

相関関係があるとき散布図全体の傾向を最もよく表すように引いた直線を回帰直線という。この直線を利用して，変量の一方から他方を推定することができる。散布図の各点からy軸に沿って直線y＝bx＋aまでの距離の平方を計算し，その総和を最小にするaとbを求める（この方法を最小二乗法という）。図4に回帰直線への距離の測り方を示した。次の式でaとbの値を求めることができる。

$$b = \frac{(x \times y)の合計 - \frac{1}{n}(xの合計) \times (yの合計)}{x^2の合計 - \frac{1}{n}(xの合計)^2}$$

nはデータの総組数

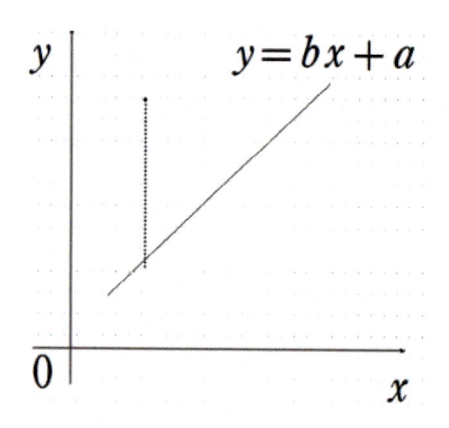

図4 距離の測り方

$a = \bar{y} - b \times \bar{x}$　　$\bar{x}$はx平均値，$\bar{y}$はyの平均値

この直線y＝bx＋aをyのxへの回帰直線という。bを回帰係数という。

例1の男子について，体重yの身長xへの回帰直線を求める。

$$b = \frac{(x \times y)の合計 - \frac{1}{n}(xの合計) \times (yの合計)}{x^2の合計 - \frac{1}{n}(xの合計)^2}$$

$$= \frac{202801.1 - \frac{3376.6 \times 1197.0}{20}}{571117.1 - \frac{3376.6^2}{20}} = 0.68$$

$a = \bar{y} - b \times \bar{x} = 59.9 - 0.68 \times 168.8 = -55.04$

よって，体重の身長への回帰直線はy＝0.68x－55.04である。

身長169 cmの男子は体重y＝0.68×169－55.04＝59.9 kgと推定できる。

II. 統計的検定・推定への基礎

ある性質を調べようとしているものの集まり全体を母集団という。その対象全体を調べること（全数調査という）ができればそれに越したことはない。しかし，費用，時間，それに本質的な面でできないことが多い。そこで，多くの場合，母集団から一部を取り出し（抽出），この取り出されたもの全体を標本と呼ぶが，標本の性質を調べ，その結果から，母集団の性質を推測（推定や検定）する。これを標本調査という。したがって，母集団から偏りなく標本を抽出する（無作為抽出・ランダムサンプリング）必要がある。統計的推論（推定や検定）の前提は，標本が無作為抽出された標本（無作為標本）であることである。この母集団

表3 回帰直線を求めるための表

番号	1	2	3	4	5	6	7	8	9	10	11	12	13	14	15	16	17	18	19	20	計	平均値
体重y	66.7	54.9	55.3	47.7	68.6	70.1	62.8	54.4	63.2	60.1	60.7	56.2	54.7	60.7	68.5	46.9	85.5	58.3	48.7	53.0	1197.0	59.9
身長x	169.4	170.7	155.3	152.9	179.6	180.5	167.9	166.6	172.9	175.7	157.6	169.5	172.3	173.4	176.4	166.6	172.3	164.5	163.3	169.2	3376.6	168.8
xy	11299.0	9371.4	8588.1	7293.3	12320.6	12653.1	10544.1	9063.0	10927.3	10559.6	9566.3	9525.9	9424.8	10525.4	12083.4	7813.5	14731.7	9590.4	7952.7	8967.6	202801.1	10140.1

の分布と標本の分布の関係に確率論の考え方が使われている。ここでは，統計的検定について述べる。統計的推定に関しては参考文献を見てほしい。

表4 例1の確率分布表

X	0	1	2	計
確率	$\frac{1}{4}=0.25$	$\frac{2}{4}=0.5$	$\frac{1}{4}=0.25$	1

① 確率分布

統計的推論に最低限必要な確率論からの準備をする。

1.1 確率の定義

確率の本格的な研究は，17世紀のパスカルとフェルマーに始まると言われている。現代までに，確率の定義はその研究対象や内容に応じて変化している。詳しくは，参考文献などを見てほしい。ここでは，高校で学習した次の定義を挙げておく。「ある試行の根元事象が全部でN個あり，それらは同様に確からしいとする。事象Aの根元事象の個数がR個のとき，

$$事象Aの確率P(A)=\frac{R}{N}\left(=\frac{Aの場合の数}{全体の場合の数}\right)$$

と定義する。」

1.2 確率変数と確率分布

確率変数：試行（その結果が偶然によって決まる実験や観測など）の結果によってその値が定まる変数。
確率変数の各値には，必ず特定の確率が対応している。

確率分布：確率変数とその各値に対する確率の対応関係を確率分布という。

（**確率分布の例1**）　2枚のコインを投げた（試行）とき，表の枚数Xを考える。表裏の出方は，表表，表裏，裏表，裏裏の4通り（この4通りが根元事象で同様に確からしい）である。

このとき枚数Xが確率変数で，各値の確率が次のように計算できる。X＝0のとき，根元事象は裏裏の1個だから，確率$\frac{1}{4}$である。X＝1のとき，根元事象は表裏，裏表の2個だから，確率$\frac{2}{4}$である。X＝2とき，根元事象は表表の1個だから，確率$\frac{1}{4}$である。したがって，Xの確率分布は上の**表4**の確率分布表で表される。

（**確率分布の例2**）　1個のさいころを2回投げるとき，1回目と2回目のさいころの「目」の和をXとする。このとき，Xは確率変数でありXの確率分布は**表5**の確率分布表で表される。目の出方は全体で$6\times6=36$通りある。（1回目の「目」，2回目の「目」）とすると，X＝2となるのは，$(1, 1)$の1通り。X＝2となる確率$P(X=2)=\frac{1}{36}$。X＝3となるのは，$(1, 2)$，$(2, 1)$の2通り。X＝3となる確率$P(X=3)=\frac{2}{36}$。X＝4となるのは，$(1, 3)$，$(2, 2)$，$(3, 1)$の3通り。X＝4となる確率$P(X=4)=\frac{3}{36}$。以下，同様にして確率を計算して，Xの確率分布は次の**表5**の確率分布表で表される。

「目の和Xが6となる確率」を記号で$P(X=6)$と書き，$P(X=6)=\frac{5}{36}$である。また，「目の和Xが$3\leqq X\leqq5$となる確率」を記号$P(3\leqq X\leqq5)$と書き，$P(3\leqq X\leqq5)=\frac{9}{36}$である。

これは，「目の和が3か4か5のどれかになる確率」である。

表5　例2の確率分布表

X	2	3	4	5	6	7	8	9	10	11	12	計
確率	$\frac{1}{36}$	$\frac{2}{36}$	$\frac{3}{36}$	$\frac{4}{36}$	$\frac{5}{36}$	$\frac{6}{36}$	$\frac{5}{36}$	$\frac{4}{36}$	$\frac{3}{36}$	$\frac{2}{36}$	$\frac{1}{36}$	1
	0.028	0.056	0.083	0.111	0.139	0.167	0.139	0.111	0.083	0.056	0.028	1

1.3 確率変数の期待値（平均値），分散，標準偏差

　度数分布表を使って，分布の特性を知るために，平均値や分散，標準偏差などを計算した。同様に，確率変数Xの確率分布の特性を知るために確率変数Xの平均値（期待値と呼ぶのが一般的である）や分散，標準偏差の求め方を以下にまとめる。また，確率変数Xには，上の例のように飛び飛びの数値しかとらないものと，身長や体重のような連続した数値をとるものがある。離散的な確率変数と連続的な確率変数に分けてまとめる。

(1) 確率変数Xが，離散な（飛び飛びの）値をとる場合

　確率分布は次のような**表6**の確率分布表で表すことができる。ヒストグラムは**図5**のようになる。

　ここで，確率変数Xは，$x_1, x_2, \cdots, x_n$のn個の数値のどれかを必ずとり，その実現する確率がp_i

ということである。$p_i(\geqq 0)$ はX$= x_i$となる確率$P(X = x_i) = p_i(i = 1, 2, \cdots, n)$ のことであり，$p_1 + p_2 + \cdots + p_n = 1$である。

　このとき，期待値（平均値）E，分散V，標準偏差 σ を，次の式で求めることができる。

確率変数Xの期待値$E(X) = x_1 p_1 + x_2 p_2 + \cdots + x_n p_n$（$= m$とおく。以下の式でmを使う）

確率変数Xの分散$V(X) = (x_1 - m)^2 p_1 + (x_2 - m)^2 p_2 + \cdots + (x_n - m)^2 p_n$

確率変数Xの標準偏差 $\sigma(X) = \sqrt{X の分散} = \sqrt{V(X)}$

二項分布

　1回の試行で，事象Gが起こる確率がp，この試行をn回繰り返す試行（反復試行という）において，Gが起こる回数Xの確率分布を二項分布といい，$B(n, p)$ と表す。（Bはbinaryの頭文字）。Gがちょうどr回起こる確率$P(X = r)$ は，$P(X = r) = {}_n C_r p^r (1-p)^{n-r}$で計算できる。ただし，${}_n C_r$はn個からr個の組をつくる組合せの数を表し，

$$C_r = \frac{n \times (n-1) \times \cdots \times 2 \times 1}{r \times (r-1) \times \cdots \times 2 \times 1 \times (n-r) \times (n-r-1) \times \cdots \times 2 \times 1}$$

で計算できる。このとき，

Xの期待値$E(X) = np$

Xの分散$V(X) = np(1-p)$

Xの標準偏差 $\sigma(X) = \sqrt{V(X)}$

（例3）　1枚のコインを3回投げるとき，1回あたり表が出る確率は$\frac{1}{2}$である。ここで，事象Gは「表が出る」である。Xは表が出る回数である。以下のように確率が計算されて，**表7**のような確率分布表が得られる。

表6　離散的確率変数の確率分布表

X	x_1	x_2	$\cdots$	x_n	計
確率	p_1	p_2	$\cdots$	p_n	1

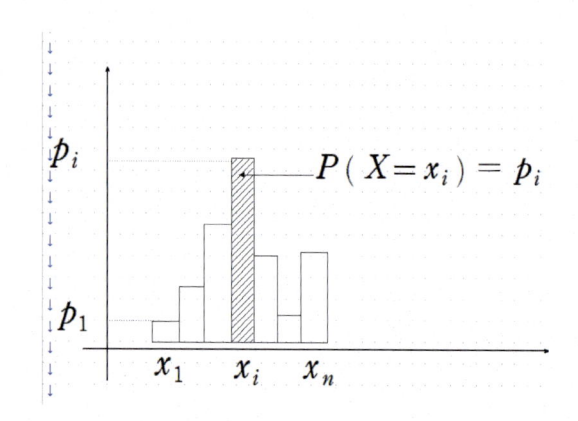

図5　表6のヒストグラム

表7 例3の確率分布表

X	0	1	2	3	計
確率	$\frac{1}{8}$	$\frac{3}{8}$	$\frac{3}{8}$	$\frac{1}{8}$	1

この表をもとに，Xの期待値，分散，標準偏差が計算される。

$$_3C_0 = 1, \quad _3C_1 = \frac{3 \times 2 \times 1}{1 \times (3-1) \times (3-2)} = 3,$$

$$_3C_2 = \frac{3 \times 2 \times 1}{2 \times 1 \times (3-2)} = 3,$$

$$_3C_3 = \frac{3 \times 2 \times 1}{3 \times 2 \times 1 \times 1} = 1 だから，$$

$$P(X=0) = 1 \times \left(\frac{1}{2}\right)^0 \left(1 - \frac{1}{2}\right)^{3-0} = \frac{1}{8},$$

$$P(X=1) = 3 \times \left(\frac{1}{2}\right)^1 \left(1 - \frac{1}{2}\right)^{3-1} = \frac{3}{8},$$

$$P(X=2) = 3 \times \left(\frac{1}{2}\right)^2 \left(1 - \frac{1}{2}\right)^{3-2} = \frac{3}{8},$$

$$P(X=3) = 1 \times \left(\frac{1}{2}\right)^3 \left(1 - \frac{1}{2}\right)^{3-3} = \frac{1}{8},$$

表の出る回数Xの期待値 $E(X) = 3\frac{1}{2} = \frac{3}{2} = 1.5$ 回

表の出る回数Xの分散 $V(X) = 3 \times \frac{1}{2}\left(1 - \frac{1}{2}\right)$

$$= \frac{3}{4} = 0.75$$

表の出る回数Xの標準偏差 $\sigma(X) = \sqrt{V(X)}$

$$= \sqrt{\frac{3}{4}} = 0.87$$

(2) 確率変数Xが，連続な値をとる場合

連続な値をとる確率変数Xの場合，一般に，特定の一つの数値をとる確率 $P(X = x_i)$ を考えることはできない。そこで，Xに対してXの分布曲線といわれる，次のような曲線 $y = f(x)$ を考える。

常に $f(x) \geqq 0$ である。

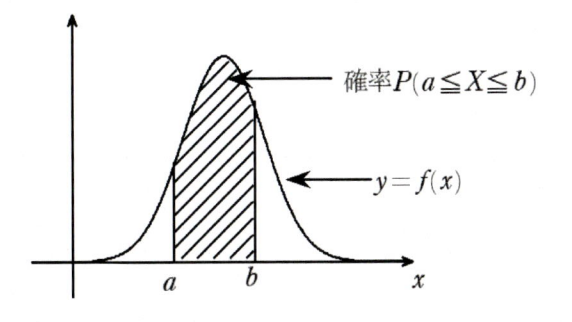

図6 連続な確率変数の確率分布

Xの値が，$a \leqq X \leqq b$ の範囲にある確率 $P(a \leqq X \leqq b)$ が，曲線 $y = f(x)$ と2直線 $x = a$, $x = b$ とx軸で囲まれた部分の面積（**図6**の斜線の部分）で表される。

曲線とx軸で囲まれた部分全体の面積は1である。

すなわち，曲線とx軸で囲まれた面積が，確率変数Xの確率分布を表す。このような曲線を表す関数 $f(x)$ を確率密度関数という。詳しくは，参考文献を見てほしい。

連続的な確率変数の期待値，分散，標準偏差の定義[*]には，「定積分」という計算方法が使われる。

> **【連続的な確率変数の期待値，分散の定義】**
> $a \leqq X \leqq b$ となる確率 $P(a \leqq X \leqq b)$ が，曲線 $y = f(x)$（Xの分布曲線という）と2直線 $x = a$, $x = b$ とx軸で囲まれた部分の面積で表される。また，$\alpha \leqq X \leqq \beta$ を $f(x)$ の定義域とすると $\int_\alpha^\beta f(x)dx = 1$ である。関数 $f(x)$ を確率変数Xの確率密度関数という。
>
> 確率変数Xの期待値 $E(X) = \int_\alpha^\beta x f(x)dx$
>
> $(= m \, とおく)$
>
> 確率変数Xの分散 $V(X) = E((X-m)^2)$
>
> $$= \int_\alpha^\beta (x-m)^2 f(x)dx$$

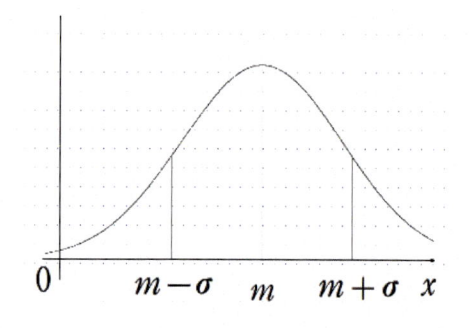

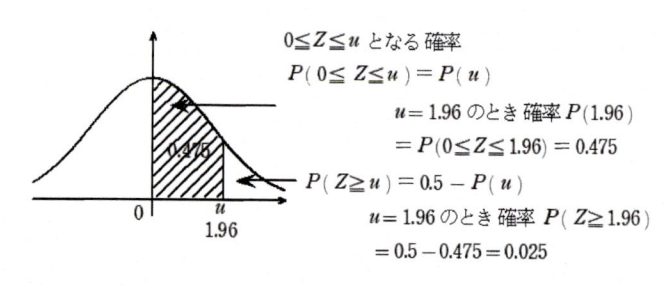

図7 正規分布の曲線

図8 確率 P（0≦z≦u）のグラフ上の領域

基本的な性質は離散的な確率変数で定義されたものと変わりがないので，ぜひ，参考文献を見て確認してほしい。

正規分布

連続な値をとる確率変数Xの確率密度関数$f(x)$が次の式で表されるとき，Xは平均m，分散σ^2の正規分布N (m, σ^2) に従う，という。（Nはnormalの頭文字）

$$f(x) = \frac{1}{\sqrt{2\pi}\sigma} e^{-\frac{(x-m)^2}{2\sigma^2}}$$

e = 2.71828…は自然対数の底と呼ばれる定数
y = $f(x)$ の性質（グラフは**図7**のようになる）

① 直線x＝mについて対称

② x＝mのときyは最大値をとる。

③ x軸が漸近線

④ x＝m±σのとき変曲点

Xの期待値E (X) = m　　Xの分散V (X) = σ^2
Xの標準偏差 σ (X) = σ

平均0，分散1，の正規分布を標準正規分布N (0, 1) という。確率変数Zが標準正規分布N(0, 1) に従うとき，Zの確率密度関数は$f(z) = \frac{1}{\sqrt{2\pi}} e^{-\frac{z^2}{2}}$であり，正規分布表を使って，確率P (0 ≦ Z ≦ u) ＝P(u) の値を求めることが出来る。**図8**の斜線部分が確率P (0 ≦ Z ≦ u) を表す。逆に，確率P (u) の値から正規分布表を使って，uの値を探すことができる。

（3）標準正規分布への標準化

正規分布や標本数の大きい二項分布に従う変数についての確率計算は面倒である。標準正規分布に従う変数について，その確率を表にしたものが「正規分布表」である。各分布の確率変数を以下のように変換することによって，この正規分布表を利用することができる。この変換を標準正規分布への標準化という。

正規分布から標準正規分布への変換

$Z = \dfrac{X-m}{\sigma}$ と変換すると，Xは正規分布N (m, σ^2)

⇒Zは標準正規分布N (0, 1) と変換され，**図9**のようなイメージである。

二項分布から標準正規分布への変換

$Z = \dfrac{X-np}{\sqrt{np(1-p)}}$ と変換すると，Xは二項分布B

(n, p) ⇒Zは標準正規分布N (0, 1)

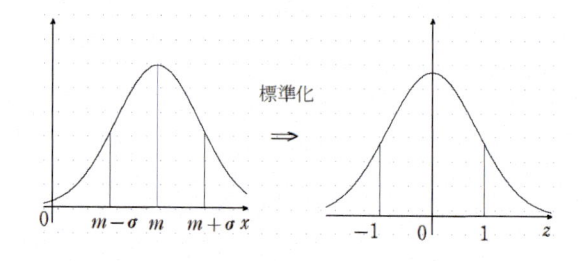

図9 正規分布から標準正規分布への変換

この二項分布の標準正規分布への変換を一般化したものに**中心極限定理**[*]がある。母集団とそこから抽出された標本の関係を理論的につなぐ重要な定理である。直感的には，標本平均の期待値（平均値）は母平均とみなしてよい，とか，標本平均の分布は正規分布とみなしてよいなどがある。参考文献で確認してほしい。

② 母集団と標本

2.1 標本平均の分布

母集団と標本の関係は**図10**のようにイメージできる。母平均m，母分散σ^2，母比率pの母集団から，標本の個数（大きさ）n個の無作為標本x_1, x_2, $\cdots$, x_nを抽出するとき，標本平均$\overline{X}$（$=\frac{1}{n} \times (x_1 + x_2 + \cdots + x_n)$），標本分散$s^2$，標本比率$\overline{p}$には次のことが成り立つ。

① 標本平均$\overline{X}$は確率変数である。
　n個の標本の値x_1, x_2, $\cdots$, x_nは，抽出するごとに，それぞれ母集団における確率で実現される値である。
　したがって，n個の確率変数であり，標本平均$\overline{X} = \frac{x_1 + x_2 + \cdots + x_n}{n}$も確率変数である。

② 標本平均$\overline{X}$の期待値$E(\overline{X}) = m$　（母平均m）

③ 標本平均$\overline{X}$の分散$s^2 = \frac{\sigma^2}{n}$　（母分散σ^2）

④ 標本平均$\overline{X}$の標準偏差$s = \frac{\sigma}{\sqrt{n}}$

⑤ 標本平均$\overline{X}$はnが大きいとき，平均m，分散$\frac{\sigma^2}{n}$の正規分布$N(m, \frac{\sigma^2}{n})$に従うと考えてよい。$Z = \frac{\overline{X} - m}{\frac{\sigma}{\sqrt{n}}}$と$\overline{X}$を標準化するとZは平均0，分散1の標準正規分布$N(0, 1)$に従う。

【中心極限定理】

確率変数x_1, x_2, $\cdots$, x_nが互いに独立で，同じ分布（どんな分布でも良い）に従い，その母集団の平均値をm，分散をσ^2とする。nが大きいとき，標本平均$\overline{X} = \frac{x_1 + x_2 + \cdots + x_n}{n}$の分布は，平均m，分散$\frac{\sigma^2}{n}$の正規分布$N(m, \frac{\sigma^2}{n})$に近づく。したがって，$\overline{X}$の平均$E(\overline{X}) = m$，$\overline{X}$の分散$V(\overline{X}) = \frac{\sigma^2}{n}$，だから，$\overline{X}$を標準化した確率変数Z，つまり，$Z = \frac{\overline{X} - m}{\frac{\sigma}{\sqrt{n}}} = \frac{x_1 + x_2 + \cdots + x_n - nm}{\sqrt{n}\sigma}$の分布は，標準正規分布$N(0, 1)$に近づく。数式で表現すると，$\lim_{n \to \infty} p\left(a \leq \frac{\overline{X} - m}{\frac{\sigma}{\sqrt{n}}} \leq b\right) = \int_a^b \frac{1}{\sqrt{2\pi}} e^{-\frac{x^2}{2}} dx$。直感的に表現すると，どんな母集団であっても，その同じ母集団からのn個の標本x_1, x_2, $\cdots$, x_nに対して，標本数nが十分大きくなるにしたがって，標本平均$\overline{X}$は，正規分布の形をとりながら，母集団の平均mに集中する。

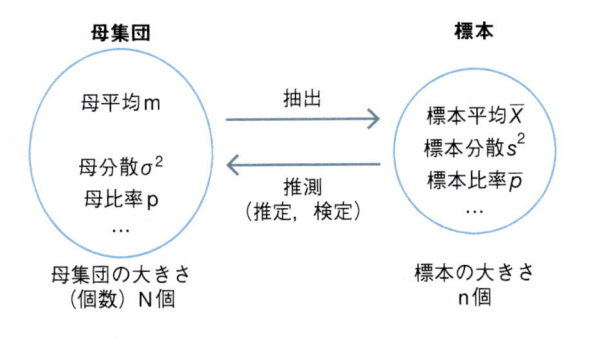

図10 母集団と標本の関係

Ⅲ. 統計的仮説検定の実際

① 有意差の判断

　母集団分布の調べたい特性に関する仮定を「統計的仮説」という。標本から得られた結果が，この仮説のもとでどの程度の確率で起こるかを計算し，その仮説を否定すべきかどうかを判断する統計的方法を「統計的仮説検定」という。この確率があらかじめ設定した数値 α（検定の「危険率 α」または「有意水準 α」という）より小さい場合，仮説が正しくないと判断して，この仮説を否定することを「仮説を棄却する」という。この設定した数値 α より小さい範囲を「危険率 α の棄却域」という。また，この確率が設定した数値より大きい場合，仮説を棄却するだけの根拠がこの標本から得られなかったとして，「仮説を棄却できない」という。この場合，さらなる実験や調査等を重ねたうえで判断する必要がある。

1.1 検定の手順

① 可能な母集団分布を想定し，検定したいことに応じて，帰無仮説と対立仮説を立てる。
　・帰無仮説とは，棄却（否定）されることが期待される仮説
　・対立仮説とは，成立することが期待される仮説
② 検定のために標本から計算されるもの，回数や平均や分散など（検定統計量と呼ばれる）を決める。
③ 帰無仮説が成り立つと仮定したときの検定統計量の分布をえがく。
④ 危険率 α を定める。通常は，5 ％か，1 ％に設定する。
⑤ 仮説に基づいて，危険率 α の棄却域を定める。棄却域とは，帰無仮説が正しいときに起こりにくい領域。確率が α 以下の領域。**図11**を参照。
⑥ 抽出された標本から計算されたもの（検定統計量）が棄却域に入るかどうかをみる。
　棄却域に入れば「帰無仮説を棄却する」，そうでなければ「帰無仮説を棄却できない」という。

（例1）　1枚のコインが正しく出来たコインかどうかを統計的に確かめたい。
手順①　帰無仮説は「正しく出来たコイン」すなわち「表の出る確率 $p = \dfrac{1}{2}$」である。

　　　　対立仮説は「表の出る確率 $p \neq \dfrac{1}{2}$」。

手順②　コインを10回投げたときの表の出る回

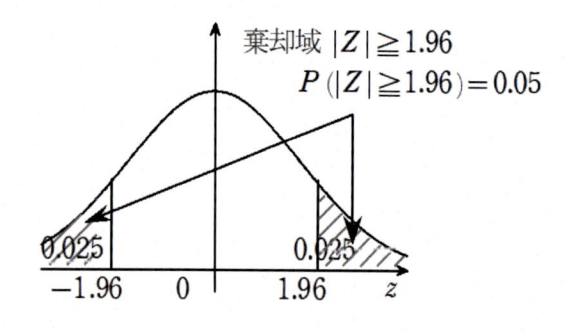

棄却域 $|Z| \geqq 1.96$
$P(|Z| \geqq 1.96) = 0.05$

0.025　　　　　0.025
-1.96　　0　　1.96　　z

図11　棄却域

斜線部分が5％の棄却域

表8　例1の確率分布表

X	0	1	2	3	4	5	6	7	8	9	10	計
確率	$\dfrac{1}{2^{10}}$	$\dfrac{10}{2^{10}}$	$\dfrac{45}{2^{10}}$	$\dfrac{120}{2^{10}}$	$\dfrac{210}{2^{10}}$	$\dfrac{252}{2^{10}}$	$\dfrac{210}{2^{10}}$	$\dfrac{120}{2^{10}}$	$\dfrac{45}{2^{10}}$	$\dfrac{10}{2^{10}}$	$\dfrac{1}{2^{10}}$	1
	0.001	0.010	0.044	0.117	0.205	0.246	0.205	0.117	0.044	0.010	0.001	1

← 棄却域 →　　　　　　　　　　　　　　　　　　　　　← 棄却域 →

数Xを考える。

手順③　Xは二項分布B$(10, \frac{1}{2})$にしたがい，確率分布は次の**表8**のようになる。

X＝r回となる確率P$(X＝r) = {}_{10}C_r(\frac{1}{2})^r$

$(1-\frac{1}{2})^{10-r} = {}_{10}C_r(\frac{1}{2})^{10}$

手順④　危険率＝5％＝0.05とする。

手順⑤　棄却域を決める。

X≦1である確率P$(X≦1) = 0.001 + 0.010 = 0.011$

X≧9である確率P$(X≧9) = 0.001 + 0.010 = 0.011$

よって，P$(X≦1$または$X≧9) = P(X≦1) + P(X≧9) = 0.022 ≦ 0.05$

すなわち，棄却域はX≦1またはX≧9となる。

（このように，棄却域を両側にとる検定を両側検定という。）

手順⑥　実際に10回このコインを投げて，表の出る回数Xの実測値rを求め，

r＝0，1，9，10のどれかであれば，危険率5％で仮説「表の出る確率p＝$\frac{1}{2}$」を棄却する。

すなわち，コインは正しくはできていないと判断する。

2≦r≦8であれば，危険率5％で仮説「表の出る確率p＝$\frac{1}{2}$」は棄却出来ない。

すなわち，コインは正しくはできていないとは言えない。

1.2 母平均の検定

母平均m，母標準偏差σの母集団から抽出された大きさnの標本の標本平均を$\overline{X}$とする。$\overline{X}$は正規分布N$(m, \frac{\sigma^2}{n})$に従う。$Z = \frac{\overline{X}-m}{\frac{\sigma}{\sqrt{n}}} = \frac{\sqrt{n}(\overline{x}-m)}{\sigma}$と

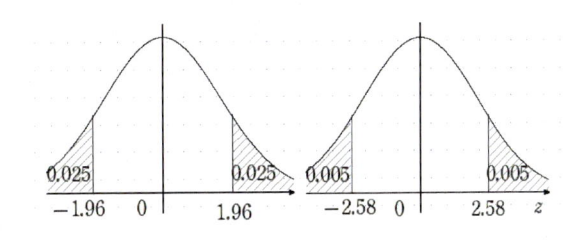

図12　棄却域

$\overline{X}$を標準化するとZは標準正規分布N$(0, 1)$に従う。

正規分布表からP$(-1.96 ≤ Z ≤ 1.96) = 2 \times (0 ≤ Z ≤ 1.96) = 2 \times 0.4750 = 0.95$

つまり，$-1.96 ≤ Z ≤ 1.96$となる確率は95％である。したがって，95％の確率で$-1.96 ≤ \frac{\overline{X}-m}{\frac{\sigma}{\sqrt{n}}} ≤ 1.96$。$-1.96 ≤ Z ≤ 1.96$すなわち，$|Z| ≤ 1.96$となる確率は95％＝0.95である。

$-2.58 ≤ Z ≤ 2.58$すなわち，$|Z| ≤ 2.58$となる確率は99％＝0.99である。

「母平均がmである」という仮説に対して，棄却域は，

危険率5％で，$|Z| ≥ 1.96$

危険率1％で，$|Z| ≥ 2.58$

図12の斜線部分がそれぞれの棄却域を表す。

（例2）　ある工場では，一袋50 gとして製品Aを生産している。製品Aは，標準偏差2 gの正規分布していることが分かっている。製品Aの中から，無作為に100個抽出して，その重さを調べたところ，平均値は49.3 gであった。製品Aの重さの母平均を50 gみなしてよいか，信頼度95％で検定する。

手順①　「母平均m＝50 gである」を帰無仮説とする。

手順②③　標本平均$\overline{X}$は正規分布N$(50, \frac{2^2}{100})$に従う。標準化して，$Z = \frac{\overline{X}-50}{\frac{2}{\sqrt{100}}} = 5(\overline{X}-50)$は標準正規分布N$(0, 1)$に従う。

手順④　危険率 $\alpha = 5\% = 0.05$ とする。

手順⑤　棄却域は，$|Z| \geqq 1.96$。

手順⑥　$\overline{X} = 49.3\,\mathrm{g}$ のとき，$Z = 5 \times (49.3 - 50)$
$= -3.5$ だから，
$|Z| = 3.5 \geqq 1.96$
よって，危険率5%で仮説「母平均$m =$ $50\,\mathrm{g}$である」は棄却される。
すなわち，母平均は$50\,\mathrm{g}$とみなせない。

1.3 母比率の検定

ある性質Aの母比率pである母集団から，大きさnの標本を無作為抽出する。標本の中で性質Aを持つものがX個のとき，Xは二項分布$B(n, p)$に従う。nが大きいとき，Xは正規分布$N(np, np(1-p))$に従うと見なしてよい。次のように標準化したZは標準正規分布$N(0, 1)$に従う。

$$Z = \frac{\frac{X}{n} - p}{\sqrt{\frac{p(1-p)}{n}}} = \frac{X - np}{\sqrt{np(1-p)}}$$

母平均の検定と同様に，「母比率がpである」という仮説に対する棄却域は

危険率5%で，$|Z| \geqq 1.96$

危険率1%で，$|Z| \geqq 2.58$

（メンデル遺伝の3:1を考える）　胚乳が黄色のエンドウと緑色のエンドウを交配させたところ，F_1は全て黄色であった。F_1どうしの交配の結果，F_2では，黄色のエンドウ215個体，緑色のエンドウ85個体を得た。胚乳の色の遺伝がメンデルの法則にしたがうとすれば，胚乳の色の分離比は3:1となるはずである。この実験結果はメンデルの法則にしたがうといってよいか。危険率5%$= 0.05$で検定する。

（解説）　帰無仮説を「メンデルの法則にしたがう」すなわち「黄色の母比率$p = \dfrac{3}{4}$である」とする。

黄色の母比率$p = \dfrac{3}{4}$，標本の大きさ$n = 215 + 85 = 300$個，標本の中の黄色の個体数$X = 215$個を使って，Zの値を計算する。$Z = -1.33$となり，$|Z| = 1.33 < 1.96$である。Zは棄却域に入らない。危険率5%でメンデルの法則にしたがうとしてよい。

検定統計量の分布がχ^2（カイ2乗）分布，t分布，F分布などの場合は，参考文献を参照されたい。

[文献]

脇本和昌　統計学—見方・考え方　日本評論社

小針晛宏　確率統計入門　岩波書店

石居進　生物統計学入門　具体例による解説と演習　培風館

粕谷英一　生物学を学ぶ人のための統計のはなし ～きみにも出せる有意差～　文一総合出版

上村賢治 高野泰 大森宏　生物統計学入門　オーム社

片平洌彦　やさしい統計学 保健・医学・看護関係者のために　桐書房

渡邊宗孝 寺見春惠　ビギナーのための 統計学　共立出版

小島寛之　完全独習 統計学入門　ダイヤモンド社

高校教科書 最新 数学B 数研出版 など

吉田 和宏 *Kazuhiro Yoshida*

埼玉県公立高校 非常勤講師

1977年，埼玉大学理工学部数学科卒業。1995年，鳴門教育大学大学院修士課程修了。1977年より埼玉県公立高校教員。現在，埼玉県公立高校非常勤講師。

［Special Column］

【Special Column-1】

わかってきた生体膜中の脂肪酸の重要性
——生体膜リン脂質多様性の形成機構とその生理的意義

河野 望 *Nozomu Kono*

東京大学 大学院薬学系研究科 准教授

生体膜リン脂質にはさまざまな種類の脂肪酸が結合しており，その多様性は脂肪酸鎖の入れ替え反応（リモデリング反応）によって生み出される。近年，リモデリング反応を担うリン脂質アシルトランスフェラーゼが同定され，その欠損マウスの解析などから，生体膜リン脂質脂肪酸鎖の生理的，病理的意義が明らかになってきた。

① はじめに

生体膜は，細胞と外界，細胞質と細胞内小器官を隔てる膜であり，生体膜によって細胞のさまざまな生命活動が可能となっている。生体膜は脂質二重膜とタンパク質からなるが，脂質二重膜を主に構成しているのがリン脂質である（**図1**）。リン脂質には二つの脂肪酸が結合しており，生体内で合成された脂肪酸や食物由来の脂肪酸など実にさまざまな脂肪酸がみられる。このリン脂質中の多様な脂肪酸鎖によって生み出される生体膜の疎水性環境は，生体膜の動的変化（エンドサイトーシスなど）や膜タンパク質の機能に重要であると考えられているが，リン脂質の脂肪酸鎖が生体内でどのような役割を果たしているかは不明な点が多かった。しかし近年，生体膜リン脂質の脂肪酸鎖の多様性形成に関わる分子群（リン脂質アシルトランスフェラーゼ）が同定され，それらの遺伝子欠損動物の解析，リン脂質メタボローム解析等の発展により，生体膜リン脂質脂肪酸鎖の生理的・病理的意義が明らかになりつつある。本稿では，生体膜リン脂質の脂肪酸鎖の形成機構と，リン脂質脂肪酸鎖の生理的・病理的役割について，最新の研究成果も含めて紹介する。

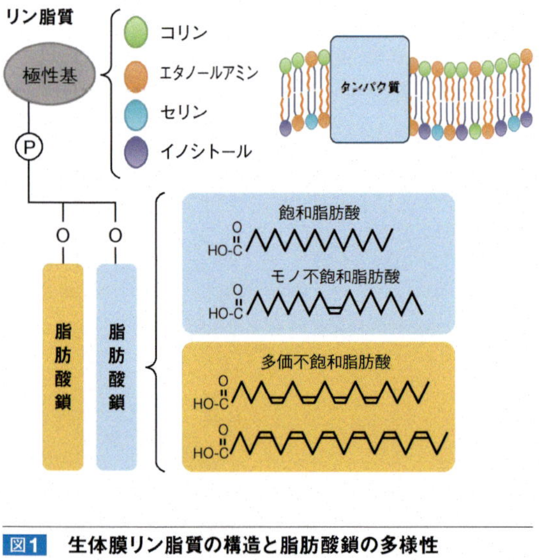

図1 生体膜リン脂質の構造と脂肪酸鎖の多様性

② 生体膜リン脂質多様性の形成機構

生体膜中に存在するリン脂質の多くは，グリセロールに2本の脂肪酸鎖とリン酸を含む極性基が結合した構造をしている（**図1**）。極性基としては，

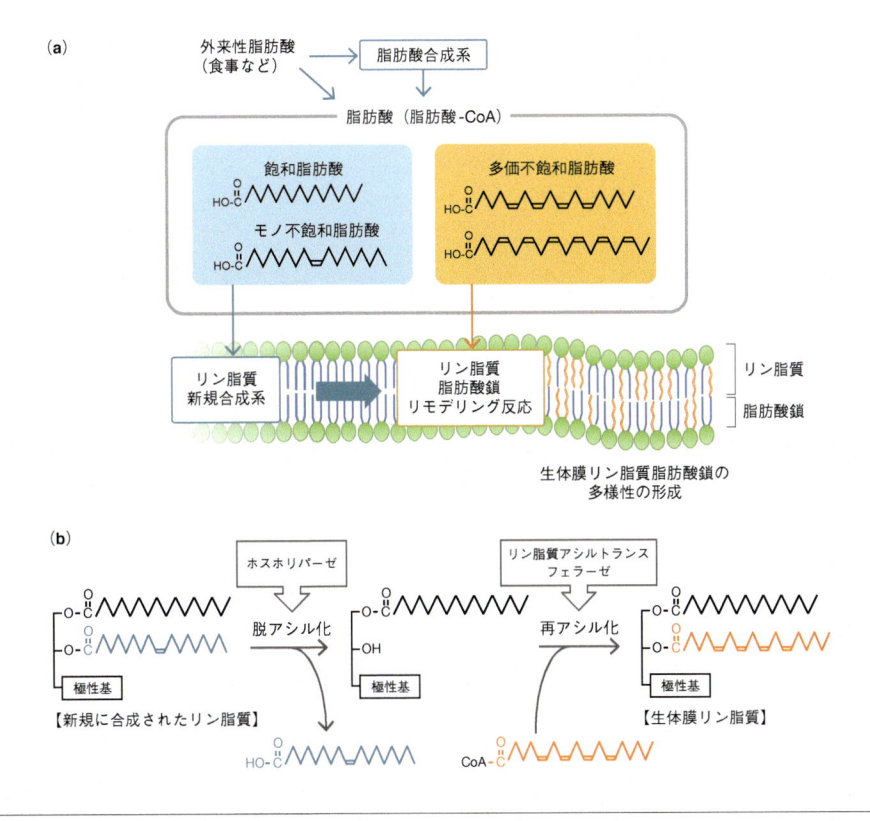

図2　生体膜リン脂質の多様性の形成機構

コリン，エタノールアミン，イノシトール，セリンなどがみられ，それらが結合したリン脂質をそれぞれホスファチジルコリン (phosphatidylcholine, PC)，ホスファチジルエタノールアミン (phosphatidylethanolamine, PE)，ホスファチジルイノシトール (phosphatidylinositol, PI)，ホスファチジルセリン (phosphatidylserine, PS) という。脂肪酸鎖にはパルミチン酸のような二重結合を持たない飽和脂肪酸から，アラキドン酸やドコサヘキサエン酸などのような多くの二重結合を持つ高度不飽和脂肪酸まで，炭素数や二重結合数が異なるさまざまな脂肪酸が結合している。このように生体膜には極性基，脂肪酸鎖が異なる多種多様なリン脂質が存在しており，真核細胞には1,000種類以上もの分子種が存在するといわれている。

　生体膜リン脂質は新規合成と脂肪酸鎖リモデリングという二つの過程を経て合成される (**図2**)[1]。まずグリセロール3-リン酸に二つの脂肪酸が結合することでホスファチジン酸が生成する。このホスファチジン酸を前駆体として，さまざまな極性基を持つリン脂質が合成される (新規合成)。新規合成されたリン脂質は，どの極性基のリン脂質も同様の脂肪酸鎖を有するが，その後リン脂質の極性基に特異的な脱アシル化 (脂肪酸鎖の除去)・再アシル化 (脂肪酸鎖の導入) 反応により各リン脂質に特徴的な脂肪酸鎖に入れ替わる［脂肪酸リモデリング，**図2(b)**］。また一般的に，新規合成系ではリン脂質に飽和脂肪酸やモノ不飽和脂肪酸など，不飽和度の低い脂肪酸が導入され，脂肪酸鎖リモデリングの過程では多価不飽和脂肪酸が導入される［**図2(a)**］。

　以上のように，脂肪酸リモデリングの過程は，生体膜リン脂質の脂肪酸鎖多様性の形成に必須である。脂肪酸リモデリングを担う分子実体，特に「再アシル化」を担うリン脂質アシルトランスフェラーゼは，脂肪酸リモデリングの存在の発見以来，

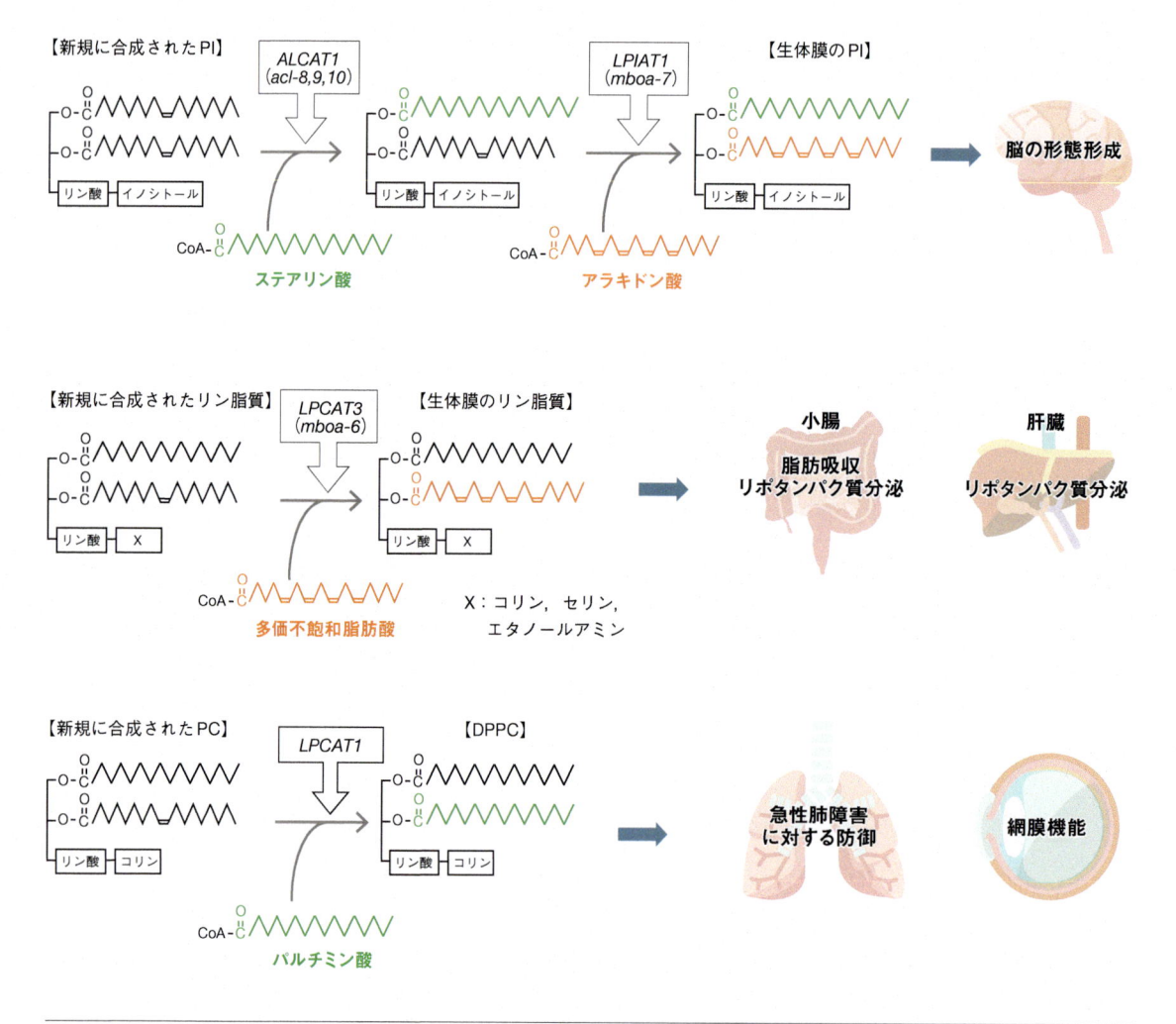

図3 リン脂質脂肪酸鎖リモデリングを担うリン脂質アシルトランスフェラーゼとその欠損マウスから明らかになったリン脂質脂肪酸鎖の生物学的意義

半世紀もの間不明であったが，近年，その分子実体が次々と明らかにされた[2]。そのような中で，筆者らの研究グループは哺乳動物と同様に高度不飽和脂肪酸を有する線虫 *C. elegans* を用いたユニークな手法により，PIの脂肪酸鎖リモデリングに関わる酵素群を世界に先駆けて同定することに成功した（**図3**）。PIは生体膜リン脂質の中でも，とりわけ特徴的な脂肪酸組成を有しており，グリセロール骨格の *sn*-1位にステアリン酸，*sn*-2位にアラキドン酸を持つ分子種の割合が圧倒的に多い（**図3**）。PIの *sn*-2位にアラキドン酸を導入するアシルトランスフェラーゼ *mboa-7*/LPIAT1 は線虫バ

イオアッセイを利用したRNAiスクリーニングにより，PIの *sn*-1位にステアリン酸を導入するアシルトランスフェラーゼ *acl*-8,9,10/LYCAT (ALCAT1) は，線虫変異体のリン脂質メタボローム解析により，それぞれ同定した[3)4)]。さらにLPIAT1との相同性から，主にPCに多価不飽和脂肪酸を導入するリン脂質アシルトランスフェラーゼ *mboa-6*/LPCAT3 も同定している（**図3**）[5]。線虫 *mboa-6* の哺乳動物における相同分子であるLPCAT3については，他のグループからも同時期に報告された[6)7)]。現在までに脂肪酸リモデリングに関わるリン脂質アシルトランスフェラーゼが10種類以

上，哺乳動物で同定されている[8]。

③ リン脂質脂肪酸鎖の生物学的意義

　最近，リン脂質アシルトランスフェラーゼの遺伝子改変マウスを用いた解析が続々と報告されており，リン脂質脂肪酸鎖の生物学的重要性が明らかになってきている。

　筆者らはPIにアラキドン酸を導入するLPIAT1のノックアウトマウスを作成したところ，LPIAT1欠損マウスは，PI中のアラキドン酸の減少がみられ，1ヶ月以内に致死となった[9]。致死性は出生直後からみられたため，胎生期のマウスを調べたところ，LPIAT1欠損マウスは胎生期18.5日の脳の形態に異常があり，神経細胞移動や神経突起の成長に欠陥があることが明らかとなった。PI中のアラキドン酸鎖の減少がなぜこのような重篤な表現型を示すのか，その詳細なメカニズムは不明であるが，LPIAT1欠損マウスの脳の表現型はPIをリン酸化する酵素の一つであるVps34の欠損マウスの脳の表現型と良く似ている[10]。PIがリン酸化されることにより生じる**ホスホイノシチド**[*]の機能に影響を与えているのかもしれない。最近，てんかんや自閉症を伴う知的障害を持つ患者のエキソームシークエンス解析から，LPIAT1（遺伝子名*MBOAT7*）にホモ接合性のフレームシフト変異がみつかっており[11]，マウスのみならずヒトにおいてもPI中のアラキドン酸が脳の発達に重要であることが示唆されている。またゲノムワイド関連解析から，LPIAT1と非アルコール性脂肪肝との関連も示唆されている[12]~[14]。今後LPIAT1コンディショナルノックアウトマウスの解析から，PI中のアラキドン酸鎖と脂肪肝の関係も明らかになることが期待される。

　PCに多価不飽和脂肪酸を導入する主要な酵素であるLPCAT3に関しても，最近欠損マウスの報告がなされた[15][16]。LPCAT3は腸や肝臓に高発現しており，LPCAT3欠損マウスではアラキドン酸を含むPCが顕著に減少し，生後1週間以内に死亡する。また，LPCAT3欠損マウスでは，肝臓や腸においてトリグリセリドが蓄積する一方，血中では逆に減少しており，**リポタンパク質**[*]の生成に異常があることが明らかとなっている。さらにin vitroの実験において，アラキドン酸が多い膜環境ではトリグリセリドの集積化やリポタンパク質形成に重要なタンパク質MTP (microsomal triglyceride transfer protein) によるトリグリセリド輸送が促進されることが示されている。これらのことからLPCAT3により形成されるアラキドン酸含有の生体膜環境が肝臓や腸におけるリポタンパク質の形成，分泌に重要であることが示唆された。さらに最近，LPCAT3が欠損した小腸では，脂質の吸収が阻害されていることも判明し，PCの不飽和脂肪酸鎖が小腸における脂質の吸収にも重要であることが示唆されている[17]~[19]。

　LPCAT1は二つの飽和脂肪酸鎖（パルミチン酸）を持つPC (DPPC, dipalmitoyl phosphatidylcholine) の合成に関わるリン脂質アシルトランスフェラーゼである（**図3**）[20]~[22]。DPPCは**肺サーファクタント**[*]の主要成分として良く知られている。LPCAT1の欠損マウスは肺サーファクタント中のDPPC量が減少しており，急性肺障害モデルに対して高い感受性を示したことから，肺サーファクタント中のDPPCが急性肺障害に対して保護的に働くことが示唆されている[22]。一方，LPCAT1は網膜変性を引き起こすマウス（*rd11*マウス）の

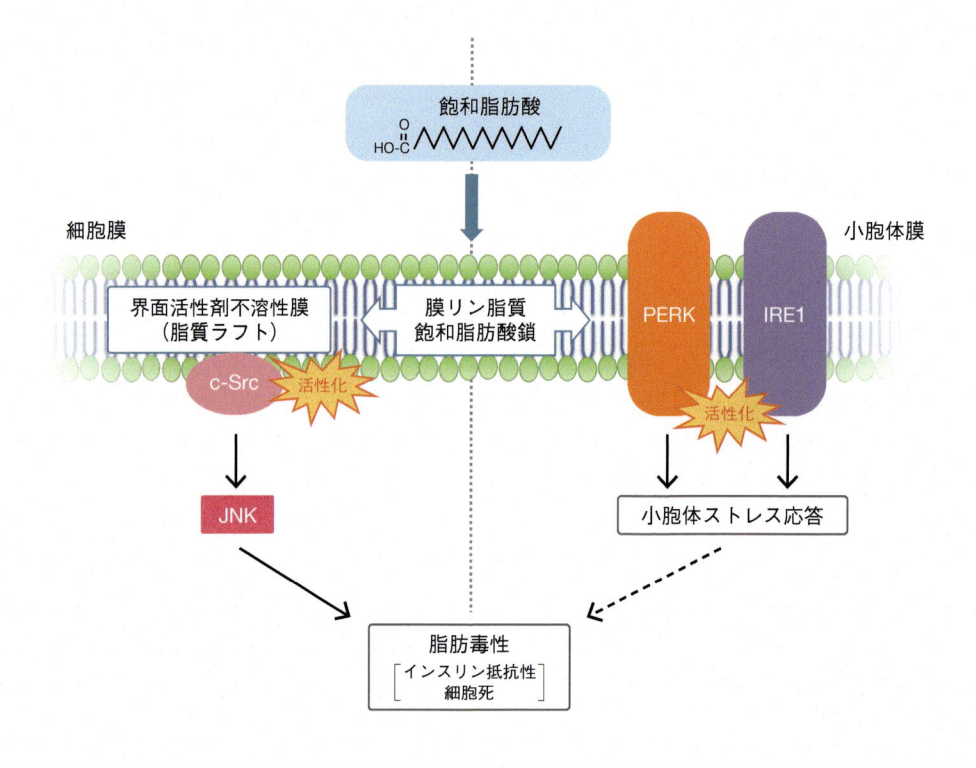

図4 生体膜リン脂質脂肪酸鎖と脂肪毒性

原因遺伝子としても同定されている[23]。網膜中の視細胞にはドコサヘキサエン酸（docosahexaenoic acid, DHA）などの高度不飽和脂肪酸を持つリン脂質が豊富に存在しているが，DPPCも多く存在している[24]。筆者らは培養細胞に高度不飽和脂肪酸を添加すると，高度不飽和脂肪酸を持つリン脂質が増加するのに伴い，DPPCも増加することを見いだした[25]。さらに高度不飽和脂肪酸添加時のDPPCの増加をLPCAT1のRNAiにより抑えると，**小胞体ストレス応答**＊が活性化し，アポトーシスが誘導された。視細胞において，DPPCは高度不飽和脂肪酸を持つリン脂質が豊富な生体膜の機能維持に重要なのかもしれない。

④ 生体膜リン脂質脂肪酸鎖と脂肪毒性

　肥満，糖尿病において，脂肪組織から遊離脂肪酸が過剰に産生され，血中の遊離脂肪酸濃度が高くなることがある。この多量の遊離脂肪酸がすい臓や肝臓，心臓などの非脂肪組織に蓄積すると，細胞機能障害や細胞死を引き起こしてしまう。この現象は脂肪毒性（lipotoxicity）とよばれ，インスリン抵抗性やインスリン分泌不全の発症機序として注目されている[26)27]。遊離脂肪酸の中でもパルミチン酸やステアリン酸などの長鎖飽和脂肪酸

用語解説 *Glossary*

【肺サーファクタント】
肺の表面を覆う界面活性物質であり，ジパルミトイルホスファチジルコリンを主とする脂質成分と肺サーファクタントタンパク質で構成される。II型肺胞上皮細胞が分泌しており，肺の表面張力を下げる役割がある。

【小胞体ストレス応答】
小胞体内の構造異常タンパク質の増加（小胞体ストレス）に応じて活性化し，分子シャペロンなどの誘導を介して小胞体ストレスを解消する適応応答。一方でアポトーシスや炎症を誘導し疾患とも関係する。

は，小胞体ストレス応答や炎症反応などを惹起し，脂肪毒性に大きく寄与すると考えられている[28]。飽和脂肪酸は細胞に取り込まれると，膜リン脂質に効率良く取り込まれるため，膜リン脂質中の飽和脂肪酸鎖が小胞体ストレス応答や炎症応答に関与することも考えられる。実際，筆者らは，培養細胞において，リン脂質中の飽和脂肪酸と不飽和脂肪酸のバランスが飽和脂肪酸側に傾くと，IRE1 (inositol-requiring 1) やPERK (PKR-like ER kinase) といった小胞体ストレス応答センサーが活性化し，小胞体ストレス応答が誘導されることを見いだしている[29]。また飽和脂肪酸は非受容体型チロシンキナーゼの一つであるc-Srcを活性化し，その下流でMLK3 (Mixed-lineage protein kinase 3) ─JNK (c-Jun N-terminal kinase) というMAPキナーゼ経路を活性化することで，インスリン抵抗性に関与することが明らかとなっている[30]。飽和脂肪酸はc-Srcを界面活性剤不溶性の膜画分へ集積させ，活性化を誘導する。界面活性剤不溶性の膜画分は，いわゆる"脂質ラフト"*とよばれる飽和脂肪酸が豊富な硬い膜ドメインが濃縮されるため，飽和脂肪酸によるc-Srcの活性化に膜リン脂質中の飽和脂肪酸鎖が関与することが示唆される。さらに遺伝的肥満マウス (*ob/ob*マウス) の肝臓においてLPCAT3を発現抑制し，PC中の高度不飽和脂肪酸を減少させると，小胞体ストレス応答および炎症応答が増強すること，反対に*ob/ob*マウスの肝臓でLPCAT3を過剰発現すると，小胞体ストレス応答および炎症応答が抑制され，インスリン抵抗性が改善することも示されている[31]。このように，膜リン脂質脂肪酸鎖の変化も脂肪毒性に大きく寄与していると考えられる。

用語解説 *Glossary*

【脂質ラフト】
遊離コレステロールと飽和脂肪酸鎖を持つスフィンゴ脂質に富んだ生体膜の微小領域である。特定のタンパク質を集合させ，シグナル伝達や物質輸送を効率的におこなう場として機能すると考えられている。

5 おわりに

本稿では，代表的なリン脂質アシルトランスフェラーゼの欠損マウスの表現型を紹介したが，今後，他のリン脂質アシルトランスフェラーゼの欠損マウスの解析から，生体膜リン脂質脂肪酸鎖の多彩な生理的，病理的意義がさらに明らかになっていくだろう。一方で，リン脂質アシルトランスフェラーゼの多くは基質が複数存在しており，どのリン脂質分子種の変化が，どのようにその欠損マウスの表現型を引き起こしているのかを明らかにするのは難しい場合が多くある。最近，リン脂質アシルトランスフェラーゼの遺伝子操作に加えて，リン脂質分子を直接細胞に導入するなど，リン脂質脂肪酸鎖を操作する技術や，リン脂質脂肪酸を可視化する技術[32]なども発展してきており，そのような新しい技術を駆使することにより，生体膜リン脂質の脂肪酸鎖の機能解明がさらに進んでいくものと期待される。

[文献]

1) Kono, N., Inoue, T. & Arai, H. *Seikagaku* **83**, 462–474 (2011).

2) Shindou, H. *Seikagaku* **82**, 1091–1102 (2010).

3) Lee, H. C., Inoue, T., Imae, R., Kono, N., Shirae, S. *et al. Mol Biol Cell* **19**, 1174–1184, doi:E07-09-0893 [pii] 10.1091/mbc.E07-09-0893 (2008).

4) Imae, R., Inoue, T., Nakasaki, Y., Uchida, Y., Ohba, Y. *et al. J Lipid Res* **53**, 335–347, doi:10.1194/jlr.M018655 (2012).

5) Matsuda, S., Inoue, T., Lee, H. C, Kono, N., Tanaka, F. *et al. Genes Cells* **13**, 879–888, doi:GTC1212 [pii] 10.1111/j.1365-2443.2008.01212.x (2008).

6) Hishikawa, D. Shindou, H., Kobayashi, S., Nakanishi, H., Taguchi, R. *et al. Proc Natl Acad Sci U S A* **105**, 2830–2835, doi:0712245105 [pii] 10.1073/pnas. 0712245105 (2008).

7) Zhao, Y., Chen, Y.-Q., Bonacci,T. M., Bredt, D. S., Li, S. *et al. J Biol Chem* **283**, 8258–8265, doi:M710422200 [pii] 10.1074/jbc.M710422200 (2008).

8) Hishikawa, D., Hashidate, T., Shimizu, T. & Shindou, H. *J Lipid Res* **55**, 799–807, doi:10.1194/jlr.R046094 (2014).

9) Lee, H. C.. Inoue, T., Sasaki, J., Kubo, T., Matsuda, S. *et al. Mol Biol Cell* **23**, 4689–4700, doi:10.1091/mbc. E12-09-0673 (2012).

10) Zhou, X. *Function of Phosphatidylinositol 3-Kinase Class III in the Nervous System*, (Duke University, 2010).

11) Johansen, A., Rosti, R. O., Musaev, D., Sticca, E., Harripaul, R. *et al. Am J Hum Genet* **99**, 912–916, doi:10.1016/j.ajhg.2016.07.019 (2016).

12) Buch, S., Stickel, F., Trépo, E., Way, M., Herrmann, A. *et al. Nat Genet* **47**, 1443–1448, doi:10.1038/ng.3417 (2015).

13) Mancina, R. M., Dongiovanni, P., Petta, S., Pingitore, P., Meroni, M. *et al. Gastroenterology* **150**, 1219–1230. e1216, doi:10.1053/j.gastro.2016.01.032 (2016).

14) Luukkonen, P. K., Zhou, Y., Hyötyläinen, T. ,Leivonen, M. ,Arola, J. *et al. J Hepatol* **65**, 1263–1265, doi:10.1016/j.jhep.2016.07.045 (2016).

15) Rong, X., Wang, B., Dunham, M. M., Hedde, P. N., Wong, J. S. *et al. Elife* **4**, doi:10.7554/eLife.06557 (2015).

16) Hashidate-Yoshida, T., Harayama, T., Hishikawa, D., Morimoto, R., Hamano, F. *et al. Elife* **4**, doi:10.7554/ eLife.06328 (2015).

17) Li, Z., Jiang, H., Ding, T., Lou, C., Hai H. Bui, H. H. *et al. Gastroenterology* **149**, 1519–1529, doi:10.1053/ j.gastro.2015.07.012 (2015).

18) Kabir, I., Li, Z., Bui, H. H, Kuo, M.-S., Gao, G. *et al. J Biol Chem* **291**, 7651–7660, doi:10.1074/jbc. M115.697011 (2016).

19) Wang, B., Rong, X., Duerr, M. A., Hermanson, D. J., Hedde, P. N. *et al. Cell Metab* **23**, 492–504, doi:10.1016/ j.cmet.2016.01.001 (2016).

20) Nakanishi, H., Shindou, H., Hishikawa, D., Harayama, T., Ogasawara, R. *et al. J Biol Chem* **281**, 20140–20147, doi:M600225200 [pii] 10.1074/jbc.M600225200 (2006).

21) Chen, X., Hyatt, B. A., Mucenski, M. L., Mason, R. J. & Shannon, J. M. *Proc Natl Acad Sci U S A* **103**, 11724–11729, doi:10.1073/pnas.0604946103 (2006).

22) Harayama, T., Eto, M., Shindou, H., Kita, Y., Otsubo, E. *et al. Cell Metab* **20**, 295–305, doi:10.1016/j. cmet.2014.05.019 (2014).

23) Friedman, J. S., Chang, B., Krauth, D. S., Lopez, I., Waseem, N. H. *et al. Proc Natl Acad Sci U S A* **107**, 15523–15528, doi:10.1073/pnas.1002897107 (2010).

24) Hayasaka, T., Goto -Inoue, N., Sugiura, Y., Zaima, N., Nakanishi, H. *et al. Rapid Commun Mass Spectrom* **22**, 3415–3426, doi:10.1002/rcm.3751 (2008).

25) Akagi, S., Kono, N., Ariyama, H., Shindou, H., Shimizu, T. *et al. FASEB J* **30**, 2027–2039, doi:10.1096/ fj.201500149 (2016).

26) Cusi, K. *Curr Diab Rep* **10**, 306–315, doi:10.1007/ s11892-010-0122-6 (2010).

27) Unger, R. H. & Scherer, P. E. *Trends Endocrinol Metab* **21**, 345–352, doi:10.1016/j.tem.2010.01.009 (2010).

28) Glass, C. K. & Olefsky, J. M. *Cell Metab* **15**, 635–645, doi:10.1016/j.cmet.2012.04.001 (2012).

29) Ariyama, H., Kono, N., Matsuda, S., Inoue, T. & Arai, H. *J Biol Chem* **285**, 22027–22035, doi:M110.126870 [pii] 10.1074/jbc.M110.126870 (2010).

30) Holzer, R. G., Park, E.-J., Li, N., Tran, H., Chen, M. *et al. Cell* **147**, 173–184, doi:10.1016/j.cell.2011.08.034 (2011).

31) Rong, X., Albert, C. J., Hong, C., Duerr, M. A., Chamberlain, B. T. *et al. Cell Metab* **18**, 685–697, doi:10.1016/j.cmet.2013.10.002 (2013).

32) Shimura, M., Shindou, H., Szyrwiel, L., Tokuoka, S. M., Hamano, F. *et al. FASEB J* **30**, 4149–4158, doi:10.1096/ fj.201600569R (2016).

河野 望 *Nozomu Kono*

東京大学　大学院薬学系研究科　准教授

2002年, 東京大学薬学部卒業。2007年, 同大学院薬学系研究科修了。2004～2007年, 日本学術振興会特別研究員。2007～2013年, 東京大学大学院薬学系研究科衛生化学助教。2014年～2017年, 同研究科講師。2018年より, 同研究科准教授。研究テーマは, 酸化リン脂質を介した細胞内シグナル制御機構の解析, 生体膜リン脂質の脂肪酸環境の恒常性維持機構の解明。

【Special Column-2】

「減数分裂」をどう理解するか？
——高校生物における指導のポイントと知っておきたい新しい知見

米澤 義彦 *Yoshihiko Yonezawa*

鳴門教育大学名誉教授

減数分裂は，有性生殖をおこなう動物では配偶子形成の際に，また有性生殖をおこなう植物では胞子形成の際におこなわれる細胞分裂である。この減数分裂は，有性生殖をおこなう生物においては，受精によって倍加するDNA量を半減させる重要な役割を持っているが，その詳細は高校生物では触れられておらず，もっぱら減数分裂の派生的な側面である遺伝的多様性を生み出す要因として取り扱われている。高校生物で扱う減数分裂の内容はどうあるべきなのか，減数分裂の仕組みについての最近の知見を交えて考えてみたい。

① はじめに

2010年度の大学入試センター試験（生物）の減数分裂に関する設問（第2問の問3）を巡っておこなわれた高校教員間の議論は，高校での減数分裂の学習状況を象徴するような出来事であった。設問は，テッポウユリ（$2n = 24$）の開花前のつぼみを用いておこなった減数分裂の観察に関するもので，「第一分裂中期と第二分裂中期の一つの赤道面で観察される染色体数」（下線は筆者）を問うものであった。正解は，第一分裂，第二分裂ともに12であるとされていたが，「第一分裂中期の染色体数は24でも正解ではないか？」という意見が出され，筆者の所属している日本生物教育学会でも，「入試センターに意見書を出すべきである」という声があった。

この設問に対する高校教員の意見は無理からぬところがある。なぜなら，設問の「染色体」とは何を示しているのかが曖昧だからである。すなわち，第一分裂中期（以下，第一中期という。）の赤道板上に配列した「染色体」は「2本の相同染色体

が対合した二価染色体」を示しており，第二分裂中期（以下第二中期という。）の赤道板上に配列した「染色体」とは本質的に異なるものだからである。

図1は，ミドリアマナ（$2n = 6$，アスパラガス科）の体細胞分裂中期と減数分裂第一中期の顕微鏡写真である。第一中期では3個の二価染色体が観察されるが，「それぞれの二価染色体において，それぞれの相同染色体の配置とセントロメア[注]の位置を模式図として示しなさい。」という問題が出されたとき，読者は正しく答えることができるだ

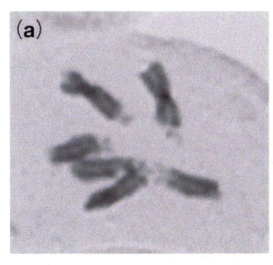
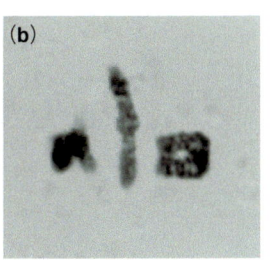

図1 ミドリアマナ（$2n = 6$）の体細胞分裂中期 (a) と減数分裂第一中期 (b) の顕微鏡写真

体細胞分裂の染色体は，いずれも染色体の端部（写真の内側）にセントロメアを持っている。このような染色体が減数分裂第一中期では二価染色体を3個形成する。それぞれの二価染色体を構成する相同染色体の配置とそれぞれの染色体のセントロメアの位置はどこだろうか？

ろうか？（解答例は76ページ）

　「第一中期の染色体数は24でも正解ではないか？」という主張の根拠は，第一中期に観察される「1個」の二価染色体が体細胞分裂中期の形をした2本の相同染色体が「側面で接着した形」で模式図が教科書や図説に掲載されていることに起因する。教科書や図説にこのような模式図が掲載されていれば，「1個の二価染色体は2本の相同染色体から構成されているので，第一中期の染色体数は24である」と結論づけたり，また，教科書によっては「二価染色体は4本の染色体からできている」（下線は筆者）と記述されているので，「第一中期の染色体数は48である」と解答する生徒がいても不思議ではない。

　実際に第一中期を顕微鏡で観察した経験があれば，このような二価染色体はあり得ないことはすぐに理解できると思われる。

　このような教員や生徒の誤解は，教科書の記述をより正確にすることによって防ぐことができる。本稿では，まず高校生物での減数分裂の取り扱いに関する問題点を指摘してその改善策を提案する。その後，現行の教科書では曖昧になっている事項について，1990年代以降にまとめられた多細胞真核生物の減数分裂の知見を中心に，生徒に理解させたい（理解してほしい）内容，言い換えれば高校生物の教員に理解しておいてほしい内容を紹介する。

　なお，学術用語は，原則として，『学術用語集　遺伝学編（増訂版）』[1]に従った。

② 高校生物の教科書における「減数分裂」の取り扱いに対する問題点

　高校生物における減数分裂の取り扱いに関して，問題点が三つ指摘できる。

　一つめは，減数分裂をどのような視点で取り扱うのかということである。

　減数分裂は従前は「生殖と発生」の単元で学習

することになっていたが，平成30(2018)年に改訂・公示された学習指導要領では，「生物の進化」の単元で「遺伝子の組合せの変化」をもたらす要因として取り扱うこととされている[2]。すなわち，「染色体の組合せによって遺伝子の組合せが変化したり，減数分裂の際に染色体の乗換えにより遺伝子の組換えが起きることによって遺伝子の組合せが変化したりする」ことを扱うことになっている。

　したがって，高校生物の教科書における減数分裂の取り扱いは，「第一分裂前期（以下，第一前期という）において相同染色体が対合し，対合した相同染色体間で乗換えが起こってその一部が交換されることによって父親由来の遺伝子と母親由来の遺伝子が混ざり合った染色体が形成される。その結果として，遺伝的に多様な配偶子が形成される」という記述の流れは変更されないであろうと考えられる。しかし，「減数分裂」の内容が新学習指導要領で「進化」の単元に移された意図を踏まえると，現在編集中の新しい教科書では，「進化は，基本的に同一種内の遺伝的多様性が要因である。」という内容がより加味された記述に変更になるのではないかと推測される。

　しかし，減数分裂の本質は，二つの細胞の合体によって生じた新しい個体の染色体数（DNA量）の増加を防ぐことにあるはずである。したがって，高校生物では，「減数分裂は，二つの細胞の合体によって生じる染色体数の増加を防ぐために，あらかじめ染色体数を半減させた細胞を作り出す過程である」ことを明確に説明し，あわせて，相同染色体がお互いをどのように認識するのか，あるいは乗換えの仕組みはどうなっているのか，について説明を加えるべきであろう。

注）セントロメアとキネトコア

centromere という用語に対しては従来「動原体」の訳語が当てられているが（学術用語集　遺伝学編），この「動原体」はもともと kinetochore の訳語である。最近の研究で，いわゆる「紡錘糸の付着部位」としてのキネトコアの構造や機能がより詳細に解析され，『遺伝単』でも両者を区別することが提案されているので，本稿では，「紡錘糸が付着する部分を含む染色体のくびれの部分」をセントロメア，「紡錘糸の付着部位」をキネトコアと表記する。

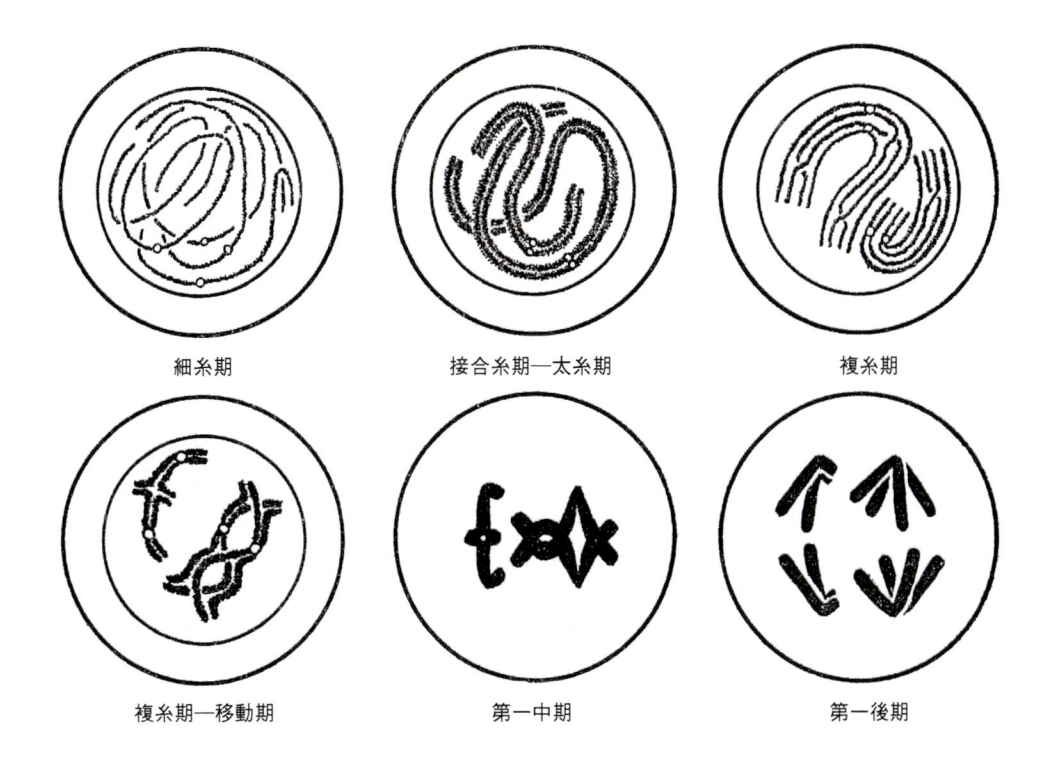

細糸期　　　　　　　　　　　接合糸期—太糸期　　　　　　　　　複糸期

複糸期—移動期　　　　　　　　　第一中期　　　　　　　　　　　第一後期

図2　架空の生物 $(2n=4)$ の減数分裂第一前期を顕微鏡で観察したときの染色体構造の変化を表した模式図

細糸期ではすでにDNAの複製を終えて2本の姉妹染色分体が形成されているにもかかわらず1本の繊維しか観察されない。この状態は，相同染色体が対合した接合糸期〜太糸期でも同様である。生物によっては，対合した相同染色体も識別できない。それぞれの相同染色体に含まれる姉妹染色分体が認識できるようになるのは，複糸期以降である。

［文献5）より一部を改変して引用］

二つめは，「染色分体」という用語を使用しないために生ずる誤解である。このことについては，すでに筆者が高校教員からの質問に答える形で問題を提起しているが[3]，先般公表された学術会議からの報告「高等学校の生物教育における重要用語の選定について（改訂）」[4]においても「染色分体」の用語は採録されていないので，新しい教科書でどのように取り扱われるか注意する必要がある。ただ，平成30年度用の教科書では，調べた5社（啓林館，実教出版，数研出版，第一学習社，東京書籍）のうち，第一学習社を除く4社の教科書で「二価染色体は4本の染色体からなる」という記述がなくなっており，この点に関しては大学入試センター試験の問題に対する批判が反映されたのかも知れない。

三つめは，教科書に記載されている減数分裂の模式図が実際の顕微鏡像とかけ離れていることである。特に第一前期から中期にかけて体細胞分裂中期のような棒状の染色体が対合した模式図が描かれているが，少なくとも第一前期の早い時期では，相同染色体が対合しているにもかかわらず，顕微鏡下では1本の糸状の染色体しか観察されない。相同染色体が識別できるようになるの第一前期後半の複糸期とよばれる時期になってからである（図2参照）。

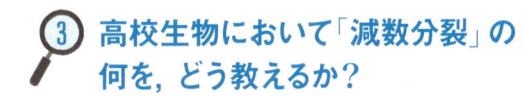

3　高校生物において「減数分裂」の何を，どう教えるか？

このように，高校生物における減数分裂の学習に関してはいくつかの課題があるが，近年多くの

生物現象が分子レベルで解明されるようになり，減数分裂に関しても分子レベルでの新しい知見が次々と蓄積されている。特に出芽酵母や分裂酵母などを中心として，対合や乗換えの仕組みについて遺伝子レベルでの研究が進んでおり，その成果を高校生に伝えていくことは，高校生物の授業をより興味深いものにするためには不可欠であると思われる。

⑴ 減数分裂における染色体数の半減する仕組み

減数分裂による染色体数の半減は，第一前期において，複製された姉妹染色分体からなる相同染色体がお互いを認識して対合することと，対合した相同染色体が，第一分裂後期において，お互いに別の分裂極に移動すること，すなわち，一つの相同染色体を構成する姉妹染色分体が，体細胞分裂とは異なり，同じ分裂極に移動することによって引き起こされる。

染色体や染色分体の細胞内での移動は紡錘糸によっておこなわれるが，紡錘糸が染色体に付着する部分をキネトコア[注]という。このキネトコアは体細胞分裂では姉妹染色分体に一つずつ形成されるが，減数第一分裂では姉妹染色分体のキネトコアが非常に近い位置に形成されるか，もしくは一つしか形成されないと考えられている。また，複製された姉妹染色分体は，体細胞分裂でも減数分裂でも，**コヒーシン複合体***とよばれるタンパク質によってその全長に渡って接着しているが，体細胞分裂では中期から後期にかけてセントロメア部分を含めて分解される。しかし，減数第一分裂では，セントロメア部分のコヒーシン複合体が分解されずに残るため，姉妹染色分体が分離できないで同じ分裂極に移動する。

⑵ 減数分裂第一前期の過程と模式図

減数分裂の過程は高校生物の教科書にも記述されているが，前述のように，遺伝的に多様な配偶子をつくることに重点が置かれているために，過程そのもの，特に体細胞分裂に比べてはるかに長

時間を必要とする第一前期の詳細についてはほとんど触れられていない。しかし，この第一前期にこそ減数分裂の重要な仕組みが含まれており，この仕組みを，「減数分裂を覚える」ためではなくて，「減数分裂を理解する」ためにしっかりと学習する必要がある。

第一前期は染色体の形状の変化から，細糸期，接合糸期，太糸期，複糸期，移動期の五つの時期に細分されるが（**表1**），高校生物の教科書ではこれらの時期についての説明が省略されている。しかし，後述するように，これらの時期のそれぞれにおいて減数分裂に不可欠な事象がおきているため，「細糸期」などの用語を「第一前期の早い時期」などと置き換えてでも，教員はその過程をひととおり理解した上で授業に臨む必要がある。

高校生物の教科書では，これらの第一分裂前期における染色体の構造変化の過程が模式図によって例示されている。しかし，この模式図は顕微鏡下で観察される像を反映しておらず，生徒や教員の誤解を生む原因となっている。筆者が確認した限りにおいて，顕微鏡下で観察される減数分裂の過程を忠実に反映している模式図は茅野[5]とKingら[6]だけである（**図2**参照）。この図を「覚え

用語解説 *Glossary*

【コヒーシン複合体】

姉妹染色分体の接着に中心的な役割を果たすリング状のタンパク質複合体で，四つのサブユニットから構成されている。そのコアとなる二つのサブユニット（SMC1とSMC3）はSMCタンパク質と総称されるATPアーゼファミリーに属する。残りの二つはKleisinサブユニットとHEATリピートサブユニットである。それぞれの因子の構造と機能は，酵母からヒトまで広く保存されている。また，減数分裂期では一部のサブユニットが置き換わり，減数分裂期に特有のコヒーシン複合体が構築される。

コヒーシン複合体の模式図

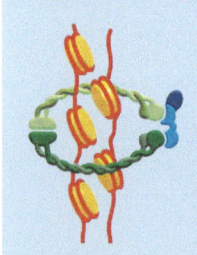

2本の二重鎖DNA（姉妹染色分体）を4個のサブユニットが取り囲んで，染色分体の結合を維持している。姉妹染色分体が分離する際には，サブユニットの一つ（右端の水色の部分）がセパレースとよばれるタンパク質によって切断され，結合が解除される。

［文献19）より引用］

表1 減数分裂第一前期における染色体の形状と事象

時期	染色体の形状と事象
細糸期	クロマチン繊維の凝縮が開始されて糸状構造が出現するが，相同染色体は強固に接着しており，2本の糸状構造として認識できない。 DNAの組換えのための二重鎖切断が開始される。 テロメアが集合しはじめて対合の準備を開始する。
接合糸期	糸状構造がやや太く，明瞭になる。二重鎖切断は終了する。 テロメアの集合が完了して対合複合体の形成が開始される。 非姉妹染色分体間で乗換えが起こる。
太糸期	糸状構造がさらに太くなり，対合複合体が完成する。 相同染色体の対合状態が明瞭になる。
複糸期	染色体の凝縮がさらに進み，対合複合体が解離を始める。 姉妹染色分体やキアズマが明瞭になる。
移動期	染色体の凝縮がさらに進む。 紡錘体が形成され，紡錘糸の張力によって染色体が赤道板方向へ移動を始める。

る」のではなく，正しく理解して，生徒に解説できることが減数分裂第一前期に起こるさまざまな現象を理解させるための必要条件であろう。

　もちろん，高校生物において「相同染色体の対合」をわかりやすく説明するためには，「体細胞分裂中期」の相同染色体を接着させることが「手軽」であるのかもしれないが，このことが多くの生徒や教員に「誤解」を生じさせていることを認識する必要がある。

(3) 非姉妹染色分体の乗換えと「積極的な」DNAの組換え

　減数分裂では，対合した相同染色体の非姉妹染色分体間で乗換えを生じて，たとえば父親由来の染色分体の一部に母親由来の染色分体が挿入される。これによって，遺伝的により多様な配偶子が形成されることは教科書にも記載されているが，その仕組みには触れられていない。減数分裂における非姉妹染色分体間で乗換えを「遺伝的に多様な配偶子を産生する要因の一つ」と位置づけるのであれば，教科書においてその仕組みが説明されなければならない。

　非姉妹染色分体間で乗換えを生じるためには，その前段階として，DNAの二重鎖切断 (double-strand breaks, DSBs) が生じる必要がある。しかし，このDNAの切断は，体細胞で生じるDNAの切断とは異なり，DNAの組換えを起こすための「積極的な」切断であり，生徒には「乗換えは，自然誘発的なDNAの切断を修復する際のミスによって生じるのではなくて，生物自身が多様な遺伝子の組み合わせをもたらすために持っている必然的な仕組み」であることを説明する必要がある。

4 減数分裂をより深く理解するための新しい知見

(1) 「体細胞分裂」から「減数分裂」への移行の仕組み

　単細胞の真核生物である出芽酵母や分裂酵母では，減数分裂は栄養状態の悪化，特に窒素源の枯渇によって引き起こされることが知られている[7]。また，同じく単細胞のゾウリムシでは接合による小核交換の前に小核の減数分裂がおこなわれるが，この接合は栄養状態の悪化や一定回数の分裂が引き金となって開始される[8]。

　多細胞真核生物の「体細胞分裂」から「減数分裂」へ移行する仕組みについて，最初に興味深い事実

を報告したのはHottaら[9]である。彼らは，テッポウユリの花粉母細胞（小胞子母細胞）における減数分裂の時期がつぼみの長さに対応していることを利用して，つぼみまたは培養系に移した小胞子母細胞において，減数分裂第一前期（接合糸期〜太糸期）で少量のDNA（核DNAの約0.3%）が合成されることを示した。Hottaらは，この接合糸期〜太糸期で合成されるDNAは，S期において合成（複製）されなかったDNAであることを示唆した。

しかし，近年の分子レベルの解析では，接合糸期〜太糸期にDNAの合成が起こることは確認されているが，前減数分裂S期にわずかのDNAが複製されずに残るという事実は確認されていない[10]。すなわち，第一前期の接合糸期〜太糸期におけるDNAの合成は，後述するように，非姉妹染色分体間の乗換え時に起きるDNAのDSBsを修復するためであると考えられている。

最近，Baltusら[11]は，マウスの生殖細胞の分化に関与するシグナルがビタミンAの誘導体である**レチノイン酸**[*]（RA）であることを見いだした。すなわち，このRAが，胚の外分泌器官である中腎でつくられて生殖腺に移動し，卵原細胞や精原細胞を減数分裂に移行させる物質であることを明らかにした。しかし，若い卵巣や胚の精巣（雄のマウスにおける減数分裂は出生後に誘導される）ではRAを分解する酵素が産生されてRAの蓄積を阻害しており，体細胞分裂から減数分裂への移行が進まないと考えられている。さらに，RAの分解を阻害する酵素も見つかっており，この酵素を欠く個体では，減数分裂第一前期での染色体の凝縮やコヒーシン複合体による染色分体の接着などが起こらないために減数分裂への移行が起きないばかりではなくて，生殖母細胞自身の劣化が起こることも明らかにされている[11]。

トウモロコシでは，*am1*（*ameiotic 1*）という遺伝子が体細胞分裂から減数分裂への移行を制御していることが明らかになっており，*am1*を欠く個体では体細胞分裂を継続することが知られている[12]。

また，シロイヌナズナでは*am1*類似の*SWI1*（*SWITCH1*）が関与しているという報告もある[10]。

このように，同じ多細胞の真核生物でも体細胞分裂から減数分裂への移行のメカニズムは生物によって異なっており，減数分裂の開始に関与するシグナルとそのシグナルによって引き起こされる一連の反応については十分にわかっていない。

なお，単細胞の真核生物である出芽酵母や分裂酵母の減数分裂については，それに関与するさまざまな遺伝子が分離されて遺伝子レベルでの解析が進み，その詳細が明らかにされつつある[13]。しかし，これら酵母の減数分裂は，前述のように，「栄養状態の悪化」という外的要因によって誘導されることがわかっており，多細胞の真核生物における体細胞分裂から減数分裂への移行の機構とはかなり異なっているので，その説明は本稿では省略する。

(2) 相同染色体の対合－相同染色体を認識する仕組み

前減数分裂S期において複製を終えた2本のDNA鎖は徐々に凝縮を始め，光学顕微鏡下で糸状構造が確認できるようになるが（この時期を細糸期という），2本の姉妹染色分体は，その全長に渡ってコヒーシン複合体によってかたく結合されており，1本の糸状構造として認識される。

細糸期では2本の相同染色体はお互いを認識して平行に並ぶが，相同染色体がどのような仕組みによって相手を認識するかについてはまだよくわかっていない。しかし，多くの生物で，細糸期の終わりから接合糸期にかけて，染色体のテロメア（染色体末端）が核膜の特定の部分に集合する現

用語解説 *Glossary*

【レチノイン酸】
ビタミンAの代謝物質で，ビタミンAの機能を媒介する。脊椎動物では，胚の発生初期に，胚の特定領域で生成され，胚の後部の発達をガイドする細胞間シグナル分子として，胚の軸に沿った前部／後部を決定する役割を果たしていると考えられている。

象が知られている（**図3**）。この時期は，染色体の配列が花束に似ていることから，花束期（bouquet stage）とよばれているが，最近の研究では，この花束期に相同染色体のテロメアがお互いを認識して平行に配列し，対合が開始されるというデータも示されており[14)15)]，並列した相同染色体は

複数の箇所で結合を開始するという[16)]。

しかし，一部の植物や糸状体の菌類（*Sordaria* や *Neurospora*），それにヒトの雄の減数分裂では花束期以前に相同染色体の並列が完了しているという報告もある[17)18)]。すなわち，これらの生物では，花束期以前に一方のDNAでDSBsが起こり，その切断末端がもう一方のDNA鎖に侵入して対合複合体（synaptonemal complex, SC）が形成される。しかし，このDSBsはすべての生物に共通する特徴ではなく，ショウジョウバエや線虫ではこのDSBsが起こらないことが明らかにされている[19)]。

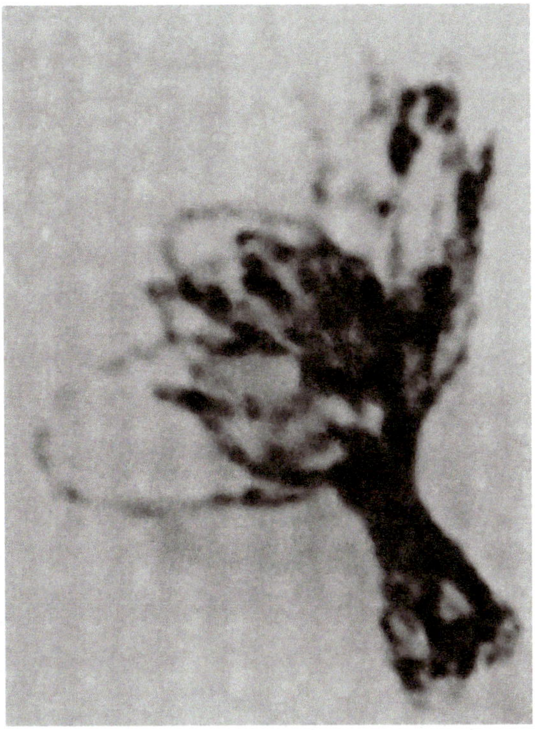

⑶ 対合複合体（シナプトネマ構造）

対合複合体は，接合糸期〜太糸期に観察される，相同染色体の対合を維持する構造体である。電子顕微鏡下では，タンパク質の三層構造として観察される。すなわち，一つの相同染色体内の姉妹染色分体を構成するクロマチン繊維はタンパク質の軸（この軸は側方要素lateral elementとよばれている）に付着した状態で，お互いに絡まるようにループを形成している。それぞれの相同染色体の側方要素は中心要素（central element）とよばれるタンパク質の繊維で固く結びつけられている。これら二つの側方要素と一つの中心要素からなる構造が，電子顕微鏡下では三層構造として観察される。この対合複合体は，前述のように，接合糸

図3　オオムギの花粉母細胞の「花束期」の顕微鏡写真
右下の染色体が集まっている部分の先端がテロメアである。
［文献27）より引用］

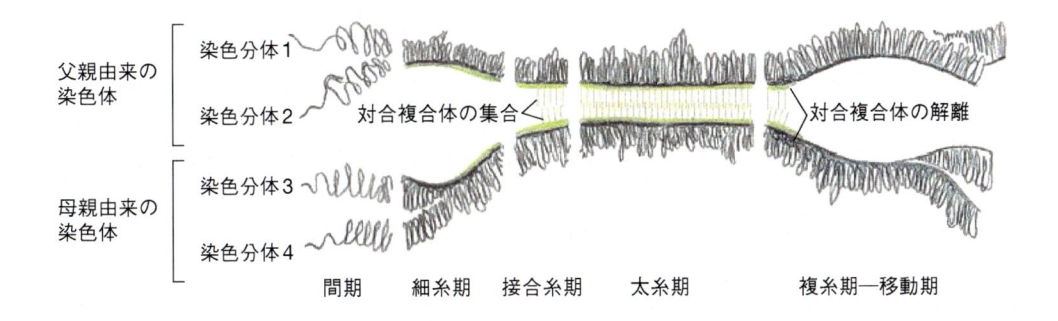

図4　対合複合体の模式図
減数分裂の接合糸期から複糸期にかけての対合複合体の構造変化が示してある。詳細は本文を参照。

［文献19）より，一部改変して引用］

期で形成が開始されて太糸期で完成し，複糸期に入ると徐々に消失して観察されなくなり，相同染色体の対合は解消される（図4）。

⑷ 対合した相同染色体における非姉妹染色分体の交換（乗換え）

対合した相同染色体の非姉妹染色分体間でその一部分を交換する現象，すなわち乗換えが起こる。この乗換えは，原則として，対合した相同染色体の非姉妹染色分体間のどの部分でも起こりうるが，その本質は相同なDNA分子間の組換えである。

すなわち，一方のDNAで DSBs が起こり，その切断末端の5' 側の塩基がエキソヌクレアーゼによって除去された後に，残った3' 末端側の1本鎖DNAが他方のDNAの二重鎖に入り込み，相手側のDNA鎖の塩基配列の情報に従って3' 末端側に新しいDNA鎖を伸長させる。この後，もう一つの切断末端側のDNA鎖が相手側のDNA鎖の塩基配列に基づいてDNA鎖を伸長させ，切断点を修復する。修復された2本の二重鎖DNA分子は互いに絡み合った形となっているが，これが切り離されて組換えが完成する（図5）。なお，このようにして形成されたDNA鎖の部分はヘテロ二重鎖とよばれるが，その長さは数千塩基対に及ぶと推定されている[20]。また，ひとつの結合点によって2本の二重鎖DNAが絡み合っている状態は，**ホリデイジャンクション*** とよばれている。

このヘテロ二重鎖が形成された箇所では，原則として，塩基配列の変化は起こらないが，多少のミスマッチは許容されているため，一方のDNA鎖の5'末端を失った切断末端が他方のDNA鎖に入り込んで残った3'末端に相補的なある長さを持った塩基対を探していく際に，似たような塩基配列を持つ部分でヘテロ二重鎖を形成してしまい，結果的に本来の塩基配列とは異なる「組換え体」が生じることもある[20]。

⑸ 組換え節

乗換えは，原則として，対合した相同染色体の

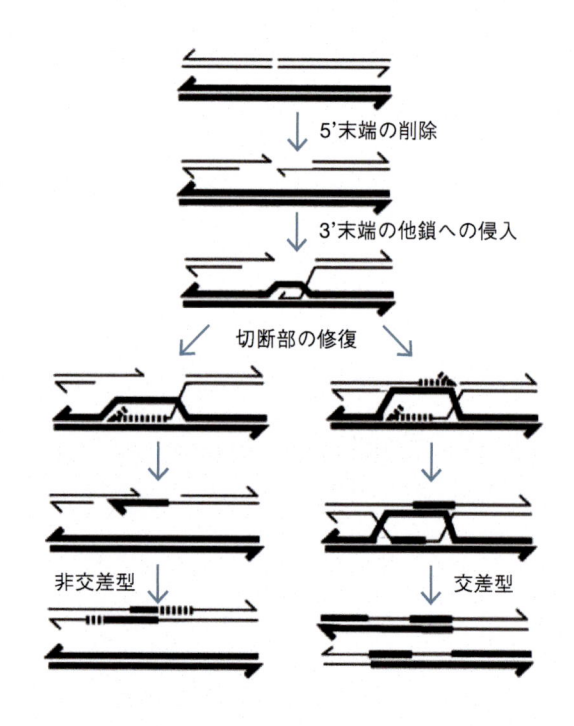

5'末端の削除

3'末端の他鎖への侵入

切断部の修復

非交差型　　　　　　　交差型

図5　減数分裂におけるDNAの二重鎖切断による組換えの模式図

並列したDNAの二重鎖の一方に二重鎖切断が入り，切断部分の一部（5'末端側）が除去される。その後，切断末端が切断されていない二重鎖内に入り込み切断部分が修復されるが，修復方法に2とおりあると考えられており，切断されたDNA鎖がともに非切断のDNA鎖を鋳型にして修復されるとホリデイジャンクションが形成される（右の経路）。このホリデイジャンクションの開裂方向によって交差型または非交差型のDNAが生じるが，図では交差型のみが示してある。また，一方の切断末端のみが他のDNA鎖によって修復され，他方の切断末端が修復されたDNA鎖を鋳型にして修復される場合は，非交差型となる（左の経路）。詳細は用語解説の欄参照。

［文献28）より，一部を改変して作図］

用語解説　*Glossary*

【ホリデイジャンクション】

1964年に R. Holliday によって提案された構造で，DNAに二重鎖切断が生じた際に，これを修復するために形成される，2本の相同なDNAが1カ所でつなぎ合わされ，そこから4本のDNA鎖が枝分かれした状態で存在する構造。つなぎ合わされた4本のDNA鎖がどの方向に開裂するかによって，交差型と非交差型のDNAが生ずる。

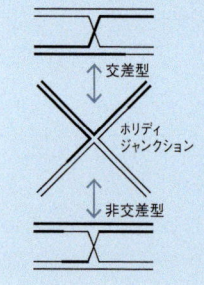

ホリデイジャンクションの開裂の模式図

ヘテロ二重鎖の縦方向に開裂する（上側）と交差型のDNAを生じ，横方向に開裂する（下側）と非交差型のDNAを生じる。

［文献28）より，一部を改変して作図］

非姉妹染色分体間のどの部分でも起こりうるが、実際にはある限られた場所でしか起こらないことが知られている。SCを電子顕微鏡で観察すると、対合複合体の中央部分に紡錘体状もしくは引き延ばされた球形の構造が観察され、Carpenter[21]は、この構造が「乗換えが起きる場所」と一致することから、「乗換えを引起こす場所」と考えて組換え結節（recombination nodules，RNs）と名づけた。

しかし、その後細糸期〜接合糸期に観察されるRNsと太糸期に観察されるRNsとは、その数や分布が異なっているため、前者をearly RNs（ERNs）、後者をlate RNs（LRNs）と区別するようになっている。このERNsを構成するタンパク質は、出芽酵母では、大腸菌のRecAのホモログのDmc1とRad51であり、またRad51のホモログがマウス、ヒト、ユリなどの接合糸期の染色体上に見いだされているため、この二つのタンパク質がDSBsとその修復に関与し、ERNsが遺伝子の組換えを生じた箇所を示していると考えられて

用語解説 *Glossary*

【RecA タンパク質】

ヘテロ二重鎖の形成時には、1本鎖DNAが切断していない2本鎖DNAの塩基配列を認識して結合するが、この結合に関与するのが大腸菌で見いだされたRecAタンパク質（真核生物ではRad51タンパク質とそのホモログ）である。このRecAタンパク質のモノマーは1以上の1本鎖DNA結合部位を持っているが、RecAタンパク質がポリマーを形成することによって、1本鎖DNAと相手の2本鎖DNAにかたく結合して核タンパク質の繊維を形成する。その後、この核タンパク質繊維内で前述のヘテロ2本鎖形成反応が触媒される（図参照）。RecAタンパク質はDNA依存性ATPアーゼのはたらきも有しており、ATPと結合したRecAタンパク質は選択的に核タンパク質繊維の一端に結合したのち、ATPは加水分解されてADPになる。

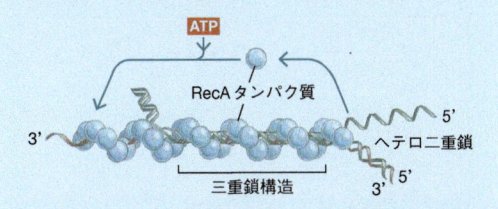

RecAタンパク質によるDNAのヘテロ二重鎖形成の模式図

［文献19）より、一部改変して引用］

いる[22][23]。

⑹ キアズマとその役割

キアズマは、第一前期の後半（複糸期〜移動期）に観察される、対合した相同染色体の非姉妹染色分体間が交差した部分のことで、一般には乗換えを生じた部分と解釈されている。すなわち、太糸期に完成した対合複合体は複糸期に入ると徐々にその構造が崩壊していくが、相同染色体間（正確には非姉妹染色分体間）の結合が継続された状態のまま残っている部分がキアズマとして観察されると解釈されている[24]。ただし、姉妹染色分体は、接合糸期では光学顕微鏡下では確認できず、複糸期になってその存在が確認できるようになる。

移動期になると、それぞれの相同染色体の染色分体に紡錘糸が付着するためのキネトコアが形成されるが、二つのキネトコアが非常に隣接して形成されるか、あるいは一つのキネトコアしか形成されないことによって、一つの相同染色体に含まれる姉妹染色分体が同じ極に移動すると考えられている。

最近Hiroseら[25]は、分裂酵母の減数分裂の解析から、キアズマが姉妹染色分体の紡錘糸が同じ分裂極に結合し（一方向性結合）、同じ極に移動するために重要な役割を果たしていることを明らかにした。すなわち、キアズマとコヒーシン複合体を保護するタンパク質を欠く細胞では、姉妹染色分体の紡錘糸がしばしば反対側の分裂極に結合することを見いだした。また、DNA複製のチェックポイントの要素や減数分裂に特有のセントロメアのタンパク質を欠きキアズマをつくらないタイプの細胞の解析から、①キアズマが形成されているにもかかわらず、第一分裂後期の早い時期に姉妹染色分体の紡錘糸が別々の極に結合している（二方向性結合）こと、②キアズマは第一分裂後期の早い時期に別々の極に結合している姉妹染色分体の紡錘糸を除去すること、③もし第一分裂後期に姉妹染色分体の紡錘糸が別々の極に結合しているときは、染色体の分離が適切になるようにキ

アズマがはたらくことなどを明らかにした。

このように，キアズマは，ただ単に「乗換えの証拠」を示しているのではなくて，対合した相同染色体を，それぞれの姉妹染色分体を包含したまま，別々の方向に移動させるという重要な役割を果たしていることが明らかになっている。

5 おわりに
——高校生物で減数分裂をどう教えるか？

これまで述べてきたように，現在では減数分裂のそれぞれの過程を制御する多数の遺伝子が分離・同定され，それらの遺伝子のはたらきが明らかにされている。この成果のすべてを高校生物の中に取り入れることは不可能であり，中学校までの学習内容と高校生物で履修する他分野の内容を勘案した取捨選択が必要であることはいうまでもない。

高校の学習指導要領では，前述のように，配偶子の遺伝的多様性を生み出す要因としての減数分裂を重要視している。しかし，減数分裂は，一義的には，その言葉が示すように，体細胞の半数の染色体をもった細胞（生殖細胞や胞子）を作り出すことである。これは二つの細胞の合体という手段によって新しい個体を生み出す生殖方法を生物が獲得するために必要不可欠な「わざ」である。したがって，染色体数を半減させる仕組み，すなわち相同染色体がどのような仕組みで対合するのか，あるいは第一分裂で一方の相同染色体の姉妹キネトコアが同一極に移動する仕組みなどの内容が高校生物に含まれてもよいのではないかと思われる。

本稿では，減数分裂について高校生物で「理解させたい」内容を提示しただけではなく，授業をよりおもしろくするために最近明らかになってきた新しい知見も紹介した。減数分裂の本質を改めて見直すとともに，最近の知見も深めることによって，より詳細な減数分裂のすがたが浮かび上

がってくるであろう。教える側が減数分裂の仕組みをより深く理解することができれば，減数分裂に関する語句や模式図を暗記することを強いるのではなく，むしろそのエキスを生徒の理解度に応じて解説することが可能になるのではないだろうか。

「高校生物は暗記科目である」というレッテルが貼られて久しいが，生物現象の一つひとつを，長谷川眞理子氏[26]が指摘するように，「四つのなぜ」という視点で捉えていけば，高校生物は暗記科目から脱皮できると筆者は信じている。

[謝 辞]

本稿を執筆する機会を与えていただくとともに，有益なコメントをいただいた本誌編集委員の半本秀博氏，文献の収集にご協力いただいた鳴門教育大学の小汐千春氏に感謝する。

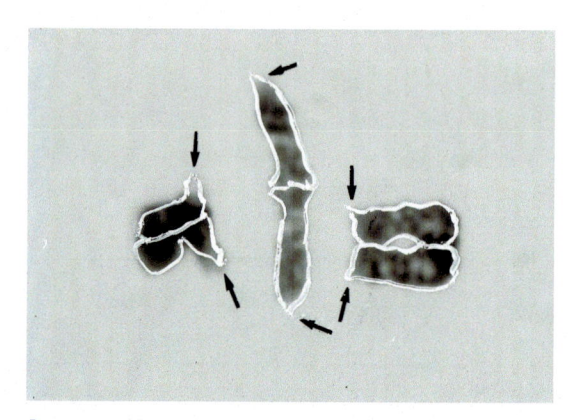

【問いの答え】

白枠で囲った部分がそれぞれの相同染色体で，矢印はセントロメアを示す。

[文 献]

1) 文部省. 学術用語集 遺伝学編（増訂版）（丸善, 1993）.

2) 文部科学省. 高等学校学習指導要領解説 理科編 理数編 (2018), http://www.mext.go.jp/component/a_menu/education/micro_detail/__icsFiles/afieldfile/2018/07/13/1407073_06.pdf

3) 矢野光子, 米澤義彦. ［生物教材Q&A］減数分裂の二価染色体は何本の染色体から構成されているのか? 生物教育 **59**(1), 38–42 (2018).

4) 日本学術会議 基礎生物学委員会・統合生物学委員会合同 生物科学分科会. (2019), http://www.scj.go.jp/ja/info/kohyo/pdf/kohyo-24-h190708.pdf

5) 茅野博. 遺伝と染色体. pp.120（共立出版, 1980）.

6) King, R. C., Mulligan, P. K. & Stansfield, W. D. *A Dictionary of Genetics, 8th ed.* (Oxford Univ. Press, 2013).

7) 山本正幸. 分裂酵母における減数分裂開始機構. 日本農芸化学会誌 **66**(**7**), 1113–1116 (1992).

8) Jennings, H. S. What conditions induce conjugation in *Paramecium? J. Exptl. Zoo.* **9**, 279–300 (1910).

9) Hotta, Y., Ito, M. & Stern, H. Synthesis of DNA during meiosis. *Proc. Natl. Acad. Sci. USA* **56**, 1184–1191 (1966).

10) Pawlowski, W. P., Sheehan, M. J. & Ronceret, A. In the beginning: the initiation of meiosis. *BioEssay* **29**, 511–514 (2007)., DOI 10.1002/bies.20578.

11) Baltus, A. E., Menke, D. B., Hu, Y-C., Goodheart, M. L., Carpenter, A. E., de Rooij, D. G. & Page, D. C. In germ cells of mouse embryonic ovaries, the decision to enter meiosis precedes premeiotic DNA replication. *Nature Genetics* **38**, 1430–1434 (2006).

12) Golubovskaya, I., Grebennikova, Z. K., Avalkina, N. A. & Sheridan, W. F. The role of the *ameiotic 1* gene in the initiation of meiosis and in subsequent meiotic events. *Genetics* **135**, 1151–1166 (1993).

13) 福田智行, 太田邦史. 減数分裂の機構とその制御. 化学と生物 **43**(**10**), 654–661 (2005).

14) Bass, H. W, Riera-Lizarazu, O., Ananiev, E. V., Bordoli, S. J.,W. Rines, H. W., Phillips, R. L., Sedat, J. W., Agard, D. A. & Cande, W. Z. Evidence for the coincident initiation of homolog pairing and synapsis during the telomere-clustering (bouquet) stage of meiotic prophase. *J. Cell Sci.* **113**, 1033–1042 (2000).

15) Harper, L., Golubovskaya, I. & Cande, W. Z. A bouquet of chromosomes. *J. Cell Sci.* **117**, 4025–4032 (2004).

16) Kleckner, N. Meiosis: How could it work? *Proc. Natl. Acad. Sci. USA* **93**, 8167–8174 (1996).

17) Zickler, D. Meiosis in Mycelial fungi. *In*: The Mycota I. Growth, Differentiation and Sexuality. Springer-Verlag, pp. 415–438 (2006).

18) Zickler, D. & Kleckner, N. Recombination, pairing and synapsis of homologs during meiosis. Cold Spring Harb. *Perspec. Biol.* (2015)., doi: 10.1101/cshperspect.a016626.

19) Gerton, J. L. & Hawley, R. S. Homologous chromosome interactions in meiosis: Diversity amidst conservation. *Nature Reviews/Genetics* **6**, 477–487 (2005).

20) Alberts, B., Johnson, A., Lewis, J., Raff, M., Roberts, K. & Walter, P. Molecular Biology of the Cell, 5th edition. Extend version. (Garland Science, 2008).

21) Carpenter, A. T. C. Electron microscopy of meiosis in *Drosophila melanogaster* females: II: The recombination nodule - a recombination-associated structure at pachytene. *Proc. Natl. Acad. Sci. USA* **72**, 3186–3189 (1975).

22) Anderson, L. K., Offenberg, H. H., Verkuijlen, W. M. H. C. & Heyting, C. RecA-like proteins are components of early meiotic nodules in lily. *Proc. Natl. Acad. Sci. USA* **94**, 6868–6873 (1997).

23) Roeder, G. S. Meiotic chromosomes: it takes two to tango. *Genes & Development* **11**, 2600–2611 (1997).

24) Carpenter, A. T. C. Chiasma function. *Cell* **77**, 959–962 (1994).

25) Hirose, Y., Suzuki, R., Ohba, T., Hinohara, Y., Matsuhara, H., Yoshida, M., Itabashi,, Y., Murakami, H. & Yamamoto, A. Chiasmata promote monopolar attachment of sister chromatids and their co-segregation toward the proper pole during meiosis I. *PloS Genet.* **7**(**3**), e1001329 (2011). doi:10.1371.

26) 長谷川眞理子. 生き物をめぐる4つのなぜ（集英社新書, 2002）.

27) Schulz-Schaeffer, J. Cytogenetics-Plants,Animals, Humans. (Springer-Verlag, New York, , 1980).

28) Wagner, R. P., Maguire, M. P. & Stallings, R. L. Chromosomes -A Synthesis-. (Wiley-Liss, Inc. New York, 1993).

米澤 義彦 *Yoshihiko Yonezawa*

鳴門教育大学名誉教授

1974年5月, 広島大学大学院理学研究科博士課程（植物学専攻）中退後, 同年6月より広島大学助手理学部。1985年4月, 鳴門教育大学助教授学校教育学部。1994年4月, 教授。2013年3月定年退職。この間, 1993年から2016年まで日本生物教育学会理事, 副会長, 会長を歴任。また, 1999年からは(財)日本メンデル協会評議員を務めている。専門分野は, 植物形態学, 細胞遺伝学, 生物教育。日本生物学会学会賞功績賞を受賞。主な著書に, 自然科学のためのはかる百科（分担執筆, 丸善出版, 2016）, 新しい教材生物の研究―飼育培養から観察実験まで（分担執筆, 講談社, 1980）, 実験生物学講座第8巻 細胞生物学（分担執筆, 丸善出版, 1984）。

【Special Column-3】

今日の免疫学
——基本的な仕組みから新しい考え方まで

河本 宏 *Hiroshi Kawamoto*

京都大学 ウィルス・再生医科学研究所 再生免疫学分野 教授

免疫は病原体から体を守る仕組みであり，さまざまな病原体に対応できる多様性や遭遇した病原体を記憶する仕組みを有している。免疫の基本的な仕組みは20世紀のうちに解明されていたが，21世紀以降も，次々と新しい現象が発見され，免疫学は発展を続けている。本稿では免疫の仕組みを解説した後，21世紀に入ってからの免疫学の進展について概説する。

1 はじめに

免疫は，元来「一度感染症に罹ると二度目は罹らないということ」を指していた。しかし，近年は広く「病原体から体を守るための仕組み」を意味するようになってきた。一方，病気との関わりという観点でみると，免疫が関与するのは感染症だけではない。ときに自分の体を攻撃して自己免疫疾患の原因になったり，ほこりや花粉に過剰に反応してアレルギーを起こしたりする。がんや動脈硬化症などにも免疫が関与している。

免疫の仕組みの解明は1960年代から一気に進みだし，20世紀のうちに基本的な仕組みの解明はなされたかに見えていた。しかし，21世紀に入ってからも大きな発見が相次ぎ，新しい概念が次々と形成されている。

免疫の仕組みは，「免疫学」という一大学問領域をつくる必要があるくらい，とても複雑である。本稿では，免疫の基本的な仕組みについて解説する。

2 病原体を撃退する三つの方法

免疫反応で実際に働いている主な細胞は，いわゆる「白血球」である（図1）。白血球の中には大きく分けて好中球，単球，リンパ球がある。単球は，

リンパ節の走査電顕写真

（写真提供：Willem van Ewijk）

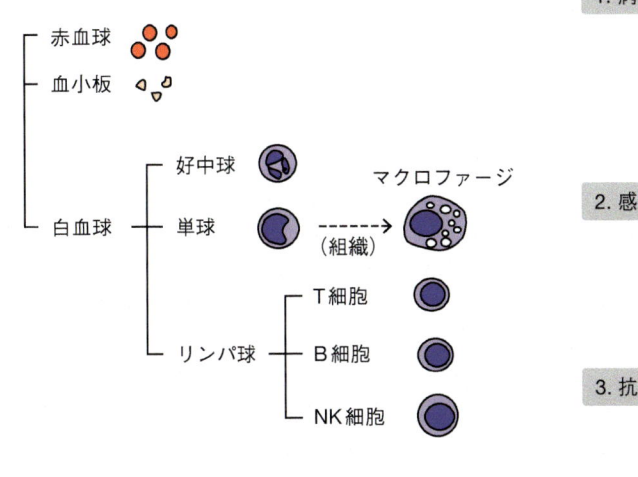

図1 血液中にみられる主な血液細胞

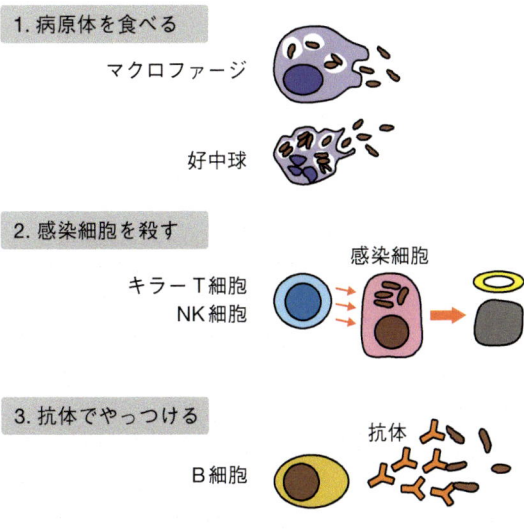

図3 病原体を撃退する三つの方法

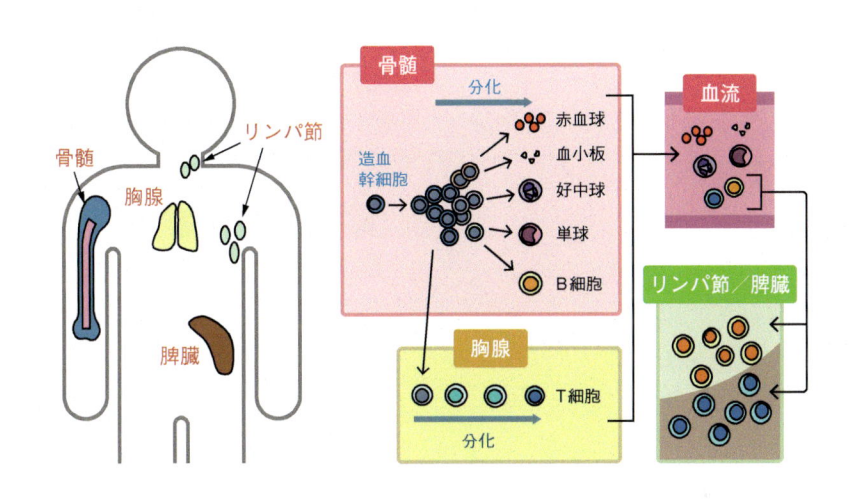

図2 白血球がつくられるところと働くところ

血流中から組織に移行し，マクロファージ（大食細胞）といわれる細胞になる。リンパ球には，T細胞，B細胞，ナチュラルキラー（NK）細胞がある。

　造血幹細胞は骨髄にあり，骨髄では，T細胞以外のすべての血液細胞がつくられる（**図2**）。一方，T細胞だけは胸腺という臓器でつくられる。T細胞とB細胞はそれぞれ骨髄，胸腺で一応の成熟を遂げて，血液中へ出て行く。両者はリンパ節や脾臓で出会ってさらに分化し，実働する細胞になる。

　免疫が病原体に対して起こす反応の様式は，大きく分けて3通りある。一つめは，「病原体を食べる」という方法である（**図3**）。マクロファージや好中球は，病原体を旺盛に貪食する。もう一つの反応は，感染細胞を殺すという方法である。これは，T細胞の中のキラーT細胞とよばれる細胞や，NK細胞が用いる方法である。三つめは，抗体を使う方法である。抗体はB細胞がつくるタンパク質分子である。抗体は，病原体や毒素分子に

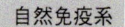
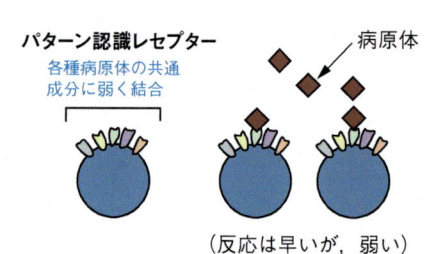
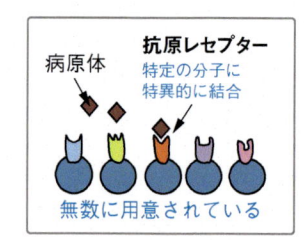
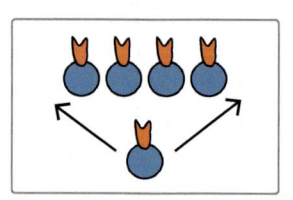

図4 自然免疫と獲得免疫の基本構造

結合することによりそれらを無力化したり，食細胞に食べられやすくしたりする。

③ 自然免疫と獲得免疫

　免疫は，大きく自然免疫と獲得免疫に分けられる。自然免疫とは，体に最初から備わっている仕組みのことで，病原体が侵入して来たらすぐに働けるのが特徴である。一方，獲得免疫は，1回目の感染の場合は感染が起こって数日してから働き始める。立ち上がるのに時間がかかるわりに，いったん働きだすと，強力である。また，「一度感染症に罹ると二度目は罹らない」という現象がみられ，免疫記憶とよばれる。

　両者の原理的な相違をみていこう。自然免疫系では，病原体の成分を「ゆるく」認識できる分子を用いる。例えばバクテリアの細胞壁に共通する成分をまとめて見分けることができるようなレプターを出している（**図4**上図）。これらは共通成分に現われる特定の分子パターンを認識するので，パターン認識レプターとよばれる。一つの細胞がこういう分子を数十種類用意しておけば，大方の病原体はカバーできる。反応は早いが，それほど強くはない。

　一方，獲得免疫系では，あらかじめ無数（数百万

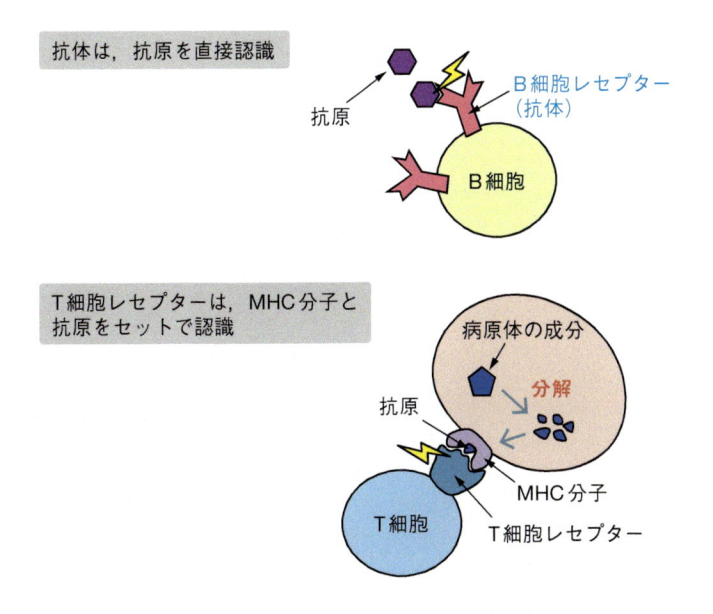

抗体は，抗原を直接認識

B細胞レセプター（抗体）

抗原

B細胞

T細胞レセプターは，MHC分子と抗原をセットで認識

病原体の成分

分解

抗原

MHC分子

T細胞レセプター

T細胞

図5　**B細胞レセプターとT細胞レセプターの 抗原認識機構**

種類とか）の異なる分子が用意されている（**図4**下図）。一つの細胞は異なる分子を1種類だけ出しており，それぞれが特定の分子の特定の形状を特異的に認識する。感染が起こったとき，病原体の成分に特異的に結合できるレセプターを出している細胞が選ばれ，それが増えて攻撃する。このような特異的な反応の認識対象になる分子を抗原といい，レセプター側の分子を抗原レセプターという。

　増えるのに時間がかかるため，1回目の感染時は，反応は遅い。しかし，強力な反応を起こせる。また，増えた細胞の一部はそのまま残る。そのおかげで，2回目の反応は速やかに，かつ強力に起こすことができる。これが免疫記憶とよばれる現象の仕組みである。

　前述の好中球，マクロファージ，NK細胞は自然免疫系の細胞，T細胞とB細胞は獲得免疫系の細胞として働いている。

 ### ④ 抗原レセプターの多様性

　T細胞とB細胞はそれぞれ異なるタイプの抗原

レセプターを出している。B細胞は，B細胞レセプターを出しており，B細胞レセプターが放出されたものが抗体である。B細胞レセプターの場合は，抗原に直接結合する（**図5**上図）。一方T細胞はT細胞レセプターを出している。T細胞の場合，抗原認識の仕組みは少しややこしい。細胞内で病原体成分が分解され，その断片が抗原としてMHCという分子の上に乗せられて細胞表面に出される（**図5**下図）。T細胞レセプターは，MHC分子と抗原をセットにして認識する。

　体の中には数百万種類の異なる形をしたレセプターを出すT細胞とB細胞が存在している。どんな病原体がきても，そのうちのどれかが対応できるのである。このように，膨大な種類の反応性をもつことを，多様性という。

　では，どうやって膨大な種類のレセプターがつくられるのだろうか。その答えが，遺伝子再構成という仕組みである。T細胞の場合は胸腺で，B細胞の場合は骨髄で起こる。抗原レセプター遺伝子では，遺伝子の断片が部品として多種類用意されている（**図6**）。図では5個しか描いてないが，実際には数十個ある。細胞ごとに断片と断片との

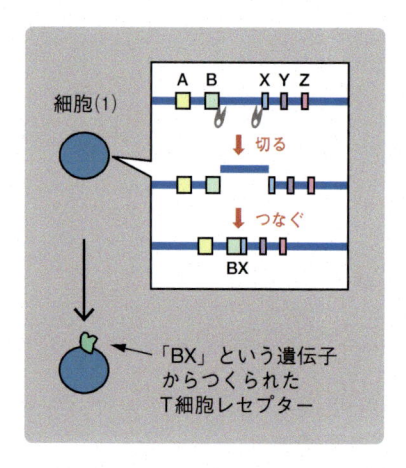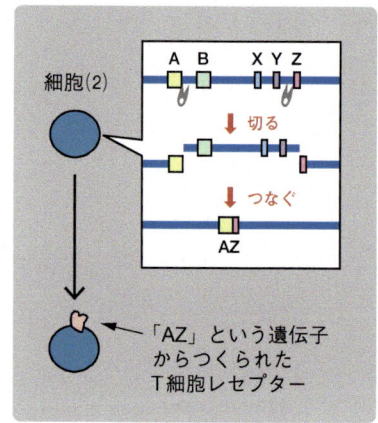

図6 遺伝子再構成によって多様性がつくられる

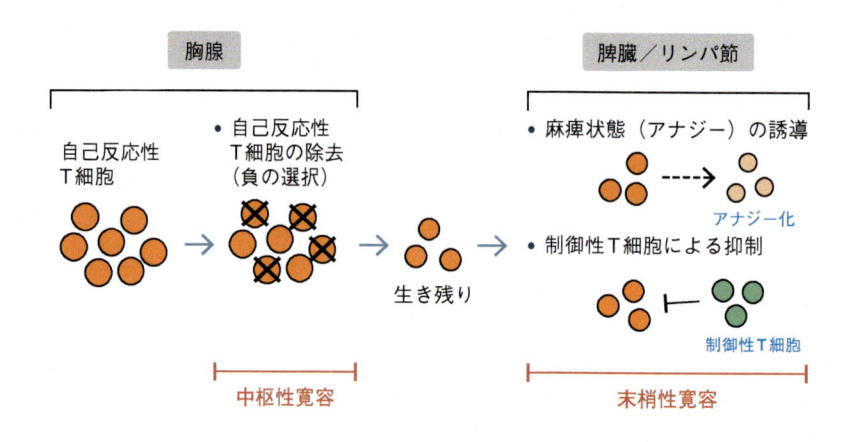

図7 T細胞における中枢性寛容と末梢性寛容

間で切ったり貼ったりのつなぎかえが起こり，その結果細胞(1)と細胞(2)では異なる遺伝子がつくられる。このように，ランダムな組み合わせによって，天文学的な数の異なる反応性をもった細胞の集団がつくられる。なお遺伝子再構成という現象は利根川進が70年代に実証し[1]，その功績で1987年にノーベル医学生理学賞を受けている。

⑤ 自己寛容とは

　さて，ここで重要な疑問が生じる。こうしてつくられた多様なリンパ球は，あらゆる外来抗原に対して反応するのに，どうして自分自身の成分に反応しないのか，ということである。免疫系が自分に対して反応しないことを自己寛容という。自己寛容は，自己に反応する細胞（自己反応性細胞）を除去あるいは無力化することによって成立する。ここではT細胞で起こる自己寛容の仕組みをみていこう。主に三つの仕組みが働いている。一つは，つくられる過程で起こるもので，中枢性寛容とよばれる（**図7**）。他の二つは末梢で起こるもので，アナジー誘導と制御性T細胞によるものがある。

(1) 中枢性寛容（負の選択）

前述の遺伝子再構成という仕組みによって，T細胞レセプターがランダムにつくられると，中には自己反応性T細胞もつくられてしまう。胸腺の中には胸腺上皮細胞という細胞があって，MHC分子と自己抗原をセットで出している（**図8**）。自己反応性T細胞がそのMHC-自己抗原セットに出会うと，ピタッとくっついて強い刺激が入る。胸腺の幼若なT細胞は，強い刺激を受けると死ぬようにプログラムされているので，自己反応性T細胞は胸腺内で死んでしまうのである。この過程は，「負の選択」とよばれる。

(2) 末梢で起こる自己寛容

末梢性寛容の仕組みの一つ，アナジー誘導では，自己反応性T細胞が無力化される。ここで鍵となるのは，抗原提示細胞の一種である樹状細胞という食細胞である。樹状細胞は，病原体を攻撃できるT細胞には「働け」，自己反応性T細胞には「働くな」という指令を送っている。

まず「働け」の方の仕組みを解説する。樹状細胞は，自分の周りにあるものや取り込んだものが病原体であるかどうかを見分ける分子を出している（**図9**上段）。前述のパターン認識レセプターである。病原体を食べた樹状細胞はこれにより活性化される。病原体由来の抗原に結合できるT細胞が，こうして活性化された樹状細胞と出会ったとき，T細胞レセプターからのシグナルに加えて，別な因子を用いた補助の刺激シグナルが作用する

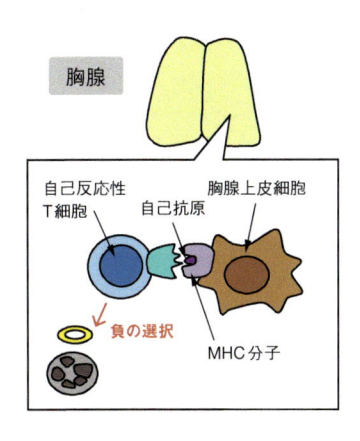

図8 胸腺で起こる負の選択のメカニズム

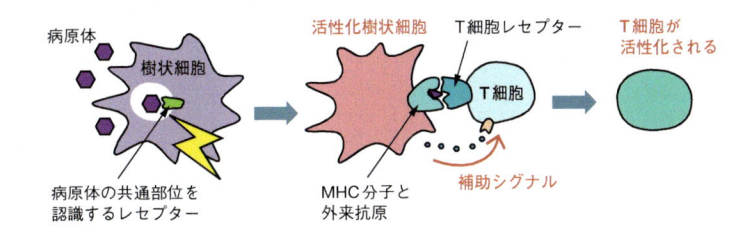

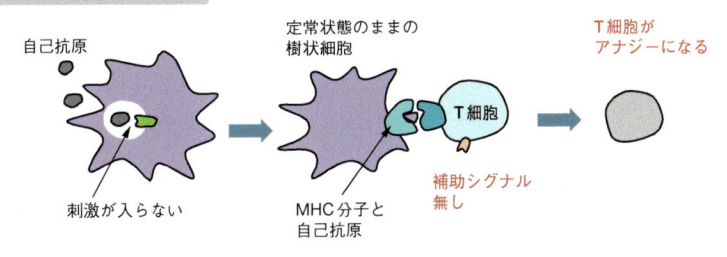

図9 樹状細胞がT細胞を仕分ける仕組み：病原体に反応するT細胞を活性化する一方で自己反応性T細胞を無力化する

ことにより，T細胞は「働け」という指令を受けることになる。この機構により「自然免疫系が，獲得免疫系を駆動する」のである。これはとても重要なポイントで，このときに働くパターン認識レセプター（トル様レセプター）の発見者であるホフマン[2]とボイトラー[3]，そして樹状細胞の発見者であるスタインマン[4][5]は，2011年にノーベル医学生理学所を受賞している。

一方，病原体でなく，自己の成分を食べた樹状細胞は，活性化されない（**図9**下段）。自己反応性T細胞がそういう樹状細胞に出会ったとき，そのT細胞にはT細胞レセプターからのシグナルは入るが，補助シグナルの方が入らない。こういうとき，T細胞は麻痺状態（アナジーという）になってしまうようにプログラムされている。樹状細胞は，普段はこうして自己反応性T細胞をアナジーに追いやっているのである。

末梢性寛容のもう一つの仕組みは，制御性T細胞による抑制である。制御性T細胞には90年代半ばにその存在が坂口志文によって実証され[6]，20世紀に入ってから仕組みの解明が劇的に進んだ。今回の特集の中の一つの記事として紹介されているので，ここでは詳述しないでおく。

⑥ 抗原特異的な免疫反応の仕組み

実際に起こる獲得免疫系の反応の仕組みを，けがをして傷口から病原体が入った場合でみていこう。病原体が侵入すると，まず自然免疫系のマクロファージや好中球などの食細胞とともに，樹状細胞が病原体を貪食する。樹状細胞は病原体特有の分子を感知して活性化され，リンパ節へと移住する。そこで貪食した病原体を分解してその断片を抗原としてMHCという分子の上に乗せ，提示する。

(1) B細胞による抗体産生の仕組み

B細胞により抗体が産生される反応を液性免疫という。免疫の仕組みの基本の一つなので，少し難しいが，ここでしっかりと押さえておこう。さて，リンパ節に辿り着いた樹状細胞のところにヘルパーT細胞が次々とやってきて，接触する。樹状細胞の提示する抗原に特異的に反応したヘルパーT細胞は，活性化され，増殖する。その後，ヘルプを必要とする細胞を探しまわる。

次がとても重要である。病原体自体やその破片はリンパ液の流れに乗ってリンパ節に流れてくる。病原体由来の抗原に結合できる抗体を出しているB細胞がその抗原に出会うと，表面の抗体分子がその抗原分子にくっついて，捕食する（**図10**左）。そして消化し，その断片をMHC分子の上に提示して，T細胞のヘルプを待つ。

T細胞から見ると，自分を活性化してくれた樹状細胞と同じ抗原を出しているB細胞ということになる。そのようなB細胞に出会ったT細胞は，B細胞によって活性化され，そしてお返しにB細胞を活性化する。B細胞からみると，T細胞から「あなたは抗体を作って下さい」という「お墨付き」をもらったことになる。B細胞は，旺盛に増殖してから抗体を産生する細胞に分化し，抗体を作り始める。こうして，病原体に特異的な抗体だけがつくられるのである。

(2) 細胞性免疫の仕組み

液性免疫に対し，マクロファージやキラーT細胞が働く反応を，細胞性免疫という。まずはマクロファージについて述べる。B細胞が活性化されたのと同じように，抗原を取り込んだマクロファージも活性化される（**図10**中央）。これにより，感染部位での貪食が活発になる。次にキラーT細胞について述べる。キラーT細胞が抗原を取り込んだ樹状細胞に出会うと，活性化されて増殖し，その後，末梢組織に行く（**図10**右）。そこで病原体に感染した細胞に出会う。感染細胞は，病原体の断片をMHC分子の上に提示して，T細胞

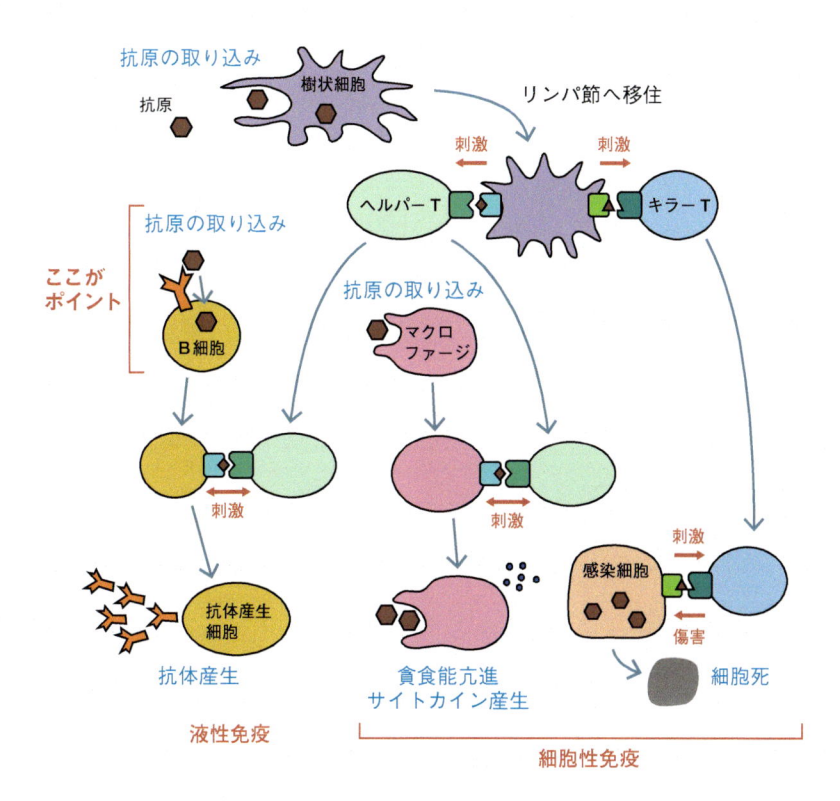

図10 抗原特異的な免疫反応の基本構造

にみつけてもらうのを待っている。こうして，キラーT細胞は，特定の病原体に感染した細胞だけを選び出して殺すのである。

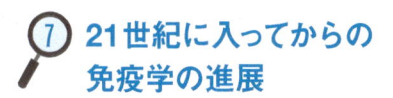

⑦ 21世紀に入ってからの免疫学の進展

ここまで見てきたような免疫の基本的な枠組みの解明は，20世紀のうちにほぼ終わっている。そのため，20世紀終わりごろには免疫学はもうすることがないのではとよくいわれていた。しかし，21世紀に入ってからも，いくつかの領域では理解が大幅に進んだ。

前述のパターン認識レセプターは，20世紀の終わりごろ初めて同定された[3)7)8)]。今世紀に入ってからも新規の自然免疫系のレセプターの発見や認識機構の解明が続き，新しい概念がいくつも提案されている。その一つが「自然免疫系レセプターが，自分の体の中の異常を感知する仕組みとしても働いている」という現象である。このため，病原体の感染がなくても体内で炎症が起こることがあり，「自然炎症」とよばれる。

制御性T細胞は，21世紀に入って細胞の系譜としてより明確になり，作用機序についても解析が進められた。自己免疫疾患，アレルギー，がんなど，免疫がかかわる病態のほとんどすべてに，制御性T細胞が関与している。

21世紀に入ってから理解が大きく進んだ領域の一つとして，腸管免疫があげられる。腸が免疫器官として重要であることは20世紀のうちからある程度はわかっていたが，今世紀に入ってから，実際にどの細菌種がどのようにして宿主の免疫を制御しているのかがわかってきた。

20世紀には自然免疫系のリンパ球といえばNK細胞と，リンパ節の発生を誘導するLti細胞

という細胞だけだったところ，21世紀に入って新しいタイプの細胞がいろいろと見つかりだした。特にブレイクスルーになったのは，2010年になされた，寄生虫に対して最前線で戦う細胞，ナチュラルヘルパー細胞の発見である[9]。これらの細胞は今は総じて「自然リンパ球」とよばれ，免疫学の中で新しい大きな潮流になっている。

⑧ おわりに

　今回の特集では取り上げなかったが，この4，5年で大きな注目を浴びるようになった分野として，がん免疫があげられる。がんを免疫療法で治そうという試みの歴史は長いが，標準療法として使われたものはなかった。本稿では紹介できなかったが，T細胞は活性化した後，抑制性のレセプターを発現し，周囲のいろいろな細胞からシグナルを受けて鎮静化するという仕組みを有している。このシグナルを抑制するような薬剤が悪性黒色腫や肺がんなどに一定の効果があることがわかり[10][11]，それらのがんに対して標準療法に昇格した。またT細胞を体外で増やして投与する治療法も改良されて堅実な効果をあげている。筆者らもiPS細胞を用いて再生キラーT細胞を量産する研究をおこなっており[12]，数年以内の臨床応用を目指している。

　免疫学の基礎的な理解はまだまだ進むであろう。一方で，免疫学領域で蓄えられてきた膨大な知識が，十分臨床応用に活かせているとはいえない。例えば，現在でも自己免疫疾患には免疫抑制剤を投与するという対症療法しかおこなわれていないが，本来は原因となっている抗原を同定し，その抗原に特異的なリンパ球だけを除去すれば治るは

ずである。これからは，免疫学を臨床に応用する領域が大きく発展するだろうと期待している。

[文献]

1) Hozumi, N. & Tonegawa, S. *Proc Natl Acad Sci U. S. A.* **73**, 3628–3632 (1976).

2) Lemaitre, B., Nicolas, E., Michaut, L., Reichhart, J. & M. Hoffmann, J. A. *Cell*, **86**, 973–983 (1996).

3) Poltorak, A., He, X., Smirnova, I., Liu, M. Y., Van Huffel, C. *et al. Science,* **282**, 2085–2088 (1998).

4) Steinman, R. M. & Cohn, Z. A. *J Exp Med.* **137**, 1142–1162 (1973).

5) Steinman, R. M. & Witmer, M. D. *Proc Natl Acad Sci U. S. A.* **75**, 5132–5136 (1978).

6) Sakaguchi, S., Sakaguchi, N., Asano, M., Itoh, M. & Toda, M. *J Immunol.* **155**, 1151–1164 (1995).

7) Medzhitov, R., Preston-Hurlburt, P., Janeway, C. A. & Jr. *Nature*, **388**, 394–397 (1997).

8) Hoshino, K., Takeuchi, O., Kawai, T., Sanjo, H., Ogawa, T. *et al. J Immunol.* **162**, 3749–3752 (1999).

9) Moro, K., Yamada, T., Tanabe, M., Takeuchi, T., Ikawa, T. *et al. Nature*, **463**, 540–514 (2010).

10) Hodi, F. S., O'Day, S. J., McDermott, D. F., Weber, R. W., Sosman, J. A. *et al. N Engl J Med.* **363**, 711–723 (2010).

11) Topalian, S. L., Hodi, F. S., Brahmer, J. R., Gettinger, S. N., Smith, D. C. *et al. N Engl J Med.* **366**, 2443–2454 (2012).

12) Vizcardo, R., Masuda, K., Yamada, D., Ikawa, T., Shimizu, K. *et al. Cell Stem Cell*, **12**, 31–36 (2013).

河本 宏 *Hiroshi Kawamoto*

京都大学　ウィルス・再生医科学研究所
再生免疫学分野　教授

1986年，京都大学医学部卒。内科研修後，1989年，京大病院第一内科（現血液・腫瘍内科）大学院。1994年，京都大学胸部疾患研究所（現ウィルス・再生医科学研究所）で造血過程の研究を開始。2001年京都大学医学部助手。2002年理研免疫センターチームリーダー。2012年より現職。最近は再生免疫療法の開発研究にも力を入れている。趣味は絵やマンガを描く事，バンド演奏。専門は，免疫学，血液学。日本免疫学会賞（2010年）を受賞。主な著書に，もっとよくわかる免疫学（羊土社，2011），マンガでわかる免疫学（オーム社，2014）などがある。

【細胞】

原形質流動で見られる顆粒としてのミトコンドリアの観察

小杉 一彦 *Kazuhiko Kosugi*

埼玉県立朝霞高等学校 教諭

「生物基礎」において，ミトコンドリアと葉緑体は核と並んで最初に扱う細胞小器官である。筆者はミトコンドリアを，ムラサキツユクサのおしべの毛の原形質流動に見られる顆粒として確認する授業をおこなっている。原形質流動にミトコンドリアの要素を加えることで，観察として意味が増すと考えている。また，ヤヌスグリーンによる生体染色法を改めて確認し，今後の課題を提示したい。

1 はじめに

「生物基礎」において，ミトコンドリアと葉緑体は核と並んで最初に出てくる細胞小器官である。しかし，現行5社の教科書のうちミトコンドリアの観察を扱っているのは1社のみで[1]，TTC (2,3,5-Triphenyl tetrazolium chloride) 試薬による染色をおこなうもので，染色に数時間かかってしまう。また，厳密にミトコンドリアだけを染色するとは限らない点は，ヤヌスグリーンと同様である。

原形質流動の観察は，シャジクモやサヤミドロの葉緑体の流れを目印とした観察や，ムラサキツユクサのおしべの毛の原形質内顆粒の流れを目印とした観察が，生きている細胞の姿の観察として以前よりおこなわれている。

本稿では，視点を変えて細胞内のミトコンドリアの存在を，ムラサキツユクサのおしべの毛の原形質流動に見られる顆粒として確認する観察を紹介したい。ミトコンドリアを染色するための色素にはさまざまなものがあるが，ここではどこの高校の実験室にもある光学顕微鏡を使って，1時間の授業時間に実施できることに重きを置いて，ヤヌスグリーン（文献によっては「ヤヌス緑」の記載もあるが，本稿では以下「ヤヌスグリーン」と記す）で染色した試料によるミトコンドリアの観察の実践も併せて紹介したい。

2 ムラサキツユクサのおしべの毛でのミトコンドリアの観察

材料と方法

• **ムラサキツユクサのおしべの毛**

ムラサキツユクサは北米原産の園芸植物で，校

庭や民家の庭でよく栽培されており，容易に手に入れることができる。プランターで栽培すれば実験室内でも栽培可能で，5月から7月にかけて毎日花を咲かせる。ただし，よく晴れた日は午後になるとしぼんでしまい，実験には使えなくなってしまうこともある。

　古くから原形質流動の観察に用いられている材料であり，特別な染色などしなくても原形質流動を観察することができる。

・プレパラートの作成

　おしべの毛数本を切り取り，スライドガラスにのせ，水1滴を加えてカバーガラスをかける。

・検鏡

　対物レンズ4倍でおしべの毛が重なっていない部分を選び，対物レンズ40倍まで倍率を上げる。細胞は縦1列に並んでいるので，毛の重なっていない部分を選べば内部の様子をはっきりと観察することができる。一つひとつの細胞はかなり厚みがあるので，ピントを上下すると違った流路が見えてくる。絞りを調節すると流れている顆粒をはっきりと見ることができる。

・結果

　特別難しい操作はないので，基本的な顕微鏡の扱い方を習得した生徒なら，自分でピントを合わせて，50分の授業の間にスケッチを完成させることができる。発達した液胞の中に，核を中心に放射状に細い細胞質の流れが見え，その中に多数の小さな顆粒が流れているのが見える。（**図1**）じっと観察していると，ときどき流れる道筋が大きく変わったり，ときには核が流されて移動したりする様子を観察できる。

　留意点：このままの状態で，水が蒸発してプレパラートが乾燥するまでの2〜3時間は観察可能なので，授業の後，昼休みや放課後に観察することも可能である。乾燥が進み，原形質分離を起こすようになると流動は止まってしまうが，スライ

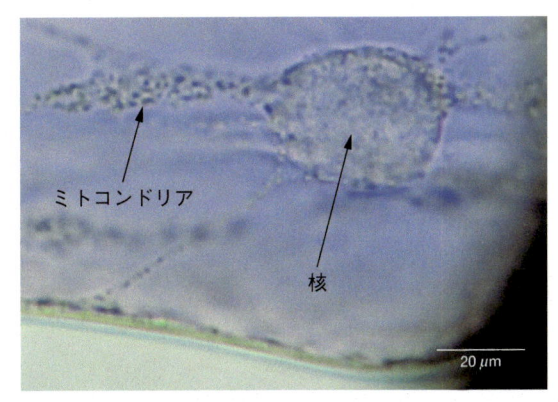

図1 **ムラサキツユクサのおしべの毛**（染色なし）

ドガラスとカバーガラスの間から水を加えると，たいていは回復する。

・考察

　ムラサキツユクサのおしべの毛を用いた原形質流動の観察は，岩波洋造・森脇美武 (1983) をはじめ，多くの実験書で紹介されている[2]。ムラサキツユクサのおしべの毛では，核を中心に液胞内に張り巡らされた細い流路に沿って，細胞質と小さな顆粒が流れている様子がはっきり観察できる。

　この顆粒について，日本植物生理学会の「みんなのひろば」における植物Q&Aの質問に対して，柴岡弘郎 (2015) は以下のように指摘している。「ムラサキツユクサの雄しべの毛の細胞のゴルジ体は，光学顕微鏡では見えません。流動に乗って動いているのが光学顕微鏡で認められるのはミトコンドリアです」[3]。また，Katherine Esau (1965) は，2種の植物細胞の液胞周辺の原形質流路に点在する顆粒がミトコンドリアであることを，光学顕微鏡による詳細なスケッチと解説の中で示している[4]。

　井上勤ら (1982) は，ムラサキツユクサのカルス細胞でミトコンドリアの顆粒が盛んに移動しており，この顆粒は生体染色しなくても観察できると述べている[5]。

　これらのことから，ムラサキツユクサの細胞の原形質流動で見られる顆粒はほとんどミトコンドリアであるといってよいであろう。ただし，観察

の目的は「これらの顆粒がミトコンドリアである」ことを証明することではなく、「流れている顆粒は何だろう」という生徒の疑問に対して、「ミトコンドリアの可能性が高い」ことを示すことにある。ムラサキツユクサの原形質流動で見られる顆粒は、葉緑体よりはるかに小さい。実際、Katherine Esau (1965) はミトコンドリアが、さしわたしおよそ1.0〜3.0 μmの球状や細長い楕円形として存在していることを、トウモロコシやクリカボチャの細胞内に存在するミトコンドリアの電顕写真で示している。したがって、染色なしでも光学顕微鏡で点としてはっきり見える顆粒は、大きさという点でも他の細胞小器官とは考えにくく、ミトコンドリアであると考えることは妥当であろう。

 ### ③ 他の材料の場合

　ムラサキツユクサは、生体染色せずにミトコンドリアを観察できる手軽な材料だが、花の時期が限られているため、観察には季節的な制約がある。また、午後になると花がしおれてしまうことも多く、午後の観察には向かない。そこで、代わりになりそうな材料、ヤヌスグリーンで染色すれば顆粒の見える材料について検討したので、併せて紹介したい。ヤヌスグリーンBとミトコンドリア染色の機構については、佐藤七郎 (1956) によって、組織学的・生化学的検討がなされた。結論として「JG-Bによるミトコンドリア染色は (中略)、特異的な吸着をもって説明されるべきであろう」とされている[6]。また、山科正平 (1985) もヤヌスグリーンが「特異的にミトコンドリアを染め出す」ことを述べている[7]。湯浅明 (1983) は、ミトコン

ドリア観察には植物の場合なら、スライドガラス上にヤヌスグリーンを1滴落としカバーガラスをかければ、次第に材料は生体染色されることを解説している。また、他の染色液でも染まる場合があるが、ヤヌスグリーンがもっともよいこと、販売されているヤヌスグリーンの中で、ヤヌスグリーンBとは成分の異なるものがあることを指摘している[8]。

　池野慎也、春山哲也 (2004) は、「ミトコンドリアは光学顕微鏡での観察が可能であり、その際ヤヌスグリーンやMTT、WST-1などのテトラゾリウム塩で呈色させる手法が一般的に用いられる」[9]と報告している[注1]。

(1) オオカナダモの場合

　オオカナダモも原形質流動の観察によく用いられている。葉1枚をスライドガラスに載せ、水1滴を垂らしてカバーガラスを載せるだけで、葉緑体が移動する様子を簡単に観察できる。しかし、染色なしではミトコンドリアとみられる顆粒はまったく発見できなかった。そこで、ヤヌスグリーンBを用いてミトコンドリアの染色を試みた。

・染色液

① ヤヌスグリーンB[注2] 0.1 gを10 mLの水に溶かし、1%水溶液を作り、これを原液とする
② 0.3 mol/Lのスクロース水溶液を100 mLを作る。
③ ヤヌスグリーンBの原液 (1%水溶液) 1 mLを、駒込ピペットで0.3 mol/Lスクロース水溶液100 mLに加え染色液とする。

注1) 岩波生物学辞典第5版1刷 (2013) では、「生体染色」の説明の中に、生物体から細胞を取り出して、まだ生きている状態で細胞内に色素を取り込ませて染色する方法 (超生体染色) の例として、ヤヌスグリーンによるミトコンドリアの染色が記載されている[10]。

注2) ヤヌスグリーンB (Janus Green B)
　　別名：ヤヌスグリーン (Janus Green)、Diazine Green、Union Green Bなど。ヤヌスグリーンBとして販売されているものを使用した。

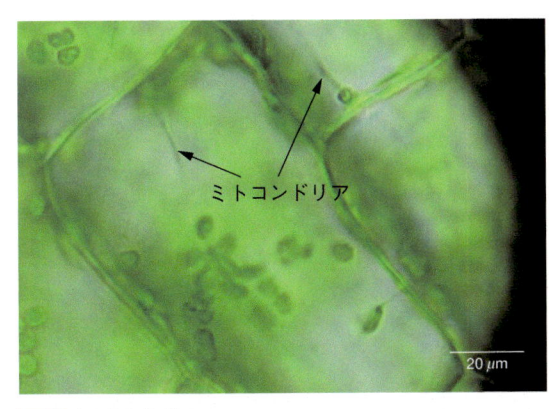

図2　**オオカナダモ**（染色したもの）

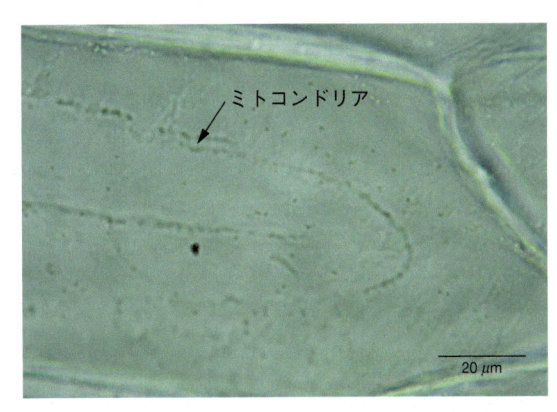

図3　**タマネギ**（染色なし）

• プレパラートの作成

　オオカナダモの葉1枚をスライドガラスに載せ，染色液を1滴たらして10分ほど染色し，カバーガラスをかける。

• 結果

　葉緑体よりはるかに小さいヤヌスグリーンに染まった顆粒が一定の流路に沿って移動しているのが観察できた（図2）。大きさからみてミトコンドリアと考えられる。しかし，細胞が重なっていてピントが合わせにくいことに加え，葉緑体が邪魔になって観察しにくかった。生徒に観察させるには少し難しい面もあるが，染色によりミトコンドリアの存在を確認させたい場合は，材料の一つとなる。

(2) タマネギ鱗茎の表皮の場合

　タマネギ鱗茎は1年中いつでも入手可能であり，顕微鏡の扱い方の練習の一環として，核を染色して観察したりする。このなじみ深い材料で，原形質流動に伴う顆粒の流れの観察と，ヤヌスグリーンによる生体染色で，ミトコンドリアを確認することも有効な方法である。

• プレパラートの作成

　タマネギの表皮にカミソリで切れ目を入れて剥ぎ取る。スライドガラスに載せ，水1滴を垂らす

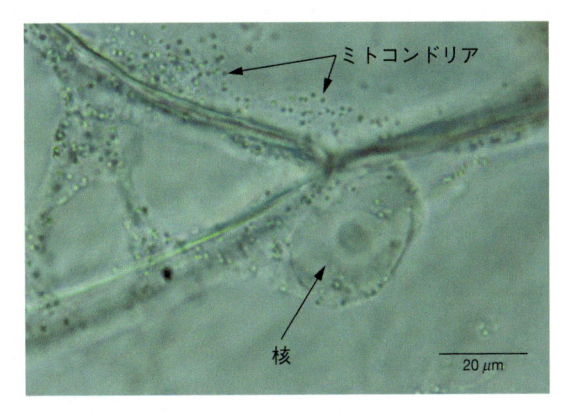

図4　**タマネギ**（染色したもの）

と，表皮が丸まったり，スライドガラスと表皮の間に気泡が入ってしまったりして観察しにくい。そこで，あらかじめ水に浸しておいた表皮をピンセットで伸ばしながらスライドガラスの上にひろげ，カバーガラスをかける。

　顆粒が見えない場合は，ヤヌスグリーンを1滴加えて10分ほど染色しカバーガラスをかける。

• 結果

　水だけを加えたものでも，しぼりとピントをうまく調節すれば，小さな顆粒が流れているのが観察できる（図3）。ヤヌスグリーンで染色すると，小さな顆粒がより濃く，はっきりと観察できる（図4）。液胞の中にある細い細胞質の流路も確認することができるが，ムラサキツユクサのおしべの毛と比べると，

やはり，ムラサキツユクサのほうが観察しやすい。

（3）口腔上皮の場合

　動物細胞で，また，自分自身の細胞でミトコンドリアの存在を確認するため，口腔上皮をヤヌスグリーンで染色してみた。

● 染色液

　植物細胞で用いたヤヌスグリーンBの原液（1％水溶液）1 mLを，駒込ピペットで生理食塩水（0.9％食塩水）100 mLに加え，染色液とする。

● プレパラートの作成

　つま楊枝の丸いほうの端で頬の内側を軽くこすり，口腔粘膜の細胞をスライドガラスに擦り付け，染色液を1滴加え，カバーガラスをかける。

● 結果

　核のまわりに青緑色に染まったミトコンドリアを確認できる（図5）。ミトコンドリアの大きさは大小さまざまで，植物細胞に比べやや大きいものも見える。

4 発展

　2時間続きの授業であれば，接眼ミクロメーターとストップウォッチを使って流動速度を測定することも可能である。流動速度は場所によって異なり，同じ流路でも，流れていくものの大きさなど，何らかの理由により一定ではないようである。流速の違いが起こる理由を考えさせると，想像力の豊かな生徒はいろいろと面白い答えを考えてくれる。

　顆粒がミトコンドリアであることを，ミトコンドリア特有の酵素（コハク酸脱水素酵素）を検出することで，実験的に立証してみることも有効であろう。TTC試薬などを用いてこの酵素の検出する実験を紹介している教科書もある。

5 まとめ

　ムラサキツユクサのおしべの毛の細胞の原形質流動は，観察しやすく，そしてなにより美しい。紫色の液胞が発達した細胞の中で，核を中心に幾筋もの細胞質の流れがあり，その中をミトコンドリアが移動していく様子は，いつまで見ていても飽きることのない美しさである。残念ながら，ムラサキツユクサの花の時期は限られているが，ムラサキツユクサが手に入らないときは，タマネギの表皮をヤヌスグリーンで染色したものを代用として利用することも可能である。

　ミトコンドリアは教科書の図では楕円体で，1細胞に数個描かれている。生徒はこれらが細胞内でじっと静止しているイメージを持っていた。実際に観察してみると，その数は非常に多く，細胞内をかなりの速度で流転しており，ミトコンドリアのイメージがかなり変わったようである。「百聞は一見に如かず」生きている細胞のダイナミックな活動を実感できる教材である。

6 今後の課題

　「生物基礎」では，代表的な細胞小器官の一つ

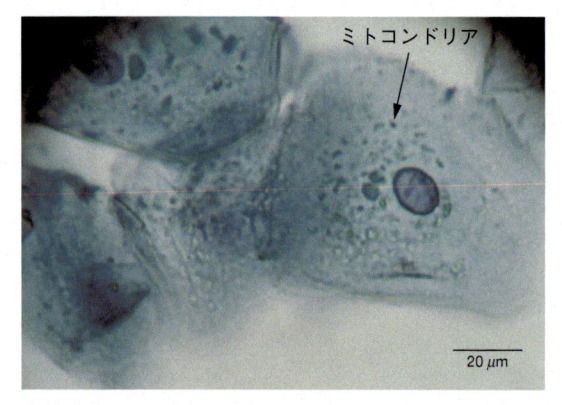

図5　口腔上皮（染色したもの）

ミトコンドリア

20 μm

としてミトコンドリアが取り上げられているが, 代謝経路の説明はない。ここでは, 代謝系による証明ではなく, 細胞小器官としてのミトコンドリアの観察を簡易におこなうことの意義を再確認できたと考えている。実際, 多くの文献が原形質流動で見られる顆粒がミトコンドリアであることを示している。流れている顆粒がミトコンドリアであることの証明は, 生徒におこなわせるかどうかは別にして, さらに明確にしておく必要があると感じた。

ユクサ原形質流動について. 取得日2017/11/26 〈https://jspp.org/hiroba/q_and_a/detail.html?id=3376&key=原形質流動&target=full〉(2015).

4) Katherine Esau *Plant Anatomy Second Edition* **12–13**, 634 (John Wiley&Sons,Inc., 1965).

5) 井上勤, 山田卓三, 遠藤純夫, 横山譲二, 中藤成実 ほか. 植物の顕微鏡観察 (地人書館, 1982).

6) 佐藤七郎. 植物学雑誌 **69**, 812, 87–90 (1956).

7) 山科正平. 細胞を読む (講談社, 1993).

8) 湯浅明. 顕微鏡実験法 (紀元社, 1983).

9) 池野慎也, 春山 哲也. 分析化学 **53**(3), 135–146 (2004).

10) 巌佐庸ほか・編. 岩波生物学辞典第5版 (岩波書店, 2013).

［文 献］

1) 浅島誠ほか24名. 改訂生物基礎 (平成29年度用)(東京書籍, 2017), 浅島誠ほか24名. 改訂新編生物基礎 (平成29年度用)(東京書籍, 2017).

2) 岩波洋造, 森脇美武. 絵を見てできる生物実験 (講談社, 1983).

3) 日本植物生理学会HPみんなの広場・植物Q&A, ムラサキツ

小杉 一彦 *Kazuhiko Kosugi*

埼玉県立朝霞高等学校 教諭

1980年, 筑波大学第二学群生物学類卒業。1982年, 筑波大学大学院修士課程教育研究科教科教育専攻修了。1982年より埼玉県立高校で主に生物を担当。

【細胞】

スカシユリを使って
減数分裂を観察実験する方法
——栽培・試料採取・観察まで

中村 達郎 *Tatsuro Nakamura*
埼玉県立春日部高等学校 教諭

湯浅 千枝 *Chie Yuasa*
埼玉県立春日部高等学校 主任実習教員

減数分裂は高等学校「生物」において，「生殖と発生」の単元で学ぶ。教科書内で減数分裂は植物を扱ったものが紹介されていることが多い。今回はホームセンターなどで手に入るスカシユリを使った減数分裂の観察について紹介する。多少手間を要するが，準備さえできれば，他の材料に比べて容易でかつ，いつでも実験することができる。

① はじめに

　高等学校では，減数分裂は科目「生物」の「生殖と発生」の単元で扱う。また，新しい学習指導要領(2018年3月告示)では，減数分裂は「生物の進化」の単元にて扱うことに変更されている。

　学校現場において，実際に減数分裂を観察したことがある生徒は少ないように思われる。また，独自のアンケートで埼玉県内の生物教員14名に減数分裂の観察実験をしているかを尋ねたところ，実施していると答えたのは5名しかいなかった。ユリを使った観察については皆無であった。座学で学んでいる事柄も，当然ながら現象を解釈しモデル化したものである。実際の観察実験から学ぶことは重要であると考えている。観察実験をおこなうことで複雑な減数分裂を現象面から大掴みに，かつ具体的にとらえることができる。また，生徒の記憶に残るとともに，生物への興味関心を掻き

立てることができるのではないかと考えている。

　今回はユリ属植物[1)2]，特にスカシユリ（*Lilium maculatum*）の葯を使った減数分裂の観察を紹介する。減数分裂の実験には，ムラサキツユクサ[3)4]（*Tradescantia ohiensis*）やヌマムラサキツユクサ[3]（*Tradescantia paludosa*）が栽培も容易で，株分けで増え，つぼみの入手が容易である。しかも染色体も比較的大きい。ネギ（*Allium fistulosum*）やタマネギ[5]（*Allium cepa*）の若いつぼみの葯が試料として使われることもある。教材としては，染色体数を体細胞分裂の場合と比較しやすい利点もある。またブライダルベールなどは，事前の固定・保存の必要がなく，いきなり葯を柄付き針でつぶして酢酸オルセインを滴下し5分置いて染色し，押しつぶすことで観察できる点で簡易におこなうことができる[6)7]。しかしこれらは，一度に大量入手が可能な半面，つぼみが小さくて実験操作や観察がややしづらいという欠点がある。ユリ

の場合は，つぼみが20 mm以上のものを使うため，比較的実験操作や観察がしやすい。さらに1本の苗に3〜5個のつぼみが付き（**図1**），それぞれに葯が6本あるので，ある程度の試料の数を確保できる。また，花粉母細胞も直径50〜80 μmほどと大きく，観察しやすい[2]。

実践例を紹介すると，2018年5月の観察実験に供した試料は2017年度に球根を植えて育てたスカシユリと，園芸店より4月に購入したオリエンタルリリーの苗を使って採取し固定保存したものである。

今回は試料の採取方法，実験授業での実施内容について紹介する。ユリの中でも特にスカシユリを用いる理由は，近年，ホームセンター等で最も入手しやすいユリの一つであること，また試料としての扱いに利便性があることなどがあげられる。

試料を作成することができれば成功率も高く，必要なときにいつでも実施することができる。一人でも多くの生徒が実際の減数分裂を観察することができれば幸いである。

図1　スカシユリのつぼみ
現任校のベランダで育てているスカシユリ。

図2　ホームセンターで売っているスカシユリ

②「明日実験をしたいのですが…。」 「ユリを使うなら無理です。」 …大切な材料の入手と栽培手順

初めからこのようなことを書いてしまって恐縮だが，減数分裂の実験は，まず"準備"が肝心である。サンプルの固定までできていれば，いつでも実験することができるが，観察対象であるユリの未成熟の花粉（花粉母細胞）を得るために，ユリの栽培が必要となってくる。ホームセンターでは秋のはじめ（9月初頭）からユリの球根が販売され始める（**図2**）。以下に一例としてスカシユリの栽培から減数分裂実験の準備のスケジュールを示す。

9月〜12月：スカシユリの球根の購入，栽培開始（球根を植える）。
1月〜4月：スカシユリに水を与えて栽培する。

3月下旬から4月：地域差もあるが，気温が上がってくると，スカシユリが芽生える。
5月：スカシユリのつぼみ（22 mm以上のもの）から葯を回収し，**ファーマー液***にて固定する。

用語解説 Glossary

【ファーマー液】
動植物の染色体などを固定するときに使う溶液である。固定液にはカルノア液なども一般的に使われるが，つぼみの固定にはファーマー液が適している[8]。また，ファーマー液はエタノールと氷酢酸を混合したものなので，学校現場でも手に入りやすい。ファーマー液の組成は，代表的に2種類（氷酢酸とエタノールの混合割合が1：3か1：6）が知られているが，文献9)11)に記載されていた1：3の割合で調整し使用した。

その後70％エタノールに保存してサンプルの完成，随時実験に使用。

　ユリの栽培から始める場合は前年の秋から準備を始める必要がある。試しにスーパー等で販売している観賞用のユリのつぼみでの花粉母細胞の採取を試みたが，成長しており，観察用試料としては適していなかった。ユリの栽培が難しいようであれば，園芸店に協力をお願いすればユリのつぼみが得られるかもしれない。

③ 実験材料と実験方法

　次に実験材料と実験方法を示す。実験については「スカシユリの栽培」「葯の固定」「減数分裂の観察実験」と三つの項目に分けて示す。

⑴ スカシユリの栽培
材料と栽培必需品
- スカシユリの球根（秋の初め，9月初頭からホームセンター等で購入する）
- 培養土
- 赤玉土
- プランター等

図3　ファーマー液による葯の固定
ラベルには2～3 h（時間）と固定時間のメモが書いてあるが，固定時間は1～2時間ほどで良い。

材料準備の方法
　秋にホームセンターや園芸店で球根を購入できる。10球ほどあれば，少なくとも30個ほどのつぼみを確保できる。最近は，八重咲のユリも出回っているが，これらは雄ずいが，花弁とくっついてしまい花粉ができないので，観察に使えない。

　ユリを栽培する際の注意事項等は特にない。購入したユリの説明書きに書いてあるとおり栽培を進めればよい。

⑵ 葯の固定
　授業時間に一度に大量に用いることを前提として紹介する。学校現場，担当クラスにより，実験の時期が変更になったとしても，葯の固定をしていれば，いつでも実験が可能である。

材料の選定と実験準備
- スカシユリのつぼみ（参考までに方法の項で品種ごとのつぼみのサイズを示す）
- 定規や方眼紙（つぼみ採取時にサイズを測るため使用）
- カミソリの刃
- 染色液（酢酸オルセインなど）
- 顕微鏡
- ファーマー液[8]（スカシユリの葯の固定に使用，エタノールと氷酢酸を混合したもの。詳細は方法にて示す。）
- 70％エタノール

方法
① ファーマー液を調製する。
　氷酢酸（純度95％以上の酢酸であればよい）と95％エタノール，もしくは無水エタノール（99.5％）を体積比1：3の割合で混合する[9]。筆者の場合は，スカシユリの葯を20 mLのサンプル瓶（図3）中で固定しているため，80 mL（氷酢酸20 mL，エタノール60 mLを混合）ほど調製している。
② ユリのつぼみを採取する。

ユリの種類ごとのつぼみのサイズは以下に示す。**図4**にはスカシユリのつぼみを示した。

③　ユリの葯を取り出す。

取り出した葯のうち，一つは先に次に示す**(3)減数分裂の観察実験**の方法にて検鏡し，減数分裂の時期を確かめておく。保存するときに第一分裂前期・中期から後期・第二分裂に分けておくと実験の際に生徒に提示しやすい。

④　作成したファーマー液に入れ固定する。

固定は葯を1〜2時間ほどファーマー液につけた後，70％エタノールへと入れ替える。

筆者は70％エタノールへと移し替えた葯を冷蔵庫 (4 ℃) に保存している。これにより長期保存が可能である。筆者がおこなった実験だと1〜2年間保存したものでも減数分裂を観察することができた。2年以上保存したものとなると，染色体が壊れ始めているためか，はっきりと観察することができない細胞が多く見られる。

1個のつぼみの中で減数分裂がほぼ同時進行するので，いろいろな段階の観察をするためには，サイズの違うつぼみを採取する必要がある。そこで，つぼみのサイズと分裂時期を測定記録してお

図4　スカシユリのつぼみのサイズ比較

スカシユリのつぼみは22〜30 mmほどの大きさのものを採取する。一番下のつぼみはスーパーで購入した観賞用のスカシユリについていたつぼみである。すでに葯がオレンジ色に色づき，花粉が成熟している様子がわかる。

くと次に採取するときにだいたいの予測ができ，便利である。つぼみが大きくなりすぎると，減数分裂が終わり，花粉になってしまうので，注意する。

以下にユリの種類ごとによる特徴と減数分裂の観察に適した葯が採取できるつぼみのサイズを示す。

- スカシユリ (*Lilium maculatum*)

スカシユリでは5月初旬に出たつぼみが22 mm以上になると減数分裂が始まるので，採取して，つぼみの長さを測っておき，葯を取り出す。なお染色体数はn＝12である。

図5　スカシユリのつぼみと葯

約3 cmのつぼみからは1.5 cmほどの葯が採取できた。一つのユリのつぼみからは合計6本の葯が採取できる。ファーマー液には花軸におしべ，めしべが付いた状態のままで浸す。

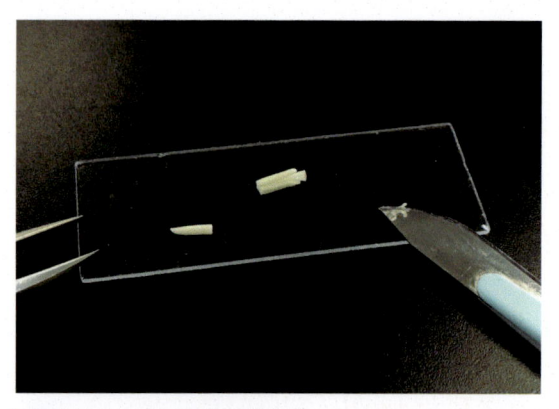

図6 カミソリ等で葯を切断する

図7 スライドガラスに花粉母細胞をとる

葯を軽く「トントン」とつけるだけで花粉母細胞がスライドガラスに落ちる。

- オリエンタルリリー（栽培品種名）
  オリエンタルリリーは5月の下旬ごろつぼみが35 mmほどになったときにつぼみを採取する。葯がスカシユリに比べて大きいので，扱いやすいが，つぼみの減数分裂の時期の見極めが難しく6月中旬になると，花序の上の方のつぼみは，小さくてもすべて花粉になっていることがある。値段もスカシユリに比べて高価である。
- テッポウユリ（*Lilium longiflorum*）
  ホームセンターで球根の入手が可能。つぼみが21〜27 mmで減数分裂を確認した。
- オニユリ（*Lilium lancifolium*）
  民家の庭に栽培されていることが多いが，改めて入手するのが難しい。つぼみが32〜35 mmで減数分裂確認。3倍体のため三価染色体などを形成する[10]。また，染色体がうまく対合できず配偶子の染色体数がまちまちになる[2]。
- タカサゴユリ（*Lilium formosanum*）
  外来種。つぼみが25 mmで第一分裂前期になることを確認。種子から栽培でき，容易に増える。

(3) 減数分裂の観察実験

材料

- 固定したユリの葯（第一分裂・第二分裂両段階のものを意識的に用意したほうが良い。）
- 染色液（酢酸オルセイン等）

- ピンセット
- 柄付き針
- スライドガラス
- カバーガラス
- ろ紙
- カミソリの刃
- 顕微鏡

方法[11]

① 固定した葯をピンセットで取り出し，スライドガラスに置く。

② 葯をカミソリで切り，切り口からスライガラス上に内部の未成熟の花粉（花粉母細胞）を落とす（図6，図7）。
  ポイント：切断した葯をピンセットでやさしくつまみ，切り口をスライドガラスにトントンと当てるようにする。見た目としてはわかりにくいものの，1〜2回当てれば観察に十分な数の花粉母細胞が落ちている。

③ 花粉母細胞に染色液を1滴滴下する。
  ポイント：染色液を加えたあと5分ほど静置したほうが良い。染色体がよく染色され，観察しやすい。

④ 染色した試料にカバーガラスをかける。余分な染色液をろ紙で吸いとる。

⑤ 顕微鏡にて観察する。

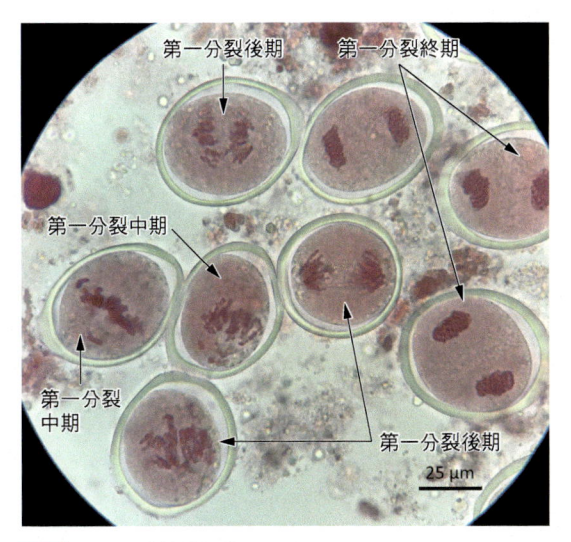

図8 **ユリの花粉母細胞**（減数分裂 第一分裂中期～後期のもの）

光学顕微鏡にて800倍（接眼レンズ20倍，対物レンズ40倍）にて観察。

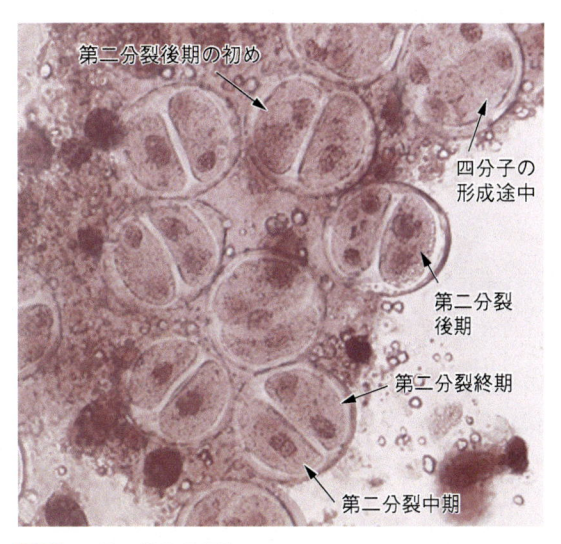

図9 **ユリの花粉母細胞**（減数分裂 第二分裂）

光学顕微鏡にて400倍（接眼レンズ10倍，対物レンズ40倍）にて観察（図8と同じ800倍になるように，部分拡大した）。第2分裂のさまざまな時期の細胞が見られる。

　注意点として，観察中にプレパラートが乾燥してくると，スライドガラスとカバーガラスが吸着し，花粉母細胞が圧力で割れてしまうことがある。この現象を防ぐためには，プレパラートのグリセリンと染色液を置き換えると良い。方法は，プレパラート作成時にカバーガラスの端にグリセリンを1滴落とし，反対側からろ紙で吸い取る。これによりグリセリンと染色液を置き換えられる。

　先にも述べたが，観察者には減数分裂の第一分裂（図8）と第二分裂（図9）の違いを意識してもらうために第一分裂と第二分裂の試料を用意したほうが良い。

　また，使用した葯は別の切り口を作れば，花粉母細胞を再び採取することができる。よって，可能であれば切片を回収し，再び70％エタノールにて保存すると良い。

追記

　2019年の原稿執筆後，引き続き試料の作成をしていると，第一分裂前期の試料が多く採取できた。試料によっては，他の時期よりも細い染色体を持つものもあれば，明らかに太くなり，二価染色体を形成しつつある染色体も観察された（**図11**，

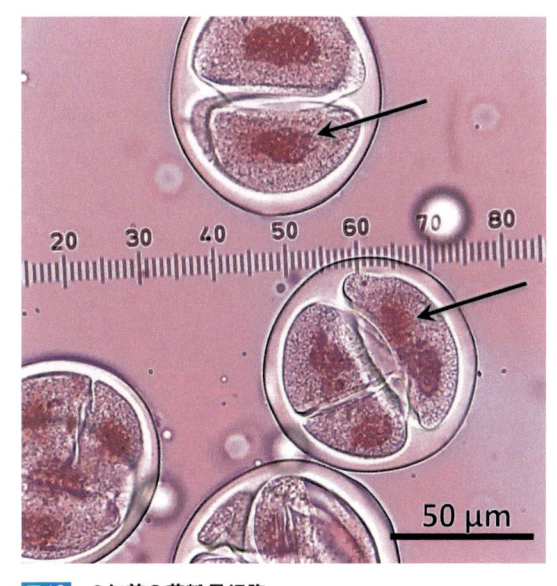

図10 **2年前の花粉母細胞**

光学顕微鏡にて600倍（接眼レンズ15倍，対物レンズ40倍）にて観察。減数分裂第二分裂終期の細胞である。矢印は輪郭がはっきりせず，ぼやけてしまっている染色体を示している。

図12）。これらの染色体の動向は体細胞分裂の観察では見ることができない。また，第二分裂が終了後未成熟花粉も染色により形成途中の雄原細胞の核の観察もできる。減数分裂の時期を体感し理解することが主体となりがちの実験であるが，こ

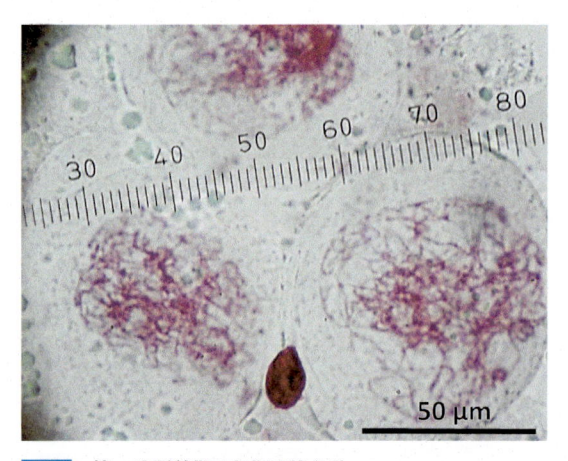

図11　第一分裂前期の初期の染色体

光学顕微鏡にて600倍（接眼レンズ15倍，対物レンズ40倍）にて観察。細胞内に細い糸状の染色体が観察できる。

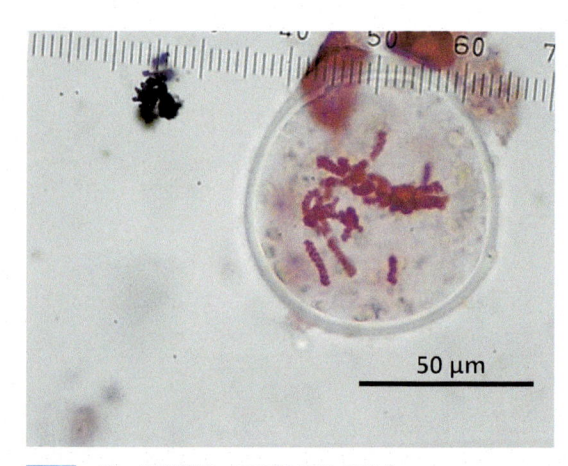

図12　第一分裂前期　二価染色体の形成

光学顕微鏡にて600倍（接眼レンズ15倍，対物レンズ40倍）にて観察。細胞内の染色体は二価染色体を形成し，太くなっている様子が観察できる。

れらの独特な染色体の動向にも注目してほしい。

　他にも，保存した試料を後日観察したところ，分裂した細胞がしぼんだような形状をしているものが観察された。実験操作のどこの段階で変形したのか突き止めてはいないが，「この細胞はしぼんだ形をしている」といった誤解を与えないためにも，この変形の原因を解明する必要がある。

④ 結果と効果 ──実験者の反応を中心に

　現任校2年生の生物の授業で減数分裂の観察実験をおこなった。担当クラスの人数は27人であり，前述のとおり減数分裂の第一分裂と第二分裂の試料を使い実験をおこなった。実験レポートから全員が細胞観察をすることができたようである。しかしながら，二つの試料の内，片方の試料（第一分裂の試料）しか観察ができなかった生徒も存在し，「体細胞分裂との違いがわかりにくい」とのコメントが寄せられた。このことから授業で取り扱う場合は実験手順を把握するとともに時間配分を心がけて二つの試料を確実に観察できるよう，指導することが必要である。また教材として第二分裂像をつかまえにくいという教員側の声もある。

この段階のプレパラートを意識的に作ることによって減数分裂特有の第一分裂・第二分裂のプロセスを観察し理解することができる。

　2019年6月下旬，埼玉県の実習助手の方々へ減数分裂の観察実験講習会をおこなった。試料は同年度5〜6月にかけて固定したものを持参した。参加者の全員が減数分裂を観察することができた。同時に減数分裂の実験についてアンケートを取ってみたところ，回答数11件の中でユリの減数分裂の実験を実施しているところはなかった。減数分裂の実験を実施しているところでも，試料はネギボウズを使ったもの（埼玉県北部ではネギが多く栽培されており，ネギボウズも手に入れやすい）が多く，地域環境によっては実施しづらい。これらは，ユリの試料は固定さえすれば，扱いやすい（運搬が簡便であり，顕微鏡や染色液など基本的な実験器具で実験可能，地域環境によって実施が限定されない）ことが示された。

⑤ おわりに

探究活動のテーマとしての提案

　実験材料と実験方法にて記したように，この実験

においては採取するユリのつぼみのサイズを測り減数分裂の進行具合を推定して試料を作ることになる。よって，つぼみのサイズと減数分裂の進行の詳細なデータを取り，相関関係を示すことも一つの研究テーマとなるのではないだろうか。このテーマにおいて，ユリの品種ごとの違い等も見ていくのも興味深い。ユリの栽培が必要なこと，つぼみを採取できる時期が初夏であるという条件が限られてしまうものの，研究テーマとして意義があろう。

筆者の願いとして

現行の学習指導要領において減数分裂は「生物」で教えることになる。生徒個々の科目選択によっては減数分裂を教わらないまま高校を卒業する場合もある。減数分裂は，植物はもちろん，私たちヒトが精子や卵を作る際にもおこなっている分裂であり，生殖という生命体にとって重要な生命活動である。それらを教わらないまま卒業してしまうことについてはいささか残念に感じる。先にも書いたが，実験をすることは座学以上の知識・技能を得ることができ，何より記憶に残るものだと筆者自身が感じている。今回紹介した実験だけでなく，また，生物を超えての科学として，さまざまな教育機関において実験活動が普及することを願っている。

［謝辞］

放送大学非常勤講師の半本秀博氏，鳴門教育大学名誉教授の米澤義彦氏にご教授，ご助言をいただいた。この場を借りて深く感謝いたします。

［文献］

1) 宇津木和夫，玉野井逸朗. 吉田治. 生物の実験法 42–46 (培風館, 1982).

2) 池上光雄. 染色体の観察 とやまと自然 **4(16)**, 2–5 (富山市科学文化センター, 1982).

3) 茂木尤彦. ヌマムラサキツユクサ(ムラサキツユクサ) 今堀宏三, 山極隆, 山田卓三・編集. 生物実験観察ハンドブック 2–9 (朝倉書店, 1985).

4) 岩波洋造，森脇美武. 絵で見てできる生物実験, 22–23 (講談社, 1983).

5) 長野敬，牛木辰夫・監修, サイエンスビュー生物総合資料, 126–127 (実教出版, 2013).

6) 長野敬，牛木辰夫・監修. サイエンスビュー生物総合資料 p.55 (実教出版, 2009, 2019).

7) 重信陽二. ブライダルベール. 生物観察実験ハンドブック (今堀宏三, 山極隆, 山田卓三・編) p.10–13 (朝倉書店, 1985).

8) 湯浅明. 生物学顕微鏡実験法 (紀元社出版, 1983).

9) 浜島書店編集部. ニューステージ新生物図表 2018年度版 p160–161, p292 (浜島書店, 2018).

10) 村松幹夫. 染色体造形像 (Configuration)の観察法. クロモソーム植物染色体研究の方法 (福井希一, 向井康比己, 谷口研至・編著), 137–143 (養賢堂, 2006).

11) 大塚一紀ほか. 生物実験展開資料集 p88–89 (埼玉県高等学校生物研究会, 2014).

中村 達郎 *Tatsuro Nakamura*

埼玉県立春日部高等学校 教諭

2012年，大阪大学大学院理学研究科生物科学専攻博士前期課程 (修士) 卒業。埼玉県立高校教諭。埼玉県立吉川高校，埼玉県立吉川美南高校を経て，2017年より埼玉県立春日部高校勤務。ボランティアとして地域の科学館等の協力のもと，科学教室の企画・運営をおこなっている。

湯浅 千枝 *Chie Yuasa*

埼玉県立春日部高等学校 主任実習教員

1982年，宇都宮大学農学部農芸化学科卒業後，埼玉県立高校実習助手。4校の勤務を経て，2015年より埼玉県立春日部高校勤務。

【細胞】

体細胞分裂・分裂期染色体を鮮やかに，手軽に観察する

半本 秀博 *Hidehiro Hanmoto*

放送大学 非常勤講師

体細胞分裂の観察は古くからの定番である。しかし，高等学校の授業時間のなかで，分裂期細胞における染色体の観察からDNA複製と分配の関係を全クラスの生徒が理解するには，分裂期の多い材料を同時にかつ十分に得られることが重要である。その上で実験手順が簡便であり，分裂像が鮮明で識別しやすいことがポイントになる。

① はじめに

　細胞分裂における染色体の扱いは，現行の指導要領下では中学校と高等学校に分断されている。見方を変えれば，連続して扱われている。どちらにせよ，指導要領下の内容の配分のあり方と教科書間の差が大きく，高校の授業では体細胞分裂・分裂期前期・中期の染色体の裂け目の意味がわかっていないことを前提に説明するしかない状況にある。

　連続して扱われていながら，体細胞分裂の分裂期染色体の観察も中学・高等学校の両方に掲載がある。同じ材料について視点を深めて実験観察すること自体は有意義であると考えられる。

　そこで，本稿では中学，高校の両方で，誰でも確実・明瞭に分裂期染色体を簡単に観察できる方法について改めて紹介する。固定・解離・染色を同時におこなう簡易法を初めて紹介して以来，実践を重ねてわかったことやコツを含めて紹介したい。

　とくに高校では，体細胞分裂におけるDNAの分

配は，染色体が分離し，両極に分配されて可能になることが，分裂中期像，後期像の観察をおこなうことで現象として理解されることが重要であろう。

　実験観察を50分授業でおこない，意義あるものにするには，以下の条件を満たす必要がある。

- 分裂期細胞の多い材料が十分に得られる（中期・後期像も確実に得られる）
- 失敗しても，染色済みの予備があり，すぐスライドガラス上でプレパラートを作製できる
- 固定・解離・染色が同時にできる操作の手順がシンプルである
- 作成したプレパラートに染色ムラがなく染色体像が鮮明である

　タマネギの発芽種子を用いれば，分裂期の多い材料を同時期に大量に用意でき，固定・解離・染色を同時におこなう方法で簡便にプレパラートの作製ができる。その方法の一つとしてこれまで酢酸ダーリアバイオレット・塩酸法が紹介されてきた[1]～[3]。これは高田[4]の基本的な方法にさまざま

な改良を加えた簡易・確実な染色法である。簡易法とはいえ，**酢酸オルセイン***などを用いた従来の染色法[5]~[8]に比べても，鮮明な分裂像[注1]が得られる。しかし，ダーリアバイオレットは現在製造中止されている。製造中止前に仕入れをして酢酸ダーリア溶液を作り始めていた株式会社ナリカが，現在でもそのストックを販売している[注2]。ダーリアバイオレット試薬自体は製造再開のメドは今のところないとのことである。

　本稿では，このような事情を配慮し，あえてダーリアバイオレットに代わり**クリスタルバイオレット***を用いた細胞核分裂の観察方法を紹介する。これまで紹介されていない利用法や注意点についても併せて報告する。

② 材料と方法

〈材料の準備〉

　タマネギ発芽種子：脱脂綿（ティシュ四つ折り，ろ紙二枚でも可）をシャーレ内に敷き，水を含ませて（脱脂綿が水浸しになりすぎない程度）播種する。

　このシャーレを室温または恒温器23〜25℃に安置する。直射日光が当たらないようにする。**胚軸***の長さが5〜20 mmくらいのものでは確実に分裂期染色体が多いので，目安として10 mm程度のものを用いるとよい。20℃〜30℃では播種後3〜4日目のものが該当する。

　分裂像の多少を決めるのは発芽後経過日数ではなく，発芽種子の胚軸の長さである[2][3][9]。凍らない範囲の低温なら，胚軸5 mm以上に達した発芽種子では，ほとんど同頻度の分裂像が得られる。**図1**[10]に準備の様子を示した。

〈**染色剤の調整（加温・ろ過必要なし）**〉

(1)　クリスタルバイオレット0.6 g／30％酢酸水溶液100 mLの割合で褐色の試薬の空き瓶に入れる（ダーリアバイオレットは0.5 gがよい）。

(2)　試薬瓶に蓋をし，瓶ごと激しく振とうする（7，8回振れば十分）。点眼瓶に分注しておく。

(3)　室温，暗所にて保存。10年以上劣化しない。

〈**固定・解離・染色の方法（午前午後いつでも良好）**〉

(1)　酢酸クリスタル溶液14滴：3％塩酸6滴（7：3容）を時計皿上に滴下する［**図2**(a)］。点眼瓶による1滴の量はかなり正確なので滴数は厳密に数える。途中わからなくなったら直ちにティシュペーパー等で拭きとり滴下しなおす。クリスタルバイオレットはpH指示薬で

用語解説 Glossary

【酢酸オルセイン】
酢酸オルセイン／ヘマトキシリン／シッフの試薬のフォイルゲン反応（DNAと特異に反応する）／酢酸カーミン／ギムザ液（ヒト染色体チェックに今でも有効）などが1980年代くらいまでの染色剤の主流であった。現在の染色体研究においては，DAPIなど蛍光染色剤を用いることが多い。各種遺伝子座の特定と一緒に使われる。また相同染色体の染め分けなどにも利用される。

【クリスタルバイオレット】
ダーリアバイオレットとクリスタルバイオレット，ゲンチアナバイオレット，の基本的な化学組成はほとんど同じである。ゲンチアナバイオレット，サフラニンも同じ処方で染色液を作製でき，実験方法・利用法も同じである。サフラニンではピンクに染まるので，ややコントラストが低い感じするが，好みの問題で特に支障はない。

【胚軸】
タマネギは単子葉類なので，発芽すると根と茎が同時に伸びてくる。ただ生徒には「胚軸」という言葉になじみがないので，米澤らは暫定的に胚軸の長さを「根の長さ」と表現して実践している。

注1）分裂像の多少を決めるのは胚軸の長さである。胚軸の長さが5 mm未満の材料ではほとんどが間期核で分裂期核を見つけることが難しく，2，3 mmの材料では吸水による細胞の容積拡大期で，間期核しか見当たらない。

注2）クリスタルバイオレットは25 g 4,500円と高いが100 mL酢酸クリスタル溶液をつくるのに0.6 gの使用なので，長く使用するつもりならば，保存が利く点も併せて考慮すると結果的には安い。現場においては年度による予算の縛りもあるので，一概にはどちらがよいとはいえない。なお，ダーリアバイオレットとクリスタルバイオレット，ゲンチアナバイオレットの化学組成は基本的には同種である。詳しくは薬品会社などのサイトで調べられる。

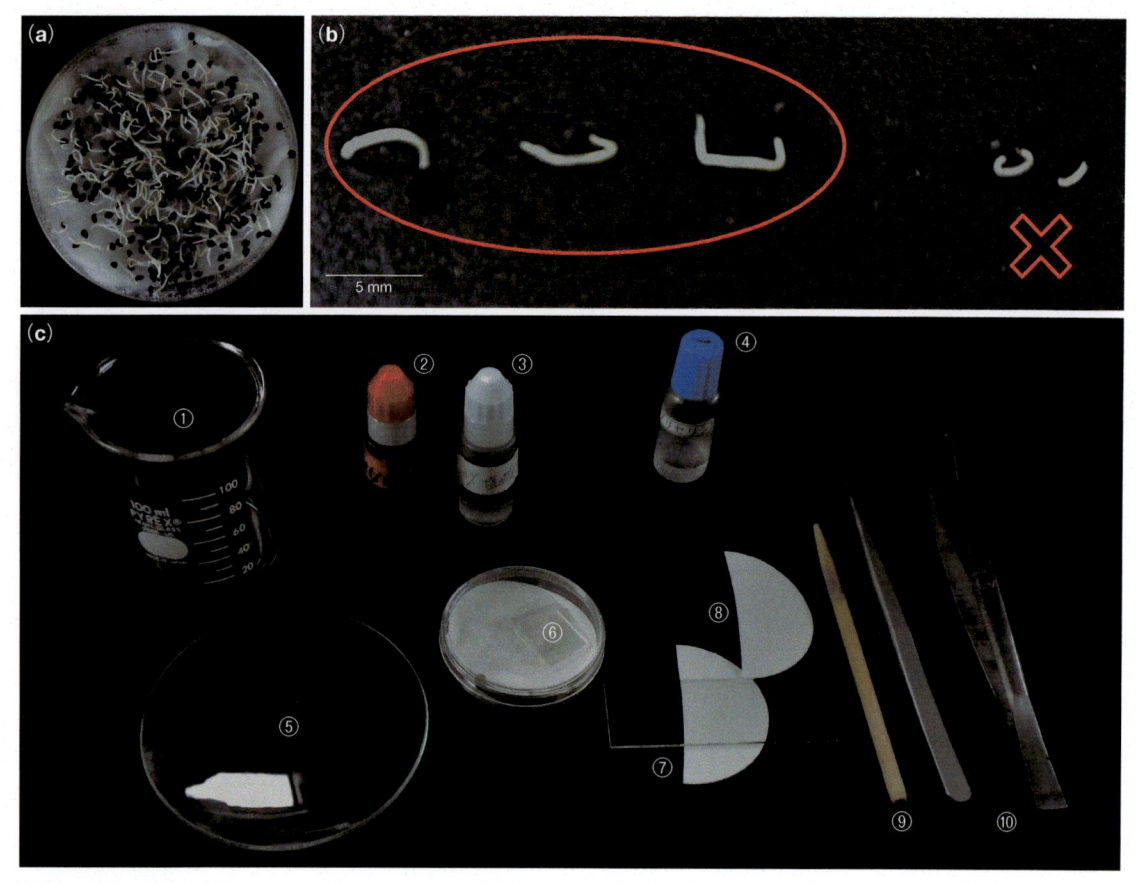

図1　材料と使用する器具

(a) 実験・観察に用いるタマネギ発芽種子の状態。口径90 mmのシャーレに約200粒を播種し通常の合わせ蓋をしておく（播種後3日目・6月室温）。

(b) 分裂期細胞の多い材料（○囲み）と分裂期細胞の少ない材料（×印）。

(c) 準備しておくもの（1セット／2～4人）：① ビーカー，② 酢酸クリスタルバイオレット，③ 3％塩酸溶液，④ 50％グリセリン水溶液，⑤ 時計皿（以下生徒1人に1セット），⑥ カバーガラス，⑦ スライドガラス，⑧ ろ紙，⑨ たたき棒（木製），⑩ ピンセット。

もある。塩酸と混合された状態ではやや薄い緑色になる。時計皿を軽くゆすって混合する。

(2)　固定・解離・染色を同時に行う：時計皿上の混合液中に12分間浸す（12分を超えても染まりすぎることはない）。種子部分をつけたまま根端付近が混合液から浮きでないように浸すと，取り出す際，根端側を間違えずに済む。種子部分やその付近まで無理に浸す必要はない。

(3)　材料とする発芽種子の根の長さは5 mm以上からおよそ20 mm前後までのものとする。20 mmを超えた材料でもよいが，確実を期すためにはこれくらいがよい［**図1**(b)]。1人3本をほぼ同時に浸し，失敗しても直ちに染色された材料を使えるようにしておく［**図2**(e)]。12分の染色時間は全部の材料の根端が浸ってからの時間とする。

　数分たって染まっているように見えても，細胞一層にすると核や分裂期染色体はほとんど見えない状態にある。

(4)　混合液中で12分間染色したのち，ビーカー中の水道水に浸す［**図2**(d)]。これは単なる水洗ではない。ダーリアバイオレットもクリスタルバイオレットも強い酸性では薄い緑色になり，押しつぶし標本にすると透明感が強く検鏡しても見えない。水道水レベルの中性に2分浸すと濃い紺色になる。水洗時間は2

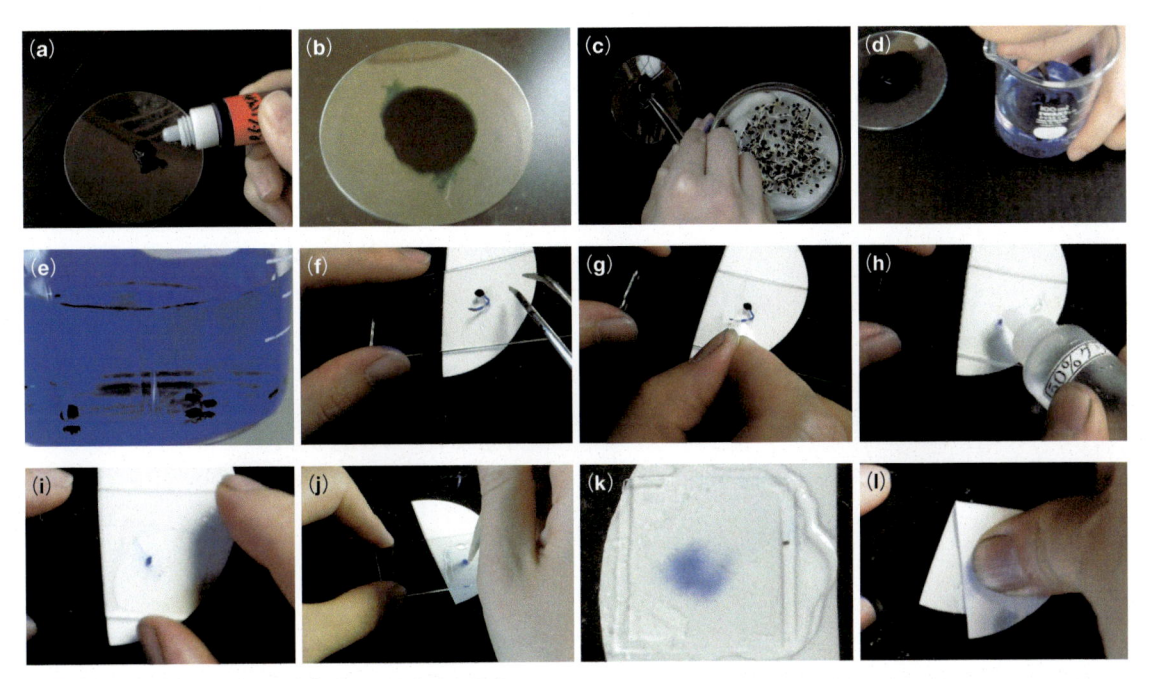

図2　固定・解離・染色およびプレパラート作成の方法

(上段) 固定・解離・染色；(a) 酢酸クリスタルバイオレット：3％塩酸＝14滴：6滴を時計皿に滴下する。順序はどちらが先でもよい。ただし，滴数に不安を覚えたらティシュ等でふきとってやり直す。(b) 混合液。(c) 5mm以上に伸びた発芽種子を浸す。(d) ビーカー中の水道水で2分間浸す（2分以上でも可）。

(中段) プレパラートの作成；(e) ビーカーから材料を1本取り出し，(f) スライドガラス上に載せる。(g) 根端部分のみを残して切り取る。(h) 50％グリセリン水溶液を1滴滴下。

(下段) プレパラートの作成・続き；(i) カバーガラスをかける。(j) 先の細いたたき棒（割り箸を鉛筆削りで削ったもの・爪楊枝など）でカバーガラスの上から材料の真上の中心から広げるようにたたいて広げる。(k) 均質に霧状に見えるようになれば良い。(l) カバーガラスの上からろ紙を載せ，カバーガラス外縁から染み出た溶液を吸い，そのまま親指で力いっぱい押しつぶす。

分以上を厳守する。2分以上浸したままでも色落ちや，染色が細胞質に広がるようなことはないので，このまま水に入れておき予備とする［**図2(e)**］。

(5) 水道水に2分間（2分間以上厳守）浸したのち，1本をスライドガラス上にとる［**図2(f)**］。残りは予備として，水に浸したままにしておく。24時間は遜色なく観察できる。うまくできなかった生徒がいても，すぐ，2本目を取り出して再チャレンジできる。昼休みや放課後でも5〜10分で十分満足のいく状態のものが観察できる。

〈**プレパラートの作成**〉

(1) 先端1〜2 mm[注3]の部分を材料とする。カバーガラスをナイフ代わりに用いて，他の部分を切除する［**図2(g)**］。ろ紙の上に置いたスライドガラス上に材料を載せる。染まった根端部を確認しやすい。先端3〜5 mmを材料としている教科書もあるが，鱗茎の水耕による太い根や，ソラマメのように根冠の大きな材料はそれでも良い。タマネギ発芽種子でこの長さを材料とすると，伸長し分裂停止した細胞が多く混ざって，生徒が分裂組織の細胞を探すのが難しくなる。

注3) 先端1〜2 mmがタマネギ発芽種子の根端分裂組織である。10 mmくらいの発芽部分の下半分が根で染色液を吸収する。外観上の染色部全体を根端分裂組織と間違えないよう注意する。材料の周りに水分が多い場合，ろ紙で少し吸い取っておくとよい。

(2) 50%グリセリン溶液[注4]を1滴，スライドガラス上の材料の上に滴下する［**図2(h)**］。

(3) 滴下したグリセリン溶液の上からカバーガラスをそっとのせる［**図2(i)**］。

(4) 割り箸先端を鉛筆削りで少し尖らせ木製のたたき棒（つまようじをさかさまに使ってもよい）の先でカバーガラス上から材料を，たたく音がするくらいたたき広げる［**図2(j)**］。カバーガラスがずれないよう手前隅を指で押さえながらおこなう。60℃塩酸などで解離を必要とするような染色法では，細胞が崩れる心配があるが，この場合は心配ない。

(5) カバーガラス上からろ紙を当て，はみ出した水分を軽く吸い取る。次の(6)で押しつぶす際にスライドガラスが滑らないようにするためである。細胞は1層になっているので，カバーガラスがずれると細胞によじれが生じてしまい，観察できなくなる。

(6) 親指でカバーガラス上に当てたろ紙の上から押しつぶす。体重をかけてつぶすとよい。

〈**検鏡**〉

顕微鏡のコンデンサはステージ面までしっかり上げ，コンデンサの絞りも開放にしておく。コンデンサが下がりすぎていると，検鏡時のシャープさが失われる。反射鏡タイプの顕微鏡では，光を十分に取り入れることで鮮明な像が検鏡できる。

対物レンズ4倍で紫に広がった面を見つけ順次倍率を上げる。ただし，低倍率段階では分裂期の染色体は識別困難である。対物レンズ10倍で，細胞のばらつきがわかる。対物レンズ40倍にして分裂細胞を観察する（**図3**）。

〈**プレパラート追加作成**〉

重なりが多く見えづらい場合は，一度プレパラートのスライドガラスとカバーガラスの境目にグリセリン溶液をたらすと溶液が浸み込むので，もう一度たたき棒でたたいて広げる。また，万一，分裂組織以外の部分を用いてしまって分裂期細胞が見えない場合や細胞の重なりが多い場合，予備の材料をすぐ使ったほうが早い場合がある。

〈**ビーカー内の予備材料の利用**〉

余った材料を昼休みや放課後に使う場合，ビーカー中に材料を浸したままにしておく。必要に応じて取り出し，すぐに根端部分を残して切除し押しつぶすだけでプレパラートができる。所要時間は観察を含んでも10分あればできる（**図4**）。

授業時間後，そのままクラス番号を記した紙の上に置いておき，あとで観察させることもできる。押しつぶす前に滴下した50%グリセリン溶液で通常は2ヶ月後までは染色状態も遜色なく観察できる。封入は特に必要ない（**図5**）。

 3 結果

どの生徒も50分以内に中期・後期の染色体像を観察することができた（**図3**）。中期・後期のスケッチも全員ができた。中期においては，1本の染色体が複製腕2本でできていること，後期では染色体の太さが中期より細くなり複製腕1本ずつのように見えること，両極へ移動している染色体の数や形がほぼ同じように見えることなどを考察に書く生徒が多かった。

注4) これを滴下する理由は以下の3点である。

① スライドガラス上に切り残した成長点部分にカバーガラスを載せて，その上から細胞を崩すためにたたき広げる際，この溶液がクッションの役割をして細胞をゆるやかに広げるため，細胞の破損が少ない。

② 水で封入すると観察している間にカバーガラス下の水がすぐに乾いてしまう。水の代わりに50％グリセリン溶液であれば，観察中に乾燥するようなことはなく，観察後も保湿してプレパラートを維持できる。

③ 水を滴下した場合よりも顕微鏡の光の透過性がよく，分裂像が鮮明に見える。

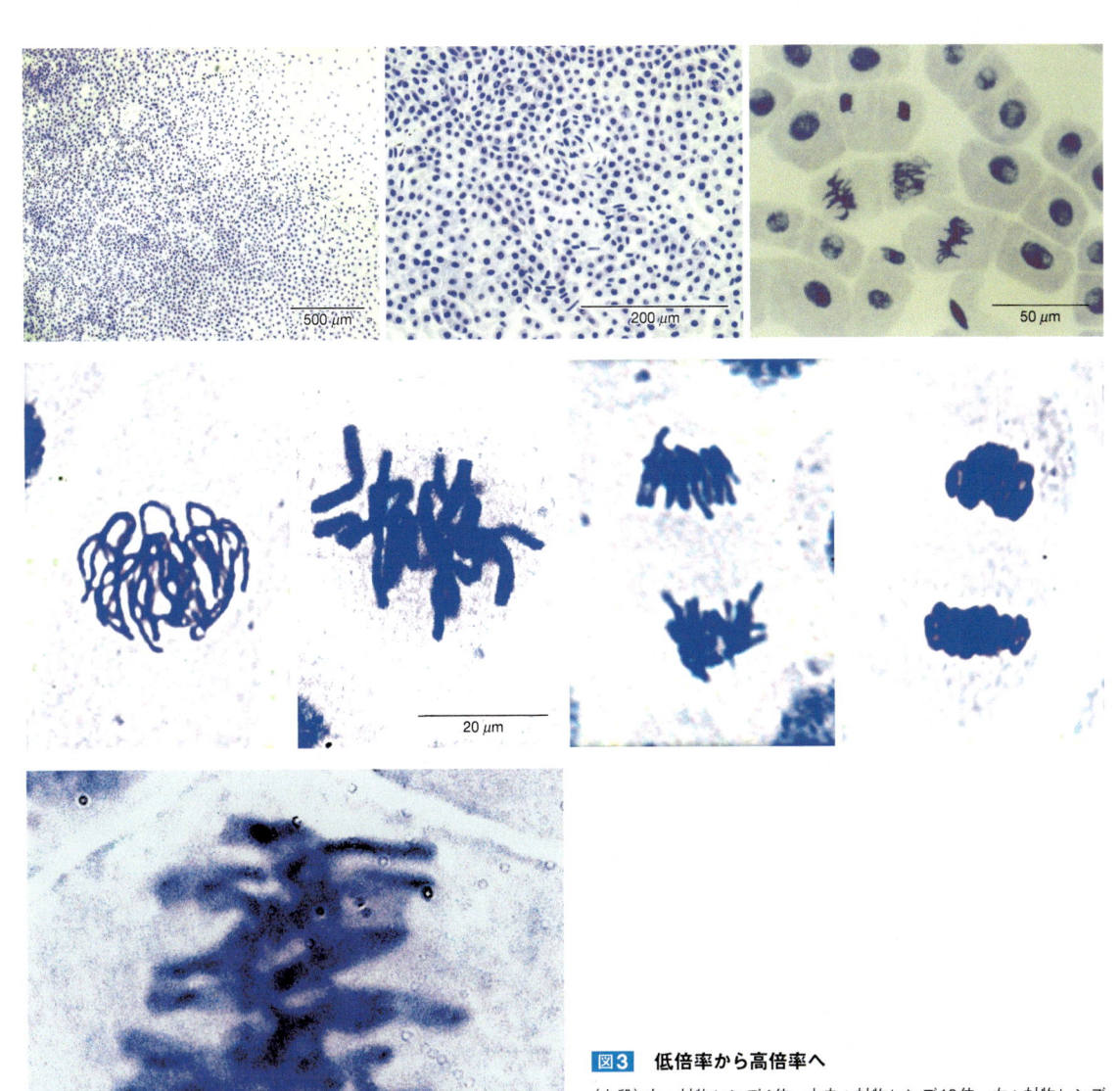

図3　低倍率から高倍率へ

（上段）左：対物レンズ4倍，中央：対物レンズ10倍，右：対物レンズ40倍。

（中段）各期染色体像左から前期，中期，後期，終期。

（下段）中期拡大図（コンデンサやや下げる→立体的になり，二股構造がわかる；生徒はスケッチに書いていた）。

〈発展〉

（1）プレパラートの分裂各期の細胞数と分裂組織の全細胞を数える。この数値をもとに各期の所要時間の割合を調べる。ただ，生徒が細胞数の割合で各期の時間配分を推定することが理解できない場合もある。それは，固定・解離・染色という言葉を使って実験していても，固定で細胞が生きている細胞ではなくなることを理解していないことにもよる。

（2）0.1％コルヒチン水溶液に生材料を1〜2時間浸すと紡錘糸形成阻害が起こる。このコルヒチン溶液からすぐに固定・解離・染色の混合液に浸す。あとはすべて同じ方法で，核型分析ができる（図5）。

（3）高大連携などで，発芽後3日目の種子をX線またはγ線で3Gy照射してもらう[11]。照射後は12〜24時間，18〜28℃くらいの室温においた後，冷蔵庫で保存して，細胞周期を遅

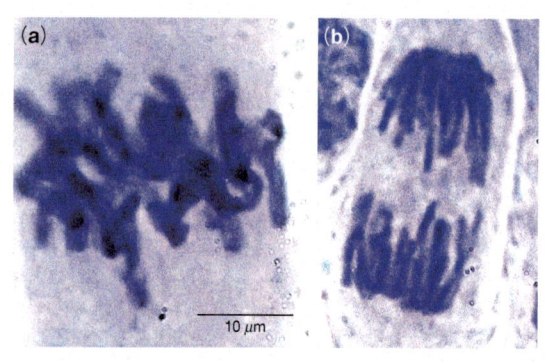

図4 染色後水道水に浸し，24時間放置した材料の顕微鏡像
（a）分裂中期像，（b）分裂後期像。

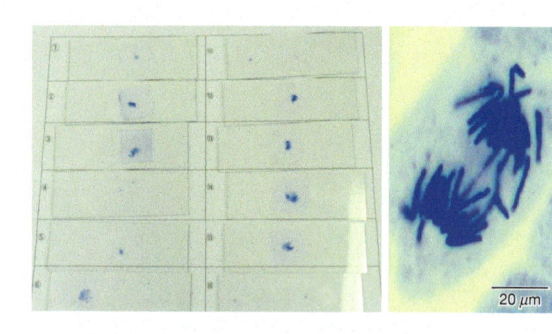

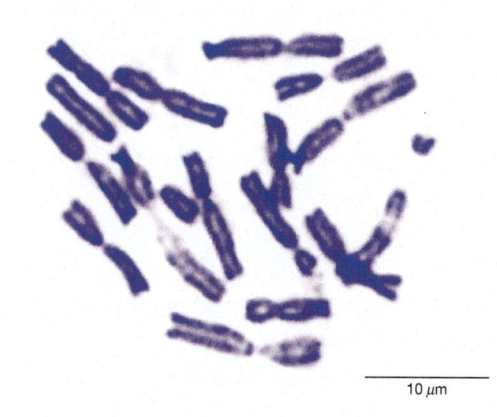

図5 染色体プレパラートを翌週まで保存する例（左）と放射線照射（γ線線量率は約9.68Gy/h，積算線量は3.06Gy：ラジエ工業にて）した分裂後期像（右），コルヒチン溶液による紡錘糸形成阻害による染色体観察像（下）

らせて，分裂異常の状態を保持する。9日間異常細胞の観察が可能である（図5）。さまざまなタイプの分裂異常の成因を考えることは，染色体が遺伝子分配の装置としての構造体であることを理解するのに役立つ。これらの細胞がどうなるか予測するのも面白い。

④ 考察および簡易染色法のさらなる時間の短縮法

米澤ら[12]（2006）は，酢酸ダーリア・塩酸法について，この混合液を約35℃にすると，タマネギ発芽種子を5分で染色できることを報告している。35℃の保温については，バーナー等は不要である。温水を入れた500 mLビーカーに，染色液を入れた容量30 mLのサンプル管を浸けて染色液の温度を調節し，5分間浸す。なお，温水の温度は熱湯を用いて調整する。この染色法は時間を超過しても染まり過ぎることはなく落ち着いて作業できる。筆者は，固定・解離・染色の12分の間にプレパラートづくりの説明をしているが，顕微鏡の台数や現場の実情に合わせて方法を選ぶとよいだろう。

温度調整でも，酢酸オルセイン染色による60℃塩酸による解離では，温度管理や，解離時間について神経を使う。材料の取り出しに少しもたつくと染色液に染まらなくなったり，染色できても染色ムラがひどくなることは，山極[13]（1985），米澤[12]（2006）が実践に基づいて指摘している。

なお，本稿で紹介した方法は，対象としうる材料が限られている。確かめた材料だけ下に示す。

［**ユリ科**］タマネギ，ネギ，ニラ，ニンニク，オニユリ，テッポウユリ，ミドリアマナ

［**ツユクサ科**］ムラサキツユクサ，ヌマムラサキツユクサ，ブライダルベール

［**マメ科**］ソラマメ他

⑤ まとめ

〈**染色液の利点**〉

• 染色剤の調整に加熱や濾過が不要。室温保存で20年以上は変性しない（経験則）

〈**染色法の利点**〉

• 固定・解離・染色が同時にできる。微妙な温度調整が無用である

表　準備・手順の注意点

タマネギ種子発根の長さ5 mm以上	染色液14滴：3%塩酸6滴 12分〜〈35℃なら5分〉	水 2分〜	成長点部分1〜2 mmのみを材料	カバーガラス下で，十分に広げる	押しつぶし時にスライドガラスをずらさない

- 染まりすぎや染色ムラができない，また分裂像が多く得られる。
- 分裂像の多い材料は長さに依存するので，急な学校行事による授業変更や，土日をはさむような場合，冷蔵庫や低温恒温器で，発芽種子の成長を抑制すれば，ちょうどよい時期に授業日を設定できる[10][12]。
- 室温が15℃前後やそれ以下の場合，染色剤の点眼瓶を，湯に数分間浸して温めておくとよい（これを開始直前に配布）。

筆者はタマネギ発芽種子およびソラマメについて体細胞分裂の日周性について報告[2]した[14]。午前・午後をとおして十分に観察可能な分裂頻度が得られる（頻繁に同じシャーレを開け閉めしなければ）[注5]。タマネギ種子の保存は乾燥剤と一緒にして冷蔵庫に置けば開封したものでも最低5年は材料として利用できる。

なお，阿部ら (2008) は，教科書の記述に基づいた酢酸オルセイン法と半本 (2000) による酢酸ダーリア・塩酸染色法を行って，染色状態の比較を，顕微鏡写真を中心に詳細に検討してHP上で(Omnis Experimenta) 紹介している[15]。

[謝 辞]

染色体研究の専門家の立場と教員養成の立場から，資料や情報をくださった鳴門教育大学名誉教授米澤義彦先生，ならびに，高等学校での実践を通した生徒との対応の視点から清水龍郎先生，実験の準備・指導の視点から校閲くださった持田睦美先生にお礼申し上げる。なお30数年にわたり，研修会でこの方法を紹介する機会を下さった埼玉県立教育センターとそこで有意義な質問やご提案を下さった先生方に感謝申し上げます。

[文 献]

1) 小川なみ, 高知滋, 半本秀博, 増田結香. 教材生物の確保と活用. 文部省昭和58年度科学研究費補助金 (奨励研究B) 報告書 (1984).

2) 半本秀博. タマネギ・ソラマメの根端細胞における体細胞分裂の日周性 生物教育. **28**, 52–55 (1988).

3) 半本秀博. 体細胞分裂の観察を確実に行う簡易染色法と材料の条件. 生物の科学 遺伝 **54**, 50–54 (2000).

4) 高田博. 体細胞分裂の手軽な観察法. 教材生物ニュース. **48**, 86–89 (1979).

5) 湯浅明. 細胞学. 257–258 (裳華房, 1959).

6) 田中隆荘. DNA染色法と体細胞分裂の観察. 広島県理科教育センター講習会資料 (1964).

7) 米澤義彦, 田中隆荘, S. A.チョードリ, 池田秀雄. 体細胞分裂とDNAの観察. 生物の科学 遺伝 **35**, 16–21, (1981).

8) 藤島弘純, 可中俊文. 体細胞分裂観察法と教材植物の検討. 生物教育. **27**, 51–60 (1986).

9) 半本秀博, 神宮信夫, 堀孝佳. 体細胞分裂像を多く得るための条件. 生物教育. **35**, 57–58 (1995).

10) 半本秀博. 必要なときに細胞分裂像を多く得るための低温条件の利用—タマネギ発芽種子の場合— 生物教育. **45**, 194–197 (2006).

11) 藤川和男, 半本秀博, 巽純子. 高校生物における放射線と突然変異の学習 生物の科学 遺伝. **66**, 294–300 (2012).

12) 米澤義彦, 春木幸恵, 白石奈那, マコバ エドモンド キジト. 中学校における細胞分裂観察法の改良. —材料の保存と染色方法の工夫— 生物教育. **46**, 199–205 (2006).

13) 山極隆. ミドリアマナ：今堀宏三・山田卓三・山極隆 (編)「生物観察実験ハンドブック」朝倉書店 74–75 (1985).

14) 本橋晃, 半本秀博. 会員の広場 [生物教材Q & A]タマネギ発芽種子を用いた体細胞分裂の観察のためには午前中に固定をしなければならないのか? 生物教育 **59**, 43 (2017).

15) 阿部哲也ほか. Omnis Experimenta第77回 http://morita.la.coocan.jp/a/omnis77/omnis77.html (2008).

半本 秀博 *Hidehiro Hanmoto*

放送大学　非常勤講師

1978年，富山大学文理学部理学科生物学専攻卒業。1978年〜2012年，埼玉県内の高等学校で生物担当教諭。この間，1992年に鳴門教育大学大学院学校教育研究科修士課程修了。2008年，広島大学大学院理学研究科より博士 (理学) 取得。2015〜2019年，放送大学埼玉学習センター客員教員。専門は，生物教育，細胞遺伝学。日本生物教育学会・論文賞 (2004年) を受賞。主な著書に，[分担執筆]『生物Ⅰ』[2002年〜2012年各年度版]（東京書籍）などがある。

注5) 分裂組織における分裂期像の割合が50%以上を示している文献もあるが，著者は遭遇したことはない。40年ほどの間に特異に高い年があった (35%前後)。他の年は15%前後であった。種苗会社は産地替え・品種内改良をおこなっておりコンディションが変化するが，観察には支障ない。

【細胞】

ボルボックス属の観察と目的に応じた培養方法

黒澤 望 *Nozomu Kurosawa*
埼玉県立川口高等学校 教諭

韮塚 弘美 *Hiromi Niraduka*
埼玉県立熊谷高等学校 主任実習教員

ボルボックスの輝きながらゆっくりと回転して泳ぐ姿は美しく，一度見れば専門家でなくとも魅了されてしまう。ボルボックスは単に美しいだけではなく，「進化」や「生殖」といった観点から考えるうえでも重要な生物である。今回は，そんなボルボックスを観察するうえでのちょっとしたコツと，授業での扱い方や活用法，さらには埼玉県の高校教員が今まで多くの先生方から受け継ぎ，改良してきた簡易培養法について紹介する。

 ## ① はじめに

中学・高等学校における生物の学習で，実物を観察させることの意義は大きい。しかし，2011年の学習指導要領改訂を受けて，高校生物の科目は，「生物基礎」と「生物」に分かれ，そのうち多くの生徒が履修する「生物基礎」の基本単位数は2単位となった。これにより，実験・観察が思うようにできない学校が増加しているようにも感じられる。近年では，教科書や資料集には素晴らしい写真が掲載され，わかりやすい説明文が添えられている。それでも実物に触れ，観察させること

にこだわるのは，それ以上に実物からしか学べないことが多いからである。

このような思いから，埼玉県高校生物研究会・教材生物研究委員会（以下，埼玉高生研委員会）では，40年ほど前から継代的に多くの原生生物等を培養し，県内の高等学校を中心に，さまざまなニーズに合わせて提供してきた。その中でも**ボルボックス***の人気と需要は常に高い（**図1**）。

② ボルボックスとはどんな生きものか

ボルボックスを含む緑藻類の生息環境は湖沼，水田，ため池などいたるところにわたり，私たちにとっても非常に身近な存在である[1]。その中でもボルボックスが学校教育現場で注目される理由は，ボルボックス科の特徴である「群体性から多細胞へ」につきるだろう。ボルボックス科の中で

用語解説 *Glossary*

【ボルボックス】
ボルボックスは緑藻類ボルボックス目ボルボックス科の5属9種に分類される。ボルボックスが属する緑藻類の種類は極めて多く，現在13目約700属が知られている。

図1 実験観察でのボルボックスの検鏡例

表1　ボルボックスの性の3様態
1. 雌雄異体（ヘテロタリック）
同一クローンから雌または雄のみが発生するタイプ。 例）*V. carteri*
2. 雌雄異体（ホモタリック）
同一クローンから雌と雄が発生するタイプ。 例）*V. aureus*
3. 雌雄同体（ホモタリック）
同一個体中に卵と精子がつくられるタイプ。 例）*V. globator*

もボルボックス属は，500〜50,000個という多くの細胞が規則正しく球形に並び，直径約500〜1,000 μmの大型の群体を形成している。そのため肉眼でもその姿を容易に観察することが可能で，実験でも扱いやすい。

これに加え，春から秋にかけて，**富栄養化***のあまり進んでいない綺麗な水田などで比較的手軽に採集することができること，さらには後述する方法で実験室での簡易的な培養が可能である点で，ボルボックスは有用性が高い。このようなことから，埼玉高生研委員会では教材生物の確保と活用 (1984) の取り組み以来広く継代されたもの（おもに*Volvox aureus*）が観察実験に利用されている。

ボルボックスは，発生過程も非常に興味深い。一般的にボルボックスは無性生殖によって急激に増殖するイメージが強いが，有性生殖もおこなっている。また，生殖方法に基づいて3タイプに区別できる（**表1**）。

ボルボックスは栄養細胞と，生殖に関わる生殖細胞からなる。顕微鏡でボルボックスを観察してみると，親群体の中に緑色の濃い部分が確認できる場合が多く，この部分が次の世代の群体（娘群体という）となる。生殖細胞が親群体の中で分裂を繰り返しながら小さな娘群体となるが，この娘群体は完成前に劇的な変化ともいえる「反転 (inversion)」という現象をみせる[2)3)]。独立したてのボルボックスから娘群体の完成までの様子を知っておくと，生徒の混乱に対応しやすい（**図2**）（故・高知滋氏のご厚意により埼玉高生研委員会で共有している資料より）。たとえば，まだ無性生殖細胞が球体の内側に張り付いているときは球状の娘群体が見えない（**図2**①）。生徒は，これを別の種類のプランクトンと勘違いする場合もある。ボルボックスを二相培地（詳細は後述）で培養して大量の無性生殖群体を得ると，**図2**①〜⑥すべての段階を観察することが可能であるが，授業等で生徒に観察させるときには，娘群体の状態の違いは，固定的なものではなく成長過程によるものであることを理解させるとともに，反転途中のもの（**図2**⑤）を"異常なもの"と勘違いさせないように注意したい。

③ 授業でのボルボックスの位置づけ

高校でボルボックスは，単細胞生物と多細胞生物を比較する際の例として扱われる。ボルボック

用語解説 Glossary

【富栄養化】
湖沼などの水域に，自然にまたは人間活動（生活排水や農業廃水など）によって窒素やリンなどの有機物が流入することで起こる現象。富栄養化で植物プランクトンが増えると水は濁り，多量にできた有機物の分解で溶存酸素を使い果たすため，結果的に水質は悪化する。培養の際は要注意。

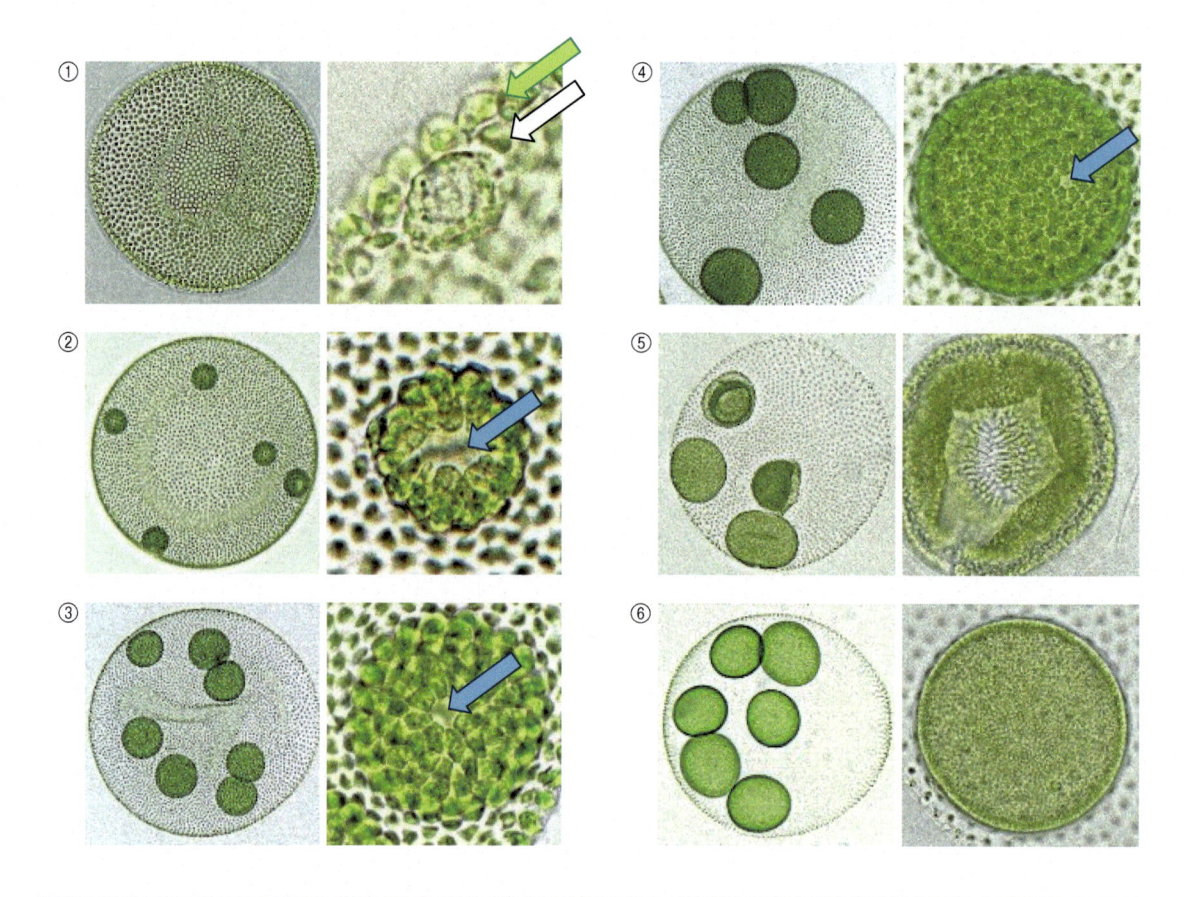

図2　*Volvox.sp*の無性生殖による栄養細胞から娘群体の形成過程

①2本の矢印は栄養細胞と内側の生殖細胞を示す。②③④の矢印は⑤娘細胞完成期反転の際の裏返り口になる孔を示す。⑤では反転中の娘群体のようすがわかる。

（故・高知滋氏のご厚意による）

スはこの多細胞生物の中でも，単細胞生物のクラミドモナス型の細胞がひとまとまりになっている**「細胞群体」***の例として登場する。「群体」という言葉は広義に解釈することができ[4]（米澤義彦・半本秀博2000），それによって逆に勘違いを招くことが多々ある。ボルボックスは栄養細胞と生殖細胞からなることからも，簡単ではあるが細胞の分化が

用語解説 *Glossary*

【細胞群体】
群体の一種で，単細胞生物が2個以上集まってできた連結帯のこと。「学術用語集 植物学編（増訂版）」（文部省1990）に記載がある。ただ，その後「連結生活体」・「定数群体」などの用語が同時併行に使われるようになり，用語自体に議論の余地がある。

みられることがわかる。また，精子と卵を用いた有性生殖もおこなっているため，スコット・F・ギルバード (1991) はれっきとした「多細胞生物」であると指摘している[5]。よく，「細胞群体であるボルボックスは，単細胞生物のクラミドモナス型の細胞が集まってできており，バラバラにすると一つひとつの細胞として生きていくことができる」と勘違いされていることもあるので注意が必要である。なお，現在では東京大学の研究チームにより，ボルボックスよりもっと単純な「シアワセモ」とよばれる世界最小の多細胞生物が発見され[6] (2013)，単細胞生物と多細胞生物の境界をより明確に定義するための研究が進められている。このように，ボルボックスは単細胞生物から多細

胞生物への進化の過程を明らかにするための重要なモデル生物*の側面ももつ。

そのほかにも，光に対して向かっていく習性（正の光走性*）をもつことから，生物の環境応答（生得的行動）の実験としても用いることができる。実験方法については，後述する。

4 ボルボックスの観察方法（実験）

⑴ 全体像の観察（透過光・暗視野）

ボルボックスは直径約500〜1,000 μm と淡水プランクトンの中でもかなり大きいため[7]，一般的な生物顕微鏡の透過光で観察することで，細部まで詳しく観察することができる。

観察をするときは，ホールスライドガラスに培養液ごとボルボックスを数匹とり，カバーガラスをかけて観察する。普通のスライドガラスを用いると，カバーガラスをかけた際にボルボックスが潰れてしまうことが多く，適さない。

ボルボックスは形状が球体のため，観察するときに全体にピントを合わせることはできない。そのようなときは，顕微鏡の微動ねじ（ない場合は調節ねじ）をゆっくりと回して微調整しながら，表面の細胞の並び方や，親群体の中にある娘群体のようすを一つずつ順番に観察していく。

ボルボックス属は，群体内の細胞間に細胞質連絡糸*をもつ種が多い[8]。*Volvox aureus* を用いて細胞質連絡糸の観察をおこなったものが写真である（図3上）。

連絡糸を観察するときは，なるべく視野を明るくしてからコンデンサ絞りを少しずつ絞っていく。すると，細胞間に透明な糸のような模様が見えてくる。コンデンサ絞りを絞りすぎると，影がついて逆に見にくくなる。この連絡糸は，ボルボックスの成長度合いによって異なるため，連絡糸を観察することで，成長度合いをある程度予測することが可能である。

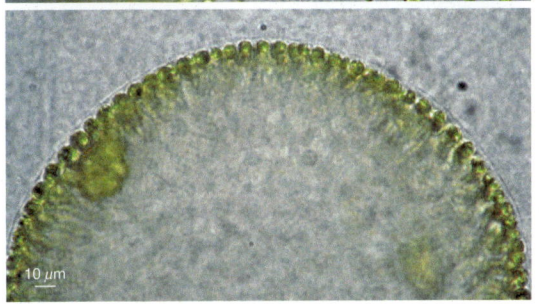

図3 高倍率で観察したボルボックス表面のようす
上：連絡糸・栄養細胞を見る。　下：表面の鞭毛。

⑵ 栄養細胞の鞭毛の確認

ボルボックスの体を構成する栄養細胞は，1個につき2本の鞭毛をもち，クラミドモナス型の細胞となる。この鞭毛を，群体の前端・側面・後端でそれぞれ配置を変えることで，約2,000個の細胞がもつ4,000本の鞭毛は，群体の前方から後方に向けて振り下ろされるため，ボルボックスは回

用語解説 *Glossary*

【モデル生物】
生物の代表として研究に使用される生物の総称。他の生物にも共通する現象（進化など）を，より抽象化して論理的に説明するのに適した実験用生物。

【走性】
生物が外部からの刺激に対して起こす行動のうち，刺激の方向と一定の関係をもつもの。生まれながらにしてとる行動（生得的行動）の一種で，刺激に近づく場合を「正」，遠ざかる場合を「負」で表す。

【細胞質連絡糸】
ボルボックスの群体表面の細胞を互いに連結している糸。細胞間をつなぐだけでなく，原形質連絡を形成して隣り合った細胞どうしでさまざまな物質交換も行う。連絡糸の有無はボルボックス属の同定にも用いられている。

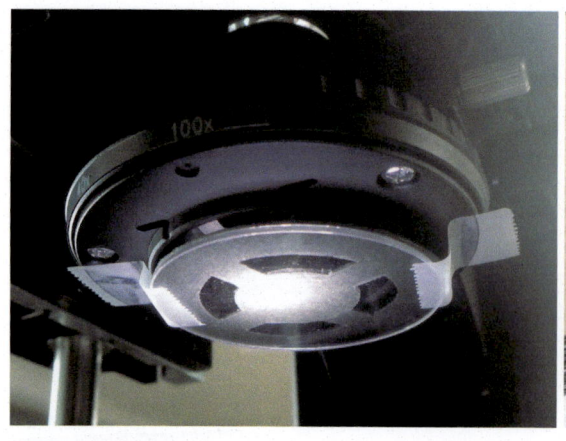

図4　暗視野観察の方法
左：黒厚紙をプラスチック板に張ったもの。　　右：百円玉を光源部に置く。

転しながら前進することが可能になる[2]。この鞭毛の動きは，400倍以上の倍率で最外層の細胞にピントを合わせ，コンデンサ絞りをかなり絞った状態に調節することで観察が可能である（**図3**下）。

　また暗視野照明（落射照明）を用いると，鞭毛の動きはより明確となる。暗視野照明では，光源から発せられる光のうち標本に当たって二次的に回折してきた光だけが目に入ることになるため，ボルボックスは暗い視野に光って見えるようになる。暗視野での観察には通常，暗視野専用のコンデンサレンズが必要になるが，学校にない場合は自作の装置でも代用可能である。装置といってもその作り方は簡単で，中央の光を遮閉することができればよいので，絞りを開いた状態で，光源とコンデンサの間に丸い遮閉物を入れるだけである。遮閉する場所は，顕微鏡の種類にもよるが光源よりもコンデンサ絞りに近い方がよいため，丸く切った黒厚紙を透明のプラスチック板に貼り，フィルターの枠部分に差し込む（**図4**左）。

　さらなる簡易法に，コンデンサの下にある照明部分に，100円硬貨を置くだけの「100円玉法」があげられる。これはコンデンサ絞りから少し離れた部分で光を遮閉することになるため，暗視野効果は本来のものよりは多少弱くなるが，それでもボルボックス表面にある細胞をはじめ輪郭が浮

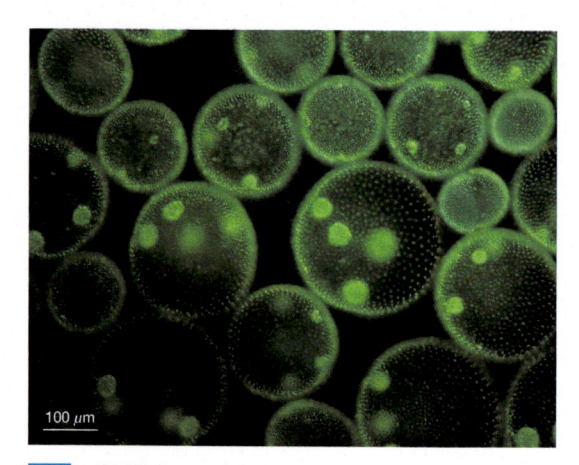

100 μm

図5　暗視野で見たボルボックス

かび上がってコントラストが強くなり，解像度が上がる（**図4**右）[9]。

　この観察法を用いれば，黒い背景に白い鞭毛が小刻みに動く様子や，また細胞やプレパラート中のゴミも基本的にすべて白く見えるため，それらの流れる様子から，それぞれの細胞の鞭毛運動によりどのような水流がボルボックスの周りに生じているかも観察しやすくなる（**図5**）。

⑶ ゴニウム・パンドリナなどとの比較観察

　筆者の場合，実際の授業ではボルボックスのみを観察させることは少なく，これは生物の進化や，

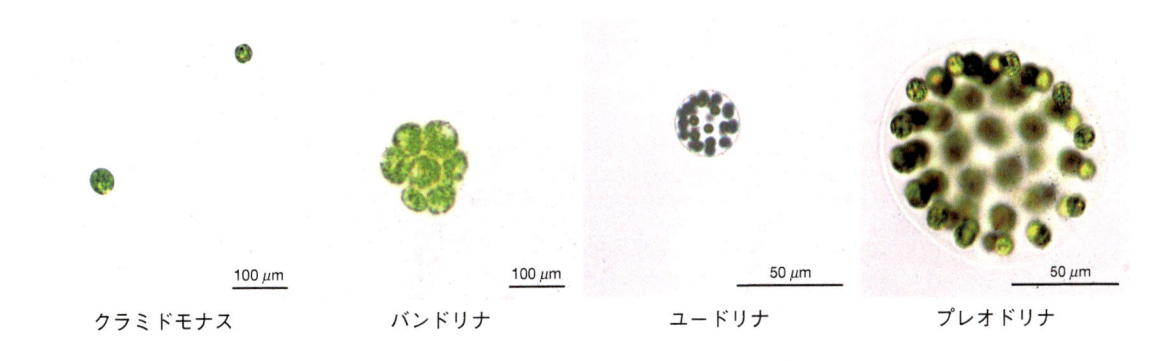

クラミドモナス	バンドリナ	ユードリナ	プレオドリナ
100 μm	100 μm	50 μm	50 μm

図6 比較観察をおこなう，ゴニウムやパンドリナなど

（写真提供：放送大学 半本秀博）

単細胞から多細胞化への道筋を理解するという点で，また，群体が大きくなるにつれて小細胞から大細胞への勾配ができ，生物としての「体軸」が見られ始めることを理解するきっかけとしても，非常に意義のある実験といえる（図6）[10]。このような比較させる観察から，生徒にはボルボックスの大きさの意味や鞭毛の存在，そして「ボルボックスは単細胞生物の集まりなのか，多細胞生物なのか」などについて，しっかりと考えさせたい。

色の**眼点**[*]を一つずつもっており，それらが外部からの光刺激を受容している。ボルボックスを構成する前後の細胞は大きさが違い，前方で大きく後方で小さい。これに伴い眼点の大きさも後方のほうが小さくなるため，光受容体の密度に差ができ，結果的にボルボックスは回転しながら光に向かって移動する[2)]。**液浸レンズ**[*]を用いた1,000倍の高倍率観察が可能ならば，眼点の観察に挑戦してみるのもおもしろい。

(4) ボルボックスの光走性の観察

ボルボックスは正の光走性を示す。メスピペットにボルボックスを含む培養液を10 mL程度入れ，部屋を暗くした状態で2〜3分待ち，そのあと横から150 W程度のライトで光を照射する（ただしフラッシュのような強い光だと「**光驚動反応**[*]」が起こり，ボルボックスの動きは停止する）。左右交互に光を照射し，照射後の秒数とボルボックスの移動のようす（距離）をピペットの目盛りから測定する（測定した時間と距離から，ボルボックスの移動速度を計測させてもよい）。鞭毛を使って泳ぐ藻類のほとんどは光の刺激を感知して行動する習性があるが[11)]，ミドリムシやクラミドモナスを用いるよりも，肉眼ですぐに行動の変化を確認できるという点でボルボックスは非常に扱いやすい（図8）。なお，ボルボックスは各細胞に橙

用語解説 Glossary

【光驚動反応】
生物が刺激に対して起こす急激な反応で，光強度を感じてそれまでおこなっていた運動を停止したり，逆方向に進路を変化させたりする一種のショック反応のこと。ボルボックスの場合，光に敏感な前方の細胞にある鞭毛が，動く向きを逆転させることで起こる。

【眼点】
原生生物や無脊椎動物がもつ，小型で構造の簡単な光受容器の総称。カロテノイドを含むため，赤色（またはオレンジ色）にみえる。眼点が直接光を感じるのではなく，光をさえぎることで，光の強弱や方向を感知している。ボルボックス属などでは葉緑体の中にある。

【液浸レンズ】
対物レンズとカバーガラスの間に，専用の液体（イマージョンオイルなど）を入れて観察する。空気より屈折率が高くなるため，対物レンズの性能が向上する。100倍以上の高倍率に対応した対物レンズのほとんどが，液浸レンズである。

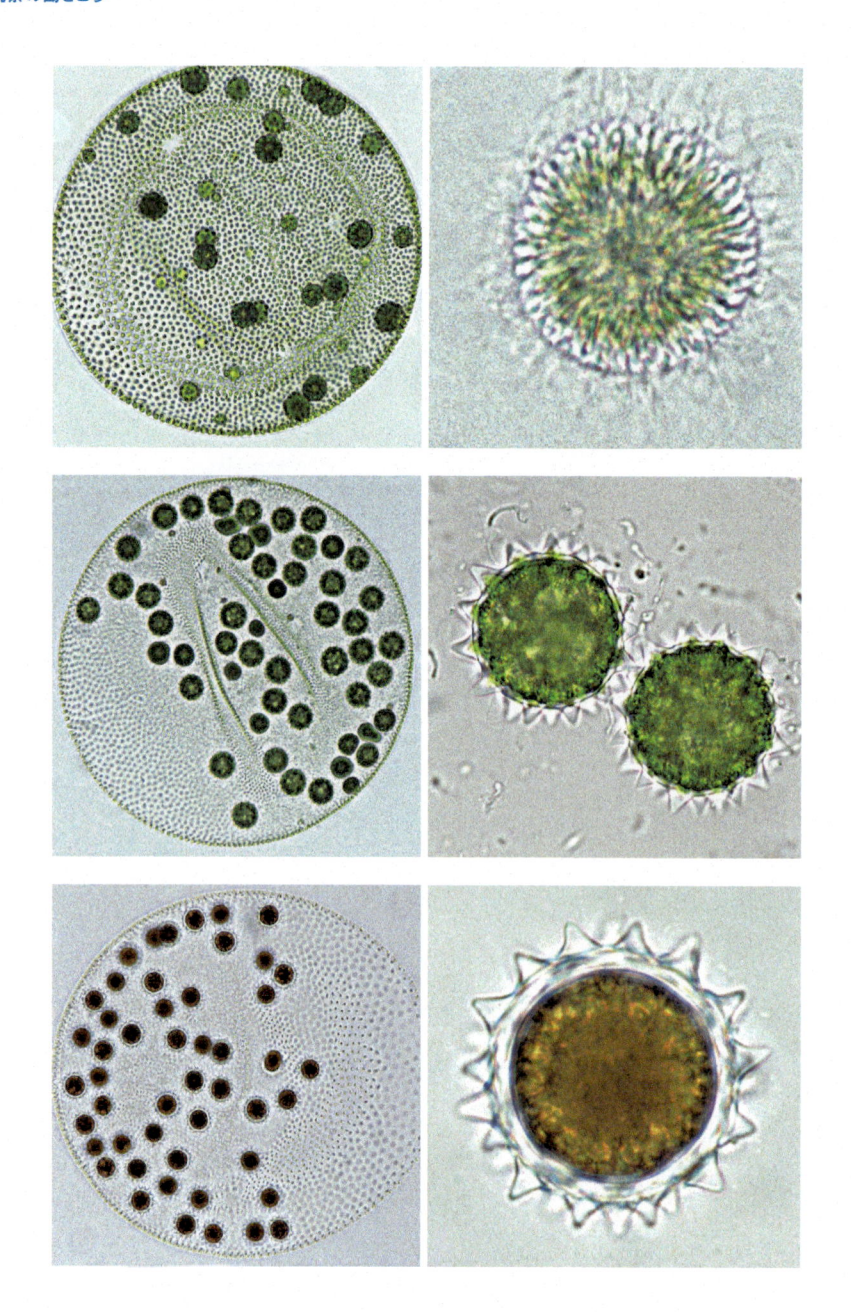

図7 ボルボックス（*Volvox carteri*）の精子束形成個体と精子束（上）・卵形成個体と形成過程の卵（中）・受精卵をもつ個体と受精卵（下）

〈発展的な実験〉

──ボルボックス（**V. globator**）の有性生殖と性誘起物質の抽出

　ボルボックスには無性生殖群体と有性生殖群体がいることが知られている。Kochi, S.（高知滋, 1991）はこの無性生殖群体から有性化した次世代を取り出し，その後の有性生殖群体から性誘起物質（sex-inducing substance, 以下，SIS）の抽出およびその生理活性について，詳しく報告した[12]。その研究をもとに生徒実験としてもこのSISを用い，人為的有性化を探求型の授業として行った。また，SISを埼玉高生研一部メンバーにも配布し

図8　正の走光性を肉眼で観察

た。さらに探求すべき点は多く，深みのある課題となるだろう。

　ボルボックス属の中でも *Volvox carteri* などでは，生殖細胞は完全に生殖のために特殊化しており，卵と精子による有性生殖をおこなう。同一クローンから生まれた雄が作り出した精子は**精子束**[*]となって泳ぎだし，他方で別のクローンの雌が作った卵に出会うとばらばらになって受精する。受精後にできる接合子は厚い壁をつくり，黄色〜橙色になるため，有性生殖をしたボルボックスは，他のボルボックスと容易に区別がつく。このような有性生殖期のボルボックスや精子束を，無性生殖群体と比較させながら生徒に観察させるのもよいだろう。有性生殖群体は普通の二相培地での培養で得ることができるが，黄から橙色の接合子になるまで，見馴れないと気づきにくい。

　なお有性生殖後，ボルボックス自体は死んでしまうが，受精してできた接合子は乾燥などにも強く，水底に沈んだまま再び環境が生育に適した状態になるまで休眠することで，次世代に遺伝子をつないでいる。このとき，二相培地ではなく**VT培地**[*13)]のうち，Glycyl glycine を HEPES に変えた培地を用いるとよい。VT培地培養瓶の底にろ

紙を敷いておけば，接合子が付着し色づく。これを乾燥させて冷蔵庫で保存すれば，随時接合子からの発生も観察できる。

＊　　＊　　＊

ここまで，ボルボックスを用いたいくつかの教育実践と，発展的課題について紹介させていただいた。次の項では，筆者を含む埼玉県の教員が，長年にわたり受け継ぎ，研究してきたボルボックスの簡易的な培養法について紹介する。

（文責：黒澤 望）

⑤ 藻類ボルボックス属の簡易培養法

教材生物研究委員会で受け継いできたことをもとに，さらに簡略化した培養法を紹介する。高校だけではなく，小・中学校でも可能な方法であると考えられる。また各地でボルボックス属の培養を実践されている方々は，それぞれ工夫された独特な培養法を実践されていると聞く。ぜひこの機会にご指摘，ご指導をいただきたい。

ボルボックスの培養には植物が成長，増殖する養分が必要である。

図9　簡易培養比較

左から順に赤玉土・ハイポネックス，焼き赤玉土・ハイポネックス，赤玉土・マグァンプ，焼き赤玉土・マグァンプをそれぞれに赤玉土10gと大理石1粒そして60 mlの1,000倍希釈ハイポネックス液，または60 mlの水にマグァンプ2粒をガラス容器に入れる。

培地の主養分として，窒素，リン酸，カリウム，硫黄，マグネシウム，カルシウム，炭素，そして微量元素として鉄，マンガン，ホウ素，亜鉛，銅，モリブデン，コバルト，塩素，ナトリウム，ビタミンが必要とされる。「簡易培養方法」を3種類紹介し，それらの比較とともに，比較した際のコツやポイントを紹介する。

(1) 二相培地による培養

二相培地とは，土と液体を用いた自然環境に近い状態での培養法である（図9）。

〈培地作成のための素材〉

赤玉土（焼き赤玉土）・大理石・ハイポネックス・（マグァンプK）・瓶・アルミホイル

① 高圧滅菌に耐えられる瓶や試験管を用意する。培養用のメジューム瓶（200 ml 790円ぐらい）というものもあるが，滅菌に耐えられれば，ねじ蓋付きの試験管やジャムの空き瓶，コーヒーの空き瓶（透明）で十分である。ただ，雑菌の混入等を防ぐには空気に触れる可能性のある口の部分は小さい方が望ましい。瓶はよく洗っておく。

② 赤玉土を崩さないように注意してよく洗う。この水洗は数回おこなう。水道水でよい。ただし，濾過水やイオン交換水があれば土に浸み込む最初と最後の水洗はこれを用いるのがよい。赤玉土の良し悪しが培養の成否に大きくかかわる。産地によってはうまくいかないこともあるようである。水で洗う手間を簡略化するためにやや高価だが焼き赤玉土は使い勝手がよい。増殖には時間がかかる。ただ，ボルボックスやミドリムシではあまり問題は見られないが，ゴニウム等では焼き赤玉土でない方が経験上，培養が容易であると感じている。濁りがなくなるまで良く洗った赤玉土を瓶に入れ，小豆粒位の大理石または石灰石の破片を1粒入れる。pH調整等で緩衝作用があるため，水質が安定する。

③ 次に市販の液肥ハイポネックス（ハイポネックスジャパン）を1,000倍に薄めて入れる。薄める水はイオン交換水か濾過水がよい。液肥の代わりに固形のマグァンプKを入れることでも簡易培養ができる。ただ，焼き赤玉土を使用される際はお勧めできない。焼き赤玉土からの微量元素の溶液中への供給が遅いためであると考えられる。

④ 瓶蓋をする。ふたとしてアルミホイルを用いる場合は二重にしっかりと口を覆う。瓶蓋は強く締めすぎると減圧で蓋が開かなくなるので注意する。この状態で培養液が入った瓶ごと高圧滅菌をする。オートクレーブがあれば121℃，1.2気圧で20分蒸気滅菌する。このときに，植え継ぐためのピペットもアルミホイルに包み滅菌する。今では滅菌されたプラスチックスポイトも安価であり，そちらを使われるのも良いかと思う。また，オートクレーブがない場合は圧力鍋で30分，普通の鍋で30分×2回程グツグツ煮ても滅菌はできる。その際はガラス容器内に水が入らないよう注意が必要である。

⑵ 合成培地（各種試薬による）培養法

培養に必要な成分を配合して滅菌し使う培地である。増殖は速く，また土を使わないため接合子などを採る時には便利である。

市村[13]（1972）の示したVT培地がボルボックスの培養に適している。筆者は小川なみ[14]（1995）の実践を参考に試みてきた。Kochi, S.（高知滋，1991）は，ほとんど二相培地を用いず，長年VT培地（Glycyl glycineをHEPESに変えた）で培養をおこなっていた。VT培地では，性誘起物質の抽出や効力を確かめるのに大変適していることを示している。

以下の必要な薬品を入れて二相培地同様滅菌する。三角フラスコ等も適している。VT培地（ボルボックス・クンショウモなどに適す）。それぞれ微量な薬品量なため1,000倍で作り使うときに

表2 培養に適していた市販水3種と組成

市販水	ヴォルビック	エビアン	南アルプス天然水
原産地	フランス	フランス	日本
pH	7.0	7.2	約7
加熱処理	なし	なし	あり
エネルギー	0 kcal	0 kcal	0 kcal
Na	1.16 mg	0.7 mg	0.4〜1.0 mg
Ca	1.15 mg	8.0 mg	0.6〜1.5 mg
Mg	0.80 mg	2.6 mg	0.1〜0.3 mg
K	0.62 mg	表記無	0.1〜0.5 mg

図10 天然水ボルヴィックでの培養例

エビアン，南アルプス天然水でも同様の結果が得られた（矢印部にボルボックスが密集している）。

薄めて使用するとよい。残りは冷蔵庫で保存すると腐敗が防げる。

⑶ 究極の天然水を用いた培養

上記の二つの培養法はいずれも滅菌をしなければならないが，市販の天然水を用いることで滅菌操作なしで培養することも可能である（図10）。ヨーロッパ産の天然水の基準は，次のようである。

「特定の水源より採水された地下水の内，地下でのミネラルが自然に溶け出た物。人体の健康に有益なミネラルを一定保持し，ミネラルバランス

図11　実験室の片隅に白い発泡スチロール箱内に入れて，明るい窓辺の近くで培養

図12　培養コンディションを簡易に見分ける

左矢印部分上部に比較的多い（コンディションが良い），右矢印部分下部に比較的多い（コンディションが悪くなっている）。

が良い殺菌処理は一切おこなってはいけない。また，地下の水源から空気に触れることなくボトリングされていること。」

　日本では，多くの場合は沈殿・過熱・濾過殺菌がなされている。二相培地では，赤玉土を入れることで土から各種ミネラルが溶け出して培養液中にゆっくり供給する。しかし，水耕栽培等で使われる微粉ハイポネックス（ハイポネックスジャパン）を用いても，同様の養分を供給できる（天然水500 mlに0.5 g微粉ハイポネックス，また液肥ハイポネックスなら0.5 mlでも代用可）。筆者の経験から良好な結果が得られているのは，市販の天然水ではボルヴィック・エビアン・南アルプス天然水であるが，ほかの天然水でも可能なものはある。

　培養環境について若干補足する。藻類なので，ボルボックス属の培養では，温度管理だけでなく，適当な光量が必要になる。直射日光の当たらない窓辺で，擦りガラスがあればさらに良い環境である。最低3,000〜10,000ルクス位の光量が日中必要である。筆者の勤務校は，人工気象器もあるが，上部ライトのみのため光量が足りず横から光

源装置で光を当てている。

　人工気象器がなくても培養は可能である。窓辺で発泡スチロールに入れた物でも増殖率は高い（**図11**）。ただ夏場はエアコンのある部屋への移動が好ましい。

　人工気象器では22℃前後の場合，植え継ぎ目安は季節によって違うが夏場で3週間以内，冬場で2ヶ月位である。長く維持していくためには，元気なものを植え継ぐことが大事である。日中水面近くにいるか上下に動いているものを植え継ぐ。培養器中の下に沈んでいるものは要注意である（**図12**）。なお，ボルボックスとの比較観察実験の例として取り上げたクラミドモナス，ゴニウム，ユードリナ，プレオドリナも，二相培地法で同様に培養することが可能である。

　おわりに，生きた教材を生徒の身近に置き，自然に触れる楽しさを感じ理科好きな子供たちの増えることを願っている。

（文責：韮塚 弘美）

［謝 辞］

今回この原稿を書くにあたり故・高知滋先生から受け継いだ資料を使わせていただきました。また，半本秀博先生，小川なみ

先生をはじめ，多くの方々からご指導いただき，その手法を受け継ぐことで，さらに工夫もできました。川越女子高校主任実習教員 持田睦美先生には，校閲をしていただきました。ここに感謝申し上げます。

［文 献］

1) 小川なみ. 植物プランクトン 白幡沼の浮遊性藻類 種類と量の変化を調べる74–88 (悠光堂, 2017).

2) 井上勲. 藻類30億年の自然史 藻類から見る生物進化・地球・環境 第2版133–142 (東海大学出版会, 2006).

3) 西井一郎. ボルボックスで探る多細胞生物への進化 RIKEN NEWS No.310 April 2007 5–7.

4) 米澤義彦, 半本秀博. 会員の広場 オオヒゲマワリは細胞群体か 生物教育 **41-1**, 21–24 (2000).

5) スコット F. ギルバート；塩川光一郎・深町博史・東中川徹 訳 発生生物学―分子から形態進化まで―上巻 21 (トッパン, 1991).

6) 世界最小の多細胞生物の発掘―4細胞で2億年間ハッピーな生きた化石 "しあわせ藻"―〈https://www.s.u-tokyo.ac.jp/ja/press/2013/47.html〉.

7) 日本プランクトン学会監修. 見ながら学習 調べてなっとく ずかん プランクトン 24–25 (技術評論社, 2011).

8) 山岸高旺. 淡水藻類入門 淡水藻類の形質・種類・観察と研究 187–199 (内田老鶴圃, 1999).

9) 山村紳一郎. 顕微鏡で見るミクロの世界 48–51, 128–129 (誠文堂新光社, 2012).

10) 滋賀県琵琶湖環境科学研究センター, 一瀬諭, 若林徹哉. 普及版やさしい日本の淡水プランクトン 図解ハンドブック 40–46 (合同出版, 2007).

11) 有賀祐勝, 井上勲, 田中次郎, 横濱康繼, 吉田忠生. 藻類学実験・実習60–61, 100–101 (講談社, 2000).

12) Kochi, S. *Jpn. J. Phycol.* **39**, 49–54 (1991).

13) 市村輝宣. 生物の科学 遺伝 **26**(2), 73–75 (1972).

14) 小川なみ. 生物課題実験マニュアル 教材生物研究グループ編 123–143 (1995).

黒澤 望 *Nozomu Kurosawa*

埼玉県立川口高等学校 教諭

大学では主に生態学を学び，卒業後は2007年度より理科の実習教員として埼玉県内の高校に勤務。実験・観察の技術習得に尽力。その後，2013年度に教諭となる。専門は生物。多くの生物を飼育しながら，生徒が主体的に学ぶための方策を日々模索している。

韮塚 弘美 *Hiromi Niraduka*

埼玉県立熊谷高等学校 主任実習教員

埼玉県高等学校生物研究会 教材生物研究委員。

【Column】

ボルボックスは小学生児童も目を輝かせる絶好の教材!!

坪山 敦子 *Atsuko Tsuboyama*

調布市立調和小学校 教諭

① ボルボックスとの出会い

20数年前，杉並の科学センターで培養されたボルボックスを分けていただいた。丸い体の中にさらに小さな緑色の丸い細胞が2，3個あって，くるくると回る姿がかわいらしく，子供たちも大喜びで観察をした。その際，区の理科研究部の先輩から「ボルボックスにはボルヴィック」という言葉を教わった。

② 培養の試みと失敗

しかし，培養は私の技能や使える設備では不可能と考えていた。杉並の科学センターが閉館してからは半本氏（『生物の科学 遺伝』編集委員）より分譲さ

図1　職員室南側の窓辺で培養
ただし直射日光は避ける。

れたものを子供たちに見せていた。杉並時代の教えの通りボルヴィックに移植したが，数日後に姿がみえなくなった。

その後，退職した先輩教員に田の水を採取させてもらった。採取した水を見て，つい大歓声を挙げてしまった。無数の緑色の丸い生物，ボルボックスが浮遊している様子が肉眼でもよく分かった。子供たちもボルボックスや他のプランクトンを顕微鏡で観察することができた。このボルボックスを培養しようとしたが，やはり数週間で絶えてしまった。

③ 簡易にできるようになったボルボックス培養と授業での利用

再び譲り受け，「ボルボックス属の観察と簡易培養・人工培地による利用」（『生物の科学 遺伝』2018 No.3）を参考に培養を再開した。

ボルヴィックにハイポネックスを数滴入れ，蓋を緩く閉めたペットボトルで入れておくことにした。しばらくは理科室に置いていたが，西向きで日当たりが良くなかったため，南向きの大きな窓のある職員室に場所を移動した。さらに，今まではペットボトルにボルボックスをピペットを使って移植していた。しかし，直接，新しく封を切ったボルヴィックのボトルの水を少量捨てて培地ごと移す方法に変更した。すると，みるみる数が増え，多い時には500 mlボトルで4，5本まで増えた。調布市の理科研究会で配布することもできた。

夏休みには自宅に持ち帰らず，そのまま様子を見た。閉庁日は空調も切れ，室内の温度上昇により培養は途絶えるかと考えた。しかし，ボルボックスは十数匹も残っていた（室内の温度は計測していない）。10月には培養ボトル2，3本にまで増えていた。

ボルボックスの観察は児童にとても人気がある。何より美しい，優雅に動き回る，かわいい。子供たちの感想のとおりである。昔はあちこちの水田に見られたらしいが，なぜ見られなくなってきたのだろうか。疑問は残るが，何気なく見る自然界の野や水田の水にも生き物ワールドがあることに気付いてほしいと思っている。冬の様子は経過観察中である。

ボルボックスのことではないが，数年前に勤務校の観察池が改修され，水道水が循環するようになった。その結果，観察池から大量に採取できていたミジンコなどのプランクトンは姿を消した。うまくいけば当たり前の培養も，実は微妙なバランスの上に成り立っているのだなあと感じている。

追記：（同年3月20日）越冬を危ぶんでいたが，室温放置のママ，無事，復活増殖を始めている。

図2 培養ボトル中に目視できる

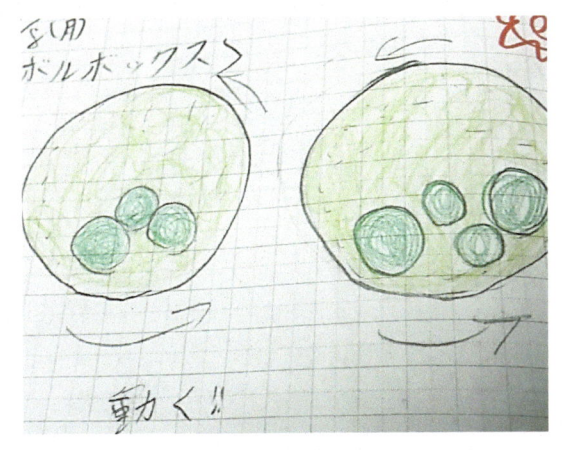

図3 児童（小学5年生）のスケッチ

【ボルヴィック以外のミネラルウォーターでの飼育レポート in 九州】

監修者が飼育繁殖させたボルボックスは，全国の先生方にお分けして実験に使っていただいている。九州では，熊本大学大学院教育学研究科・渡邉重義教授がボルボックスを培養され，熊本県・福岡県の学校に配布され，利用に供されている。

地域ごとのミネラルウォーターは使えるのか，渡邉教授にお伺いしたところ，ドラックストアーで販売している「on365 豊かな大地の恵みの天然水」を利用していると教えていただいた。また配布した学校では，さまざまな市販のミネラルウォーターで培養されているとのこと。ミネラルウォーター500 mLに対してハイポネックスの量はほとんど目分量で，半滴～1滴，植え継も様子しだいで放置している。気温が下がる冬季についてはまだよくわからないが，それ以外は室温でも大丈夫のようだ。学生実験では夏場にいったんいなくなった容器から復活したケースもあった（直射日光のあたらない窓際に置いていた），というお話だった。一方，25℃の恒温器内でも培養されている（編集委員）。

★渡邉教授のメインの研究テーマは，理科教育の教材研究，教材開発，カリキュラム研究，授業研究などで，維管束観察の教材，シダ植物の受精の教材化，動物園で学ぶための教材開発などを進めておられます。

【細胞】

単細胞緑藻 ヘマトコッカスを使った生物の環境応答を理解するための生徒実験

——緑色から赤色へ–休眠胞子形成を引き起こす環境条件を探る

三堀 春香 *Haruka Mitsuhori*

東京都立大江戸高等学校 教諭

生物はその形態や機能を複雑な環境の変化に順応させながら生存している。生物の環境応答については現行の高校「生物」で扱われているが，簡易に実施できる実験例は少ない。単細胞生物の緑藻「ヘマトコッカス」は，環境応答の様子を色や形，動きの変化から観察できる。ここでは，その実践をもとに基本的な観察方法や探求のポイントについて紹介する。

1 はじめに

　緑藻*のヘマトコッカスは「クラミドモナス」に近縁の2本の鞭毛を持つ単細胞生物である。ヘマトコッカスの特徴のひとつは，生育環境の変化に応答して細胞の色や形を短期間で変えることである。ヘマトコッカスは生育に適した条件下では緑色で運動性を持っている。この状態を栄養細胞とよぶ。高温，強光，乾燥などのストレスを受けると，短期間で細胞質に赤色のカロテノイドであるアスタキサンチンを多量に蓄積し，やがて運動性がなくなり**休眠胞子（シスト）***となる（**図1**）[1][2]。たとえば**光量子束密度***400 μmol m^{-2}s^{-1} の強光照射下では，40時間で休眠胞子を形成する[1]。この休眠胞子形成は，水中の栄養塩，特にアンモニ

ア態窒素やリン酸態リンなどが欠乏したときにも見られる[3][4]。休眠胞子はアスタキサンチンを多量に蓄積しているため鮮やかな赤色を呈しており，栄養細胞よりも細胞直径が大きいことが多い。この休眠胞子は，生育に適した条件に置かれると，

> **用語解説 *Glossary***
>
> 【緑藻（緑色藻）】
> 緑色植物のうち陸上植物を除いたものの総称。
>
> 【光量子束密度（photon flux density）】
> 光強度の指標の一つ。単位時間に単位面積を通過する光量子の数。PFDと略記される。
>
> 【休眠胞子（シスト）】
> 細胞質中に厚い細胞壁を形成し，耐寒性（ヘマトコッカスの場合は高温耐性）・耐乾性が強く不良環境を過ごす胞子。

短期間で緑色を呈し運動性を回復する。

　以上のような特徴を持つため，ヘマトコッカスが生育環境の変化に応答し，栄養細胞から休眠胞子にあるいは休眠胞子から栄養細胞に移行することを，細胞の色の変化を指標として容易に観察することができる。また，市販されている液体ハイポネックスなどを用いて簡単に培養することができるため，ヘマトコッカスは生物の環境応答についての学習に適した興味深い生物である。

② 材料の入手と学校での培養方法

材料の入手

　ヘマトコッカスは淡水生態系に生息する。特に，河岸の岩盤のくぼみや墓石の花立ての孔など，一時的な浅い水溜りに発生することが多い。ただし，野外から採集し単離する手間を考えると，研究所などで培養しているヘマトコッカスの株を入手する方が手軽であろう[注1]。

学校での保存培養の方法

　学校での培養には，ハイポネックス培地を用いるのがよい。ハイポネックス培地とは，植物に養分（栄養）を与えるための液体として市販されているハイポネックス（窒素：カリウム：リン＝6：10：5，ハイポネックスジャパン）の原液を蒸留水で2,000倍に希釈し，滅菌したものである。これは液体の培地だが，これに寒天を加えた寒天培地で培養することも可能である。

　ハイポネックス培地をおよそ150 mL入れ，シリコン栓（スポンジタイプ）をした300 mL三角フラスコと駒込ピペット（2本以上）をアルミホイルでしっかりと包み滅菌する。滅菌にはオート

注1）国立環境研究所のNIES collection微生物系統保存施設から入手できる。この施設は，さまざまな微生物を保存しており，研究および教育用に頒布している。入手手続きなどは下記のウェブサイトを参照されたい。
http://mcc.nies.go.jp/

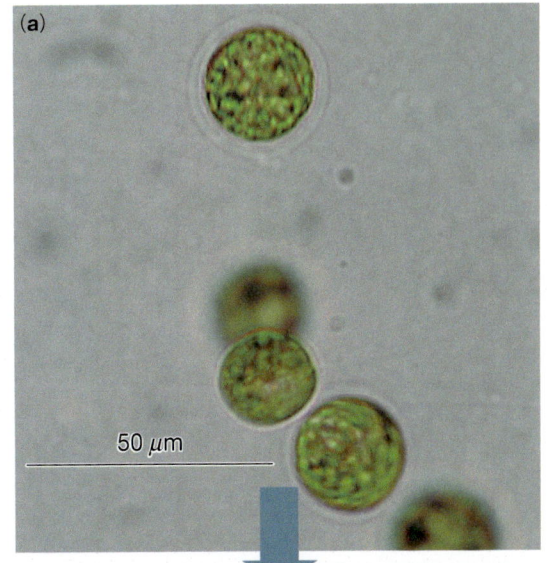
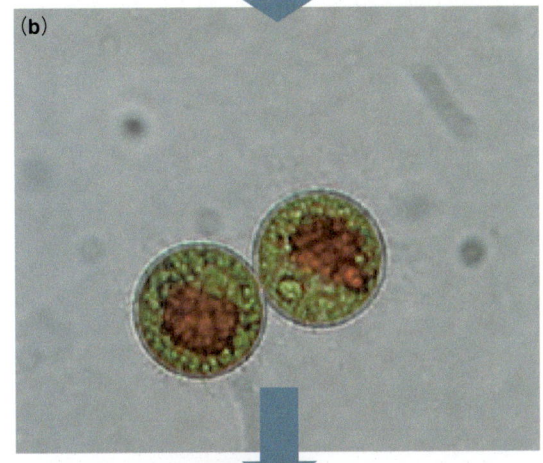
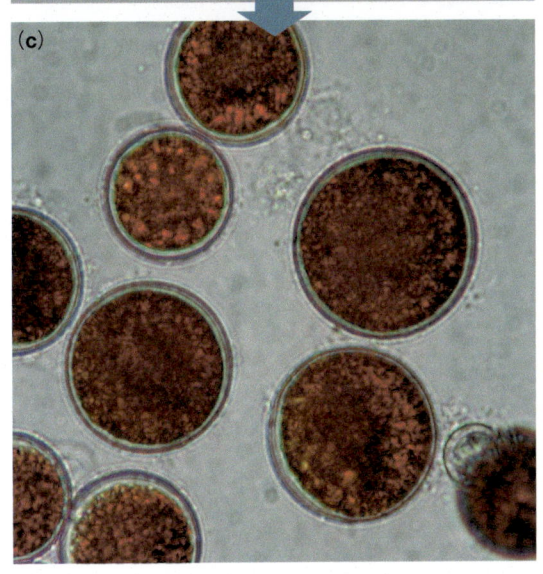

図1　ヘマトコッカスの休眠胞子形成の様子

（a）栄養細胞，（b）アスタキサンチンを蓄積し始めた細胞，（c）休眠胞子

［写真（a）と（c）は阿部晃一撮影］

クレーブ（高圧滅菌器）または滅菌用圧力鍋を使い，120℃以上の温度を20分保つ。駒込ピペットは紙に包んで電子レンジで5〜10分滅菌してもよい。

　滅菌した駒込ピペットでヘマトコッカス**培養懸濁液***を1 mL 取り，ハイポネックス培地の入った滅菌済みの三角フラスコに加える。それを日当たりのよい窓辺に置く。温度が20℃〜35℃の間であればヘマトコッカスは生育できる。通気（エアレーション）をおこなった方がより速く増殖するが，通気なしでも培養は可能である。通気なしの場合は，培養液面の表面積が小さいと培養液に溶け込む気体の量が減りよく生育しないことがあるので，三角フラスコに入れるハイポネックス培地を少なめにする。

　培養懸濁液の色が赤みがかってきたら，栄養塩が枯渇してきた合図なので，新しい培地に植え継ぐ。そのまま放置しておいても，ヘマトコッカスが死んでしまう可能性は低く，細胞が赤色に変化し休眠状態に入ることが多い。しかし，休眠状態に入ってから2週間以上そのままにしておくと，ふたたび栄養細胞に戻すためには新しい培地に移してから2〜3週間かかる。そのため，細胞が完全に休眠してしまう前に培養懸濁液の一部を植え継ぎ，常に緑色の栄養細胞を維持しておくほうがよい。

③ 生物の環境応答を理解するための生徒実験

　この実験では，「ヘマトコッカスは異なる培養条件に置かれた場合，生育にどのような違いがみられるか」を調べることを通して，「ヘマトコッカ

スが生育条件の悪化に応答して，運動性を持った緑色の栄養細胞から運動性を持たない赤色の休眠胞子に変わること」などを生徒たちに学習させる。

　設定する培養条件のうち，比較的容易に実施できるものは次のようなものである。

- 温度：異なる温度（たとえば25℃と5℃）の培養庫内に置く
- 光：日当たりの良い窓辺に置く／戸棚の中などの暗所に置く
- 養分：新しいハイポネックス培地に植え継ぐ／蒸留水に植え継ぐ

【予備培養】

　実験に用いるヘマトコッカスの栄養細胞を得るために，上記のようにハイポネックス培地で培養をおこなう。筆者の予備培養の条件は，以下のとおりである。

光強度（光量子束密度）$140 \pm 5 \; \mu\mathrm{mol} \; \mathrm{m}^{-2}\mathrm{s}^{-1}$，
明暗の周期　14時間：10時間，
温度　25℃，通気。

　10日間ほど培養して培養懸濁液の緑色が明瞭になったら[注2]，実験に用いることができる。

【生徒実験】

① ハイポネックス培地50 mLを入れた滅菌済みの300 mL三角フラスコに，予備培養で得たヘマトコッカス培養懸濁液およそ5 mLを加える。

② ①を緩やかに撹拌してから駒込ピペットで取り，50 mLの三角フラスコ5〜10個に分ける。10個に分けると，1フラスコあたりの培

注2）細胞の密度としては，1 mLあたり6万〜10万個 程度。

注3）細胞密度は血球計算盤や細胞計数盤を使って確認する方法があるが，時間がかかるため②で三角フラスコに分ける際に細胞懸濁液をよく撹拌し，駒込ピペットで取り分ける量を均一にする。

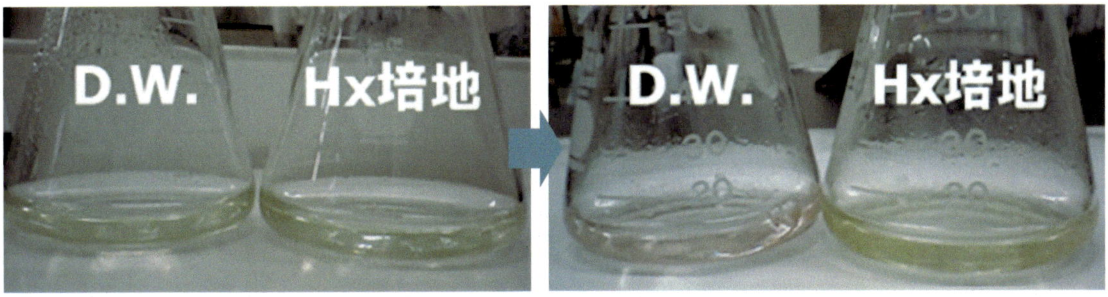

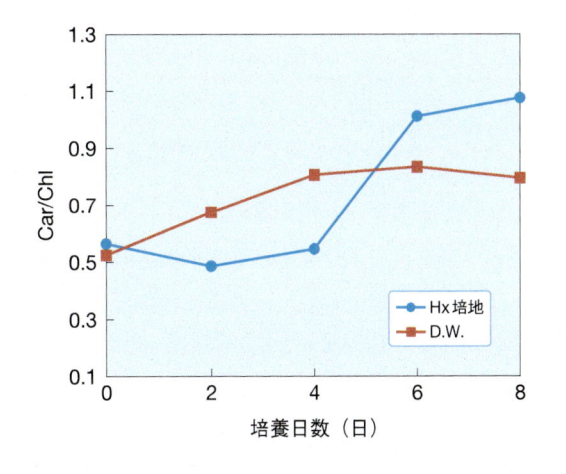

図2　蒸留水培地（D.W.）**とハイポネックス培地**（Hx培地）**での培養懸濁液の色の変化**

植え継ぎ直後（左）と培養4日目（右）の様子。

養懸濁液の量はおよそ5 mLなのでほんの少量に感じるかもしれないが，細胞の色の変化を調べることは十分可能である。この時，すべてのフラスコで細胞の密度[注3]が等しくなるように注意する。

③　②の三角フラスコを日当たりの良い窓辺などに置き，予備培養とほぼ同様の条件（ただし通気はおこなわず静置培養）で培養する。これが対照実験となる。ここで，班ごとに培養条件のうち一つの項目だけを，2通り（たとえば25℃と5℃などに）設定して培養する。

④　このように2通りの条件で培養し，数日〜1週間後にヘマトコッカスの生育におよぼす影響の違いを比較する。
- 細胞の色が変化するのにかかる時間が異なるか
- 休眠した細胞や死んでしまった細胞があるか
- 細胞数に違いがあるか

④ 結果の例

ここでは，培養条件のうち養分について筆者が得た実験結果を例示する。筆者はハイポネックス培地に植え継いだ場合と，蒸留水培地に植え継いだ場合の2通りで実験をおこなった。

植え継ぎ後2日目にはどちらの培地でも細胞数が増加していた。その後，培養懸濁液の色が蒸留

図3　培養懸濁液中のクロロフィル量に対するカロテノイド量の割合（Car/Chl）　n＝5

水培地では4日目に赤く変化したことが目視で確認できた（**図2**）。いっぽう，ハイポネックス培地では6日目にようやく薄赤く変化した。つまり，蒸留水培地では，ハイポネックス培地よりも早く栄養塩が枯渇するので，ヘマトコッカスはより早く赤色に変化したのである。分光光度計を用いて色素の量を測定すると，クロロフィル量に対するカロテノイド量の割合が蒸留水培地においてハイポネックス培地よりも早く高くなった（**図3**）。これは目視での観察結果が，クロロフィル量とカロテノイド量の割合の変化を反映していることを示している。生徒実験においては，栄養塩の枯渇によってヘマトコッカスがカロテノイドを蓄積して

いくことを目視での観察だけでも十分確認させることができるであろう。

顕微鏡観察をおこなうと，蒸留水培地では培養2〜4日目，ハイポネックス培地では培養4〜6日目に，緑色の細胞や赤色の細胞，中間的な色の細胞が見えた。また，栄養細胞から休眠胞子への変化の途中と思われる，細胞の辺縁部が緑色で中心部が赤色の細胞も観察できた [**図1**(b)]。さらに2日ほど経過するとほとんどが運動性のない赤色の休眠胞子になったことが観察できた。中には死んで無色になった個体を見つけることもあった。

 ### ⑤ まとめ

例示した結果より，栄養塩の枯渇した環境では，ヘマトコッカスはカロテノイドを貯めこみ休眠胞子となることがわかる。ハイポネックス培地においても数日後にその養分を使い切ると蒸留水培地で起きた変化と同じ変化が観察できる。このようにして，どのような環境の変化がヘマトコッカスの休眠を引き起こすかを調べることができる。

また，上述の実験とは逆の観点で，赤色の休眠

表1 埼玉県立大宮高等学校SSH設定授業での実践例 (2007年)

第1週	講義	藻類について紹介	
第2週	実験	ヘマトコッカスの特徴，実験の概要を説明 顕微鏡観察，培養条件設定，培養実験開始	
第3週	実験	途中経過	培養懸濁液の色の観察
第4週	実験	結果	細胞の顕微鏡観察

表2 生徒が考えた休眠を引き起こす要因
(4クラス・160名分の集計　複数回答あり)

要因	回答数	要因	回答数
温度	61	重金属	10
二酸化炭素濃度	54	pH	1
塩分濃度	20	乾燥	2
養分	10	水質　その他	3
紫外線	10		

胞子が緑色の栄養細胞に変化する環境条件を探る実験[7]も実施できる。

実験結果は培養懸濁液の色が赤か緑かというシンプルなものだが，考察を生徒が (班や学級全体などで) おこなうことで，ヘマトコッカスの環境応答についてじっくりと考えながら学ぶことができる。

 ### ⑥ 高校「生物」での授業実践

実践の具体例を，4週 (各週1回) にわたり授業時間内にヘマトコッカスを用いた環境応答の学習をおこなった経験をもとに解説する (**表1**)。

生徒実験の目的を，「ヘマトコッカスの休眠を引き起こす要因を調べること」とし，その要因を班ごとに自由に考えさせた。生徒は栄養塩の有無以外にもさまざまな要因を考え (**表2**) それに基づいて培養条件を設定した。しかし実施に当たっては，設備や準備の容易さなどを考慮し，培養条件を温度 (5℃と35℃)，塩分濃度 (0%，2%，4%，6%)，養分 (栄養塩の有無)，紫外線照射の有無，培養液のpH (5と9)，明暗に絞った。それらの生徒実験の結果については文献5) に記載されている。最終回の授業ではすべての班の結果を黒板に書き並べ考察をおこなった。

生徒実験の結果，温度，養分，明暗について，培養条件の違いによりヘマトコッカスの細胞の色の変化に顕著な違いがみられた。温度，養分，明暗などは準備に時間がかからず，通常の高校の設備で実践しやすい条件であろう。

⑦ 発展的課題

ヘマトコッカスが休眠胞子を形成する際に蓄積する赤色の色素，アスタキサンチンには抗酸化作用があることが知られている。強光や高温による酸化ストレスから身を守るため，または栄養塩の

枯渇した環境に耐えるために，アスタキサンチンがどのように作用しているかを探ることも，さらなる学習へとつながる。

発展的な生徒実験としては，どのような環境条件がより多くの（より速い）アスタキサンチンの蓄積を引き起こすかを調べたり，薄層クロマトグラフィーを用いて細胞中の色素の種類を調べたりすることもできる。

⑧ おわりに

今回紹介したように，ヘマトコッカスが生育環境の変化に応答する様子は4日から2週間程の実験で知ることができる。2，3週連続して授業で扱うか，クラブ活動などで探究的な活動として取り組む実験に適している。目視で培養懸濁液の色の変化を観察するだけでも環境応答を確認できるが，顕微鏡観察をするとさらに学習が深まるだろう。

ヘマトコッカスは，生物の環境応答というテーマだけでなく，光合成色素や藻類についての探究活動などさまざまなテーマに使える教材といえるが，この教材を用いる際に一番の課題となるのは，十分な量のヘマトコッカス細胞を確保できるかということである。複数クラスで実施する際などには生徒実験に必要な量の細胞懸濁液を得るために，予備培養が必要となる。ピペットを使っての植え継ぎ作業の回数が増えるため，空気中の細菌などが混入しないよう慎重に無菌操作をおこなう必要がある。ただし，無菌箱などの装置がない場合にも，消毒用のエタノールで手指を消毒しガスバーナーで上昇気流を作ることで，ほぼ無菌的に作業を進めることができる。

なお，生徒実験で顕微鏡観察をおこなう際には，赤緑色覚異常に関して配慮が必要となる。ただし赤色と緑色を見分けにくい場合にも，細胞の形や大きさで栄養細胞と休眠胞子を見分けることは可能である。休眠胞子の方がより大きく，細胞の辺縁部まで色素が詰まっているように見える〔（図

1(c)〕。また，運動性を持っている細胞を見つけることができればそれは緑色の栄養細胞であると推測できるであろう。

また，赤色のカロテノイドと緑色のクロロフィルが重なって褐色に見えることもあり，何色に見えるか？　という問いに対する生徒の回答は，赤，茶色，黄緑色などさまざまである。目視による培養懸濁液の色の表現には，「赤色」「薄赤色」「薄緑色」「緑色」の4種類を用いるなど指定すると考察がしやすい。

［謝辞］

本原稿は，筆者の修士論文をもとにしたものである。修士課程での指導教員であった片山舒康東京学芸大学名誉教授には，今回も原稿に目を通していただいた。記して感謝申し上げる。

［文献］

1) Fan, L., Vonshak, A. & Boussiba, S. *Journal of Phycology* **30**, 829–833 (1994).

2) 渡辺信. 藻類の生活史集成 第1巻 緑色藻類 pp.14–15 (内田老鶴圃, 1994).

3) Boussiba, S. & Vonshak, A. *Plant Cell Physiology* **32**, 1077–1082 (1991).

4) Fabregas, J., Dominguez, A., Alvarez, D. G., Lamella, T. & Otero, A. *Biotechnology letters* **20**, 623–626 (1998).

5) 埼玉県立大宮高等学校. 平成17年度指定スーパーサイエンスハイスクール研究開発実施報告書・第3年次 32–36 (埼玉県立大宮高等学校, 2008).

6) 松本春香. ヘマトコッカス. 課題実験マニュアル 改訂版 (教材生物研究グループ・編) pp.135–141 (東京書籍, 2011).

7) Katayama, N. & Abe, K. *Asian Journal of Biology Education* **4**, 53–54 (2010).

三堀 春香 *Haruka Mitsuhori*

東京都立大江戸高等学校 教諭

2007年，東京農工大学農学部卒業。2009年，東京学芸大学大学院修士課程修了後，東京都立荒川商業高等学校を経て，2014年より現職。専門分野は，環境科学，植物生理学。著書に，アクセスノート生物基礎 (実教出版, 2013〜)，つい誰かに教えたくなる 人類学63の大疑問 (中山一大，市石博・編，共著，講談社, 2015).

【遺伝とDNA】

キイロショウジョウバエの伴性遺伝実験による遺伝子の世代間移動の確認
——伝統的実験の見直しと簡易化の工夫

藤江 正一　*Shoichi Fujie*

埼玉県立大宮高等学校 教諭

遺伝子の分配という遺伝の基本原理が効果的に確認できる交配実験に，キイロショウジョウバエの伴性遺伝がある。伴性遺伝を使うと，雑種第一代までの結果で遺伝子の分配が容易に確認できる。ただ，現実にはキイロショウジョウバエ自体の飼育に手間もかかり，失敗も少なくない。そこで，遺伝子の世代間の受け渡しが理解しやすい実験系としてのキイロショウジョウバエ伴性遺伝実験を見直し，飼育や実験操作などの留意点とともに紹介する。

1 はじめに

　遺伝の基本的な原理の一つに，遺伝子は分配されて次世代に伝えられるという原理がある。このような基本的な事項を，実験により自分の目で確かめることの意義は大きい。遺伝実験の材料では，キイロショウジョウバエ（*Drosophila melanogaster*）が適している。その理由として，飼育が容易で一世代が短く子供が多いなどの性質がよくあげられる。また，一遺伝子雑種・二遺伝子雑種・伴性遺伝・連鎖組換えの遺伝など各種の検証実験が容易にできることもその理由である。

　本稿では，遺伝子の分配という遺伝の重要概念を確認することをねらいとした遺伝実験として，キイロショウジョウバエの交配実験（遺伝様式は

伴性遺伝）を取り上げる。伴性遺伝では，性染色体上の遺伝子によって性別と形質がリンクするので，交配様式の設定によって，次世代個体数カウントもまったく必要がなく，遺伝子の分配が性別との関係で確認できる。

　以下に，キイロショウジョウバエの伴性遺伝の実験の仕方について，培地の簡便な作成法も含めて解説する。

2 交配実験（伴性遺伝）の概要

　キイロショウジョウバエ（以下ハエともよぶ）の性染色体はXとYで，雌（♀）がXX，雄（♂）がXYである。対立形質は，赤眼（野生型，優性）

と白眼（突然変異型，劣性）を使う。これらの対立遺伝子はX染色体上に存在するため伴性遺伝をする。ちなみに，白眼はモーガン（T.H. Morgan）が1910年に初めて発見したもので，伴性遺伝の発見のもとになったものである。

　交配様式は，親（P）の正逆交雑「白眼♀×赤眼♂」「赤眼♀×白眼♂」のうち，前者を使う。その理由は，前者の場合雑種第一代（F₁）で雌がすべて赤眼，雄がすべて白眼になり，いわゆる**十文字遺伝***により，遺伝子の分配の様子がF₁において明確に確認できるからである。実験の理論を図式化すると**図1**のようになる。

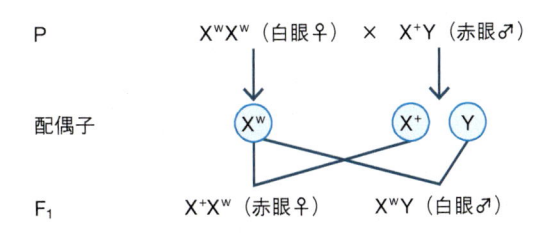

図1　伴性遺伝の交配様式の一つ（十文字遺伝）

赤眼遺伝子（野生型遺伝子）の遺伝子記号を＋，白眼遺伝子の遺伝子記号をwで表した。X^+は赤眼遺伝子をもつX染色体を，X^wは白眼遺伝子をもつX染色体を示す。

③　簡易培地の作成

　培地は実験の成否に大きく影響する。良質な培地が簡単に用意できれば，実験が格段に実施しやすくなる。大学の研究室などで紹介されているハエの培地は，水・寒天・イースト・砂糖またはグルコースなどを煮込んでつくるものが一般的である[1]。ただ，この培地は作るのに多少手間がかかる。ここでは，市販の合成飼料（「Formula 4-24 Drosophila Medium」，以下Mediumと略記する，脚注参照）を使った培地を紹介する。この培地は，煮込む工程や滅菌の工程がいらず極めて簡単につくれる。ただ，説明書どおりの方法[2]は，**系統維持***などには便利だが，交配実験には栄養価が低くてあまり適さない。そこで，交配実験用として，Mediumに**酵母粉末***を添加して栄養価を高めた培地[3][4]（以下簡易培地とよぶ）を使う。この簡易培地は生育がよく発育段階もよくそろうので交配実験に適する。簡易培地は，市販の「使い捨て用クリーム絞り袋」，「セルバイアル」，「スポンジ栓」

を使うと極めて簡単につくれる。寒天を使う一般的な培地では，ガラス製管瓶や棉栓の乾熱滅菌から始めると半日仕事になってしまうこともあったが，この方法でつくる簡易培地は，慣れれば飼育瓶25本程度をつくるのに20分もかからない。以下に，飼育瓶約25本分の作成手順を述べる。

(1)　机上を70％エタノールなどで除菌し，使うものを準備する［**図2**(a)］。

(2)　Medium約160 mLと酵母粉末約40 mLをこの順番で，使い捨て用クリーム絞り袋（以下袋ともよぶ）に入れる。その後，袋の入り口をよく握り，Mediumと酵母粉末がよく混ざるように揺すったり揉んだりする［**図2**(b)］。

(3)　水道水約200 mLを袋に追加し，袋の入り口を捻って，片方の手で水が漏れないように

脚注：Carolina Biological Supply Company製で和光純薬㈱が輸入販売をしているショウジョウバエ専用の合成培地。ブルーとプレインの2タイプがある。プレインが培地の色が白に対して，ブルーは培地の色が青くなる。ブルーは，卵や幼虫が識別しやすく，また，簡易培地をつくる際に，色の変化で酵母粉末とMediumと水の混ざり具合が確認しやすい。

> **用語解説 Glossary**
>
> **【十文字遺伝】**
> 伴性遺伝にみられる遺伝様式の一つ。図1のように，父親の形質が雌の子に，母親の形質が雄の子に現れる現象。
>
> **【系統維持】**
> 雌雄の成虫を新しい培地に移せば，そこで産卵しやがて卵は成長し羽化して新しい成虫になる。このようにして代々新しい培地に植え継いでハエの系統を保存することを系統維持という。
>
> **【酵母粉末】**
> ビール酵母の菌体を乾燥して粉末にしたもので，アミノ酸・ビタミンなどを豊富に含む。「ビール酵母」「ビール酵母粉末」「乾燥酵母エビオス」などの商品名で販売されている。もともとキイロショウジョウバエは酵母が主食なので，その代用になる。

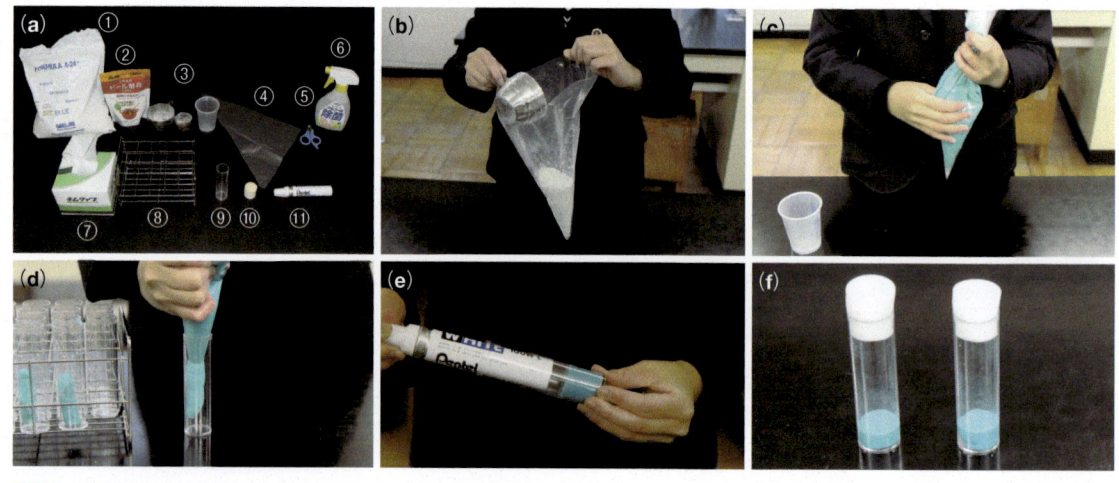

図2　簡易培地の作成法

(a) 材料と器具類，① Medium，② 酵母粉末［「ビール酵母（栄養酵母）粉末200 g」，アサヒグループ食品株式会社製］，③ 計量カップ3種（Medium用，酵母粉末用，水用），④ クリーム絞り袋（容量は600 mL等を使用），⑤ はさみ，⑥ 70％エタノール（市販の除菌アルコールスプレーなどでよい），⑦ キムワイプ，⑧ 飼育瓶立て，⑨ セルバイアル（ポリスチレン，大φ27×φ30×100H mm，株式会社チヨダサイエンス製），⑩ スポンジ栓（ポリウレタン，白色，大φ30，株式会社チヨダサイエンス製），⑪ 円筒形の道具，(b) Medium と酵母粉末の混合，(c) Medium と酵母粉末と水の混合，(d) エサの絞り出し，(e) エサの固定，(f) 完成した飼育瓶

しっかり握る。他方の手で袋をよく揉んで，Medium と酵母粉末がペースト状になるまでよく混ぜる。この時，水と Medium と酵母粉末がムラなく全体に均一に混ざるように気をつける［**図2**(c)］。

(4) 袋の先端部のペーストを少し上に摘まみ寄せて，袋の先端の角を切り口の長さが2 cm程度になるようにはさみで切り落とす。袋の先端をセルバイアル（以下瓶ともよぶ）の中に入れて，クリームを絞り出す時と同じ要領で，エサを瓶の中に絞り出す。瓶に入れるエサの量は10 mL程度である［**図2**(d)］。

(5) エサをすべて瓶に入れ終えた後，円筒形の道具（瓶に隙間なく入るくらいの大きさのマジックやスティックのりなど）で，エサを瓶の底に押し込んで固定させる。このとき，エサが円筒形の道具の底に付着しないように左右の回転運動も取り入れながら上下に何度か動かしてエサを固定させるとよい［**図2**(e)］。

(6) スポンジ栓で栓をして簡易培地（飼育瓶）の完成である［**図2**(f)］。

注1：作業時は，手，机上，はさみや円筒形の道具等を70％エタノールなどで除菌すると安心である。

注2：上記の処方では，Medium と水の体積比が Medium：水＝8：10である。両者の割合によりエサが堅くなったり柔らかくなったりするので，たとえば上記の処方で柔らかい場合には，体積比を Medium：水＝9：10に変えるなど調整するとよい。

4　器具類の準備

事前準備および生徒実験で使う培地・薬品・器具類を**図3**に例示する。

5　キイロショウジョウバエの入手

交配実験を新たに始める場合には，ハエを飼育している大学・研究機関・理科教育センター・高校・理科教材関連会社などから入手する必要がある。通常，入手した後はハエを系統維持し，実験

開始時に増やして使う。筆者は，東京都立大学大学院理学研究科生命科学専攻より分譲してもらい，系統維持している野生型 (Oregon-R) と白眼系統 (w) を使っている。

⑥ 交配実験（伴性遺伝）の進め方[1)6)]

ここでは，教員による実験準備および生徒実験の仕方を具体的に述べる。交配実験は，作業工程が複雑なので事前に計画を立ててから取りかかるとよい。実験計画は，ハエの生活史をもとにして作成する。標準条件 (25℃，栄養条件がよく，幼虫密度が適当) の場合，産卵から羽化まで9日〜10日である（図4）。新たに羽化した成虫は，羽化後3日目くらいの時期に産卵が盛んなので，一世代を約12日として計算すると実験計画が立てやすい。本実験ではF_1の成虫を授業で使うため，生徒実験の日 (F_1の観察記録の日) を基準に逆算して少なくとも24日前から準備を始める。以下に，標準条件を前提とした作業日程と作業内容を述べる。なお，準備する飼育瓶やハエの数は，10班編成のクラス2クラスで実施するものとして例示する（図5）。

【1日目】交配可能な親（P）を確保するための準備（1st culture）

赤眼と白眼の成虫を30匹程度それぞれ新しい飼育瓶に入れて産卵させる（この飼育瓶を1st culture とよぶ）。赤眼4本，白眼4本を準備する。

【3日目】予備の飼育瓶（2nd culture）の作成

1st culture 8本の中にいる成虫を新しい飼育瓶に瓶ごとに移し替えて産卵させる（この飼育瓶を2nd culture とよぶ。2nd culture は1st culture の複製で予備として用意しておく）。

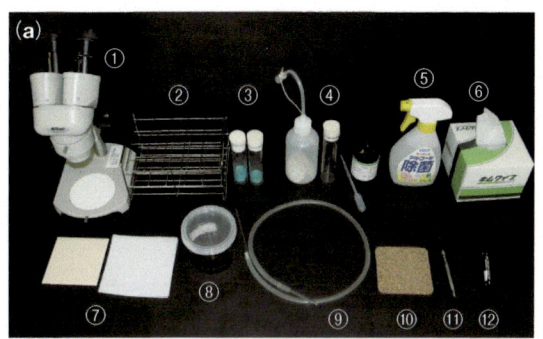
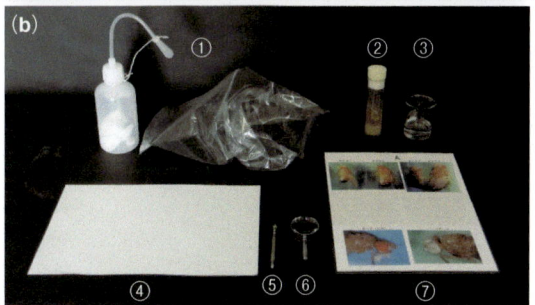

図3 交配実験で使用する培地・薬品・器具類（例）

(a) 事前準備で使うもの，① 双眼実体顕微鏡，② 飼育瓶立て，③ 飼育瓶（簡易培地を使用），④ 麻酔用具（脱脂綿一塊を入れた250 mL容量の洗瓶・ガラス製管瓶・栓・スポイト・麻酔薬），⑤ 70％エタノール（市販の除菌アルコールスプレーなどでよい），⑥ キムワイプ，⑦ 選別板（タイル，パラフィン紙等），⑧ ハエ捨て瓶（広口の蓋つき容器に50％エタノールを入れたもの），⑨ 吸虫管（ハエの移し替え等に使用），⑩ クッション（コルク製コースター等，ハエを移す時にあると便利），⑪ 柄つき針，⑫ 油性マジック，(b) 授業で使うもの，① 麻酔用具［脱脂綿を入れた250 mL容量の洗瓶，ポリ袋（横230 mm×縦340 mm×厚さ0.03 mm等）］，② F_1成虫が羽化している飼育瓶，③ ハエ捨て瓶（容器に50％エタノールを入れたもの），④ 選別板（A4コピー用紙等），⑤ 柄つき針，⑥ ルーペ，⑦ 顕微鏡写真（雌雄と形質の判別参照用）

(注) 交配実験で使用する用具等の詳細は，文献1)，文献5) などを参照されたい。

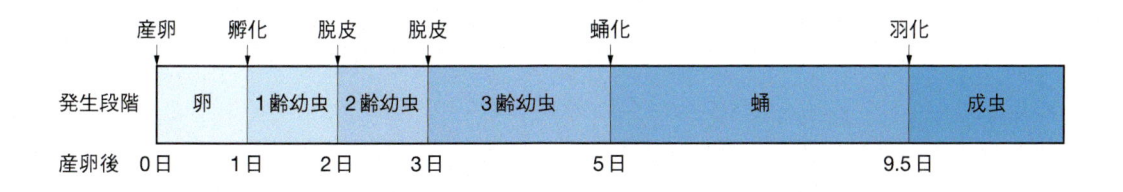

発生段階	卵	1齢幼虫	2齢幼虫	3齢幼虫	蛹	成虫
	産卵	孵化	脱皮	脱皮	蛹化	羽化
産卵後	0日	1日	2日	3日	5日	9.5日

図4 キイロショウジョウバエの発育速度（25℃，最適条件下で飼育）

（大羽 1979)[1)]より改変。

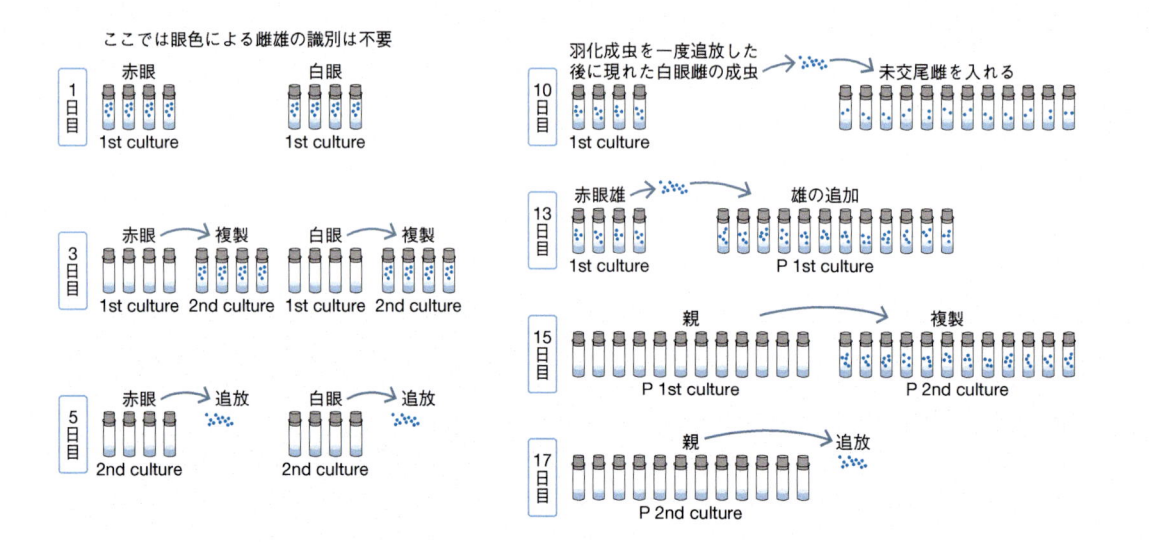

図5 交配実験（伴性遺伝）の準備作業の概要

【5日目】2nd culture の成虫の追放

2nd culture 8本の中にいる成虫をすべてハエ捨て瓶に捨てる。

【10日目】未交尾雌*の採取

トラブルがなければ，白眼の1st culture には，黒ずんだ蛹が管壁に付着し羽化も始まるころである。そこで，1st culture を使って未交尾雌を採取し，2匹ずつ新しい飼育瓶に入れる。飼育瓶は12本用意する（12本のうち2本は予備）。採取する未交尾雌は24匹である。雌雄識別は**図7**参照。

【13日目】Pの交配（P 1st culture）

未交尾雌を入れておいた12本の飼育瓶に幼虫がいないことを確かめ，赤眼の1st culture に羽化した成虫から，雄を選別し，未交尾雌のいる飼育瓶12本にそれぞれ4匹ずつ追加して入れる。使う赤眼の雄は48匹である。これらの瓶がPの交配用の飼育瓶（P 1st culture とよぶ）となる。P 1st culture に，「P w♀×＋♂」「瓶番号（1・2・3・・・・・11・12）」「日付」など必要事項を記入する。

【15日目】Pの交配（Pの再利用，P 2nd culture）

P 1st culture 12本の中にいる成虫を，それぞれ新しい飼育瓶に移し替えてP 2nd culture をつくる。P 2nd culture に，「P w♀×＋♂」「瓶番号（例：1R・2R・3R・・・・・11R・12R）」「日付」など必要事項を記入する。なお，ここでの作業は，1st culture の親出しも兼ねている。

【17日目】P 2nd culture の成虫の追放（親出し）

P 2nd culture から，Pの成虫をすべてハエ捨て瓶に捨てる。

【25日目】F₁の観察記録（1クラス目の生徒実験）

授業で生徒がP 1st culture 内で羽化したF₁の結果を調べる。準備するものを**図3**(b) に示した。F₁を調べる際はF₁の麻酔処理が必要である。作業手順は次のようになる。まずP 1st culture 内にいるF₁をポリ袋の中に移す［**図6**(a)］。麻酔用洗瓶のノズルの先端をポリ袋に差し込み，洗瓶の胴を押して気化したトリエチルアミン（麻酔薬）[7]を

用語解説 *Glossary*

【未交尾雌】
雌の成虫は，交尾すると精子を一旦体内に蓄えておき，産卵時にこの精子を受精させて産卵する。未交尾雌とは，まだ交尾をしていない雌のことである。交配実験では未交尾雌を使う必要がある。25℃での飼育の場合，飼育瓶内にいる成虫をすべて追い出し，その後8時間以内に新たに羽化してきた成虫の中から雌だけを集めるとこれが未交尾雌である。

 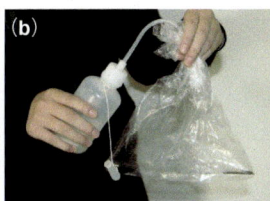  

図6　F₁の麻酔処理と選別

(a) 飼育瓶からポリ袋への移し替え，(b) 麻酔薬の注入，(c) 選別版（A4版の紙）上への取り出し，(d) 選別（雌雄の判別方法は図7参照）

ポリ袋に送り込む［**図6**(b)］。なお，授業に先立って，トリエチルアミン1〜2 mLを洗瓶内の脱脂綿にしみ込ませておく。F₁の動きが止まったら紙の上に取り出す［**図6**(c)］。このF₁を観察し，赤眼白眼および雌雄に分けて集計する［**図6**(d)］。雌雄の判別は，腹部先端部の体色の濃さや形により，容易である［**図7**(b)(c) 矢印参照］。選別作業では，参照用にハエの写真などがあると便利である。選別作業は肉眼でおこなうかルーペを使っておこなう。

【27日目】F₁の観察記録（2クラス目の生徒実験）

別のクラスで，P 2nd cultureを使ってF₁の集計作業をおこなう。やり方は1クラス目と同じである。

 ## ⑦ 結果の扱い方

F₁の結果は**図7**に示したとおり，雌がすべて赤眼で雄がすべて白眼になる。もし，白眼の雌や赤眼の雄が出た場合には，教員の準備過程で何らかのミスがあったか，生徒が集計するときに雌雄を見誤まるなどのミスがあったと推測される。しかしごくまれに，ミスとは別に実際に白眼の雌や赤眼の雄が生じることがある。これは，**性染色体の不分離現象***が原因と考えられる[1)6)8)]。

生徒は，F₁の集計作業を通して，遺伝子が分配されることを伴性遺伝の原理とともに理解できればよい。実験結果を理論（**図1**）と結びつけて理解できることが大切である。

(a)

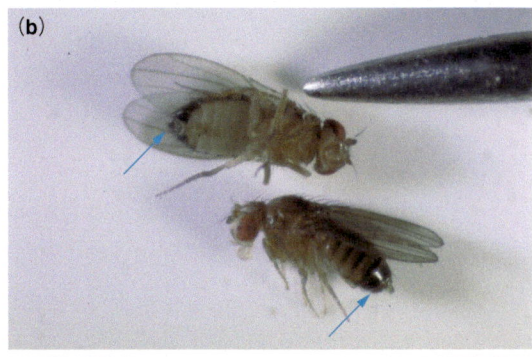

性別	雌		雄	
形質	赤眼	白眼	赤眼	白眼
個体数	雌全個体	0	0	雄全個体

(b)

(c)

図7　F₁の観察記録

(a) F₁の集計結果，(b) F₁の雌（赤眼），(c) F₁の雄（白眼）

(注) 雌雄の判別方法：雄は腹部先端部の黒い部分が広く形は丸っぽい。雌は雄ほど黒い部分が広くなく，形は先端部が尖っている。

用語解説 *Glossary*

【性染色体の不分離現象】
卵形成時の減数分裂において，2本のX染色体が分離しないで卵形成がおこる場合がある。このような不分離現象が生じると，X染色体を2本持つ卵と1本も持たない卵ができる。例外的に生じる白眼の雌や赤眼の雄は，これらの卵が正常精子と受精してできたものであることが知られている。

⑧ 発展

(1) 発展実験

本実験は，1時間の授業でF$_1$の結果を確認する実施例である。別の実施例として，F$_2$を使う方法もある。この場合には，F$_1$の雌雄の成虫を新たな飼育瓶に移して産卵させ，F$_2$の羽化を待ってF$_2$の集計作業をおこなうことになる。F$_2$の集計では，遺伝現象が確率的事象であることを理解させることも大切である。時間に余裕があれば，Pの交配・F$_1$の集計・F$_2$の集計から二つか三つを実施するとよい。また，「白眼♀×赤眼♂」の逆交雑「赤眼♀×白眼♂」を追加してもよい。さらに，個別課題実験など生徒が主体的に関われる環境であれば，準備からすべての工程を生徒に経験させてもよいであろう。

(2) モデル生物*としてのキイロショウジョウバエ

キイロショウジョウバエは，遺伝の研究材料として1910年代よりモーガンらに採用され，それ以降1900年代前半を中心に，遺伝学の研究に盛んに使われた。その後，キイロショウジョウバエは生物学のあらゆる分野に活躍の場を広げた。発生生物学の分野においては，1900年代の後半に，母性効果遺伝子による卵の前後軸の決定，分節遺伝子による体節の形成，ホメオティック遺伝子による体節分化など形態形成のしくみが遺伝子のレベルで解明された。2000年には，全ゲノムの解読が終了している。真核生物では酵母，センチュウについで3番目でありヒト（2003年解読終了）よりも早い。このように，キイロショウジョウバエは約1世紀にわたり代表的なモデル生物として多大な貢献をしてきた。突然変異など多くの遺伝的資源や膨大な情報を背景にして，今後も重要な

役割を果たしていくものと予想される。

⑨ おわりに

キイロショウジョウバエの交配実験は，時間と手間がかかるうえに，実験用具をそろえたり，教員の実験技術の習得も必要で，高等学校や中学校で扱うには厄介なものである。しかし，百聞は一見にしかずで，生徒が実験を体験できれば教育効果は極めて大きい。本稿では，実験の目的を，遺伝子の世代間伝達に絞り，そのための実験系について培地の工夫から紹介した。併せて実験の簡易化と留意点について紹介した。ハエを利用する際の参考にしていただければ幸いである。

[謝辞]

本稿作成にあたり，半本秀博放送大学非常勤講師，布山喜章元東京都立大学教授にご教示いただいた。深く感謝申し上げます。また，埼玉県立春日部女子高等学校生物部に協力いただきました。

[文献]

1) 大羽滋, 深民玲之, 池田洋司. ショウジョウバエの遺伝実習. 3〜4章, 森脇大五郎・編, 43–72 (培風館, 1979).

2) Flagg, R. O. Carolina Drosophila Manual. 4–8 (Carolina Biological Supply Company, 2005).

3) 藤江正一. ショウジョウバエの簡易培地について, 教材生物研究**14**(1). 5–8 (1990).

4) 藤江正一. キイロショウジョウバエ, 教材生物研究グループ『詳しい解説の生物課題実験マニュアル改訂版』. 22–37 (東京書籍, 2011).

5) 初見真知子, 澤正実. ショウジョウバエの基礎遺伝実習. 9–11 (愛知教育大学出版会, 2007).

6) 青塚正志. 伴性遺伝, 一瀬太良他・編. 昆虫実験法, 材料・実習編. 226–232 (学会出版センター, 1980).

7) Fuyama, Y. Triethylamine: an anethetic for Drosophila with prolonged effect. *Drosophila Information Service* **52**, 173 (1977).

8) 藤川和男. ショウジョバエの再発見. 26–36 (サイエンス社, 2010).

藤江 正一 *Shoichi Fujie*

埼玉県立大宮高等学校 教諭

早稲田大学教育学部理学科生物学専修卒業。埼玉県立与野農工高等学校・さいたま市立大宮西高等学校・埼玉県立春日部女子高等学校等を経て, 現職。著書に, サイエンスビュー生物総合資料（実教出版, 2007〜）, アクセスノート生物基礎（実教出版, 2010〜）, 以上分担執筆など。

用語解説 *Glossary*

【モデル生物】
ヒトを除き，生命現象の解明のために，生物の代表として研究者によって盛んに研究されている生物をモデル生物という。代表的なものとして，マウス，キイロショウジョウバエ，センチュウ，シロイヌナズナ，酵母，大腸菌などがある。

【遺伝とDNA】

簡易抽出DNAの
蛍光染色色素による確認実験

片山 豪 *Takeshi Katayama*
高崎健康福祉大学 人間発達学部 教授

現行学習指導要領の中学校理科および高等学校生物基礎においてDNAの記載があることから、教科書に抽出されたDNAの写真または、DNA抽出実験が掲載されている。この簡易方法では、DNA様の物質が抽出されてしまう材料もあり、その抽出物を「DNA」であると紹介する実験講座も存在する。本稿では、DNAが抽出されたことを生徒が検証することまでを含めた実践方法を紹介したい。生徒が抽出された物質がDNAか否かを検証する実験は、科学的に意義があると考えている。

 はじめに

DNA抽出実験は、高等学校生物の授業においてよくおこなわれる実験の一つで、2012年の調査において、約60%の教師が実施しているという報告がある[1]。それは、平成11年告示の学習指導要領[2]「生物 I」,「生物 II」にDNAに関する記載があり、生物 I の教科書の7割でDNA抽出実験が扱われていることが背景にある。DNA抽出実験は、実験方法や材料の入手が容易であり、この単元で他の適当な実験がなかったことが普及の要因であると考えられる。DNAに関しては、平成20年告示の中学校学習指導要領解説[3]「理科第2分野(5)生命の連続性 イ 遺伝の規則性と遺伝子」で、「遺伝子の本体がDNAであることにも触れること」と記載されるようになった。このため、DNAの抽出物が「中学校理科」の全5社の教科書

に掲載され、発展としてDNA抽出実験を扱う教科書もあるため(**表1**)、中学校でもおこなわれるようになってきた。平成21年告示の高等学校学習指導要領解説理科編[4]「生物基礎(1)生物と遺伝子 イ 遺伝子とその働き」にも「遺伝情報を担う物質としてのDNAの特徴について理解すること」と記載されていることから、扱いの差はあるが、同様なDNA抽出実験が高等学校「生物基礎」の全5社の教科書に掲載され、中学校と高等学校の両方において、この実験を体験する生徒は少なくないものと思われる。

たとえば、「バナナから簡易法によるDNAの抽出」をおこなうと、かなりの量の白い抽出物が見られる。この実験におけるDNAの確認方法は、初期においては、酢酸カーミンや酢酸オルセイン等の塩基性色素で染色し、水で洗ったのち染色を確認するとしている実験書も存在した。

これら塩基性色素による染色ではDNAの存在をはっきり確認できないのではないかと，分光光度計による波長スキャンを試みた。まず，最初にバナナから得た抽出物を水に溶かそうとしたがほとんど溶けず，わずかに溶解した水溶液についても，DNA特異的な260 nmにおける吸光のピークはみられなかった。

青色LEDで蛍光させることで，試験管内で転写したRNAを簡単に検出する実験[5]を確立できたところであったので，それをDNAに応用することを考えた。エチジウムブロマイドを用いたUVによるDNAの検出も考えられたが，学校現場における教材として危険が伴うことから，核酸を青色光源で検出する核酸蛍光試薬を用いることを試みた。RNAにおける検出実験と同様に，核酸が存在する場合には，蛍光がみられた。バナナとブロッコリーから簡易DNA抽出実験の方法で得られた抽出物を用いて確認したところ，ブロッコリーから得た抽出物には蛍光が見られたが，バナナから得た抽出物からはほとんど蛍光がみられなかった。この実験を2013年の教員免許更新講習でおこなったところ，DNAの確認実験として好評だった。時を同じくして米澤ら (2013) の研究チームからも，DNAの抽出実験の材料として，バナナは不適切であるという報告がなされた[6]。そこで，群馬県立沼田女子高等学校の倉林教諭 (現所属：太田市立太田高等学校) に上記の核酸定量試薬による検出方法で授業実践をおこなっていただき，実験の紹介とその有効性を報告した (2015)[7]。

さらに2015年からは，二本鎖DNAの定量試薬を用いた方法で実践することにした。その理由は，DNAの簡易抽出物にはDNAの他にRNAも多く含まれており，DNAの電気泳動実験で使用する核酸染色用蛍光試薬はRNAにも反応してしまうためである。今回，この試薬を用いた簡易抽出DNAの蛍光染色色素による確認実験方法を紹介する。

② DNAの抽出と抽出物中のDNA存在を確認する実験

① 目的

ブロッコリーとバナナを材料にして，食塩と台所用洗剤を用いた簡易抽出法でDNA抽出する。そして，抽出された物質がDNAであるかを二本鎖DNAに特異的な蛍光試薬を用いて確認する。

② 材料と方法

(1) 実験I DNAの抽出

50 mL用チューブに台所洗剤 (ジョイ W除菌，P&G) 5 mL，食塩5 gを入れ，これに水を加え全体を50 mLとする。良く振って食塩を溶かす。この溶液をDNA抽出液とする。

5 gのブロッコリーの花芽とバナナを乳鉢(100円ショップで売っているすり鉢でもよい) でよくすりつぶす。

これにDNA抽出用液をそれぞれ20 mLずつ加え，ゆっくり混ぜる。300 mL用ビーカーに茶こしを置いて，DNA抽出液と材料を混合した試料を上から注ぎ込み，ろ過する。ろ液に対し，冷凍庫で冷やした無水エタノール20 mLをゆっくり注ぐ。その後，境界面を乱さないようにビーカーをゆっくり，円を描くように水平に回すと，アルコール層 (上部) に白い抽出物が浮かんでくる。白い抽出物をガラス棒やピンセットですくい取り，無水エタノールの入っている15 mL用チューブに回収する。冷蔵庫に入れておくと比較的長期保存も可能である。

(2) 実験II DNAの確認 (実験の模式図を図1に示す)

3倍希釈したDNA蛍光試薬 (QuantiFluor® ONE dsDNA Dye (Promega, Madison, WI, USA), E4891, 7,000円) 400 μLをマイクロチューブに入れたものを3本用意する。

(3) 留意点

QuantiFluor ONE dsDNA Dye は，最大励起波長 (Excitation Maximum) 504 nm, 最大蛍光波長蛍光 (Emission Maximum) 531 nmの蛍光試薬

である。青色光で励起すると緑〜黄色の光を発する。QuantiFluor ONE dsDNA Dye の Safety Data Sheet (SDS) には、「暴露防止及び保護措置に関して；手や眼の保護は必要ない」と記載がある。ただし、この試薬がDNAに結合することから変異原性がまったくないとはいい切れないので、生徒実験の場合は、直接手で触れない、手袋をするなどの注意が必要であると思われる。廃棄は、各施設における一般試薬と同様の方法でするとよい。

ピンセットで実験Iで得た抽出物を少量つまみ（図2）、ろ紙で水分を取ってから、これをDNA蛍光試薬が入っているマイクロチューブに入れ、良く撹拌し抽出物を溶かす。（ビーカーのエタノール層に現れた抽出物を直接入れると、洗剤の影響で泡ができることがある。その場合、ピンセットで少量取った後、無水エタノールで洗うか、無水エタノールに回収したものを使用すると良い。）

3本のマイクロチューブには、バナナから得た抽出物、ブロッコリーから得た抽出物を入れたものと、コントロール（**ネガティブコントロール**）* として何も入れないものを用意する。暗所でマイクロチューブに青色LED（図3）の光を当て、オレンジフィルター（図3）を透して観察する。DNAであれば強く蛍光する。

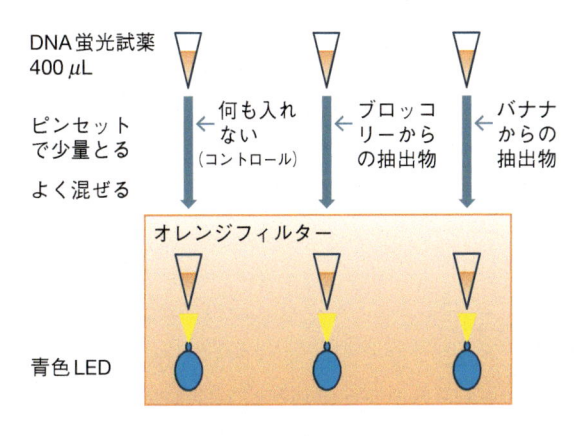

図1　DNAの確認実験の模式図

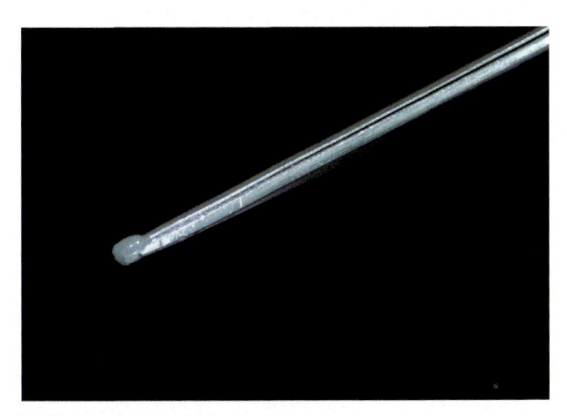

図2　蛍光試薬に溶かす抽出物の量

蛍光試薬に溶かす量は少量である。

図3　青色LEDキーライトとオレンジフィルター

青色LEDキーライト（写真中央）は以前100円ショップで販売していたが、現在は販売していない。そこで、100円ショップで現在でも販売している白色LEDキーライトのLEDを青色に交換して作製した（写真左と右）。オレンジフィルターは、アクリルサンデー板［アクリルサンデー株式会社、型番；252、色；オレンジ透明、大きさ；ss（180 mm×32 mm）］（約600円）を三等分したもの。ホームセンター等で購入できる。

現在青色LEDは販売していないことから、実験を検討している方には、青色LEDキーライトを実費でお分けいたします。（連絡先；katayama@takasaki-u.ac.jp）

用語解説 Glossary

【ネガティブコントロール、ポジティブコントロール】
比較検討する実験で、同一条件における陰性の結果になることが分かっているものをネガティブコントロール、もしくは単にネガコン、陽性の結果になることが分かっているものをポジティブコントロール、もしくは単にポジコンという。

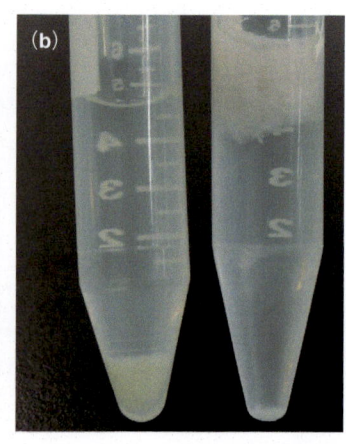

図4　簡易DNA抽出実験で得られた抽出物

(a)(b)ともに，左がブロッコリーから得た抽出物，右がバナナから得た抽出物である。(a)は冷凍庫で冷やした無水エタノール注いだ後に現れた抽出物。バナナから得た抽出物の方が多い。(b)は(a)の抽出物を無水エタノール内に回収したもの。冷凍庫で冷やした無水エタノール注いだ後に現れた抽出物。ブロッコリーから得た抽出物は無水エタノールに沈み，バナナから得た抽出物は浮く。

③ 結果

(1) 実験Ⅰ DNAの抽出（図4）

ブロッコリーとバナナから得た白い抽出物の様子を図4(a)に示す。バナナから得た抽出物の方が多くて固まりも大きかった。白い抽出物を，無水エタノールに入れたものを，図4(b)に示す。ブロッコリーから得た抽出物は沈み，バナナから得た抽出物は浮いたままである。バナナから得た抽出物は時間がたつと変色してくる。図4(a)のように白い抽出物が得られたときは見た目に差が見られないが，図4(b)のように抽出物を無水エタノールに入れたときは，ブロッコリーからの抽出物とバナナからの抽出物では浮かび方が異なるので比重の違いが確認できる。この違いは生徒が目視により容易に認識できるので，これらの抽出物は，別の物質であると推測することか可能であると思われる。

ただし，塩濃度を6%にするとブロッコリーから得た抽出物では，量が多くなり固まりをつくりやすくなる。不純物が多く含まれる可能性が考えられる。

(2) 実験Ⅱ DNAの確認（図5）

抽出物をDNA蛍光試薬に溶かしたマイクロチューブに青色LEDを照射する前は，3本とも変化がなかった［図5(a)］。青色LEDを照射すると，ブロッコリーから得た抽出物を入れたものが弱く光った［図5(b)］。オレンジフィルターを透してみると，バナナから得た抽出物を入れたものが弱く光り，ブロッコリーから得た抽出物を入れたものが強く光った［図5(c)］。バナナの抽出物を入れたものが弱く光り，ブロッコリーから得た抽出物を入れたものが強く光ることから，バナナから得た抽出物はほとんどDNAが含まれておらず，ブロッコリーから得た抽出物にはDNAを多く含んでいることを生徒全員が確認できた。

④ 考察

蛍光色素による確認実験の裏付けとして，ブロッコリー及び，バナナから得た抽出物を水に溶かし，分光光度計による波長スキャンをおこなったところ，ブロッコリーの方はDNA特異的な260 nmでの吸収極大が見られたが，バナナの方は見られなかった（図6）。このことからも，バナナから得た抽出物はほとんどDNAが含まれておらず，ブロッコリーから得た抽出物にはDNAを多く含んでいると証明された。

筆者は，QuantiFluor ONE dsDNA Dyeを使用するまでは，DNAの電気泳動実験における青色光源で検出する核酸染色用蛍光試薬を用いてきた[7]。ブロッコリーから得た抽出物をRNase処理して，大

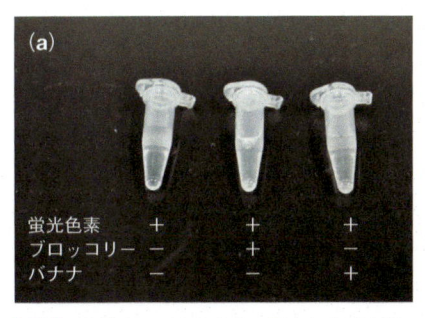
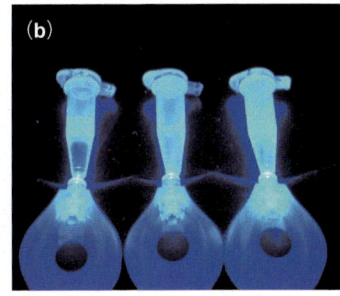
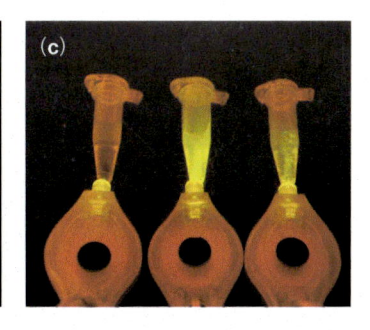

図5　簡易DNA抽出実験で得られた抽出物

(a)(b)(c)ともに，3倍に希釈した蛍光色素（QuantiFluor ONE dsDNA Dye）400 μL に，左のチューブには何も入れず（コントロール），真中のチューブには少量（図2）のブロッコリーから得た抽出物，右のチューブには少量（図2）のバナナから得た抽出物が入っている。すべて実験室内で，消灯して観察したものである。(a) は青色LED を照射する前の様子。3本とも変化がなかった。(b) は青色LED を照射したときの様子。ブロッコリーから得た抽出物を入れたものが弱く光ったが，写真では良くわからない。(c) は青色LEDを照射し，オレンジフィルターをしたときの様子。コントロールは光らず，バナナから得た抽出物を入れたものが弱く光り，ブロッコリーから得た抽出物を入れたものが強く光った。

幅に蛍光が減衰してしまう［**図7**(a)］。この蛍光試薬はDNAだけではなく，RNAにも反応してしまうことから，ブロッコリーから得た抽出物には，RNAが含まれていることがわかった。QuantiFluor ONE dsDNA Dyeは二本鎖DNAの特異的な試薬であるが，RNAにも多少反応するので，同様にRNase処理すると若干蛍光は弱くなるが，電気泳動実験で使用する核酸染色用蛍光試薬ほど蛍光が減少することはない［**図7**(b)］。電気泳動実験で使用する核酸染色用蛍光試薬の蛍光の多くがRNAであった可能性もある。以上のことから，得られた抽出物がDNAであることを生徒に確認させる場合，DNA二本鎖DNAの特異的な試薬を用いるのが良い。

　さて，バナナから得た抽出物は何だろうか。簡易抽出法によって得られたバナナとブロッコリーから得た抽出物を群馬県産業技術センターで成分分析したところ，バナナから得た抽出物にはグルコースを主成分とする糖質が33.2%含まれており，ブロッコリーにはこれらが含まれていないことがわかった[7]。このことから，DNA簡易抽出実験では，バナナが材料として不適であるといえる。

　DNAの簡易抽出法において得られたものが，「主にDNAからなるものか否か」を科学的に判定しなければ，ただの思い込みになってしまう。そ

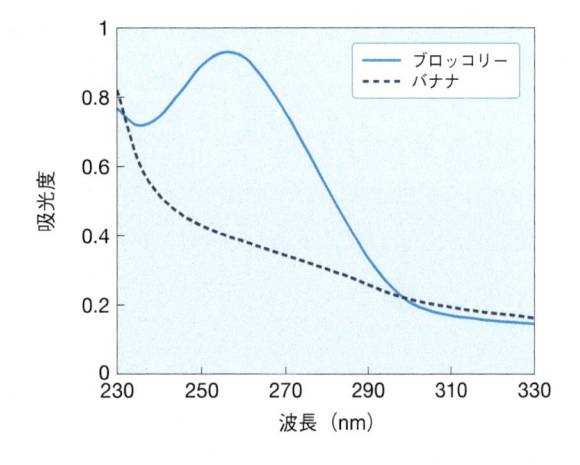

図6　ブロッコリーおよびバナナから得た抽出物の吸光度の波長スキャン

ブロッコリーおよびバナナから得た抽出物を水に溶かし，波長230 nm〜330 nm の吸光度の波長スキャンを行った（HITACHI U-2001 系型分光光度計）。実線がブロッコリーから得た抽出物，点線がバナナから得た抽出物を水に溶かしたものである。ブロッコリーから得た抽出物を水に溶かしたものには，DNAに特異的な260 nmの吸収極大が見られた。

のような意味で，最近の教科書における実験材料はブロッコリーに絞られているが，バナナも一緒に用いて蛍光色素による確認として比較をおこなうことは有意義であると考えている。実際この点でも，この実験講習を受けた高校現場の先生方から，実践して有意義であったと聞いている。

　また，誤解が多いと思われる点を指摘しておき

注）　QuantiFluor ONE dsDNA system［(Promega, Madison, WI, USA), E4871, 10,000円］には，染色液として20 mLのQuantiFluor® ONE dsDNA Dye，DNA標品として80 μg λDNA（400 μg/mL），希釈液として10 mL 1X TE Buffer（pH7.5）が含まれている。

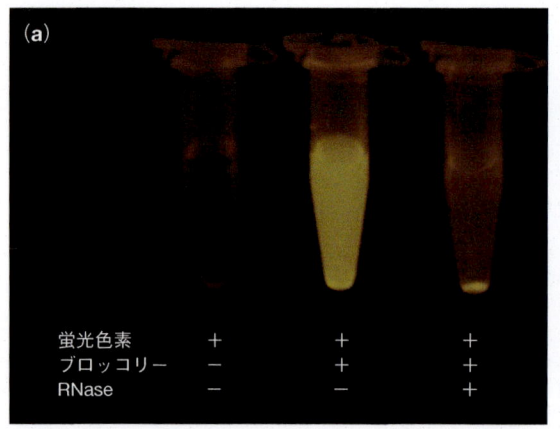 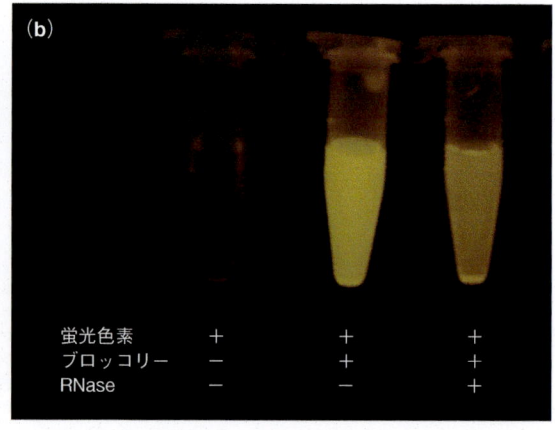

	(a)		
蛍光色素	＋	＋	＋
ブロッコリー	－	＋	＋
RNase	－	－	＋

図7　簡易DNA抽出で得られた抽出物と蛍光色素の反応

(a) は電気泳動実験で使用する核酸染色用蛍光試薬（メーカー名は記載せず）と (b) はQuantiFluor™ ONE dsDNA Dye で染色したものである。(a)(b) とも左は蛍光染色液のみである。水256 µLにブロッコリーから得た抽出物を同量ずつ溶かした。真中のチューブには水10 µL，左のチューブには10 mg/mL RNaseA（Code：30100-31，Nacalai tesque Inc, Kyoto, Japan）10 µL入れて，室温で2h反応させた。適量の蛍光試薬を入れ，全量を400 µLにし，ブルーライトトランスイルミネーターを使用し観察した。RNase 処理後，(a) は大幅に蛍光が減衰してしまう。(b) も若干蛍光は弱くなるが，電気泳動実験で使用する核酸染色用蛍光試薬ほど蛍光が減少することはない。

たい。オルセインやカーミンが「はじめに」でも述べたようにDNA以外にも吸着するため，DNAをほとんど含んでいないバナナから得た抽出された白い物質にも吸着してしまう。そのため，これらの染色液はDNAを判定する試薬として利用することは米澤ら (2013) も指摘しているとおり，極めて不適切である[6]といわざるを得ない。一方，DNAは波長260 nmの光を特異的に吸収するので，紫外分光光度計において波長スキャンで観察すると，吸光度の変化からDNAの存在を判断できるといわれているが，不純物が混ざっている場合，定量は難しい。

⑤ 発展的実験

図5の実験結果に加え，比較としてλDNA注を**ポジティブコントロール***（ポジコン）として蛍光試薬に加え，ブルーライトトランスイルミネーターを使用し暗室で観察した様子を**図8**に示す。ポジコンを入れることで，蛍光色素を入れて光った場合，DNAであることが確認できる。このことを，中学生や高校生の実験でおこなうことは手間であるかもしれない。しかし，科学的な検証実験で必要な操作であることを教える意味で，DNA標品が手に入るようであれば，実施する価値はあると思う。

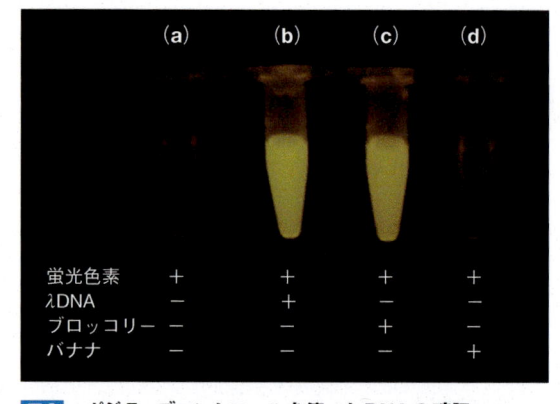

	(a)	(b)	(c)	(d)
蛍光色素	＋	＋	＋	＋
λDNA	－	＋	－	－
ブロッコリー	－	－	＋	－
バナナ	－	－	－	＋

図8　ポジティブコントロールを使ったDNAの確認

ブルーライトトランスイルミネーター（ECX-F20, SkyLight Table, Blue LED）を使用し暗室で観察した。3倍に希釈した蛍光色素（QuantiFluor™ ONE dsDNA Dye）400 µLに，(a) には何もいれず（ネガティブコントロール），(b) には400 µg/mL λDNA 注を1 µL（ポジティブコントロール），(c) には少量（図2）のブロッコリーから得た抽出物，(d) には少量（図2）のバナナから得た抽出物が入っている。(a) は蛍光がなく，(d) の蛍光は弱く，(b) と (c) の蛍光が強かった。ポジティブコントロールを用いるとブロッコリーから得た抽出物がDNA を多く含んでいることがわかる。

🔍 ③ 教科書における　DNA抽出実験の扱い

(1) 中学校

平成20年告示の学習指導要領を基に編集された平成22年検定済み（以下改訂前）教科書及び，

平成26年検定済み（以下改訂後）教科書に掲載されている，DNA抽出実験の材料を調査し，**表1**にまとめた。DNAの抽出実験は発展扱いで，改訂前は3年生教科書5社中4社，改訂後は5社中3社の教科書で記載されている。改訂前の1社及び改訂後の2社はDNA抽出実験そのものを掲載せず，簡易抽出の図のみの掲載である。これは，学習指導要領には，「遺伝子の本体がDNAであることにも触れること」とあるだけなので，DNA抽出実験は発展扱いで，実験を扱わない社もあるのだろう。筆者は，簡易抽出実験は簡単なものであるため，中学校で触れてもいい内容であると考えている。実験材料に関しては，改訂前の4社中ブロッコリー1社，タマネギ2社，バナナ1社，改訂後は3社中全社ブロッコリーだった。バナナが掲載されなくなったのは，バナナから得た抽出物にはDNAがほとんど含まれていないという報告[6)7)]があったことが原因だと思われる。経験的にDNAの抽出量は核の数に比例する。このことから，細胞が小さいために単位質量あたりの核の数が多いブロッコリーの方が，タマネギよりDNAを多く抽出

しやすい材料である。こういった解釈から，改訂後はブロッコリーだけになったのだと考えられる。

(2) 高等学校

平成21年告示の学習指導要領を基に編集された平成23年検定済み（以下改訂前）教科書および，平成27年検定済み（以下改訂後）教科書に掲載されているDNA抽出実験の材料を調査し，**表2**にまとめた。DNAの抽出実験は，生物基礎の大判，小判（変型判も含む）の全社で扱っている。学習指導要領には「遺伝情報を担う物質としてのDNAの特徴について理解すること」とあるが，高校で扱うべき構造に関してはナノレベルの世界であることから，目的を達成するための適当な観察実験がなく，抽出したDNAの観察にとどめているのだと思われる。実験材料に関しては，大判の改訂前では5社中ブロッコリー3社，動物の肝臓2社，魚の精巣1社，改訂後の4社中全社ブロッコリーだった。小判の改訂前は5社中ブロッコリー2社，動物の肝臓2社，魚の精巣1社，ヒトの口腔上皮細胞1社，改訂後は，5社中ブロッコリー4社，魚の精巣1社，ヒトの口腔上皮細胞1社だっ

表1　中学校教科書に掲載されているDNA抽出実験の材料比較

中学校教科書	A社	B社	C社	D社	E社
改訂前	ブロッコリー	ブロッコリー	*タマネギ*	*タマネギ　タマネギ*	*バナナ　ヒト*
改訂後	ブロッコリー	ブロッコリー	ブロッコリー	タマネギ	ブロッコリー

青字は図。赤字は実験。イタリック体は発展。

表2　高校教科書に掲載されているDNA抽出実験の材料比較

高校教科書	A社	B社	F社	G社	H社
改訂前（大判）	ブロッコリー	ニワトリの肝臓 豚の肝臓	ニワトリの肝臓 魚の精巣	ブロッコリー	ブロッコリー
改訂後（大判）	ブロッコリー		ブロッコリー	ブロッコリー	ブロッコリー
改訂前（小判）	ブロッコリー	ヒトの口腔上皮細胞	ニワトリの肝臓 魚の精巣	ブロッコリー	ニワトリの肝臓
改訂後（小判）	ブロッコリー	ヒトの口腔上皮細胞	ブロッコリー	魚の精巣 ブロッコリー	ブロッコリー

B社の大判の改訂版は発行されていない。

た。改訂前は旧課程で扱われていた動物の肝臓や魚の精巣を材料とする社もあったが，改訂後は，タンパク質の除去のための加熱操作を省くことでより簡便な実験がおこなえるブロッコリーに材料を変更する社が見られたのだと思われる。ヒトの口腔上皮細胞を扱っている社は，酵素処理によってタンパク質を分解する操作があるが，ヒトという最も身近な生物を扱うことが有効であるという主張を感じる。

④ おわりに

　学生時代フェノール・クロロホルムを用いたDNA抽出実験をしたことはあったが，簡易抽出は高校教員として勤務した時に知った。さらに，DNAの簡易抽出実験後にDNAの確認実験をおこなう必要性を強く感じたのは，バナナを材料としたDNAの抽出実験を知ってからである。バナナから得た抽出物は，不純物が多く含まれているDNAだと思っていたが，まったく異なる物質がDNA様の白い抽出物であるということは，考えてもみなかった。本文で述べたように，バナナから得た抽出物は，DNAではない。以上のことから，DNA抽出実験では，DNAの確認をすることが必要である。このことについてはさまざまなところで筆者も説明してきた。

　そのような中，平成27年度大学入試センター試験「生物基礎」第1問 問4において，DNAの抽出材料として，適当でないものを選ばせる問題があった（**図9**）。正解は，タンパク質のみでDNAをまったく含んでいない卵白である。今回のようなブロッコリーの花芽とバナナの果実を比較した生徒には混乱を招くかもしれない。探究的学習の推進を唱えるのであれば，科学的に学んだ生徒に生じるこのような混乱の可能性について配慮してほしいと考えている。

　学校現場におけるDNA抽出実験は，さらに追究しなければならないことが多いことから，今後も検討していくことが必要だと思われる。

問 4 　下線部セに関連して，DNA を抽出するための生物材料として適当でないものを，次の①〜⑦のうちから一つ選べ。　□４□

① ニワトリの卵白　　　　② タマネギの根
③ アスパラガスの若い茎　④ バナナの果実
⑤ ブロッコリーの花芽　　⑥ サケの精巣
⑦ ブタの肝臓

図9　平成27年度大学入試センター試験　生物基礎　第1問　問4

本文中の下線部セはDNAを示している。

［謝 辞］

本研究は日本学術振興会（JSPS）科研費 基盤研究（C）25350209の助成を受けたものである。

［文 献］

1) 片山豪. 分子生物学の教材開発―高校の生物教育の現場から. 生物の科学 遺伝, **66(3)**, 301-316 (エヌ・ティー・エス, 2012).

2) 文部省. 高等学校学習指導要領. (大日本図書, 1999).

3) 文部科学省. 中学校学習指導要領解説 理科編. 98-102 (大日本図書, 2008).

4) 文部科学省. 高等学校学習指導要領解説理科編. 75-77 (実教出版, 2009).

5) 片山豪, 林秀則, 高井和幸, 遠藤弥重太. セントラルドグマを体感する高等学校生物実験の開発と実践―コムギ胚芽無細胞タンパク質合成系を用いて転写, 翻訳を可視化する―. 生物教育, **52(4)**, 165-178 (2012).

6) 馬場典子, 片山隆志, 香西武, 米澤義彦. 中学校理科第2分野におけるDNA抽出実験の再検討. 生物教育, **53(4)**, 168-175 (2013).

7) 倉林正, 片山豪. 簡易DNA抽出実験における蛍光試薬を用いたDNAの検出とその有効性. 生物教育, **56(1)**, 21-28 (2015).

片山 豪 *Takeshi Katayama*

高崎健康福祉大学 人間発達学部 教授

1989年，東京理科大学理工学部応用生物科学科卒業。1989年〜2012年，群馬県公立高等学校理科教諭。群馬県公立高等学校に在職のまま，2001年，群馬大学大学院教育学研究科修了。同年，修士（教育学）取得。2006年，群馬大学大学院医学系研究科修了。同年，博士（医学）取得。群馬大学医学部非常勤講師，群馬大学理工学部非常勤講師，愛媛大学客員教授。2012年4月より現職。専門は，理科教育，薬理学。日本生物教育学会下泉教育実践奨励賞 (2011)，日本生物教育学会学会賞論文賞 (2013) を受賞。

【遺伝とDNA】

DNA鑑定に挑戦！
——「PCR法」と「電気泳動法」によるコメ品種判別実験

山内 宗治 *Souji Yamauchi*
広島県立教育センター 指導主事

田中 伸和 *Nobukazu Tanaka*
広島大学自然科学研究支援開発センター 教授

日本人の主食であるコメには，「コシヒカリ」「あきたこまち」「ひとめぼれ」などのたくさんの品種がある。これらのコメは，外観からは品種を判別することは難しいが，「PCR法」と「電気泳動法」という手法を用いてDNA鑑定すると正確に判別することができる。本稿において，それらの実験の原理や方法，コツを紹介する。

 ## ① はじめに

高等学校学習指導要領解説理科編（平成21年7月）「生物」(1)ウ㋑バイオテクノロジーには，「遺伝子を扱った技術について，その原理と有用性を理解すること」，「制限酵素，ベクター及び遺伝子の増幅技術に触れること」とあり，高等学校の生物教育にその内容の充実が求められている。

遺伝子を扱った技術で中心的な役割を果たしているものの一つに，「PCR法（ポリメラーゼ連鎖反応法）」がある。「PCR法」はDNAを増幅するための技術で，分子遺伝学の研究のみならず，生理学，分類学などの研究から医療や犯罪捜査に至るまで，さまざまな分野で大きな役割を果たしている。また，「電気泳動法」はDNAの長さを判断するための技術で，「PCR法」で増幅したDNAなどを解析するのに用いる。

本稿では，これらの手法を用いて，全国的に有名な「**コシヒカリ**」*「あきたこまち」「ひとめぼれ」の3品種のコメをDNA鑑定により判別する実験

方法を紹介する。本実験を通して，高校生が「遺伝子を扱った技術について，その原理と有用性を理解すること」を目的とするとともに，「科学的に探究する能力を育てること」も目指す。

 ## ② 実験の原理

(1) PCR法について

1983年マリス（後にノーベル賞受賞）は，微生

① マイクロチューブ内に入れておくもの

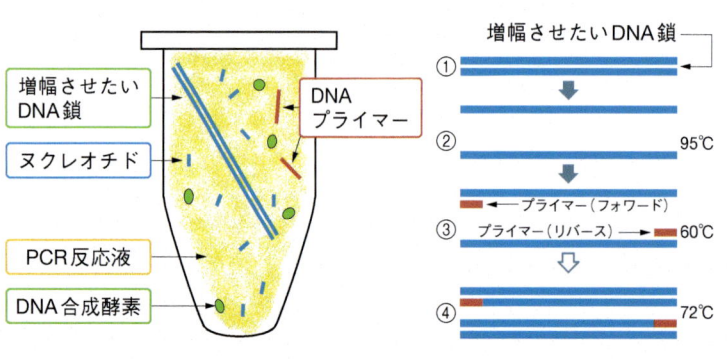

① マイクロチューブに増幅させたい領域を含むDNA鎖，プライマー，DNA合成酵素，4種類のヌクレオチド，PCR反応液などを加えた混合液を用意する。

② チューブを95℃程度に加熱し，2本鎖DNA間の水素結合を切り，1本鎖DNAにさせる（熱変性）。

③ チューブを60℃程度まで冷やして，プライマーを1本鎖DNAに結合させる（アニーリング）。

④ チューブを72℃程度に加熱し，DNA合成酵素の働きによってプライマーに続くDNA鎖を合成する（合成）。

図1 PCR法の原理

物やウイルスを利用することなく，試験管内で目的とするDNA領域を連続して指数的に増幅する技術を発明した。この技術はPCR (polymerase chain reaction・ポリメラーゼ連鎖反応) とよばれる。PCRの成功の鍵は，好熱性の細菌から得られた高温でも失活しないDNAポリメラーゼ (DNA合成酵素) を用いたことであった。

　PCR法ではプライマーとよばれる短い一本鎖DNAが必要である。プライマーには増幅させたいDNA領域の両末端部分の20塩基程度の塩基配列を用いる。増幅させたいDNA領域を挟み込むため，プライマーは必ずフォワード（前側）とリバース（後ろ側）のセットで設計する。PCR法で目的のDNA領域を増幅する場合，始めに2本鎖DNAを高温処理して1本鎖DNAに解離させ（熱変性），次に温度を下げてプライマーを結合させる（アニーリング）。DNAポリメラーゼ（DNA合成酵素）はこれを足場にして結合し，プライマーの後ろに順次ヌクレオチドを付加してDNAを合成する（**図1**）。

(2) 電気泳動法について

　DNAを操作するにあたり，たとえば制限酵素で切断したさまざまな長さのDNA断片などを，その長さの違いにより分離する技術がある。アガロースとよばれる寒天を精製したものを，緩衝液

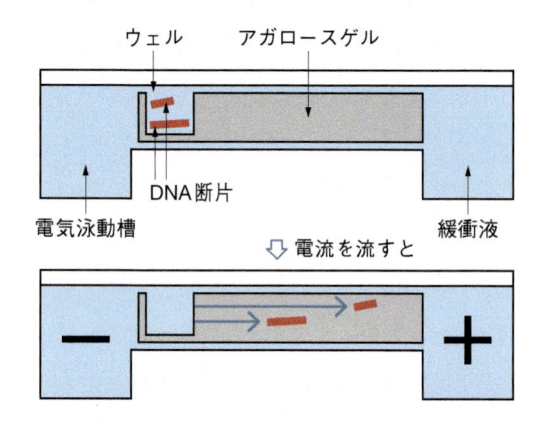

図2 電気泳動法の原理

に溶かし型に流し込んでゲルを作製する。ゲルはアガロースによる微細な網目状の構造になっている。DNAはリン酸に結合しているOH基が水中で電離するため負に荷電している。ゲルに作られた穴（ウェルとよぶ）にDNAを入れ電流を流すと，DNAは＋極に向かって移動する。DNA断片が長いほど網目を通過しづらいため移動しにくく，短いほど移動しやすい（**図2**）。

③ 実験材料

本実験で用いるコメ（「コシヒカリ」[3]「あきたこ

まち」[4]「ひとめぼれ」[5]の3品種）について詳しく説明する。

(1) コメの基礎知識

コメはイネの果実で，トウモロコシ，コムギとともに世界三大穀物とよばれ，人類にとって重要な作物である。アジアで栽培されているイネは，「ジャポニカ」「インディカ」「ジャバニカ」の三つの亜種に分類されるが，日本で栽培されるイネはほぼすべてが「ジャポニカ」である。

イネは品種によって「耐病性」「耐冷性」「耐倒状性」「食味の良さ」などの特性が異なるため，より良い品種の取得を目指して交配がおこなわれ，たくさんの品種が作出されている（**図3**）。

(2) イネ「いもち病」抵抗性遺伝子について

イネには「**いもち病**」*とよばれる重要病害があり，発病すると収量が激減したり食味が悪くなったりして商品価値が低下する。イネには，*Pii*遺伝子*，*Pia*遺伝子などのいもち病抵抗性遺伝子が16種存在すると報告[6]されており，これらの遺伝子が存在するイネはいもち病に強いと考えられている。イネがもつ12本の染色体のうち，*Pii*遺伝子は第9染色体上に，*Pia*遺伝子は第11染色体上に存在する[7]。また，第9染色体には，本実験のPCR法でターゲットとする「コシヒカリ」に特有の領域［「**B43領域**」*と表記する］が存在する（**図4**）。

(3) 3品種の交配歴や特性などについて

表1に平成21年の3品種の全国品種別収穫量の順位，交配歴，特性，いもち病抵抗性遺伝子の有無などについて示す。

次に，**図3**に示したイネの交配例を基に，「あきたこまち」と「ひとめぼれ」に*Pii*遺伝子とB43領域がどう遺伝してきたのかを考えてみよう。「あきたこまち」には奥羽292号の*Pii*遺伝子が，「ひとめぼれ」には「初星」の*Pii*遺伝子と「コシヒカリ」のB43領域が遺伝したと考えられる。

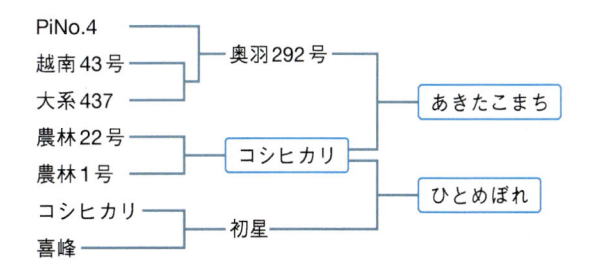

図3 イネの交配例

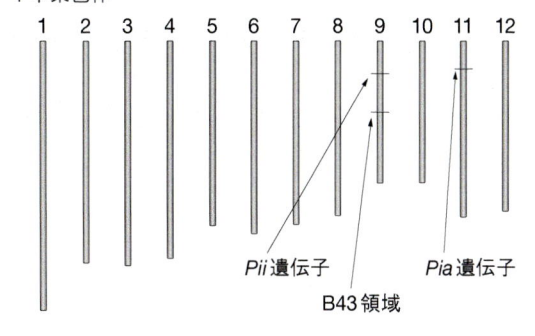

図4 イネ染色体上の遺伝子等の位置

用語解説 *Glossary*

【いもち病】
イネに発生する主な病気の一つで，カビの一種であるイネいもち病菌に感染することで発病する。発病すると収穫量が大きく減り，食味が低下する。イネいもち病真性抵抗性遺伝子（*Pii*遺伝子，*Pia*遺伝子）などをもつ品種は，いもち病に強いと考えられている。

【*Pii*遺伝子】
イネいもち病真性抵抗性遺伝子の一種で，イネの第9染色体に存在すると推定されている。「あきたこまち」や「ひとめぼれ」は*Pii*遺伝子をもっているためいもち病に強いが，「コシヒカリ」は*Pii*遺伝子をもっていないためいもち病に弱いと考えられている。

【B43領域】
「コシヒカリに特有の領域」であり，別な表現をすると「プライマーセット2によって増幅可能な塩基配列をもつ領域」ともいえる。B43領域は，「コシヒカリ」から「ひとめぼれ」に遺伝しているが，「あきたこまち」には遺伝していない。B43領域はイネの第9染色体に存在すると推定されている。

表1 3品種の特徴

		コシヒカリ[3]	あきたこまち[4]	ひとめぼれ[5]
全国品種別収穫量の順位（平成21年）[8]		1位	4位	2位
交配歴（図3参照）		農林22号と農林1号の交配により作出	奥羽292号とコシヒカリの交配により作出	コシヒカリと初星の交配により作出
特性	いもち病抵抗性	葉：弱 穂：弱	葉：やや強 穂：やや強	葉：やや弱 穂： 中
	耐倒伏性	弱	中	やや弱
	耐冷性	極強	中	極強
いもち病抵抗性遺伝子［*Pii*遺伝子］の有無[7]		無	有	有
コシヒカリに特有の［B43領域］の有無[9]		有	無	有
コメに含まれる*Pii*遺伝子とB43領域		B43	Pii	Pii B43

④ 実験の準備と方法・手順

〈機器・器具の準備〉

• サーマルサイクラー

　PCR実験には必須で，PCRをおこなうために反応チューブをヒートブロックにセットして温度を自動的に何回も上げ下げできる装置である。ヒートブロックとは反応チューブを差し込む穴が開いた試験管立てのようなもので，0.2 mLまたは0.5 mLのチューブが収容可能なものがあるが，実験の規模に合わせ，24〜96本の0.2 mLチューブが収容できるものがよい。アプライドバイオシステム（サーモフィッシャーサイエンティフィック），バイオラッド，タカラバイオを始め，多数のメーカーから販売されており，価格は20万円台からあるが，温度精度や温度変化の精度の点から考えるとあまりに安価な装置は避け，40〜60万円くらいのものが良いと思われる。メーカーのキャンペーンなどでディスカウントされることがあるので，これを狙うのがよいかもしれない。

• マイクロピペット

　少量の試薬や溶液を扱うので，マイクロピペットとチップが必要である。実験で使用するマイクロピペットは1〜20 μLが扱えるものが良い。チップは1〜200 μL用のものを使用し，できれば滅菌されているものが良い。

• PCRチューブ

　PCR反応用チューブは0.2 mLと0.5 mLのプラスチック製のものがあるが，通常の実験では0.2 mLでキャップがチューブに直接つけてあるものがよく，8連になったチューブは避けたほうがよい。キャップはフラット型とドーム型があるが，どちらでも実験は可能である。1,000本入で安いものは4,000円程度で購入できる。滅菌されている必要はない。

• DNAポリメラーゼ

　いわゆる耐熱性のDNAポリメラーゼで，多くの試薬会社から販売されている。最近は5,000〜10,000円程度で買える安価なものもあるが，このような酵素はコメからある程度きれいに抽出されたDNAを用いる必要がある。一方，コメの粉からDNAを粗抽出した，あるいは抽出することなく使用できるDNAポリメラーゼが販売されている。たとえば，Mighty Amp DNA Polymerase Ver.2（タカラバイオ）やKOD FX Neo（東洋紡）などで，価格は30,000〜35,000円とかなり高価ではあるが，標的DNA配列を間違いなく増幅できる。なお，酵素であるため−20℃で保存し，反

応液の調製時は氷上に置いておくこと。

• **PCRプライマー**

PCRプライマーは合成を請け負う会社に依頼する。たとえば，ユーロフィンジェノミクス，ファスマック，北海道システムサイエンスなど多数の会社があり，それぞれのウェブサイトから直接発注できる。発注の翌日あるいは数日以内に宅配便で届く。50塩基までくらいなら1塩基当たり50円以下で合成してくれるところも多い。プライマーは精製されていなくてもよいが，無料で逆相カラムでの精製をおこなってくれるサービスがあるので，利用したほうがよい。プライマーの多くは乾燥状態で来るので，滅菌水（精製水）などに溶解し，100 μMのストック溶液を作製し，さらに10倍希釈して10 μMの溶液を作製して，ストック溶液とともに−20℃で冷凍保存する。

なお，本実験では，下に示すプライマーセット1とプライマーセット2の2種類を使用することとしている。

• **電気泳動用試薬**

PCRで増幅した標的DNA断片は電気泳動で確認する。電気泳動には専用の緩衝液を使用する必要がある。通常はTAE緩衝液（40 mM Tris-酢酸，1 mM EDTA）が用いられる。通常は50倍濃度の緩衝液を作製し，これを希釈して使用する。調製済みの市販のものもある（50倍濃度，500 mLで9,000円程度）。また，電気泳動担体としてはアガロースが使用される。DNAの検出には赤色の蛍光物質であるエチジウムブロマイド（EtBr）を使用するが，変異原性があるため必ず手袋を使用し，

手などについたら必ずよく洗い落とす。最近ではEtBrの代わりに変異原性の低いDNA結合蛍光物質（たとえば，RedSafeなど）がある。電気泳動の際には，DNAの長さを測る物差しであるマーカーが必要である。本実験の場合は，1,610塩基対（bp）と830 bpのDNAが増幅するので，100〜2,000 bpのDNAサイズマーカー（たとえば，ニッポンジーンのGene Ladder 100など）が適当であろう。また，電気泳動する前にDNAサンプルにブロムフェノールブルー(BPB)などが入った色素液を入れる。TAE緩衝液，色素液，ゲルの作製法などの詳細は紙面の都合で他書に譲る[10]。

• **電気泳動装置と検出装置**

電気泳動装置は大掛かりなものでなく，電源とセットになった小型のものでよい。たとえば，Mupid-2 Plus（ミューピッド）は電気泳動槽とゲルメーカーがセットになって4万円少々で購入できる。EtBrを使用したDNAの検出には，紫外線（300 nm）を当てて検出する。トランスイルミネーターとよばれる紫外線を発生する観察装置もある。

• **困ったときは**

PCR実験をおこなうためには，いくつかの特殊な装置や器具などが必要で，かなり高額のものも含まれるため，一通り揃えるにはかなりの費用が必要である。近くの大学で遺伝子解析などをおこなっている大学教員に装置や器具の貸し出しで協力を求めるのも一手である。また，全国大学等遺伝子研究支援施設連絡協議会[11]では，器具等の貸し出しをおこなっているので，問い合わせしてみるとよい。

［プライマーセット1（*Pii*遺伝子を増幅するプライマー）][7]

```
フォワード：5'-CCGCAGTTAGATGCACCATTAGAATTGCTTCATTGCCTGTGGA-3'
リバース　：5'-CCGCAGTTAGATCAAGTGGCAAGGTTCCATGTTTGGACTCAA-3'
```

［プライマーセット2（B43領域を増幅するプライマー）][9]

```
フォワード：5'-TGGCCGGCATGACTCAC-3'
リバース　：5'-ACTGGCCGGCATCAAGAC-3'
```

表2 DNA ポリメラーゼの使用例

MightyAmp DNA Polymerase Ver.2（タカラバイオ）チューブ1本当たり50 μL		KOD FX Neo（TOYOBO）チューブ1本当たり50 μL	
2 × MightyAmp Buffer Ver.2（dNTP入り）	25 μL	2 × PCR Buffer for KOD FX Neo	25 μL
10 μM　Pii プライマー フォワード	1.5 μL	2 mM dNTPs	10 μL
10 μM　Pii プライマー　リバース	1.5 μL	10 μM　Pii プライマー フォワード	1.5 μL
10 μM　B43 プライマー フォワード	1.5 μL	10 μM　Pii プライマー　リバース	1.5 μL
10 μM　B43 プライマー　リバース	1.5 μL	10 μM　B43 プライマー フォワード	1.5 μL
精製水（滅菌水）	18 μL	10 μM　B43 プライマー　リバース	1.5 μL
MightyAmp DNA Polymerase	1 μL	精製水（滅菌水）	8 μL
		KOD FX Neo	1 μL

〈実験方法と留意点〉

• 材料・試薬の調製

(1) サンドペーパー（180番）でコメ粒をこすり粉にする。サンドペーパーの研磨剤がコメに混じってもPCR反応には影響はない。ただし，品種の異なるコメの粉が絶対に混じりあわないように注意すること。

(2) 以下に，目的DNA配列が増幅できたDNAポリメラーゼについて2例紹介する。PCR反応液は，実験の前に調製し，氷上に置いておく。チューブ1本分のPCR反応液は**表2**のとおり。一度に多数の反応液のチューブを作製する場合は，それぞれの試薬の量に作製本数をかけて必要量を計算し，まとめて調製した後に各チューブに分注する。なお，分注すると必ず最後に反応液が不足するので，作製本数より1本分（作製本数が多ければそれ以上）多く計算して作製するとよい。1セットの実験で4本（たとえば，A：コメの粉を入れないもの，B，C，D：コシヒカリ，ひとめぼれ，あきたこまちの粉のいずれかを入れるもの）のPCR反応液のチューブが必要である。それぞれのチューブの横の面に油性マジックなどでA〜Dなどの記号を記入しておく。なお，サーマルサイクラーはチューブのフタが結露しないようにフタにヒーター板を押し付けて温めるタイプのものが多い。したがって，フタには絶対に記号を書かないよう注意すること。

(3) コメの粉をツマヨウジで少量とり，PCR反応液に入れる。あらかじめ，PCR反応液でツマヨウジの先2〜3 mmを濡らしてからとるとやりやすい。粉をとりすぎないように注意すること。PCR反応では95℃程度の高温にするので，あまり多いとコメの粉が煮えて糊状になり，反応を阻害してしまう。

(4) チューブのフタをしっかりと閉め，以下のような温度条件に設定したサーマルサイクラーのヒートブロックにセットする。MightyAmp DNA Polymerase Ver.2（タカラバイオ）の場合は，98℃2分を1サイクル，98℃10秒・64℃15秒・68℃1分30秒を35サイクルおこなう。KOD FX Neo (TOYOBO) の場合は，94℃2分を1サイクル，98℃10秒・68℃1分40秒を35サイクルおこなう。PCR反応が終了したらチューブを回収し，すぐに電気泳

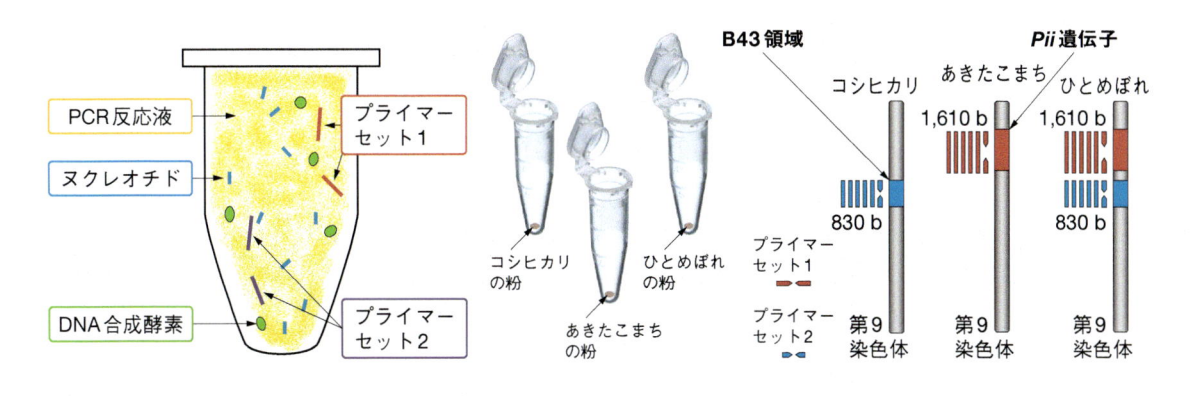

図5 本実験のマイクロチューブ内で起こるPCR反応のイメージ図

動しないなら4℃に保存する。コメの粉が沈殿していても問題ない。

　図5に本実験のマイクロチューブ内で起こるPCR反応のイメージを示す。

　本実験では，3種類のコメに含まれる「*Pii*遺伝子」と「B43領域」を増幅させ，それぞれの遺伝子や領域の有無を調べることにより品種を判別する。マイクロチューブには，*Pii*遺伝子を増幅させるためのプライマーセット1と，B43領域を増幅させるためのプライマーセット2が同時に入れてあり，*Pii*遺伝子とB43領域のDNAを同時に増幅させることができる（**図5左**）。このマイクロチューブを3本用意し，それぞれに「コシヒカリ」「あきたこまち」「ひとめぼれ」の粉を入れて（**図5中**）サーマルサイクラーにセットし，反応を開始すると，コシヒカリでは830 bpの，あきたこまちでは1,610 bpの，ひとめぼれでは830 bpと1,610 bpのDNAがそれぞれのマイクロチューブの中で増幅する（**図5右**）。

⑸　TAE緩衝液で作製した2％アガロースゲルで電気泳動する。ゲルの作製と電気泳動の際にあらかじめ0.5 μg/mLとなるようにEtBrを入れたTAE緩衝液を使うと，あとから染色する手間が省ける。PCR反応液には，1/10量（5 μL）の色素液（BPBなど）を入れ，ア

ガロースゲルの指定のウェルに10 μL程度を順次入れていく。DNAサイズマーカーも忘れずに入れる。電気泳動ゲルは緩衝液に沈めて電気泳動をおこなう（サブマリン式）ので，サンプルをウェルに入れるときもその状態でおこなうことが多いが，慣れないと上手にウェルに入れられない。そこで，泳動槽の外でウェルにサンプルを入れ，その後，ゲルを静かに泳動槽に沈めればほとんど失敗はない。

⑹　ミューピッドを使うなら100Vでおこない，BPBがゲルの半分くらいの位置まで移動したらスイッチを切ってゲルを取り出し，暗いところでUVランプを当てるかトランスイルミネーターに乗せて増幅したDNAを観察する。このとき，UVを直接見ないよう，保護眼鏡などを着用する（UVは角膜を傷つけるため絶対に直接見ないこと）。DNAサイズマーカーで長さを算定し，どのような長さのDNAが増幅されているかを観察する。泳動結果をデジタルカメラなどで撮り，後で画像で確認するのが良い。

⑤ 結果

　図6は電気泳動の結果である。左端はサイズマーカーである。試料Xは1,610 bpのDNAのみ

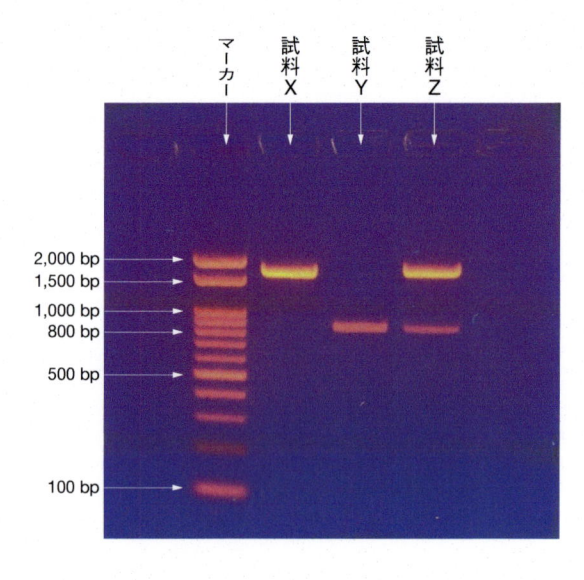

マーカー　試料X　試料Y　試料Z

2,000 bp
1,500 bp
1,000 bp
800 bp
500 bp

100 bp

図6　**電気泳動法の結果**

が増幅されていることから「あきたこまち」，試料Yは830 bpのDNAのみが増幅されていることから「コシヒカリ」，試料Zは1,610 bpと830 bpのDNAがともに増幅されていることから「ひとめぼれ」であることがわかる。

〈発展〉

　筆者らは，遺伝子組換え青いバラや青いカーネーションに組み込まれた青色遺伝子が，パンジー由来かペチュニア由来かをDNA鑑定によって判定する教材[12]も開発している。

 **まとめ**

　以上説明したように，PCR法や電気泳動法を用いてDNA鑑定することによりコメの品種を判別することができる。これらの実験を通して，高校生がPCR法や電気泳動法などの遺伝子を扱った技術について，その原理と有用性を理解するとともに，実験結果を分析・解釈するなどの科学的に探究する能力を身に付けることができるので，是非とも挑戦してもらいたい。

［文 献］

1) 新潟県ホームページ・農林水産業・コシヒカリBL，取得日2017年3月1日〈http://www.pref.niigata.lg.jp/nosanengei/1204823747830.html〉

2) 石崎和彦．新潟県におけるコシヒカリのいもち病真性抵抗性マルチラインの実用化に関する研究．*Jurnal of the Niigata Agricultural Reseach Institute*, **8**, 1–37 (2007).

3) AGROPEDIA　農林認定品種データベース　「コシヒカリ」，取得日2017年3月1日〈http://agriknowledge.affrc.go.jp/RN/4010000100〉

4) 農研機構　東北農業研究センター　水稲冷害研究チーム　図説：東北の稲作と冷害　品種解説：「あきたこまち」，取得日2017年3月1日〈http://www.reigai.affrc.go.jp/zusetu/reitai/hinsyu/akitakomachi.pdf〉

5) AGROPEDIA　農林認定品種データベース「ひとめぼれ」，取得日2017年3月1日〈http://agriknowledge.affrc.go.jp/RN/4010000313〉

6) 林長生．イネいもち病真性抵抗性遺伝子型の推定とその供試菌系．農業生物資源研　微生物遺伝資源利用マニュアル．38 (2015).

7) 中村澄子，鈴木啓太郎，伴義之，西川恒夫，徳永國男，大坪研．いもち病抵抗性に関する同質遺伝子系統「コシヒカリ新潟BL」のDNAマーカーによる品種判別．育種学研究 **8**, 79–87 (2006).

8) 農林水産省大臣官房統計部．平成21年産水稲の全国品種別収穫量（平成22年2月25日公表）(2010).

9) 大坪研一，中村澄子，今村太郎．米のPCR品種判別におけるコシヒカリ用判別プライマーセットの開発．日本農芸化学会誌 **76**, 388–397 (2002).

10) 大藤道衛・編，電気泳動なるほどQ&A改訂版. (羊土社, 2011).

11) 全国大学等遺伝子研究支援施設連絡協議会〈https://www.idenshikyo.jp/〉

12) 山内宗治，田中伸和，竹下俊治，橋本英治，福本伊都子．高等学校生物におけるPCR法を利用した遺伝子判定実験を取り入れた教材開発−遺伝子組換え「青いバラ」を可能にした遺伝子の起源の探究を通して−．広島県立教育センター研究紀要. **40**, 117–134 (2013)., 取得日2017年3月1日〈http://www.hiroshima-c.ed.jp/center/wp-content/uploads/kanko_butu/h24/kenkyu07.pdf〉

山内 宗治 *Souji Yamauchi*

広島県立教育センター　指導主事

1990年，島根大学大学院農学研究科農芸化学専攻修了。1990年〜2011年，広島県内の高等学校で生物担当教諭。この間，2007年に広島大学大学院医歯薬総合研究科医歯科学専攻修了。2011年より現職。

田中 伸和 *Nobukazu Tanaka*

広島大学自然科学研究支援開発センター　教授

1980年，名古屋大学理学部生物学科卒。1987年，名古屋大学大学院農学研究科博士課程後期満了（農学博士）。1987〜1994年，ダイセル化学工業株式会社総合研究所研究員。1994〜1996年，広島大学遺伝子実験施設助手。1996〜2007年，広島大学遺伝子実験施設助教授。2007年より現職（併任：広島大学大学院統合生命科学研究科教授）。専門分野は，植物分子生物学，植物工学，遺伝子組換え安全管理。主な著書に，ゲノム編集入門．（山本卓・編，分担執筆，裳華房，2016），ゲノム編集実験スタンダード（分担執筆，羊土社，2019）など。

【遺伝とDNA】

電気泳動法により
DNAリガーゼの作用を見る
——DNAリガーゼは本当にDNAを連結させるのか

本橋 晃 *Akira Motohashi*

雙葉高等学校 教諭

DNAリガーゼは私たちの細胞でDNA複製時，修復時に働く。DNAリガーゼの作用は電気泳動法を用いると簡便に示すことができる。DNA断片（λDNAを*Hind*IIIで分解したもの）をT4リガーゼと混合し，その試料を電気泳動にかけるとDNA断片よりも移動度の小さなバンドが見られる。そのバンドはDNA断片がいくつか連結したものといえる。

 ## はじめに

　本校の高校1年生は「生物基礎（3単位必修）」を履修する。DNAの単元では「生物」の内容を多く含めており，実験・観察では電気泳動をおこなわせている。電気泳動法については教科書にも詳細な記述がある。以前はλDNA（バクテリオファージの1種λファージのDNA）の制限酵素による断片を泳動し，移動距離と断片の長さとの関係のグラフを作成させていたが[1)2)]，現在では一歩進めて，DNAリガーゼの作用を示す実験を加えている。DNAリガーゼは，私たちの細胞内でDNA複製時にプライマーと岡崎フラグメントの接着，プライマーとリーディング鎖の接着に働き，また傷ついたDNAの修復時に働く重要な酵素である。一方でDNAリガーゼは，バイオテクノロジーでの遺伝子組換えにおいて必須の酵素であり，プラスミド内にDNA断片を挿入する際に用いられる。

 ## 授業における実験の目的

　実験のタイトルは「DNAの電気泳動実験・DNAの連結実験」で，目的は以下のとおり。①DNA鑑定でも利用されている電気泳動法を体験する。②電気泳動によりDNAの断片が，長さによって分離されることを観察する。③片対数グラフを利用し，DNA断片の移動距離と長さの関係を調べる。④DNAリガーゼの作用を確認する。

 ## 実験の材料と方法

〈材料〉

　DNAリガーゼは，T4リガーゼ（バクテリオファージの一種T4ファージ由来，クローン化されたもの）（タカラバイオ社）を用いた。DNAリガーゼは二本鎖DNAの5'末端（リン酸基末端）と3'末端（水酸基末端）をつなぎ合わせ，ホスホ

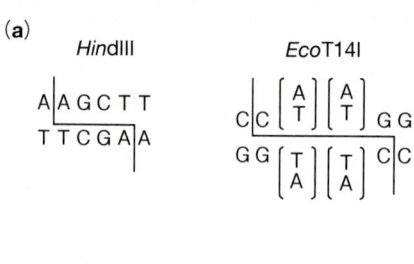

(a)

HindIII　　　　　EcoT14I

(b)

HindIII

$$\begin{bmatrix} 23130 & 9416 & 6557 \\ 4361 & 2322 & 2027 \\ 564 & 125 & \\ \end{bmatrix}$$

EcoT14I

$$\begin{bmatrix} 19329 & 7743 & 6223 \\ 4254 & 3472 & 2690 \\ 1882 & 1489 & 925 \\ 421 & 74 & \\ \end{bmatrix}$$

(c)

図1	λDNA と制限酵素との関係

(a)　*Hind*III および *Eco*T14I の認識部位。*Eco*T14I の〔　〕はどちらでもよいので，計4通りある。

(b)　*Hind*III および *Eco*T14I をそれぞれλDNA に作用させたときに生じる DNA 断片の長さを長い順に記した。単位は kb。

(c)　λDNA の制限酵素（*Hind*III）地図。

ジエステル結合の形成を触媒する酵素である[3]。T4リガーゼに関しては，末端形状によりライゲーション（連結）効果に差があり，平滑末端より突出末端の方がかなり高いこと，さらに突出末端間でも末端塩基配列の違いにより効果が異なり，以下のような傾向があることがわかっている[4]。

　　*Hind*III ＞ *Pst*I ＞ *Eco*RI ＞ *Bam*HI ＞ *Sal*I

　つまり，*Hind*IIIによる切断部位の連結が最も早いということである。そこで実験材料の基質として，λDNAの*Hind*IIIによる断片（タカラバイオ社，電気泳動用マーカーとして販売されているもの，以下*Hind*III断片と略す。DNA濃度は0.5 μg/μL）を用いた。λDNAの全長は48502bpであり，ファージの頭部の中では線状である[5]。電気泳動実験では*Hind*III断片のほか，λDNAの*Eco*T14Iによる断片（タカラバイオ社，電気泳動用マーカーとして販売されているもの，以下*Eco*T14I断片と略す。DNA濃度は0.5 μg/μL）も

用いた。両者とも使用前に60℃，5分間の熱処理を施した。それはλDNAの両端の断片の結合を切るためである。*Hind*IIIとそれぞれの認識部位，*Hind*III断片，*Eco*T14I断片の長さおよびDNAの制限酵素（*Hind*III）切断地図を**図1**に示した。

　本実験で調製する試薬は以下のとおりである。電気泳動バッファー（TAEバッファー）の組成は，トリス4.84 g，酢酸1.14 mL，EDTA 2Na・2H$_2$O 0.37 gを蒸留水に溶かして1 Lとした。アガロースゲルは，Agarose S（富士フィルム和光純薬株式会社）をTAEバッファーに1％の濃度に溶かして作製した。DNA溶液は次のように作製した。*Hind*III（または*Eco*T14I）断片溶液は*Hind*III（または*Eco*T14I）断片（原液）：TAEバッファー：5倍濃度のローディングバッファー＝1：3：1の比で混合した。5倍濃度のローディングバッファーは*Hind*III断片溶液に添付されている6倍濃度の

ローディングバッファー（グリセリン, Bromophenol Blue等が含まれる）を蒸留水で希釈すればよい（6倍濃度のローディングバッファーにその1/5量の蒸留水を加える）。T4リガーゼ溶液は次のように作製した。T4リガーゼ（原液）：T4リガーゼに添付されているバッファー：蒸留水：5倍濃度のローディングバッファー＝1:1:2:1の比で混合した。

〈**方法**〉

　本実験は**図2**に示すように2時間続きの授業に組み込んでいる。最初の1時間は実験の目的, 内容を説明し, その後マイクロピペットの練習をおこなわせる。練習では余分に作製したゲルを水の入ったシャーレの中に入れ, 泳動用バッファーで希釈したローディングバッファーをマイクロピペットを用いてウェルに入れさせる。各班には*Hind*III断片溶液（15 μL以上）, *Eco*T14I断片溶液（10 μL以上）, T4リガーゼ溶液（5 μL）の3種の試料をマイクロチューブに入れて配布し, 生徒には次の操作をおこなわせる。①*Hind*III断片溶液5 μLとT4リガーゼ溶液5 μLとを混合し, ゆっくりとピペッティングを数回おこなったのち3分間以上室温で放置する。マイクロチューブの落下やマイクロピペットの操作により, 試料がマイクロチューブの壁に付着したり, 泡が立った場合は小型の遠心分離機で数秒間遠心すると試料がチューブの底に集まる（この操作は教師側でおこなう）ので, 生徒にはそのことを伝え, 必要な場合には申し出ることを伝える。②ゲルのレーン1と3のウェルに*Hind*III断片を5 μLずつ入れる。③ゲルのレーン2と4のウェルに*Eco*T14I断片を5 μLずつ入れる。④ゲルのレーン5のウェルに①の試料を全量入れる。なお, ゲルの作製は時間に余裕があれば生徒におこなわせるが, そうでない場合は教師側でおこなう。⑤電気泳動装置はMupid-2plus（アドバンス社）を用い, 泳動は100 Vで約40分間電気泳動をおこなう。30分間の泳動で解析は十分できるが, 片対数グラフ作成のため

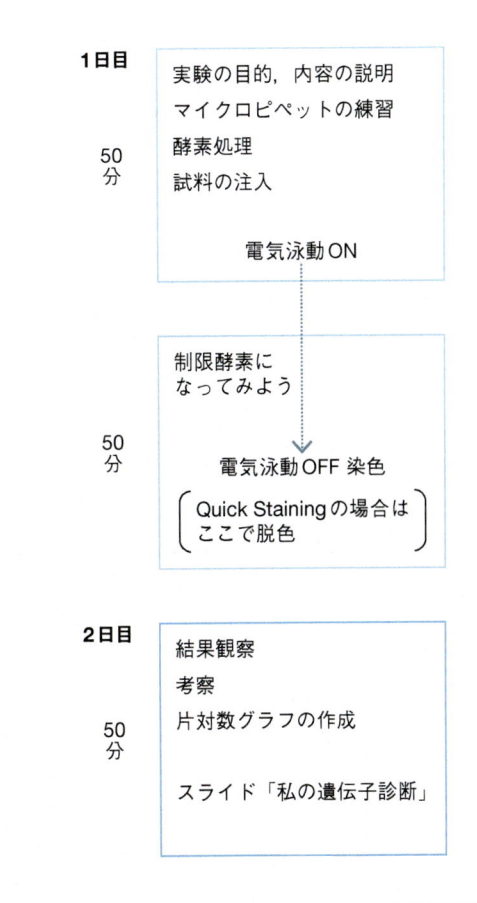

図2　本実験を組み込んだ「生物基礎」の授業の流れ
1日目は2時間続きの授業である。

にはバンド間の距離の差が大きい方がよいので, 長めに泳動している。⑥泳動後, ゲルを染色液の入ったタッパーに入れる。電気泳動におけるDNAのバンドの染色は*BIO-RAD*社から出されているFast Blast DNA Stain（以下Fast Blastと略す）を用いている。Fast Blastは毒性が低く, 無処理のまま捨てられるため, 安全に, 簡便に使用することができる。Fast Blastによる染色の仕方には, 濃度の高い染色液を用いて15分程度でバンドを検出することができるQuick Stainingと, 濃度の低い染色液を用いて長時間かけてバンドを検出するOvernight Stainingとがある。筆者はおもにOvernight Stainingをおこなっている。その理由はQuick Stainingであればその時間内に結果が確認できるが, 水洗による脱色に15分程度

```
21481 tttggggacg aaaaccacat cgtcgtttga ttacgggacg aaaacaacag gcagtttcga
21541 ttacggcacc aaatcgacga ataacacggg ggctcatgct cacagtctga gcggttcaac
21601 aggggccgcg ggtgctcatg cccacacaag tggtttaagg atgaacagtt ctggctggag
21661 tcagtatgga acagcaacca ttacaggaag tttatccaca gttaaaggaa ccagcacaca
21721 gggtattgct tatttatcga aaacggacag tcagggcagc cacagtcact cattgtccgg
21781 tacagccgtg agtgccggtg cacatgcgca tacagttggt attggtgcgc accagcatcc
21841 ggttgttatc ggtgctcatg cccattcttt cagtattggt tcacacggac acaccatcac
21901 cgttaacgct gcgggtaacg cggaaaacac cgtcaaaaac attgcattta actatattgt
21961 gaggcttgca taatggcatt cagaatgagt gaacaaccac ggaccataaa aatttataat
22021 ctgctggccg gaactaatga atttattggt gaaggtgacg catatattcc gcctcatacc
22081 ggtctgcctg caaacagtac cgatattgca ccgccagata ttccggctgg ctttgtggct
22141 gttttcaaca gtgatgaggc atcgtggcat ctcgttgaag accatcgggg taaaaccgtc
22201 tatgacgtgg cttccggcga cgcgttattt atttctgaac tcggtccgtt accggaaaat
22261 tttacctggt tatcgccggg aggggaatat cagaagtgga acggcacagc ctgggtgaag
22321 gatacggaag cagaaaaact gttccggatc cgggaggcgg aagaaacaaa aaaaagcctg
22381 atgcaggtag ccagtgagca tattgcgccg cttcaggatg ctgcagatct ggaaattgca
22441 acgaaggaag aaacctcgtt gctggaagcc tggaagaagt atcgggtgtt gctgaaccgt
22501 gttgatacat caactgcacc tgatattgag tggcctgctg tccctgttat ggagtaatcg
22561 ttttgtgata tgccgcagaa acgttgtatg aaataacgtt ctgcggttag ttagtatatt
22621 gtaaagctga gtattggttt atttggcgat tattatcttc aggagaataa tggaagttct
22681 atgactcaat tgttcatagt gtttacatca ccgccaattg cttttaagac tgaacgcatg
22741 aaatatggtt tttcgtcatg ttttgagtct gctgttgata tttctaaagt cggtttttttt
22801 tcttcgtttt ctctaactat tttccatgaa atacattttt gattattatt tgaatcaatt
22861 ccaattacct gaagtctttc atctataatt ggcattgtat gtattggttt attggagtag
22921 atgcttgctt ttctgagcca tagctctgat atccaaatga agccataggc atttgttatt
22981 ttggctctgt cagctgcata acgccaaaaa atatatttat ctgcttgatc ttcaaatgtt
23041 gtattgatta aatcaattgg atggaattgt ttatcataaa aaattaatgt ttgaatgtga
23101 taaccgtcct ttaaaaaagt cgtttctgca agcttggctg tatagtcaac taactcttct
23161 gtcgaagtga tatttttagg cttatctacc agttttagac gctctttaat atcttcagga
23221 attattttat tgtcatattg tatcatgcta aatgacaatt tgcttatgga gtaatctttt
23281 aattttaaat aagttattct cctggcttca tcaaataaag agtcgaatga tgttggcgaa
23341 atcacatcgt caccccattgg attgtttatt tgtatgccaa gagagttaca gcagttatac
23401 attctgccat agattatagc taaggcatgt aataattcgt aatcttttag cgtattagcg
23461 acccatcgtc tttctgattt aataatagat gattcagtta aatatgaagg taatttcttt
23521 tgtgcaagtc tgactaactt ttttatacca atgtttaaca tactttcatt tgtaataaac
23581 tcaatgtcat ttcttcaat gtaagatgaa ataagagtag cctttgcctc gctatacatt
23641 tctaaatcgc cttgtttttc tatcgtattg cgagaatttt tagcccaagc cattaatgga
23701 tcatttttcc atttttcaat aacattattg ttataccaaa tgtcatatcc tataatctgg
23761 tttttgtttt tttgaataat aaatgttact gttcttgcgg tttggaggaa ttgattcaaa
23821 ttcaagcgaa ataattcagg gtcaaaatat gtatcaatgc agcatttgag caagtgcgat
23881 aaatctttaa gtcttcttttc ccatggtttt ttagtcataa aactctccat tttgataggt
23941 tgcatgctag atgctgatat attttagagg tgataaaatt aactgcttaa ctgtcaatgt
24001 aatacaagtt gtttgatctt tgcaatgatt cttatcagaa accatatagt aaattagtta
24061 cacaggaaat ttttaatatt attattatca ttcattatgt attaaaatta gagttgtggc
24121 ttggctctgc taacacgttg ctcataggag atatggtaga gccgcagaca cgtcgtatgc
24181 aggaacgtgc tgcggctggc tggtgaactt ccgatagtgc gggtgttgaa tgatttccag
24241 ttgctaccga ttttacatat tttttgcatg agagaatttg taccacctcc caccgaccat
24301 ctatgactgt acgccactgt ccctaggact gctatgtgcc ggagcggaca ttacaaacgt
24361 ccttctcggt gcatgccact gttgccaatg acctgcctag gaattggtta gcaagttact
24421 accggatttt gtaaaaacag ccctcctcat ataaaaagta ttcgttcact tccgataagc
24481 gtcgtaattt tctatctttc atcatattct agatccctct gaaaaaatct tccgagtttg
24541 ctaggcactg atacataact cttttccaat aattggggaa gtcattcaaa tctataatag
24601 gtttcagatt tgcttcaata aattctgact gtagctgctg aaacgttgcg gttgaactat
24661 atttccttat aacttttacg aaagagtttc tttgagtaat cacttcactc aagtgcttcc
24721 ctgcctccaa acgatacctg ttagcaatat ttaatagctt gaaatgatga agagctctgt
24781 gtttgtcttc ctgcctccag ttcgccgggc attcaacata aaaactgata gcacccggag
24841 ttccggaaac gaaatttgca tatacccatt gctcacgaaa aaaaatgtcc ttgtcgatat
24901 agggatgaat cgcttggtgt acctcatcta ctgcgaaaac ttgacctttc tctcccatat
24961 tgcagtcgcg gcacgatgga actaaattaa taggcatcac cgaaaattca ggataatgtg
25021 caataggaag aaaatgatct atatttttttg tctgtcctat atcaccacaa aatggacatt
25081 tttcacctga tgaaacaagc atgtcatcgt aatatgttct agcgggtttg tttttatctc
25141 ggagattatt ttcataaagc ttttctaatt taacctttgt caggttacca actactaagg
25201 ttgtaggctc aagagggtgt gtcctgtcgt aggtaaataa ctgacctgtc gagcttaata
25261 ttctatattg ttgttctttc tgcaaaaaag tggggaagtg agtaatgaaa ttatttctaa
25321 catttatctg catcatacct tccgagcatt tattaagcat ttcgctataa gttctcgctg
25381 gaagaggtag tttttcatt gtactttacc ttcatctctg ttcattatca tcgcttttaa
25441 aacggttcga ccttctaatc ctatctgacc attataattt tttagaatgg tttcataaga
25501 aagctctgaa tcaacggact gcgataataa gtggtggtat ccagaatttg tcacttcaag
25561 taaaaacacc tcacgagtta aaacacctaa gttctcaccg aatgtctcaa tatccggacg
25621 gataatattt attgcttctc ttgaccgtag gactttccac atgcaggatt ttggaacctc
25681 ttgcagtact actggggaat gagttgcaat tattgctaca ccattgcgtg catcgagtaa
25741 gtcgcttaat gttcgtaaaa aagcagagag caaaggtgga tgcagatgaa cctctggttc
25801 atcgaataaa actaatgact tttcgccaac gacatctact aatcttgtga tagtaaataa
25861 aacaattgca tgtccagagc tcattcgaag cagatatttc tggatattgt cataaaacaa
25921 tttagtgaat ttatcatcgt ccacttgaat ctgtggttca ttacgtctta actcttcata
25981 tttagaaatg aggctgatga gttccatatt tgaaaagttt tcatcactac ttagtttttt
26041 gatagcttca agccagagtt gtctttttct atctactctc atacaaccaa taaatgctga
26101 aatgaattct aagcggagat cgcctagtga ttttaaacta ttgctggcag cattcttgag
26161 tccaatataa aagtattgtg taccttttgc tgggtcaggt tgttctttag gaggagtaaa
26221 aggatcaaat gcactaaacg aaactgaaac aagcgatcga aaatatccct ttgggattct
26281 tgactcgata agtctattat tttcagagaa aaaatattca ttgttttctg ggttggtgat
26341 tgcaccaatc attccattca aaattgttgt tttaccacac ccattccgcc cgataaaagc
26401 atgaatgttc gtgctgggca tagaattaac cgtcacctca aaaggtatag ttaaatcact
26461 gaatccggga gcactttttc tattaaatga aaagtggaaa tctgacaatt ctggcaaacc
26521 atttaacaca cgtgcgaact gtccatgaat ttctgaaaga gttacccctc taagtaatga
26581 ggtgttaagg acgctttcat tttcaatgtc ggctaatcga tttggccata ctactaaatc
26641 ctgaatagct ttaagaaggt tatgtttaaa accatcgctt aatttgctga gattaacata
26701 gtagtcaatg ctttcaccta aggaaaaaaa catttcaggg agttgactga atttttatc
26761 tattaatgaa taagtgctta cttcttcttt ttgacctaca aaaccaattt taacatttcc
26821 gatatcgcat ttttcaccat gctcatcaaa gacagtaaga taaaacattg taacaaagga
26881 atagtcattc caaccatctg ctcgtaggaa tgccttattt ttttctactg caggaatata
26941 cccgcctctt tcaataacac taaactccaa catatagtaa cccttaattt tattaaaata
27001 accgcaattt atttggcggc aacacaggat ctctctttta agttactctc tattacatac
27061 gttttccatc taaaaattag tagtattgaa cttaacgggg catcgtattg tagttttcca
27121 tatttagctt tctgcttcct tttggataac ccactgttat tcatgttgca tggtgcactg
27181 tttataccaa cgatatagtc tattaatgca tatatagtat cgccgaacga ttagctcttc
27241 aggcttctga agaagcgttt caagtactaa taagccgata gatagccacg gacttcgtag
27301 ccatttttca taagtgttaa cttccgctcc tcgctcataa cagacattca ctacagttat
27361 ggcggaaagg tatgcatgct gggtgtgggg aagtcgtgaa agaaaagaag tcagctgcgt
27421 cgtttgacat cactgctatc ttcttactgg ttatgcaggt cgtagtgggt ggcacacaaa
27481 gctttgcact ggattgcgag gctttgtgct tctctggagt gcgacaggtt tgatgacaaa
27541 aaattagcgc aagaagacaa aaatcacctt gcgctaatgc tctgttacag gtcactaata
27601 ccatctaagt agttgattca tagtgactgc atatgttgtg ttttacagta ttatgtagtc
27661 tgttttttat gcaaaatcta atttaatata ttgatattta tatcatttta cgtttctcgt
27721 tcagcttttt tatactaagt tggcattata aaaaagcatt gcttatcaat ttgttgcaac
27781 gaacaggtca ctatcagtca aaataaaatc attatttgat ttcaattttg tcccactccc
27841 tgcctctgtc atcacgatac tgtgatgcca tggtgtccga cttatgcccg agaagatgtt
27901 gagcaaactt atcgcttatc tgcttctcat agagtcttgc agacaaactg cgcaactcgt
27961 gaaaggtagg cggatcccct tcgaaggaaa gacctgatgc ttttcgtgcg cgcataaaat
28021 accttgatac tgtgccggat gaaagcggtt cgcgacgagt agatgcaatt atggtttctc
28081 cgccaagaat ctctttgcat ttatcaagtg tttccttcat tgatattccg agagcatcaa
28141 tatgcaatgc tgttgggatg gcaattttta cgcctgtttt gctttgctcg acataaagat
28201 atccatctac gatatcagac cacttcattt cgcataaatc accaactcgt tgcccggtaa
28261 caacagccag ttccattgca agtctgagcc aacatggtga tgattctgct gcttgataaa
28321 ttttcaggta ttcgtcagcc gtaagtcttg atctccttac ctctgatttt gctgcgcgag
28381 tggcagcgac atggtttgtt gttatatggc cttcagctat tgcctctcgg aatgcatcgc
28441 tcagtgttga tctgattaac ttggctgacg ccgccttgcc ctcgtctatg tatccattga
28501 gcattgccgc aatttctttt gtggtgatgt cttcaagtgg agcatcaggc agacccctcc
28561 ttattgcttt aattttgctc atgtaattta tgagtgtctt ctgcttgatt cctctgctgg
28621 ccaggatttt ttcgtagcga tcaagccatg aatgtaacgt aacggaatta tcactgttga
28681 ttctcgctgt cagaggcttg tgtttgtgtc ctgaaaataa ctcaatgttg gcctgtatag
28741 cttcagtgat tgcgattcgc ctgtctctgc ctaatccaaa ctctttaccc gtccttgggt
28801 ccctgtagca gtaatatcca ttgtttctta tataaaggtt aggggtaaa tcccggcgct
28861 catgacttcg ccttcttccc atttctgatc ctcttcaaaa ggccacctgt tactggtcga
28921 tttaagtcaa cctttaccgc tgattcgtgg aacagatact ctcttccatc cttaaccgga
28981 ggtgggaata tcctgcattc ccgaacccat cgacgaactg tttcaaggct tcttggacgt
29041 cgctggcgtg cgttccactc ctgaagtgtc aagtacatcg caaagtctcc gcaattacac
29101 gcaagaaaaa accgccatca ggcggcttgg tgttctttca gttcttcaat tcgaatattg
```

図3　生徒に配布したλDNAの塩基配列の一部（21481～29160）**を載せた資料**

米国国立生物工学情報センター（NCBI: National Center for Biotechnology Information）のデータベースよりダウンロードした（本橋2010 2015）。一重下線で示した部分に*Hin*dIIIの切断部位が（計3ヵ所），二重下線で示した部分に*Eco*T14Iの切断部位が（計5ヵ所）あることがわかる。

の時間を要することと，Overnight Stainingでは何日経過してもDNAのバンドは消えず，観察可能であることである。

泳動中には，次のことを実施している。λDNAの塩基配列の一部を印刷し（**図3**），“制限酵素になってみよう”と題して生徒一人ひとりに制限酵素の作用する部位を探す操作をおこなわせる。たとえば1班4人の場合，Aさんはプリント左半分の*Hin*dIIIの認識部位を，Bさんはプリント右半分の*Hin*dIIIの認識部位を，Cさんはプリント左半分の*Eco*T14Iの認識部位を，Dさんはプリント右半分の*Eco*T14Iの認識部位を担当させる。**図3**の範囲では，4人とも認識部位を少なくとも1カ所は探すことができる。これには約15分かけている。この実習には生徒は真剣に取り組み，認識部位を見つけると，「あった～!!」と歓喜の声を上げていた［**図4(a)**］。生徒は**図2**の2日目には染色されたゲルを観察する。ゲルはそのままでも観察できるが，ライトボックスにラップを敷き，その上にへらを用いてゲルを載せるとよりバンドが見やすい［**図4(b)**］。

④ 実験結果

すべての実験授業についていえることであるが，生徒は結果を見る前に，予想あるいは仮説を立てることが必要であり，重要である。それなしでは，

図4　授業中の生徒の様子

(a) 生徒が図3の資料をもとに制限酵素の作用部位を手分けして探している様子。

(b) 2日目，ライトボックスにゲルを載せ，実験結果を観察している様子。

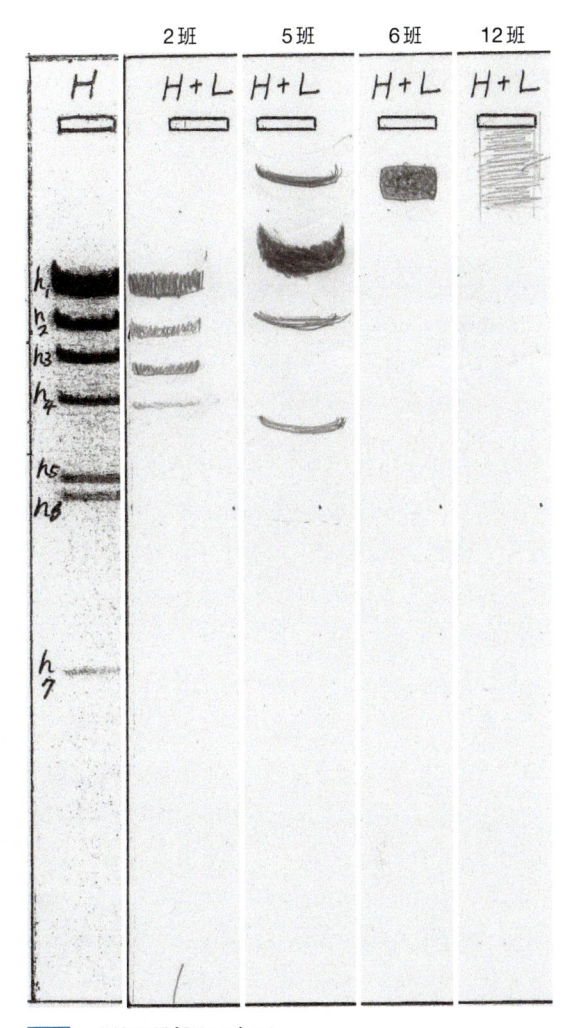

図5　生徒の予想のいくつか

2班以外は移動距離の短いバンド（長さの長いDNA）が形成されると予想している。

ただやらされている感じとなったり，「どうなればよいのですか？」という質問まで出てくる。今回の実験の生徒の予想を**図5**に示す。生徒には*Hin*dIII断片とDNAリガーゼを混ぜた試料（H＋L）が電気泳動でどのような像になるかを図示させた。生徒に予想させるにあたり，**図6**に示す内容は伝えておいた。多くの生徒が（H＋L）は移動距離の短いバンドが生じる予想を立てていた。

　本来，DNAリガーゼによるDNAの連結実験は，グリセリンやBromophenol Blueを含むローディングバッファー中ではおこなわない。本稿の方法は，高等学校の授業で実施するためにできるだけ操作を簡便にしたものである。しかしながら十分に連結反応は見られた（**図7**）。筆者による実験および生徒実験の結果いずれにおいても，レー

ン（H＋L）のバンドがレーンHで見られる断片より移動度の小さいバンドになっていることがわかる。つまりT4リガーゼの働きによりDNA断片が結合したことが示された。主要な連結産物のバンドの移動度は，常に一定とは限らない。またそのバンド（DNA）の長さは，大き過ぎるため測定は困難である。生徒実験では班によっては主要な連結産物の下に連結されなかった断片，あるいは長さの異なる連結産物と思われるバンドが見られた（結果は示していない）。そのような結果が生じた原因は不明であるが，*Hin*dIII断片溶液とT4リガーゼ溶液の混ざり具合が十分でなかったこと

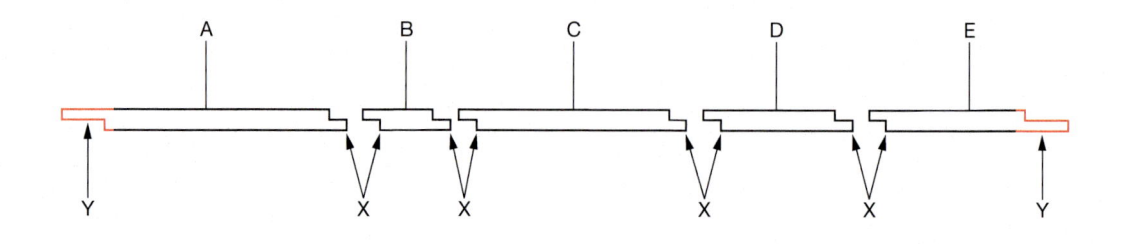

図6 線状の**DNA**から生じる制限酵素による断片の簡単なモデル

Xは制限酵素による切断部位，両端のYの部分はλDNAでは相補的になっており，結合して環状になることができる。

が考えられるので，両者を混合する際には十分ピペッティングをする必要があるだろう。DNA断片の大きさと移動距離との関係を片対数グラフにする課題は，以下のようにおこなっている。**図8a，b**は授業で生徒に配布したワークシートである。こちらがあらかじめ得た泳動像の写真を拡大して載せている［**図8(a)**］。まずそれに，自分たちの結果より確認できたバンドの記号を丸で囲む。*Hin*dIII断片に関しては全員h1〜h6のバンドが確認でき，中にはh7のバンドも確認できた班があった。*Eco*T14I断片については全員e1〜e9のバンドが確認でき，中にはe10のバンドも確認できた班があった。そして*Hin*dIII断片とT4リガーゼを混合させた試料の泳動像をスケッチさせる［**図8(a)**］。次に*Hin*dIII断片，*Eco*T14I断片に関して，ウェルの下端から各バンドの中央までの長さを移動距離として定規で測らせる。移動距離を表にまとめ［**図8(b)**］，それぞれのバンドの大きさ（塩基対数）と対応させて片対数のグラフ用紙にプロットさせ，グラフを作成させる［**図8(c)**］。

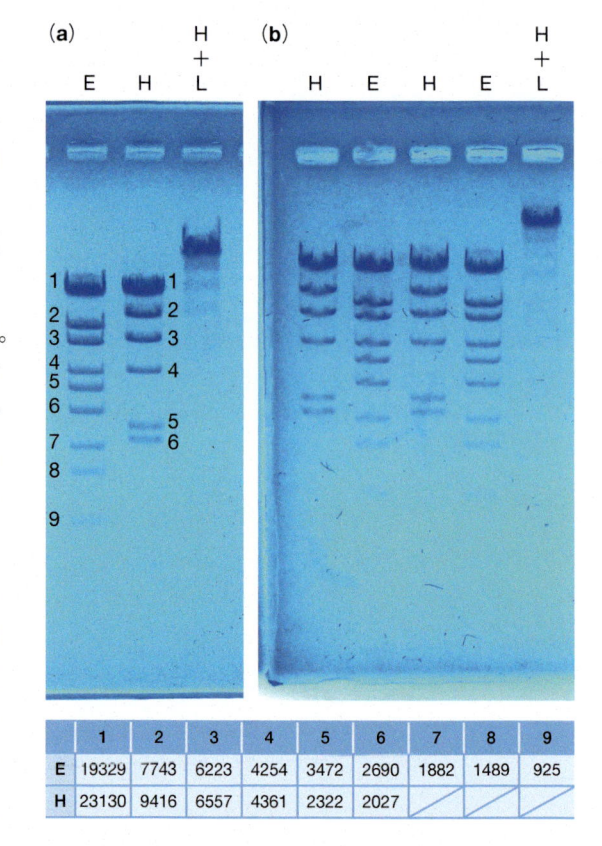

	1	2	3	4	5	6	7	8	9
E	19329	7743	6223	4254	3472	2690	1882	1489	925
H	23130	9416	6557	4361	2322	2027			

図7 筆者の実験結果 (a) および生徒の実験結果 (b)

Hは*Hin*dIII断片のみ，Eは*Eco*T14I断片のみ，H＋Lは*Hin*dIII断片とDNAリガーゼを混合したもの。

(b) ではHとEは同一試料をそれぞれ二つのウェルに入れて泳動した。E，Hにおける各バンドの長さ (bp) は上表のとおり。

⑤ 結果の解釈

*Hin*dIII断片がT4リガーゼによって連結したものは一体どのようなものなのだろうか。簡単なモデルを**図6**に示す。仮にλDNAが五つの断片A，B，C，D，Eに分かれたとする。T4リガーゼにより，同じ切断場所であるXどうしが結合する。その場合の結合の仕方は無数にあり，生じる連結産物の長さもいろいろである。つまり*Hin*dIII断片がT4リガーゼによって連結されたとしても，必ずしも

(a) スケッチ

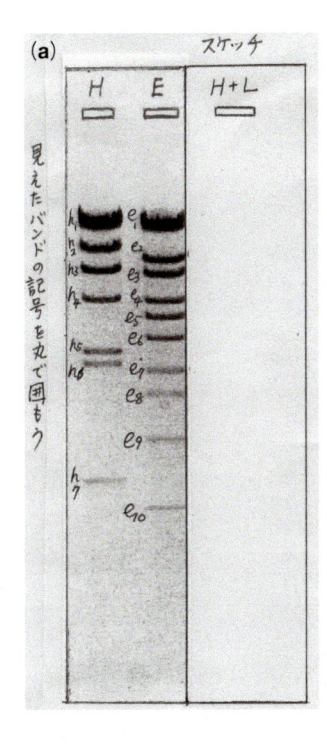

(b)

バンド	移動距離 (mm)	長さ (bp)
h 1		
h 2		
h 3		
h 4		
h 5		
h 6		
h 7		+125
e 1		
e 2		
e 3		
e 4		
e 5		
e 6		
e 7		
e 8		
e 9		
e 10		+74

(c)

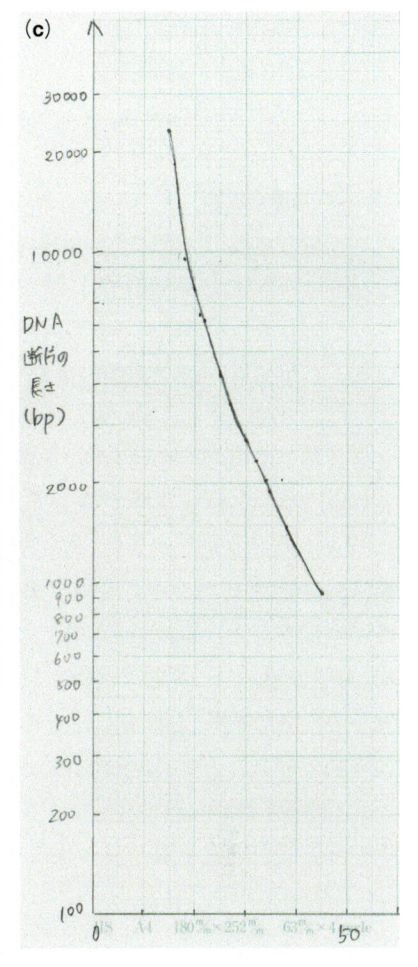

図8 生徒に配布したワークシートの一部を示す

(a) *Hind*III断片，*Eco*T14I断片の電気泳動像を示し，自分たちの実験の結果，見られたバンドの記号に丸をつけさせる。DNAリガーゼによる連結産物の泳動像ををスケッチさせる。

(b) 各バンドの移動距離を定規で測定させ，表中に記入させる。

(c) (b) の結果から，移動距離とDNA断片の長さとの関係をグラフにさせた。横軸は移動距離（単位はmm），縦軸はDNA断片の長さ（単位はbp）。

もとのλDNAになるわけではない。実際，遺伝子組換えでプラスミドにある遺伝子を組み込む場合も，その遺伝子がプラスミドに逆向きに入ったり，また入らないこともある。そして長さにもよるが，複数入る場合もある。もし，両端のYをもつ断片AまたはEが結合すると，ここで連結が終わるという見方ができる。しかし，λDNAはファージの頭部内では線状であるが，感染時に大腸菌内では環状になることが知られている[5]。よってYどうしも結合する可能性は否定できない。それを考えると連結したDNAは無限の大きさになる。しかしながら電気泳動像を見る限りでは，ある範囲内に収束している（**図7**）。この理由は不明である。ただ，Yどうしの連結は，感染時に大腸菌内の酵素を使っておこなわれる[5]ので，YをもつAまたはEが結合すると，そこで連結が終わるという可能性がある。

6 おわりに

本実験は2時間続きの授業でなくても行程を分ければ，1時間ずつの授業でも実施可能である。たとえば，1日目に実験の目的，解説等をおこない，2日目に電気泳動をおこなえばよい。本校では各班に電気泳動装置を1台ずつ用意したが，クラスに1台しかなくても実験・観察は可能である。「生物」のような選択授業で人数があまり多くな

ければ，幅の広い大きなゲルでウェルを17個用いれば1台の電気泳動装置でも十分実施は可能である。

〈今後の発展と課題〉

　本実験の結果の解釈については，高校1年生にとっては内容的に少々難しく，また時間も限られていこともあり，教師側からの説明が主になっている。しかし高校2，3年生の選択「生物」で実施すれば，生徒がさまざまな考察をすることは可能であろう。結果は示していないが，*Hin*dIII断片とT4リガーゼを混合した試料（連結産物）を60℃の熱処理を施してT4リガーゼを失活させた後，*Hin*dIIIを作用させると再び断片に分かれることが示された。本校の「生物」の授業（高等学校3年）では，分子生物学的な実験・観察として，大腸菌の形質転換（GFP遺伝子を導入する，光る大腸菌の作製），PCR法を用いてALDH2の遺伝子型の遺伝子診断をおこなっている。今後DNAリガーゼと制限酵素を組み合わせた実験も「生物」の授業に組み込ませることができるか否かを検討したい。

［文 献］

1) 本橋晃. 生物の科学 遺伝 **64(1)**, 83–88 (2010). (この文献では4361bpの長さの*Hin*dIII断片を4316 bpと誤って記してあるので注意されたい)

2) 本橋晃ほか 実験単. (原島広至・監修) pp.148–158 (エヌ・ティー・エス, 2015).

3) 田村隆明. 取扱いの基本と抽出. 精製. 分離. 改訂 遺伝子工学実験ノート 上 DNAを得る pp.89–103 (羊土社, 2001). (この本は電気泳動の方法についても詳細に記されているので参考にされたい。)

4) Hayashi, K., Nakazawa, M., Ishizaki, Y. & Obayashi, A. *Nucleic Acid Res.* **13**, 3261–3271 (1985).

5) Mark Ptashne 図解 遺伝子の調節機構―λファージの遺伝子スイッチ―. (堀越正美・訳) pp.13–84. (オーム社, 2006).

本橋 晃 *Akira Motohashi*

雙葉高等学校 教諭

東京学芸大学卒業，同大学院修了。学生時代の研究テーマは「ウニ卵トロポミオシンのヘテロジェナイティーについて」。1986年より5年間，桐蔭学園高等学校にて勤務，その後現職へ。

【発生と形態形成】

細胞性粘菌を使った 形態形成における誘導の探究
—— マーカー，細胞標識と移植という実験手法の活用

細野 春宏 *Haruhiro Hosono*

元 公立高校教諭，現 放送大学 非常勤講師

発生学では初期胚に対して生体染色や移植という実験操作を施すことで，発生運命の決定や誘導現象を確認するという古典的実験がある。学習内容としてはとても重要項目だが，高校での実験は極めて困難である。そこで，細胞性粘菌という土壌アメーバに対して，細胞標識と移植実験を行い，誘導現象を確かめることで，形態形成という現象の重要な一面を知ることができる。

1 はじめに

　細胞性粘菌は，土壌中の細菌を食べ，分裂して増えるアメーバ状生物である。また，周囲に細菌がなくなると集合し，多細胞生物の移動体とよばれるナメクジのような形態をとり，多くは光に向かって移動する。やがて，柄の細胞と胞子に分化し，カビの胞子体のような子実体を形成する（図1）。つまり，細胞性粘菌はその生活環の中で，単細胞生物のアメーバの時期から，たった2種類の細胞（柄細胞と胞子）へと分化し，子実体を形づくる。このように単純な分化は，細胞分化のしくみを研究する対象として適しており，形態形成のモデル生物として大学等の研究機関で活用されている。

　その移動体は粘液質の膜状の鞘で全体を包み，多くの種がその膜の成分を残しながら移動する。

他方，移動体は前進するため，移動体の後部ほど鞘物質がより多く蓄積され厚くなる。もし，鞘が細胞運動の物理的障害物として働けば，移動体は物理的な障害の少ない部分，すなわち先端へ移動

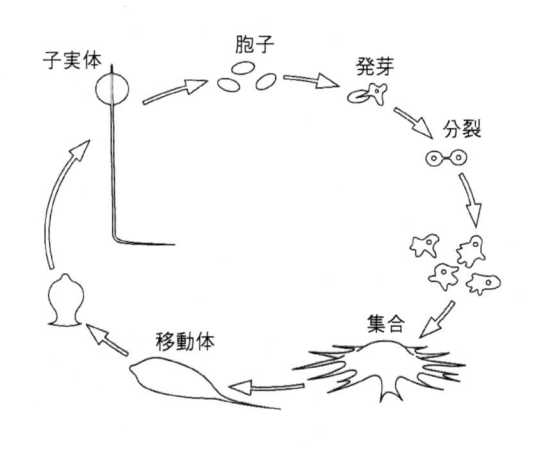

図1　細胞性粘菌の生活環[1]

するはずである。このように移動の原動力に，この粘液鞘の存在があるとされている[2)5)]。このしくみを，マーカーを使って確認できる。

この移動体を中性赤 (neutral red) で染色すると，予定柄細胞が特に赤く染まる。予定運命は2種類しかないので，予定柄細胞と予定胞子細胞を識別できる。移動体の先端部に予定柄細胞があり，それが移動を誘導している。今回，赤く染まった先端部に対する切断や移植という操作を通して形態形成における「誘導」を確認する実験を紹介する。特に今回の観察対象は生活環の主に図1の左側半分の部分にあたる。

② 材料と方法

細野の方法[3)4)]で入手した数種類の細胞性粘菌を観察した結果，セイタカタマホコリカビ *Dictyostelium giganteum* が生徒実験に適していた。これを，野外から採集・分類・培養して用意した。ただし，この種は常に分離できるわけではなく，分類も困難なので，身近な環境から入手できる種があればそれを活用すれば良い。

また，移動体は小さいので，実験中に操作した個体の位置がわからなくなることがある。そこで，その移動体の位置を，シャーレの裏面にサインペンで○印で囲んでおくと後で見つけやすい。

⑴ 光走性

一般的には培養しているシャーレをアルミホイルで包み，側面に孔を開けて移動体の行動を観察する[4)]。しかし，培養しているシャーレが入る程度の小さな箱のフタか身の1ヵ所に孔を開け，シャーレにかぶせるという簡便法で実施してもよい。この方法は，双眼実体顕微鏡にシャーレをのせ，時間経過とともに箱を外してすぐに観察でき，便利である。この実験は1時間程度で完了するので問題ないが，種によっては移動体が微細な光も感知して，移動しすぎたり子実体を形成すること

もある。そこで，実験の準備段階の培養や後半の長時間の実験には，完全な暗黒条件をつくり，移動体を長く維持させて観察した。すなわち，窓のないインキュベータに，暗箱に入れて培養する。

⑵ 移動体の運動

生じた移動体に，上から小さい薬さじで活性炭 (和光純薬工業) の粉末をパラパラとまいた。そのとき，活性炭が塊にならないように細かく振動させ，細かな粒子を数粒だけのせる。ただし，粘り気があり，塊になりやすいので，何個体か試みるとよい。

⑶ 移動体先端部の移植・切断実験

• 中性赤による細胞標識

セイタカタマホコリカビ *D. giganteum* の胞子を1〜2日培養し，粘菌アメーバが大腸菌を摂食して，大腸菌懸濁液の色が薄くなり，集合が始まっていることを確認する。そこに，0.02％中性赤水溶液 (専門書[2)] では，0.002％を薦めている) を1滴，滴下し全体を染めるようにする。これを培養して移動体を形成させる。上からの照明下では子実体形成するものが多いので，移動体をゆっくり観察するためには，完全な暗黒下での培養が望ましい。

• 移動体の切断

柄付き針などで移動体を切断した。下の寒天培地とともに深く切断して分けるようにする。少しでも前後のつながりが残っていると，再び融合しようとするからである。これを完全暗黒下で培養する。

• 先端部の移植

柄付き針の先端を包丁用の砥石などで磨いて，平面の刃またはヘラになるように尖らせる。培養した移動体の先端をこの柄付き針の先端で切り取り，別の移動体の側面に付着させる。その際，移動体の表面には粘液鞘があり保護しているので，その表面をある程度傷つけるように付着させた。これを完全暗黒下で培養する。

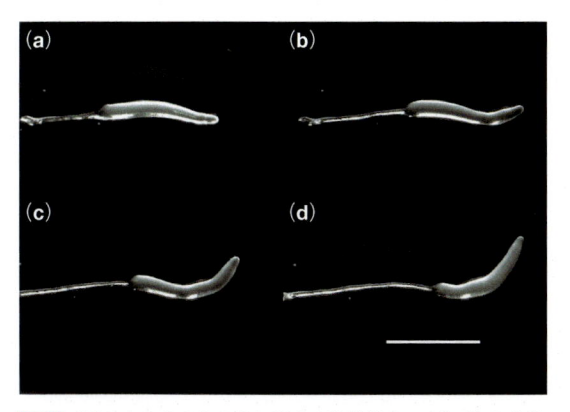

図2　図の上方向からの光に対する移動体の20分ごとの変化

スケールバーは1mm。

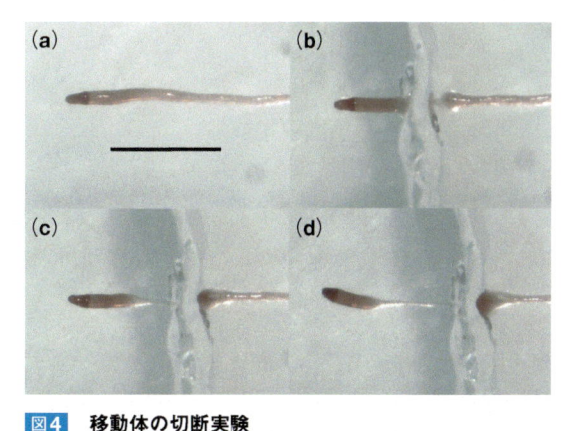

図4　移動体の切断実験

(b)から30分ごとの変化。スケールバーは1mm。

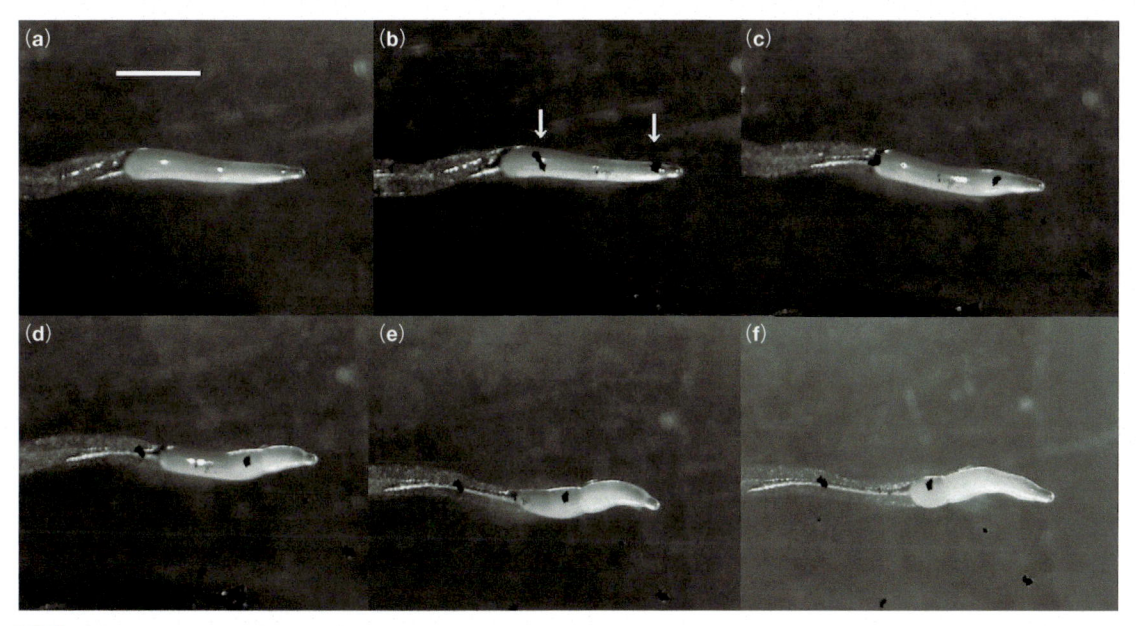

図3　(b)から30分ごとの移動体の移動によるマーカーの動き

スケールバーは0.6mm。

 **結果**

(1) 光走性

　細胞性粘菌の多くの種の移動体が正の光走性を示すが，セイタカタマホコリカビ *D. giganteum* は特に強い。すき間がほとんどないと思われる暗箱に入れて培養したところ，わずかの光を感知して，正の光走性を示す。**図2**は，図の上の方向から光を当て，20分ごとの変化を示した。

(2) 移動体の運動

　活性炭が2ヵ所，表面に付着した移動体の30分ごとの変化を，**図3**に示した。移動体は，黒い活性炭を後方に残して移動した。

(3) 移動体先端部の移植・切断実験

　セイタカタマホコリカビ *D. giganteum* の胞子を接種した翌日の大腸菌懸濁液に，中性赤水溶液を滴下した。2日後には，集合が始まり，その翌日

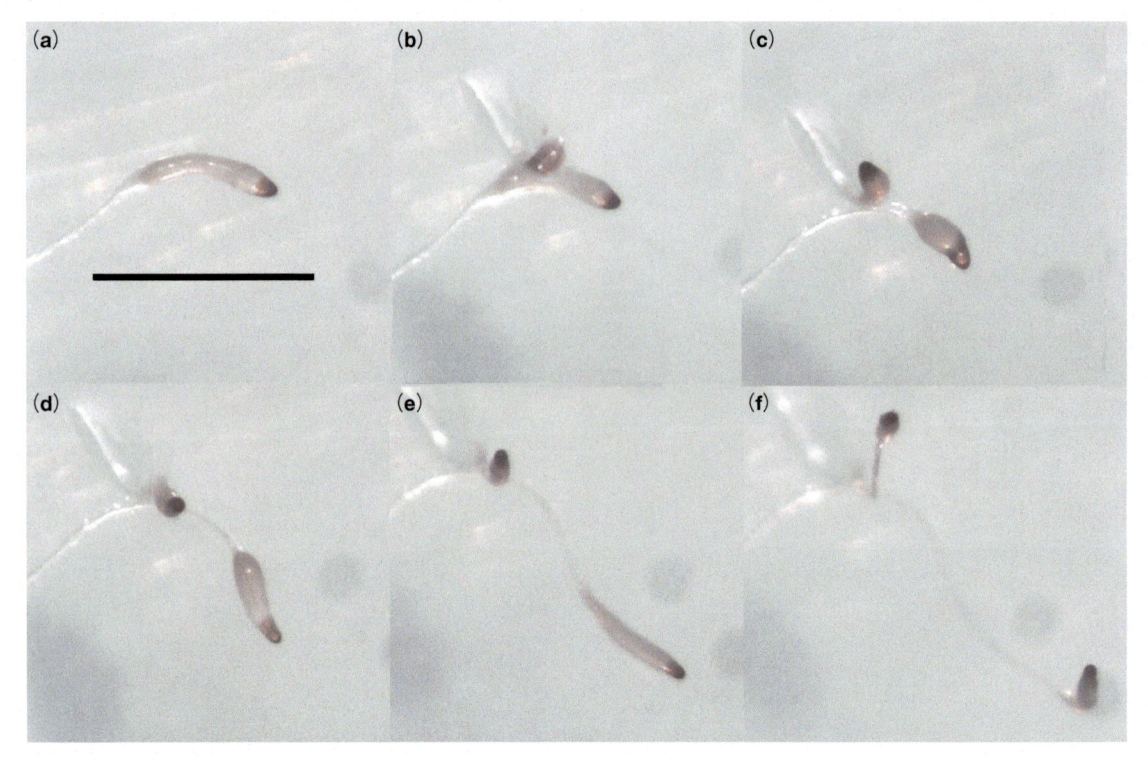

図5　移動体の生体染色・移植実験
（b）から1時間ごとの変化。スケールバーは1mm。

には多くの移動体が生じた。そして，生じた半分以上の移動体は先端が赤く染まっていた［**図4**（a），**図5**（a）］。

・移動体の切断

切断後30分ごとの写真である［**図4**（b）〜（d）］。暗黒下では，先端部のない後半部が移動しなくなった。しかし，上から光を当てると両方とも子実体形成を始めた。

・先端部の移植

培養した移動体の先端部を，赤い部分を目安に切り離し，別の移動体の側面に移植した［**図5**（b）］。1時間ごとの変化を示した［**図5**（b）〜（f）］。二次的な移動体が生じた。2時間後（d），子実体形成をさせるために上方から光を照射した。

・中性赤による細胞標識

子実体形成をすると，胞子は染まっていない［**図6**（a）］。これをスライドガラスにのせて水で封じて顕微鏡で観察すると，周囲に散らばっている胞

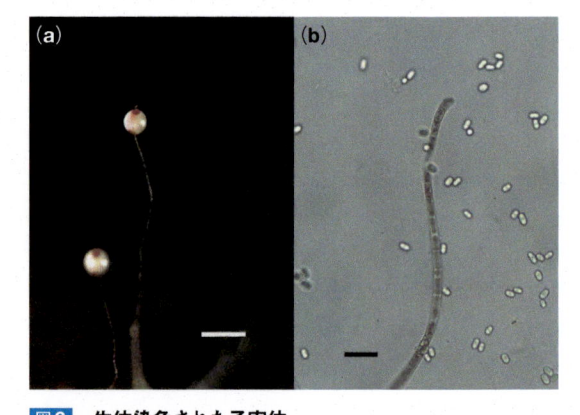

図6　生体染色された子実体
白いスケールバーは0.6mm。黒いスケールバーは20μm。

子は染まらず，柄の細胞のみが染まっていることが確認できた［**図6**（b）］。

 **まとめ**

⑴ 種の選定と光走性

今回，細胞性粘菌の中ではセイタカタマホコリカビ *D. giganteum* を扱った。この種は，比較的大きく，肉眼でも観察できるので，扱いやすい。また，胞子から移動体を経て子実体に，2〜3日で成長する。さらに，光走性も敏感である。半面，生じた子実体は速く崩れるので，冷蔵庫での保存や継代培養には気をつかう必要がある。また，入手や分類の困難さから，あまり種にこだわらず，入手できる種を利用する。入手方法は文献4) を見てほしい。

⑵ 移動体の運動

今回は活性炭をマーカーとして利用したが，粒子が小さく色は目立つので，わかりやすかった。しかし，やや粘りがあり，粒子がかたまりをつくることもある。

生物の運動は，生徒の興味を引く現象である。また課題研究などでは，より高度な研究に発展させる導入となる実験として手頃である。30分程度でも，マーカーの移動がわかるので，第1段階の観察として有効である。

⑶ 移動体先端部の移植・切断実験

中性赤による細胞標識は，中性赤を滴下する時期さえ間違わなければ，極めて簡単な実験である。フォークトによる局所生体染色法と同様に，発生運命を見ることができる。移動体は，前方約2割が予定柄細胞（将来，柄になる細胞：赤い部分），後方約8割が予定胞子細胞（将来，胞子になる細胞：色の薄い部分）で ［**図4**(a)，**図5**(a)］，この比率は維持される。柄を残して移動する移動体内部では（**図2**，**図4**，**図5**），予定柄細胞が柄細胞に分化しているので，この2:8の比率を維持するため，予定胞子細胞から予定柄細胞への分化転換が起こっている。このように明瞭なパターン形成があり，細胞の分化が始まっていることが示される。

多くの細胞性粘菌で，粘菌アメーバが集合（**図1**）する信号物質として環状アデノシン一リン酸（cAMP）が同定されている。このような先端部の移植の代わりに，このcAMPを添加することでも，その場所から二次な移動体を誘導できる。このことから，この形態形成にcAMPが大きく関与していることがわかる。先端部のない移動体の移動が止まるのも，このcAMPが来なくなるためであると考えられる。

 発展

⑴ 生活環の観察と集合

そのユニークな生活環を観察するのも興味深い。やや小さいが粘菌アメーバや集合過程を観察するとよい。培養したアメーバを塗り広げた培地にcAMPを滴下することで，集合する様子を観察できる。ただし，この誘導物質は，葉酸やグロリンである種もある。専門的な本には，詳細な実験方法が示してある[2]。

⑵ 京都大学の細胞性粘菌グループのホームページで見られる採集・培養・実験

このホームページ[7]は，大学でおこなわれるより厳密な実験方法や結果の記載が見られる。また，入手や培養等についても参考になる。これらの内容を写真等で示しており，たいへん興味深い。

⑶ 泥つき野菜を利用した細胞性粘菌の採集

市販のゴボウ，サトイモ，ジャガイモが，いまだに泥つきで販売されている理由は，その泥に含まれる細菌類が，野菜類を腐らせる微生物（例えば，軟腐病菌）の増殖を防いでいるのだと考えられる。直播き法[4]を，この泥つき野菜の泥に応用して細胞性粘菌を入手できる。このようないわゆる「根圏」に生息する細菌類を摂食する細胞性粘菌もそこにいるようで，その分離は一般的な採取場所とされている森林土壌などよりむしろ効率が

良い。日本各地の泥つき野菜を購入して，分布調査をしても面白い。

 **6 おわりに**

　細胞分化・形態形成の実験を半日程度で実践できる。生徒自身がこれらの実験をおこなうことの教育的効果は大きい。しかし，この教材の導入に残る困難は，一つは食物源である細菌の培養であろう。これに対しては，中川[8]が滅菌を要しない大腸菌の培養法を実践報告している。次に，細胞性粘菌の入手や実際に授業でどう扱うかである。埼玉県の高校生物教員を中心に組織された教材生物研究グループが，個別課題実験授業という手法で課題研究の授業への導入を模索してきた[9][10]。そして，課題研究のマニュアル化とさまざまな教材生物の授業等での活用を意図した本をグループの自費出版で，東京書籍から出版している[4]。粘菌の野外からの入手方法についても，そちらを参照いただきたい。現在，書店にはなく，著者グループが実費で頒布している[11]。（連絡先〈halhy3157@nifty.com〉）

［文 献］

1) 細野春宏. 生物教育, **55(2)**, 107–112 (2015).

2) 雨貝愛子, 前田靖男. 第12章 細胞性粘菌を用いた実習例. 細胞性粘菌: 研究の新展開. (阿部知顕, 前田靖男) 527–538 (アイピーシー, 2012).

3) 細野春宏. 生物教育, **53(3)**, 105–114 (2013).

4) 細野春宏. タマホコリカビ. 改訂版詳しい解説の生物課題実験マニュアル. (山下登, 藤江正一, 本田章, 服部明正, 半本秀博, 他) 126–133 (東京書籍, 2011).

5) 前田靖夫. パワフル粘菌 (東北大学出版会, 2006)

6) 山田卓三. 細胞性粘菌の採集と観察［進化］(蔵出し生物実験)—(4時間目: 飼育・栽培・培養の奥義). 生物の科学「遺伝」別冊18 (田幡憲一, 猪狩嗣元, 降幡高志, 遺伝学普及会) 138–142 (裳華房, 2005).

7) 京都大学 大学院理学研究科 植物学教室 形態統御学分科 細胞性粘菌グループ, 取得日2016年4月3日〈http://cosmos.bot.kyoto-u.ac.jp/csm/index-j.html〉

8) 中川和倫. 滅菌を要しない手軽な微生物実験. 授業実践記録 (生物), 啓林館, 取得日2016年4月3日〈http://www.shinko-keirin.co.jp/keirinkan/ kori/science/seibutu/12.html〉(2006).

9) 半本秀博. 生物教育, **30(3)**, 143–148 (1990).

10) 細野春宏. 生物教育, **31(4)**, 210–217 (1991)

11) 教材生物研究グループ. 個別課題実験, 取得日2016年4月3日〈http://cxh01062.web.fc2.com/〉(2006).

細野 春宏 *Haruhiro Hosono*

元 公立高校教諭, 現 放送大学 非常勤講師

公立高校教諭として34年間勤務。退職後，放送大学大学院に学ぶ。修士課程を修了後，放送大学で粘菌を教材に観察実験を中心にした面接授業を担当している。

【発生と形態形成】

ウニの受精から成体まで
——生命を実感するマイウニ飼育の実践

小川 博久 *Hirohisa Ogawa*

千葉県君津市立北子安小学校 校長

ウニは，受精および発生を学ぶうえで優れた生物教材である。高等学校の「生物」の学習では受精から発生までが一般的な実験観察の内容である。筆者は中学生でもできる幼生から稚ウニへの変態，その後の稚ウニの飼育管理法を開発した。中学生は，ウニの人工授精から発生の過程までを観察し，幼生飼育を経て稚ウニへの変態の観察，さらには稚ウニの飼育に取り組んだ。生徒一人ひとりが稚ウニの飼育までの継続的な飼育活動に取り組む「マイウニ飼育」の実践を通して生命の素晴らしさを実感し，意欲的に取り組むことができた。

1 はじめに

生物学習を進めるにあたって，生徒たちが実体験を通して実物から生命を実感することが重要である。

生命を実感させる教材として，ウニは受精および発生観察において優れた教材である。しかし，幼生から稚ウニに変態させることが容易でないためプルテウス幼生段階で終了となり，生徒たちのせっかくの生命誕生の感動を半減させてしまう恐れがある。すでにウニ幼生の変態観察や稚ウニの室内飼育の実践は報告[1]〜[4]されており，条件が整えば中学校でもウニ幼生の変態観察・稚ウニの飼育は可能であると考えた。そこで，中高生でも関心をもち，入手が比較的容易で個別に飼育が可能なウニを検討し，人工授精から発生，稚ウニへの変態観察，稚ウニの飼育について生徒一人ひとりが簡易的に継続しておこなう方法を確立し，実践

をしてきた[5][6]。この実践とコツについて紹介する。さらに稚ウニの放流をおこなうことで，動物の飼育体験の少ない生徒に生命観や生命尊重の視点を育てることができた[7]。本論ではこれらの方法とコツおよび実践事例について紹介する。また，ウニの生態や海の環境への関心を高めることができる実践方法について紹介する。

2 マイウニ飼育の実践の特徴および飼育方法の検討

生物の学習において，受精からはじまる発生の過程を生きた動物から学ぶことは有意義であり，さらに動物を個々の生徒に飼育管理させる学習は，体験を通して生命のしくみを理解させるうえで教育的効果が期待できる。そこで，省スペースで簡易な方法により，生徒の一人ひとりが一定期間に

携帯して観察が可能な飼育方法を検討した。なお，本実践では，生徒が個別に幼生・稚ウニを継続飼育する方法を「マイウニ飼育」とよぶ。

(1) 実践のおもな特徴

① 幼生の飼育および変態の観察

- 特別な育成装置を使わずに，幼生を各自が携帯して飼育することが可能である。
- 各自が飼育した幼生の変態を個別に観察することが可能である。

② 幼生を稚ウニに変態させ個別に継続飼育を行い放流する

- 変態を誘起させる物質により，幼生から稚ウニに変態する割合を実験で調べることが可能である。
- **サンゴモ類** *とウニの生態を関係づける学習へつなげることが可能である。
- 自分たちが育てた稚ウニの放流を実施した。磯浜観察やウニの生息環境調査など，発展的に学習を進めることができる。

(2) 稚ウニ飼育方法の検討

① 稚ウニの飼育容器

- 変態後の稚ウニは，組織培養用フラスコを使用することで，飼育容器のまま顕微鏡観察が可能である。
- 生徒による稚ウニの個別飼育管理が可能であり，継続飼育・個体識別観察ができる。

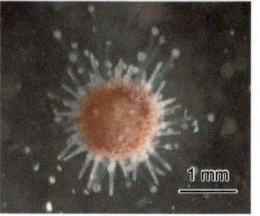

図1 使用したウニ4種 （稚ウニ）

- 高温となる夏季は，クールインキュベーターの代用としてワインセラーを使用して継続飼育ができる。

② 稚ウニの餌

- 波板に付着したサンゴモ類などを餌にすることで，飼育管理の煩雑さを軽減し，継続飼育ができる。
- 成長した稚ウニ（殻径5 mm以上）の餌は，乾燥ワカメ・**アオサ** *を使用することができる。

3 材料となるウニと幼生の飼育方法の検討

(1) 使用するウニおよび幼生の飼育方法の検討

バフンウニ *Hemicentrotus pulcherrimus*
ムラサキウニ *Heliocidaris crassispina*
キタムラサキウニ *Mesocentrotus nudus*
アカウニ *Psudocentrotus depressus* （**図1**）

実験観察に使用するウニは産卵の時期が異なるので，観察をおこなう時期によって選択することになる。幼生から稚ウニへの変態やその後の飼育の難易度について千葉県で利用可能なウニ4種を

表1 選定したウニ4種の比較について

使用ウニの種名	受精観察の時期	幼生飼育の温度条件	稚ウニの生存率
バフンウニ *Hemicentrotus pulcherrimus*	1月下旬～3月上旬	15～20℃ 室温管理	生存率75% 温度変化に耐性がある。
ムラサキウニ *Heliocidaris crassispina*	6月下旬～8月上旬	20～25℃ 定温装置使用	生存率60% 夏季中の高温に注意
キタムラサキウニ *Mesocentrotus nudus*	東北地方9月上旬～10月上旬 10月上旬～12月上旬	20～25℃ 室温管理	生存率70%
アカウニ *Psudocentrotus depressus*	11月上旬～12月下旬	20～25℃ 室温管理	生存率70% 温度変化などの影響を受けやすい。

比較した[8]。比較検討したウニの4種の中では，飼育が容易で温度・環境変化・小型容器での飼育に耐性があるのは，バフンウニである。

受精から稚ウニの放流までの飼育を計画する場合は，このウニが適していると考えている。また，他のウニについても，一定期間に受精の時期や幼生の飼育条件および変態後の稚ウニまでの飼育は可能であった。幼生が稚ウニに変態から3ヶ月後までの稚ウニの生存率を**表1**に示した。

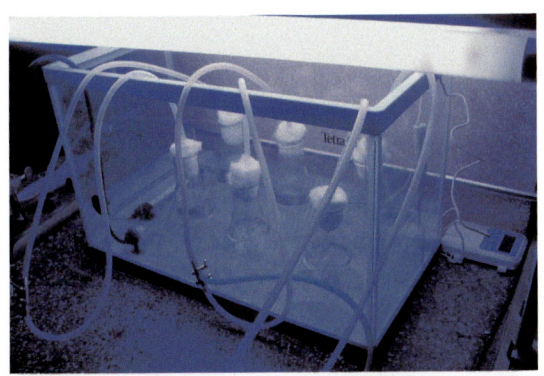

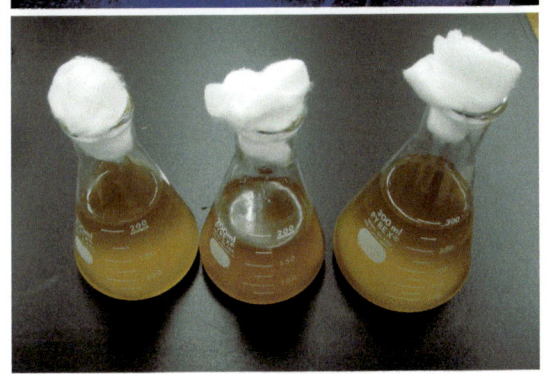

図2 幼生の餌キートセラスの培養について

（2） 幼生の餌及び培養の方法

浮遊珪藻*Chaetoceros gracilis*（以下キートセラス）の培養

ウニ幼生の育成には，浮遊珪藻の培養が必要である。関係する大学・研究機関[9]から浮遊珪藻が入手可能である。その培養の方法を以下に示す。

① 300 mLの三角フラスコなどに，海水300 mL，KW21（第一製網）を0.3 mL，メタ珪酸ナトリウムの粉をごく少量，を入れて綿栓をする。綿栓にはエアレーションのためのガラス管かピペットなどを通しておく（**図2**）。

② 80℃で20分加熱し滅菌する（注意：海水は成分が変化するため，煮沸しないようにする）。

③ 自然冷却後，珪藻の増えて茶色くなった液を5 mL程度加え，蛍光灯の光を当てながら20℃前後で培養する。エアレーションをするか，1日に何回かふって撹拌しながら培養する。

④ エアレーションをしたほうが早く増え密度も高くなる。数日で珪藻が増えて茶色くなっていく。それ以上増えなくなる前にうえ継ぎをする。

留意点：培養の途中で培養液の出し入れをすると，他の微生物が混ざって繁殖し，うまく増えなくなることがあるため，安定した培養を維持するには，培養の容器を3セット用意して，植え継いだ後の培養液を幼生の餌として使用すると良い。

（3） 実験室における幼生の飼育方法　　（幼生育成装置の使用の場合）

幼生育成装置の構造は，低速で回転するモー

ターにゴム管などでつないだアクリル棒にプラスチック板（5 cm×5 cm）取り付けて攪拌するものである（**図3**）。シャーレなどで発生させてプルテウス幼生になったら、2リットルのビーカーに移す。

最初の飼育密度は、海水1 mLあたり10匹程度になるように調整する。

この段階で大部分の幼生を捨ててしまうことになるが、思い切って低い密度にするのが成功の秘訣である。

ウニ幼生をうまく育成することが、成否を分けるので幼生を定期的に顕微鏡で観察しておくと良い。また、海水の換水については、1週間に1回程度の頻度でおこなう。餌のキートセラスについては、1週間に1 mL〜2 mL程度ピペットで入れる。海水の汚れについては注意を払い、餌をやりすぎないよう配慮しながら飼育を進めることが大切である。4腕から6腕まで成長したプルテウス幼生を個別飼育（マイウニ飼育）に使用すると良い。

図3 幼生育成装置による幼生の飼育

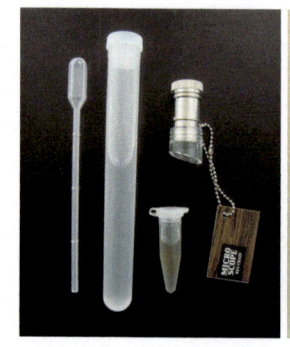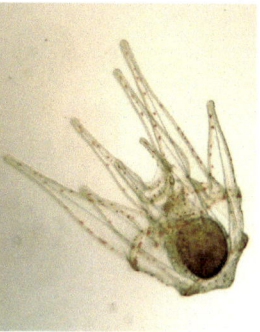
図4 携帯用幼生飼育観察セットとプルテウス幼生

④ 携帯用幼生個別飼育の教材化と実践

⑴ ウニ幼生の個別飼育方法

① キャップ付き試験管（PPチューブ）による幼生の飼育[3)5)]
- 使用飼育容器PPチューブ
  （12 mL φ16×125 mm）アズワン製
- 天然海水10 mL（お茶の水女子大学湾岸生物教育センターより入手）
- 人工海水10 mL MARINE ART SF-1
  試験研究用・人工海水㈱富田製薬
  （天然海水が準備できない場合）

② 幼生個別飼育の飼育管理方法
　チューブ1本に8個体程度のプルテウス幼生（4腕〜6腕）。幼生用餌キートセラスの給餌は、1週間に1回スポイトで2滴程度与える。各自が携帯して、容器を1日数回ゆるやかに揺らすように説明して配布する。換水は、1

週間に1回程度。

③ 携帯用ウニ幼生飼育観察セット
　個人が携帯して、ウニ幼生を観察できるように、観察セットを準備した。ウニ幼生入りのPPチューブ・携帯用ルーペ・スポイト・餌（キートセラス）をセット（**図4**）にして、いつでも観察・飼育管理ができるようにすると良い。

⑵ 幼生を稚ウニに変態させる方法

　ウニ幼生の**変態誘起物質**[*]については、すでに水産関係の研究[10)]で報告されており、種苗漁業

用語解説　Glossary

【変態誘起物質】
アワビ・ウニなどの幼生の変態に関わる物質。ウニ幼生は、サンゴモ類が生産するジブロモメタンなどの物質により、稚ウニへの変態が誘導されることが報告されている。

としてウニの量産を目的とした稚ウニの養殖の方法が研究されている[11)12]。その技術を応用して、生徒の個別観察・飼育に対応した方法を採用した。サンゴモ類によって変態した稚ウニは、そのままサンゴモ類を餌として飼育していくことができる。なお、サンゴモ類が付着した波板は、お茶の水女子大学湾岸生物教育研究センターより入手したものである。サンゴモ類は、20℃前後の温度設定で、入手後も容易に保存が可能である。

① 幼生から稚ウニへの変態を観察するための幼生の準備

事前に、**ウニ原基***の状態を顕微鏡で観察し、変態の時期を確認する（受精後、約30～40日後）。変態の時期を確認する時は、幼生をスライドガラスにのせ、カバーガラスをかけてつぶし、顕微鏡に偏光装置を装着して骨格の形成状態を確認する（**図5**）。

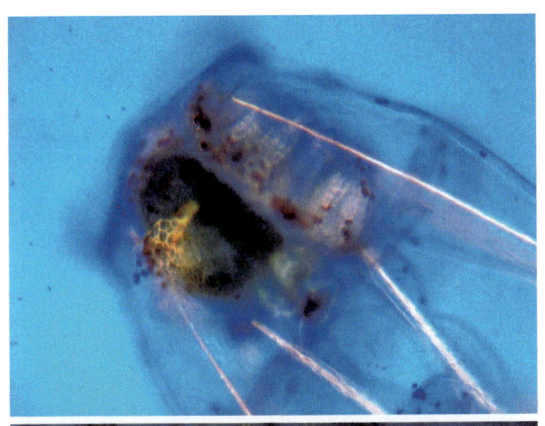

図5 偏光装置で観察したウニ幼生の骨格のようす

② 幼生から稚ウニへの変態観察の方法（小型シャーレの場合）

観察用に小型シャーレ（直径35 mm程度）に3 mL程度の海水を入れてチューブで飼育した幼生を移動して、無節サンゴモ類が付着した波板を5 mm×10 mm程度に切り分け、小型シャーレへ入れる。その後、顕微鏡で観察を進める。

③ 幼生から稚ウニへの変態観察の方法（組織培養用フラスコの場合）

使用する容器　組織培養用フラスコ（25 mL）FALCON製

変態時期を迎えた幼生を8～10個体程度入れる。サンゴモ類が付着した波板（5 mm×10 mm程度）を投入後（**図6**）、双眼実体顕微鏡・生物顕微鏡で、変態のようすを観察する。早いものは、投入後15～20分程度で管足を出し、**着底***する個体が観察できる。ウニ原基が変態時期をむかえている個体が準備できれば、50分の授業の中で幼生が稚ウニに変態していく様子を生徒全員が観察することができる。さらに、各自のウニ幼生の変態の状態にあわせ、授業または休み時間などを利用し、観察記録をとる。

④ 幼生から稚ウニへの変態観察の実際

組織培養用フラスコを使用した場合は、顕微鏡のステージにそのまま置き、観察することができるので、観察までの準備が手軽である。無節サンゴモの付着した波板を容器に投入し

用語解説 *Glossary*

【ウニ原基】
ウニの幼生は、成長しながら体の中に成体となるウニの棘・殻・口などを形成していく。幼生の体の中に形成されるウニの成体の基となる部分のこと。

【着底】
ウニの幼生の変態が始まると管足とよばれる吸盤のある管を伸ばし、海の底に張りついた状態になること。その後、ウニ原基が裏返るように成体が現れる。本実践のウニ幼生の変態では、サンゴモ類に管足で張りつき着底したようすが観察できる。

た20分後には，変態している幼生を確認することができた。翌日24時間後には，ほぼすべての幼生が稚ウニに変態したことを生徒の観察から確認できる。変態が始まる時間は，個体差があるが，変態のようすを示した（**図7**）。変態後の稚ウニは，波板に付着したサンゴモ類を餌として成長するので，波板を容器に入れたまま飼育を継続することができる。海水は1週間に1度の換水をおこなうことで成長していく稚ウニの観察を継続していくことが可能である。温度管理が必要でない時期は，生徒一人ひとりが小型飼育容器を携帯し，観察を継続することができる。

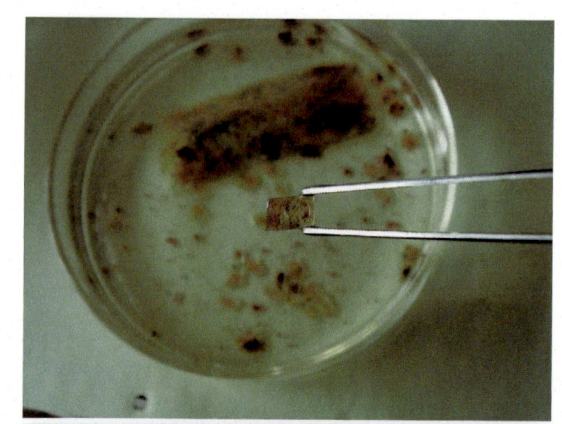

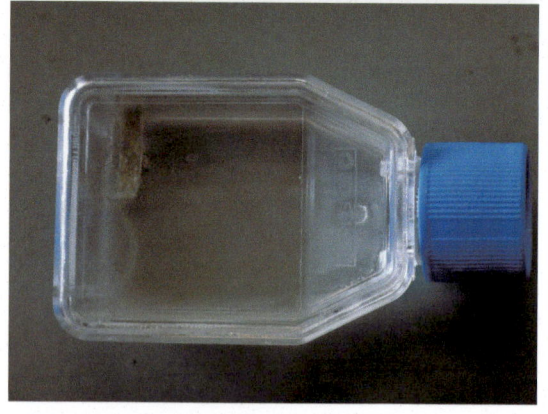

図6 **ウニ幼生の変態を観察する方法**（変態させるプルテウス幼生を入れた容器に波板を入れる）

 ## ⑤ 稚ウニの個別継続飼育

変態後の稚ウニは，餌を与えることで，小型容器で継続して飼育することができる。稚ウニ飼育は，ウニの殻径（殻の直径の長さ）が5〜10 mmまで無節サンゴモ類で飼育することができる。しかし，無節サンゴモだけでは，成長が遅いため，乾燥ワカメ・アオサを餌として与えることで比較的順調に成長することが4種のウニで確認できた。また，成長にあわせ飼育容器の容量を大きくすることで稚ウニの生存率を上げることができた[6)7)]。以下に飼育方法を示す。

(1) 稚ウニの継続飼育方法（変態後から殻径5 mmまで）
- 変態後の稚ウニの観察を飼育容器のまま顕微鏡観察が可能である。
- 波板に付着したサンゴモ類やアオサ類・市販の乾燥ワカメを餌にすることで，飼育管理の煩雑さを軽減し，飼育が継続できる。

(2) 稚ウニの継続飼育方法（殻径5 mm以上）
- 殻径5 mm以上に生育した稚ウニについては，組織培養用フラスコ（250〜500 mL）NUNC社製やタッパー容器（250〜500 mL）を利

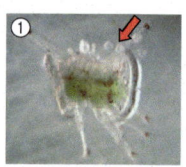

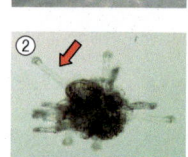

変態中の幼生（管足を出している）

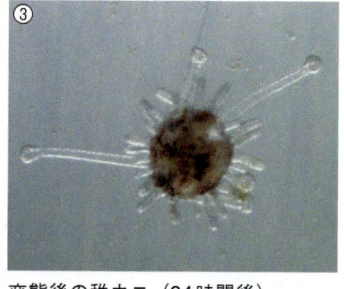

変態後の稚ウニ（24時間後）

図7 **幼生から稚ウニへの変態のようす**

用した（**図8**）。クールインキュベーター（ワインセラーを代用）で14〜20℃に温度設定して継続飼育をおこなった（**図9**）[5)〜7)]。
- 餌は，乾燥ワカメ・アオサを継続して使用し，室内で生徒による飼育管理が可能である。乾

燥ワカメについては，稚ウニが食べきる量を観察しながら与えるとよい。量が多いと海水の水質が悪化するので少量ずつ摂食の状態を見ながら与える量を調整する。

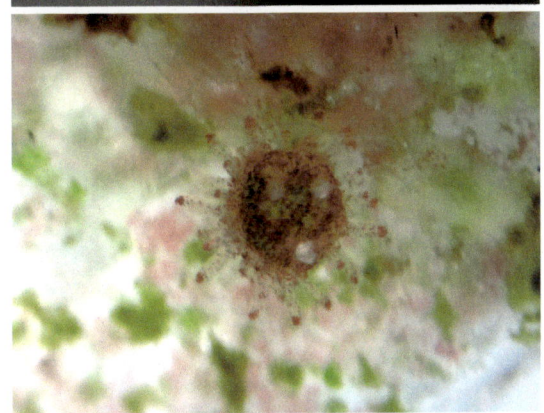

図8 稚ウニ飼育容器とサンゴモ類を餌として成長する稚ウニ

図9 ワインセラーを代用して飼育

(3) 稚ウニ室内飼育の環境整備と飼育の実際

① 変態後の稚ウニの飼育管理

稚ウニの飼育については，気温が高くなる夏季においては，温度管理が非常に重要である。クールインキュベーター（ワインセラー代用）で，25℃を超えないように，温度を管理する。授業の開始前や休み時間を使って生徒が1週間に1回の換水をおこない，飼育管理を継続する。

② 個別飼育から個別観察記録

生徒1人1個体を飼育容器で継続していく，2週間から3週間を目安に観察記録をとり，目盛付きスライドグラスを容器の下に置き，成長の変化を記録させていく（**図10**）。

〈発展的な実験〉

(1) 幼生から稚ウニへの変態を調べる実験の方法

ウニ幼生の飼育が確実に実施でき，確実に変態の観察が可能になれば，生徒にさらに発展的な実験として，幼生から稚ウニへ変態する割合を調べる実験ができる。この実験では，無節サンゴモ類と有節サンゴモ類の比較やウニと**磯焼け**[*]との関連[13)]など，海の生物との関係を意識させることが期待できる。

変態の観察においては，プルテウス幼生の変態を誘起する物質を含んでいる乾燥させた有節サンゴモ類のピリヒバ *Corallina pilulifera*（以下乾燥ピリヒバ）・無節サンゴモ類[14)]を付着させた波板・人工海水のみ（対照区）を準備する。12穴細胞培養用プレート（以下，細胞培養プレート）ｱｽﾞﾜﾝ製に入れた海水2 mL中に変態を誘起する物質を入れ，双眼実体顕微鏡でその変化を調べる実験が可

用語解説 Glossary

【磯焼け】
海の沿岸に生えるカジメなどの大型藻類が枯れる現象。海水温の上昇・海水汚染・ウニなどの食害が原因とされる。サンゴモ類がジブロモメタンの生産によってウニ幼生を多量に着底させるため，ウニの強い摂食圧で他の海藻類の侵入を妨げていると考えられている。

図10　稚ウニの観察・観察記録

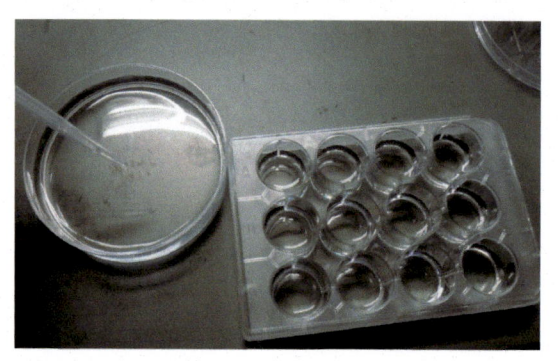

図11　幼生から稚ウニへの変態を調べる実験の準備
（幼生を細胞培養プレートへ移動させる）

図12　乾燥ピリヒバ（有節サンゴモ類）と変態した稚ウニ

能である[8]。

実施事例（温度設定20〜25℃）
①　波板に付着したサンゴモ類による方法（**図11**）
　　（各区画幼生5個体）
・細胞培養プレート海水各2 mL
・無節サンゴモ波板各1枚（約5 mm×10 mm）
②　乾燥サンゴモ類による方法（**図12**）
　　（各区画幼生5個体）
　　磯浜より採集したピリヒバ（10日間程度の乾燥）
・細胞培養プレート海水各2 mL
　　砕いて小さくした乾燥ピリヒバ各1片（約0.05 g）

（2）　幼生から稚ウニへの変態実験

　細胞培養プレートを使用して，バフンウニの幼生が変態する割合を調べる実験をおこなった。実験

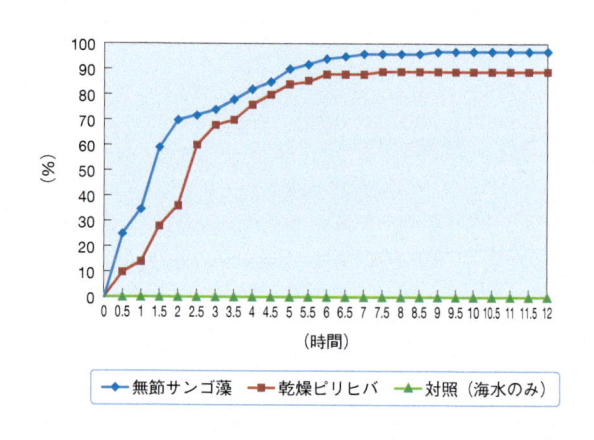

図13　バフンウニ幼生が変態した割合

は，変態を誘起する物質の投入後，変態を開始した幼生（管足を出した個体）の数を調査するとよい。
　生徒が休み時間などを利用して，変態している個体を調査した。この結果（**図13**）からも，ウニ

の変態をその日の内に観察することが可能であることがわかる。特に，50分の授業の中で，一人ひとりの生徒が10個体のウニ幼生対して30分後には2個体以上・50分後には3個体以上の幼生が稚ウニへ変態している場面を観察できることになる。また，乾燥したピリヒバにおいても，無節サンゴモ類より変態の割合は低いが，稚ウニの変態のようすが観察できる（**図12**）。

⑥ マイウニ飼育の実践および教育上の効果

(1) ウニの発生観察と個別飼育の実践

中学校2年「動物の生活と生物の進化」3年「生命のつながり」の学習の一部において，ウニの活用によって生物のふえ方の学習を深め，生命を実感させることをめざして学習を計画した[7]（**表2**）。

(2) 本実践における教育上の効果

学習に参加した生徒は，はじめウニについて寿司ネタ・食材などの食べ物というイメージを持っていた。生徒の一部は，初回の感想では「大きくして食べよう」という意見を述べていたが，プルテウス幼生から稚ウニまでの個別飼育後では，その意見も変わってきている。また，生徒は受精から幼生への発生過程やプルテウス幼生から稚ウニへの変態の過程を観察したことをきっかけにして，生命の素晴らしさに気づき愛着を持って，稚ウニの飼育を継続してきた。実践後，「ウニも生き物である」と強く意識するようになった。

⑦ まとめ

生物学習において，生殖のしくみなどを体験的に学習する教材としてウニは優れている。プルテウス幼生から稚ウニへの変態後の飼育管理は，温

表2　ウニの発生観察と個別飼育の学習計画（バフンウニを活用した場合の事例）

おもな学習内容	生徒のおもな活動
1月〜3月（2年生全員対象） 2年「動物の生活と種類」発展的学習 ※連携講座及び通常授業で実施 お茶の水女子大学連携講座 50分×3クラス実施 ●バフンウニの人工授精 身近な生物のふえ方を観察し，有性生殖の特徴を見つける。 ●ウニ幼生の発生過程を観察して，幼生の変化を調べる。 偏光装置付き顕微鏡でウニの骨片観察 ウニ幼生の変化を記録する。 ●ウニ幼生の変態観察 ウニの飼育方法について，準備を進める ●2年でのまとめ 3年時に向けて「動物のふえ方」有性生殖のしくみについて概要をまとめる。 7月（3年生全員対象） ●「動物のふえ方」有性生殖のしくみ 有性生殖のしくみについて学習する。 受精・発生について過程を学習する。 11月（参加希望の生徒対象） ●磯浜観察会「稚ウニの放流」 お茶の水女子大学 湾岸生物教育研究センター（千葉県館山市） において実習	「精子の観察」「ウニの人工授精」 バフンウニの精子・卵の観察 ○人工授精及び受精膜の観察など • 顕微鏡で受精膜の形成及び卵割を観察する。 • 受精後の観察 　理科室を開放し，休み時間に顕微鏡を使用できる状態にしておく。 ○「プルテウス幼生の観察をしよう」 • 幼生の観察方法 • 簡易偏光装置による骨片の顕微鏡観察 • 稚ウニへの変態の過程の説明など ○「幼生から稚ウニへの変態を観察しよう」 • サンゴモを投入して，変態のようすを記録する。 ○「ウニを飼育しよう」 • 個別飼育の方法の説明など • 授業以外は，理科室を開放し，休み時間に顕微鏡を使用できる状態にしておく。 • ウニの観察記録や感想をまとめる。 ◇各自のウニは継続飼育 ○「ウニから学ぶ生殖のしくみ」 • 有性生殖のしくみについてウニの学習を振り返る。 • サンゴモ類とウニ幼生の変態の関係やウニの生態について学習する。 ○ウニ生態・磯焼けについての学習 • ウニの生息場所・サンゴモ類の観察 • 磯浜周辺の生物の観察 • ウニの生息に適した場所を確認し，稚ウニの放流をおこなう。

度管理（20～25℃）と換水（週1回）に注意すれば、比較的容易であった。生徒は、個別飼育によって「自分のウニ（マイウニ）」という意識が高まり、生命を実感させる教育効果も高い。今後、人工授精から稚ウニの飼育までの継続飼育観察の普及を図るとともに、ウニの生息環境の調査や稚ウニを採集した海に放流すること（**図14**）などをとおして他の生物との関わりや海の環境について考える海洋教育の視点を入れた学習プログラムの開発[8)9)]を進めていきたい。

［謝 辞］

本研究では、お茶の水女子大学湾岸生物教育研究センター准教授の清本正人先生のご指導・ご協力をいただき、生物学習における大学との連携プログラムを継続的に実施することができました。その中で、ウニの変態方法や飼育・教材開発についての貴重なご意見や教材をご提供いただきました。首都大学東京客員教授の鳩貝太郎先生には、生物教育における指導のポイントや学習プログラムの作成についてご指導いただきました。また、本研究の一部は、JSPS科研費H1600443の助成を受けて実施したものです。皆様に感謝申し上げます。

図14　1年間飼育したバフンウニと海へ放流する生徒

［文 献］

1) 川口実. バフンウニの受精・発生からプルテウスのポケット飼育へ. サイエンスネット／第12号2001年9月. 取得日2017年4月3日〈http://www.chart.co.jp/subject/rika/rika_scnet.html〉

2) 畑正好. 日本沿岸産ウニの発生教材としての特性と成熟ウニまでの室内飼育. 生物の科学「遺伝」別冊(18) 125-128 (2005).

3) 「千葉県高等学校教科研究員研究報告書」平成19・20年度理科／マイ・ポケットウニを使った発生, 変態の観察-生物の授業での継続的な観察・飼育-取得日2017年4月3日〈http://www.chiba-c.ed.jp/shidou/k-kenkyu/index.html〉

4) 山藤旅聞. 東京でもできる受精から稚ウニまでの飼育—プルテウス幼生の飼育と稚ウニへの変態を誘導する方法—. 都生研会誌 44, 11-13 (2008).

5) 小川博久. 生命を実感させるウニの飼育—幼生から変態までの個別飼育の実践を通して—. 日本理科教育学会全国大会発表論文集4, 308 (2006).

6) 小川博久. 中学校におけるウニの発生観察と飼育—プルテウス幼生から稚ウニまでの個別飼育を通して—. 日本生物教育学会全国大会発表要旨集 (2007).

7) 小川博久. 生命を実感するウニ個別飼育の実践—バフンウニの発生から飼育・放流まで—. 日本理科教育学会全国大会発表論文集5, 347 (2007).

8) 小川博久, 鳩貝太郎. マイウニ飼育から考える海洋教育プログラム. 日本理科教育学会全国大会発表論文集14, 449 (2016).

9) お茶の水女子大学湾岸生物教育研究センターホームページ. 海洋教育促進プログラム 取得日2017年4月3日〈http://www.cf.ocha.ac.jp/marine/index.html〉,〈http://sec-kaiyo.cf.ocha.ac.jp/index.html〉

10) Taniguchi, K. *Fisheries Science* **60**(**6**), 795-796 (1994).

11) 伊東義信. ウニ類種苗生産における付着珪藻の役割. 水産学シリーズ64 海産付着生物と水産増養殖119-130 (厚星社厚生閣, 1987).

12) 土屋泰孝. ウニの室内飼育系の確立. 筑波大学技術報告 27, 66-68 (2007).

13) 谷口和也. 磯焼けを海中林へ (裳華房, 1998).

14) 馬場将輔. 日本産サンゴモ類の種類と形態. 海洋生物環境研究所研究報告第1号 (2000).

小川 博久 *Hirohisa Ogawa*

千葉県君津市立北子安小学校 校長

1983年より千葉県公立中学校教諭（理科）。この間1994年、千葉県長期研修生（千葉県総合教育センターで1年間研修）。2008年、放送大学大学院文化科学研究科文化科学専攻（環境システム科学群）修士課程修了。2012年、千葉県君津市立君津中学校教頭。2017年、千葉県君津市立久留里中学校校長。2019年より現職。専門分野は、生物教育。野依科学奨励賞（2006年）、ちゅうでん教育大賞教育奨励賞（2010年）、日本生物教育学会下泉教育実践奨励賞（2009年, 2011年）を受賞。

有尾類の仲間 アカハライモリの教材化
——生命現象に感動を呼び起こす教材

秋山 繁治 *Shigeharu Akiyama*

南九州大学 教授

イモリやサンショウウオのなどの有尾類の仲間は，実験材料として，生物学の発展に重要な役割を果たしてきた。イモリをつかって，フォークトは原基分布図を作成，シュペーマンも形成体を発見した。そして，サンショウウオをつかって，ニューコープは中胚葉誘導を発見した。古くから「再生力」を持つことが知られていた有尾類は，現在でも，再生に関わる研究にとって重要な実験材料である。

今回は，有尾類の仲間で日本固有種のアカハライモリ *Cynopus pyrrhogaster* を実験材料として，飼育に関わる基礎知識と教材としての具体的な実践例を紹介したい。

① はじめに

「発生」は，生命の不思議を感じさせる現象である。発生のしくみを研究する「発生学」は，19世紀の終わりから20世紀の始めにかけて，「実験発生学」として出発した。その後，「実験発生学」は多くの分野に分かれ，新しい時代に突入していった。「発生学」そのものは発生現象があまりにも複雑すぎ，当時の研究レベルではより深く解明することができない状況だった。再び，注目されるのは，1980年代の生化学，分子生物学の発展があってからである。

現在，「発生学」では，発生に関わる多くの遺伝子が見つかり，分子レベルで発生現象を研究することができるようになり，過去の研究と現在の研究が融合した新しい分野として発展してきている。そして，「発生学」を含めた生物科学の技術が医療や農業などの幅広い分野に応用され，私たちの生活にも影響を与えている。このような状況を考えると，私たちが現代社会で生きるために必要なサイエンス・リテラシーを持つためには，生命科学の一翼を担う「発生学」を理解することは重要だと考えられる。

両生類を使った発生実験は，動物の維持・管理や準備に多くの労力と時間を要するので，学校の授業でおこなわれていることは少ないと考えられるが，実習する価値を再認識するべきである。

② アカハライモリの 実験材料としての利点

有尾類は，学校での教材実験ではあまり使われていないが，生物学史上重要な発見につながる実験材料として紹介されている。高等学校の教科書 (啓林館『生物学』) では，イモリ胚を用いて2細胞期の胚を卵割面に沿って細い髪の毛でくくり，発生の様子を調べた結紮実験やスジイモリ (褐色の胚) とクシイモリ (白色の胚) を用いての交換移植実験，原口背唇部の胞胚腔への移植実験を扱っている。また，最近の生物科学の研究では，脊椎動物の中で再生力が大きい (カエルは四肢が再生しないが，イモリは再生するなど) ことが注目され，脱分化や再生に関わる遺伝子を解明する実験動物として，再認識されつつある。

学校での発生実験の教材としての生物を考えてみると，以下の条件を満たしていることが望まれる。

① 卵が大きくて，観察しやすい。
② 成体の飼育が容易である。
③ 採卵が容易である。
④ 受精率が高く，多数の卵を採取できる。
⑤ 季節を問わず，必要なときに採卵できる。
⑥ 捕獲により種の減少をきたさない。

これらを満たす生物として，アフリカツメガエル *Xenopus laevis* は，研究室レベルでの利用を考えると，1年間同一の個体から数千のレベルの卵数がえられる点で，飼育動物として有利かもしれない。最近利用が広がっているネッタイツメガエル *Xenops tropicalis* やイベリアイモリ *Pleurodeles waltl* はさらに魅力的な材料になるのかもしれない。しかしながら，今回の実験ではアカハライモリを採用した。アカハライモリは，北海道と南西諸島を除く日本各地に広く分布している日本の固有種で，自然環境で生きる姿を観察できるがゆえに，発生教材としてだけでなく，生息環境の調査や生態観察で身近な環境問題を考える優れた教材になると考えられる。

アカハライモリの受精卵 (直径約2 mm) は，アフリカツメガエル (直径約1 mm) より大きく，発生過程の観察や実験操作に向いている。冷凍アカムシや人工飼料で容易に飼育できる。採卵は，野外個体や健康に飼育されたメスであれば，ゴナトロピン (胎盤性生殖腺刺激ホルモン) 注射で，自然産卵も人工授精も可能であり，受精率も高く，産卵数も多い。採卵については，繁殖期は春から初夏であるが，春に採取した成体を低温 (5℃) で保持すれば秋までは採卵が可能であり，秋以降は野外で採取した個体で次の繁殖期まで採卵できるので，ほぼ1年間可能である。

③ 野外での採取と日常的な飼育管理

アカハライモリは，繁殖期であれば昼でも行動しているので見つけやすく，水田の水を落とす9〜10月ごろにも水田の側溝や湿地の溜まり，小川の淀みなどで捕獲できる。また，一度に多くの個体を捕獲するには，水田から水を落とした後の11月ごろを選べば，側溝の枯れ葉などの吹きだまりに集団 (イモリ玉) になって越冬しているのを見つけることができる。捕獲した個体は，100円ショップで売っている洗濯ネットに入れれば，逃げられることもなく，また，扱いやすい。ネットに入れたままの状態で，大型プラスチック容器や蓋付きバケツに入れて持ち帰ることもできる (水は深く入れる必要はない)。ただし，日中に自動車の中に入れたままにすると，高温で死亡するので注意が必要である。

継続飼育するには，ホームセンターで入手できるプラスチックケースを使えば安価で大きな水槽になる。蓋がついているので逃走を防ぐこともできる。水深を5 cmくらいにして，発泡スチロールの板 (浮島) を入れた状態で飼育できる。発泡スチロールの板はイモリが上陸する場所である。集団で飼育する場合は，餌やりは週2回 (餌の与えすぎに注意)，餌をやってから1〜2時間後の水換えと毎日の水換え (カルキを除いた水を使用) を日常的に

	頭部	尾	総排出腔（矢印）
オス			
メス			

図1 アカハライモリのオスとメス

おこなう。ガラス水槽などで飼育する場合は，別のプラスチック容器に生体を移して，餌を与えて1〜2時間後に生体だけを水槽に戻すようにした方がよい。水換えを怠れば大量死も起こる。もし死亡個体が出たら，早期に除去することが必要である。室温は常時20℃に設定し，冬季は室温で保持する。イモリの飼育で多い事故は，逃走・高温での死亡・死亡個体を放置したための大量死である。

　生殖器官の季節変化から考えると，常温保持で受精卵の採取が可能なのは11月から5月である。ただし，低温保持で飼育した個体は産卵可能な期間を延ばすことができるが，生殖器官の季節変化に狂いが生じているので，使用後は自然条件で1年間休ませる必要がある。また，季節変化が起こらない室内で継続飼育している場合は，正常な受精卵を得られない状況になる可能性が高い。

　アカハライモリを扱う際は，手がかぶれることがあるので，手洗いは励行した方がよい。

雌雄の特徴

　メスは，全体的にオスより大きく，特に尾の割合が大きい。雌雄を区別する形態的な特徴はオスに顕著で，①頭部が角張っていること，②尾が短く，幅が広いが先端が急に細くなっていること，③総排出腔の周囲が大きく膨らんでいることがあげられる（図1）。

 アカハライモリを教材にした授業を11月に計画

　岡山県高等学校教育研究会理科部会の先生方から，研究授業の依頼があり，アカハライモリを教材にした授業を計画した。

　公開授業は11月であった。アカハライモリを選んだのは，繁殖期は春から初夏と一般的には思われているが，実は11月以降も受精卵を得られるからである。授業内容は，アカハライモリの繁殖生態の紹介，発生過程の観察，シュペーマンが発生の機構を解明するためにおこなったイモリ胚の結紮実験を考えた。「発生を誘導する役割をになう特定の領域が胚に存在する」という推論にたどり着き，その後の実験発生学の「形成体による誘導の概念」の出発点となった実験である。実験操作は，生きた胚を細い糸でくくり，発生の様子を調べるという簡単な実験だが，成長していく過程が動的な生命のイメージにつながると考えた。

 発生過程の観察と結紮実験の手順

　授業は，次の①〜④の順に進めた。

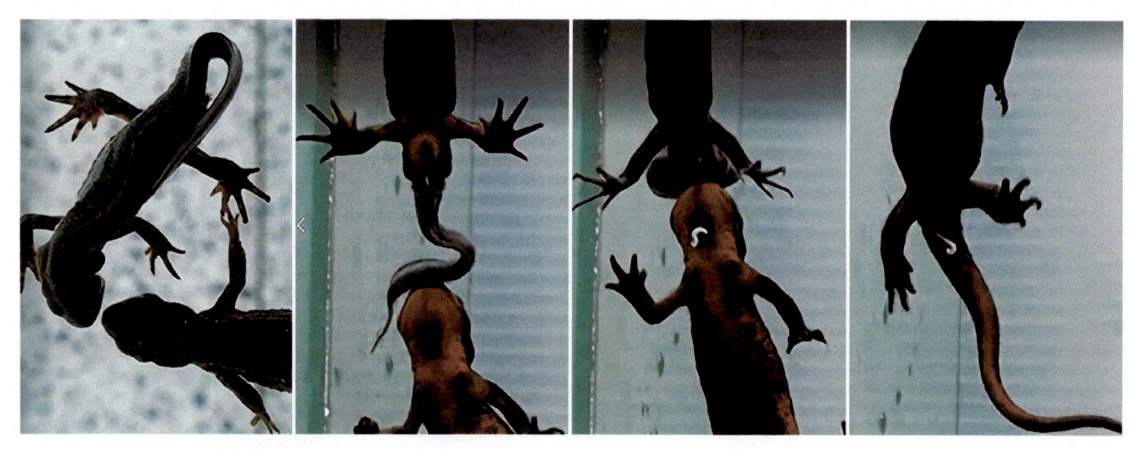

図2 アカハラライモリの配偶行動

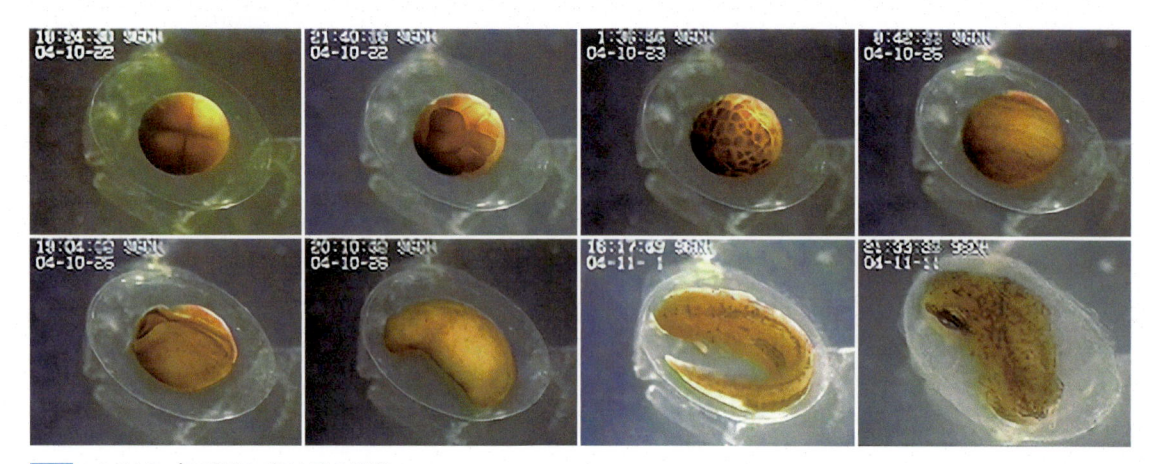

図3 タイムラプスビデオで見た発生段階

⑴ アカハラライモリの繁殖生態について紹介

　雌雄の区別，繁殖期（春から初夏）と越冬期（冬）の野外での様子と繁殖行動を紹介した。積雪下の溜まりで多数のイモリが群れて「イモリ玉」をつくっている様子，配偶行動を自作ビデオ教材（調査時に記録したビデオから編集）の放映を交えて説明した。

　生徒は，両生類は体外受精で，オスがメスに抱きついて，産卵時に放精するイメージを持っていたので，「オスがメスの鼻先で尾を振るようなディスプレイをしながら，性フェロモンを出してメスを誘い，反応したメスが追尾して，オスが放出した精包をメスが総排出腔に取り込む」という配偶行動（**図2**）に特に興味を持っていた。

⑵ 発生過程の全体像の把握（映像教材を利用）

　胚の動的変化の把握のため，タイムラプスビデオで記録した画像をデジタルに変換して，ソフト（Adobe Premiere）で編集して，産卵から幼生になって孵化するまでの約20日間を“早まわし”映像に加工して，15分のビデオ教材（**図3**）を作成した。

　作成したAviファイルをパソコンで再生すると，タイムスケールが表示されるので，孵化までを全体時間に対してどの程度進行しているかわかる。桑実胚までの初期発生がいかに早く進んでいるかを理解することができる。また，考察として，映像に表示された時刻を目処に各発生段階（2細胞期，4細胞期，神経胚）の所要時間を計算させることもできる。20℃で産卵から第一卵割開始ま

で6時間，第一卵割開始から胞胚初期まで1日を要する。21日目に孵化している。

ビデオ映像を見て，「教科書の図と同じだ」と声を上げる生徒もいたので，動きのある映像によって，発生過程のイメージを描くのに役立ったと考えられる。また，考察の計算については，動きのある映像から発生段階を判断する際にずれがあり，そのことが反映して数値的なばらつきはあったが，ほとんどの生徒は計算を完了し，初期の段階に要する時間が短いことは理解していた。

（3）初期胚の観察およびスケッチ

排卵誘発で自然産卵させたいろいろな段階の生きた胚の観察をおこなった。発生初期の2細胞期や4細胞期は時間的に短いので，ちょうど授業時間内に観察できるようにする必要がある。

アカハライモリは，ゴナトロピン注射で産卵を誘発できる。アカハライモリではメスの貯精嚢内に保持している精子を排卵直前に体内で受精させる仕組みになっているので，産卵時を発生のスタート（受精時）と考えて観察することができる。したがって，生徒に初期胚を観察させるには，第1卵割までに要する時間をさかのぼった時刻に産卵するようにゴナトロピン注射をすればよい。また，より正確な受精時間を設定したい場合は，メスに注射するゴナトロピンの量を多くし，体内に保持されている精子と受精しないように卵を絞り出してから，別に採取した精子を体外で受精させる。

ゴナトロピン注射の時間を設定して産卵時刻を授業に合わせる必要があるが，1匹が産卵すればクラス分は足りるので，予備として数匹準備すればほぼ間違いなく採卵できる。注射した後，メスは産卵場所となるテープ（荷づくりに使うPPテープを解いて細長く切ったもの）と小さな水槽に入れておけば，自然産卵する。手間はかからない（**図4**）。

授業の4日前にメスにゴナトロピン50単位（1,000単位を生理水に2 mL溶かした溶液0.1 mL）を注射をして室温約20℃で保持して，受精卵を準備する。注射後，イモリを入れた水槽にテープを入れておけば，それに卵を包む形で一つずつ産み付けるので，ピンセット（尖GGタイプ）でゼリーをしごくようにして，採取すれば卵を痛めることはない。また，卵を1個ずつ産むことから，1匹のメスが産む卵であっても，受精に時間的なずれが生じるので，異なった発生段階の胚を観察することができる。孵化までに要する日数は，飼育水温が上がるにつれて短くなる。15℃で約35日，20℃で約20日である。

透明なゼリーを通して，生きた胚の発生の様子がはっきり確認できる。ゴナトロピン注射による排卵誘発は，通常は50単位で十分であるとされるが，繁殖期以外の1〜2月の時期には100単位2回の注射が有効である。通常は1〜2回の注射後，数個から20個の受精卵を約1週間産み続け，総数で100個以上が採取できるが，1月から2月の時期ではやや産卵数が少ない。1匹のメスで1日置いて2回注射した場合の産卵数を**表1**に示す。

図4　アカハライモリの産卵行動

表1　1匹のメスで2回ゴナトロピン注射した場合の産卵数

	産卵数											総産卵数
	1/12	1/13	1/14	1/15	1/16	1/17	1/18	1/19	1/20	1/21	1/22	
A個体	1	15	11	7	4	3	2	2	0	2	0	47
B個体	18	33	21	12	5	3	2	0	1	1	0	96
C個体	0	1	8	7	6	11	3	2	1	0	0	39
D個体	16	21	13	5	8	1	8	6	3	3	0	84
	34	20	14	3	0	3	0	3	0	3	1	81

※ゴナトロピン2回注射・23℃

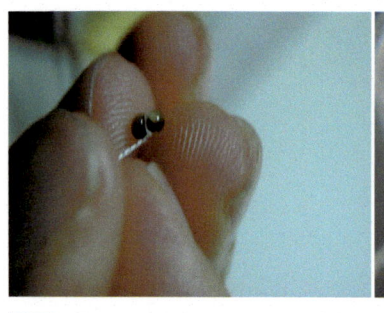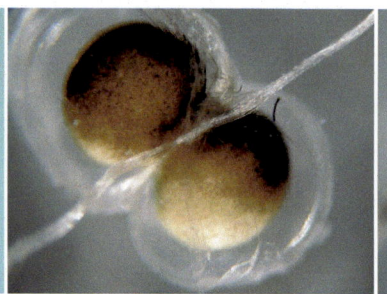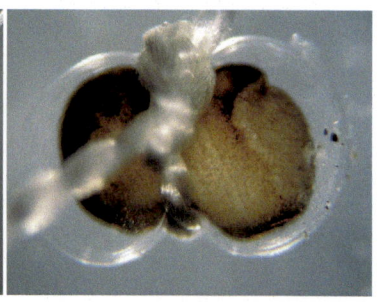

図5 絹糸を使って結紮したアカハライモリの胚

⑷ 胚の結紮実験

　胚の結紮用に，最初は職場の同僚に無理をいって新生児の毛髪を提供してもらったが，結局うまくいかなかった。釣り用のテグスなどいろいろな素材を試したが，最後にたどりついたのが絹糸であった。絹糸は3本の糸をよっているので，それを解いて，そのうちの1本を取り出して使う。最初に，糸で卵より少し大きめのループをつくり，その中央に卵をはめ込むように入れ，それから糸をピンセットで引っ張るようにしてしばる方法でなんとか成功した（図5）。

　授業では15分しか時間が確保できなかったので，成功した生徒は1割程度だった。放課後にもう一度試みたいという生徒も多くいたことから，生徒にとって好奇心をそそる実験になったと考えられる。

リの胚を実際に見て，映像や写真通りに卵割の形が見られて，とても面白かった」，「胚をしばる実験をおこなって，発生学というのは普段の生活の中からアイデアが浮かび，さまざまな角度から発生を見る学問なのかと思った」，「ビデオの時，集中力が切れそうだったけど何とか見ることができた。神経胚になってから孵化するまでの時間がかなりかかるのでびっくりした」，「歴史的な実験を体験できて，楽しかった」等の肯定的な意見も多くあり，多少，技術的には難しい実験でも，導入の仕方により，生徒にとって興味のある授業に展開していくことは可能だと実感した。

　今考えると，何を使って胚をしばるかを生徒に考えさせたり，いろいろな発生段階の胚を使用したり，しばる方向を記録して実験すれば，体験するだけでなく，考察を深める実験にできたのではないかと反省している。

6　実験観察を通しての生徒の様子

　生徒の自己評価をみると，意欲的に取り組めた生徒がほとんどで，前向きに取り組んだことがうかがえる。「卵割からいろいろな器官に分化する過程が理解できた」，「発生の仕組みに興味を持った」がともに86％であり，学習の動機づけにはなったようだ。一方，技術的には，「実体顕微鏡の操作が身についた」が81％，卵の結紮は，「うまくしばれた」が62％と少なかった。しかしながら，生徒の感想に「今まで映像で見てきたイモ

7　まとめ

　アカハライモリは身近な存在であり，捕獲して教材に利用しても，野外の生息数に影響があって生息数の減少を招くという心配は必要なかった。しかし，野生の両生類が，現在は，個体数を急速に減少している状況にある。両生類の「両生」とは，陸上でも水中でも生きることができるという意味ではなく，陸上と水中の両方がないと生きていけない，つまり陸上生活に移行したものの完全に適

応できず，陸上と水中の両方の環境を必要とする仲間であることを意味する。「両生類」は，もともと水辺という不安定な場所に生息しているため，環境の変化や捕獲によるダメージを受けやすい生物である。実験終了後の成体をもとの場所に戻す配慮や，残った胚を育てて放すというような配慮も必要である。アカハライモリは関東を中心にほとんどの地域で保護しなければならない種に指定され，環境省レッドリストでも「準絶滅危惧（NT）」の区分に入っている。ペットとして流通し，理科教材店でも入手できるが，積極的に保護しなければならない種でもある。その生態を理解することを推進し，個体数の減少につながらないような利用の仕方を考えることが大切だと考えている。アカハライモリは，再生力が強いことが有名だが，うまく管理すれば免疫力も強いので病気にもかかりにくく，30年以上飼育されたという記録もある。

これまでの動物実験に関する倫理委員会の規定は，爬虫類以上の脊椎動物の利用に制限がかけられてきたが，魚類や両生類についても準拠して扱うことを要求されるようになりつつある。生命倫理上の問題が出やすいので避けた方がいいとアドバイスをいただいたことがある。このような状況下で，高等学校の課題研究として脊椎動物をテーマにした発表が減っているように感じられる。生命の大切さを尊重し，自然保護の視点も勘案しながら，脊椎が完成していない時期の初期胚を扱うとか，個体追跡をして生態・行動を解析するなどのテーマを工夫して選べば，生命倫理規定をクリアして取り組めると考えている。生きている動物が好きで，発生する胚の美しさに感動したり，野外での生態調査を楽しみにしたりする生徒は多い。自分自身が生きている有尾類を観察し，実験することで，ワクワクする気持ちを得てきたのだから，その気持ちを生徒たちにも伝えたい。

⑧ ビデオ教材作成から自分の研究テーマへ

授業で上映したビデオの撮影日は2004年10月22日から11月11日になっている。つまり，撮影したのは"秋"である。今まで両生類の繁殖期は春から初夏と考えていたのに，アカハライモリでは秋に正常な受精卵を産める状態にあることがわかった。なぜ，そのような状態にあるのかという疑問に残った。

2022年から高等学校で年次進行で実施される学習指導要領のキーワードは「探求」である。科学課題研究を教育活動として成功させるのは，教師が生徒の上位に座って一方的に指導することではなく，自分自身も研究を楽しむ立場で，生徒と同じ知識から出発してもいいと考え，テーマを共有して研究を進めることだと考えている。それが，真のアクティブラーニングを取り込んだ双方向的な教育につながるのではないだろうか。

「アカハライモリの秋から春をまたぐ多重交配」の謎を解く試みが自分自身の研究テーマにもつながっている。

［文献］

1) 山崎尚. 生物の科学 遺伝 43-9, 37-38 (1989).

2) 岡田節人・編. 脊椎動物の発生 (培風館, 1989).

3) 環境省・編. Red Data Book2014—日本の絶滅のおそれのある野生動物—3爬虫類・両生類 (2014).

4) 岡山県生物の実習 (岡山県高等学校理科協議会)

5) 生物学実習 指導資料 (岡山県高等学校理科協議会)

6) Akiyama, S., Iwao, Y., Miura, I. *Zoological Science* **28**, 758–763 (2011).

秋山 繁治 *Shigeharu Akiyama*

南九州大学 教授

1984年，ノートルダム清心学園清心女子高等学校教諭。2011年，広島大学大学院理学研究科生物科学専攻後期博士課程修了，博士（理学）取得。2016年より現職。専門分野は，理科教育，生殖生物学。岡山県教育弘済会野崎教育賞（1997年），福武教育文化財団谷口澄夫教育奨励賞（2007年），平成基礎科学財団小柴昌俊科学教育奨励賞（2014年），読売教育賞理科教育部門優秀賞（2015年），日本動物学会動物学教育賞（2017年），読売教育賞カリキュラム・学校づくり部門最優秀賞（2017年）を受賞。

【発生と形態形成】

ウズラ胚観察の
授業実践とその展開
――ニワトリからウズラへのスケールダウンの
　工夫と教材化

薄井 芳奈 *Yoshina Usui*

KOBE らぼ♪ Polka 代表

有精卵を入手しやすいニワトリやウズラの胚は，脊椎動物のからだ作りの過程を観察するのに適した材料である。小さいウズラ卵は，初期胚の大きさがニワトリとほとんど変わらないため，いちどに多くの生徒が観察する学校現場に向いている。ろ紙リングを使った簡便な観察方法をウズラに応用した。さらに，発展の実験観察の実践も紹介する。

 ## はじめに

　ニワトリやウズラなど鳥類の卵は非常に多くの卵黄を含み，卵の動物極側（上側）のごく一部で卵割が進む盤割をおこなう。受精は雌の体内で起こり，産卵時には胞胚期まで発生が進んでいるため，発生のごく初期の観察はできないが，その後の発生は卵黄膜の上に形成された**胚盤**[*]上で進行し（**図1**），ダイナミックに進む体づくりの過程を外側から観察しやすい。高等学校では両生類を例に学習する脊椎動物の胞胚期以降の発生過程を，実

際に観察するのには，鳥類胚は適した材料である。

　ろ紙リングを用いたニワトリ胚の観察は，簡易にできる方法で，学校現場で実施しやすい。授業に取り入れ，高等学校現場の実情に合わせて工夫や改善を重ねつつ，実践を重ねてきた。特に，卵が小さく，限られたスペースでも孵卵数を確保できるウズラ卵の利用が有効であることを知り，その教材化を進め，授業実践や教員研修での紹介を

用語解説 *Glossary*

【胚盤（胚盤葉）】
卵黄が極端に多い鳥類や魚類などでは，卵のごく一部で細胞分裂が起こり，胚盤とよばれる平面的な細胞層を形成する。卵割が進むと胚盤葉上層と下層の2層になり，このうち，胚盤葉上層から胚の体が作られていく。

図1 　**鳥類胚は盤割で胚盤を形成する**
理化学研究所 発生生物学リカレント講座テキストをもとに作図

おこなってきた。ニワトリ，ウズラそれぞれの良さを生かし，現場の実情に合った形で鳥類の初期胚の観察に取り組むことで，発生の単元にとどまらず，広く生命現象の理解に結びつく活動に展開していくことができる。ここでは，基本の手法とその実践，展開例を紹介する。

② 鳥類の初期胚観察の概要

　ニワトリやウズラは，成鳥の飼育をしなくても，生きた受精卵を年間を通じて業者から購入できる。38℃に設定できる定温器さえ用意できれば，孵卵も簡単で，いろいろなステージを見られる。胚は透明性が高く扁平で，胚を卵黄から分離することによって，背側からも，腹側からも，その構造を観察できる。両生類の発生過程で学習した脊索や体節がはっきりと観察でき，なぜ「体節」とよぶのかも一目瞭然である。神経管が閉じていく過程，眼胞や眼杯から目が形成される過程，心臓の拍動，耳胞や鰓裂なども観察できる。

　2日胚*までなら赤い血管も目立たず，生徒の心理的な抵抗が比較的少なく，その美しさに感動する生徒も多い。

③ ウズラ活用のメリット

　ウズラは卵のサイズは小さく，孵化までの日数はニワトリより4日少ない17日であるが，胚の大きさや発生の進行は8日目まではニワトリ胚とほぼ同じで，ニワトリ胚の発生段階の目安として

用いられている「Hamburger-Hamilton stages（ハンバーガー・ハミルトンの発生段階表）」を使うことができる。また，ウズラ卵は鶏卵と同様生徒にとって身近である上に，ウズラはニワトリとともに発生生物学研究のモデル生物となっている。

　鶏卵に代えて，ウズラ卵を用いるメリットには次のようなことがあげられる。
- 卵が小さいので限られたスペースでも孵卵数を多く確保できる。
- 鶏卵と比較して廃棄物の量が圧倒的に少ない。
- 卵殻が薄く，殻を開ける操作が簡単。専用の殻割りハサミも安価に市販されている。
- 卵白が少なくて取り除きやすい。
- 種卵（有精卵）の値段が安い（質のよいニワトリ有精卵の2〜3分の1の価格）。

④ ウズラ卵のデメリットとそれに対応する工夫

　ウズラ卵は小さいことがメリットである一方，小さいためにニワトリのように卵殻の中で作業を進めることが難しい。卵黄表面のカーブが急で，ろ紙を貼り付けにくい。また，比較的早い段階から卵黄が消費されてゆるくなり，底が平らなシャーレに取り出すと卵黄自身の重みで卵黄膜が破れやすい。このようなウズラ卵に対応するために，次のような工夫をした。
- 「卵殻の代用」として「丸底の蒸発皿」を使う。
- ろ紙リングの幅は細めにし，形を楕円形にする。
- 市販の「殻割りハサミ」を使う。卵殻を手早く上手に開けることができる。

⑤ ウズラの初期胚の観察方法
──ろ紙リングを用いた方法

【用意するもの】
- 眼科バサミ

用語解説 Glossary

【2日胚】
産卵時には胞胚まで発生が進んでおり，胚は孵卵開始から発生を再開する。孵卵開始から24時間までを1日胚とし，以後2日胚，3日胚と数える。温度によって発生の進みが異なるため，孵卵時間は目安である。

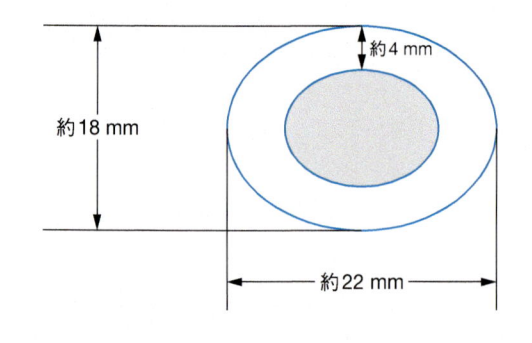

図2　ウズラ用ろ紙リング
穴のくり抜きにはクラフトパンチが便利

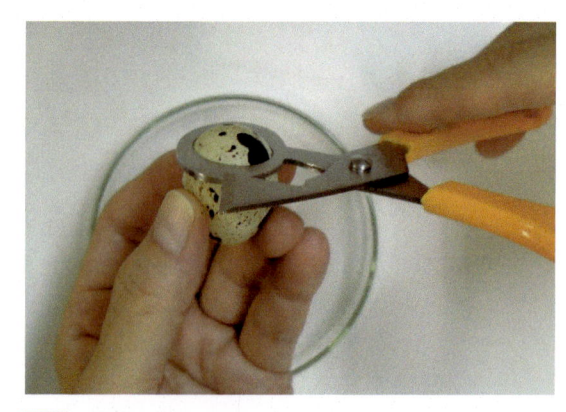

図3　殻割りバサミの利用

- ピンセット (尖頭)
- ウズラ用殻割りハサミ (あれば便利)
- 卵立て (ペットボトルのキャップでよい)
- シャーレ (不要な卵白などを受ける)
- 丸底蒸発皿 (取り出した卵黄を受ける)
- 生理食塩水 (7.2g/L NaCl水溶液)
- パスツールピペット
- ろ紙リング (**図2**)　リングの幅は4 mm程度
- アガロースゲルのプレート：アガロース (アガーも可) を生理食塩水に0.5％に溶かし，直径35 mmのディッシュに2.5 mLずつ入れて固める。
- キムワイプ
- ティッシュペーパー

【胚の準備】

　ウズラ種卵は38℃で孵卵する。定温器内には保湿用に水を入れたトレイなどを置く。初期胚の観察なら転卵はしなくてもよい。すぐに孵卵しないときは14℃ (秋～春で20℃以下なら室温でも可) に置けば，数日なら孵卵開始を猶予できる。授業時間に合わせて発生段階を調整したいときは一時的に25～14℃に置いて発生の進行を遅らせることができる。

【手順】

① 卵は鈍端を下側にして卵立てに置いておく。卵の上下をひっくり返し，黄身が浮き上がる

前に殻割りバサミで卵の鈍端を切る (**図3**)。または，ピンセットの先で殻に穴をあけ，ピンセットかハサミで一周まわって殻を切る。

② 流れる卵白は捨て，蒸発皿に中身を出す。2日胚では卵黄の白っぽくなっている側に胚があるので，向きを見ながら移すとよい。この段階で卵白は残ってもよい。

③ 卵白を取り除く。濃厚卵白はハサミで切り取るようにしてシャーレに流す。ニワトリと比べて卵白の量が少ないので，神経質に卵白を取り除かなくてもろ紙リングをくっつけることはできる。

④ キムワイプを黄身の表面にくっつけて黄身を回転させ，胚を上側に持ってくる。発生が進むと膜が破れやすいので注意する。

※ここまでの操作をニワトリでおこなう場合，卵を横倒しに置いて転卵せずに孵卵する。卵殻の上側に印をつけておき，その向きを保ってシャーレに卵を割り入れると，卵黄の上側に胚がある状態になっている。ニワトリの場合はキムワイプで卵黄の上の濃厚卵白を丁寧に取り除く必要がある。

⑤ 胚盤の位置と胚の向きをよく観察する (**図4**)。胚の向きとリングの楕円の向きを合わせて，ろ紙リングをのせる。孵卵開始から35時間ぐらいまでは胚の向きがわかりにくいので，実体顕微鏡下でおこなうと確実にできる。こ

図4 蒸発皿に入れたウズラ2日胚

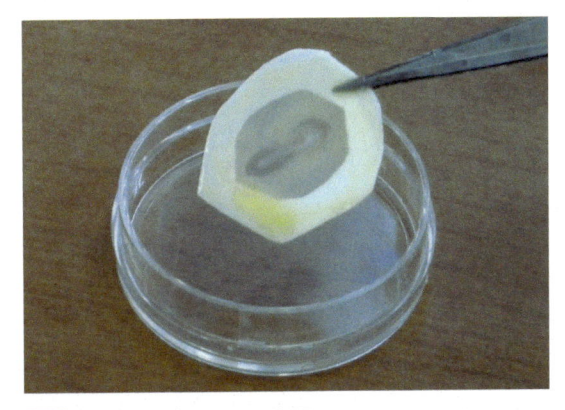

図5 ろ紙リングで取り出した胚
腹側を上にしてディッシュのゲル上に置く

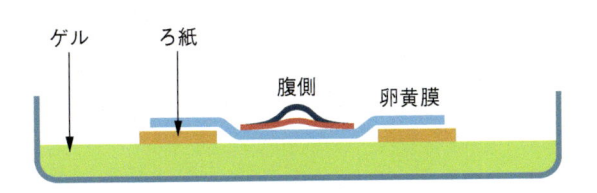

図6 腹側を上にしてゲル上に置く
理化学研究所 発生生物学リカレント講座テキストをもとに作図

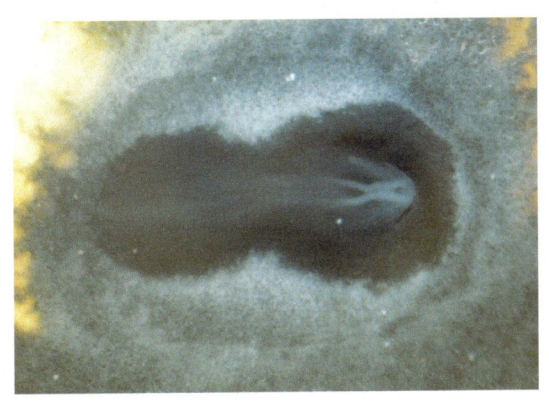

図7 卵黄膜の下に墨汁を注入して観察した1日胚

の段階でリングが卵黄膜に沿っていないようでも，このあと膜に切り込みを入れると膜に貼り付く。

⑥ ろ紙リングの周りに沿って卵黄膜を一周切る。卵黄が流れ出て行くと切りにくくなるので，ハサミを立てるようにして手早く切る。

⑦ パスツールピペットをろ紙リングの下に入れて生理食塩水を注入し，胚の下の卵黄を吹き飛ばす。

⑧ ろ紙リングをピンセットでつまんで胚をつり上げ，ゲルプレートに表裏をひっくり返してのせる（図5）。胚の腹側が上になる（図6）。プレートにのせるときに胚の下に空気を入れないように注意する。泡が入ったらろ紙を少し持ち上げて追い出す。

⑨ 卵黄はパスツールピペットの生理食塩水で洗い流し，ティッシュペーパーで吸い取る。

⑩ 背側，腹側の両方から実体顕微鏡で観察する。

※1日胚，2日胚の早い時期で，卵黄上の胚の位置や向きがよく見えないときには10倍に薄めた墨汁を注射器で胚の下に注入すると確認できる。この方法で胚はそのまま背側から観察できる（図7）。墨汁を入れた後にろ紙リングで胚を取り出すこともできる。

【観察例】
（図8）孵卵35時間　（図9）孵卵48時間
※発生の進む速さは季節や温度状態によって異なる。

 生物基礎の教材として

「生物基礎」で「発生」は扱われないが，「体内

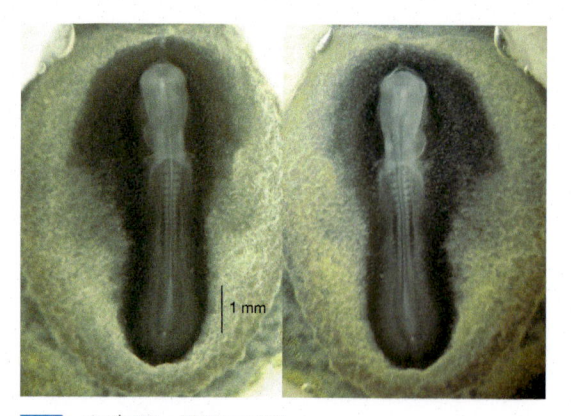

図8　ウズラ胚　孵卵35時間
左：腹側　　右：背側

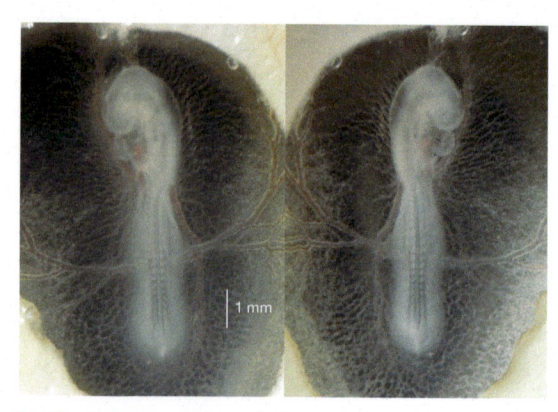

図9　ウズラ胚　孵卵48時間
左：腹側　　右：背側

環境」の単元で「ウズラまたはニワトリ初期胚の心拍数」を実験として授業に取り入れることができる。

　2日胚をろ紙リングでプレートに取り出したものにアドレナリン溶液，アセチルコリン溶液を滴下し，心拍数の変化を調べる。あらかじめ教師が胚を摘出しておき，スクリーンやモニターに胚をリアルタイムで映し出し，生徒に心拍数の変化を記録させることで，50分の授業内に十分こなせる。

【方法】

① 　ウズラの種卵は38℃で35〜50時間孵卵しておく。（2日胚を使用）

② 　実施の20分前までに，ゲルプレートにろ紙リングを使って胚を摘出し，生理食塩水を数滴かけた状態で室温に置く。測定開始3〜5分前に新しい生理食塩水を数滴かける。

③ 　塩化アセチルコリン，塩化アドレナリンは蒸留水で0.01 g/mLに溶かし（アドレナリンは水に難溶で溶け残りが出る），当日，生理食塩水でアセチルコリンは1,000倍，アドレナリンは500倍に希釈する。

④ 　はじめ・アセチルコリン投与直後から3分ごとに9分後まで・アセチルコリン除去直後から3分ごとに6分後まで・アドレナリン投与直後から3分ごとに9分後まで・アドレナリ

ン除去直後から3分ごとに6分までそれぞれについて20秒間の心拍数を連続3回数え，記録する（アドレナリンを先に与えると回復にかなりの時間を要し，50分に収まらなくなる）。

班ごとにおこなう，クラス全体で映像を見ながらおこなう，あるいは心拍の変化のみを演示して見せる，「アセチルコリン」「アドレナリン」を伏せて与え，心拍数の変化からどちらの薬剤かを推定させる，など，時間や生徒の状況に応じて実施方法は融通が利く。

生物基礎の実験を通して，脊椎動物の発生途上の姿に触れる機会となる。また，鳥類胚のこの時期の心臓はまだ1心房1心室であるので，脊椎動物の進化と発生との関わりに目を向けることもできる。「生物基礎」「生物」どの段階で，どの学年で使うかによって，取り組み方を工夫できる教材である。

7　発展的な展開

【発生観察の継続】

　4日胚からは卵黄からはずして，羊膜から取り出して観察する。前肢・後肢の発生過程や，羽毛や脚のうろこの分化も観察できる。

【器官の観察】

8日胚を実体顕微鏡下で解剖し，器官を観察する。臓器の位置関係は成鳥のものに近く，よりシンプルでわかりやすいという利点もある。脳や眼球，心臓，気嚢も観察できる肺，前胃，砂のう，小腸，すい臓，肝臓，脾臓，雌雄の違いがはっきりとわかる生殖腺，腎臓，など，各器官の特徴がはっきりとしてきており，拍動する心臓，緑色の胆汁が溜まった胆嚢，さらにそれが通って管内部が緑色になっている十二指腸，など，構造とともにすでに機能もしながら発生が進んでいることが理解できる。

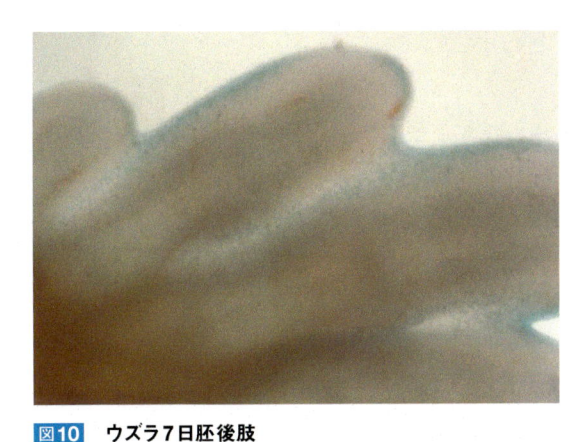

図10　ウズラ7日胚後肢
ナイルブルー染色によるアポトーシスの観察

【肢芽のアポトーシスの観察】

ウズラ胚やニワトリ胚では6日目から8日目にかけて，前肢・後肢ともに，大きく外見が変わる。特に7日胚では指の形が現れてくるため，**ナイルブルー染色***をおこない，**アポトーシス***が起こっている部位を確認することができる（図10）。
方法：0.1%のナイルブルー水溶液を37℃に温めた生理食塩水で希釈する。希釈は直前におこなう。胚を殻から取り出して羊膜を取り除き，温めた生理食塩水で洗う。50 mLチューブなどに染色液と胚を入れ，37℃のインキュベータで10〜20分間，ときどき振りながら染色する。

【簡略化した方法による初代培養】

8日胚から心筋，神経，網膜色素上皮，肝臓などの組織を取り出して培養すると，分化した細胞を観察できる。発生途中の胚の器官・組織の細胞をトリプシンを用いて解離し，培地（動物細胞培養用汎用培地を使用）を入れた細胞培養用のディッシュで培養する。CO_2インキュベータや位相差顕微鏡，血清などを使わずに，簡略化した方法でも初代培養をおこなうことができる。心筋では，ディッシュの底に定着して単独で拍動する細胞や，細胞がいくつかつながりあって，さらには，シート状になって拍動する様子も観察できる。脳や網膜の細胞は突起を出し，網膜色素上皮や肝臓

の細胞は敷石状にシートを作る。器官や組織が，さまざまな分化した細胞によって成り立っていること，分化した細胞にはそれぞれ個性があり，細胞のはたらきに応じた特徴があることを観察し，細胞分化についての理解を深めることができる。特に，ウズラ胚の細胞はタフで，簡略化した操作でもディッシュに定着し，増えていくため，扱いやすい。

動画：YouTubeチャンネル　labopolka_bio
https://youtu.be/DoeYY3CO-F0

【心筋細胞に対するアドレナリンの作用】

初代培養し，拍動している塊状またはシート状の心筋に，アドレナリンを滴下して観察すると，

拍動の速さに変化が見られる。胚の心筋細胞にアドレナリンの受容体があることを示唆する観察となり，生物基礎・生物いずれでも，考察の題材として演示できる。

動画：YouTube チャンネル　labopolka_bio
https://youtu.be/-sJXwV3vS2s

【カドヘリンのはたらきとカルシウムイオン】

ウズラやニワトリの8日胚から取り出し，初代培養した網膜色素上皮，肝臓の細胞を用いて，**カドヘリン***のはたらきとカルシウムイオンの関係について観察する。エチレンジアミン四酢酸（**EDTA**）*やエチレングリコールビス四酢酸（**EGTA**）*を与えると，カドヘリンによる細胞接着がはがれて，細胞と細胞の間に隙間が現れるようすが数分以内の短時間で観察できる。さらに，カドヘリンが細胞内の細胞骨格と連結していることによって，細胞どうしが接着によって引っ張り合い，敷石状の形を維持していたものが，接着が外れることによって，丸くなっていくようすも観察することができる。

網膜色素上皮は簡単にはがすことができ，初代培養で比較的容易にコロニーを得られる（**図11**）。細胞がメラニンの顆粒を作っていて黒いので，位相差顕微鏡がなくても，学校にある生物顕微鏡で容易に観察できる。

現行の学習指導要領では，生物で「細胞接着」「細胞骨格」について，かなり詳しく学習するように

なっており，理解を深めるのに適した教材である。

動画：YouTube チャンネル　labopolka_bio
https://youtu.be/EwNzZdOd3gU

 ## ⑧ 実施に当たって配慮すべきこと

胚であるとはいえ，生命を直に感じさせる対象であるだけに，実施にあたっては生徒の感情や受け止めには個人差があることに十分な配慮が求められる。たとえば，胚の扱いについて冷静で丁寧な説明ができること，いずれ廃棄するものであっても観察後の胚はいったん回収することなど，細やかな対応を心がけたい。さらには，責任を持って飼育できない環境で安易に孵化させることなく，残った胚は低温下に置くなどして適切な方法で処分する。胚はろ紙リングで取り出した状態でもしばらくは発生が進むが，生徒が処理したものでは正しく進まない場合も多く，継続した観察がかえってショックを与えるケースもある。状況に応じた判断が求められる。

 ## ⑨ おわりに

ろ紙リングを用いたニワトリ初期胚の観察法は，東京都立大学や理化学研究所の教員研修などを通

> **用語解説 *Glossary***
>
> 【カドヘリン】
> カドヘリンは細胞どうしの接着にはたらくタンパク質で，カドヘリンを介した細胞どうしの接着にはカルシウムイオンが必要である。
>
> 【EDTA・EGTA】
> エチレンジアミン四酢酸（EDTA）・エチレングリコールビス四酢酸（EGTA）は，溶液中のカルシウムイオンやマグネシウムイオンを捕まえる性質を持つ。EGTAの方がよりカルシウムイオンに対する選択性が高い。

図11　**ウズラ8日胚の網膜色素上皮細胞**
初代培養で得られたコロニー

して，広く知られるようになってきている。実習の目的や生徒数，各校の設備に合わせて，ニワトリ，ウズラを使い分けることで，実施へのハードルはより低くなるだろう。本稿で紹介した実験観察は，すべて，筆者の前任校である兵庫県立須磨東高等学校で授業として実施した。孵卵し続ければヒヨコになることを強く意識し，どの生徒も卵や胚を大切に扱い，真摯な気持ちで実習に取り組んでおり，授業評価アンケートでも心に残った実験としてあげる生徒が多かった。授業に取り入れる中で，生命倫理に関するアプローチの例，「ウズラ酢卵（酢漬けにして卵殻を取り除いた卵）」を利用して発生観察に対する生徒の抵抗感を和らげる試みなど，先生方が各校現場の実情に応じて工夫し，展開しておられる。基礎から発展まで，タンパク質，細胞レベルから，進化の視点まで，いろいろな切り口で取り上げることのできる教材である。今後，さらに多くの学校で実践されることを願っている。

［文献］

Ainsworth, S. J., Stanley, R. L. & Evans, D. J. *Journal of Anatomy* **216**, 3–15 (2009).

Hamburger, V. & Hamilton, H. L. *Journal of Morphology* **88** (1), 49–92 (1951).

ミネソタ大学ダルース校のニワトリ胚発生過程の資料〈http://www.d.umn.edu/~pschoff/documents/ChickStagingSeries.pdf〉.

高校生物教職員のための発生生物学リカレント講座テキスト（（独）理化学研究所，2009～2015）.

改訂版「生物」探求活動4 鳥類の発生の観察 p.208～211（数研出版）.

薄井芳奈. 兵庫県立高等学校教育研究会生物部会誌 **36**, 10–13 (2012).

薄井芳奈. 高校生物実験教材の広場〈https://bioeve88.web.fc2.com/〉.

大阪教育大学附属高等学校池田校舎 岡本元達. ニワトリ有精卵を用いた生命倫理教育の実践（平成30年度 日本生物教育会 (JABE) 第73回全国大会（山口大会）口頭発表）.

大阪府立桜塚高等学校 根岩直希. 鳥類の発生過程を観察するための酢卵の教材化とその教育効果の検討（平成30年度 日本生物教育会 (JABE) 第73回全国大会（山口大会）口頭発表）.

その他の再生リスト（ウズラ胚の初代培養細胞）は，下記を参照。

https://www.youtube.com/playlist?list=PL9k_IF_OGniy7kBOPhM84HVoYcguR2ZG-

［謝辞］

ニワトリ胚観察の基本をご指導くださった東京都立大学 理学研究科 福田公子准教授，ウズラを使うきっかけをくださった兵庫県立大学生命理学研究科 餅井真准教授，継続的に助言いただいた理化学研究所の南波直樹氏（当時），多くの貴重な助言とご指導をいただいた東京都立大学 八杉貞雄名誉教授，京都産業大学総合生命科学部 石井泰雄助教（当時）の諸氏に，深く感謝いたします。ナイルブルー染色について助言くださった名古屋大学理学研究科の黒岩厚教授（当時），白石洋一助教にも感謝の意を表します。

薄井 芳奈 *Yoshina Usui*

KOBE らぼ♪Polka 代表

名古屋大学理学部生物学科卒業後，兵庫県立高等学校理科（生物）教諭として30余年間勤務。実験教材の工夫・開発，ICTの活用，探究的な活動などに取り組んだ。2015年から教員実験研修会「KOBE金曜EveLabo」を主宰。2017年に「KOBE らぼ♪Polka」を開設し，一般向けサイエンス活動も展開。生物教育研究所研究員，兵庫県立明石高等学校非常勤講師，神戸女子大学非常勤講師。兵庫県優秀教職員表彰（2011年度），文部科学大臣優秀教職員表彰（2014年度）を受賞。https://labopolka.web.fc2.com/

【組織と器官】

簡易凍結徒手切片法により生物の体を調べる

梶原 裕二 *Yuji Kajiwara*

京都教育大学 生物学教室 教授

多細胞動物は多様に分化した多数の細胞で構成される。動物組織を詳しく観察するため，従来からパラフィン包埋・薄切法が用いられる。しかし，この方法は，長い作業時間，専用機器，作業の習熟等の理由から，簡単に実施できない。そこで，簡便に，しかも安価に短時間で作成する「簡易凍結徒手切片法」を考案した。この方法の要点と観察例を紹介する。

 ## はじめに

多細胞動物の生命活動は10 μmほどの小さな細胞の活動を通しておこなわれる。同じような機能や形態をもつ細胞がいくつかの組織集団をつくり，それらの組織が秩序だって組み合わされて器官を形成し，多くの器官が集まって統一のとれた体ができている。これらの規則正しい構造を観察する実験は，多細胞生物の複雑な体のつくりを理解する基礎となる[1)2)]。中学校や高等学校の生物では，教科書に植物や動物の体の組織が写真や模式図で多く掲載される[3)]。たとえば，光合成の働きを学ぶ際には，光合成の場となる葉，柵状組織や海綿状組織など葉の柔組織やそれらを構成する細胞を通して学ぶように，生命活動の場となる組織，細胞の観察は重要である。

一方で，細胞は人間の目の識別限界の0.1 mmより小さく，細胞や組織を詳しく観察するためには顕微鏡で拡大する必要がある。その際，生物を

薄切りしてプレパラートを作成する。植物は細胞壁による硬さがあるため，比較的簡単に薄切プレパラートを作り，茎や木本植物の葉の構造を観察することができる。動物の場合，組織が軟弱なため，一般的にパラフィン包埋法[*]が用いられる。しかし，この方法は，長い作業時間，専用の機器，作業の習熟などの理由から，高等学校，大学初期課程では実施されることがほとんどなく，既存の市販の標本を観察する場合もある[4)]。このように，大学等で研究や教育に特に必要とされない限り，

用語解説 *Glossary*

【パラフィン包埋法】
水分が多い動物の試料を固定したのち，アルコール系列で脱水，キシレンに置換，加温・溶融したパラフィンに包埋，冷却・固化したのち，ミクロトームでパラフィン切片を作成する。切片を加温・伸展させ，スライドガラスに接着・乾燥後，パラフィンを上記の脱水と逆過程で脱パラフィン・水に置換する。染色後，そのまま観察するか，再度，脱水して永久標本を作成する。この過程に数週間を要する。

実際の組織の観察は敬遠されてきた。

　簡単な組織構造の植物とは違い，私たちの体の中にある，たとえば視覚器，腸，腎臓や生殖器官のように，動物の体は複雑な構造を持つ。これら動物に特徴的な組織を観察するために，さまざまな制約のあるパラフィン包埋・薄切法を用いない「簡易凍結徒手切片法」を開発したので[1]，いくつかの要点を含めて紹介する。

〈切片法の対象〉

　特に対象の限定はないが，本稿では動物の組織を対象とした実践例を紹介する。動物の体の構造が簡単に観察できるようになった。その簡便さにより，マウスなど特定の動物以外にも，さまざまな動物の組織を見ることができる。

2 簡易凍結徒手切片法の ポイントと切片の作製

ポイント1（凍結包埋剤の利用）

　柔らかい動物の組織を薄く切るために硬い包埋剤に包埋する必要がある。包埋剤として，通常のパラフィンの代わりに，従来から生体検査などに用いられている凍結包埋剤を使用する。包埋剤（OCTコンパウンド*；サクラファインテックジャパン）はさほど高価でなく利用しやすい。室温で粘度の高い液体であるが，氷点下にすると固化する。薄切りするときにはマイナス20〜35℃に冷却・固化するが，ドライアイスや冷凍庫で冷却したアルミ板を利用すると，通常の理科室で利用できる。

ポイント2（支持体の工夫）

　通常，凍結切片を作成する際，高価な専用の**クリオスタット***を使用する。理科室で簡単に凍結切片を作るために，試料と包埋剤を支え，かつ包埋剤とともにカミソリを用いて徒手で薄く切れる支持体が必要となる。スーパーで安価に入手できるブロッコリーの，花房を食べ終えた後の髄を利

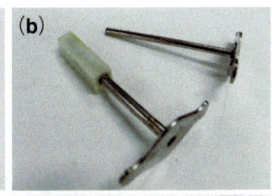

図1　ブロッコリー髄支持体の作成

(a) ブロッコリー髄の中心部から支持体（矢印）を切り出す。
(b) コルクボーラーで穴を開ける。穴の大きさ，形は特に問題ない。
(c) 切り出した支持体。
(d) 20％エタノール液で冷蔵保存する。

用する。ブロッコリーの髄は，組織の密度が高く，カミソリで滑らかに薄切りすることができる。生のままでは水分が多く氷結するために，マイナス20〜35℃に冷却しても凍らないように20％アルコールで水を置換する必要がある。この支持体に試料と包埋剤を埋めることで，徒手で薄切りが可能となる。

簡易凍結徒手切片の作り方

（1）支持体の準備

　ブロッコリーの髄を準備する。ブロッコリーを購入するとき，髄の中心に空隙がないものを選ぶ。

用語解説 *Glossary*

【OCTコンパウンド】
OCTコンパウンド（Optimal Cutting Temperature；最適な薄切の温度）。試料を冷却し，柔い組織に硬さをもたらす。その際，試料と一緒に薄切できる包埋剤が必要であり，OCTコンパウンドは速やかに包埋でき，生体検査など広く使用される。包埋剤は水に溶解し，薄切試料のみが残る。安価で，本手法の一回の使用量はわずか。

【クリオスタット】
医療や生命科学の分野で用いられる高額の機器（500万円程度）。-20〜-35度程度に冷却した冷凍庫内に設置した薄切ミクロトームを回し，切片を作る装置。素早く標本が得られる長所がある。作業には習熟が必要である。

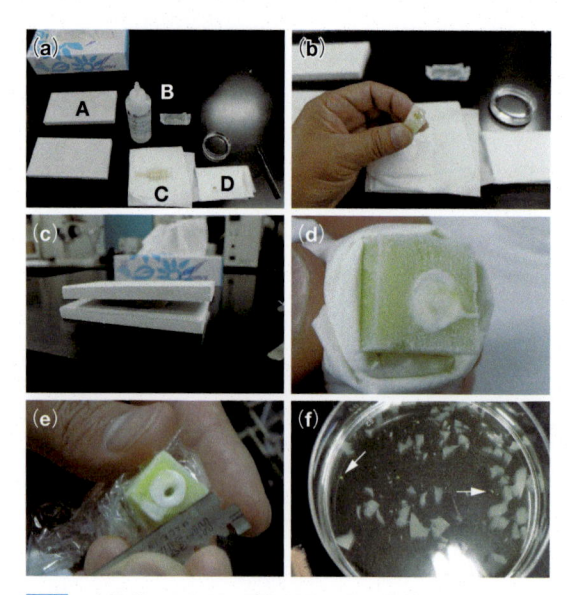

図2　支持体への包埋・凍結固化と薄切作業

(a) 準備物。

(b) 支持体の穴へ包埋剤と試料を入れる。

(c) 冷却したアルミ板で挟んで凍結固化する。

(d) 凍結固化後の様子。

(e) 薄切の様子。

(f) 生理食塩水中の組織切片（矢印白）とブロッコリー支持体の破片。

包丁で髄の白い部分から1〜1.2 cm角，長さ5 cm程度の直方体を切り出す［**図1**(a)］。コルク栓穴あけ機（スピードコルクボーラー；野中理化器製作所）などを用いて，中心に6 mm程度の穴を開ける［**図1**(b)］。穴の大きさは特に問題ではない。穴の中心部は，使用時に包埋剤が入るように1 cmほど引き抜いておく［**図1**(c)］。20％エタノールの中で保存する。これまで，髄内部の空気をエタノールで置換するように真空ポンプで脱気していたが，この操作は特に必要でない。髄を20％エタノール液に数週間浸漬しておくだけで良い。

(2) 凍結徒手切片

ティッシュペーパー，ドライアイス（-80℃で冷却したアルミ板Aも可能，時間がかかり，若干柔らかいが家庭用冷凍庫でも包埋剤を冷却可），軍手，凍結包埋剤B，ブロッコリー支持体C，試料（D；ホルマリン固定済み），試料のホルマリンを洗浄するため0.9％生理食塩水の入った60

mmシャーレ），ピンセット，両刃カミソリ（**フェザー製ハイステンレス**FH-10*），生理食塩水の入った90 mmシャーレを準備する［**図2**(a)］。

ブロッコリー髄を20％エタノール液から取り出してティッシュペーパーの上に置き，液を除く（包埋剤は水に溶けやすいため）。試料を生理食塩水から取り出してティッシュペーパーの上に置き，水分を除く。ブロッコリー髄の中央の穴に凍結包埋剤を入れる。気泡はないほうがよいが，多少入っても問題ない。包埋剤の中に試料を入れる［**図2**(b)］。このとき，ブロッコリー髄の横断面が組織の断面になるので，切断面に注意しながら包埋する。アルミ板に挟んで，冷却・固化する［**図2**(c)］。試料が包埋剤の中で動く場合，アルミ板にブロッコリー髄を垂直に押し当てて，包埋剤の表面を早めに固化するとよい。-80℃のアルミ板もドライアイスも非常に冷たいので軍手を用いて取り扱う。液体状態のときの包埋剤［**図2**(b)］は透明であるが，固化すると白色になる［**図2**(d)］。

(3) 薄切作業

ティッシュペーパー，あるいはサランラップで支持体を数回巻き，なるべく手の熱が伝わらないようにする。カミソリでブロッコリー支持体ごと包埋剤を切断する［**図2**(e)］。試料が包埋剤の奥に埋まり込んで見えないときは，試料が見えるまで支持体ごと包埋剤を大胆に切る（整形；トリミングという）。

経験上，刃は「奥から手前側」に向かって動かす（［**図2**(e)］の場合，左側に座る実験者のほうに向かって動かしている）。切断には十分に気を

用語解説 _Glossary_

【フェザー製ハイステンレス】

フェザー製両刃安全カミソリは2種類ある。今回は切れ味の良い薄いハイステンレスを使用する。切れ味がやや鈍いフェザーS青函両刃（FA-10）もあり，経験上ツバキの硬い葉の薄切に良い。1年目の若い枝についた柔らかい葉はハイステンレスが良い。袋に入ったままの両刃カミソリの中央を押し曲げ，縦に半分に折って使用。

つけること。支持体をもつ指先は切断面より必ず下になるように十分に注意する。また，ドライアイスで必要以上に固化した場合，包埋剤がとても硬くなるので，あまり無理して切断しない。少し時間が経つと，過冷却が戻り，薄切り作業がやりやすくなる。逆に，柔らかくなったときは，再度冷却して固化する。

薄切りのとき，カミソリの刃を支持体の上を「滑らせるよう」に，何度もサッサッと切ると薄く切ることができる。何度か薄切り作業を繰り返すと，支持体が斜めになってくるので，支持体を回しながら持ち替えて切断する。また，たとえば，腸を切るときなど，丸い腸全体を切断するのではなく，「一部分でもよいし，小さな断片でもよく，この小さな断片のほうが薄い切片を得られる」(**薄切のコツ***)。

90 mmシャーレの生理食塩水に，ステンレス刃を入れ軽くゆすぎ，刃の上に溜まったブロッコリー髄の破片，包埋剤と試料の薄切りを振り落とす［**図2(f)**］。包埋剤は水に素早く溶解する。これらの中から，小さな組織片を選んでスライド数枚に取り，余分な水分を除き染色する（マイヤー氏ヘマトキシリン（和光純薬工業）などの核染色）。カバーガラスをかけ観察する。特に良い標本や貴重な標本を保存したい場合，生理食塩水とグリセリンを等量混ぜた液で封入し，カバーガラスの周囲を市販のマニキュアでシールすると，数ヶ月保存できる。

3　本手法で得られた動物組織像

(1) マウス小腸

高大連携授業で，作成したマウス小腸の組織像を**図3**に示す[1)5]。教科書や資料集の図のとおり，整然と配列した上皮細胞層Aがはっきりと観察できる。上皮細胞の核も整然と配列している。また，上皮細胞の下には粘膜固有層Bとよばれる間充織が存在する。上皮細胞層の中に空所が散在し，消

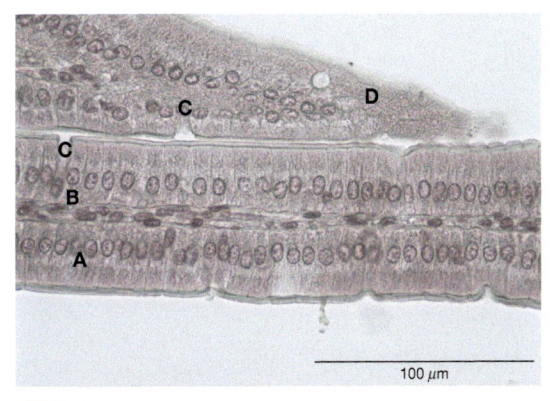

図3　**マウス小腸絨毛の組織**

化液を出すゴブレット細胞Cの存在が確認できる。上にある絨毛の先端部には，上皮細胞が多角形の敷石状Dに見え，互いに密着した上皮細胞の特徴が見て取れる。この標本はパラフィン切片とほぼ同等の質で，厚さはほぼ$10\,\mu$m程度と思われる。このように，本手法によると特別な機器を準備しなくても，簡便に動物組織の観察ができる[1)5]。

(2) フナの網膜

これまで動物組織標本の作成が煩雑だったので，標本を作る対象は，研究対象など特に観察したい動物に絞って実施されてきた。しかし，標本が簡便に作成できると，組織を見てみようとする敷居が低くなる。たとえば，フナやキンギョなど安価な魚類や，脊椎動物の四足動物としての特徴をもつカエルやイモリなど，身近な動物も利用できる[6]。個体の観察と器官の観察・組織と細胞の観察という多細胞動物を総合的に捉える実験が可能となる。一例として**図4**にフナの網膜の組織像を示す。網膜には，最奥部から，色素細胞層A，視細胞から

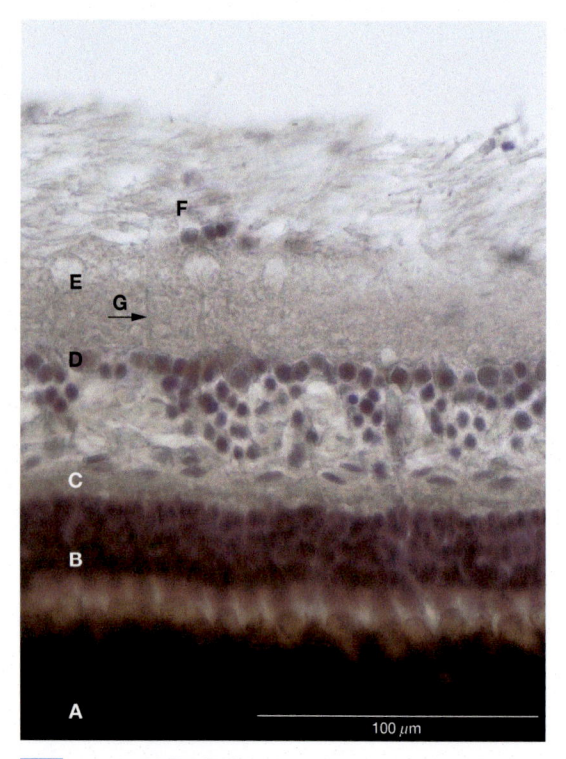

図4 フナの網膜の組織

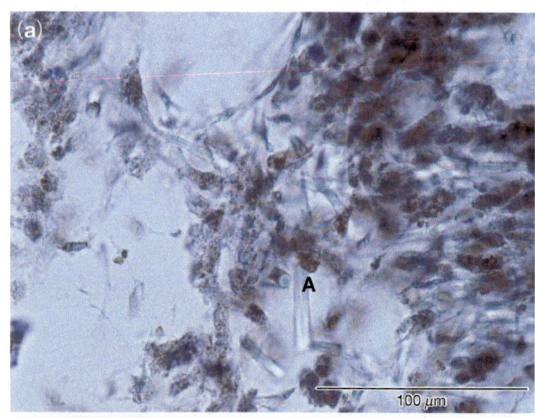

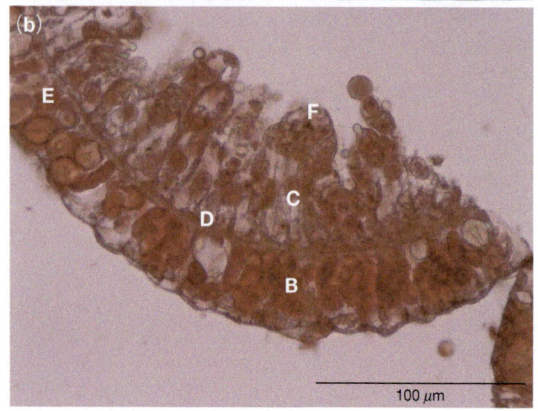

図5 カイメンとヒドラの構造

なる外顆粒層B，外網状層C，双極細胞などからなる内顆粒層D，内網状層E，視神経Fが層状になって配列している。注意深く見ると神経繊維Gも観察できる。この網膜の組織構造は，教科書や資料集のサルやマウスの網膜組織と基本的に同じであり，身近な魚類で網膜の構造を学べる。しかし，色素細胞層はカエルでも同じように厚いが，哺乳類のサルやマウスでは大変薄い。この違いから，本来の色素細胞層の機能（後方からの光の遮断）と，哺乳類における変化の理由（発生・成長時の明暗環境？）を考える機会にもなる。また，眼杯から網膜ができるときに，眼杯の外層から色素細胞層，内層から神経網膜（神経細胞層）が生じることを考える機会にもなる。このように，身近な動物を含むさまざまな動物の組織を見ると，多細胞動物の精緻な構造を実際に納得することができ，マウスなど哺乳類を材料にした一般的な組織像とは異なる組織像も得られる。

(3) カイメンとヒドラの組織

　脊椎動物以外の動物門にも観察対象を広げることができる[2)7)]。多細胞動物を系統・進化に沿って総合的に理解する実験は少ないが，多様な動物門に属するいくつかの動物の組織構造を相互に比較する実験も面白い。一例として，カイメンとヒドラの組織像を示す。カイメンの構造は，教科書の模式図では，エリ細胞などが整然と配列しているように描かれるが，実際は，透明な骨片とともに細胞が散在する［**図5**(a)］。骨片Aは直径約5 μmの円柱状で，カイメンの体を支える働きをしている。一方，ヒドラの中央部分，胃部の横断面を示す［**図5**(b)］。教科書の図のとおり，体は表皮（B；外胚葉）と消化管（C；内胚葉）の2層の細胞層で構成され，間に薄いメソグリアDが存在している[8)]。表皮には透明の瓶型をした刺胞細胞Eが散在し，刺胞動物の名称が理解できる。体の内側，胃の厚めの細胞層では，消化顆粒をもつ大型の細胞Fが散在する。これらの組織像から，刺胞動物門において，細胞層（外・内胚葉という胚葉）の分化が生

じ，腸により体外消化の機能をもつことが理解できる。なお，ヒドラは大変小さいので薄切作業に注意するとともに，個体を予め染色しておくと，包埋や切片を探すときに都合が良い。

　これら以外の他の動物，たとえばイモリ幼生など，太い脊索や，側板中胚葉に覆われた広い体腔をもつ動物も，私たちヒトの体のでき方，基本構造を理解するため意義深い観察となる[7]。

べる実験も考えらえる。さまざまな動物や植物を対象として，内部構造やその変化を観察する探求課題[11]を設定したり，実施中の課題があれば，内部構造も観察対象にすると良かろう。

[謝辞]

当研究室で一緒に研究をおこなった八十田茂希先生，山崎康平先生，石川絵梨先生に謝意を表します。本研究は，一部科研費「課題番号22500808，25350198，16K00960」の援助を受け実施した。

 ## ④ まとめ

　動物の組織標本を短時間で作る本手法の開発により，学校の理科室で，これまで観察の対象としなかったさまざまな動物の組織を見ることができるようになった。徒手切片の技法に若干の慣れが必要であるが，数回練習するだけで特別な技術は必要としない。パラフィン切片とほぼ同等の質（**図3**）で，動物の組織が観察できる。これまでの手法では，目的とする対象のみに絞って観察していたため，教科書や参考書には一般的な実験動物のマウスや臨床的に大切なヒトの組織像が載せられる。しかし，網膜の色素細胞層（**図4**）のように動物種で異なる場合もあり，マウスなど哺乳類以外の組織の観察・比較も興味深い。現在，カエルを対象として分裂細胞の標識・検出をおこなっているが，腸や精巣の組織にはマウスとは異なる分裂細胞の分布が見られる。

［文献］

1) 梶原裕二. 生物における課題研究内容の充実・簡便な動物組織実験法の開発と応用. H22-H24年度科学研究費補助金報告書 1-46 (2013).

2) 梶原裕二. 新たな動物組織実験法を用いた動物組織を観察する実習の開発と高等学校での実践. H25-H27年度科学研究費補助金報告書 1-41 (2016).

3) 吉里勝利ら編. 高等学校生物 (平成26年度用) (第一学習社, 2012).

4) 標準生物学実験編修委員会. フローチャート標準生物学実験・8/17動物組織の観察 57-62 (実教出版, 2011).

5) 梶原裕二, 八十田茂希. 凍結包埋剤を用いた簡便な徒手切片法による動物組織とニワトリ胚の観察 生物教育**52**, 112-120 (2011).

6) 梶原裕二, 山崎康平. 簡易凍結徒手切片法を用いた身近な魚類と両生類の解剖・組織実習. 京都教育大学紀要**121**, 43-51 (2012).

7) 梶原裕二. 簡易凍結徒手切片法を用いた組織観察による多様な動物の構造と系統を学ぶ実験. 京都教育大学紀要**129**, 1-13 (2016).

8) 清水裕, 岡部正隆. 消化管の進化的起源, 刺胞動物ヒドラにおける基本構造と機能. 蛋白質・核酸・酵素**52**, 112-118 (2007).

9) 梶原裕二. ブロッコリーを用いた徒手切片法による身近な植物の葉や花の組織実習例. 生物教育**49**, 24-33 (2009).

10) 梶原裕二. 多様な草本植物を用いた葉と花の柔組織の観察. 京都教育大学紀要. **110**, 1-12 (2007).

11) 文部科学省. 高等学校学習指導要領第5節理科 (2008).

 ## ⑤ 発展

　限られた対象（閉じた対象）を離れ，多様な動物を対象（オープンエンドな対象）とすると，本来の目的とする組織像の観察に加え，予想外の事柄が見つかることもある。

　柔らかい草本植物の葉や花の組織標本の作成法も検討している[9][10]。植物の器官の成長，細胞の生長に対する植物ホルモンの影響を組織学的に調

梶原 裕二 *Yuji Kajiwara*

京都教育大学　生物学教室　教授

1981年，熊本大学理学部生物学科卒業。1983年，同大学院修士課程修了。1992年，熊本大学大学院自然科学研究科より博士（理学）取得。1985年，第一種放射線取扱主任者取得。1984年〜1995年，環境庁国立水俣病研究センター基礎研究部研究員。1995年から京都教育大学助手・助教授。2009年から現職。専門分野は，生物教育，実験形態学，哺乳類発生学。主な著書に，理科教員の実践的指導のための理科実験集（分担執筆，電気書院，2017）。

【組織と器官】

蒸散と葉脈のつながりを調べる赤インク法

中村 雅浩 *Masahiro Nakamura*

成城学園中学校高等学校 教諭

植物に色素液を吸わせ，植物自体の染まり方や維管束を観察する方法は，古くからおこなわれてきたものである。これを応用して，ワセリンを塗ったり，葉柄に工夫を加えたりした葉に色素液を吸わせ染まり方を見ると，蒸散と水の移動の関係や維管束のつながり方がわかりやすく見えてくる。ここでは，そんな，生徒とともに楽しめる実験方法を紹介する。

① はじめに

　植物と水に関する学習は，小学校から高等学校まで，内容を深めながら繰り返し取り上げられる学習項目である[1]~[3]。これに関連して，これまでにも葉脈の観察（葉脈標本の作製）や，蒸散などに関する生徒向けの実験方法について，多数の工夫がなされ，教科書や学校現場にとどまらず広く親しみのある教材として取り上げられてきている[4]。その中でも，植物に色素液（赤インク，食紅など）を吸わせて維管束（道管）を観察する方法は，古くからおこなわれてきた手軽でわかりやすいものである。ここでは，植物に色素液を吸わせる方法を応用し，これに簡単な工夫を加えることにより，蒸散（気孔の開閉）と水の移動の様子の関係や，葉の中の維管束のつながり方を見る手軽で簡単な実験をいくつか紹介していきたい。ここで紹介する実験観察方法は，身近にあるさまざまな植物を実験材料として用いることが可能なものなので，

学校等に植えられている樹木の種類や，目的，時期に合った材料を選ぶことができる。また，生徒自身が，工夫を加えていける余地が広くあるものなので，意見を聞きながら自由な発想を加えて楽しむことができるものである[5]。

② 色素液を吸わせる方法

　この実験で色素液として用いたのは，主に5倍から10倍に薄めた赤インク（パイロット社製），もしくは，切り花着色剤（ファンタジー　パレス化学株式会社）である。赤インクと切り花着色剤では，染まり方に違いがある。たとえば，維管束の観察はインクのほうがわかりやすく授業時間内の実験では利用しやすかったが，その一方で，切り花着色剤は広く早く浸透するので，維管束とは関係なく染まり方を観察する場合に適していた。また，切り花着色剤には，いろいろな色があるの

で色の違いを使った実験には適している。

　単純に葉に色素を吸わせるだけならば色素液を入れたマイクロチューブやサンプル管などを準備し，ここに茎や葉柄をさせばよい。ただし，植物体を横向きにして，時間経過とともに色素液が移動していく様子を観察する場合などは，透明なプラスチック板 (1 cm × 10 cm) にシリコンチューブ (内径 1 mm) をセロハンテープで貼り付け，これに駒込ピペット等を利用して色素液を入れ，茎や葉柄などを差し込んで，ライトボックス上に置いて観察する (**図1**)。この際，シリコンチューブの太さは材料によって使い分けるとよい。なお，ライトボックスは比較的高価なので，小型蛍光灯を箱に入れて，その上に白色のプラスチック板を置いたり，生徒用顕微鏡用照明装置を横向きに置いたりするなどして，代用することが可能である。

図1　ライトボックス上で，赤インク等を吸わせる方法

③ 蒸散と赤インクの移動

(1) ワセリンを塗った場合の変化

　葉にワセリンを塗ることにより蒸散がおこりにくくなり水の吸収量が減少することは，中学校1年生用の理科の教科書で紹介されている，いわゆる定番の実験である[7]。これを踏まえて，ワセリンを塗った葉に，赤インクを吸わせて，維管束の染まり方がどのような影響を受けるのかを観察し，蒸散と葉における水の移動の関係を確かめてみた。この実験を教室でおこなう場合，事前に葉に2〜3時間，光を当てておき，赤インクを吸わせている間も光を当てる。なお，夏場など，室内でエアコンの冷気を当ててしまうとうまくいかなくなることもあり，さらに，サクラなどの落葉樹では，秋になり気温が下がって落葉が近くなると，葉は緑色でもうまくいかないことがある。

　ワセリンは薬局等で市販されているものを用いた。葉の表側，裏側など，ワセリンを塗る部分を変え，さらに，左右のどちらか半分だけに塗り，塗っていない側を対照実験とするなど，考えさせ

ながら生徒に工夫させて，赤インクの移動のしかたを比較させる。なお，ワセリンは多めに塗るようにすると差が出やすい。この実験の材料としては，比較的入手しやすいサクラ，ツツジ，ツバキなどが適しており，裏側に気孔が多い一般的な葉の場合，裏側にワセリンを塗るとその部分への赤インクの移動がおこりにくくなる。なお，このような染まり方の違いは，条件が良ければ1時間の授業時間内 (30分程度) でも確認することが可能だが，2〜3時間続けると葉脈以外の部分も染まってくるので違いがはっきりとする (**図2**)。また，さまざまな形にワセリンの塗ると，葉に簡単な模様を浮かび上がらせることができる (**図3**)。

　ワセリンを塗るだけの単純な実験だが，蒸散がおこるのを邪魔すると，その部分への水の移動がおこりにくくなることを，とても簡単に示すことができる。なお，この実験結果と，従来おこなわれてきた葉にワセリンを塗り，吸い込む水の量が

図2 　裏側半面にワセリンをぬった場合の，赤インクの移動

図3 　生徒によるワセリンの塗り方の工夫

(a)，(c) 裏側全面にワセリンを塗ったもの。　　(b) 裏側にハート型にワセリンを塗ったもの。　　(d) 表側全面にワセリンを塗ったもの。
(e) 赤インクを吸わせてないもの。

変化することを確かめる実験とを結びつけられると深い理解が得られるものと思われる。

(2) 気孔の開閉と水の移動

　気孔の開閉は，光（青色光），二酸化炭素，植物ホルモン（アブシシン酸）などによって調節されている。かなり大雑把な説明だが，気孔は，光が当たり光合成ができる条件下で，二酸化炭素を取り入れやすくなるように開き，その際，植物体から水分が失われる蒸散がおこる。

まず，あらかじめ一晩，アルミホイルなどを用いて光が当たらないようにしておいた（気孔が閉じている状態の）葉を準備し，ライトボックス上で，この葉の半分に光を当て半分に光を当てないようにして赤インクを吸わせる。すると，ちょうどワセリンによって蒸散を邪魔したのと同じように，光を当てていない側では赤インクの移動が見られないが，光を当てた側では赤インクの移動がおこるようになる（**図4**）。ただし，気孔が青色光で開くことを確かめるための実験として，LEDライト等を用いて，光の色（波長）の違いによる赤インクの移動の違いを調べてみたが，これはうまく観察することはできなかった。

一方，アブシシン酸は乾燥などのストレスに対応する植物ホルモンであり，アブシシン酸が作用すると気孔を閉じることが知られている。そこで，あらかじめ葉柄からアブシシン酸溶液を吸わせておいた葉を用いると，光を当てた条件でもアブシシン酸の濃度に応じて赤インクの移動が見られなくなることを示すことができる。ただし，アブシシン酸酸溶液を葉柄から吸わせておくのではなく，葉の裏側に，塗布したりスプレー等で噴霧しておいたりする実験をおこなってみたが，このような処理では差は見られなかった。

図4 　**光を半面に当てた場合の赤インクの移動**

葉をアルミホイルで包み，一晩，光を当てないでおく。ライトボックスの半分をアルミホイルで覆い，光を当たらないようにして，この葉を乗せる。葉の上にはアルミホイルで包んだ容器をかぶせておき，この状態で赤インクを吸わせる。（湿度等の条件が揃うようにするための配慮）　光を当てた方では，赤インクの移動が見られるようになる。

図5 　**葉柄を二つもしくは三つに分けた場合の変化**

④ 維管束のつながり方

⑴ 葉脈のつながり方

ここまで紹介した蒸散に伴う赤インクの移動の様子，たとえば，葉の片方だけが染まっていく様子から，さらに，別の方法での，葉の左右の染め分けを試みた

メスなどを用いて葉柄を二つに分け，シリコンチューブを用いてそれぞれに赤と青のインクなどを吸わせたところ，葉の左右を染め分けることができることがわかった。しかし，葉柄の分け方が均等にならないと，葉の先端部付近が一方の色で染まってしまう。

さらに，葉柄を三つに分ける実験をおこなったところ，葉の基部の左右と先端を染め分けられることがわかった。この際,簡易ミクロトームを使って切片をつくり葉脈の主脈の部分を観察してみると，インクはほとんど混ざることなく，通り道が分かれていることがわかる（**図5**）[7]。

さらに，葉柄からではなく，葉の先端部や途中の葉脈から赤インクを吸わせてみると，赤インクは葉の葉脈全体に広がることはない（もしくは広

がりにくい）ことがわかった。この際，赤インクの通り道は，葉脈の中心部分に限られていた（**図6**）。

このような実験結果を示すことによって，生徒たちには，葉脈の中を通る維管束の状態について考察させることができる。つまり，サクラの葉を

(a)　　　　(b)　　　　(c)

図6　**葉柄以外の部分**（葉の先端部など）**から赤インクを吸わせた場合の変化**

(a)　葉柄から赤インクを吸わせたもの（対照実験）。

(b)　葉の先端側の葉脈から赤インクを吸わせたもの。おもに主脈の部分が染まる。

(c)　葉の途中の葉脈（側脈）から赤インクを吸わせたもの。おもに，吸わせた葉脈と，それより葉柄側が染まる。

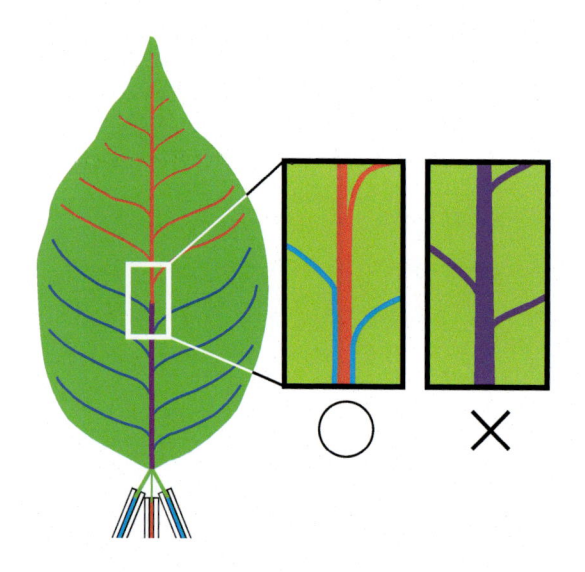

図7　**維管束の様子**

例にすると，葉の内部の維管束は，血管のように太い管が枝分かれして細い管となっているのではなく，多数の細い管が束になっていて，主脈の中心部のものが先に届くように，主脈の側部は葉の基部の部分（葉柄に近い部分）に届くようになっていることが考察できる（**図7**）。

これ以外にも，たとえば，ヤツデの掌状葉では，葉柄内部の維管束がいくつに分かれており，それぞれが葉の先端部に届いていることが，先端部から赤インクを吸わせてみることからわかる。このように，身近に見られるさまざまな葉の形と，維管束のつながり方を，赤インクをさまざまな部分から吸わせることにより，生徒自身が，推察を重ねながら実験することができる。

(2) 茎と葉のつながり方

数枚の葉がついたサクラの枝から，葉柄を残して2枚の葉を切り，ここからシリコンチューブに入れた切り花着色剤（赤色と青色）を吸わせて，葉の染まり方を見る実験をおこなった。すると，葉によって染まり方が変わり，葉の基部に近い部分と先端部の染め分けがおこるなど，葉柄を三つに分けて色素液を吸わせたときのような葉の染まり方が見られた（**図8**）。

このような結果は，サクラに限らず，カエデやヨモギでも確認することができる。

サクラの場合，枝と葉のつながっている部分（葉跡）をよく見ると，維管束が3ヵ所あり，ここから1本の葉柄に入ってくることがわかる。また，色素を吸わせた後にこの部分を見ると，それぞれが異なる色に染まっている。つまり，2ヵ所の葉柄から色素を吸わせ，これが茎の中を伝わっていくときに，葉がついている位置によって異なる色の色素が，別々の維管束を通り，混ざらずに葉の中に入っていくことがわかる。実際には，細い管の集まりである維管束が，複数の葉の間でどのようにつながっているのかを正確に推察することは難しいが，葉跡の観察などと関連づけていくと，一枚の葉への維管束の入口が複数あることを示す

図8 枝についた葉に，別の葉柄から切り花用着色剤を吸わせた場合の変化

ことができ，植物の観察に幅を持たせることができるようになる。

〈発展〉

　本稿で，紹介した方法をもとにさまざまな方法で発展的に取り組むことができるが，ここでは，その一部を紹介する。

- 葉の途中に穴をあけたりした場合の影響などについて調べる。
- サボテンに赤インクを吸わせてみる。植物形態の多様性と基本的な共通性を考える材料になる。細長いサボテンの茎から赤インクを吸わせて，その縦断面を見ると，茎の真ん中に維管束がならび，そこからトゲに向かって維管束が伸びていた。この様子から，サボテンのトゲは葉が変化してものであることがうかがえる。

5 まとめ

　赤インクを吸わせるだけの単純な実験でも，少し視点を変えれば，まだまだいろいろと工夫の余地がある。本稿の実験をきっかけに，生徒たちの身近な

植物への興味が少しでも深まってくれればと思う。

　最後に，この実験方法は赤インクの「色」に頼っている部分が大きい。生徒によっては，色の違いがわかりにくい者もいるので，場合によっては，コンピューター等を利用して適度な色調変換をおこなうなどの配慮があるとわかりやすくなると思われる。

［文献］
1) 文部科学省. 学校学習指導要領解説 理科編 (2008).
2) 文部科学省. 学校学習指導要領解説 理科編 (2008).
3) 文部科学省. 等学校学習指導要領解説 理科編 (2009).
4) 岩波洋造, 脇美武. をみてできる生物実験 (講談社, 1983).
5) 中村雅浩. 東レ理科教育賞受賞作品集 第43回, 1–5 (2012).
6) 岡村定矩ら・編. 新しい科学1 (平成28年度用)(東京書籍, 2016).
7) 中村雅浩. 生物の科学 遺伝 **63**, 5, 103–108 (2009).

中村 雅浩 *Masahiro Nakamura*

成城学園中学校高等学校 教諭

1987年，筑波大学生物学類卒業。1989年，筑波大学大学院中途退職。1994年より現職。1994年よりNHK高校講座生物・生物基礎 講師・監修。東レ理科教育賞 文部科学大臣賞 (2011年) 受賞。主な著書に，ワトソン＆クリック―生命のパズルを解く (共著，丸善，1994)，実験単 (分担執筆，エヌ・ティー・エス，2015)。

【組織と器官】

骨髄液中の血球細胞観察
——食用「手羽元」を材料として

半本 秀博 *Hidehiro Hanmoto*

放送大学 非常勤講師　　プロフィールは P.109 参照

骨髄液中の造血幹細胞から，各種血球細胞が生産されることへの理解はヒトの体に対する基本的知識として重要なことの一つであろう。ただ，暗記事項としての知識では「なま」の感覚を伴う理解には至らない。本稿ではスーパーマーケットでも入手できるニワトリの手羽元（上腕骨）を用いた骨髄液中の血球細胞観察のための材料の選び方と方法を紹介する。また，学習内容との関連性についても検討する。

① はじめに

　ここで紹介する観察・実験は，中学校で学習した血液とその循環，高校では体液循環と各種血球細胞への細胞分化の学習の糸口としておこなってきた。骨髄の理解はヒトの体を生物学的に理解するうえでも大切である。放送大学学習センターの面接授業においても，体性幹細胞の研究を紹介する具体的なきっかけとしておこなっている。

　実際，発展的学習内容としても組織幹細胞とそのニッチなどを論じる際のスタートラインとしての観察に適している。

　ニワトリ骨髄教材利用の報告[1]をもとに，続けてきた実践とその過程で気づいたことや，注意を要する点について触れながら，材料の選定，基本的な観察方法の流れを紹介する。また，観察をもとにした学習内容も手短に紹介する。

　ところで，血球の種類そのものの観察ならヒトの血液を塗抹標本にするのが一番手っ取り早く一般的である[2]。ヒト血球細胞の観察は筆者もかつてはおこなっていたが，ある時期から，血液感染やその他の憂慮から実施が難しくなっている。

　しかし，ここで紹介するのは単にその代替観察ではない。目的が「血球細胞の種類の観察」ではなく，骨髄に重きがあることに留意しないと，ただの血球細胞の観察になってしまう可能性もある。

　かつての教育課程では，マウスの生体解剖により取り出した大腿骨から骨髄液を採取し，白血球を培養して核型を観察することを課題実験として扱っている教科書もあった（三省堂教科書「生物 II」1975）。実験手引書にもかつては同様の紹介があった[3]。ただ，現在マウスの解剖自体が高校の現場では敬遠される向きもある。鳥の血液・細胞診の検査では，ふつう「骨髄吸引生検」をおこない，その部位は「胸骨（竜骨）」と「脛足根骨近位部」である[4]。しかし，これは授業の観察実験としては，極めて困難である。

　そこで，本稿では，スーパーマーケット等で「手

羽元」として売られているニワトリ *Gallus gallus var. domesticus* の上腕骨を材料として骨髄液を用いる観察実習を解説する。骨髄液はスライドガラス上に塗抹標本として固定し，**ギムザ染色**[*]（2倍希釈程度のものでよい）で血球細胞を観察することができる（使用器具は**図1**参照）。

② 材料とその選定

ニワトリ *Gallus gallus* var. *domesticus* の上腕骨

- 骨髄液中の血球観察のためには，市販の冷凍されていない**地鶏**[*]・**銘柄鳥**[*]の手羽元（ここでは，株式会社プレコフーズより真空パックで届けてもらった「**阿波尾鶏**」[*]手羽元，デパート内精肉店で購入した「阿波尾鶏」，「**南部どり赤かしわ**」[*]手羽元の場合を紹介する。）
- 骨髄内の組織比較のためには，市販の**ブロイラー**[*]（「国産若どり」）も用意

観察に適した材料

使用骨髄は，冷凍されていないことが（販売時

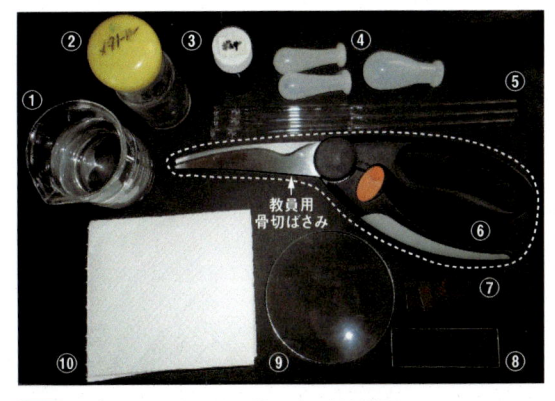

図1 プレパラート作成に使用する主な器具

①水入りビーカー ②メチルアルコール ③ギムザ染色液 ④ニップル ⑤パスツールピペット ⑥骨切ばさみ（教員が1本持っていればよい）⑦カバーガラス ⑧スライドガラス ⑨時計皿 ⑩キッチンペーパー

だけでなく輸送時も），前提である。

　この観察の成否はひとえにどのような質の手羽元を選ぶかにかかっている。品質の高い銘柄鶏を選び，あらかじめ2，3本割って骨髄液を取り出し，塗抹標本にして確かめておくとよい。これまでブロイラー（市販ラベル「国産若どり」）の手羽元では，骨髄液が取り出せないものが多かった（**表1**）。

　また，それぞれの上腕骨を割ってみると，品質

用語解説 *Glossary*

【ギムザ染色液】
本稿で観察にはメルク社のものを用いた。他社のものでも赤血球は見られるが，多少染色の明瞭さに違いがある。

【地鶏】
農林水産省農林物資規格調査会（2015）によれば，在来種由来の血液が50％以上，出生証明ができるものを祖雛とする。また，孵化後生育期間を「80日間以上」から「75日以上」とする。JAS規格では，平飼い（28日齢以降）とし，飼育密度は10羽／m²以下としている。

【銘柄鶏】
地鶏のような規定はない。ブロイラーとは異なる飼育方法で生産される。一般的な特徴として「通常の飼育方法と異なり，飼料内容等に工夫を加えたもの」とされている。したがって銘柄により，さまざまであるが，各地の銘柄鶏を調べてみると（日本食鳥協会2000），飼育および飼育密度は，平飼いでブロイラーより飼育密度は少ない。
　地鶏，銘柄鶏ともにエサに海藻，ヨモギ，木酢液なども与えているケースなど，さまざまである。平飼い，開放鶏舎，放し飼いなど，それぞれ独自の工夫がされており一律ではない。

【阿波尾鶏・南部どり赤かしわ】
徳島産の地鶏；徳島県立農林水産総合技術センター（2014）によれば，「リフレッシュ休産」により種卵から生まれるヒナの増体制を損なうことなく産卵成績が改善した。また，鶏肉にはブロイラーと比較して，抗酸化作用等があるアンセリンおよびカルノシンが多いことが確認されている。
南部どり赤かしわ；親鳥の二品種ともフランスから輸入し，交配してこの銘柄で販売していたが，フランスでの親鳥品種の生産が減り2018年7月現在，販売停止している。

【ブロイラー】
「国産若どり」と表現されることもある。食肉専用・大量飼育用の雑種鳥。短期間で急速に成長させる狙いで作られた品種。育種改変により50年間で成長率が4倍になっているとの報告がある。元来ニワトリは成鶏になるのに4，5ヶ月かかるが，4，50日で済む。飼育密度は，公益社団法人畜産技術協会の指針（2018）によれば，ブロイラーの飼養管理指針55～60羽／坪程度（およそ17，18羽／m²；筆者注）にとどめることが推奨されている。ただし，「飼養期間や飼養管理等が欧米と大きく異なることから，飼養スペースと生産性の関係等について今後の知見の集積が必要である」としている。

表1 市販のニワトリ上腕骨骨髄液中の血球細胞の観察の可否 (2018)

ニワトリ上腕骨の店頭・購入先での分類	A	B	C*1	D*2	E*3
骨髄液が観察できた骨数／観察した骨数	0/15	0/15	3/10	7/10	10/10 (19/36)

A・B：ブロイラー（店頭では「国産若どり」と表示、C・D：銘柄鶏、E：地鶏）

＊1：骨髄液は採取でき赤血球も確認できたが、粘性が高く脂肪化が進んでいた。

＊2：2015調査良好であったが、2018は販売停止（用語解説「南部赤かしわ」参照）。一方、柿安のすくすく鶏は骨梁は見られないが、赤色骨髄が密度高く詰まっており、赤芽球または赤血球の数が多い。

＊3：2002に報告したときの数値を、参考までに（　）内に示した（用語解説「阿波尾鶏」参照）。

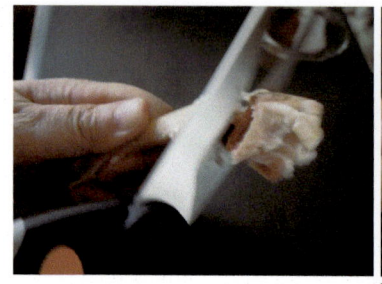
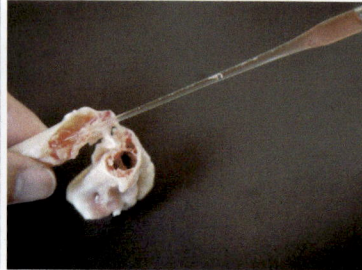
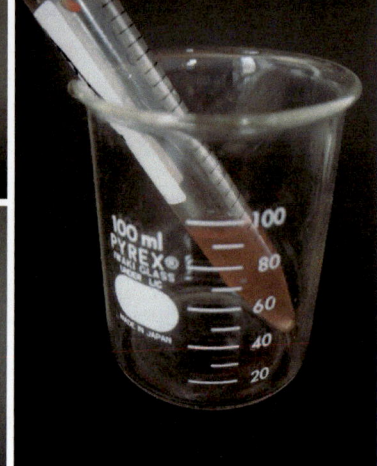

図2 地鶏（阿波尾鶏）からの骨髄液採取

左上：阿波尾鶏の手羽元の骨を切る。
中央上：ピペットで骨髄液を取る。
中央下：時計皿に骨髄液を出す
右：1本の手羽元からの骨髄液

　の良い地鶏や銘柄鶏では、骨髄内の骨梁の状態が明瞭で、骨髄の脂肪化が進んでいない（**図2・6**）。ペースト状の骨髄でも造血作用が盛んで骨髄が鮮やかな赤色のもの（赤色骨髄）では、赤血球がよく観察できる。ただし、粘性があって塗抹面が厚塗りになってしまいやすい（**図3**）。検鏡の際、血球以外の成分も染まるので、観察しづらい。

　やや茶色みがかった骨髄（黄色骨髄）では脂肪化した骨髄も似た形状のペーストとなっているので間違いやすく、注意が必要である。

　ここでは「阿波尾鶏」を用いた例を中心に、銘柄鶏「南部どり赤かしわ」も紹介する。阿波尾鶏は真空パックで届けてもらったものと、ばら売りのもので確認した。どちらもよい結果がえられた。

また、勤務先の関係で「南部どり赤かしわ」（**表1D**）を用いたこともある。

　「阿波尾鶏」は骨がしっかりしていて、肉をそいだ後でも骨を割るのに適した骨切りばさみや刃こぼれしない包丁が必要である。「南部どり赤かしわ」は、その点、力の入りやすいはさみで比較的容易に切断でき、中の骨髄液の取り出しも容易であったが、本稿執筆時（2018）は事情により販売中止となっている。骨髄液がパスツールピペットで一本の骨髄から0.5〜2 mL程度、採取できるような地鶏、銘柄鶏で入手しやすいものを探しておくとよい。

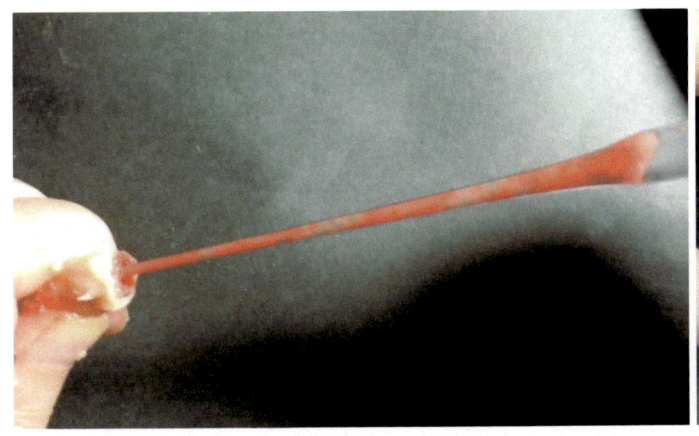 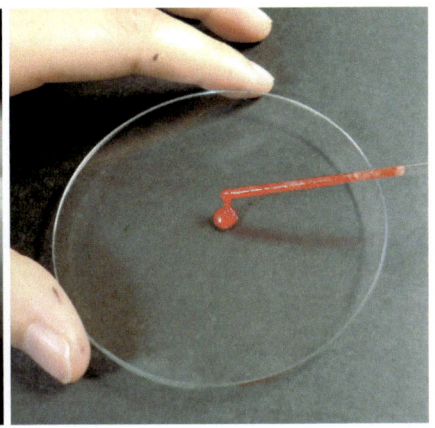

図3　銘柄鶏（表1C），**ペースト状の赤色骨髄からの採取**

左：ペースト状のため，ピペットのガラス面に粘着しながらの吸い上げ。

右：粘着性のためニップルを押しても時計皿上に1，2滴しか落ちない。

③ 骨髄液の採取方法とプレパラート作成

骨髄液の採取方法（図2）

- 骨切ばさみを使う。教員が授業の始まりにおこなうと安全。
- 上腕骨の周りの肉を解剖ばさみなどで大雑把に取り除く。肉の脂肪が骨髄液に混入するのをできるだけ避けるためである。
- 周囲の肉を取り除いた上腕骨の一本を縦割りにして，中の様子が見えるようにする。
- 比較のため，ブロイラーの手羽元も同様に縦割りにして骨髄の様子を見えるようにする。利用できることを確かめておいた地鶏・銘柄鶏の骨を，切断しやすい部分で切断する（**図2**）。良好な骨髄なら切断面からパスツールピペットの管部分が骨髄中に挿入できるので，吸い取った骨髄液を時計皿などに移す（**図2**）。このとき，液が薄黄から薄ピンク色で下に赤い沈殿（粘着感がない）がたまるのがベストな状態である。手羽元1本で，1クラス分の骨髄液が採取できる。
- 時計皿に入れた骨髄液中では血球細胞が下にたまりやすい。骨髄液をカバーガラスの一辺に浸

し，スライドガラス上中央に塗抹する。

- **参考**：骨髄中に脂肪の塊ができ始めているものでも，赤色骨髄ならば赤血球の観察はできる。ただし骨髄液の粘度が高いため，採取量が少ない（**図3**）。また，塗抹した後，血球以外の成分も比較的濃く染色されるため，できあがったプレパラートの検鏡では，鮮明さに欠ける難点もある。

プレパラートの作成（図4）

- **塗抹**：カバーガラスで塗抹をおこなう。塗抹はヒトの血球観察とほぼ同様におこなう。ただヒトの血液塗抹後の水洗では，血球がはがれやすい。ニワトリ骨髄液の塗抹では液中に脂肪が含まれていることもあり，比較的スライドガラスへの接着もよい。血球破損の心配もあまりないので，広く薄く塗抹することを心がければよい。
- **風乾**：塗抹したスライドガラスを放置し風乾する。通常の室温なら5〜10分間あれば乾燥する。
- **固定**：風乾したらメチルアルコールを塗抹面にピペットで満遍なく覆うように広げ，揮発させる（5〜10分間が目安）。
- **染色**：メチルアルコールが室温で揮発し，塗抹面が再び乾いたら，ギムザ液（メルク社）を塗

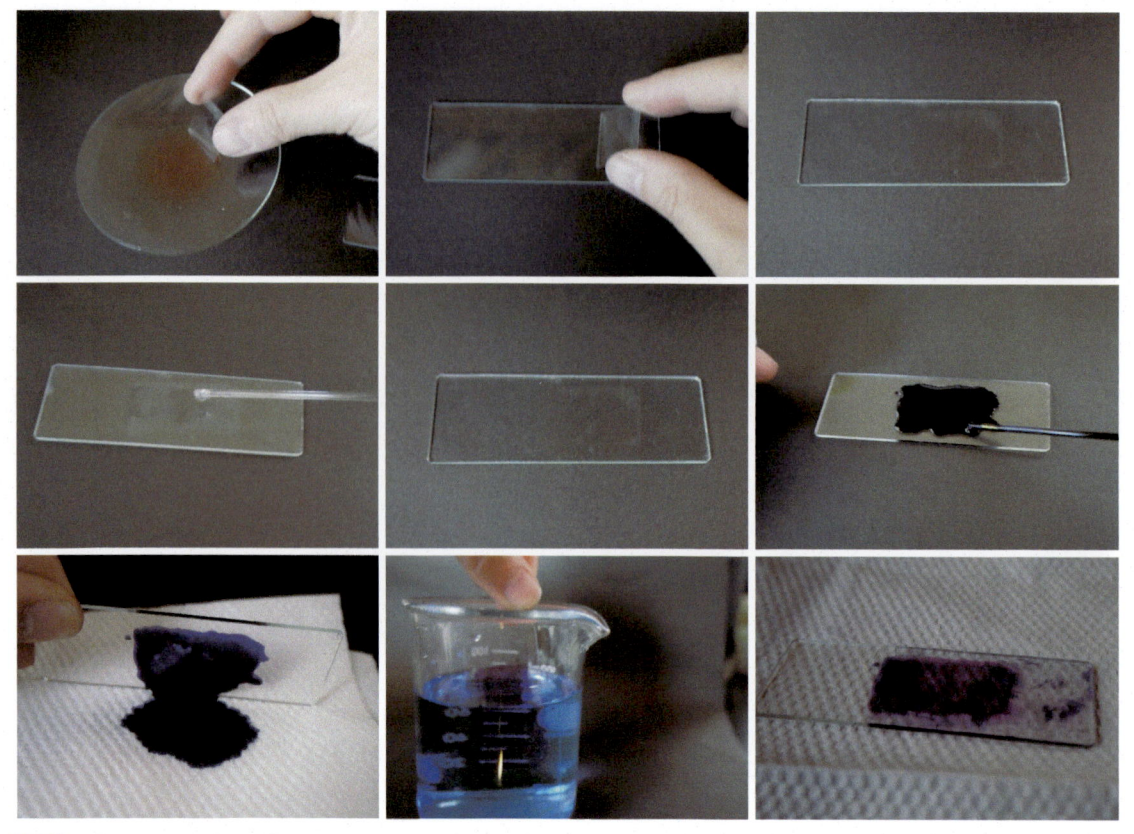

図4　プレパラート作成の手順

左上：カバーガラスで，骨髄液をとる。ただし，血球は比重の関係で下に沈んでいるので，それをすくい取れるようにおこなう。

上中央：スライドガラスに塗布する。右上：風乾。

左中央：メタノールを乾いた骨髄液の上全体に滴下。中央：風乾。右中央：ギムザ染色液を滴下し10分待つ。

左下：ギムザ染色液をキッチンペーパーに落とす。下中央：水で洗う。右下：乾かないうちにカバーガラスをかける。

抹面上から薄く注いで10分間染色する。

- **水洗**：塗抹面を（ヒト血液塗抹標本では裏面を流す），水で洗う。スライドガラス上の塗抹面以外および裏面の水分をよくふき取る。塗抹面が乾かないうちにカバーガラスをかける。

④ 検鏡の手順と結果

- 最低倍率で紫色の部分にピントを合わせる。
- 濃い顆粒が散在していたら，倍率を上げながら対物レンズを40倍にする。
- 紫色の部分に顆粒状の散在物が見つからなかったら，対物レンズを10倍にして赤紫色に染まっ

ているところをスライドガラスを動かして探す。顆粒状のものが偏っている場合もある。

- 必ず確認できるのは，できたての赤血球である。有核赤血球であることに注意を促す。

骨髄液のギムザ染色標本には，濃染した核を持つフットボール型の赤血球が多数観察される。これは形態的にも染色性においても血管から採取したニワトリの血球の赤血球[5]と同様である。また白血球，リンパ球も確認できる（**図5**）。血小板も確認できることがある。その点は，南部どり赤かしわでも同レベルの検鏡ができた。

白血球，リンパ球，血小板については，確認可能とはいえ，判別には熟練を要する。白血球は赤

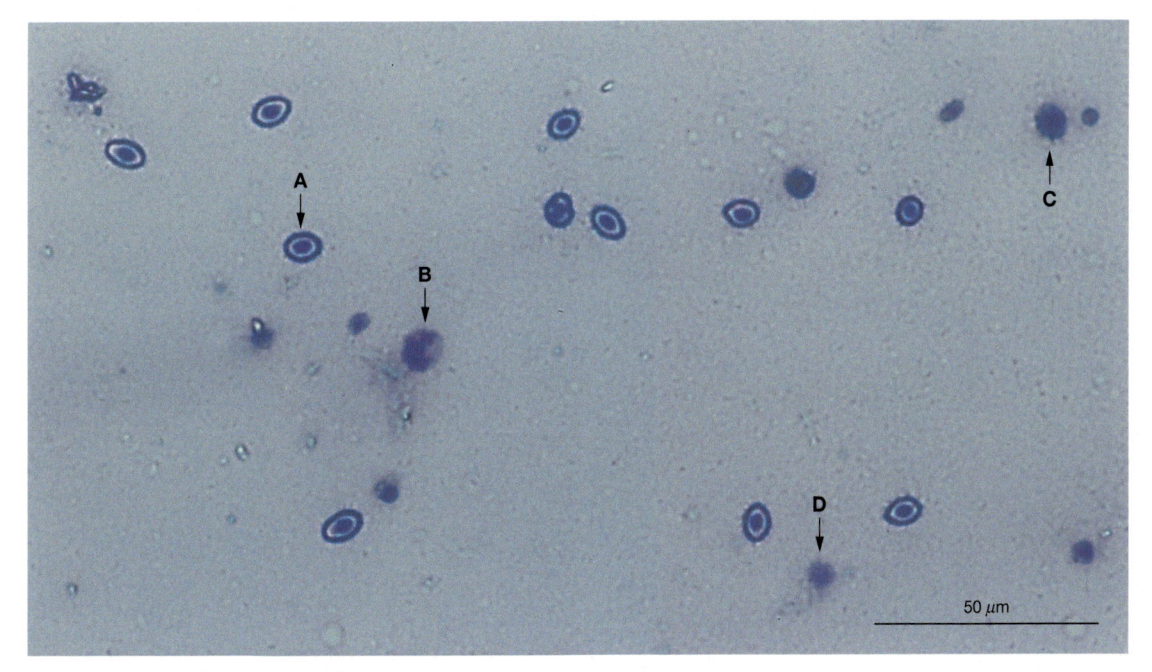

図5 **骨髄液塗抹プレパラート顕微鏡像**（阿波尾鶏手羽元より）

A：赤血球　B：白血球　C：血小板　D：リンパ球

血球よりやや大きく，円形で，染色の具合によっては赤血球よりやや青みが薄い。白血球では，よく見ると内部の核が細胞内に広がっていることがわかる。この簡易な手法では明晰には見えない。リンパ球は白血球よりも小さな粒として凝縮して，青みが濃く見える。

　まずは赤血球の観察ができれば第一目標は達成できたと考えた方がよい。

 ⑤ 骨髄の目視による比較（図6）

　骨髄液中の血球の観察・スケッチ中に，ブロイラーと，骨髄採取に使った地鶏または銘柄鶏の骨髄を比較するため，ペトリ皿等に並べて全員に回して観察できるようにする。骨髄の違いを見ることで，その要因を考えるきっかけとする。飼育状況やエサなどの原因となる可能性を考えることで，ヒトも含む動物の健康の在り方を考える一端とする。これをしっかり調べられる時間をとれるよう

であれば，次のような文献の調査もこの観察につなげると有意義であろう。

骨髄液観察に関わる文献確認の際，留意すべきと思われる点

　ブロイラーについての飼育条件と鶏の解剖学的・生物学的特性については，これまでの研究を詳しく分析し，検討を加えた報告がある[6]。また，学術的な報告や研究報告ではないが，いくつかのサイトで見ることができる[7]。銘柄鶏は明確な規定はなく，それぞれの生産者の判断によりさまざまな条件がある[8]。地鶏もさまざまであるが一定水準以上を満たしていなければならない点は，銘柄鶏とは異なる[9]。県の農林試験場などが生産者と共同で改良を加えているものでは，地鶏・銘柄鶏に関わらず信頼のおける条件を確認することができる。

　地鶏，銘柄鶏，ブロイラーともに年々，飼育条件やエサなどに改良が加えられていることが多い。たとえば地鶏の阿波尾鶏では，以前に確認したも

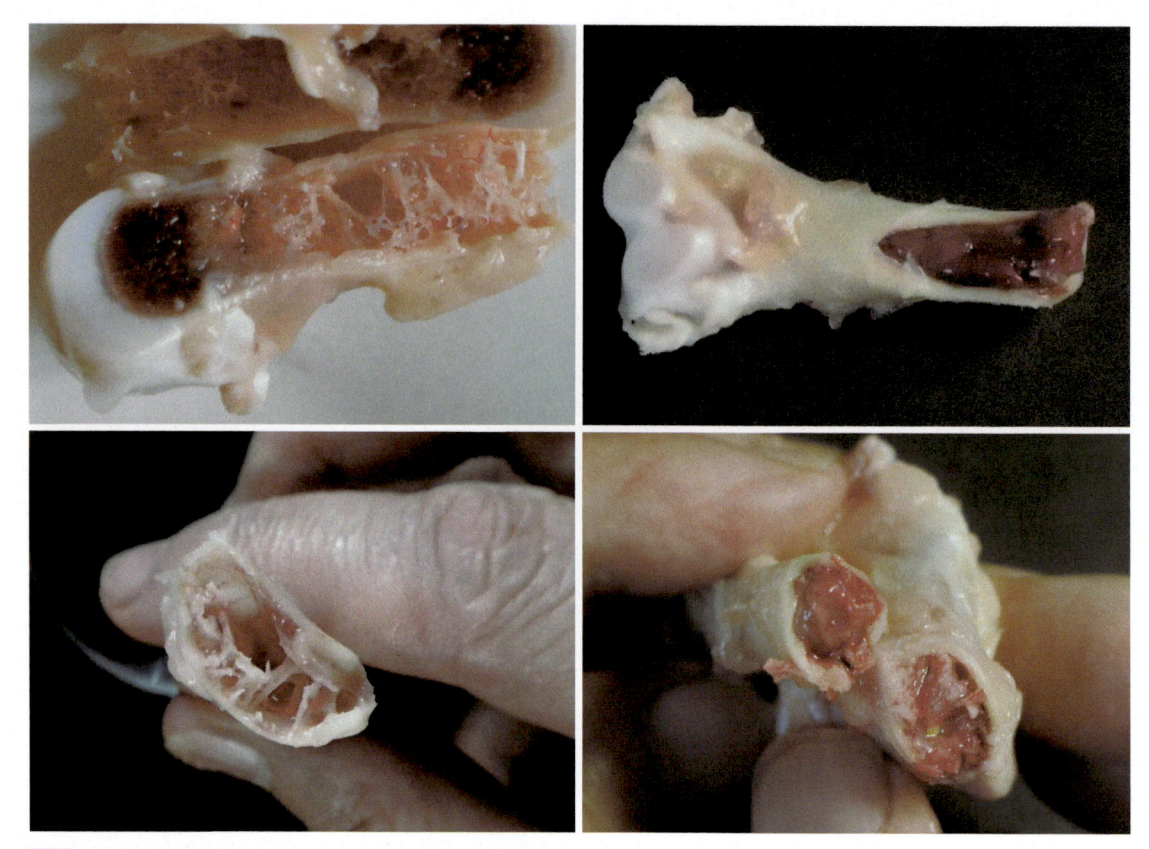

図6 地鶏・阿波尾鶏とブロイラー・国産若どりの骨髄断面の比較
左上：地鶏（阿波尾鶏）縦断面　右上：ブロイラー（国産若どり）縦断面
左下：地鶏（阿波尾鶏）横断面　右下：ブロイラー（国産若どり）横断面

の (2002) と，今回確認したもの (2018) を比較（表1E[*3]）すると，骨髄液が取り出しやすい材料は多くなっている。徳島県立農林水産総合技術センターは改良の具体的な方法と成果を図表を交えて報告している[10]。骨髄の状態が良いものが増えている。一要因として，さらなる改善につながったと断言はできないが，一つの仮説としては成立しよう。その際，食肉動物についての文献等との比較をおこなうのも有意義かもしれない。

　ブロイラーの生産はアメリカ・ブラジルが圧倒的に多いとの報告がある[6]が，ヨーロッパでは食用動物のウェルフェアの観点から，ブロイラーの生産は少なくなっているようである[11]。これも一つの議論の対象となるかもしれないが，本稿の目的からは外れすぎるので，紹介にとどめる。

発展的学習

　骨髄の重要な幹細胞の一つとして間葉系細胞とその分化能の多能性などについて触れることも幹細胞への理解を深めることになると考えられる。

発展的実験

　軟骨部分を酢酸等に浸しておき特徴的な軟骨細胞の観察をする。

　手羽先や，大腿骨の骨髄中の内部を調べ，造血作用のある骨髄と作用のない骨髄があることなどへの理解を深めることもできる。

6 おわりに

　生物学・医学的に骨髄が，いかに重要か事例をあげつつ確認することも有意義であろう。材料のところで述べたように，観察はよい材料があれば簡単な手順でおこなうことができる。白血球やリンパ球を見つけることは，慣れないと難しい。赤血球だけでもたくさん含まれていることがわかれば，骨髄の造血作用についての理解や，骨と血球細胞が同じ結合組織であることへのイメージを定着させることはできるであろう。さらに骨髄の中でもどこの骨髄に造血作用があるかを確認するためのネタにもなるだろう。また造血幹細胞や骨髄内にわずかに存在する間葉系細胞の働きを解説する糸口にすることもできる。

　最後に留意すべきは，植物・動物ともに栽培あるいは飼育品種は年々企業や地域の試験場などが研究や開発を重ねてその性質が徐々に変わっていることである。文献等調べる場合は，あまり決めつけにならないよう注意が必要である。

　なお，埼玉県立川越女子高等学校では，現在も生徒の授業実験の一環としてこの観察をおこなっている。持田睦美先生は平飼いであることを確認した南部地鶏で，十分な骨髄液が確保でき，継続している。

　また，ギムザ染色液のなかにも，この観察に使えない染色能のものがあることがわかった。筆者はメルクのギムザ染色液で失敗したことはない。

［謝辞］

ニワトリ骨髄中の塗抹標本を点検教示いただいた新潟大学名誉教授楠原征治先生に深く感謝申し上げます。また，阿波尾鶏の入手困難の折，さまざまな骨髄をチェックしてくださった埼玉県立川越女子高等学校の持田睦美先生，校閲をいただいた埼玉県立大宮高等学校の藤江正一先生に厚くお礼申し上げます。

［文献］

1) 半本秀博. 市販のニワトリ上腕骨による骨髄中の血球細胞の観察−結合組織教材：「ウイングスティック」生物教育 43-1, 1-7 (2002).

2) 横山正，大野熙. 動物の顕微鏡観察（井上勤・監修）183（地人書館, 1980）.

3) 高橋守. ネズミ 染色体観察と核型分析 生物観察実験ハンドブック（今堀宏三，山極隆，山田卓三・編集），219-221（朝倉書店, 1985）.

4) 梶ヶ谷博・監訳. 鳥の血液・細胞診検査マニュアル 18-27（インターズ, 1990）-(Terry, W. Campbell, Avian hematology and cytology, Iowa State University Press, 1988).

5) 長谷川篤彦・監修, 岩田裕之・訳. 比較血液学カラーアトラス 70, 132（学窓社, 1989）(C.M.Hawkey and T.B.Dennett. A color atlas of comparative veterinary hematology (Wolfe Medical Publications Ltd, 1989).

6) Neves, D. P., Banhazi, T. M. & Naas, I. A. *Brazilian Journal of Poultry Science*. 16, 2, 1-16 (2014).

7) 山本謙治. 〈https://toyokeizai.net/articles/-/155417?page=3〉 viewed 2018/6/25.

8) 社団法人 日本食鳥協会・監修. 国産銘柄鶏ガイドブック（全国食鳥新聞社, 2000）.

9) 農林水産省農林物資企画調査会.地鶏肉. 日本農林規格の改正について；資料2, 1-2 (2015).

10) 徳島県立農林水産総合技術センター. 阿波尾鶏 ヒナ低コスト供給技術の開発 平成26年度農林水産業における主要な研究成果の紹介 15-16 (2014).

11) 公益財団法人畜産技術協会. アニマルウェルフェアの考え方に対応したブロイラーの飼養管理指針 7 (2018).

【組織と器官】

初心者のための，ニワトリの心臓の解剖を提案

渡辺 採朗　*Sairo Watanabe*

神奈川県立山北高等学校 教諭

 はじめに

　ニワトリの心臓の解剖において，より理解を深められる方法を提案する。従来は，右ポンプ（右心房・右心室）の右側を縦に切り開き，血液の流れに添い右心房，右房室弁，右心室，肺動脈弁の順に観察した。次に，左ポンプ（左心房・左心室）

図1　購入したニワトリの心臓
購入後は，パックに入れたまま，冷凍保存した。

の左側を縦に切り開き，同様に左心房，左房室弁，左心室，大動脈弁の順に観察した。その後，心室と動脈のつながりを楊枝棒で調べた。この方法だと，ポンプのつくり，弁のしくみはわかるが，「心房隔壁・心室隔壁の厚さ」と心房（2室）心室（2室）の形がわからない。また，楊枝棒で組織を傷つける生徒が多数いた。そこで，心臓を新たにもう一つ用意して，心房・心室・動脈を輪切りにした。「心房隔壁・心室隔壁の厚さ」と心房（2室）心室（2室）の形がわかるとともに，各室と動脈の壁の厚さが明確になった。さらに，心室と動脈のつながりは，楊枝棒に代えて綿棒で調べた。組織の損傷は激減し，動脈の弾力も体感した。初心者でも，簡単な方法なので提案したい。

2 材料・器具

　ニワトリの心臓[注1] 2個，バット[注2]，眼科用バサミ，ピンセット，綿棒，スポイドを用意する。

注1）スーパー等で鶏ハツとして売られているものを使う（**図1**）。静脈が切れているが，心臓のつくりの観察には支障ない。「安価で1個10円程度」「ヒトの心臓と酷似」「心房→心室→動脈と容易にたどれる」「心室の筋壁が，眼科用バサミで容易に切れる」等，解剖材料として最適。

注2）脂肪の除去や弁の観察は，水を張ったバットの中でおこなう。脂肪や弁が浮き上がり，除去や観察が容易になる。

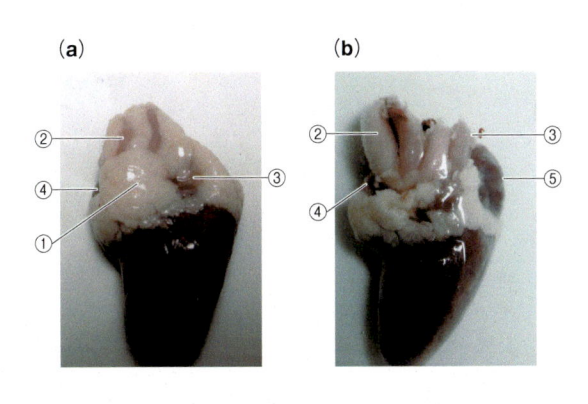

図2 脂肪に動脈や心房が包まれるニワトリの心臓

(a) 購入直後の心臓　(b) 脂肪を除去した心臓

① 脂肪　② 大動脈　③ 肺動脈　④ 右心房　⑤ 左心房

図3 ニワトリの心臓の外部

(a) 腹面　(b) 背面

① 右心房　② 左心房　③ 右心室　④ 左心室　⑤ 大動脈
⑥ 大動脈から分岐した動脈　⑦ 肺動脈　⑧ 冠動脈　⑨ 冠静脈

 ## ③ 解剖の手順と観察結果

(1) 外部の観察

【観察の手順】

a. 心臓を水に浸け，周りの脂肪を除去する。その際，心臓から出る血管は切らずに残す（図2）。

b. 露出した心臓と血管を観察する。

c. 大動脈と左側の肺動脈から心臓に向いスポイドで水を注ぐ。

【観察結果　外部からわかること（図3）】

① **心臓**：心房と心室の境は明確だが，右心房と左心房，右心室と左心室の境は不明確である。

② **血管**：心室の腹面からは，2本の動脈が出る。右側が大動脈で，複数の動脈を分岐する。左側が肺動脈で，根元で左右に分かれる。心房の背面には，大静脈と肺静脈が付くが，切れていて管状の血管としては確認できなかった。心臓壁にも，血管（冠動脈・冠静脈）があった。

③ **動脈から心臓に向う水**：大動脈から注いだ水は心臓に入らず，大動脈から分岐した動脈からこぼれた。左側の肺動脈から注いだ水は心臓に入らず，右側の肺動脈からこぼれた。これは，動脈の血液は，心臓には戻らないことを示す。

(2) 内部の観察

【解剖の手順】

A　縦に切り開いて，内部を観察

a. 右心房・右心室の右側を縦に切り，別々に左側に開く[注3][**図5**(a)]。

b. 水に浸けて，右心房と右心室の内部，および，右房室弁を観察する。次に，右房室弁に綿棒を通し，右心房と右心室のつながりを確かめる[**図4**(a)]。その後，ピンセットで右房室弁を軽く引っ張り，反転するかどうか調べる。

c. 右心室の腹側左上に綿棒を押し込み，肺動脈を貫通させる[注4][**図4**(b)]。

d. 左心房・左心室の左側を縦に切って，側面か

注3) 右房室弁を切らないよう，右心室の壁は持ち上げて切断する。

注4) 肺動脈弁を露出するには，右心室の腹壁を肺動脈の根元近くまで切取る必要がある[図8(a)]。

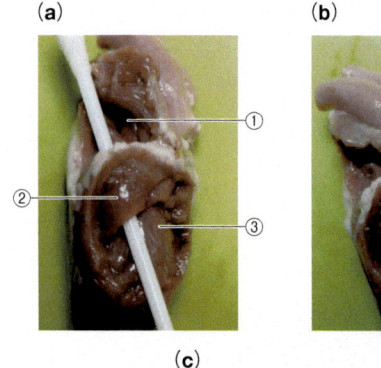
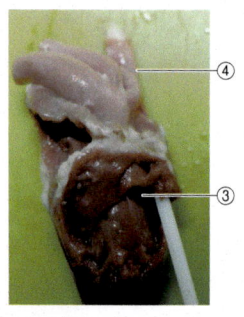

(a) (b)

① ② ③ ④ ③

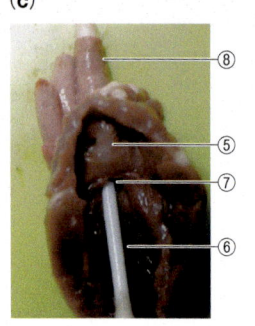

(c)

⑧ ⑤ ⑦ ⑥

図4 綿棒で心房，心室，動脈のつながりを調べる

(a) 右心房から右房室弁を経て右心室に通す。
(b) 右心室から肺動脈に通す。
(c) 大動脈弁から押し込み大動脈に通す。

① 右心房　② 右房室弁　③ 右心室　④ 肺動脈　⑤ 左心房
⑥ 左心室　⑦ 大動脈弁　⑧ 大動脈

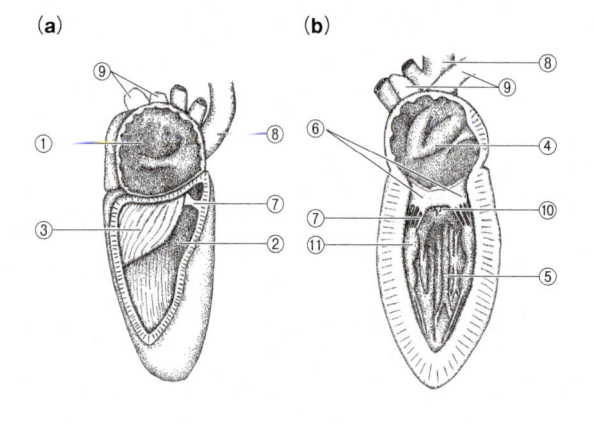

(a) (b)

⑨　⑧　⑥　⑧　⑨
① ⑧
⑦　④
③ ② ⑦ ⑩
⑪ ⑤

図5 縦に切って開いたニワトリの心臓

(a) 右側面より左側に開いた右心房と右心室
(b) 左側面より左右に開いた左心房と左心室

① 右心房　② 右心室　③ 右房室弁　④ 左心房　⑤ 左心室
⑥ 左房室弁　⑦ 腱索　⑧ 大動脈　⑨ 肺動脈　⑩ 大動脈弁
⑪ 肉柱

ら左右に開く［**図5**(b)］。

e. 水に浸けて，左心房と左心室の内部および左房室弁を観察する。次に，ピンセットで左房室弁を軽く引っ張り，反転するかどうか調べる。

f. 左房室弁をめくり取り，左心室の右上にある大動脈弁を露出する［**図7**(a)］。次に，大動脈弁から綿棒を入れ，大動脈を貫通させる［**図4**(c)］。

【観察結果　縦に切り開いてわかること】

① **ポンプ**：心臓は左右1セットのポンプからなる。右ポンプは，右心房と右心室からなり，全身から戻った静脈血を肺動脈で肺に送る。左ポンプは，左心房と左心室からなり，肺から戻った動脈血を大動脈で全身に送る。どちらのポンプも，心房と心室の境には房室弁，心室と動脈の境には動脈弁がある。なお，左心室の壁の内側は，盛り上がり肉柱を形成する。（**図5**）

② **房室弁と動脈弁**：右房室弁は1枚の厚膜，左房室弁は2枚の3角形の薄膜，いずれも心室側に開いている。腱索で心室の壁に結ばれるため，反転して心房側に開くことはない。大動脈弁・肺動脈弁は，半月弁3個が輪状に密着してできた栓で，動脈側に開く。（**図5**，**図7**，**図8**）

③ **動脈の血管壁（壁）の性質**：膨らんで綿棒を通し，弾力性に富むことを示した［**図4**(b)，(c)］。

B　輪切りにして，内部を観察

a. 心房を輪切りにし，断面を観察［**図6**(a)］。

b. 心室上部を輪切りにし，断面を観察［**図6**(b)］。

c. 心室下部を輪切りにし，断面を観察［**図6**(c)］。

d. 肺動脈と大動脈の根元を輪切りにし，断面を観察する［**図6**(a)］。次に，そこから覗く大動脈弁を縦に切り開き，半月弁の全形を露出する［**図7**(b)］。

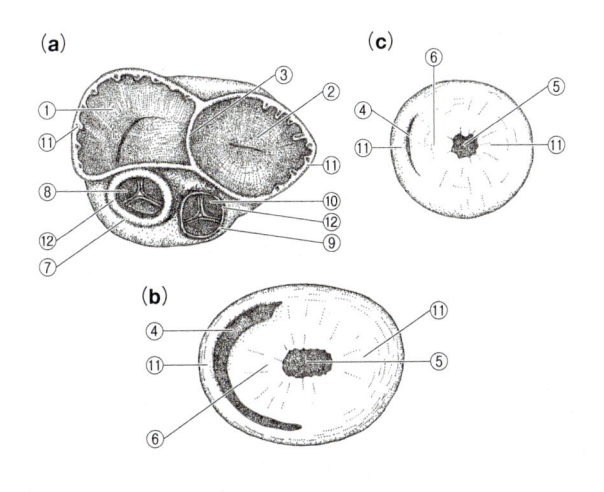

図6 輪切りにしたニワトリの心臓

(a) 心房，肺動脈・大動脈の断面　　(b) 心室（上部）の断面
(c) 心室（下部）の断面

① 右心房　　② 左心房　　③ 心房隔壁　　④ 右心室　　⑤ 左心室
⑥ 心室隔壁　　⑦ 大動脈　　⑧ 大動脈弁　　⑨ 肺動脈
⑩ 肺動脈弁　　⑪ 筋壁（壁）　　⑫ 血管壁（壁）

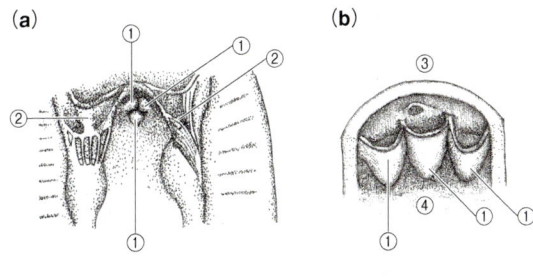

図7 大動脈弁

(a) 左房室弁をめくり，心室側から見る。　　(b) 縦に切り開く。

① 半月弁　　② 左房室弁　　③ 大動脈側　　④ 左心室側

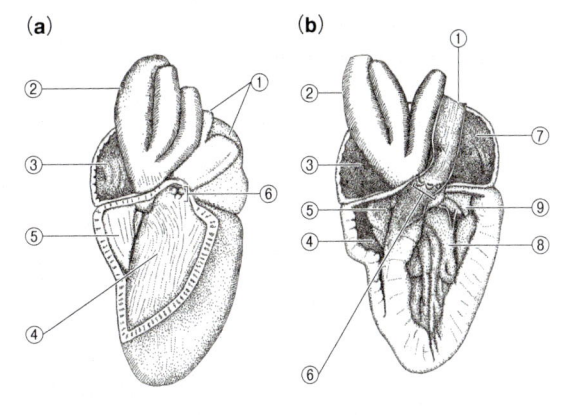

図8 心臓の腹面の解剖

(a) 右心室の腹壁を切り取り，肺動脈弁を露出
(b) 教科書に記載された断面になるよう切断（肺動脈は切り開く）

① 肺動脈　　② 大動脈　　③ 右心房　　④ 右心室　　⑤ 右房室弁
⑥ 肺動脈弁　　⑦ 左心房　　⑧ 左心室　　⑨ 左房室弁

【観察結果　輪切りにしてわかること】

① **心房と心室**：右心房と左心房は球形，右心室は半円錐形，左心室は円錐形。左右の心房，左右の心室は横に並ぶ。ただし，右心室は左心室に被さり，両者は立体的に重なる。心室の筋壁（壁）は心房の壁に比べて厚く，左心室の壁は右心室の壁に比べて極めて厚い（**図6**）。

② **心房隔壁と心室隔壁**：心房隔壁は心房を左右に分け，心室隔壁は心室を左右に分ける。心房隔壁は薄く，心室隔壁は厚い（**図6**）。

③ **動脈の壁と半月弁**：大動脈の壁は，肺動脈の壁に比べて厚い［**図6**(a)］。半月弁は，動脈側に捲れ上がった袋。動脈の壁に接着するため，反転して心室側に開くことはない［**図7**(b)］。

🔍 ④ 解剖・観察でわかったことの意味

① **筋壁（壁）の厚さは室により異なる（図6）**：［意味］心室が心房より壁が厚いのは，心房は血液を隣接する心室に送るのに対して，心室は血液を駆出するから。左心室が右心室に比べて壁が厚いのは，右心室は肺に血液が届く程度の力で駆出すればよいが，左心室は全身に血液が行きわたるよう，強い力で駆出しなければならないため。

② **右心室は左心室に被さり，左右の心室は重なる［図6(b)］**：［意味］立体的に重なることで，心臓の横幅を小さくする。

③ **心房は薄い心房隔壁，心室は厚い心室隔壁によって，左右に分けられる（図6）**：［意味］右心房・右心室を流れる静脈血と左心房・左

心室を流れる動脈血が心隔壁によって混じらない。心室隔壁が厚いのは，高血圧でも破れないため。

④ **房室弁・動脈弁には反転を防ぐしくみが備わる（図5，図7）**：［**意味**］一方向にしか開かないことより，血液の逆流を防ぐ。

⑤ **心臓壁にも血管（冠動脈等）がある［図3(b)］**：［**意味**］心筋に酸素や栄養分を送るため。

⑥ **動脈の壁は弾力性があり，大動脈の壁は肺動脈のそれより厚い［図6(a)］**：［**意味**］弾力があるのは多量の血液が流れることへの適応。大動脈の壁が厚いのは，高血圧の血液に耐えるため。

疑問を持つ［**図8(b)**］。輪切りにし，右心室が左心室を包んでいることがわかり納得した。すなわち，教科書の断面は観察図ではなく，立体的な心臓を平面に置き換えたものであった。解剖してみると，生の心臓は，図では表せないほど精巧で機能的であった。ぜひ，解剖していただきたい。本物は書物ではわからない多くのことを教えてくれる。

［文 献］

岡村周諦. 動物実験 解剖の指針（風間書房，1964）.

⑤ おわりに
――なぜ，心臓を解剖するのか

教科書に記載された断面（ヒト）に心臓を切ると，右心室が左心室に比べて著しく小さいことに

渡辺 採朗 *Sairo Watanabe*

神奈川県立山北高等学校 教諭

1980年，北海道大学水産学部増殖学科卒業。同年より神奈川県立高等学校教諭。神奈川県立厚木商業高等学校を経て，神奈川県立山北高等学校教諭。水産物解剖の指導方法等について多数の論文を発表。

【組織と器官】

カーネーションの茎頂培養とその教材化
——ウイルスフリーから始められる組織培養実験

坂田 恵一 *Keiichi Sakata*

多摩大学付属聖ヶ丘中学高等学校 非常勤講師

植物の頂芽は茎の先端に，側芽は主に茎の側面に存在し，どちらも成長点（以下茎頂という）と将来の葉となる葉原基からなる。茎頂は細胞分裂が盛んなためにウイルスに感染しにくい組織である。植物には葉，茎，芽など植物体のあらゆる組織から植物体を再生できる能力があり，この性質を分化全能性という。今回はカーネーションの穂木から茎頂を摘出成長させて，分化全能性について理解を深め，初歩的なバイオテクノロジーの技術について学ぶ。

1 はじめに

　園芸作物に関するバイオテクノロジーにおいて，中心的な役割を担っているのが組織培養の技術である。その組織培養を可能にしているのが，植物が持つ分化全能性（totipotency）という能力である。古川は1990年にその著書，「図解バイテクマニュアル」の中で茎頂の摘出操作ついて紹介している。また，2003年に園田は茎頂培養技術を用いたウイルスフリー化について自らの研究で報告している。さらに，1990年に鈴木が1991年には軽部がその著書の中で茎頂培養の可能性について論じている。最近では福原が頂芽と側芽について「植物形態学」(2015) という自らのテキストの中で紹介している。

　植物の茎の成長点（頂端分裂組織）またはそれを含む組織の一部を摘出し，無菌的に培養することを成長点培養という（以下，茎頂培養という）。組織培養でこの茎頂が利用されるのは，この部分が植物組織の中でウイルスに侵されていない唯一の部分と考えられるからである。茎頂またはその近くの組織では細胞分裂が盛んなため，ウイルスが侵入しにくく，侵入しても増殖しにくいと考えられている（現在では分裂の盛んな細胞からウイルスなどを寄せ付けない物質が分泌されていると考えられている）。茎頂には茎の先端部分にある頂芽と葉の基部に存在する側芽がある。

　この茎頂培養は安価なカーネーションの穂木を利用すると，植物の分化全能性を簡単に観察することができ，授業の中で初歩的なバイオテクノロジーについて生徒に具体的な理解をもららすことができるので，その方法を解説する。

② 材料（カーネーション）と
培地の調整

材 料

カーネーション（*Dianthus caryophyllus*）はナデシコ科ナデシコ属の半耐寒性植物で種類が多く，季節によって価格が変動を受けるが，実験計画時に業者（フジプランツ）に連絡すれば，実験に適した1本50～60円位の**スプレー種***の穂木を購入できる。

培養手順

茎頂を培養するにはMS培地（ムラシゲスクーグ培地）を使う。

MS培地は①（主要素）から③（鉄要素）までを含むもの（和光純薬ほか）に④（ビタミン）を加えて作ってもよいが，**表1**の①（主要素）から④（ビタミン）のそれぞれの薬品を含む溶液を別々に作成してストックしておくと，必要に応じてこれらを合わせて使用すると必要な量を作ることもできるので便利である。培地を作る手順は以下のとおりである。

(1) 1 Lのビーカーにスターラーマグネットと蒸留水800 mLを入れる。

(2) ①主要素（100 mL）＋②微量要素（10 mL）＋③鉄要素（10 mL）＋④ビタミン（10 mL）＋〔(※) 0.1 ppmIAA（10 mL）＋0.01 **ppm***カイネチン（1 mL）〕をとり，ビーカーに加えて撹拌する（※部分は後述の植物ホルモンの項参照）。①～③は市販のもので代用が可能である。

(3) スクロース30 gを加えて，スクロースが完全に溶解したのを確認した後，蒸留水を加えてメスシリンダーで正確に合計1 Lにする。

(4) この溶液を，pHメーターを使ってpH5.7に調整する（調整には1 mol/LのHClとNaOHを使用する）。

(5) 後に寒天10 gを完全に溶かし，組織培養用の試験管に**フィンガーディスペンサー***（分注器）で分注し，全試験管をオートクレーブで滅菌した後，**斜面培地***とする。

表1　MS培地の組成

①（主要素：5要素）		②（微量要素：7要素）	
硫酸アンモニウム	16.5 g	ホウ酸	620 mg
硝酸カリウム	19.0 g	硫酸マンガン	2,230 mg
硫酸マグネシウム	3.7 g	硫酸亜鉛	860 mg
塩化カルシウム	4.4 g	ヨウ化カリウム	83 mg
リン酸二水素カリウム	1.7 g	モリブデン酸ナトリウム	25 mg
		硫酸銅	25 mg
		塩化コバルト	25 mg
③（鉄要素：2要素）		④（ビタミン：5要素）	
エチレンジアミン四酢酸二ナトリウム	3.73 g	ミオイノシトール	10.0 g
硫酸鉄	2.78 g	グリシン	100 mg
		ニコチン酸	25 mg
		ピリドキシ塩酸	25 mg
		チアミン塩酸	5 mg

微量要素のうち，硫酸銅と塩化コバルトについては各25 mgを蒸留水を加えて溶解し，全体で100 mLとし，そのうちの10 mLを②の最初の5要素の入っているビーカーに加えて調整する。

用語解説 *Glossary*

【スプレー種】
カーネーションにはスタンダード種，スプレー種，ダイアンサス種の3種類がある。このうち，スプレー種は一つの茎から何本かに枝分かれするもので，花の形態は八重で大輪を咲かせる。

【ppm】
パーツ・パー・ミリオンのことをいい，100万分のいくらかであるという割合を示す数値。主に濃度を示すために用いられる。1 ppm＝0.0001％，10,000 ppm＝1％

【フィンガーディスペンサー】
軽量小型の手動式連続分注器のことである。容量を連続して変えることができる。柴田科学などの業者から購入できる。

【斜面培地】
MS培地に寒天を溶かした組織培養用試験管を斜めに傾けて固めたもの。試験管の口が横に向くため，雑菌の培地への落下が少なく，培地の面積を広くとれる利点がある。

※培養手順(2)の植物ホルモンの調整

〈0.1 ppmインドール酢酸(IAA)の調整の方法〉

10 mgのIAAを秤量し，100 mLビーカーに入れ，約5 mLの99.5％エタノールで完全に溶解する。蒸留水を少しずつ入れて100 mL程度にする。急に入れるとIAAが再結晶するので注意が必要である。100 mL容量のメスシリンダーで正確に100 mLとした後，100 mLポリ容器に入れて冷蔵庫に保管する。

この段階で濃度は，0.1 mg/1 mLとなっているので，0.1 ppmの溶液を作るには，ポリ容器のIAA溶液1 mLを1 L蒸留水に溶かせば，0.1 ppmとなり，その10 mLを(2)で使用する。

〈0.01 ppmカイネチンの調整の方法〉

10 mgのカイネチンを秤量し，100 mLビーカーに入れ，約5 mLを1 mol/LのNaOHで完全に溶解する。蒸留水を少しずつ入れて100 mL程度にする。急に入れるとカイネチンが再結晶するので注意が必要。100 mL容量のメスシリンダーで正確に100 mLとした後，100 mLポリ容器に入れて冷蔵庫に保管する。この段階で濃度は，0.1 mg/1 mLとなっているので，0.01 ppmの溶液を作るには，ポリ容器のカイネチン溶液0.1 mLを蒸留水に溶かせば，0.01 ppmとなり，その1 mLを(2)で使用する。

③ カーネーションの茎頂の摘出

(1) 無菌培養の実施

茎頂の摘出は普通**クリーンベンチ***内でおこなうが，クリーンベンチは高価なため，多くの普通高校では備えられていない。したがって，完全な無菌状態をつくることは難しいが，実験台や双眼実体顕微鏡を消毒し，実験台の上に点火したバーナーを置くことで雑菌やカビの混入をある程度防ぐことができる。

まず，実験台や双眼実体顕微鏡は70％エチル

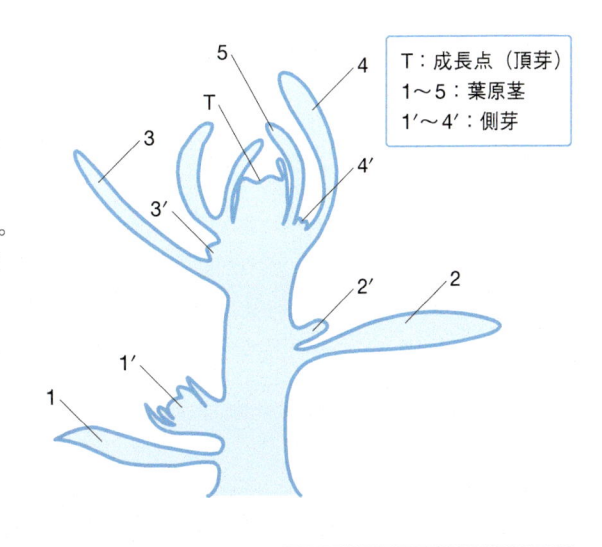

図1 頂芽(成長点)および側芽と葉原基の位置

T：成長点（頂芽）
1～5：葉原基
1′～4′：側芽

アルコール溶液を含ませた布でよく拭いておく。

バーナーに点火し，バーナーの火の近くに双眼実体顕微鏡を置いて作業する。実験に入る前に石鹸で手のひらから手首にかけて良く洗い，最後に70％エチルアルコールを噴霧器で吹いて手を良く消毒して作業する。

(2) カーネーションの穂木の粗調整

茎頂を摘出する前に，カーネーションの穂木を粗調整しておく。

茎の先端にある成長点を頂芽という（**図1**）。頂芽は茎の先端に一つあり，左右から葉原基（将来の葉の原基となるもので偶数枚ある）によって保護されている。

さらに，頂芽の近くや穂木の葉を取り除いた基部には**図1**のように側芽があり，頂芽と同様に偶数枚の葉原基によって保護されている。

用語解説 Glossary

【クリーンベンチ】
生物的，生化学的な研究に用いられ，微生物の混入（コンタミネーション）を避けながら，無菌操作を行うための機器である。紫外線を含む殺菌灯のもとで作業する。価格は80万～でヤマト科学，日本医科器械などの業者から購入できる。

図2　穂木の粗調整
(a) カーネーションの穂木，(b) 穂木の葉を外側から取り除く，(c) 葉原基と茎頂のついた茎の状態

図1は2枚の葉原基によって保護された頂芽とその近くにある側芽を示している。

実際のカーネーションの穂木では，図2(a)のように葉が折り重なって茎頂（頂芽，側芽）が見えない。そこで，茎の根元の部分から折り重なっている葉を外側から取り除いて，図2(b)と図2(c)のように葉原基がついた頂芽と側芽を摘出しやすいように適当な長さに調整する。このようにしてカーネーションの穂木の粗調整をおこなう。

(3) カーネーションの茎頂の摘出

茎頂の摘出には，茎頂摘出用ナイフが必要である［図3(a)］。茎頂摘出用ナイフにはフェザーを挟んで割りはめ込むタイプと専用のナイフをはめ込むタイプがある。前者の方がより細かい作業に適しているが高価である。生徒用実験では安価な後者のタイプを使用する。70％エチルアルコー

ルを小ビーカーに用意し，茎頂摘出の際にナイフを70％エチルアルコールに浸して火で一瞬あぶり，この作業をこまめにおこないながら摘出する。置床の際に組織培養用試験管の口を開ける始めと終わりに，その口をバーナーの火であぶり（火炎滅菌）無菌操作を徹底する。

摘出はなるべく素早く，茎頂が空気に触れる時間を短くする。

① 頂芽の摘出方法：バーナーが点火された近くに双眼実体顕微鏡を見ながら，粗調整した穂木を左手で持ちながら図3(b)のように先端の葉原基をナイフで外していく。葉原基が2〜4枚となったら，葉原基と成長点を含んだ組織をナイフで0.3 mm〜0.6 mmの大きさにカットし，② (5)で準備した斜面培地に素早く乗せる。この操作を置床という。頂芽の摘出の際に，周りの組織が壁となって摘出し

図3　茎頂の摘出と置床

(a) はめ込み式茎頂摘出ナイフ，(b) 粗調整した茎の葉原基をはずす，(c) 葉原基のついた成長点を確認する，(d) 周りの組織を含めながら葉原基のついた頂芽を円形状にくり抜く，(e) 斜面培地の口を火炎滅菌する。

にくい場合，葉原基と内部にある成長点が確認できたら，周りの組織を含めてナイフで円形状に切り出し，ナイフの先端に乗せて試験管の口を焼いて置床する［(図3(c)〜図3(e)]置床の際，頂芽が上になるように培地に乗せる（図4）

② 側芽の摘出方法：頂芽［図5(a)，(b)]と同様な方法で，側芽を摘出する。

　側芽は穂木を粗調整した茎の先端付近にあり，穂木1本につき1〜数個ある側芽［図5(e)］が確認できたら，葉原基（2〜4枚）と成長点を一緒にナイフで切り取り，置床する。側芽は茎の途中にあるので，丸太切りし，ナイフで掬（すく）い取って置床する。

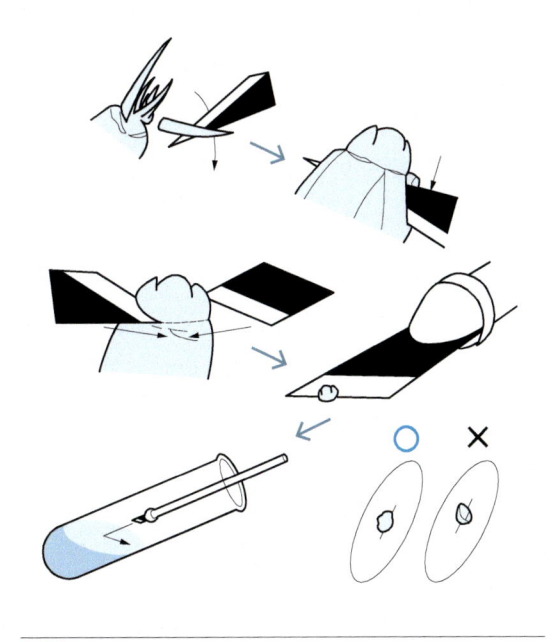

図4　頂芽と側芽

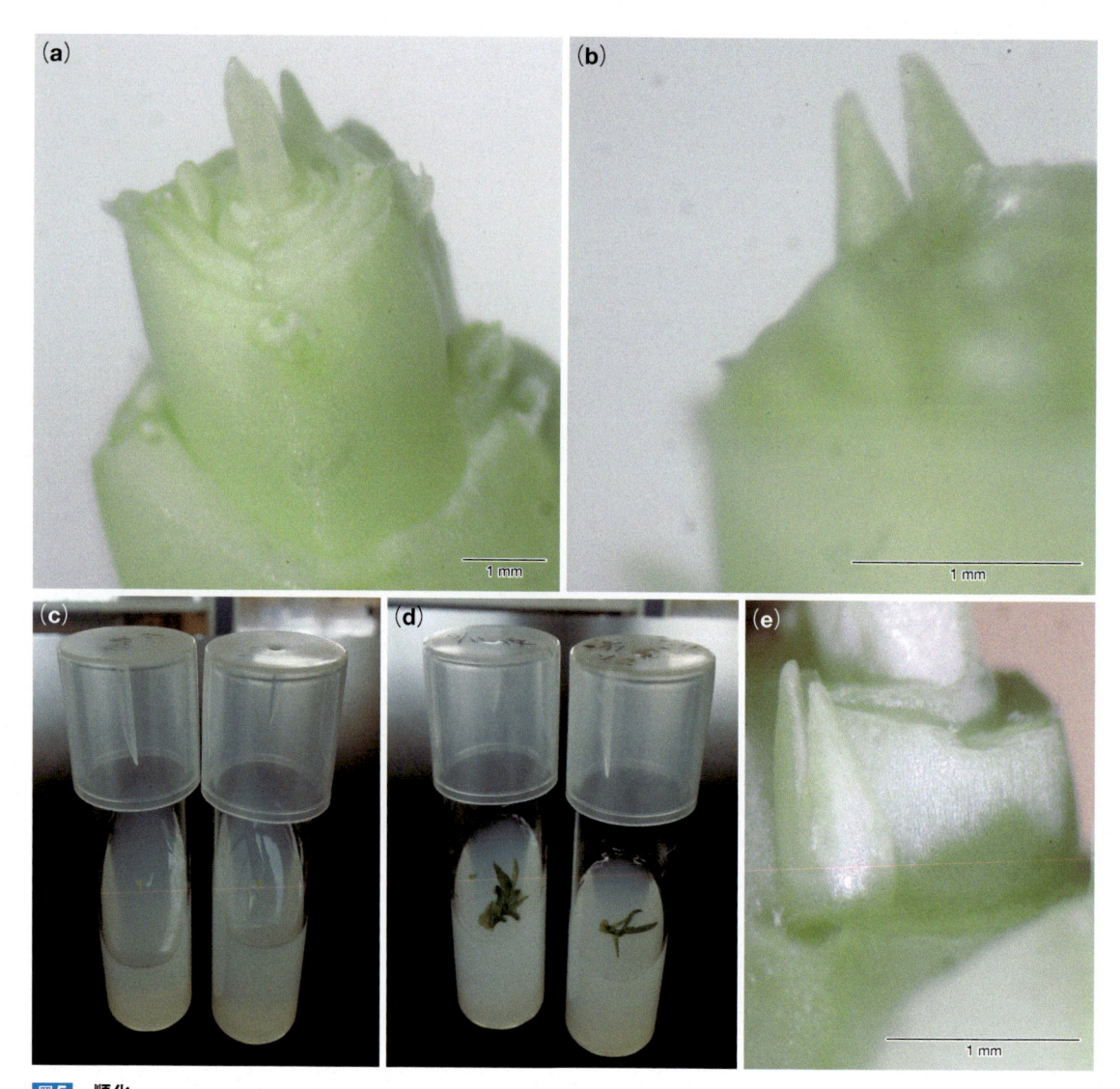

図5　順化

(a) 頂芽，(b) 頂芽，(c) 斜面培地に置床した茎頂，(d) 葉状体となった茎頂，(e) 側芽

　置床した試験管は人工気象機の中に入れ，20〜25℃の温度のもと，白色光（蛍光灯の光でもよい）を照射して培養する。

④ 開花のための順化と鉢上げ

　培地に置床した茎頂［**図5**(c)］は培養試験管内で成長し，4〜6週間ほどで数センチほどの葉状体［**図5**(d)］に成長する。葉状体には根の分化は

見られるが，茎と葉の違いがはっきりせず，茎のもとから枝状の組織が伸びている。長さが数センチになり，根が分化してくる。

(1) 順化と鉢上げ

　置床したカーネーションの頂芽と側芽由来の葉状体は，次に示した手順で管理し，開花させる。

① バーミキュライト：パーライト＝1：1の混合したものを，ビニールポットに入れ培養試験管内の葉状体を抜いて移し替える。

バーミキュライトとパーライトおよびビニールポットは園芸用品を扱っている店で安価に購入できる。移し替える際には，ピンセットで葉状体を傷つけないように寒天ごと抜いて，根を傷めないように指で寒天を崩し，水道水を弱めに出しながら根に付着した寒天を洗い流してポットに移していく［**図6**(a)］

② 葉状体を移し替えたポットに光が通るビニール袋をかぶせ［**図6**(b)］，人工気象機内で20〜25℃白色光下で培養する。

③ ポットにかぶせたビニール袋は毎日朝取り外して，ポットの植物を外界の環境に慣らし，夕方再びビニール袋をかぶせて培養するという操作を数週間繰り返し順化させる。

④ この操作の途中で枯死してしまった葉状体は取り除き，生育している葉状体のみ生育させる。ポットの表面が乾燥したら水を加え，乾燥しないように注意する。

　この操作を続けることで外界の環境に耐え，茎や葉がはっきりと分化し，根のしっかりした幼植物となる。この状態になったら，ポットから根を痛めないように抜き，寒天やバーミキュライトとパーライトを水で洗い流した後，プランターに普通の土を入れたものに移し替える。この操作を鉢上げという。

(2) 開花

　プランターに移した後，日中光が当たる窓辺に置いて管理する。

　プランターの土が乾燥したら水を与え，普通の植物と同じように生育させる。ときどき，1,000倍に薄めた液肥（ハイポネックス）を与える。植物の背丈が長くなってきたら，ホームセンターで30 cmぐらいの支柱を購入して茎を糸で結んでおくと，形を整えることができる。

　成長の過程で，茎の脇からたくさん生じる穂木は手でもとから取って挿し木にすると，カーネーションの株をさらに増やすことができる。カーネーションは挿し木で増える植物であることもわ

図6　**鉢上げと開花**

(a) 透明な袋を取って順化させたカーネーション，(b) 透明な袋をかぶせた順化させたカーネーション

かる。

　その後，特別な操作をしなくても，約10ヵ月〜約1年でカーネーションを開花させることができる（**図7**）。

 ⑤ まとめ

(1) 授業展開の流れ

　カーネーションの穂木の粗調整から茎頂の置床までの実験を，30人クラスで50分の授業を事前準備を含めて進めるときの作業手順をまとめると**表2**のようになる。

(2) 発展的な実験

　茎頂の摘出から置床・順化・鉢上げ・開花までの作業を通して植物の分化全能性を理解し，初歩的なバイオテクノロジーの一端を学ぶことができる。

　頂芽と側芽は最初はその所在がわかりにくいが，

図7 鉢上げ後，プランターで開花したカーネーション

表2 事前準備と作業手順

① 事前に準備するもの	
斜面培地にした組織培養用試験管	30本
カーネーションの穂木（1人3本）	30人×3本＝90本
茎頂摘出用ナイフ	30本
双眼実体顕微鏡	30台
噴霧器（70%エチルアルコール入り）	6台（6台の実験台に一つずつ配布）
ナイフ消毒用70%エチルアルコール入りビーカー	30個
ガスバーナー	24台（6台の実験台に四つずつ）
② 各作業の時間配分（注意点）	
実験の説明（10分） ↓	頂芽と側芽の違いを説明し，素早く置床することを強調する。
実験台の消毒・バーナー点火（5分） ↓	ナイフを70%エチルアルコールに漬けて火であぶり，試験管の口を火炎滅菌することを強調する。
粗調整（10分） ↓	穂木の葉を茎のギリギリのところまで外させる。
茎頂・置床作業（25分）	頂芽は円形状に側芽は丸太切りにしてナイフの先に掬い取って，上に向けて素早く置床させる。

眼が慣れてきて葉原基の枚数や成長点が区別できるようになると，次のような点を深める発展的実験も考えられる。

（発展的実験1）頂芽と側芽のそれぞれを斜面培地に置床した場合，成長に違いがあるか比較検証する。

（発展的実験2）頂芽と側芽のそれぞれについて，葉原基をすべて取り除き（葉原基0枚），成長点だけを置床して培養し，順化すると，開花させることができるか。この実験から葉原基はどのような役割を果たしていると考えられるか考察する。

（発展的実験3）頂芽と側芽のそれぞれについて，葉原基を偶数枚（2枚，4枚）と葉原基を奇数枚（1枚，3枚）をつけた成長点を置床した場合，どちらの方が良く成長し，開花させることができるか検証する。

(3) おわりに

　かつて，花屋の店頭に並ぶシンビジウムなどのランの花は高価で購入することができなかったが，現在はそのランも茎頂培養により生育させることができるようになり，安価で購入できるようになっている。茎頂培養は理学や農学の分野では一般的な技術になっている。

　よく教科書や図解に載っているニンジンの組織培養実験を実施しようとすると，発根防止剤で処理されていないものを見つける必要がある。また，斜面培地で培養するニンジン組織自体の無菌操作が必要となるので手間がかかる。その点，カーネーションでは摘出する茎頂自体がウイルスフリーになっているので手間がかからない。さらに，授業では多くが説明だけで済ましている培地を生徒自身が作ったり，空気中には多くの雑菌が存在することも目の当たりにできるので，大きな体験となる。

　今回の文章は，テクノホリティー園芸専門学校で茎頂の摘出の基本的操作を習得させていただいた方法に改良を加え，筆者が執筆した原稿 [坂田恵一. カーネーションの茎頂培養. 生物課題実験マニュアル. 78–85 (教材生物グループ, 2011)] をもとに加筆・修正を加えたものである。

　この文章を書くにあたって，放送大学非常勤講師の半本秀博先生より貴重なアドバイスをいただいた。この場を借りて改めてお礼を申し上げる。

[文 献]

夏期生物工学研修会テキスト. 1–13 (テクノホリティー園芸専門学校, 1990).

坂田恵一. カーネーションの茎頂培養：新しい解説の生物課題実験マニュアル改訂版. 78–85 (教材生物研究グループ, 2011).

古川仁朗. 図解バイテクマニュアル：花野菜果樹の組織培養操作. 49-67 (誠文堂新光社, 1988).

鈴木正彦. 植物バイオの魔法——青いバラも夢ではなくなった! (ブルーバックス). 25–31 (講談社, 1990).

軽部征夫. バイオな話. 60–62 (日本実業出版社, 1990).

園田恵子. 茎頂培養技術を用いたウイルスフリー苗の増殖. (奈良県農業技術センター生産技術担当資源開発チーム, 2003).

福原達人. 4-1シュートの定義と根との違い植物の形態学テキスト. (福岡教育大学URL, 2015).

坂田 恵一　*Keiichi Sakata*

多摩大学付属聖ヶ丘中学高等学校　非常勤講師

1977年，早稲田大学教育学部理学科生物学専修卒業後，さいたま市立大宮西高校，埼玉県立浦和西高校，埼玉県立桶川西高校を経て，執筆時は，埼玉県立越谷南高校教諭。その後，川口北高校，川越南高校，志木高校，武蔵野大学付属高校を経て現職。平成4年度藤原ナチュラルヒストリー振興財団より第1回備品受賞。主な著書に，サイエンスビュー生物総合資料.（実教出版, 2007〜），アクセスノート生物の基礎.（実教出版, 2010〜）などがある。

【生体防御の生理】

ヒト涙の抗菌効果を測る
——ルシフェリンを用いたATP量測定

井口 藍 *Ai Iguchi*

埼玉県立川口北高等学校

高校で履修する「生物基礎」ではヒトの生体防御について学習する。そこで今回は，化学的防御の事例として，ヒトの涙を用いて抗菌効果を数値化する実験を紹介したい。ヒト涙の納豆菌への抗菌効果を，納豆菌ATPを捉えることで測定する。生徒の涙を用いて実験することから，生体防御について身近なものとして簡潔に理解できる。

1 はじめに

「生物基礎」では，ヒトの化学的防御について学習する。ニワトリの卵白を用いた化学的防御の事例実験[1]はあるが，ヒトの試料での事例はなく，原因は涙*等が微量で抗菌効果が視覚的にわかりづらいことがあげられる。そこで，微量なヒトの涙でも抗菌効果を数値化できる**ルミノメーター***を用いた実験を紹介したい。生徒の涙を用いることから，生体防御について身近なものとして理解できる。今回は，ヒトの涙による抗菌効果の最適温度を調べる実験を紹介したい。

ことで発光する。ルミノメーターでは，この光量を測定する。実際の測定では，予め，ルシフェリン，ルシフェラーゼ，Mg^{2+}を含むATP発光試薬（既製品）を準備し，細菌を含む溶液に滴下することで細菌類のATPと反応して発光させる。発光量が多ければ，ATP量が多く，細菌類が多いことを意味する。

$$ATP + ルシフェリン + O_2 \xrightarrow{\text{ルシフェラーゼ（酵素），} Mg^{2+}} AMP + オキシルシフェリン + CO_2 + 光（560\,nm）$$

ルシフェリンによる発光量が多い→ATP量が多い→細菌数が多い

2 原理
——ルミノメーターによるATP量測定の原理[2]

ルシフェリン*は，ルシフェラーゼやマグネシウムイオン，**ATP***の存在下で，自身が酸化する

3 試料
——涙に含まれる酵素リゾチームについて

涙には，酵素リゾチームが含まれている。リゾチームは，細菌類の細胞壁を構成しているペプチ

ドグリカン［N-アセチルムラミン酸（MurNAc）とN-アセチルグルコサミン（GlcNAc）間］を加水分解する。直接外界と接する粘膜のあるところから分泌される涙や鼻水，唾液，そして，汗や尿などにも含まれている。リゾチームは，細胞壁を分解するので，細菌類は形状を保つことができなくなり死滅する（溶菌）。最適温度50℃，最適pH5.0（溶菌時pH7.0）とされる。風邪薬などにも含まれている。ヒトのリゾチームは，ニワトリの卵白に含まれるニワトリ型（Cタイプ）であることも知られている。

④ 材料・試薬・使用器具 ［図4(a)］

- ヒト涙
- 納豆
- ATP発光試薬　LL100-1東洋ビーネット社製
- LB液体培地
- 滅菌蒸留水
- 人工涙型点眼剤ソフトサンティア　参天社製
- ルミノメーター GENE LIGHT（型式：GL-210A）マイクロテック・ニチオン社製
- キュベット，エッペンチューブ，マイクロピペット，マイクロピペットチップ，三角フラスコ，ラップ，アルミ箔，油性マジック，スターラー，

- オートクレーブ（121℃，20分）
- 限外ろ過スピンカラム ㈱アプロサイエンス社製30Kと3K
- 遠心分離機（マイクロチューブ用）

用語解説 Glossary

【涙】
涙は血液から血球を除いた体液である。涙は，目へ栄養や酸素の供給，目の乾燥防止，殺菌効果などの役割がある。涙の成分は，水分98％，その他，ナトリウム，カリウム，塩素，グルコース，アルブミン，グロブリン，リゾチーム等。1日の分泌量は平均2〜3 mLとされる。

【ルミノメーター】
ルシフェリン反応などで生じる，人の目では見られない微弱な光量を計測する分析用検出装置。スーパーカミオカンデで用いている光電子増倍管と同じ原理で光を増倍させて検出する。

【ルシフェリン】
蛍などが発光に利用している物質。ルシフェラーゼとマグネシウムイオンとATPによってルシフェリンが酸化されるときに発光する仕組みである。今回は，予めルシフェリンとルシフェラーゼ，マグネシウムイオンの入った溶液（ATP発光試薬）を用意しておき，納豆菌のもつATPを用いて発光させる。納豆菌がいればいるほど発光量は増える。

【ATP（アデノシン三リン酸）】
すべての生物が，エネルギーを貯蔵，供給，運搬するのに利用している物質。エネルギーの通貨と称される。今回は，納豆菌がもつATP量を測定することで，納豆菌量を比較することに用いる。

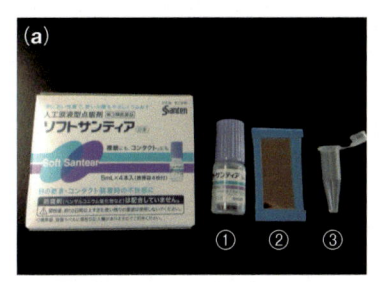

① 点眼液，
② 手鏡，
③ エッペンチューブ

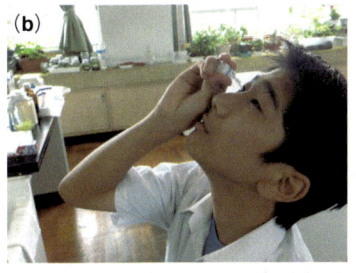

Point! 上を向いて1〜2滴点眼する。姿勢を保ちながらこぼれない程度に瞬きする。もう一人が鏡とエッペンチューブを素早く手渡す。

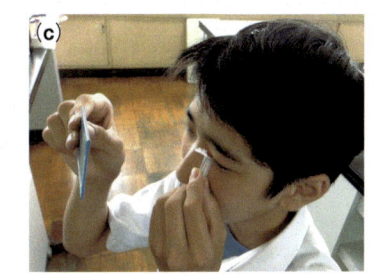

Point! 手鏡で位置を確認しながら，溢れる涙（＋点眼液）をエッペンチューブにこぼし入れる。

図1 涙採取道具一式 (a), 点眼 (b), 涙の採取 (c)

5 準備

● 涙の採取

　今まで，なんとかして生徒に涙を出してもらっていたが，点眼液で涙を採取する方法を考案した。

　市販の防腐剤のない人工涙型点眼液［**図1**(a)］[3] を用いる。これにより，ヒトの身体に危害を加え

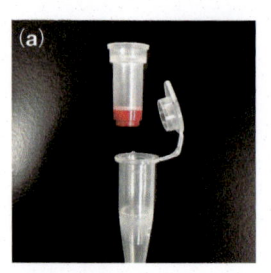 

図2　限外ろ過スピンカラム (a)，限外カラムを遠心分離機にかける (b)

Point!　予め準備したLB液体培地に納豆菌を白金耳で入れ，ボルテックスやスターラーにかけて菌が均一になるようにする。室温一日後,使用前にボルテックスやスターラーにかけ，しばらく静置した後，中層部の液を用いる。

図3　納豆菌の培養

ることも涙中の成分を壊すこともなく，涙サンプルを採取することができる。

(1)　上を向いて点眼剤1～2滴滴下する［**図1**(b)］。

(2)　姿勢を維持したまま，数回軽く瞬きをした後，手鏡を見ながらエッペンチューブにこぼし入れる［**図1**(c)］。

　　これを左右の目でおこなう。保存する場合は，これを冷凍保存しておく。

● 涙サンプルの採取時の注意と倫理的指導

　点眼液は，薬局で市販されている衛生面が保証されているものを使用し，生徒に点眼液の内容物について周知，了承を得る必要がある。必要に応じて保護者の同意をとる。緑内障の者は避ける。腕内側の皮膚に点眼液を1滴滴下しアレルギー反応が出ないか確かめる。

注)　点眼に慣れていない生徒もいるので点眼方法ついて説明する。点眼瓶が眼に触れないように注意する。生徒が互いに見て確認し，触れた場合は，必ず申し出るように伝える。もしくは，1人1瓶等必要に応じて配慮する。予備点眼液があることを伝える。

　失敗（点眼瓶が目に触れたり涙が採れなかったりしたこと）に対して，正直に申し出ることは，科学者としてはもとより社会の一員として必要な姿勢である。正直に申し出てくれた方が，利点が大きいことを伝える（互いの安全が保つことができる。信頼感が高まる。）

● 涙溶液の濃縮

　限外ろ過スピンカラム（30kDaと3kDaのフィルターがついておりろ過が可能）［**図2**(a)］を用いて，涙溶液（涙＋点眼液）のうち，リゾチーム（14KDa）がある分画を取り出すことで濃縮する。

(1)　涙溶液を30K限外カラムに入れ，遠心分離機に5分かける［**図2**(b)］。

(2)　その濾液を3K限外カラムに入れ，遠心分離

機に5分かける。

(3) このろ過されずにフィルター上部に残った液を用いる。ピペッティングしてから液をとる。

• 納豆菌培養

予め，LB液体培地 100 mL（トリペプトン 2 g，酵母エキス 1 g，塩化ナトリウム 2 g，5N水酸化ナトリウム 40 μL，蒸留水 200 mL）をオートクレーブ（121℃，20分）にかけておいたものに，納豆菌を入れて室温（今回は室温32℃）で1日培

養しておく。納豆菌を入れる際は，熱滅菌した白金耳を用いて市販の納豆表面を触り，何度かLB液体培地に入れる。菌がLB培地中均一になるようにスターラーなどで混ぜる（納豆菌培養液）（**図3**）。

⑥ 方法

(1) エッペンチューブに納豆菌培養液 500 μL と涙 10 μL を入れる。対照実験として納豆菌培

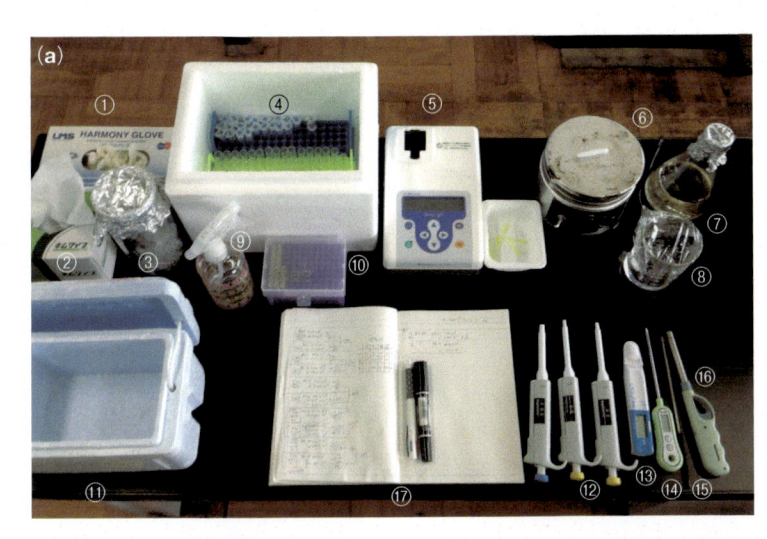

(a)

① 実験用手袋，
② キムワイプ，
③ エッペンチューブ，
④ エッペンチューブ立て（保冷剤上），
⑤ ルミノメーター，
⑥ スターラー，
⑦ 納豆菌入り三角フラスコ，
⑧ 滅菌水，
⑨ 消毒用エタノール，
⑩ ピペットチップ，
⑪ 保冷箱，
⑫ マイクロピペット（1,000 μL, 50 μL, 20 μL用），
⑬ pHメーター，
⑭ 温度計，
⑮ 白金耳，
⑯ チャッカマン，
⑰ 記録ノート

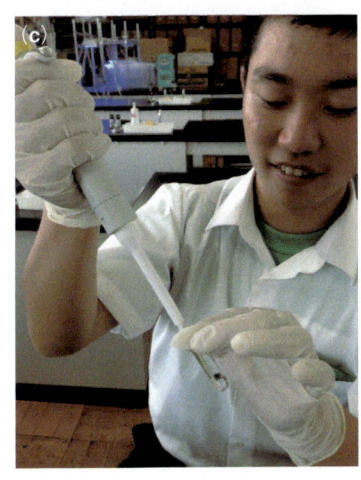
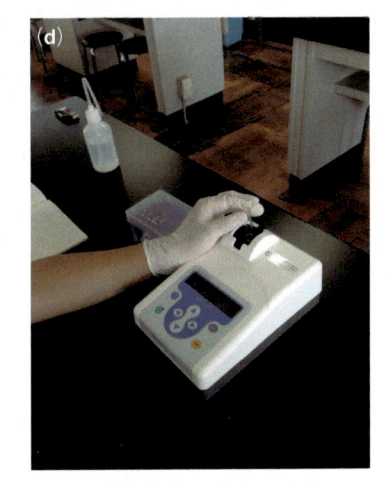

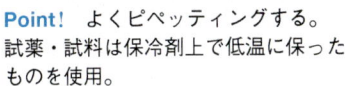
Point! よくピペッティングする。
試薬・試料は保冷剤上で低温に保ったものを使用。

図4 発光量測定に必要な用具一式（a），ウォーターバスで温度設定（b），キュベットに試料とATP発光試薬を入れる（c），ルミノメーターで測定（d）

養液のみのものもつくる。

Point! 納豆菌は塊をつくっているので，よくピペッティングしたりボルテックスにかけたりして，菌を溶液中で均一にしてから実験に利用する必要がある。

⑵ 温度条件（4℃，20℃，36℃，47℃，55℃）を冷蔵庫やインキュベーター，ウォーターバス［図4(b)］等を用いて作成し，試料を入れる。途中，何度か上下転倒することで，よく混ぜる。

⑶ 2時間後に取り出し，ルミノメーターで納豆菌量を測定する。（1時間では数値が安定しない。）

① キュベット（測定用容器）に滅菌蒸留水 500 μL と ATP 測定試薬 60 μL を入れて，よくピペッティングする［図4(c)］。ルミノメーター［図4(d)］にセットし 20 秒測定する（バックグラウンドデータとする）。

② ①に各種条件で培養した納豆菌培養液を 60 μL 入れてピペッティング。測定 20 秒間。

③ 次の式で，バックグラウンド補正した納

豆菌量を算出する。

納豆菌量（相対値）= ②値 − ①値

 結 果

各種温度で2時間培養した後のルシフェリン発光量の比較をおこなった。その結果，納豆菌は（今回の実験では）47℃で増殖が最も進み，55℃で減少した。一方で，涙入り培養液では，36℃で納豆菌の増殖力が涙の抗菌力を上回った［図5(a)］。今回の実験での最適温度は47℃であった［図5(b)］。

 発展研究例

• 涙の抗菌効果における最適pHを調べる。
• 涙の代わりに汗の抗菌効果を調べる。夏季に運動部生徒の汗をもらうとよいだろう。

 本実験の課題

ヒト涙は，点眼液を使わずに原液の方が，リゾ

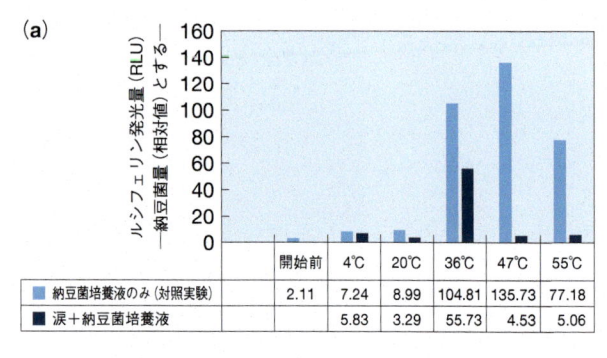

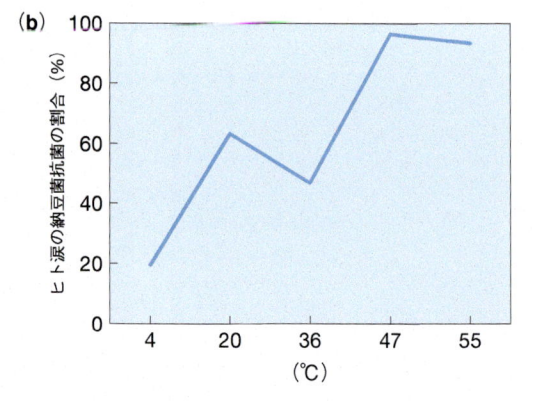

図5 各培養温度での納豆菌量比較 (a)，ヒト涙の納豆菌への抗菌力 (b)

(a) ルシフェリンによる発光量は納豆菌量と比例関係にあることから，測定値は納豆菌量（相対値）とする。

(b) 抗菌力（%）=（対照データ－涙入りデータ）／対照データ。

チーム量が多く採れるのでよい。安全かつ容易に涙の原液をとる方法があると最もよい。

 ## 最後に

　涙の微量な抗菌効果を数値化する試みであった。生命現象を直接的に知ることは困難なこともある。しかし，それを代替の事象に置き換えると測定が可能になることもある。このひらめきや機転が，何かを明らかにしたいときに大切である。この発想力を養っていくことが，これから未知の社会に出る高校生には必要だと考えている。

　学校現場の備品として，限外ろ過スピンカラムやルミノメーターを持っているところはそれほど多くはないであろう。今後さらに簡易化に向けて工夫したいと考えている。

〈参 考〉

　人の涙同様に卵白にもリゾチームが含まれており，抗菌効果があることが知られている（図6）。

［謝 辞］

技術面ではマイクロテック・ニチオンの岩戸さんにお世話になりました。生物部生徒達には実験操作や涙を提供してもらいました。半本秀博先生には今回の機会を頂きました。皆様に感謝申し上げます。

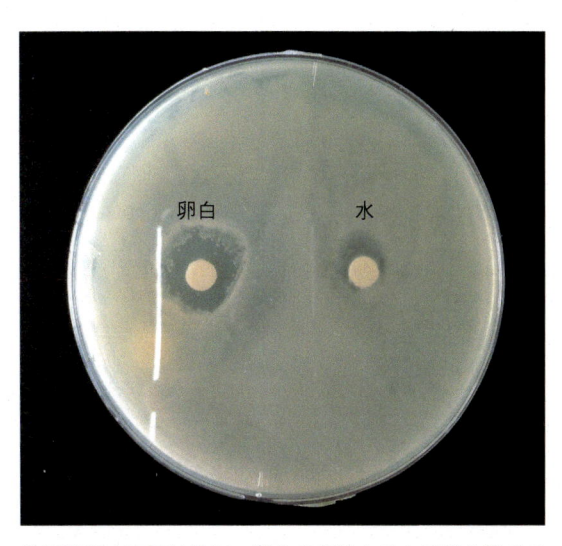

納豆菌塗布寒天培地に，卵白を染込ませたろ紙を載せて37℃で1日静置したもの。ろ紙周辺の納豆菌の繁殖は抑えられている。

図6　卵白による納豆菌の抗菌効果[1]

2) 東洋ビーネット ルシフェリンによる発光原理.〈http://www.toyo-b-net.co.jp/toyo_bio/atp_radiation.html〉.

3) 参天 人工涙型点眼剤ソフトサンティア使用上の注意:〈file:///C:/Users/Ai/AppData/Local/Microsoft/Windows/INetCache/IE/BAWG42G1/soft_santear.pdf〉

井口 藍 *Ai Iguchi*

埼玉県立川口北高等学校

2002年，埼玉大学教育学部卒業。旧東京都老人総合研究所にて糖鎖修飾を研究。2006年より埼玉県立蕨高校教諭。2011年，琉球大学瀬底研究施設にてサンゴの環境応答，科学者育成のための研究指導を研究（長期研修）。2014〜2016年NHK高校講座生物基礎講師。受賞歴に，日本生物教育学会，下泉教育実践奨励賞（2014年度）。日本生物教育会，投稿論文銀賞（2015年度）。主な著書に，サイエンスビュー生物総合資料（分担執筆，実教出版）。

［文 献］

1) 納豆菌の抗菌実験：佐藤富浩. ニワトリ卵の生体防御. 平成17年度東レ理科教育賞 受賞作品集〈http://www.toray.co.jp/tsf/rika/rik_017.html〉,（2005）.

【生体防御の生理】

ニワトリ血清を用いた ブタ赤血球の凝集反応の観察
——高等学校「生物基礎」における免疫学実験として

本橋 晃 *Akira Motohashi*

雙葉高等学校 教諭

免疫反応を実際に目で見る機会は少ない。筆者は抗原抗体反応による赤血球凝集反応を簡便に観察できる実験教材の開発を試みた。ほとんどの動物の血清には，他の動物の赤血球を凝集させる作用があることが知られている。いろいろな動物の血液，血清を用いて試したところ，市販のニワトリ血清に市販のブタ血液を少量加えて撹拌する操作により，スライドガラス上で数分のうちに赤血球凝集反応が観察されることがわかった。本実験は高等学校の「生物基礎」の授業で実施している。

1 はじめに

生体防御の主要な機能である免疫は，生物の生命維持にとってきわめて重要である。高等学校学習指導要領では，免疫の内容はおもに多くの生徒が履修している「生物基礎」に含まれている。学習指導要領には，「生物基礎」，「生物」の目標として「観察，実験をおこない，生物学の基本的な原理・法則を理解させる」ことも記されている。しかしながら，教科書に記載されている免疫についての実験・観察は少なく，学習が座学に終始する可能性がある。

血液中の凝集素による赤血球凝集反応は抗原抗体反応の一種であり，身近な例としては，ABO式血液型の判定に見られる。ヒトの輸血の際に最も問題となるのはABO式血液型であり，異なる血液型を混合すると赤血球凝集反応が起きる場合が

あることは，一般的な常識である。「生物基礎」の教科書においては，このABO式血液型についての記述は，調査した5社の教科書のうち4社の教科書に記載されている。以前は高等学校の授業で，ヒトの血液のABO式血液型の判定を実施する時代があった[1][2]。現在では，採血自体が衛生面の理由により困難である。赤血球凝集反応は，輸血以外ではRh－の母親の第二子以降に多く見られる血液型不適合について，高等学校の生物教材（調査したすべての出版社からの図説，資料集）に紹介されているので，実際に生徒に観察させたい現象である。

ヒトの血清は，ほかのたいていの動物種の赤血球を凝集させ，それらの抗体は**免疫グロブリン**[*]のクラスIgMという物質であることがわかっている[3]。また，ほとんどの動物種の血清もほかの動物種やヒトの赤血球を凝集することが知られて

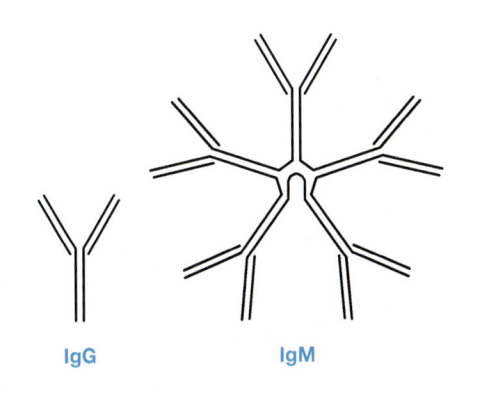

図1 免疫グロブリンG（IgG）と免疫グロブリンM（IgM）の
分子の概略図（文献5より）

IgMは5量体である。

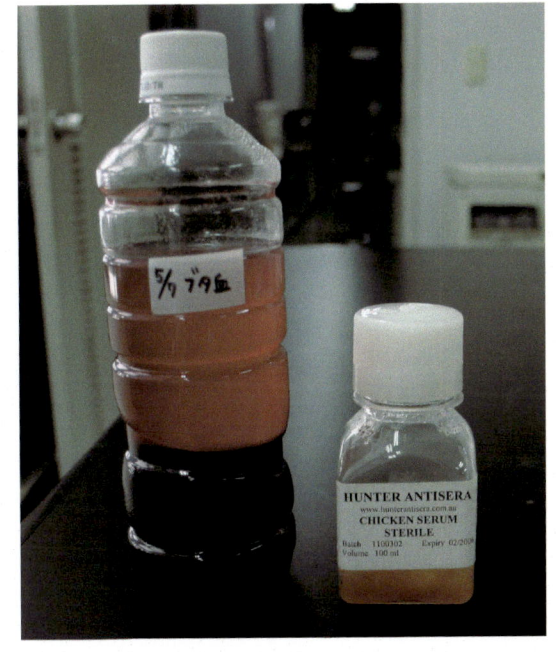

図2 授業で血液の凝集実験を行うときに用いる
ブタ血液（左）およびニワトリ血清（右）（文献5より）

ブタ血液はビニール袋に入った状態で届けられるので，ペットボトル
に分けて保存している。

ニワトリ血清は冷凍保存している。

いる[3]。**獲得免疫**[*]で生じるIgGが単量体型であるのとは異なり，IgMは5量体である[4)5]（図1）。ABO式血液型における凝集素α，βもIgMに属する。IgMは5量体ゆえに，凝集力はIgGの数百倍といわれている[6]。

そこで筆者は，最も入手しやすい市販のブタ血液および各種動物血清等を購入し，それらを混和させ，凝集が観察可能か否かを調べた。その結果，ニワトリの血清に少量のブタの血液を混和することによって，数分で明瞭に赤血球凝集反応が観察できることが示された。この実験・観察を授業に取り入れたところ，生徒各自が手軽に操作でき，また確認できることがわかったので，以下紹介する。

buffered saline生理食塩水としてのリン酸緩衝溶液：0.85 % NaCl, 0.27 % Na_2HPO_4, 0.04 % NaH_2PO_4, pH7.1）で希釈した。血清および希釈した血清は−30℃で凍結保存した。

ホールスライドガラスにさまざまな動物（ニワトリ，ウサギ，ウシ，ウマ，ヒト）の血清を各

② 実験の方法

ブタ，ウシの血液は，東京芝浦臓器株式会社より購入した（図2）。これらの血液製品には凝固防止剤としてクエン酸ナトリウムが含まれており，4℃で保存すれば，おおよそ1週間は使用可能である。なおブタの血液は同一個体に由来するものであることが確認されている。ニワトリ，ウサギ，ウシ，ウマ，ヒトの血清およびヒツジの無菌血液（凝固防止処理がおこなわれている）は，日本生物材料センターより購入し，血清はPBS（phosphate

---

用語解説 Glossary

【免疫グロブリン】
抗体はタンパク質であり，タンパク質名は免疫グロブリン（immunoglobulin）（Ig）である。免疫グロブリンにはいくつかの種類があり，最も基本的なものはIgG（immunoglobulin G）で，H鎖2本とL鎖2本のポリペプチド鎖からなり，全体的にアルファベットのY字型をしている。

【自然免疫と獲得免疫】
免疫のうち，生まれつき備わっているものを自然免疫，生後身につくものを獲得免疫とよんでいる。はしかや水ぼうそうに一度かかったら二度とかからないのは獲得免疫による。獲得免疫には"記憶"と"特異性"という特徴がある。自然免疫には皮膚や粘膜，消化酵素などによる物理・化学的防御系や，凝集素などによる体液性防御系，および好中球やマクロファージ，樹状細胞などによる食作用がある。

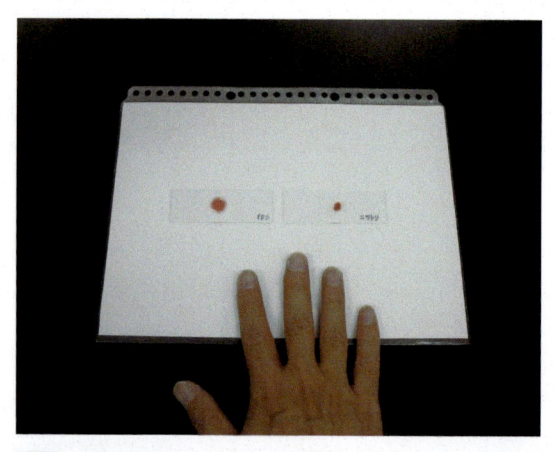

図3 血球の凝集を促進させる操作
白い紙をはさんだクリアファイルの上に試料をのせたスライドガラスを置き，クリアファイルごと机上で滑らせながら回すと操作しやすい。

表1 いろいろな動物の血液と血清を混和させたときの凝集の様子

血液	血清	凝集の程度
ブタ	ニワトリ	＋＋＋
	ウサギ	＋
	ウシ	±
	ヒト	＋＋＋
	ウマ	－
ウシ	ニワトリ	－
ヒツジ	ニワトリ	－

－は凝集せず，±はわずかに凝集，＋＋＋は顕著に凝集したことを示す。

100 μLのせ，その中にブタ血液を3〜5 μL加え，撹拌した。それらの容量は厳密ではないので，スポイトやパスツールピペットで血清1滴をのせ，少量の血液を付着させた爪楊枝で血清を撹拌してもよい。撹拌後，凝集反応を促進させるために，**図3**のように白い紙をはさんだクリアファイルや白い下敷きなどの上にスライドガラスをのせ，クリアファイルや下敷きごと机上で滑らせながら回した。赤血球の凝集は3分程度で起こるので，肉眼で観察後，カバーガラスをのせ検鏡した。対照として血清の代わりにPBSを入れたものでも同様に操作をおこなった。

 実験の結果および授業への導入

　表1は，さまざまな動物の血液と血清とを混和した結果を示したものである。赤血球凝集の様子は肉眼で十分に識別できた。ブタ血液の場合，ニワトリ血清，ヒト血清の場合に顕著な凝集が見られた。ウサギやウシの血清では赤血球の凝集は，ニワトリの血清ほど顕著ではなかった。ウマの血清では赤血球の凝集は見られなかった。ニワトリ血清を用いてウシおよびヒツジの赤血球が凝集するか否かを調べたところ，どちらも凝集は見られ

なかった。その理由は不明である。本校では，ヒト血清はニワトリ血清に比べて高価なこと，ヒト血清にはヒトに感染するウイルスなどの病原体が含まれる可能性があることなどから，ニワトリ血清を使用している。**図4**にブタ赤血球のニワトリ血清による凝集の様子を示す。凝集は数分で起こり，検鏡すると低倍率（150倍程度）ではっきりと観察できた。一方，対照として用いたPBSの場合は赤血球の凝集反応は見られなかった。ただスライドガラスを回すことにより，赤血球が中央に集まってくることがある［**図4(a₂)**］。これは凝集によるものではないので，爪楊枝などで撹拌すると元の状態に戻る。凝集反応では元に戻ることはないことを，生徒には伝えることが必要である。血清を希釈して同様の操作をおこなうと，赤血球は凝集するが血清の濃度が低くなるにつれて凝集に時間がかかったので，血清原液を使用した。なお，凝集した赤血球を長時間放置し，観察してみたが，溶血反応は見られなかった。

　授業における生徒実験には，ブタの血液とニワトリ血清が最も適した材料であることがわかった。そこで，本実験を高等学校1年の「生物基礎（必修）」に導入したところ，説明，操作，スケッチを含めて20〜30分程度で終わることがわかった。凝集反応は早い場合では1分程度で見られ，操作を間違えない限り生徒は観察できていた。同時に対照（PBS）との比較もできていた。実験方法は簡便なため，授業では各自一人ひとりが操作する

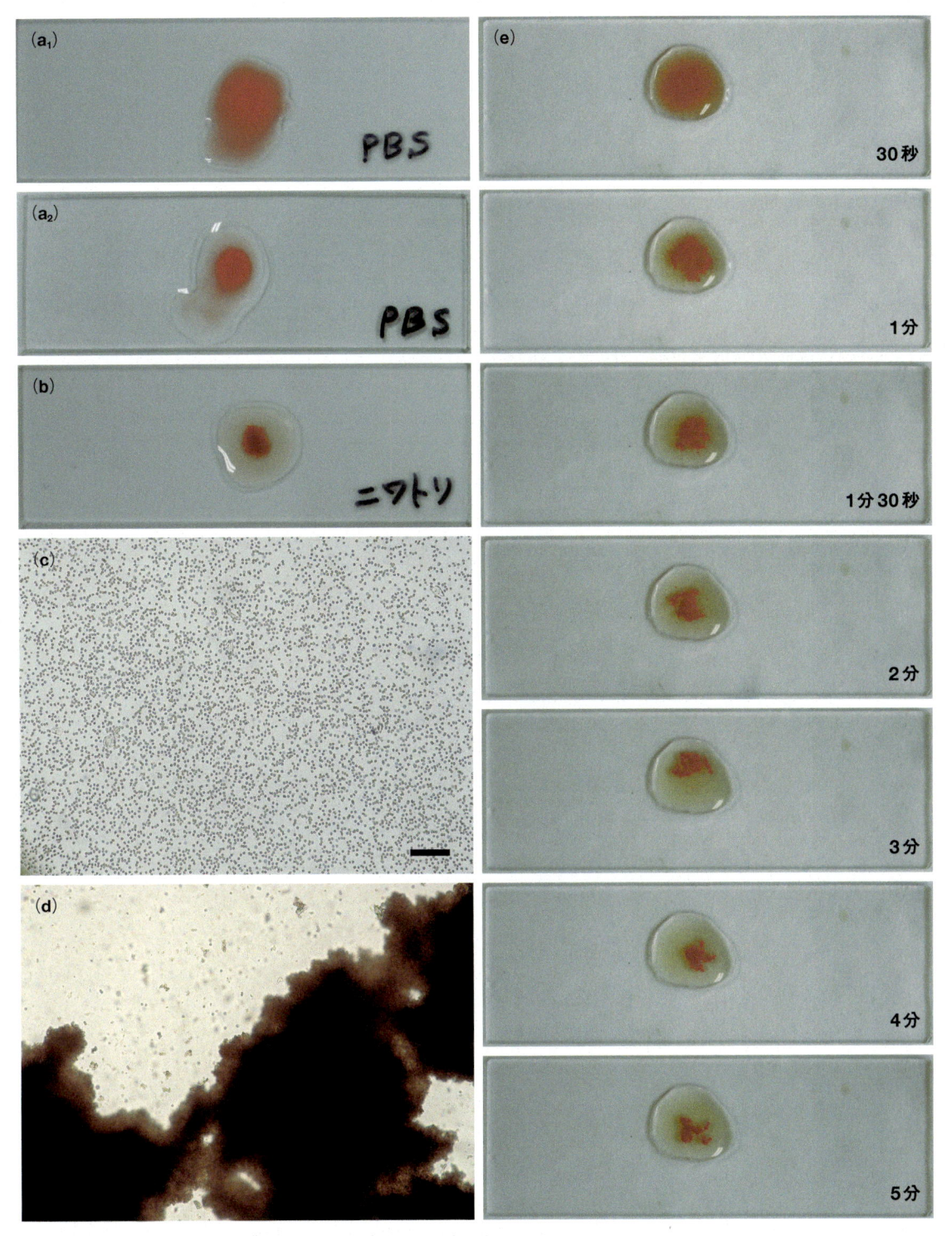

図4　ニワトリ血清（100 μL）**とブタ血液**（3 μL）**を混和したときの様子**

（a₁），（a₂）は対照としてニワトリ血清の代わりにPBSを用いた。（b）はニワトリ血清とブタ血液を混和させたもの。（c），（d）はそれぞれ（a₁），（b）の顕微鏡像で，（c）中のスケールのバーは100 μmを示す。（e）はニワトリ血清とブタ血液を混合させ，撹拌し続けたときの時間経過に伴う赤血球の様子。3分程度で凝集することがわかる。

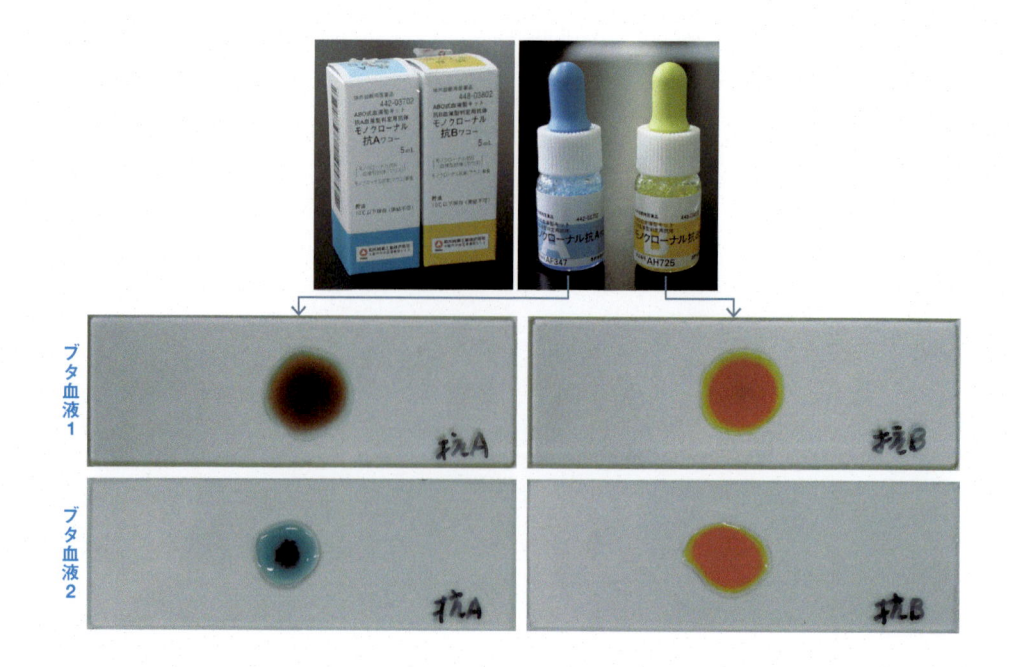

図5 ブタ血液を抗A抗体，抗B抗体（いずれも和光純薬工業株式会社から販売されているモノクローナル抗体）と混和したときの様子

ブタ血液1は抗A抗体，抗B抗体いずれと混和しても凝集反応は見られないためO型またはマイナス型と考えられる。ブタ血液2は抗A抗体で凝集反応が見られ，抗B抗体では見られないためA型と考えられる。

ことができる。2人1組でもおこなうことはできるが，顕微鏡像のスケッチを課す場合は一人ひとりおこなうほうが効率がよい。

4 授業における免疫実験の検討と本実験の利点

病原体から身を守る物理・化学的防御や体液性防御系（凝集素を含む）は広い意味で**自然免疫***に入る。筆者は以前に，オクタロニー（Ouchterlony）法による抗原抗体反応の観察を高等学校の「生物Ⅰ」の授業で実施し，報告した[7]。「**オクタロニー**

法*による抗原抗体反応の観察」が獲得免疫についての観察であるのに対し，今回の「赤血球凝集反応」は自然免疫の観察ということができる。辻本はヒツジの赤血球をマウスに投与し，抗血清を得，それとヒツジ赤血球との間の凝集反応を利用した教材開発を報告している[8]。しかし，その実践には教員側の負担が大きく，また1学年の生徒実験に使用するために十分な量の抗血清を調製するのは難しいと考えられる。松井はイヌの赤血球とジャガイモ植物性凝集素を用いた実験・観察を開発し，報告している[9]。この反応は免疫グロブリンの働きによるものではないので，「免疫」に関する実験・観察の材料としては生徒にとって関連がやや薄く感じられる可能性がある。

市販のブタ血液は，1L 800円と安価で購入しやすい。本実験での使用量は少なく，大量に余るが，浸透圧の実験（溶血，赤血球の収縮の観察），ギムザ染色，酸素や二酸化炭素の作用による色の変化，Sodium dodecylsulfate (SDS)-ポリアクリルアミドゲル電気泳動によるタンパク質（ヘモ

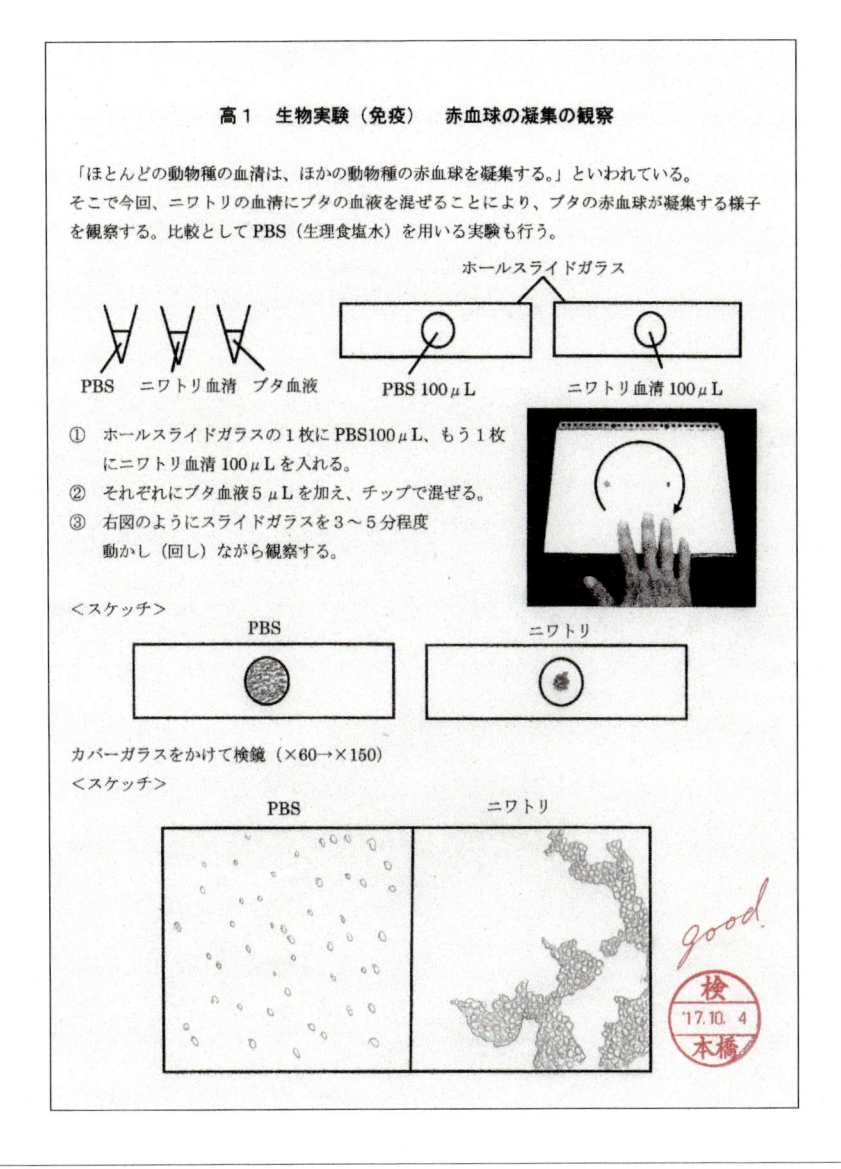

図6　ワークシートおよび生徒のスケッチの例

PBSの結果との比較より，ニワトリ血清中に確かに凝集素が含まれていることがわかる。顕微鏡観察によりPBS中の血液では粒状の赤血球を改めて確認でき，ニワトリ血清中では赤血球が塊をつくっていることがわかる。25分間でワークシートの課題はほとんど全員が完了できた。混和する試料を間違えなければ失敗することはないが，図3で示した撹拌の操作が不十分の場合は凝集に時間がかかる場合がある。

グロビン，血清アルブミンなど）の検出などの実験にも用いることができる。浸透圧の実験では本実験と同様の操作で，スライドガラスに蒸留水あるいは高張液をのせ，それにブタ血液を少量混和させれば溶血反応や赤血球の収縮を容易に観察できる。本実験を体験した高等学校1年生の中には，「抗原抗体反応など，実際に目で見ることができてよかった。」と感想を述べる生徒が多い。

 考察

実教出版の「生物基礎」には，ブタの血液型を，ヒトの抗A，抗B血清を用いて判定する実験が掲載されている[10]。ブタの血液型はAシステムでは，ヒトの抗A抗体と交差するA因子を有するA型と，有しないO型（ヒトのA型，O型とは同一ではない），マイナス型（−）がある[11][12]。この実

験はブタの血液型を判定することとしては興味深いものであるが，凝集反応を観察するためには，A型のブタ血液を入手しなくてはならない。筆者が最近4回購入したブタ血液では，二つの血液が抗A抗体，抗B抗体でともに凝集しないO型あるいはマイナス型，二つが抗A抗体のみで凝集するA型と考えられるものであった（**図5**）。現在ではヒトの抗A，抗B血清は販売されておらず，マウス由来の抗Aモノクローナル抗体，抗Bモノクローナル抗体が販売されている。生徒全員が操作する場合には，ヒトの抗A，抗B抗体を多量に購入する必要があり，またこのモノクローナル抗体溶液は使用期限が短い。凍結保存が不可である。一方，ニワトリ血清は凍結保存可能である（ただし，凍結融解を繰り返すと，赤血球凝集能力は低下する）。以上のことを考え合わせ，本校では赤血球の凝集反応を観察するには，ブタ血液とニワトリ血清を用いている。

⑥ まとめ

　今回ニワトリの血清中に示されたブタの赤血球を凝集する因子（凝集素）は，一体どのような物質なのだろうか。ヒトの場合は先述のようにIgMといわれているが，ニワトリでも同様であるか否かは不明である。またニワトリに含まれるこの凝集素は少なくとも先述のA因子と結合するものではない。なぜなら，抗A抗体と反応しないブタ血液とニワトリ血清を混和したときも，凝集反応が見られたからである。本校では高等学校1年の「生物基礎（必修）」の免疫の学習において，「オクタロニー法による抗原抗体反応の観察」と本稿で紹介した「ニワトリ血清を用いたブタ赤血球の凝集反応の観察」（生徒のレポート・**図6**参照）の二つの実験を実施している。生物分野の実験・観察において，高等学校「生物基礎」の教科書に掲載されている「ヒトの血球プレパラート観察」は中学2年生で実施している。

発展的実験と授業への利用法の例

　高等学校3年の「生物（選択）」においては，オクタロニー法を用いた分子進化に関する実験を実施している[7]。また，筆者はヒトの白血球の実際の動きをビデオに収めること，およびコオロギの白血球が墨汁の粒を取り込んだ画像の作製に成功している。これらの画像，映像を組み合わせて，今後も免疫の授業を充実させていきたいと考えている。

［文 献］

〈調査した高等学校生物基礎の教科書〉

吉里勝利ほか17名. 生物基礎. 304pp.（第一学習社, 2012）.

嶋田正和ほか11名. 生物基礎. 224pp.（数研出版, 2012），

浅島誠ほか20名. 生物基礎. 215pp.（東京書籍, 2012）.

本川達雄ほか17名. 生物基礎. 207pp.（啓林館, 2012）.

庄野邦彦ほか9名. 生物基礎. 255pp.（実教出版, 2013）.

〈調査した高等学校生物図説・資料集〉

新課程 NEW PHOTOGRAPHIC 生物図説.（秀文堂, 2012）.

フォトサイエンス 生物図録.（数研出版, 2013）.

見つめる生物 ファーブルEYE.（とうほう）.

二訂版 スクエア最新図説生物neo.（第一学習社, 2014）.

サイエンスビュー 生物総合資料.（実教出版, 2013）.

ニューステージ 新生物図表.（浜島書店, 2011）.

1) 高岡實. 高校生物実験.（培風館, 1959）.

2) 植田利喜造, 奥山稔, 紺野雄三, 富樫裕, 中山伊佐男 ほか. 図説 生物I.（実教出版, 1959）.

3) 野間口隆. 生命科学シリーズ 免疫の生物学.（裳華房, 1987）.

4) Roitt, Ivan M, Brostoff, Jonathan, Male, David, 多田富雄監訳. 免疫学イラストレイテッド（原書第2版）.（南江堂, 1990）.

5) 本橋晃. 生物教育 **56**, 2, 64–68 (2016).

6) 大原達, 鈴木鑑, 木村義民. 現代免疫生物学（第5版）.（朝倉書店, 1976）.

7) 本橋晃. 生物教育 **53**, 1・2, 1–9 (2012).

8) 辻本昭信. 遺伝 **34**, 7, 100–104 (1980).

9) 松井均. 実践生物教育研究 **47**, 11–15 (2007).

10) 庄野邦彦, 道上達男, 渡邊雄一郎, 阿部哲也, 井口巌 ほか. 生物基礎.（実教出版, 2013）.

11) 大石孝雄, 阿部恒夫, 茂木一重. 日畜会報 **41**, 10, 495–500 (1970).

12) 鈴木正三, 池本卯典, 向山明孝. 比較血液型学.（裳華房, 1985）.

【生体防御の生理】

口腔からの好中球の採取とその観察

佐野 寛子 *Hiroko Sano*

東京都立小石川中等教育学校 理科教諭（生物）

奥歯の歯茎から白血球を採取し，顕微鏡で観察する方法である[注]。傷つけることもなく数秒で採取でき，プレパラートの作製まで約20分程度である。染色方法において最も簡便な方法をとれば5分程度で観察も可能である。従来の血液塗抹標本よりも白血球が密集しているため観察しやすく，さらに口腔内細菌と白血球と関係性から，白血球の食作用の働きを考察するのに適した教材となる。また，工夫次第で探究にもなる実験方法の紹介である。

1 はじめに

現在全国の高等学校で使用される「生物基礎」の教科書，および教科書の基となる平成25年度より実施されている学習指導要領高等学校理科（平成21年（2009年）告示）「生物基礎」では，体内環境分野にて体液の成分および免疫に関わる細胞を取り扱うことが記載されている。また令和4年度（2022年度）から実施される学習指導要領高等学校理科（平成30年（2018年）告示）「生物基礎」では，ヒトの体内環境の分野において体液の成分についての取り扱いはなくなったが，異物を排除する防御機構を扱うと記載されている。このように，高

等学校理科科目「生物基礎」において白血球の取扱いは現行および次期学習指導要領にて必須の内容となっているため，生物基礎で白血球を扱わない授業はないはずである。

また「生物や生物現象に関わり，理科の見方・考え方を働かせ，見通しをもって観察，実験をおこなうことなどを通して，生物や生物現象を科学的に探究するために必要な資質・能力を次のとおり育成することを目指す」（学習指導要領高等学校理科，平成30年（2018年）告示）とあるように，観察や実験を通して，科学的に探究する力を養う授業の取り組みが求められている。実際，教科書上の写真やイラストを観るだけでは単に想像上の学びであり，実感を伴わせることは非常に難しい。しかし生物学は直接実物を観察でき，探究によりさらに深い学びを実現できる学問であり，今回の白血球の観察も顕微鏡での実習が可能な学校であればおこなうことができる実験である。白血球の

注）本実験では手指を口腔内に入れて試料を採取するため，洗剤や消毒用エタノール等による手洗いや消毒を事前におこなう必要がある。特に新型コロナウイルスやインフルエンザウイルス，またノロウイルス等による感染症流行が認められるときは，流行収束まで生徒実習としての実施を控えるなど慎重な判断が必要である。一般的な注意は，P.vi–viiを参照。

実物を顕微鏡で観察することは，免疫に関連する細胞およびその細胞のはたらきの想像を補助し，免疫のしくみの理解を促すことにつながる。また，簡便な採取と観察方法であることから，応用しだいで探究へと展開することも可能である。

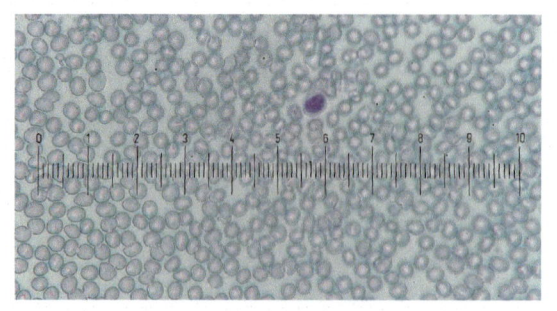

図1　自分の血液で作製した血液塗抹標本（ギムザ染色）
視野の中心に単球があり，その周囲はほとんどが赤血球である。

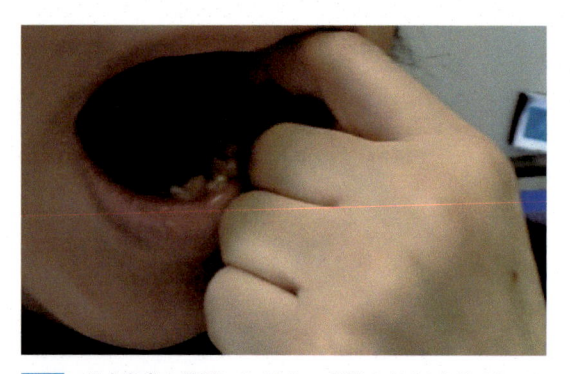

図2　指を奥歯の背側にまで入れ，歯溝のくぼみを指でなでる

用語解説　*Glossary*

【血液塗抹標本】
スライドガラスに血液を薄く（赤血球が重ならずに1層となるように）引き伸ばし，顕微鏡で赤血球や白血球の観察がしやすい血液標本のこと。ギムザ染色などを用いて赤血球および白血球を色分けする。

【滅菌針，滅菌器具】
病原体などや，細菌，真菌など微生物を死滅させる作業をした針や器具のこと。ウイルスも同様に，感染能力を失わせた状態となる。オートクレーブや乾熱滅菌，γ線照射などの処理後，無菌状態で梱包されている。

【ギムザ染色】
塩基性色素であるメチレンブルーと，酸性色素であるエオジンが混ざった染色液。核を赤く，細胞質を青く染色する。特に白血球は核の形状で大まかに見分けるため，細胞の観察がしやすい。

② ヒトの白血球の簡易観察方法

　これまで，ヒトの白血球を観察するには，市販のヒトの**血液塗抹標本***を観察するか，自分の血液を採取して血液塗抹標本を作製することで，観察が可能であった。しかし，血液塗抹標本はヒトの血球を観察できるが，赤血球と比較して白血球の割合は少なく（**図1**），視野を広げて白血球を探す必要があり，血球の形を観察できても，白血球のはたらきを推測するまでに至るのは難しい。また市販の血液塗抹標本は他人の血液であり，作製する過程がないため，自分自身と関連づけて認識する生徒は少ない。他方で，指に**滅菌針***を刺し，自分の血液から血液塗抹標本を作製して観察する方法は，自分自身のからだから採取した試料を観察しているという実感とともに，興味・関心をかきたてるには十分だが，自らを穿刺する自傷行為を伴うため，教育上は極力避けたい。また，万が一の感染を防ぐためにも**滅菌器具***の使用を必須とし，穿刺後の針の扱い方，および医療廃棄物としての処理に数万円の費用が必要であるなど，事後の処理に特段の配慮が必要となる。

　今回紹介するヒトの白血球の観察方法は，自傷行為や感染の危険性を伴わず，滅菌器具や処理費用も必要としない，非常に簡便な採取方法である。手順を以下に記す。

【使用する器具】
スライドガラス，カバーガラス，メタノール，**ギムザ染色***液

【実験準備】
① ギムザ染色液はpH6.8の緩衝液で3〜4％になるように希釈しておく。
② 新品のスライドガラス，またはよく汚れを拭き取った再利用スライドガラスを机上に用意する。
③ 自分の手を洗い，乾かしておく。

【手順】

① 自分の口を大きく開け，利き手の人差し指の指先を下顎の最も奥の歯（個人差によって第二大臼歯または第三大臼歯）の後方（喉側）まで入れる（**図2**）。

② エナメル質と歯肉の間にある歯肉溝（歯周ポケット）部位を狙うように，指の腹で強く押しあて2～5回拭う。爪を立てずに，指の柔らかい部位のみを使うこと。

③ 指の腹が他の部位に当たらないように，口から指を取り出し，スライドガラスの中心にカバーガラス程度の面積になるように擦り付ける（直径1.5 cm程度の円状に塗ってもよい）。

④ スライドガラスに付けたサンプルは，手早く生乾きさせる。

⑤ サンプル全体が覆われるようにメタノールを1，2滴滴下し，3分以上静置して固定する。

⑥ サンプル全体が覆われるようにギムザ染色液を1,2滴滴下し，10分以上静置させ染色する。

⑦ スライドガラスを斜めに持ち，直接水がサンプルに当たらないように，スポイトで水をかけ，余分な染色液を洗浄する。

⑧ 洗浄後，スライドガラスの裏面の水分をよく拭き取り，サンプルが付いている表面を上にし，サンプル周囲の余分な水は濾紙で吸わせる。カバーガラスはかけずにそのまま顕微鏡で観察する。

【備考】

本実験の直前に，ていねいな歯のブラッシングがされていた場合には，非常に観察が難しくなる。ブラッシングしてから数時間経過していることが好ましい。また，ていねいなブラッシングがされていなければ，ブラッシング直後でも手順1の方法で採取し，観察することは可能である。手順1では奥歯であれば，下顎でも上顎でもよい。歯ブラシによるブラッシングが行き届きにくい利き手側の上顎の奥歯からの採取をお勧めする。本実験の最も重要なポイントは手順2である。歯の表面や歯肉を指で撫でても擦っても白血球を観察することはできず，歯と歯肉の間である歯肉溝をしっかりと指で撫でることで白血球を観察することができる。歯のエナメル質だけを撫でた場合は主に細菌しか確認できず，また歯肉だけを撫でた場合は主に口腔上皮細胞しか確認できない。手順4では，スライドを振ることで乾燥させても，風乾でもよい。乾ききってしまっても染色に問題はない。手順5にて，メタノール固定をおこなう利点は，細胞の形が保持され，より輪郭を明確に観察することができるためである。手順5の固定まで進めれば，手順6以降の染色作業は後日でも構わない。手順6にて，ギムザ染色をおこなう理由として，ヒトの細胞核を観察でき，かつ細胞質も同時にピンク色に染色するため，細胞の輪郭を認識することが簡易である。時間短縮として，手順5を飛ばし，手順6にてメチレンブルー染色液を使用してもよいが，白血球の細胞質の染色が薄いため，白血球の細胞の輪郭が不明瞭になるのが難点である。また，酢酸オルセイン染色液を使用した場合，メチレンブルーよりもさらに白血球の細胞質の染色が不明瞭となるため，勧めない。手順7にて，流水を使用する場合は水量を少なくし，スライドガラスの裏面から水をかけるとよい。手順8ではサンプルが乾燥してもよく，埃がかぶらないように保存すれば，いつまでも観察できる。またよく乾燥させた後，封入剤を用いてカバーガラスで封入すれば，半永久的に保存することが可能である。

③ 観察する際のポイント

図3は，前述の方法で作製したプレパラートを観察したものであり，**図4**は血液塗抹標本で観察したものである。**図3**ではヒトの口腔上皮細胞（白矢印），白血球（黒矢印，灰色矢印），および口腔内細菌が確認できる。ヒトの口腔上皮細胞は他の細胞と比べると大きく，細胞膜周辺には赤紫色に染色された口腔内細菌が付着しているのが観察で

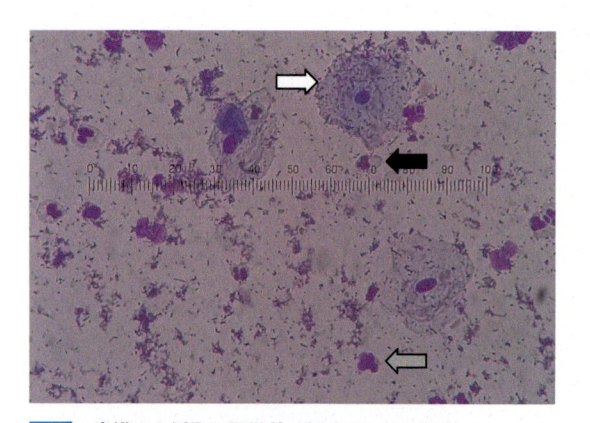

図3 歯溝から採取し顕微鏡で観察される細胞像
口腔上皮細胞（白矢印），好中球（黒矢印），単球（灰色矢印）

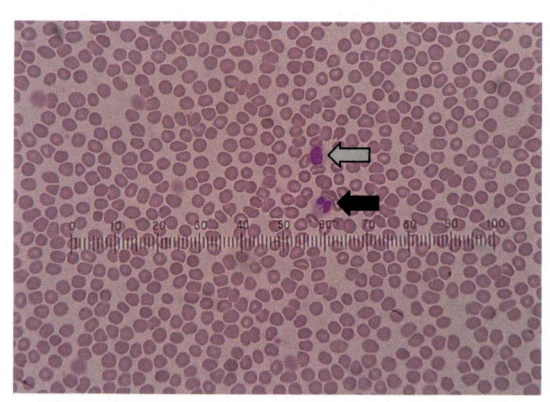

図4 自分の血液で作製した血液塗抹標本で観察できる白血球
好中球（黒矢印），単球（灰色矢印）
接眼ミクロメーターの1目盛のスケールは図1の1目盛に等しい。

きる。また，口腔上皮細胞と同等の大きさの核を持ち，口腔上皮細胞と比較して極めて少ない量の細胞質であるこれらの細胞は白血球である。主に口腔内細菌を食作用にて処理をおこなう食細胞である好中球とマクロファージが観察できる。白血球は核の形と細胞質の濃淡によって，目視により大まかに分類することができ，黒矢印の細胞は好中球，灰色矢印はマクロファージであると判断できる。好中球の核は特徴を持っており，細長い核の2，3ヵ所がくびれているため，核がまるで三，四つあるかのように見える。この核は分葉核とよばれており，細くくびれているだけで，一つの核である。図4の血液塗抹標本の好中球（黒矢印）も同様に，分葉核を持っているのがわかる。また，図3の灰色矢印のマクロファージは，好中球に比べて細胞内の核が占める面積が多く，馬蹄型またはハート型とも表現される丸の形の一部が凹んだような形の核を持つ。マクロファージは元々血液中の単球であり，血管外に遊走して出てくると，マクロファージに分化し，組織中また体外の異物を食作用によって除去する食細胞の働きを持つ。図4の灰色矢印で示すのは血液中の単球の細胞であり，核の特徴がよくわかる。

図4の血液塗沫標本では，単球（マクロファージの前身），好中球以外にもリンパ球，好酸球，好塩基球などの白血球を観察することができる。

しかし，血液塗抹標本の観察だけでは，白血球が体内でどのような働きをしているかを想像や考察することは大変難しい。図3と図4は同じ倍率，同じ視野領域であるが，見比べてもらいたい。白血球の数，白血球の周囲の多数の細菌の存在，白血球の細胞質内の様子を比較することで，白血球がどのような働きをしているのか，なぜここまで密集しているのかなど，観察から考察できることは多い。特に図3の考察は，口腔内細菌の侵入を防ごうと食細胞が働く様子を観察でき，自然免疫の学習につなげることができる。

どんなに歯磨きや口腔内消毒をおこなっても，歯肉溝内の隅々まで届かず，またこの部位はだ液や流水で流されにくく，乾燥もせず，ときおり食事で摂取した糖分などの栄養が供給されるために，細菌にとって増殖しやすい環境となる。日々大量に増殖する口腔内細菌が体内に侵入してくるのを防ぐために，細菌を処理する食細胞が血管から遊走し，密集していると推測することができる。特に歯磨きが届きにくい奥歯の歯肉溝では白血球を観察できる確率が高く，白血球の密集度も高い。

 4 高校現場での実践例

本実験でプレパラートの完成まで20分程度な

ので，45分間の授業1コマで十分観察，考察をおこなうことが可能である。筆者は，単元の導入に観察または実験から入っており，永久プレパラートにした自分の血液塗抹標本と，本実験にて紹介した口腔内から生徒が自ら採取した試料の観察を比較させ，違いや気づきから単元の学習につなげている。勿論，一通りの学習後に，実物の白血球や自然免疫の様子を観察し，より深い考察へ展開も可能だ。また，本実験は顕微鏡と試薬さえあれば簡便におこなえるため，生徒の主体的な探究活動につなげられる。歯の場所や，頬側と舌側からの採取の違いや，歯のブラッシング後に何時間で白血球が出現するか，また市販の口腔内消毒薬による影響を測定するなど，探究のテーマや手法として活用できる。コーヒーや紅茶，緑茶など飲み物による影響や，食事したものの成分による差など，歯肉炎の原因や予防などにつなげた探究をおこなうことも可能だ。

留意点として，歯肉溝をしっかり撫でていれば観察することができる。しかし，多くの生徒も教員も時に採取する部位を間違えてしまい，残念ながら口腔上皮細胞しか見られないことがある。また，時に歯を磨く習慣が身に付いていない生徒や歯肉炎がある生徒では，大量の白血球が観察できる場合があるが，健康状態は個人情報になり得るので，他の生徒にシェアする際には，十分に考慮した上で気を付けなければならない。

この観察をきっかけに，口腔内ケアや衛生面などの医療関係，食物と細菌との関係から栄養士や調理師などに興味を持ち始め，細胞への強い関心から，**細胞検査士*** になることを決意して大学進路を決定した生徒がいた。

用語解説 *Glossary*

【細胞検査士】
臨床検査技師の中でも特に細胞を専門とし，患者から採取した血液や細胞を顕微鏡で観察し，異常を見分ける。がん細胞を見分けることで病気を早期発見したり，良悪性を判断することで治療方針の決め手となったりする。

⑤ おわりに

本実験観察の教材開発のきっかけは東京都生物教育研究会（都生研）の元研究部長であった東京都立国立高等学校の板山裕指導教諭と血液塗抹標本作成の研修会の打ち合わせ時である。板山教諭と筆者はともに獣医師免許を持つ教員であり，もっと簡易な方法として「白血球って，口からでも観察できた」という，臨床を学んだ背景同士の会話から生まれた。筆者は教員研修会の企画運営を担当して，さまざまな教員の方々と出会い，授業で実験をおこなう余裕がないと悩まれる教員が少なくないことに気づいた。また実際，白血球を顕微鏡で観たことがない方もいる。

生物学は生物が身近に実在するがゆえに実物を観察でき，ICT教材や本では得られない現象を観察，発見できる学問である。生物学を学ぶ意義の原点を想い返し，まずは実物の観察から始めてはいかがだろう。また本実験をきっかけに，初心で観察し，「生徒とともに」考察し，議論し合う中「探究する」とは何かを直接伝えられるのが学校ではないだろうか。

今日も人知れず健気に異物を排除し，共倒れしながらも体を守る白血球の勇姿に感謝する。

佐野 寛子 *Hiroko Sano*

東京都立小石川中等教育学校 理科教諭（生物）

2007年，日本獣医生命科学大学獣医学部獣医学科卒業。2007〜2011年，京都大学大学院医学研究科医学専攻博士課程。2011〜2015年，公私立高校（生物），美容師専門学校（皮膚科学，衛生管理）にて非常勤講師。ノラ猫の避妊去勢ボランティア。東京都生物教育研究会（都生研）で活動。2015年〜2020年，東京都立国際高等学校教諭。都生研にて研修会企画運営。NHK高校生物基礎監修。経済産業省「未来の教室」HeroMakersにてChalk-Jackプロジェクト立上げ。現在は，東京都立小石川中等教育学校教諭。専門分野は，疾患モデルラットを用いた疾患遺伝子および病理組織の解析。軟骨・腱・靭帯形成の分子機構解明，および関連因子の作用機構を用いた腫瘍治療への応用研究。日本生物教育会賞銀賞（2019年8月）を受賞。主な著書に，社会課題解決総合学習ノート（ネリーズ，2019），看護生物問題集．（数研出版，2018），生物基礎 教師用指導書『植生遷移ゲームアプリ』（付属DVDに収録，東京書籍，2017），学ぶキミ生物基礎，（ラーンズ，2016），つい誰かに教えたくなる人類学63の大疑問．（講談社，2015），菓子科学概論．（講談社，2014）など。

【生体防御の生理】

活動する歯肉周辺の白血球
——アメーバ運動し，貪食する，生きた白血球の活動を観察しよう

薄井 芳奈 *Yoshina Usui*

KOBE らぼ♪ Polka 代表　　プロフィールは P.191 参照

奥歯の歯肉周辺をぬぐうと，上皮細胞とともに生きた白血球（主に好中球）を採取できる。異物を塗布したスライドガラスを用いることで，白血球の活動を活発化させ，アメーバ運動や貪食のようすを生徒用顕微鏡で簡便に観察できた。血液中ではなく，粘膜など，自然免疫の現場に出てはたらくヒトの白血球を見ることは，免疫分野の導入として効果的である。

① はじめに

生物基礎では「体内環境の維持」の単元で免疫のしくみについて学習する。古くは，針などによりわずかに出血させた自己の血液を用いて，血球の観察や血液型の判定を試みる実験がおこなわれていたが，感染の危険や血液が付着した器具などの処理（医療廃棄物として扱う）が課題となり，学校での実施は現実的ではなくなっている。昨今は，多くの教科書で，コオロギやバッタなどの昆虫を用いた白血球の食作用の観察が取り上げられている。ただ，この実験は，材料の確保や扱いについての指導，墨汁の注射→体液の採取と観察という2日間にわたる操作が必要になる。

歯肉周辺から採取すれば，採血することなく，安全に，より手軽に，ヒトの白血球を観察できると知って，試したところ，白血球の細胞内部が盛んに動いていることに心惹かれた。そこで，歯肉周辺の生きた白血球の活動を観察することを試みた。スライドガラスに異物を塗布する方法により，白血球の活発な活動を引き出すことが可能で，仮足を出してアメーバ運動をするようす，口内細菌を捕捉して貪食するようすを観察できることがわかった。

細菌などの貪食をおこなう白血球（主に好中球）が，血液中ではなく，粘膜など，自然免疫の最前線に出て活発に活動していることを目の当たりにすることは，免疫分野の導入の一つとして効果的であると考えられる。思いのほか，簡便に観察できるので，紹介したい。

なお，口腔内から試料を採取するため，新型肺炎のような感染症の流行が認められるときは，流行収束までは生徒実習としての実施を控えるなど慎重に判断する。感染予防の観点から必要な対処についても後述する。

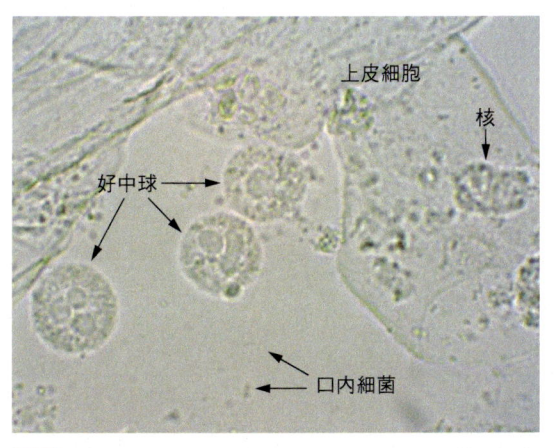

図1 上皮細胞, 内部が活発に動く好中球, 口内細菌が観察できる

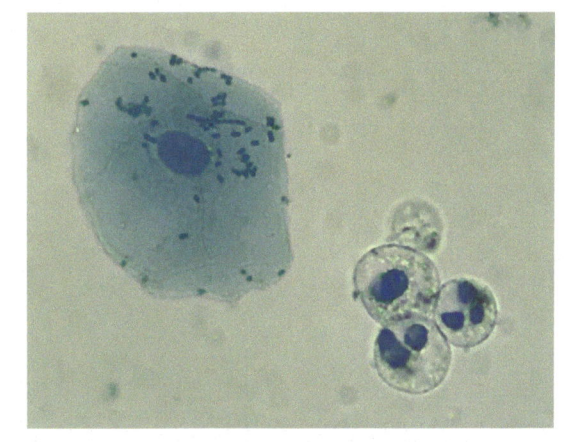

図2 ピントの調節で白血球内部の顆粒の動きや上皮細胞の表面に付着した口内細菌を確認できる

2 生きた好中球の観察
——最も簡単な方法

A:そのまま観察する

【方法】

① 口をすすぎ, 手指を石けんできれいに洗っておく。

② 口中, 奥歯のつけね部分の歯茎を指でこすり, ついてきたものをスライドガラスに置くようになすりつける。乾燥する前に, 手早くカバーガラスをかける。

③ 生物顕微鏡400〜600倍で観察。白血球の細胞内部の動きがわかるように, 絞りを調節する。

　細胞の採取方法については佐野教諭の稿に詳しいので重ねて記載はしないが, 歯と歯茎がよく密着している若い世代では, 白血球があまり取れてこない場合もあり, 採取のコツを伝えることは必要になる。

【観察結果】

　歯肉上皮または口腔上皮の細胞, それよりも小さくて丸い白血球と, さらに小さい口内細菌が観察できる。白血球は分葉核が見られ, おそらく好中球と思われる。好中球の細胞内部が活発に動いているようすが観察できる (**図1**)。

B:染色して観察する
【方法1】Aのプレパラートを染色する場合

① Aのプレパラートのカバーガラスの縁にメチレンブルー液を滴下し, カバーガラスの下に送り込む (滴下すれば自然に入っていく)。

【方法2】はじめから染色する場合

① Aの方法で細胞をスライドガラスに取る。

② 試料を乾燥させずに, すぐにメチレンブルー液を滴下して1分間染色後, カバーガラスをかけ, 余分の染色液はろ紙で吸い取る。

【観察結果】

　バックグラウンドが真っ青にならない程度の濃度のメチレンブルーであれば, 染色してもしばらくの間は好中球内部の顆粒がちらちらと盛んに動いているようすを観察できる (**図2**)。長時間経時観察するのでなければ, メチレンブルーの希釈に生理食塩水を使わなくても, 浸透圧の影響は気にならない。

3 生きた好中球の活動を観察
——異物を塗布したスライドガラスを用いる方法

　納豆菌, 酵母, 墨汁など, 異物を塗布したスライ

ドガラスを用いると，白血球の動きが活発になり，アメーバ運動や貪食のようすを観察できるチャンスが増えた。

　以下の方法で異物を塗布したスライドガラスに，Aと同様に細胞を取って観察する。

図3　納豆菌をスライドガラスに薄く広げる

【方法】スライドガラスの準備

(1) 納豆菌の塗抹

① 納豆1粒をシャーレに取り，蒸留水1 mL程度を加えて，ネバを取る。

② ①の水に溶いたネバに，カバーガラスの一辺を軽く浸し，血液の塗抹標本を作る要領で，傾けたカバーガラスを押すように動かし，スライドガラスに広げる（**図3**）。カバーガラスに取るネバの量やカバーガラスの傾きを加減して，均一に広がるように何枚か作るとよい。

③ そのまま，風乾する。

(2) 納豆菌塗抹スライドガラスのメチレンブルー染色

① 乾燥させた納豆菌塗抹スライドガラスにメチレンブルー液を垂らし，1分間染色する。

② ギムザ染色水洗の要領で，スライドガラスの裏側から水道水をかけて，染色液を洗い流す。

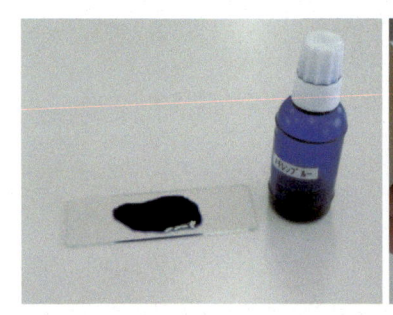

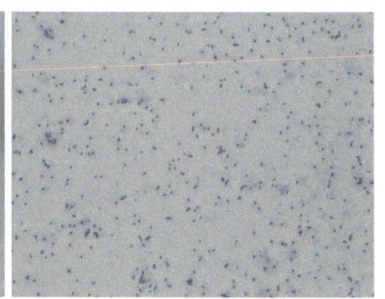

図4　納豆菌塗布スライドガラスをメチレンブルーで染色
水洗はスライドガラス裏側から水をかけておこなう。スライドガラス上に菌が薄く散らばった状態になっている。

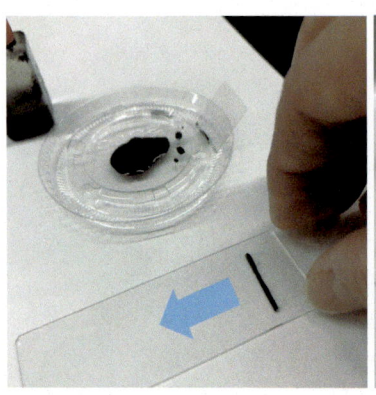

図5　墨汁をスライドガラスに塗布，風乾
検鏡すると墨の粉が薄く散らばっている。

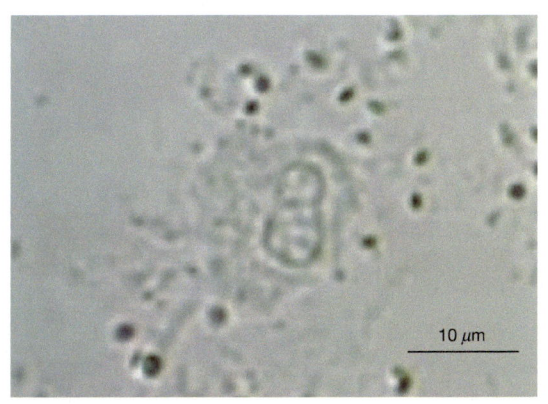

図6 仮足を出し, 盛んに形を変えて, アメーバ運動をおこなう

動画：YouTube チャンネル labopolka_bio
https://youtu.be/VAeWlvFqDzI

③ ろ紙やペーパータオルで水滴を軽く吸って（こすらないこと）, 風乾する。（**図4**）

(3) 墨汁の塗布

① 水で10倍に薄めた墨汁をカバーガラスの一辺につけて, 血液の塗抹標本を作る要領でスライドガラスに広げる。

② 端にたまった墨汁が戻らないようにスライドガラスを傾けて風乾する。（**図5**）

(4) 酵母の塗末

① 乾燥酵母0.2 gを1 mLの水に溶き, (1) (3)と同様にスライドガラスに塗抹し, 風乾する。

　　ただし, 酵母塗抹スライドガラスも使ってみたが, 酵母がかなり大きく, 観察している白血球の活発な動きを引き出す効果はあまり見られなかった。

【観察結果】

(1) 納豆菌塗抹スライドガラスによる観察

　丸い形で細胞内部が動いている状態のものもあるが, 突起を出し, アメーバ運動をおこなうようすが観察でき（**図6**）, 長い突起を出して, 口内細菌などを取り込むようすも観察できる（**図7**）。

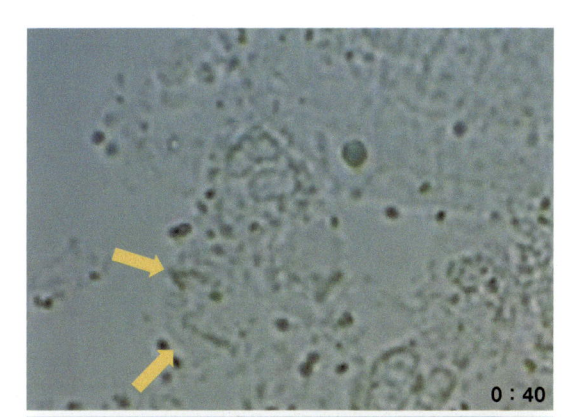
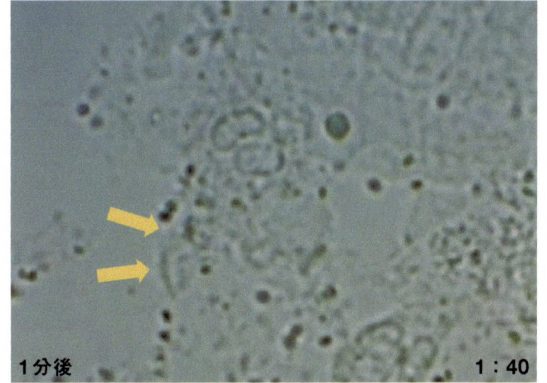
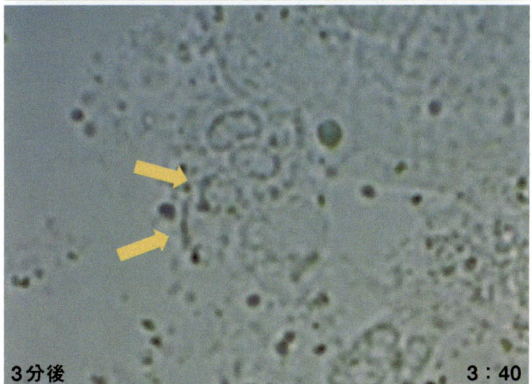
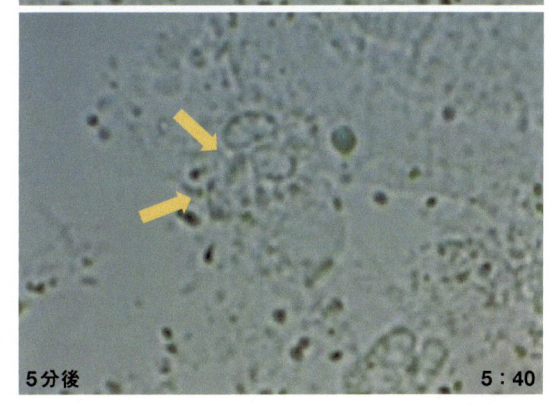

図7 突起を伸ばして口内細菌を捕らえ細胞内に取り込む

動画：YouTube チャンネル labopolka_bio
https://youtu.be/RUYE_rGFEEQ

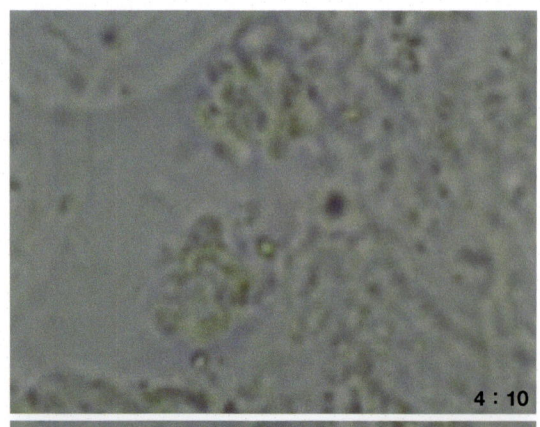

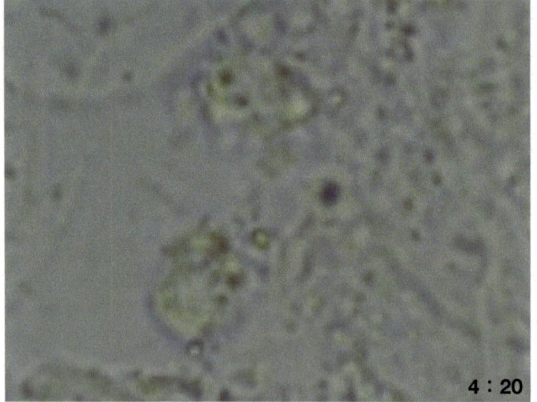

図8 泡立つように突起を出し入れして形を変える

動画：YouTubeチャンネル labopolka_bio
https://youtu.be/1jQMyRa9rhU

(2) メチレンブルー染色をした納豆菌塗抹スライドガラスによる観察

　一部に非常に活発に，泡立つように袋状の突起を出したり引っ込めたりする動きをする細胞が観察でき（**図8**），アポトーシスにおけるバブリングも疑ったが，アポトーシス研究の専門家に動画を見ていただいたところ，アポトーシスを起こしているのではなく，生きた細胞が動いているようすであるとのコメントをいただいた。

　細胞はスライドガラス上のメチレンブルーによって場所によっては染色されてくるものもあるが，染色されても，細胞の活動は引き続き観察できる。

(3) 墨汁塗布スライドガラスによる観察

　納豆菌塗抹スライドガラスのときと同様，細胞は活発に突起を出し，形を変えたり，アメーバ運動をするようすが観察できる（**図9**）。

　また，口内細菌を取り込むようすや，盛んに泡立つような突起を出し，細胞内に袋状の構造物ができて，動いていくようすも観察できる（**図10**）。

　以上のように，スライドガラスに異物を塗抹しておくことにより，白血球の活発な活動が引き出され，アメーバ運動や貪食といった活動を，簡易に，リアルタイムに観察できるようになる。

④ 実践の報告

　本実験は2016年8月に教員研修会「KOBE金曜EveLabo」で取り上げ，県内の理科教員数名と共有した。「採血せずにいったいどうするのかと思ったら，こんなところにいたんですね！」と驚きの声，そして，アメーバ運動をする白血球をモニターでリアルタイムに追いながら「動いている，動いている」と興奮の声が上がっていた。「簡単な方法で自分の生きた好中球を見ることができ大感激でした。上皮細胞，口内細菌も同時に観察でき歯磨きの宣伝のよう。大きさも実感できました。こんなに身近な実物を見せれば生徒も興味が湧き色々考えると思いました。」などの感想があり，ぜひ実践したい，と好評であった。一方，自校の生徒用顕微鏡で染色せずに生徒が自力で見つけるのは難しそうだ，演示も交えることになりそうだ，との声もあった。生徒や学校の実情に応じて，取り組めばよいと考えている。

　授業実践としては，2016年度以降，兵庫県立須磨東高等学校，伊丹市立伊丹高等学校，兵庫県立明石高等学校において生物基礎で実施した。免疫の単元の導入として，50分間の前半に「免疫とは」「免疫の反応に関わる細胞」を扱い，その後，観察に入る。あらかじめ撮影した動画で教員自身の細胞の動きを見せるとともに，「現場で働く白血球を

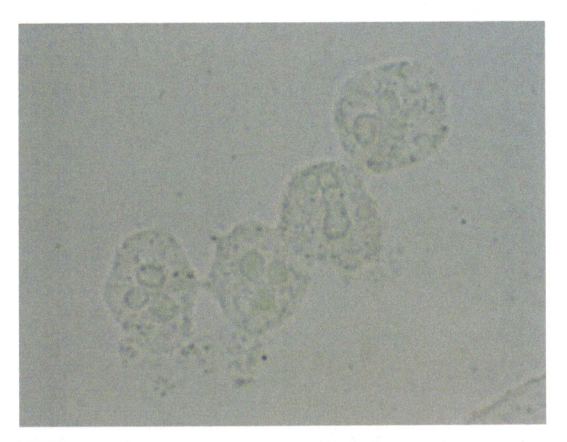

図9 墨汁塗布スライドガラス上の好中球

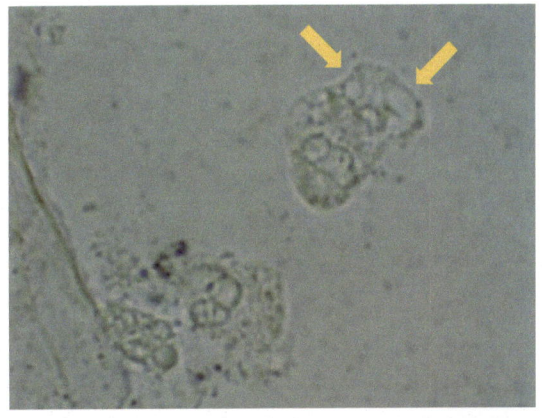

図10 細胞内にできた袋状の構造物が動く

動画：YouTube チャンネル labopolka_bio
https://youtu.be/wAuOPal6K98

実際に見てみよう」と，メチレンブルーで染色する簡易な方法で顕微鏡観察をおこなう流れは，私にとっては今では定番の進め方となった。伏線として，遺伝子の単元で自分の口腔上皮細胞から簡易にDNAを抽出する実験も体験しているので，生徒たちは「また，口の中〜？」といいながら取り組んでいる。「はたらく細胞って自分にもほんまにおるんやとわかった。」「口内細菌の多さにショックだったが，好中球が守ってくれているからよかった。」「白血球が血管から外に出てくることに驚いた。」「細胞の中が動いているのが見えて，生きて頑張ってくれているんだなあ，と思った。」等の感想が上がっている。「これからの勉強が楽しみになった。」と書く生徒もいて，免疫の導入として非常に効果的であると感じている。そのほか，歯肉上皮細胞，好中球，といったヒトの分化した細胞と，口内細菌が同時に観察できるため，「生物の多様性と共通性」の単元で原核細胞と真核細胞について学習するタイミングでも利用できる。

⑤ 授業で活用するにあたって

採血をしないこと，ヒトの細胞であること，手順がきわめて簡便であること，生徒用顕微鏡で容易に観察できること，など，生物基礎で実施するのに適した方法であると考える。一方，細胞の動きを捉えるためには，顕微鏡のしぼりを上手に調節することや，多少の集中力や根気も必要となる。実験前に，あらかじめ撮影した動画を見せるなど，どこに着目すればよいのかを伝えた上で観察させるとよい。

また，たとえ，生徒実験として実施できなくても，演示として生徒の目の前で直ちに実施して見せることも可能である。あるいは，タイムラプス撮影の利用や，動画を撮影して時間を縮めて再生する，といった見せ方もできるであろう。

ただし，口腔内から試料を採取し，固定することなく観察するため，感染予防の観点から徹底すべきことがらがある。実験前後，試料採取前後の石けんによる手洗いは必須である。試料の採取時に手袋を使用することも一方法である。また，最初から最後まで扱うのは「自分の試料のみ」にする。なぜ，そうするのかを生徒と共有することも重要である。使用後のスライドガラス，カバーガラスは使い回さず，1回ごとに回収して塩素系漂白剤に浸した後，洗剤で洗浄する。特に，地域に感染症の流行があり，校内に出席停止の生徒が出ている状況では，生徒実験を演示に切り替えるなど適切な判断が必要となる。

なお，観察の場では，生徒によっては頭の中でわかっていても，口内細菌を実際に目の当たりにして動揺するようすも見られる。さらに，口中の状態には，人それぞれの健康状態の情報が含まれていて，歯科医など専門家が見れば，指摘できることもあると考えられる。指導者側には，生徒のようすをよく観察して丁寧な説明をすることや，写真の扱いなどに慎重さが求められる。

6 おわりに

血球といえばギムザ染色，口内の細胞といえばメチレンブルーや酢酸カーミンでの染色，という固定概念を取り払い，生きた細胞の活動のようすを観察しよう，と試みて，思いのほか面白い観察をすることができた。異物に触れることで活動が引き出される食細胞の性質が，これほどはっきりと現れることにも驚かされた。

口中，歯茎という，いわば，細菌の侵入の危険にさらされている最前線で，好中球をはじめとする白血球が盛んにはたらいていることを，自分自身の身体のこととして捉えることができ，また，中学校までの「血液の成分としての血球」という理解を越えて，血管から遊走し，現場で生体防御にはたらく白血球の役割を実感できる観察である。観察を通して，「まん丸で血液中を流れる白血球」から「自ら動いて仕事をする白血球」へとイメージが変わり，多くの種類の白血球が連携しながら活発に活動する免疫のしくみについて，「自分のこと」「細胞がやっていること」「現実のこと」と捉えられるようになる，生徒の中での「捉え方」に変化をもたらす体験となる。

特別な器具も試薬も必要なく，学校にあるものですぐにできるこの観察を，多くの高校で取り入れていただければと思う。

［謝辞］

歯茎周辺から白血球を採取できるという情報を東京都の佐野寛子教諭から得たことが，本稿の取り組みのきっかけとなった。教育現場に向けて有益な情報を発信していただけたことに感謝申し上げます。また，大阪大学免疫学フロンティア研究センターの長田重一教授からは，動画に記録された細胞の活動に関して貴重なコメントをちょうだいした。さらに，感染予防の観点からのコメントを神戸大学大学院医学研究科の岩田健太郎教授からいただいた。御礼申し上げます。

［文献］

スライドガラスに異物を塗抹風乾して観察に用いる手法は，次の報告を参考にした。
昭和57年度（第14回）東レ理科教育賞 佳作（1982）
「白血球のアメーバ運動と食作用の観察法」川崎医科大学附属高等学校 伊藤 邦夫
http://www.toray-sf.or.jp/activity/science_edu/pdf/s57_12.pdf
2020年3月5日取得

本稿の観察に関わる動画は以下のサイトにまとめて掲載している。
YouTubeチャンネル labopolka_bio
https://www.youtube.com/channel/UCGQGdDDbate7xoHM-ZfwqAg
高校生物実験教材の広場 薄井芳奈
2020年3月5日取得

塗抹標本の作製技術については次の動画や資料が参考になる。
北海道大学オープンコースウェア 血液塗抹標本作製（実験台）
2018 政氏伸夫
https://ocw.hokudai.ac.jp/lecture/hs-oer2018-blood-smear?movie_id=21934
2020年3月5日取得

香川大学医学部組織細胞生物学教室 組織学実習アクティブラーニングガイド
http://www.kms.ac.jp/~anatomy2/HistologyLab.pdf
2020年3月5日取得

白血球（染色試料）の特徴については次のほか，各種資料にある。
「ネットで形態」血液形態自習塾 第2部 末梢血・骨髄像の見方＆考え方
https://www.beckmancoulter.co.jp/hematology/oneself/part02/self2_03.html
2020年3月5日取得

大阪大学医学部附属病院 臨床検査部 血液検査室
http://www.med.osaka-u.ac.jp/pub/hp-lab/rinkenhome/lab_blood_makketsu.html
2020年3月5日取得

【生体制御】

メダカを用いて神経伝達物質・ホルモンの働きを調べる実験

服部 明正 *Akimasa Hattori*

埼玉県立松山高等学校 教諭

メダカを用いた神経伝達物質の実験は，1時間の授業で結果までまとめられる簡便な方法である。ポイントは，黒色素胞がないヒメダカ系統などで孵化後1週間以内の稚魚を用いることである。性ホルモン（実験期間3週間）の実験は，クラブ活動やSSHなどの課題研究に適している。

1 はじめに

　日本のメダカは，2012年に南日本集団のミナミメダカ（*Oryzias latipes*）と北日本集団のキタノメダカ（*Oryzias sakaizumii*）の2種に分かれることが記載[1]された。ペットショップで購入できる改良メダカ（**図1**）の多くはミナミメダカであり，江戸時代から観賞魚として飼育された歴史がある。また，明治からメダカの体色の遺伝の研究が始まり，遺伝，発生，性分化などの研究へと発展[2]~[4]してきた。2006年のメダカゲノム解析[5]によりメダカの遺伝子のうち60%程度がヒトを含む脊椎動物共通の遺伝子でありことが分かった。また，脂肪肝になる変異体"kendama"[6]等が見つかり，メダカがヒト遺伝病の研究に利用されている。国外でも "medaka" という単語が使われるほど医学や生物学で実験モデル生物[7]として広く用いられている。メダカは，モデル生物として以下の優れた利便性を持っている。

① エアレーションのない小さな水槽でも簡単に飼育できる。
② 冬でも20~28℃で14時間以上の照明をすれば産卵する。
③ 毎日10~30個の卵を産み，孵化から3~6ヶ月で成魚となる。
④ 卵と胚の体が透明なため，発生の観察に適する。
⑤ 基礎生物学研究所や新潟大学が維持管理している系統が実験用に保存されていてNBRP Medaka[8]（ナショナルバイオリソースプロジェクト メダカ）のWebページより入手できる。
⑥ ペットショップなどから容易に入手でき安価である。

2 メダカの飼育・管理

　30 L水槽にろ過装置とホンプを付けて流水中で飼育する場合，30匹程度（1 Lの水で1匹のメ

成魚

野生メダカ

4つの色素胞（黒，黄，白，虹）が全て存在

パンダメダカ

虹色素胞の欠如

ヒ（緋）メダカ

黒色素胞の欠如

スケルトン（透明）メダカ

3つの色素胞（黒，白，虹）が欠如

反射光で撮影　　透過光で撮影

野生メダカ
白色素胞は，黒色素胞の上に存在。白色素胞はクリーム色（体表）とオレンジ（体内）である。虹色素胞は，眼と腹部に存在。
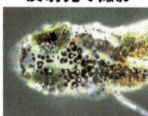

ヒメダカ
ヒメダカは，黒色素胞が殆ど無いので，心臓の観察は可能である。反射光では，眼は虹色素胞があるので銀色に光っている。

パンダメダカ
パンダメダカは，虹色素胞が無いので，眼が黒くなり，成魚では腹部も黒い。この個体は，白色素胞も無い。
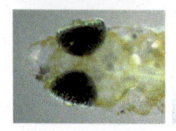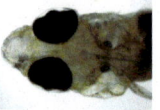

スケルトンメダカ
スケルトンメダカは，3つの色素胞（黒，白，虹）が欠如しているので，心臓の観察に一番適している。この個体は，黄色素胞も無い。
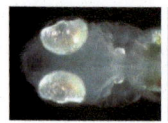

図1　メダカの品種と色素胞

ダカ）が飼育できる。飼育できるスペースがない場合，多段のレターケースを利用した水槽により止水中で飼育が可能である。餌は，テトラキリミン（Tetra-テトラジャパン株式会社）などを1日3回食べ残しがない程度に与える。

　水換えは，1週間に1回程度おこなう。水換え用の水は，水道水に含まれる有害なカルキ（塩素）を速やかに無害化するために，カルキ抜きをする。水道水を3日間汲み置いておけば，塩素は抜ける。また，テトラコントラコロライン（Tetra-テトラジャパン株式会社）2 mLを水道水10 Lの割合で入れれば，カルキ抜きがでる。すべての水を入れ替えるのではなく，1/3程度の水を残しておく。これは，急激な水質や水温の変化を防ぐためである。

　メダカの産卵期は，4月下旬〜9月までである。

しかし，蛍光灯とヒーターで日照時間と水温を調節すれば，冬でも産卵する。産卵条件は，日照時間14時間以上，水温20〜27℃である。

③ 雌雄の判別（二次性徴*の相異）

　メダカの雌雄の判別は，横（側面）から尻鰭と脊鰭の形の違いを観察するのがわかりやすい。また，慣れてくると上（背面）から口が形や鼻から眼にかけての白い筋（白色素胞*）の違いで判定できる。以上の形態的相異に**図2**に示す。雄の尻鰭にある乳頭状突起は，尻鰭の後側（尾鰭側）顕微鏡で拡大し観察する。慣れてくると肉眼でも白く光って見える。

④ 心臓の拍動におよぼす神経伝達物質の影響

① 実験に適したメダカと試薬・器具等

メダカ：この実験は，黒色素胞や虹色素胞がない孵化して10日以内の稚魚（**図1**）を用いる。背面から心臓を観察するので，色素胞があると心臓が見づらいからである。色素胞が少ないメダカは，ペットショップなどから購入できるメダカとしてはパンダメダカであるが，ヒメダカやシロメダカでも心臓の観察は可能であり，色素胞がまったくない透明メダカ（スケルトン，またはシースルーメダ

用語解説　Glossary

【二次性徴】
生殖腺・生殖器官を除く雌雄の性の特徴で，性ホルモンの分泌によって起こる。一次性徴は，生殖腺・生殖器官の特徴。

【色素胞】
変温動物における色素細胞であり，メダカには黒色，黄色，白色，虹色素胞の4種類がある。メダカの体色は，この色素細胞の組み合わせで決まる。体色変化は，この色素胞内の色素顆粒の拡散・凝縮によって起こる。

カ）ならば，**STIII系統***など（NBRP Medaka）が入手できる。班ごとに稚魚3匹用意する。実験では班で2匹使用するが，残りの1匹は予備である。

試薬：0.1%アセチルコリン水溶液と0.1%**アドレナリン***水溶液（酸化し褐色に変化するので実験の直前に溶かす）。これらの二つ水溶液と水を点眼容器（5 mL）に入れ，班ごとに3種類の点眼容器を用意する。

器具等：ホールスライドガラス，ピペット（稚魚を吸い取り，ホールスライドガラスに移すため），ろ紙（余分な水溶液を吸い取る），ストップウォッチ，小型シャーレ（内径3 cm：稚魚3匹を入れておく），電卓，顕微鏡（接眼レンズは4倍が必要）

② 実験方法

図3に示したように背面から顕微鏡で心臓を観察すると心室は右側，心房は中央に位置する。右の耳石の下側にある心室に焦点を合わせて観察する。血液はキュービエ管→心房→心室→動脈球の方向に流れる。

メダカの稚魚が入れてあったビーカーの水温を測って，記録しておく。0.1%アセチルコリン水

雄
雌
背面
鼻から眼かけての白筋が発達
白筋は目立たない
側面
背鰭
尻鰭
• 背鰭には切れ込みがある。
• 尻鰭は平行四辺形で乳頭状突起がある。また，軟条の先は分岐し無い。
• 背鰭には切れ込みが無い。
• 尻鰭は三角形で乳頭状突起が無い。また，軟条の先は分岐する。

図2 メダカの雌雄の判別

耳石
心房
心室
背面
腹面
心房
血流
動脈球
心室
キュービエ管

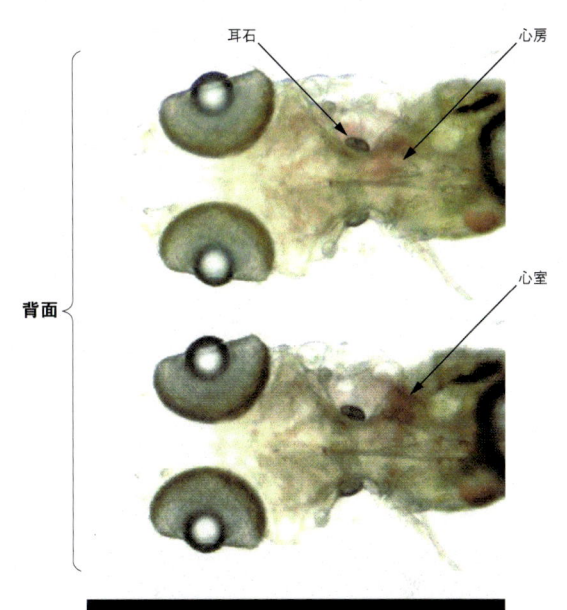

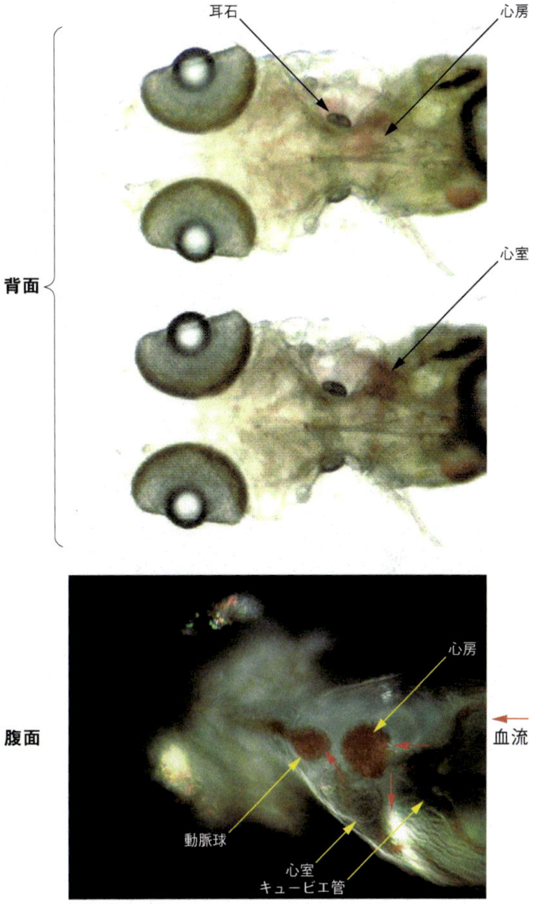

図3 メダカの心臓の位置と血流

用語解説 *Glossary*

【STIII 系統】
四つの色素胞遺伝子（*gu*, *lf*, i^{-3}, il^{-1}）が劣性で内臓等が透けて見える。*gu*（鰓蓋などの虹色素胞の欠如），*lf*（白色素胞が発現しない），i^{-3}（黒色色素胞にメラニンができない→アルビノ），il^{-1}（眼球・腹部の虹色素胞の欠如）。

【アドレナリン】
エピネフリンともよばれる。副腎髄質より分泌されるホルモンであり，また神経節や脳神経系における神経伝達物質でもある。ノルアドレナリンが酵素によりアドレナリンになる。ノルアドレナリンより心臓の拍動促進作用が強い。

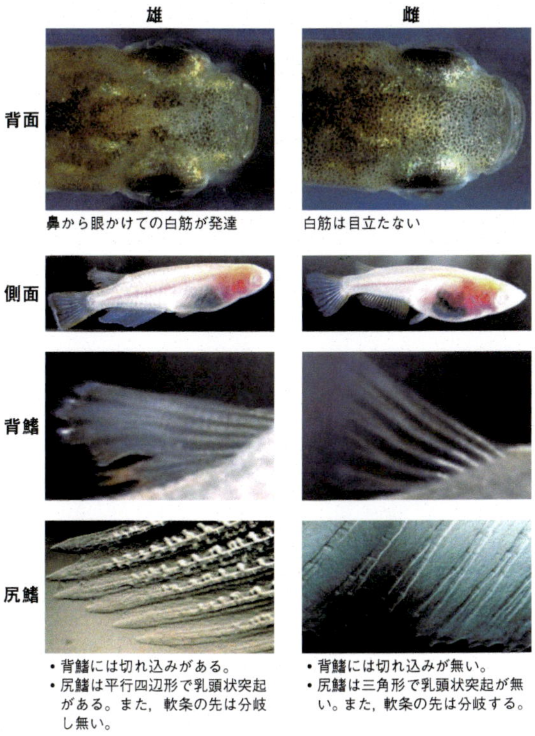

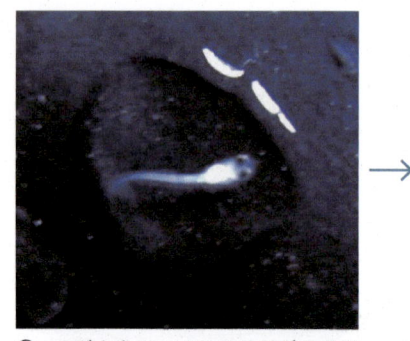

① メダカをホールスライドガラスに置き，心拍数を5回数える。

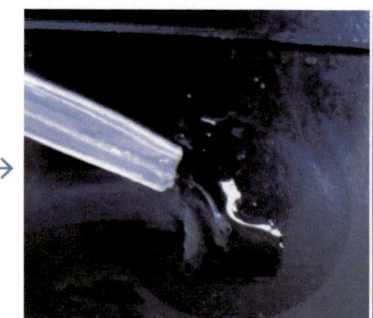

② ピペットで水を吸い取り，アドレナリン水溶液に置き換える。この手順を2回おこない，心拍数を5回数える。

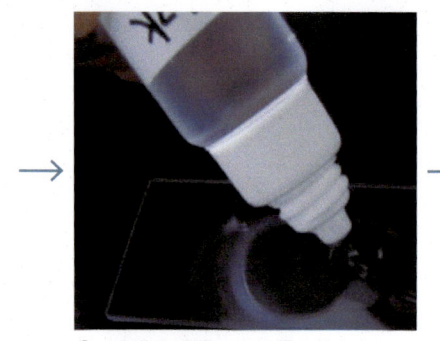

③ 同様な手順で水に置き換える。心拍数を5回数える。

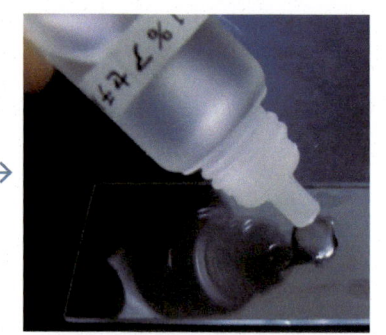

④ アセチルコリンに置き換える。心拍数を5回数える。

図4　心臓の拍動実験の手順

Aの場合；水→アドレナリン→水→アセチルコリン

溶液と0.1％アドレナリン水溶液を用いて，心拍数の影響を調べる。稚魚を水と各溶液につける順番A；水→アドレナリン→水→アセチルコリンとB；水→アセチルコリン→水→アドレナリンの二つの組み合わせで実験をおこない，水から溶液へ，溶液から水に移るときは3分間を空けてから測定する（図4の手順参照）。

　小型シャーレから稚魚をピペットで吸い取り，ホールスライドガラスに載せ，カバーガラスをかけないで観察する。水や各水溶液の量が多いとメダカが泳いで数えることができなくなる。少なめにするとメダカの腹部が横になりメダカの動きも止まるので観察しやすいが，メダカが乾燥しないように注意する必要がある。顕微鏡を用いて，40倍で心臓の拍動数を数える。水と各溶液で，

30秒あたりの心拍数を5回数え，この平均値を各溶液での拍動数とし，グラフを作成する。統計的処理をするとアセチルコリンとアドレナリンの影響に有意差があるかが検討できる（図5）。フリーソフトWinSTAT 1.24[9]は，簡便で生物部の指導でも利用している。グラフ化や統計的処理の詳細は，紙面の都合で略す［文献を参照[9]~[11]］。

③ 発展的実験

（i）　水温と心拍数の関係を調べる。室温の影響を受けるので，200 mLビーカーに150 mLの水を入れ，温度調節をする。これに稚魚を3分間入れた後，スライドガラスに移し，1分以内で計測する。また，1分で室温の影響をスライドガラスの1滴がどのくらい受けるか

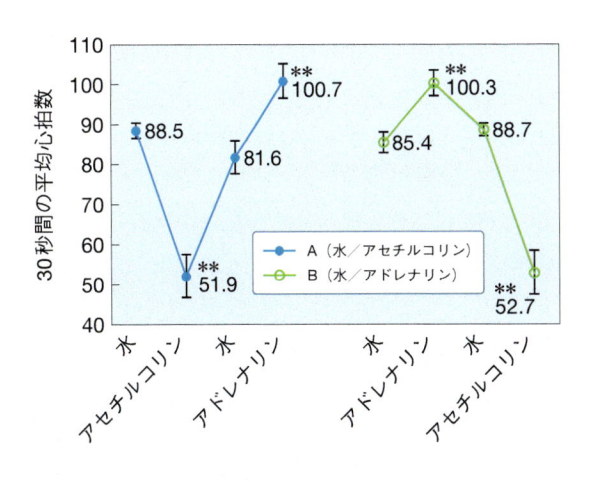

図5 メダカの心拍数に対する神経伝達物質の影響

A：水→アセチルコリン→水→アドレナリン
B：水→アドレナリン→水→アセチルコリン
サンプル数 N＝9（1班でメダカ2匹使用），t-検定：P<0.01（＊＊）

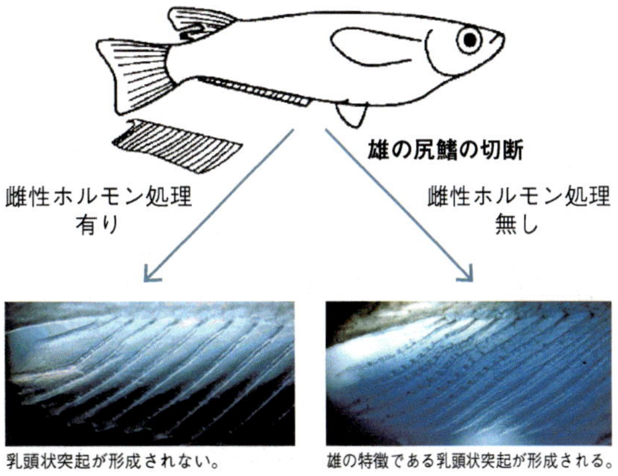

図6 雄メダカの尻鰭の再生と乳頭状突起の形成

雄の尻鰭の切断

雌性ホルモン処理　　　　　雌性ホルモン処理
有り　　　　　　　　　　　無し

乳頭状突起が形成されない。　雄の特徴である乳頭状突起が形成される。

事前に調べ，実際の水温を補正する。

(ii) 水に酸素と二酸化炭素を吹き込み，その量を調節した水溶液で，酸素濃度，二酸化炭素濃度と心拍数の関係を調べる。

(iii) コーヒーや緑茶などに含まれているカフェインやタバコに含まれているニコチンの心拍数に対する影響を調べる。なお，カフェインやニコチンは試薬として入手できる。

⑤ メダカの成魚に対する性ホルモン・内分泌撹乱化学物質の影響

メダカの尻鰭には性差があり，雄は平行四辺形で尾部側に乳頭状突起が出現するが，雌は三角形で乳頭状突起はない。この尻鰭の乳頭状突起を指標にし，性ホルモン・**内分泌撹乱化学物質**＊の影響を調べる。雄に対する雌性ホルモンの影響を調べる方法[12]として，雄の尻鰭を切り取った後に再生される鰭に雌性ホルモンが作用すると乳頭状突起が形成されないことを利用する方法である（図6）。

① 実験に適したメダカと試薬・器具等

メダカ：1実験区分につき雄メダカ10匹を用意する。ペットショップで入手できるヒメダカを用いる。野生メダカは，絶滅危惧種になっているので使用しない。予算や飼育できる場所を考えて，実験区分の設定数は調節する。

試薬：雌性ホルモンであるエストラジオール（17β-Estradiol: E2），内分泌撹乱化学物質でありポリカーボネート樹脂の原料として使用されるビスフェノールA（Bisphenol A: BPA）を試薬として用意する。この二つの物質は，溶媒のジメチルスルホキシド（Dimethyl Sulfoxide）に溶かし，以下の実験区分の濃度の1,000倍の濃度のものを保存液としてつくる。この各保存液を飼育水1 Lあたり1 mL加え，実験区分濃度になるように調整する。また，コントロール（対照実験）区分の水

用語解説 *Glossary*

【内分泌撹乱化学物質】
環境中に存在する化学物質の中で，生体内でホルモン作用を起こしたり，逆にホルモンの作用を阻害する物質。ビスフェノールAは，魚類に対して雌性ホルモン（エストロゲン）様作用を示す。

にも同様の濃度になるようにジメチルスルホキシドを加える。FA100（オイゲノールが主成分で魚類用麻酔液：DSファーマアニマルヘルス株式会社販売）は，メダカに麻酔をかけて尾鰭切断するときに必要。

E2: 0.001, 0.01, 0.1, 1, 10, 100 ppb (μg/L)
BPA: 0.1, 1, 10, 100, 1000 ppb (μg/L)

器具等：メス（または，安全カミソリ），解剖用マット（または，カッターマット），水槽，網（メダカをすくう），ピペット（薬品溶液を加える），顕微鏡

② 実験方法

各実験区分に雄メダカ10匹を使用する。最初に，FA100を5,000倍に希釈した溶液でメダカを麻酔にかけ，顕微鏡（40倍）で尻鰭の乳頭状突起の有無を調べる。雄と判定できたメダカは，尻鰭をメスで切り取る。このとき，切り過ぎると鰭が異常な再生をするので，乳頭状突起が少し残っていてもよい。切断面以後に再生した鰭の乳頭状突起だけを数える。

メダカは水槽の止水中で飼育し，餌は1日2回

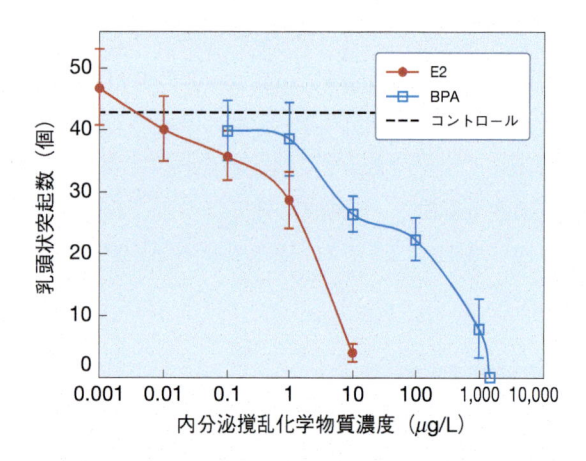

図7　乳頭状突起数に対する影響

コントロールの乳頭状突起数は，42.8±3.7である。各実験区での標本数は，9≦N≦15で，棒線は標準誤差を表す。

与え，1週間に1回水換えをする。水換えのたびに規定の濃度になるように各薬品溶液を加え，飼育期間は3週間とする。3週間後にメダカに麻酔をかけ，顕微鏡（40倍）で尻鰭の乳頭状突起を数えて，性ホルモン・内分泌攪乱化学物質の影響をグラフ化する（**図7**）。

③ 発展的実験

(i) メダカを高水温（32℃）で胚を飼育すると一部の遺伝的雌（XX）が雄に分化することが知られている[13]。高温処理をした胚の発生段階の時期と性転換率の関係やメダカの系統（ミナミメダカとキタノメダカ）で性転換率は異なるかなどを調べる。

(ii) 完全な性転換した雌個体を作製する。そのためには，基礎生物研究所からQurt系統を入手し，受精卵をエストラジオール（1 μg/L）溶液で孵化するまで処理[14]をする。その後，ホルモンを含まない飼育水で育てる。この系統は，成魚になったときに体色で遺伝的雄を判別できる。**表1**に示したように性染色体上に白色素胞形成に関与する遺伝子（＋：白色素胞あり，－：白色素胞なし）と黄色胞素胞胞形成に関与する遺伝子（R:体色が緋色，r:体色が白色）があり，雌は白色素胞がないので透明感のある白メダカ（$X^{-, r}X^{-, r}$）に，雄は白色素胞がある緋メダカ（$X^{-, r}Y^{+, R}$）になるので，体色で性が判定できる。特に白色素胞の形成は受精後3日目くらいから，顕微鏡下でこの色素胞の有無が確認できるので，この時には遺伝的性が判定できる。成魚で白色素胞がある緋メダカに雌が出現している個体は，性転換した雌である。エストラジオール濃度と性転換率関係やエストラジオール処理をする胚の発生段階でどのように性転換が変化するか調べる。

(iii) 雄性ホルモン（試薬：テストステロンやメチルテストステロン）を用いて雌メダカ（成魚）の2次性徴（尾鰭に雄の乳頭状突起が出現な

表1　Qurt系統の限性遺伝

精子 ＼ 卵	$X^{-,r}$	$X^{-,r}$
$X^{-,r}$	雌：無・白 $X^{-,r}X^{-,r}$	雌：無・白 $X^{-,r}X^{-,r}$
$Y^{+,R}$	雄：有・緋 $X^{-,r}Y^{+,R}$	雄：有・緋 $X^{-,r}Y^{+,R}$

＋：白色素胞有り　－：白色素胞が無い
R：緋色体色遺伝子　r：白色体色遺伝子

表2　超雄YYの作製のため交配

精子 ＼ 卵	$X^{-,r}$	$Y^{+,R}$
$X^{+,r}$	雌：有・白 $X^{+,r}X^{-,r}$	雄：有・緋 $X^{-,r}Y^{+,R}$
$Y^{+,r}$	雄：有・白 $X^{-,r}Y^{+,r}$	超雄：有・緋 $Y^{+,R}Y^{+,r}$

＋：白色素胞有り　－：白色素胞が無い
R：緋色体色遺伝子　r：白色体色遺伝子

ど）にどのような影響が出るか調べる。

(ⅳ)　超雄YYの個体を作製する。(ⅱ)で作製した性転換させた白色素胞がある緋メダカ $(X^{-,r}Y^{+,R})$ の雌とペットショップで購入できる白メダカの雄 $(X^{+,r}Y^{+,R})$ を交配させると，**表2**に示した（25%）の確率でYY個体が出現する。

6 おわりに

　本原稿のデータの多くは，授業・SSH探究や生物部の指導によって得たものを利用している。特に，毎日熱心に研究課題に取り組んでくれた当時の深谷第一高校と松山高校の生物部員部に感謝したい。

［文 献］

1) Asai, T, Senou, H. and Hosoya, K. *Ichthyol Explor Freshwaters*. **22**.3, 289–299 (2011).

2) 江上信雄. メダカに学ぶ生物学. (中公新書, 1989).

3) 江上信雄, 山上健次郎, 嶋昭紘. メダカの生物学. (東京大学出版, 1999).

4) 岩松鷹司. 新版メダカ学全書. (大学教育出版, 2006).

5) ナショナルバイオリソースプロジェクト. NBRP Medakafish Genome Project, 取得日2016年2月10日 〈https://www.shigen.nig.ac.jp/medaka/genome/top.jsp〉

6) 仁科博史. 小型魚類メダカを用いた肝形成および肝疾患研究 取得日2016年2月10日 〈http://hepato.umin.jp/kouryu/kouryu12.html〉

7) Naruse, K., Tanaka, M.and Takeda, H.：*Medaka A Model for Organogenesis, Human Disease, and Evolution.* (Springer, Tokyo, 2011).

8) 基礎生物学研究所バイオリソース研究室. NBRP Medaka, 取得日2016年2月10日 〈https://www.shigen.nig.ac.jp/medaka〉

9) 佐藤真人. 統計ソフトJSTAT for Windows. 取得日2016年2月10日 〈http://toukeijstat.web.fc2.com/〉

10) Chirs Barnard, Peter McGregor, Francis Gilbert.生物学の考える技術. (近藤修翻・訳, 講談社, 1995).

11) 新村秀一. パソコン楽々統計学 (講談社, 1997).

12) 服部明正. 雄メダカの乳頭状突起による試験法. 生物による環境調査事典 (内山裕之,栃本武良・編), 14–17 (東京書籍, 2003).

13) Sato, T, Endo, T., Yamahira, K., Hamaguchi, S. and Sakaizum, M. *Zoological science*, **22**.9, 985–988, doi: http://dx.doi.org/10.2108/zsj.22.985 (2005).

14) Balch, G.C., Shami, K., Wilson, P. J., Wakamatsu, Y., Chris, D. and Metcalfe, C. D. *Environmental toxicology and chemistry,* **23**.11, 2763–2768, doi: 10.1897/03-633 (2004).

服部 明正 *Akimasa Hattori*

埼玉県立松山高等学校 教諭

1978年，東京教育大学農学部生物化学工学科（現筑波大学）卒業後，埼玉県立妻沼高等学校，埼玉県立深谷第一高等学校を経て，埼玉県立松山高等学校教諭。日本学生科学賞 指導教諭賞（2006年），日本水大賞指導者賞（2008年）を受賞。著書に，生物による環境調査事典（分担執筆，内山裕之，栃本武良・編 東京書籍，2003），サイエンスビュー生物総合資料（分担執筆，実教出版，2007〜）。

【生体制御】

神経興奮と筋収縮の関係を簡易に調べる
——安価に簡易型刺激装置を作製する

藍 卓也 *Takuya Ai*

成城学園中学校高等学校 教諭

神経興奮・筋収縮のしくみは，生徒にとって身近に感じられる現象でありながら，生徒実験が難しい項目の一つであった。本稿で紹介する「簡易型刺激装置」を用いれば，神経へ持続時間の極めて短いパルス刺激の他に，持続時間の長い平流刺激を安定的に作り出すことができる。そのため，筋収縮のしくみを理解する観察ができるほかに，神経興奮について発展的観察（プリューガーの収縮の法則）に進むことができる。実験後の生徒たちによる考察・討論が活発になり，実習自体に大きな成果が得られる。

① はじめに

　高校生物分野の動物を用いた生理実験を実施するには，さまざまな困難と注意深さが求められる。神経の興奮や筋収縮のしくみについて，実験を通して考察するのは，他の課題と比べても難しい。それは生きた標本を材料とするため，その購入から飼育までにさまざまな注意点が必要になるからである。それに加えてオシロスコープやキモグラフィオン，生物実験用刺激装置など高価で取り扱いの難しい実験器具が必要であることもその要因であると考えられる[1)2)]。本校では，幸いにも昭和30年代に購入した「キモグラフィオン」や「生物実験用刺激装置」など動物生理学の実習に必要な実験器具が使用可能な状態で整備されており，高校3年生の理数系進学コースの生徒たちに対し

て毎年，この課題での実習を展開している。

　筆者は今回，キモグラフィオンや生物実験用刺激装置などを使わずに筋収縮と神経のはたらきを簡単に調べる実験を考え，取り扱いが容易で安価に自作できる簡易型の刺激装置を考案した。その性能はキモグラフィオンを用いた筋収縮の機械曲線を描記させることで確認をおこなった。

　この装置は，市販の生物実験用刺激装置と変わらない安定的な刺激信号を作り出すことができる。それに加えて，今まで見ることのできなかった神経興奮と刺激電流の関係についての新しい課題も知ることができ，生徒とともに発展的な考察を進めることが可能となった。

　ここでの「簡易型刺激装置」で誘発される筋収縮は，目視でも充分に比較観察することができる。さらに演示実験としても容易に再現性をもって観

測することが可能である。

 実験準備

「坐骨神経—腓腹筋の神経筋標本」の作製

実験で神経の活動と筋収縮のしくみを調べるには，まず神経筋標本（「坐骨神経—腓腹筋の神経筋標本」が一般的である）を作製する必要がある。材料は，できるだけ大型のカエルがよく，ウシガエル（*Rana catesbeiana*）が最も適している（**図1**）。なお，ウシガエルは，特定外来生物に指定されており，購入から飼育まで環境省の許可が必要となる[7]。準備として，解剖皿，解剖用はさみ，骨切りはさみ，解剖用ピンセット，脊髄破壊用の針金，リンゲル液を入れた底の深い容器，木綿糸，電気ピンセットを用意する。

実験動物にできるだけ苦痛を与えないよう配慮し，まずカエルを氷水中に約30分間入れて低温麻酔をする。麻酔がかかった後，脊髄破壊をおこない解剖皿の上に仰向けに置き，標本作製を開始する。今回は生理実験をおこなうため，できるだけ麻酔薬を用いない方がよい。

(1)「坐骨神経—腓腹筋の神経筋標本」の作製ポイント[1]

① 下肢全体の皮をはぎ，大腿二頭筋と半膜様筋の間の膜をはさみで切り分けると坐骨神経が確認できる。筋と筋の境界を背中まで切れ目を入れ，尾骨の先端部を切り取り，できた穴

図1 ウシガエル

を広げる。この穴は坐骨神経を腹側から後腹壁の背側へ通す時に用いる。坐骨神経が見えたら，その周囲の血管や結合組織を神経から切り離す（**図2①**）。

② 坐骨神経と後腹壁の間に糸を通し，できるだけ脊椎側で糸を強く縛る。糸の端は，ピンセットでつまめる程度の長さを残しておき，以後この糸をつまんで作業し坐骨神経を直接触らない。ピンセットで直接神経をつまんでしまうと神経を傷つけ標本作成が失敗するので注意を要する。

縛った部分より脊椎側で神経を切り，坐骨神経を軽く持ち上げ，神経と後腹壁の間の結合組織を切っていく。尾骨の先端部に開けた穴の所まで坐骨神経を切り離していき，坐骨神経の先端部の糸をつまみ，穴を通して坐骨

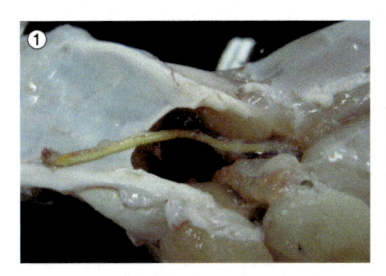  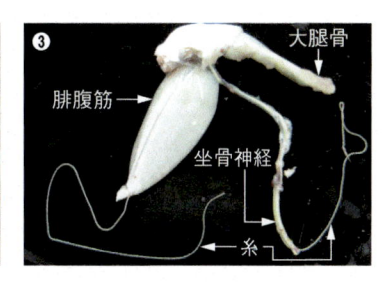

図2 神経筋標本の作製過程

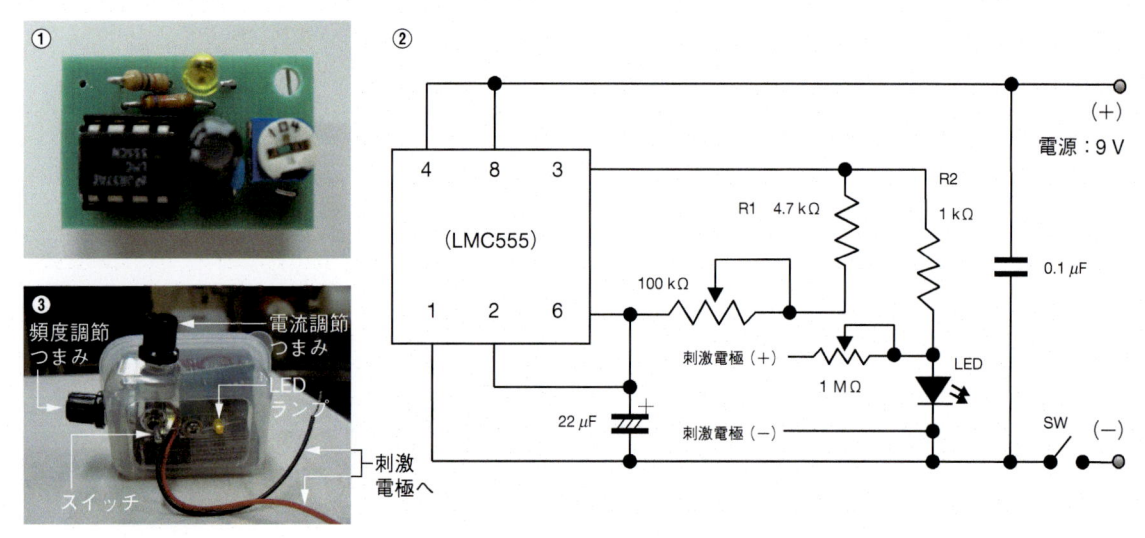

図3　簡易型刺激装置

① 基本となる回路250K-0010（エレ工房で入手可），② 簡易型刺激装置の回路図，③ 簡易型刺激装置

神経を背面へまわす。坐骨神経を軽く持ち上げながら，膝関節付近まで，大腿部から切り離していく。この後，骨切りはさみを用いて大腿骨をできるだけ長く残すようにして切る。大腿骨は，筋収縮の観測時に標本を測定器に固定するときに用いる（**図2②**）。

③　アキレス腱より少し上部で，腓腹筋と脛腓骨の間にはさみの一方の刃を差し込み，骨に沿ってアキレス腱をはずしていく。足底部まで腱をはずしたらアキレス腱を糸で強く縛る。この糸は，筋収縮の測定器に結びつけるため，20 cm位の長さにしておく。アキレス腱に結びつけた糸をつまんで持ち上げ，腓腹筋と下の筋肉との間の膜を膝関節側へ向けて切り，腓腹筋を膝関節まで切り離していく。膝関節まで筋を分離したら，関節部付近で脛腓骨を骨切りはさみで切る。この時，腓腹筋につながっている神経を切らないように注意する。これで，坐骨神経―腓腹筋の神経筋標本が完成する（**図2③**）。完成した標本は乾燥しないようにリンゲル液の入った容器に浸しておく。

（※）神経筋標本は，解剖に慣れていれば約40分で作製することができる。

 実験

「簡易型刺激装置」の作製

　従来型の「生物実験用刺激装置」と同等の電気刺激が可能で，かつ手軽に自製できる装置を作製して用いる。ただし，その刺激装置の設定要件としては「1.点滅回路であること」，「2.点滅周期が変えられること」，「3.直流の平流をつくり出せる回路であること」の三つの性能を満たすものでなければならない[3]。身近にあるもので，このような性能を持つ電子回路には，自転車用のフラッシュ電灯やクリスマスツリーなどに使われている電飾回路，低周波マッサージ器の回路などがある。ただ，残念ながら点滅頻度や電圧などの点で安定せず適当ではなかった。

　電子回路のなかで最も適当なものが，汎用品として入手できる「周期可変型LED点滅回路キット：250K-0010（エレ工房さくらい製）」であった。そこで，この回路を基本として「簡易型刺激装置」に応用して試作した。この回路は電源に9Vの電池を使用し，タイマIC（LMC555）に半固定抵抗（100 kΩ）をつなぎ，半固定抵抗のつまみを回転させることでLEDを1秒間に7回程度の短い点滅

から，3秒程度の長い持続時間の点滅まで調節できる（図3①）。

　この回路に，新たに刺激電流の大きさを調節する半固定抵抗（1 MΩ）と電源制御をおこなうためのスイッチ，神経刺激をする刺激電極に接続する2本のニクロム線を回路内に付加する（図3②）。電源電池と回路基板はプラスチックケース内に収納し，「簡易型刺激装置」を完成させる（図3③）。刺激電極に流れる電流は，それと同調して点滅するLEDの光で確認し，二つの半固定抵抗のつまみを回転させることによって刺激電流の頻度と大きさをそれぞれ自由に変えることが可能になる。

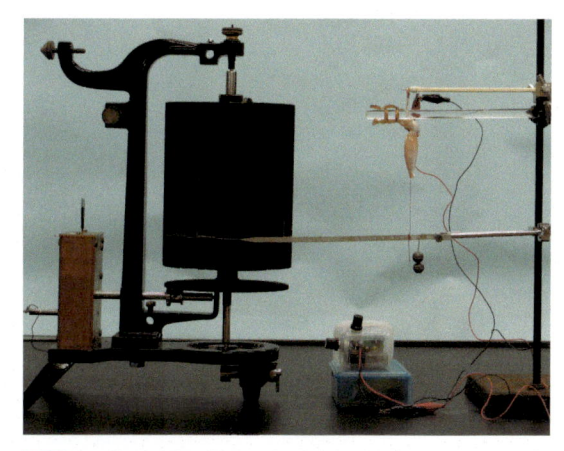

図4　簡易型刺激装置を用いた記録のようす

④ 結果
「簡易型刺激装置」による筋収縮の観測

　まず作製した簡易型刺激装置のはたらきを調べるため，キモグラフィオンを用いて筋収縮の機械曲線の描記をおこなった。簡易型刺激装置での刺激電流は，その頻度を左側面のつまみを回転させ，LEDの点滅を確認しながらおこなう。刺激電流の大きさは装置の上面のつまみで坐骨神経の閾値

程度に設定し，刺激電流の頻度，つまり刺激の持続時間（LEDが点灯している時間と消灯している時間の間隔）を変えて筋収縮の様子を記録した。刺激電流の頻度を徐々に増すと，腓腹筋の単収縮と，単収縮の加重により起こる不完全強縮，さらに完全強縮まで機械曲線としてキモグラフィオン上の煤紙に安定的に描記させることができる[1][2]（図5①②）。参考資料として，従来から用いられている「生物実験用刺激装置」で，0.5 Hz，1 Hz，2 Hz，5 Hz，10 Hz，20 Hzの6種類の刺激電

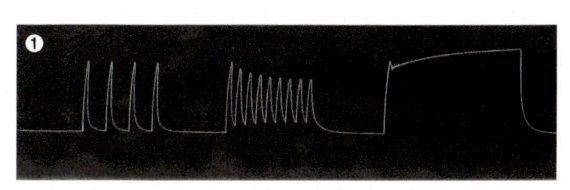
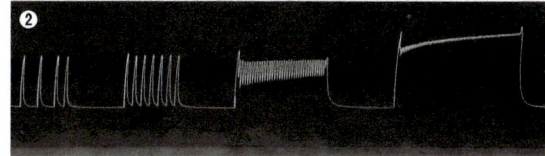

図5　簡易型刺激装置による筋収縮の記録（キモグラフィオンにセットした煤紙に描記したもの）

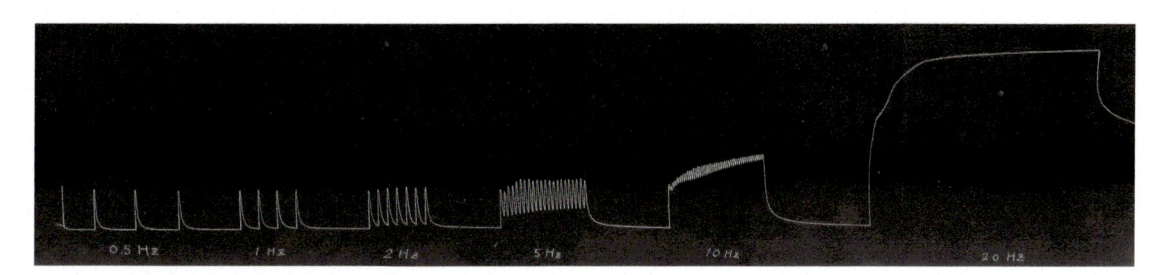

図6　生物実験用刺激装置による筋収縮の記録（参考資料）
左側から刺激頻度が，0.5 Hz，1 Hz，2 Hz，5 Hz，10 Hz，20 Hz

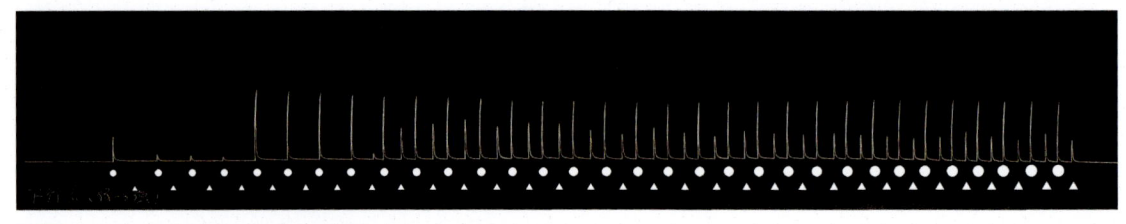

図7 「下行流」刺激時の筋収縮の記録

刺激電流の大きさは、左から弱〜強に変化。●：閉刺激、▲：開刺激

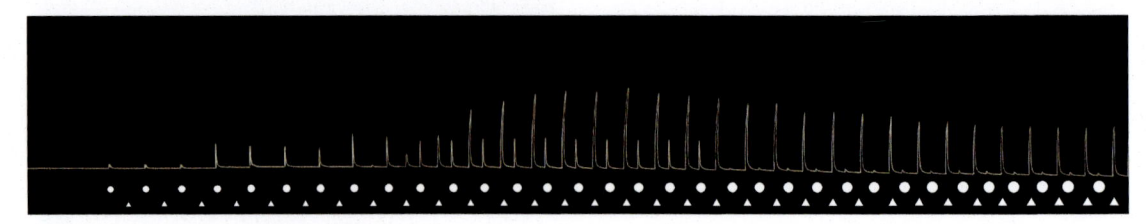

図8 「上行流」刺激時の筋収縮の記録

刺激電流の大きさは、左から弱〜強に変化。●：閉刺激、▲：開刺激

流で同様の筋収縮をキモグラフィオンで描記した
ものと比較してみた（**図6**）。**図5**を**図6**と比較す
ると、簡易型刺激装置でも生物実験用刺激装置と
同様の記録がおこなわれていることが確認できた。

　この筋収縮の様子は目視でも確認することが可
能なので、煤紙やキモグラフィオン等の記録装置が
なくとも刺激電流と筋収縮の関係を考察すること
ができ、生徒にとっても理解しやすいものになる。

⑤ 発展的実験
「プリューガーの収縮の法則」の観察

　今回作製した「簡易型刺激装置」は、従来から
利用されている「生物実験用刺激装置」では作り
出せない刺激電流をつくることができる。つまり、
生物実験用刺激装置がパルス刺激、それは持続時
間の極めて短い刺激電流であるのに対し、この簡
易型刺激装置はLEDの約3秒間の持続する点灯
と消灯を繰り返す、持続時間の長い平流刺激を作
り出すことができるのである。

　その結果、興味深い観察が可能となった（**図7**・

図8）。**図7**は、「筋肉に近い側に刺激電極の陰（−）
極」をあて刺激電流の向きを「下行流」にした場
合と、**図8**は、「筋肉に近い側に刺激電極の陽（＋）
極」をあて刺激電流の向きを「上行流」にした場
合で、観察結果に違いが見られた。

　新鮮な神経筋標本では、刺激電流を流した瞬間
と、流している刺激電流を止めた瞬間に、腓腹筋
の大きい単収縮と小さい単収縮とが交互に記録さ
れる。これは、LEDが点灯した瞬間の刺激（これ
を、電子回路を閉鎖した時で「閉刺激」という）
で誘発された単収縮と、LEDが消灯した瞬間の
刺激（これを、電子回路を開放した時で「開刺激」
という）で誘発された単収縮の大きさに相違があ
ることを示している。

⑴ 下行流刺激と上行流刺激時の筋収縮の比較

　刺激電流が小さい時は**下行流刺激***、**上行流刺
激***ともに閉刺激時にのみ筋収縮が起こる。ここ
から刺激電流を徐々に大きくしていくと開刺激時
にも筋収縮が起こるようになる。刺激電流をさら
に大きくすると、下行流刺激では開刺激時の筋収
縮が徐々に小さくなっていき、上行流刺激では閉

刺激時の筋収縮が徐々に小さくなっていく，「**プリューガーの収縮の法則**」[*]が観測される[1)3)4)5)6)]。

このような現象は神経筋標本が新鮮なときに容易に観察される。閉刺激時では坐骨神経の陰（−）極下で興奮が発生し，開刺激時では坐骨神経の陽（＋）極下で興奮が発生する。つまり，刺激電極に触れている神経の細胞膜に電位変化が生じたときにだけ坐骨神経に興奮が発生し，その興奮が伝導し腓腹筋の単収縮を引き起こす。そして，刺激電流を流し続けている間，つまりLEDが点灯している間は坐骨神経に興奮が生じていないことを，腓腹筋が閉刺激と開刺激の瞬間にだけ単収縮を起こしていることで生徒たちに理解させることができる。

さらに，プリューガーの収縮の法則の詳細は，神経の膜電位における**過分極**[*]や**不応期**[*]などについて理解する必要があり，神経興奮の発生のしくみをより深く解釈するための観察が可能となる。生徒たちによる実験後の討論が活発になったことはこの実習の大きな成果と考えられる。

⑥ おわりに

「ロータリーモーションセンサー」を用いた筋収縮の記録法も紹介しておきたい。

「簡易型刺激装置」の利用により，神経興奮・

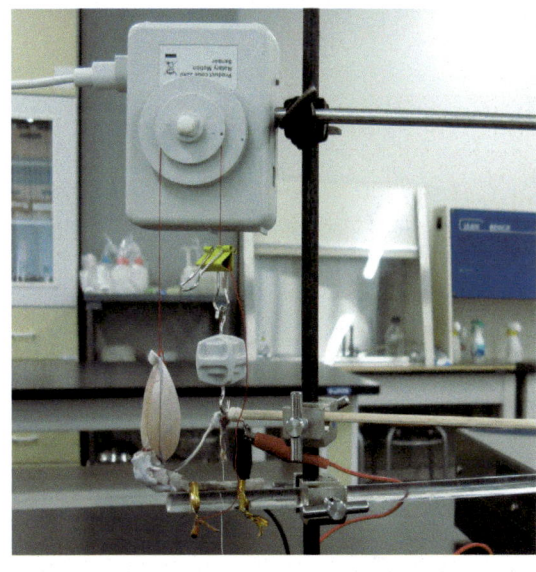

図9 ロータリーモーションセンサーを用いた記録のようす

用語解説 *Glossary*

【下行流刺激】
神経に与える直流刺激の電流の極性が，中枢から末梢に向けておこなわれる刺激。つまり，刺激電極の陰（−）極が末梢の筋肉側に置かれている刺激。

【上行流刺激】
神経に与える直流刺激の電流の極性が，末梢から中枢に向けておこなわれる刺激。つまり，刺激電極の陽（＋）極が末梢の筋肉側に置かれている刺激。

【プリューガーの収縮の法則
（神経に及ぼす直流刺激の作用の観察）】
長い周期の直流の平流刺激を刺激電流の強さと極性を変えて（下行流と上行流）坐骨神経に与える。この時，回路の閉・開の瞬間に坐骨神経に興奮が発生し，その結果，腓腹筋の単収縮が観察される（表1）。ただし，この場合の刺激電流の強さの弱・中・強というのは相対的なものである。
プリューガーの収縮の法則は，回路の閉鎖時は刺激電極の陰（−）極，回路が開く時は刺激電極の陽（＋）電極で坐骨神経に興奮が起こる。その興奮が腓腹筋まで伝導・伝達された時に腓腹筋の単収縮が観察される。
- 下行流刺激の場合：刺激電流が閾値以上の弱電流の時は回路の閉鎖のときのみ，中電流では閉・開ともに筋収縮が起こり，さらに刺激電流を強くすると再び閉鎖時の収

縮のみになる。
- 上行流刺激の場合：刺激電流が閾値以上の弱電流の時は回路の閉鎖の時だけに筋収縮が起こる。電流を強くすると閉・開ともに筋収縮が起こり，さらに強くすると開いた時だけに筋収縮が起こる。

表1 **プリューガーの収縮の法則**
刺激電流の強さの弱・中・強というのは相対的なものである

刺激の強さ	下行流		上行流	
	閉	開	閉	開
弱電流	＋	−	＋	−
中電流	＋	＋	＋	＋
強電流	＋	−	−	＋

【過分極】
Cl^-チャネルなどのはたらきで陰イオンがニューロン内へ流入し，膜電位が静止電位よりも分極した状態になること。

【不応期】
ニューロンの細胞膜に活動電位が発生すると，次の刺激では反応が低下して活動電位を発生しない時期がある。この時期を不応期という。

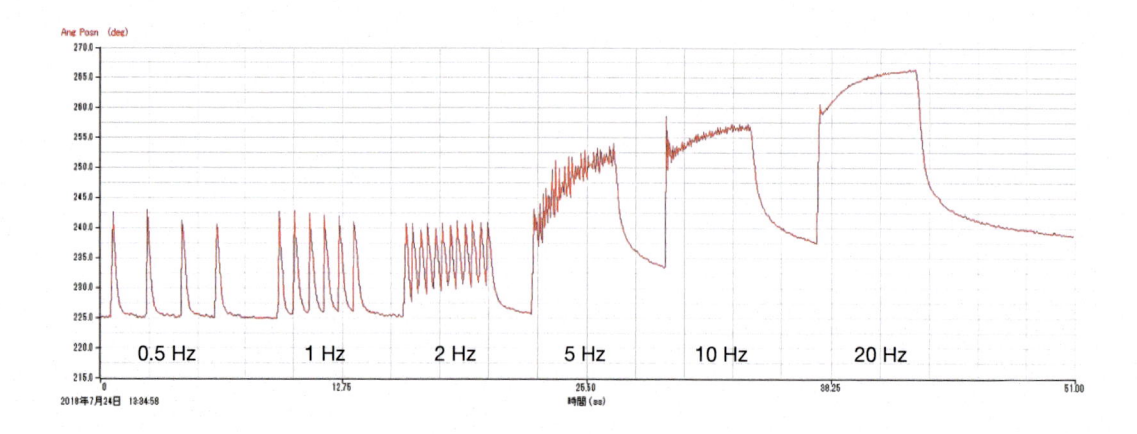

図10 ロータリーモーションセンサーによる筋収縮の記録
左側から刺激頻度が，0.5 Hz，1 Hz，2 Hz，5 Hz，10 Hz，20 Hz

筋収縮について生徒が容易に実験でき，その結果が明瞭に示せるため理解しやすくなると考えられる。また発展的観察で，実験結果を詳細に読み取って分析することにより，生徒同士で討論をおこなうこともできるようになる。

　ところで，筋収縮の機械曲線の記録は古くから煤紙とキモグラフィオンを用いた方法でおこなわれていたが，煤紙の作成や記録用紙の保存，データの分析など，その取り扱いに苦労することが多い。

　そこで最近，「ロータリーモーションセンサー」を用いて筋収縮の様子をデジタルデータとしてPCに入力し，PCの画面上に筋収縮の機械曲線をグラフ化する方法が考案された（図9）。この方法を用いると，記録したデータを生徒のタブレット端末とオンラインで共有することができ，クラス全体でデータ分析をより効率的におこなえる利点がある（図10）。

［文 献］

1) 福田邦三, 若林勲. 生理学実習 (南山堂, 1958).

2) 浦本政三郎. 生理学講座 (生理学講座刊行社, 1952).

3) 本川弘一. 電気生理学 (岩波全書, 1952).

4) 本川弘一. 一般生理学 (三共出版, 1949).

5) 橋田邦彦, 福田邦三. 生理学小実習 (南山堂, 1945).

6) 森信胤. 生理学実習要綱 (金原商店, 1936).

7) 環境省. 特定外来生物等一覧 Viewed 2018/10/23 〈https://www.env.go.jp/nature/intro/2outline/list.html〉 (2018).

藍 卓也 *Takuya Ai*

成城学園中学校高等学校 教諭

1991年，横浜市立大学文理学部生物学科卒業。1993年，東京学芸大学大学院理科教育専攻・生物学講座修士課程修了。1996年，埼玉大学大学院理工学研究科生物環境科学専攻博士後期課程単位取得後退学。1996年より現職。主な著書に，研究者が教える動物実験（分担執筆，共立出版，2015）。

【生体制御】

メダカで甲状腺ホルモンの作用に対する影響を調べる

服部 明正 *Akimasa Hattori*

埼玉県立松山高等学校 教諭　　プロフィールは P.257 参照

甲状腺ホルモンの実験は,両生類の幼生（オタマジャクシ）を使用することが多い。しかし,両生類の飼育には煩雑な点あるので,メダカを用いた5日幼魚試験法を開発した。この方法は,5日間で結果が出せる簡便な方法で,部活動や課題研究だけでなく授業のテーマとしても展開できるので,紹介したい。

 ## はじめに

甲状腺ホルモンには,四つのヨウ素を持つチロキシン（Thyroxin,略称T4）と,三つのヨウ素を持つトリヨードチロニン（Triiodothyronine,略称T3）の2種類がある。甲状腺ではおもにT4が合成され,組織（肝臓など）で脱ヨード酵素によりヨウ素が一つ取れ,T4がT3に変換される（**図1**）。カエルでは,T3の生理活性はT4の10倍高く,両生類の変態や鳥類の換羽に関与するホルモンである[1]。また,甲状腺ホルモンは,代謝の促進,胎児の成長,脳の発達[2][3]に重要な役割を持っている。

甲状腺ホルモンの作用に対する影響を調べる実験法としては,変態試験（AMA: Amphibian Metamorphosis Assay）が確立[4][5]している。しかし,アフリカツメガエルの飼育や受精卵からの幼生の管理は,メダカ（*Oryzias latipes*）と比べると簡便[6]ではない。また,このカエル試験法には,以下の煩雑な点がある。① 試験期間（21日間）が長い。② ヒト絨毛性ゴナドトロピンを雌雄のペアに注射し,産卵させて同じ発生段階の幼生を確保する。③ 実験区分が多くなるとオタマジャクシを飼育する場所が広くなる。そこで,これらの問題点を解決できるメダカを用いた5日幼魚試験法[7]を紹介する。これは,孵化直後の幼魚を5日間飼育し,その後の尾部骨格の成長を指標とするものである。この方法では,上述の三つの点が以下のように改善できる。① 試験期間は5日間。② メダカは,20〜28℃で14時間以上の照明をすれば毎日10〜30個の卵を産む。③ 孵化した幼魚は,200 mLのカップに120 mLの溶液を入れ20個体が飼育でき,まだ腹部に油滴（卵黄）が残っているので餌が不要である。

また,免疫染色法を用いて甲状腺への影響を調べる方法[10]も記載した。T4が存在する甲状腺の濾胞を免疫染色する方法は高校生でもできるからである。

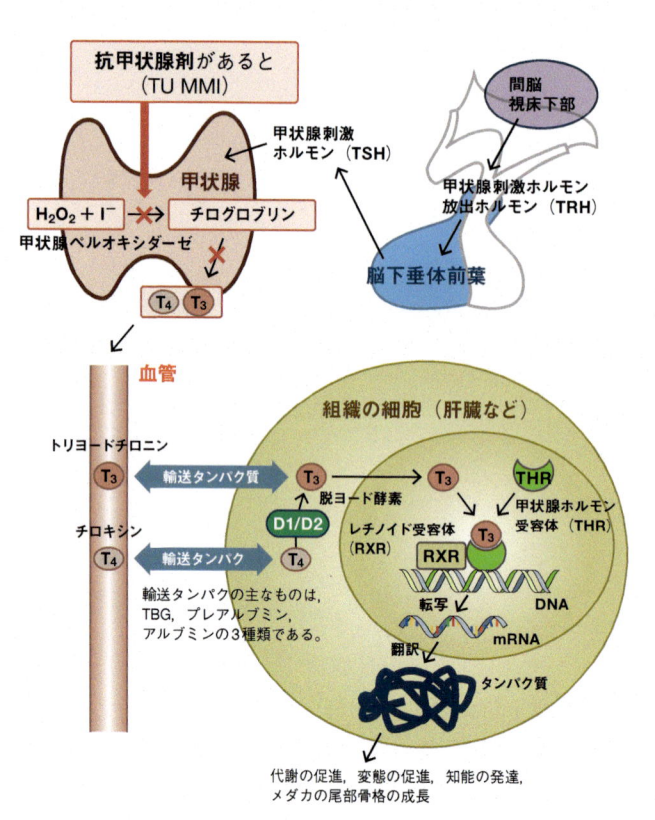
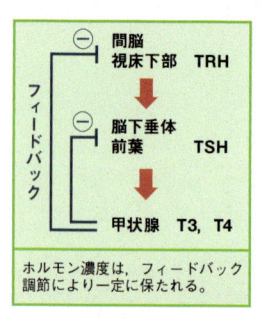
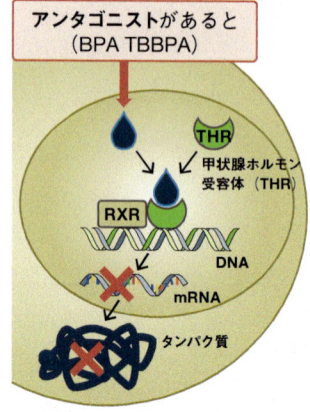

図1 甲状腺ホルモンの合成・調節の経路とその作用

 実験方法

(1) メダカの飼育方法

　ヒメダカ（*O. latipes*）の孵化直後の幼魚（**図5**
幼魚の写真：発生段階40期[11]）は，20個体を
200 mLのカップ（水量120 mL）に入れ，27℃
に設定した恒温器で飼育する。孵化直後の幼魚に
は腹部に油滴（卵黄）が残っているので，餌は与
えない。また，水換えもしないが，水が蒸発で減
少するので，水位線を設けて1日1回水を足す。

(2) 薬品

　使用した薬品（**表1**）は，チロキシン（Thyroxine：
T4，東京化成），チオ尿素（Thioureas：TU，昭
和科学），ビスフェノールA（Bisphenol A: BPA，
和光純薬），テトラブロモビスフェノールA

表1 薬品処理区分の濃度

薬品名	保存液		希釈倍率	実験濃度
	濃度	溶媒		
チロキシン（T4）	2,000 ppm	DMSO	10,000	200 ppb
ビスフェノールA（BPA）	2,000 ppm	DMSO	10,000	200 ppb
テトラブロモビスフェノールA（TBBPA）	2,000 ppm	DMSO	10,000	200 ppb
チオ尿素（TU）	10,000 ppm	水	100	100 ppm
メチマゾール（MMI）	2,000 ppm	DMSO	40	50 ppm

（Tetrabromobisphenol A: TBBPA，東京化成）
およびメチマゾール（Methimazole: MMI，和光
純薬）である。多くの薬品は水に対する溶解度が
低いので，溶媒はジメチルスルホキシド
（Dimethyl sulfoxide: DMSO，昭和科学）を使用

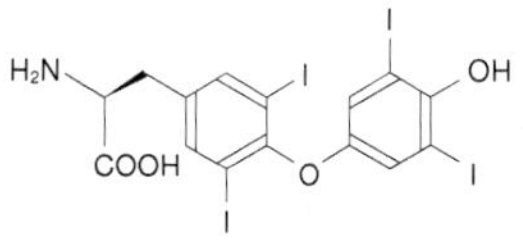

チロキシン（Thyroxine: T4）
甲状腺ホルモンの一つで，代謝を促進させる。両生類の変態，鳥類の換羽に関与。

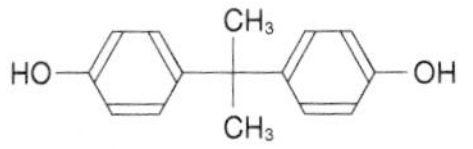

ビスフェノールA（Bisphenol A: BPA）
ポリカーボネートやエポキシ樹脂の原料。アンタゴニストの疑いがあり，甲状腺ホルモンの作用を妨げる[3)8)]。

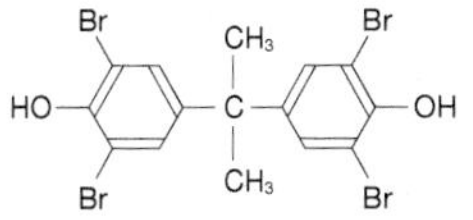

テトラブロモビスフェノールA（Tetrabromobisphenol A: TBBPA）
難燃剤としてコンピュータの基板などに利用。アンタゴニストの疑いがあり，甲状腺ホルモンの作用を妨げる[3)8)]。

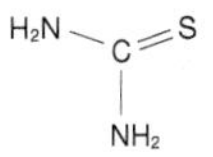

チオ尿素（Thiourea: TU）
抗甲状腺剤である。代謝されて生じるシアナミドによって甲状腺ペルオキシダーゼが阻害され，甲状腺ホルモンが生成されない[9)10)]。

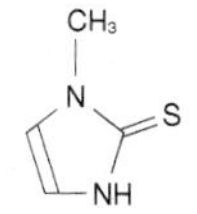

メチマゾール（Methimazole: MMI）
甲状腺機能亢進症の治療剤（抗甲状腺薬）。甲状腺ペルオキシダーゼが阻害され，甲状腺ホルモンが生成されない[9)]。

図2　薬品の構造式とその作用と用途

し，チオ尿素だけは蒸留水を用いる。また，チロキシンとチオ尿素の共投与実験を4区分：TU，TU+T4（50 ppb），TU+T4（100 ppb），T4（200 ppb）でおこない，チオ尿素の抑制作用（図1，図2）をチロキシンで相殺できるかを調べる。

飼育水は，テトラコントラコロライン（ドイツテトラベルケ社）でカルキ抜きした水道水に実験濃度になるように薬品溶液（保存液：表1）を加える。ただし，溶媒DMSOが含まれてないコントロールとチオ尿素の飼育水には，他の実験区分と溶媒濃度が同じになるようにDMSOを加え加える。図2に使用する薬品の構造式とその作用と用途を示した。

免疫染色と尾部骨格の染色で使用する薬品は，以下のとおりである。一次抗体：Rabbit anti-T4（anti-T4, 1: 4000 rabbit anti-thyroxine BSA serum; ICN Biomedicals, #65-850），二次抗体：biotinylated anti-rabbit IgG（1:500; Vector, #BA100），ABC Kit solution（Vector #PK6101），ジアミノベンジジン（和光純薬），過酸化水素（昭和科学），4%パラホルムアルデヒド燐酸緩衝液（和光純薬），メタノール（和光純薬），アルシアンブルー溶液（和光純薬）。

(3) 尾部骨格の染色

孵化直後の幼魚を**表1**に示した濃度の薬品溶液で5日間飼育する。飼育個体数は，各実験区分につき3カップでそれぞれ20個体飼育し，各カップから10個体選び合計30個体使用する。これは，飼育容器による差（試薬濃度の誤差，病気の発生など）を減らすことと染色に失敗した時の予備を用意しておくためである。染色の失敗もなく，残った個体が多ければ，成魚になった時の行動の影響などを調べてもよい。5日後に幼魚を95%エタノールで固定した後，アルシアンブルーで指標となる尾部骨格（発生の初期は軟骨でできている上尾骨・血管棘・準下尾骨）を染色する（**図3**）。染色液は，エタノール：アルシアンブルー溶液（和光純薬）＝5：1の体積比で調整し，10分間染色する。

接眼ミクロメーターを用いて150倍で各指標の長さを測定する。曲がった指標については数段

階に分けて測定し，これを合計して測定値とする。コントロールと各実験区分の指標を比較しやすくするために，各実験区分の個体の指標の長さをコントロールの平均の長さで割り，得点化する。したがって，上尾骨・血管棘・準下尾骨のコントロールの平均成長得点は1となる。また，三つの指標の得点の合計点を平均成長得点とし，コントロールの平均成長得点を3とする。

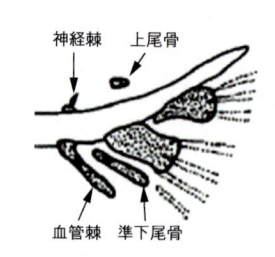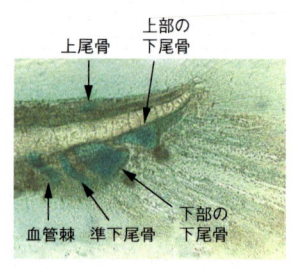

図3 指標とした尾部骨格：上尾骨・血管棘・準下尾骨
左：文献11の図を改変。右；アルシアンブルーで軟骨を染色

⑷ 甲状腺の濾胞の免疫染色

免疫染色法は，甲状腺が分泌するチロキシンを抗原としてこれを発色させ染色する方法である（**図4，図5**）。アビジンは，ビオチンに容易に結合する性質を持っている。一方，ビオチンは酵素であるペルオキシダーゼや抗体などのタンパク質と結合することができる。したがって，二次抗体にビオチンを結合させることによりアビジンとビオチンとペルオキシダーゼの間に巨大な複合体が形成される。ペルオキシダーゼは，基質である過酸化水素の存在下，発色試薬であるジアミノベンジジン（Diaminobenzidine Tetrahydrochloride: DAB）を酸化させ褐色に発色させる。抗原から発色までの過程を説明すると，抗原（チロキシン）に1次抗体（ウサギの抗T_4抗体）が結合 → 抗原となる1次抗体に2次抗体（ヤギの抗ウサギIgG抗体）が結合 → 二次抗体にビオチンが結合し，アビジンとビオチンとペルオキシダーゼの複合体を形成 → ペルオキシダーゼが過酸化水素を分解し，DABが酸化し褐色に発色となる。

尾部骨格の染色の実験方法と同様に幼魚を5日間飼育する。その後，幼魚の甲状腺を免疫染色法により10分間染色する。具体的な免疫染色法の手順は，以下のとおりである。

① 4％パラホルムアルデヒド燐酸緩衝液にTween20を0.1％溶かした溶液（PBT）をサンプリングチューブに2 mL入れ，幼魚を固定し冷蔵庫に一晩置く。
② 検体を2 mLのPBTで5分ごとに3回洗い，

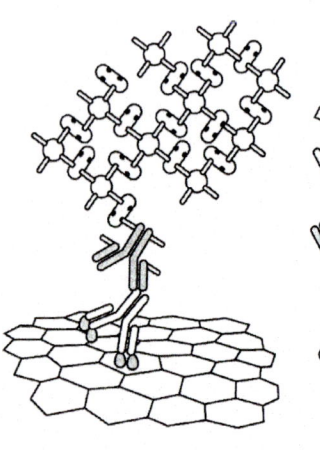

○ 抗原（チロキシン）

細胞（甲状腺濾胞上皮細胞）

一次抗体（ウサギの抗T_4抗体）

二次抗体（ヤギの抗ウサギIgG抗体）

ビオチン

アビジン

ペルオキシダーゼ

図4 免疫染色法の原理

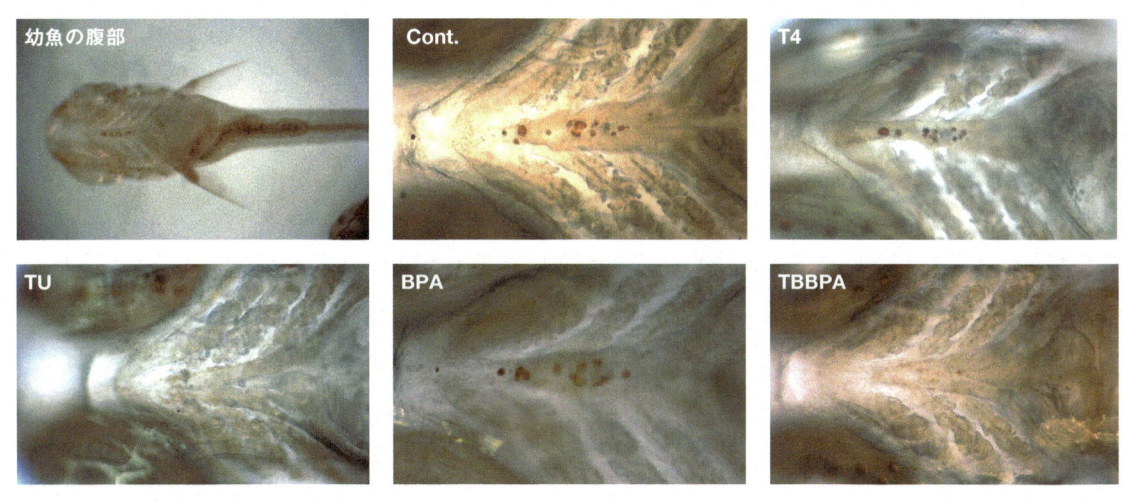

図5　メダカ幼魚の甲状腺の濾胞

免疫染色法により，鰓の中央にある濾胞が褐色に染まる。

その後2 mLのメタノールで2回換え，常温で一晩置く。

③　メタノールを2/3に減らし，30%過酸化水素水（原液）を1/3加え10％にし，常温で一晩置く。

④　③の過酸化水素水とメタノールの混合液を1/3に減らしPBTを2/3加え3.3％にし，常温で一晩置く。

⑤　12穴プレートに検体を移し，2 mLのPBTで5分ごとに3回洗う。

⑥　このPBTを除いた後，ヤギ血清が5%になるようにPBTで希釈した溶液を10匹あたり500 μL検体に滴下し，常温で約1時間30分処理する。

⑦　ヤギ血清を除いた後，一次抗体であるウサギの抗-T4抗体をPBTで1/4000に希釈した溶液を500 μL検体に滴下し，常温で約2時間処理する。その後，2 mLのPBTで10分ごとに6回洗って一次抗体を完全に除く。

⑧　PBTを除いた後，二次抗体であるヤギの抗-ウサギIgG抗体をPBTで1/500に希釈した溶液を500 μL検体に滴下し，そのまま冷蔵庫に一晩置く。その後，2 mLのPBTで10分ごとに6回洗って二次抗体を完全に除く。

⑨　ABC Kit solutionのA液，B液をそれぞれPBTで1/25に希釈し，このA液，B液を混合し正確に30分静置する。

⑩　PBTを除いた後，この混合液をPBTでさらに1/5に希釈した溶液を500 μL検体に滴下し，常温で約2時間処理する。その後，2 mLのPBTで10分ごとに6回洗い，混合液を完全に除く。

⑪　PBTを除いた後，50 mLコニカルチューブの中でDABタブレットを，PBT：DAB＝5 mL：1粒の割合で溶かした溶液を500 μL検体に滴下し，常温で約15分処理する。

⑫　0.3％過酸化水素水2 mLをサンプリングチューブに作成し，DABに浸された検体にそのまま10匹あたり2 μLずつ滴下し，10分間発色させる。その後，反応液を捨て2 mLのPBTで2回洗って反応を停止させる。

⑬　PBTを除き4％パラホルムアルデヒド燐酸緩衝液を加え保存する。その後，顕微鏡で甲状腺の濾胞を観察し，数える。

※注意

①　DABは発がん作用があるので操作⑪と⑫ではマスクと手袋を着用する。また，DABの

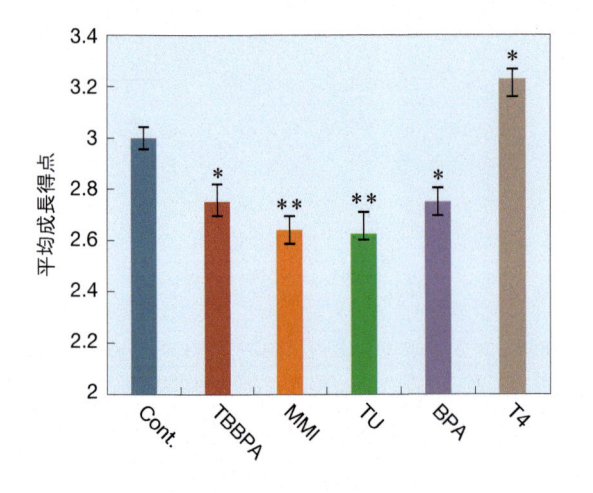

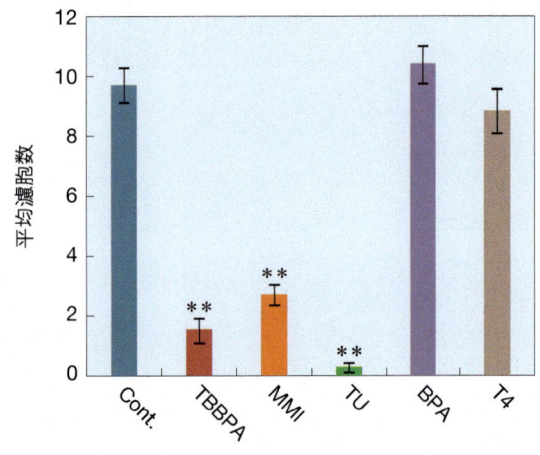

図6　成長得点に対するに対する影響

マン・ホイットニーのＵ検定（各区分 n ＝ 30）。
有意差，P ＜ 0.05 は *，P ＜ 0.01 は * * をつけた。

図7　甲状腺の濾胞数に対する影響

マン・ホイットニーのＵ検定（各区分 n ＝ 30）。
有意差，P ＜ 0.05 は *，P ＜ 0.01 は * * をつけた。

廃液などは専門業者に処理してもらう。

③ 免疫染色を初めておこなう場合は，対照実験として陽性対照と陰性対照の2種類を設定する。陽性対照には，一次抗体（ウサギの抗-T4抗体）を加えるが，陰性対照には一次抗体を加えない。陰性対照が少し茶色くなりはじめたら（＝バックグラウンドが着色しはじめたら），操作⑫においPBTで洗って反応を停止させる。陰性対照を設定することで，この反応時間を検討できる。また，通常一次抗体を加えないので陰性対照は染色されないが，茶色に変化した場合は抗原（チロキシン）に特異的でない反応（使用した血清や標本の内在しているペルオキシダーゼの不活性化）について検討することができる。

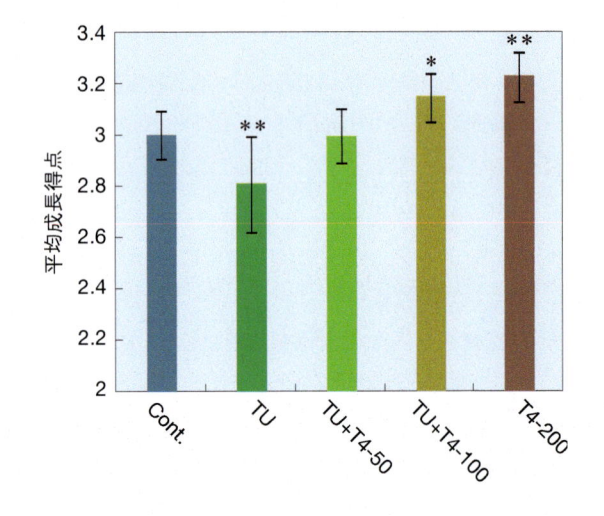

図8　チオ尿素とチロキシンの共投与における成長得点に対する影響

マン・ホイットニーのＵ検定（各区分　n ＝ 30）。
有意差，P ＜ 0.05 は *，P ＜ 0.01 は * * をつけた。

（5）統計的検定法

　統計的検定ソフトは，JSTAT（佐藤真人氏の統計的分析ができるソフト）を使用し，コントロールと他の実験区分に対してマン・ホイットニーのＵ検定をおこなう。有意差が，P ＜ 0.05 の場合には棒グラフ上に * を，P ＜ 0.01 の場合には * * をつける。

 結果

　尾部骨格の成長得点に対する影響を**図6**に，甲状腺の濾胞数に対する影響を**図7**に示した。チオ尿素，メチマゾール，テトラブロモビスフェノールＡの成長得点と濾胞数は，コントロールに対し

て有意に少ない。一方，チロキシンとビスフェノールAの濾胞数に対する影響には共に有意差がないが，成長得点に対する影響ではチロキシンは有意に成長を促し，ビスフェノールAは有意に抑制する。

また，チオ尿素とチロキシンの共投与実験の結果を**図8**に示した。チオ尿素の尾部骨格の成長抑制効果は，チロキシンを投与することで濃度依存的に解除される。

ブロモビスフェノールAのアンタゴニストの作用も同様の方法で確認されている。

しかし，テトラブロモビスフェノールAは，ビスフェノールAとは異なり，有意に甲状腺の濾胞数を抑制する（**図7**）。したがって，テトラブロモビスフェノールAには，チオ尿素やメチマゾールと同様に，甲状腺ペルオキシダーゼを阻害する作用があることが示唆される。今後，この点を実証していくための実験がさらに必要である。

④ 考察

抗甲状腺剤*であるチオ尿素とメチマゾールは，甲状腺ペルオキシダーゼの作用を阻害する（**図1，図2**）。したがって，甲状腺の濾胞にチロキシンがほとんど含まれていないので，検出できる濾胞数が有意に減少する（**図5，図7**）。このチロキシンの減少に伴って，尾部骨格の成長を促進する遺伝子の発現も減るので，この二つの実験区分では尾部骨格の成長が有意に抑制される（**図1，図6**）。しかし，チロキシンを投与することで，成長を促進する遺伝子の発現が復活するので成長の抑制効果は消失する（**図8**）。同様な結果が得られた例として，メチマゾールによるゼブラフィッシュ（*Danio rerio*）の成長の抑制[9]やチオ尿素によるメダカの尾鰭の再生の抑制[10]がチロキシンの投与により解除された研究がある。

ビスフェノールAは，尾部骨格の成長を有意に抑制したが，甲状腺の濾胞数に対する影響では有意差がなかった（**図6, 7**）。したがって，ビスフェノールAには，甲状腺ペルオキシダーゼを阻害する作用はなく，**アンタゴニスト***として**受容体***に結合することによって，甲状腺ホルモンの作用を妨げた可能性が高い（**図1，図2**）。ビスフェノールAのアンタゴニストの作用は，甲状腺ホルモン受容体遺伝子と緑色蛍光タンパク質遺伝子を連結したベクターを用いて遺伝子組換をしたアフリカツメガエルで，実証されている[8]。また，テトラ

⑤ 発展的課題

(1) テトラブロモビスフェノールAは，臭素系難燃剤としてコンピュータ基板に使用されている。これを使用していないものは，ハロゲンフリー基板として扱われている。これらの基板を購入し，基板からの抽出液で実験を試みることができる。細かく砕いた基板20 gに水200 mLを加え24時間煮沸したものを基

用語解説 Glossary

【抗甲状腺剤】
甲状腺ペルオキシターゼの働きを阻害する物質。甲状腺ペルオキシターゼが阻害されると甲状腺ホルモンは合成できない。メチマゾール（別名チアマゾール）は，甲状腺疾患の薬として使用されている。

【アンタゴニスト（拮抗剤）】
生体内の受容体に結合して神経伝達物質やホルモンなどの働きを抑制する物質

【アゴニスト（作動剤）】
生体内の受容体と結合することで神経伝達物質やホルモンと同様の作用を示す物質。

【リガンド】
特定の機能タンパク質（受容体など）に特異的に結合する物質。リガンドと同様の作用を持つ物質がアゴニスト，リガンドの作用を抑制する物質がアンタゴニストである。

【受容体（レセプター）】
細胞膜，または細胞質や核内に存在し，リガンドと結合することで情報を伝えるタンパク質である。受容体には，細胞膜受容体と核内受容体とがある。甲状腺ホルモン受容体は，核内受容体である。

板抽出液の原液とし，さらに原液をそれぞれ10分の1，100分の1の濃度にした溶液を用いて，甲状腺ホルモンの作用に影響が出るかを調べよう。

(2) ホルモンの作用は，薬品処理する時期でその影響が異なることがある。受精卵を使用すると，幼魚とは異なる影響が出るだろうか。その日に受精した卵を96穴マイクロプレートに1穴に1個ずつ入れ，それぞれの実験区分でおいて0.3 mL薬品溶液を加え調べることができる。22℃に設定した恒温器に受精卵を入れ，コントルール（水）の孵化日のピークを調べると，約10日で孵化する。この孵化日数と甲状腺の濾胞数の二つの指標を基にして，甲状腺ホルモン作用の影響を調べる実験を計画するのも興味深い。

6 おわりに

本原稿のデータは，授業（SSH探究）や生物部の指導によって得たものを利用している。特に，熱心に研究課題に取り組んでくれた当時の松山高校の生物部員部に感謝致します。また，甲状腺の濾胞細胞の免疫染色法は，2009年に生物部員とともに東京大学大学院理学系研究科動物発生学研究室の武田洋幸教授，島田敦子助教にご指導していただき，学んだ方法である。この紙面をお借りして厚く御礼申し上げます。

［文 献］

1) 吉里勝利. 変態の細胞生物学 12–44（東京大学出版会，1990）.

2) 鯉淵典之. 動物心理学研究 **61–1**, 15–21, doi.org/10.2502/ janip.61.1.10 (2011).

3) 佐二木順子，柳堀朗子. 千葉衛研報告 **29**, 1–8 (2005).

4) OECD. Amphibian Metamorphosis Assay (AMA) (OECD TG 231), *OECD iLibrary*, Viewed 15 Nov. 2018 〈https://doi.org/10.1787/9789264304741-8-en〉 (2009).

5) 宮田かおり，於勢佳子. 甲状腺ホルモン撹乱作用と両生類変態アッセイにおける病理組織学的検査 住友化学技術誌 取得日2018年11月15日〈https://www.sumitomo-chem.co.jp/rd/report/files/docs/2012J_6.pdf〉(2012).

6) 服部明正. 生物の科学 遺伝 **70–3**,172–177 (2016).

7) 服部明正. メダカ.生物課題実験マニュアル 改定版（教材生物研究グループ）90–110（東京書籍，2011）.

8) Goto, Y., Kitamura, S., Kashiwagi, K., Oofusa, K., Tooi, O. *et al. Journal of Health Science* **52–2**, 160–168, doi.org/10.1248/jhs.52.160 (2006).

9) Donald D. Brown. *Proc. Natl. Acad. Sci.* **94–24**, 13011–13016, doi:10.1073/pnas.94.24.13011 (1997).

10) Sekimizu, K., Tagawa, M. & Takeda, H. *Zoological Science* **24–7**, 693–699, doi:10.2108/zsj.24.693 (2007).

11) 岩松鷹司. メダカ学全書 281–317（大学教育出版，2006）.

【生体制御】

顕微鏡下でアクチン・ミオシンのすべり説を確認する
——アメリカザリガニを材料に

本橋 晃 *Akira Motohashi*

雙葉高等学校 教諭

筋肉の収縮は，細胞に含まれる主にミオシンからなる太いフィラメントと，主にアクチンからなる細いフィラメントとが互いにすべり合うことによって起こる。生物の授業では，生徒が実物を見ることが重要である。筆者は扱いやすいアメリカザリガニを用い，簡便な方法で生徒に筋原繊維を観察させ，さらにATPを添加することにより筋原繊維が収縮する様子を観察させている。

1 はじめに

大腸菌からゾウに至るまで，すべての生物はエネルギー物質であるATPを利用して生命活動を営んでいる。ATPの利用の具体例として最も身近に感じられるものは筋肉の収縮であろう。筋収縮のメカニズムについては1954年にすべり説が提唱され，ゴムやスプリングのように伸び縮みするのではないことが示された。現在では分子レベルで，ミオシンが首を振ることによってアクチンフィラメントをたぐり寄せることが明らかになっている。

本校の高等学校1年の「生物基礎（3単位 必修）」では，内容を広げて"筋収縮のしくみ"を含めている。ATPの利用の学習の中ではグリセリン筋の収縮，ホタルの発光の再現など，いくつかの実験・観察をおこなわせている。本稿ではその中で，横紋筋の収縮が，ATPのエネルギー供与によって筋原繊維が収縮することで起こるものであるこ

とを，可視的に理解するための方法を紹介する。

筆者は以前にアメリカザリガニ（以下ザリガニと略す）を用いた筋収縮の教材化について報告した[1]。本稿はそれを少し改良したものである。筋原繊維の収縮など，生理的な現象を観察するには新鮮な材料を用いる必要がある。スーパーマーケットなどで販売されている組織は死後かなりの時間が経過しており，グリセリン筋にATPを加えても顕著な収縮を示さない場合が多い。かといってマウスなどの脊椎動物を殺すことには，教師側に強い抵抗感があると思われる。筆者は比較的抵抗感の少ないザリガニを用いて材料を調製している。

2 実験の材料と方法

(1) 試薬の調製

• PBS (phosphate buffered saline 生理食塩水と

(a)

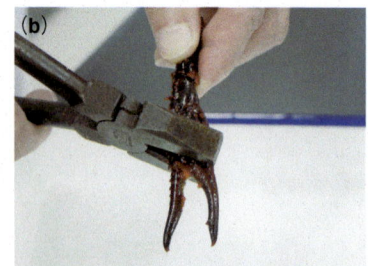
(b)

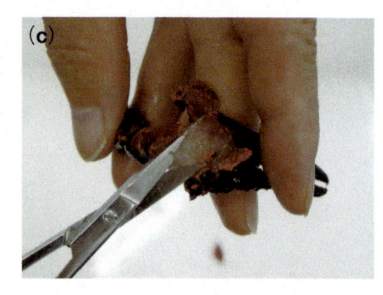
(c)

(d)

(e)

図1　グリセリン筋の作製の仕方

(a) アメリカザリガニ

(b) ハサミの外骨格をペンチで挟んで割る。

(c) 中の筋肉をそぎ落とす。

(d) 筋肉を冷やした50％グリセリン溶液の中に入れる。

(e) 1〜2日間冷蔵庫（4℃）に放置後，50％グリセリン溶液を交換して冷凍庫（−30℃）に保存する。

しての リン酸緩衝溶液：0.85％NaCl, 0.27％ Na_2HPO_4, 0.04％ NaH_2PO_4, pH7.1）

- 50％グリセリン溶液（PBSとグリセリンを1：1で混合したもの）

- ATP溶液（ATPを0.5％の濃度で蒸留水で溶かし，水酸化ナトリウムでpHを7に調整したもの）使用しないときは冷凍保存した。常温に放置すると活性を示さなくなる。

(2) グリセリン筋の作製（図1）

ザリガニ［**図1**(a)］は，金魚店で購入した。ザリガニのハサミの筋肉は**図2**のようになっている。まず，ザリガニのハサミを切り落とし，ペンチで外骨格を割る［**図1**(b)］。内部の筋肉を取り出し［**図1**(c)］，冷やした50％グリセリン溶液に入れた［**図1**(d)］。多くの筋肉は内部の平らな腱とつながっているので，腱からも筋肉をそぎ落とした。ハサミの筋肉には，開く筋肉と閉じる筋肉がある（閉じる筋肉の方が圧倒的に多い）が，試料を調製する際には，両者を区別することなくおこなった。攪拌したのちに冷蔵庫（4℃）に1〜2日保存し，一度50％グリセリン溶液を交換したのちに冷凍庫（−30℃）に保存した。そのように調製したグリセリン筋は2週間以上経ってから実験に使用し

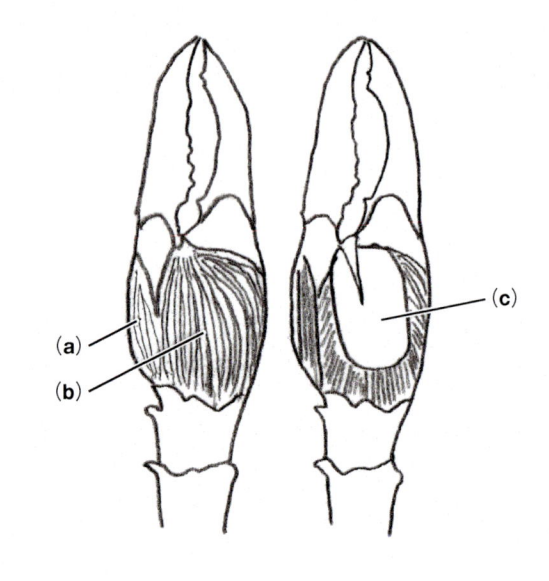

(a)
(b)
(c)

図2　アメリカザリガニのハサミ

(a) ハサミを開く筋肉　　(b) ハサミを閉じる筋肉　　(c) 腱

右図は(a)，(b)を除去した状態を示す。

た［**図1**(e)］。細胞内のATPが抜けるまでに2週間ぐらいかかるからである（丸山私信）。

(3) 筋原繊維の調製

ザリガニのハサミのグリセリン筋からの筋原繊維の調製には二つの方法がある。一つはグリセリ

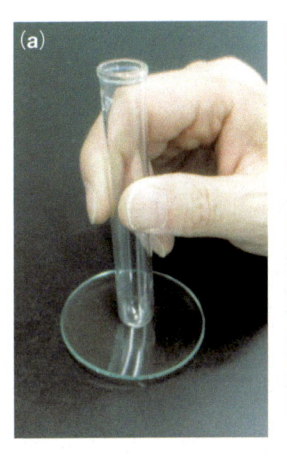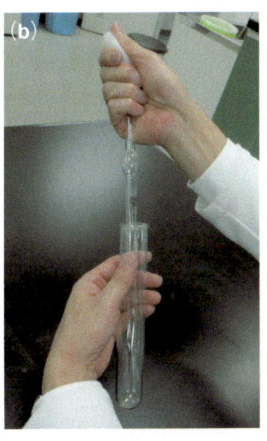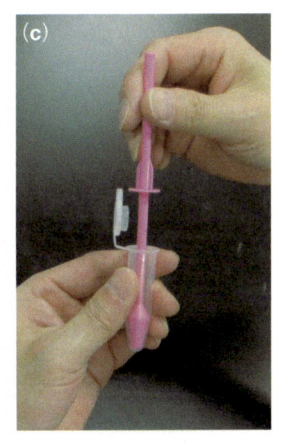

図3 筋原繊維の調製法

(a) 時計皿にグリセリン筋をとり，試験管の底で軽くたたく。

(b) (a) でほぐしたグリセリン筋を大きな試験管に入れ，PBSを加えて駒込ピペットでピペッティングをくり返す。

(c) 少量のグリセリン筋とPBSをチューブに入れて，ホモジナイザーを軽く回転，上下させる。

ン筋を大きめの試験管に入れてPBSを加え，駒込ピペットでピペッティング（吸引と噴出をくり返す。あまり泡立てないほうがよい）をおこなう［**図3**(b)］。その前に時計皿にグリセリン筋を載せ，試験管の底で軽くたたく［**図3**(a)］（これはホモジナイザーの代わりである）とよいが，この操作はおこなわなくても筋原繊維の調製は可能である。もう一つは**図3**(c) のようなチューブにグリセリン筋を入れ，PBSを加えてホモジナイザーを用いて破砕する方法である。本校では以前，**図3**(b) の方法で教師側が生徒分の試料を用意していたが，最近では**図3**(c) の器具を各班に配り，生徒自身に筋原繊維の調製をおこなわせている。

(4) 筋原繊維のATP添加による収縮の観察

　調製した筋原繊維の試料をスライドガラスに載せ，検鏡する。その際，透明感のある液体の部分をスライドガラスに載せても細かな筋原繊維しか見られない。ほぐれた筋肉の破片を含んだ試料をスライドガラスに載せた方が，はっきりとした筋原繊維が見られる。筋肉の破片のまわりには，ほぐれた筋原繊維が観察される。しぼりを調節すると縞模様がはっきり見られる［**図5**(a), (b), (c)］。ミクロメーターを用いることによりサルコメアのおおよその長さが測定できる。筋原繊維へのATP溶液の添加は**図4**のようにおこなう。筋原繊維を150倍程度の倍率で観察しながらカバーガラ

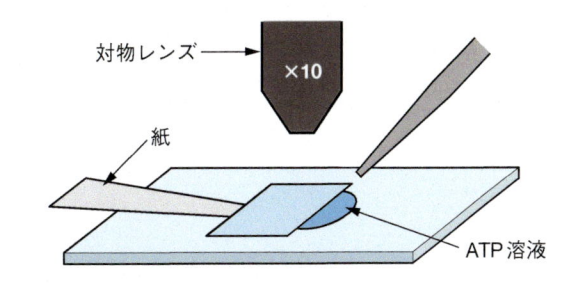

図4 プレパラートにATPを添加する方法

カバーガラスのへりにATP溶液を滴下する。もう一方でティッシュペーパーなどでプレパラート内の溶液を吸い取るとより効果的である。

スの端にATP溶液を滴下する。もう一方でティッシュペーパーなどでプレパラートの溶液を吸い取る（媒液交換）とより効果的である。収縮が顕著でない場合にはATP溶液をさらに滴下するとよい場合がある。一人での操作が難しい場合は二人でおこなうとよい。つまり一人はプレパラートを観察し続け，もう一人がATPの添加をおこなう。

3 実験結果

(1) 筋原繊維の観察

　図5(a), (b), (c) に調製した筋原繊維を示す。位相差顕微鏡を用いなくても，生徒用の顕微鏡で明瞭な横紋構造が見られる。明帯，暗帯のほかにZ膜，H帯が見られることもある。生徒にはミク

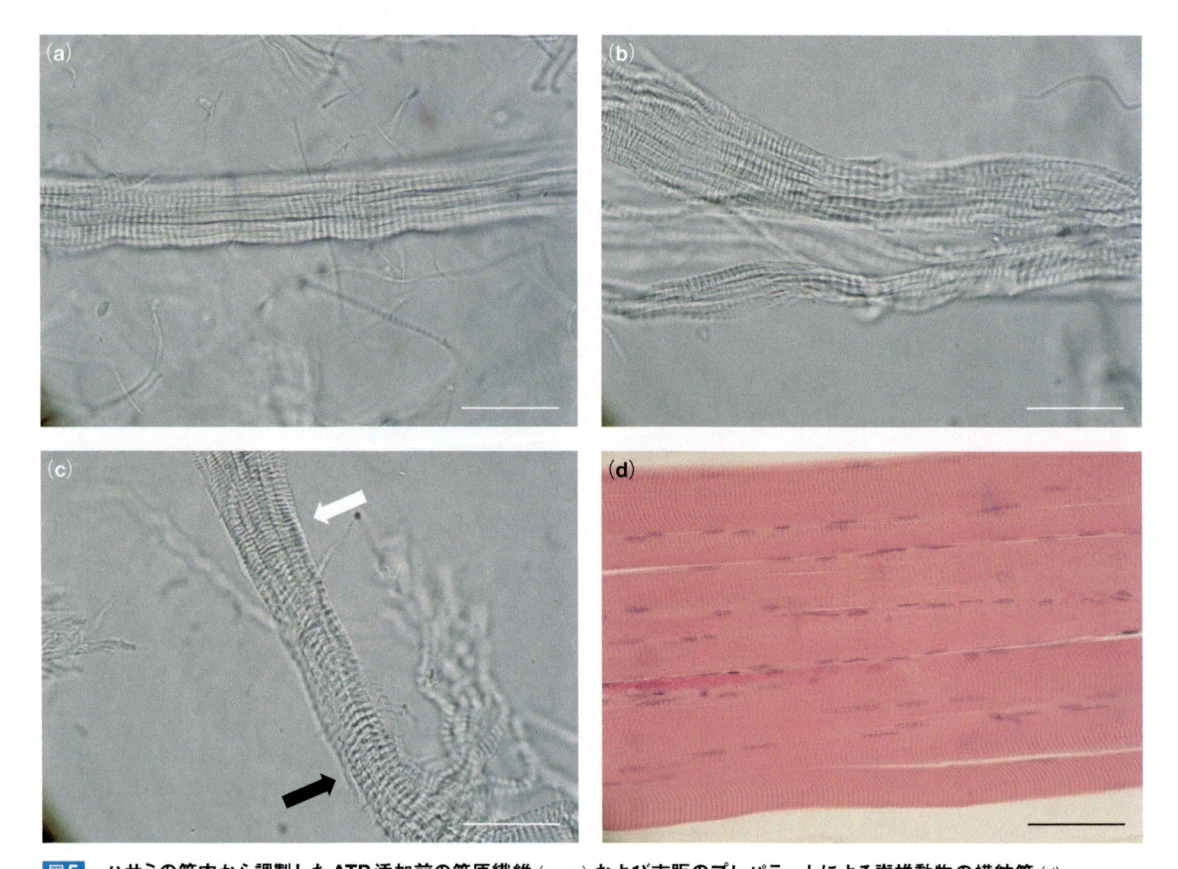

図5 ハサミの筋肉から調製した **ATP 添加前の筋原繊維** (a〜c) **および市販のプレパラートによる脊椎動物の横紋筋** (d)

スケールのバーは 50 μm を示す。(a) は図3の (b) の方法で，(b) および (c) は図3の (c) の方法で調製したものである。(c) では縞模様の幅が広い部分（黒い矢印の部分）と狭い部分（白い矢印の部分）が見られる。(c) は図6のa1の一部を拡大したものである。いずれもサルコメアの長さは (d) の脊椎動物より長い（4〜5 μm）ことがわかる。(d) 比較のための市販の横紋筋プレパラート　サルコメアの長さはおおよそ2.5 μm である。

ロメーターを用いてサルコメアの長さを測定させている。一つのサルコメアの長さを測定するのは困難なため，測定は次の方法でおこなわせている。

- 測定する際は，高倍率でおこなう。
- 一定の接眼ミクロメーターのメモリ中に筋原繊維の縞がいくつあるかで近似値を求める。

脊椎動物のサルコメアの長さはおよそ2.5 μm であるが，市販のプレパラートで測定しても同じ長さであった［**図5(d)**］。一方ザリガニのハサミの筋肉では約4〜5 μm のサルコメアの筋原繊維が見られる［**図5(a)，(b)，(c)**］。ハサミを開く筋肉には10 μm に達する巨大サルコメアが存在することが知られている[2)]。よって異なるタイプの筋原繊維

も見られる可能性がある。加えてハサミのグリセリン筋を作製する際，筋肉を伸ばした状態でグリセリン処理をおこなっていないため，筋原繊維にはさまざまな状態のサルコメアの長さのものが見られる。いずれにせよハサミの筋肉に含まれる筋原繊維は脊椎動物の筋原繊維よりもサルコメアが長いため，縞模様が観察しやすいと考えられる。

(2) 筋原繊維の ATP 添加による収縮

筋原繊維の ATP 添加による収縮の観察は，あまり高倍率でなく，150 倍程度の倍率が適切である。また ATP 添加により筋原繊維が流され，視野から消えることがあるので，ある程度筋原繊維が集まったものを見るのがよい。図6の (a_1)〜(a_3)，(b_1)〜(b_3)，(c_1)〜(c_3)，(d_1)〜(d_3) がその例であ

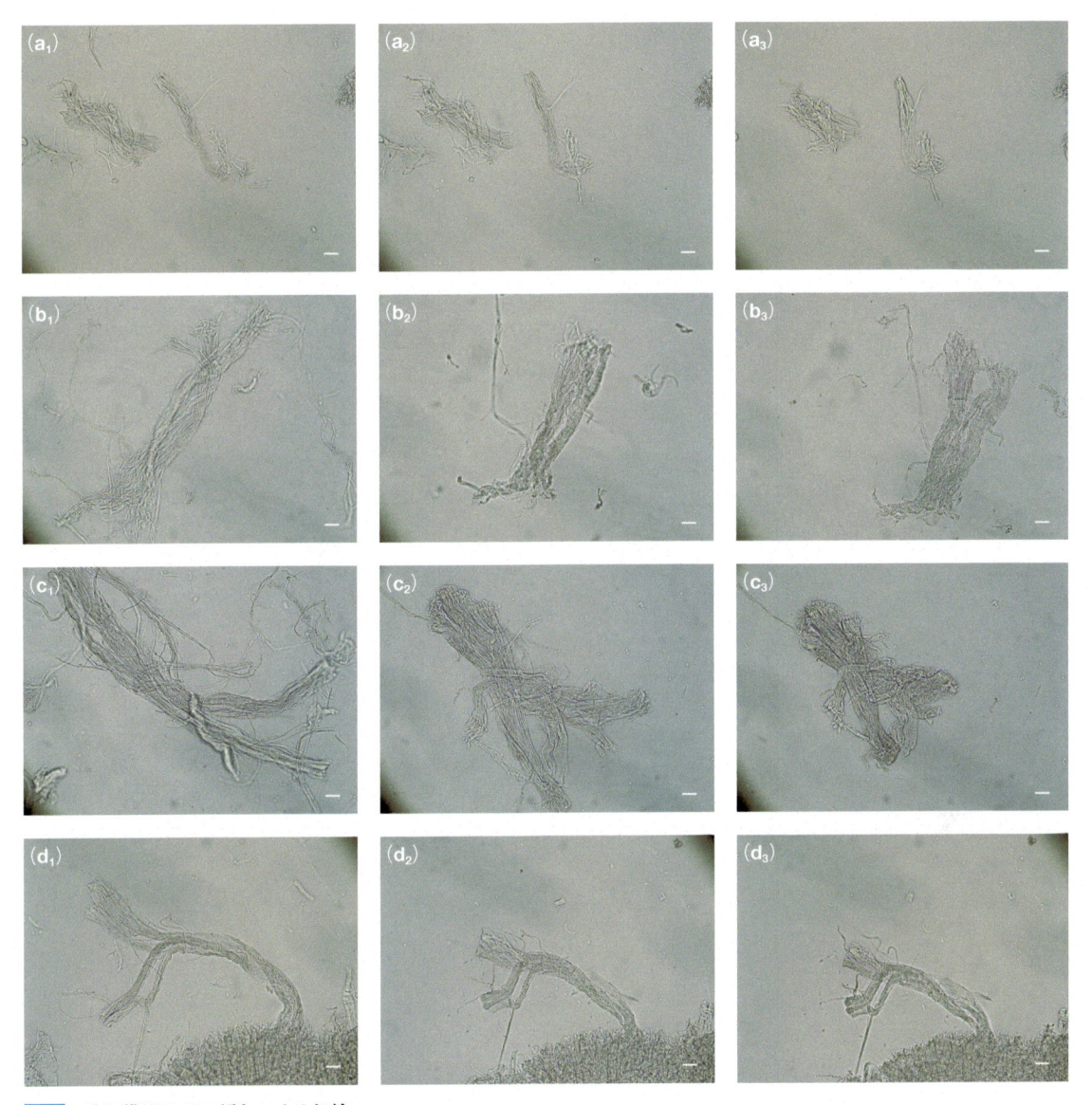

図6　筋原繊維のATP添加による収縮

(a_1), (b_1), (c_1), (d_1) はATP添加前　(a_2), (a_3), (b_2), (b_3), (c_2), (c_3), (d_2), (d_3) はATP添加後の時間経過を示す。(a_1) は短い筋原繊維が数本集まったもの。(b_1), (c_1) は (a_1) より長い筋原繊維が多数集まったもの。(d_1) は筋肉から出ている筋原繊維である。いずれの筋原繊維もATP添加により短くなっていくことがわかる。(b_1)〜(b_3), (c_1)〜(c_3) では、太くなっていく様子が顕著に見られる。スケールのバーは50 μm。

る。大小さまざまな筋原繊維の束が観察されるが、いずれもATP添加により全体の長さがみるみる短くなっていく様子が見られる。また、短くなるにつれて太さが太くなるものが見られた［**図6** (b_1)〜(b_3), (c_1)〜(c_3)］。(d_1)〜(d_3) は筋肉の破片の端に見られた筋原繊維である。このような試料では一方が固定されているため、ATP添加により流されて視野から消えることは起こりにくい。

 ## 4　授業における生徒実験の結果

ザリガニのハサミに筋肉が含まれていることは、私たちがカニの爪の中の肉を食用にしていることからも容易に理解でき、授業の導入ではそのような話もしている。実験をおこなわせる際には、高倍率で筋原繊維のサルコメアの長さを求めることよりも、ATPによる筋原繊維の収縮の観察を先

におこなわせている。それは筋原繊維の時間経過による活性の低下をできるだけ防ぐためである。なお，筋原繊維の収縮実験の前には，教師側が作製した動画（ATP添加による収縮の様子を顕微鏡にビデオを取り付けて収録したもの）を生徒に見せている。どのようなものを顕微鏡で見たらよいかを明確にするためである。

今年度筆者が担当した3クラスでの，本実験（筋原繊維のATPによる収縮の観察）の成功率を**表1**に示す。多少技術を要する実験・観察であるが，ほとんどの生徒が筋原繊維のATPによる収縮の様子を見ることができたようである。高等学校1年生にとって適切な実験といってよいだろう。

⑤ 実験を終えて

実験を実施した日の放課後，ある生徒から質問を受けた。「どうしてグリセリン筋にATPを添加すると収縮するのですか？ 収縮のスイッチはカルシウムイオンではないのですか？」という内容である。とても大事な質問なので，以下，本実験のしくみの概略について述べる。

筋肉を50％グリセリンで処理すると細胞膜の脂質の部分が壊される。それにより細胞の内容物は外に拡散して出ていくが，筋原繊維はその構造を保ったまま残っている。よってATPもカルシウムイオンも，また筋小胞体も細胞内には存在しないと考えられる[3,4]。つまり筋原繊維は収縮できる状態にあるが，ATPがないために収縮できないということである。破壊される前の細胞膜は外部からのATPを細胞内へ通さない。しかし壊された細胞膜のすき間からはATPが筋原繊維まで届き，アクチンとミオシンが相互作用を起こして，両フィラメントがすべり合うということになる。もしカルシウムイオンが必要だとしても収縮に必要なカルシウムイオンの量は試薬のコンタミ（不純物）に含まれるカルシウムイオン（ほこりでさえカルシウムのもとである）[5]や，ビーカーなど

表1 実験の成功率

クラス	実験を実施した人数	成功した人数	クラスの成功率（％）	全体の成功率（％）
B	44	44	100	
C	44	41	93	96
D	41	39	95	

のガラス器具から溶け出るわずかな量のカルシウムイオンで十分といわれる。

⑥ おわりに

筆者はザリガニを解体してハサミを取り除いたのち，腹部の筋肉もグリセリン処理を施している。腹部のグリセリン筋は細く裂いてATPを添加するとよく収縮する[1]。その映像も生徒には見せている。また腹部筋肉はアクトミオシン糸の収縮実験にも用いることができる[1]。今回示していないが，グリセリン筋の抽出液をSDS-ポリアクリルアミドゲル電気泳動にかけると，ミオシン重鎖，アクチンが容易に検出できる。これらの実験の詳細については別の機会に紹介したい。

高校1年生全員に対しては，教師側で材料を作製し配布して実験をおこなわせているが，4単位生物を選択した生徒に対しては，ザリガニの解体からグリセリン筋の作製など，できるだけ生徒自身に操作をおこなわせるのがよいだろう。ザリガニの筋肉を用いてさまざまな実験を継続的におこなわせ，また探究的に扱うことができると考えられる。

［文 献］

1) 本橋晃, 高城忠. 生物教育 **30(4)**, 205–217 (1990).

2) 丸山工作. 筋肉はなぜ動く. 岩波ジュニア新書383, 65–104 (岩波書店, 2001).

3) 石田寿老, 佐藤重平・編. 生物の実験法322–326 (裳華房, 1979).

4) 北沢俊雄. 生化学実験講座15 筋肉. 日本生化学会 281–294 (1975).

5) 丸山工作. 筋肉のなぞ 97–132 (岩波書店, 1980).

【生体制御】

豆苗を用いた重力屈性と
アミロプラストの観察
──植物の環境応答〜「刺激を感受するしくみ」を観察する意義

薄井 芳奈 *Yoshina Usui*

KOBE らぼ♪Polka 代表　　プロフィールは P.191 参照

一般に，植物の根は重力の方向に，茎は重力とは逆に成長する。このとき，根では根冠のコルメラ細胞で，茎では内皮細胞などで，アミロプラストという細胞小器官の沈降により重力の向きを感受している。屈曲という応答とともに，刺激の感受に関わるしくみを観察する意義は大きい。優れた材料として豆苗を選び，アミロプラストの簡便な観察方法を紹介する。

① はじめに

　植物が横倒しになったとき，茎は屈曲して伸長の方向を修正し，上に向かって伸びていく（**図1**）。屈曲は茎の伸長領域で起こっており，この運動は茎の偏差成長による成長運動である。一般に，植物の茎は重力とは反対の方向に，根は重力の方向に成長する。すなわち，茎は負の，根は正の**重力屈性**[*]を示す（**図2**）。このとき，重力の向きの感受に重要な役割を果たすのが，「**アミロプラスト**」[*]という細胞小器官（オルガネラ）である。

　高等学校では，近年，「植物の環境応答」の単元は内容や扱い方が整理されてきて，歴史的な実験を追うのではなく，発芽，成長，開花結実など，植物の一生のイベントに沿って，「刺激の受容」→「情報の伝達」→「応答」という流れを常に意識し，その流れのどこに着目しているのかを確認し

つつ学んでいくスタイルとなった。新しい知見も盛り込まれるようになった。さらに，新しい指導要領では「見いだして理解する」というフレーズが多用され，実験観察をしくみの理解に結びつける体験が以前にも増して求められている。

　そのような中にあって，ある種の「刺激」に対する植物の「応答」を確認する実験観察や，植物ホルモンの作用を確かめる実験観察だけでなく，「刺激を感受するしくみ」に関わる実験観察の必要性を感じてきた。その一つとして「アミロプラストの観察」について，材料と方法の提案，実践の報告をしたい。

② 重力屈性とアミロプラスト

　重力屈性は次のような段階を経て表れる。

図1 　負の重力屈性を示す茎

屈曲は伸長成長域で起こる。

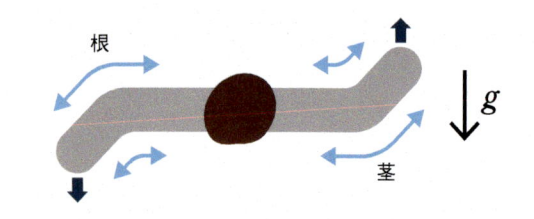

図2 　伸長成長域の上側と下側の成長に偏りが生じることで屈曲が起こる

① 「**刺激の受容**」　重力の感受とシグナルの形成
② 「**情報の伝達**」　伸長領域へのシグナルの伝達：極性輸送による**オーキシン***の分布変化
③ 「**応答**」　器官の偏差成長による屈曲

　このうち，重力の感受に関わる細胞は，根では**根冠***のコルメラ細胞，茎では**デンプン鞘***細胞である。これらの細胞には，デンプン粒を含んだアミロプラストという色素体がある。アミロプラストは周囲の細胞質よりも密度が大きいため，細胞の向きが変わると細胞内で重力方向（下側）に沈降する。アミロプラストの沈降が重力感受に関わるという「デンプン平衡石説」は，20世紀の初めにHaberlandtとNěmecによって提唱されたもので，修正を加えつつ現在も広く有力と考えられている。アミロプラストの移動や沈降がどのようなシグナルとなってオーキシンの輸送に変化をもたらすのかについては，まだ諸説あって，研究が進められている段階である。シグナルの形成，オーキシンの輸送，および，根や茎の伸長成長とオーキシンの分布に関する解説は参考文献を参照いただきたい。

3 　優れた教材としての豆苗

　「豆苗」はエンドウの芽生えで，年間を通じて

スーパーで安価に手に入る材料である（**図3**）。茎と根が同時に手に入り，大きさのそろった材料がクラス人数分すぐに揃う。同様のスプラウトとして従前からカイワレダイコンがよく用いられてきたが，豆苗はスプラウトの中では大型で扱いやすいことが特徴である。茎や根の構造がシンプルで，光や重力など外部からの刺激によく応答する。茎のアミロプラストの観察をしたい，と考えたときに，直感的に豆苗を選んで試したのは，材料との実に幸運な出会いであった。本稿で提案する重力屈性とアミロプラストの観察以外にも，光屈性など茎の伸長成長に関する実験に用いることができるほか，成長点が大きいため茎頂分裂組織の観察にも利用できる。

図3 エンドウは子葉が根元に残る地下子葉性で，芽生えは子葉の上に伸びた茎である

豆苗では茎はすでに数節あり，根は側根も伸びている。

④ 豆苗を用いた重力屈性とアミロプラストの観察

図4 ペットボトルなどを利用して根に水を与える

光にも敏感に応答するので覆いをして静置する。

【準備】

- **豆苗（エンドウ豆の芽生え）**
  豆苗は買ってきたら水を切らさないように下部のスポンジに水を与える。水が少ないと，根冠部分が黄色くなってきてしまう。スポンジごと一部を取り分けて，水の層の上に乗せ，根を水中に広げておくとよい（**図4**）。光の影響を避けるために箱をかぶせるなどした暗所で，半分は立てて，半分は横倒しにして半日〜1日静置する。

- **検鏡用具**
- **ヨウ素ヨウ化カリウム液**
  材料をヨウ素液で封じてそのまま顕微鏡観察できる程度に水でうすめておく。

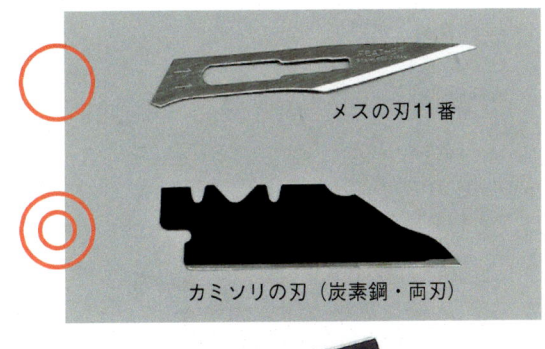

- **安全カミソリの刃**
  端を斜めに折る（**図5**）。メスの刃でも可能であるが，カミソリの方が刃が薄くて切片を作りやすい。

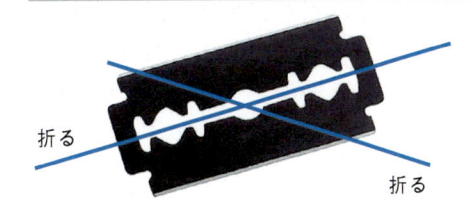

図5 安全カミソリの刃を半分に折り，さらに，端を斜めに折る

- **3%程度の寒天**
  電子レンジなどで煮溶かし，シャーレに2〜3mm厚に入れて固める。切片を作るときに茎や根が転がらないように固定するのが目的なので，寒天以外のものを加える必要はない。プリ

プリとしたしっかり固めがよい。グスグス緩いと作業しにくい。

図6 重力屈性の応答は半日ほどで観察できる
細胞内のアミロプラストの沈降だけなら数時間で観察できる。

図7 茎を寒天に押し込んで転がらないように固定する

- **双眼実体顕微鏡**

  肉眼でも切片を作ることはできるが，実体顕微鏡下でおこなうと格段に作業しやすい。安価なスタンド型ルーペや眼鏡型ルーペも利用できる。

【観察1】茎の内皮細胞（デンプン鞘細胞）とアミロプラストの観察

① 茎の応答は数時間で確認できる（**図6**）。縦置き，横倒しの茎のようすを観察し，重力に対する応答が茎のどこに，どのようにあらわれているかを確認する。〔**応答の確認**〕

② 茎の屈曲が起こっている場所を目安にして，伸長成長域付近（横倒しのものは屈曲部分にごく近い基部側）を切り出す。横倒しの茎はどちら側が上側だったか，出ている葉柄を目印にして向きを把握し，上下を維持して作業する。〔**刺激を意識**〕

③ 茎を水平にして上から指で寒天に押し込み，転がらないように固定する（**図7**）。このとき，寒天にひびが入ったりつぶれたりするのは気

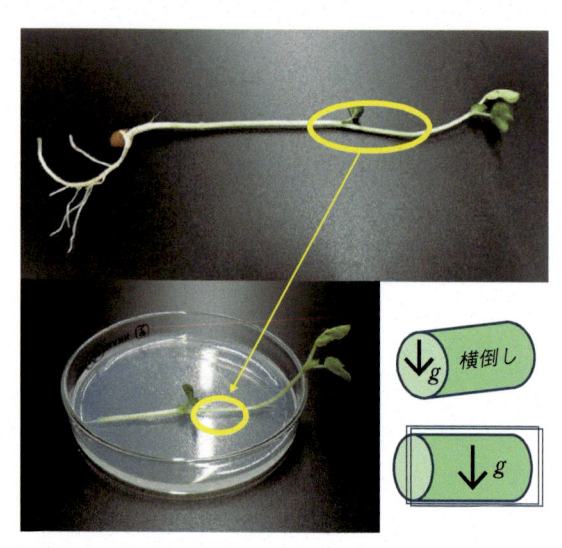

図8 横倒しの茎は上下の向きを保って寒天に固定する
屈曲した部位に近いところで切片を作る。

にしない。横倒しの茎は上下の向きを保ったまま埋め込むように注意する（**図8**）。

④ 実体顕微鏡下で，茎を縦断するようにカミソリの刃で平行に2本の切れ目を入れる。このとき，カミソリの刃を動かすのではなく，刃を入れたあとはシャーレを動かすようにした方がコントロールしやすい。切れ目に挟まれた部分の両端を切り，ピンセットでつまみ出してスライドガラスに乗せる（**図9**）。

⑤ ヨウ素液を1滴垂らして2分程度置く。その

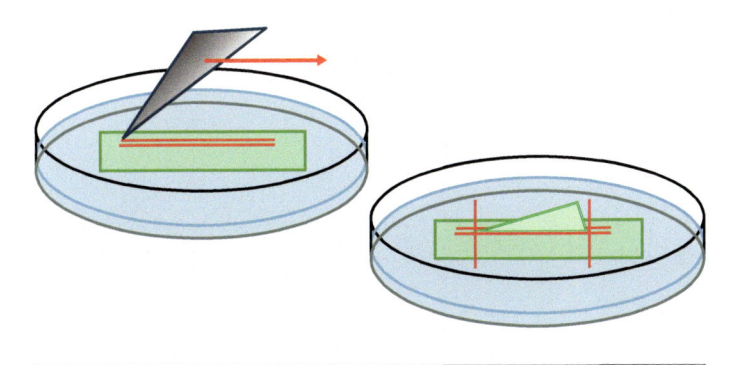

図9 平行に2回切れ目を入れて茎の縦断切片を作る

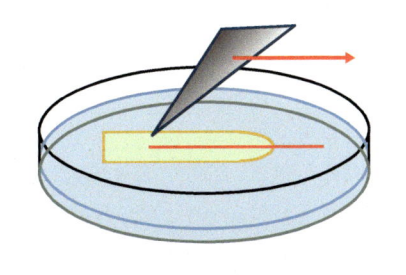

図10 根は縦に二つ割りにして断面を観察する

ままカバーガラスをかける。

⑥ 内皮（デンプン鞘）は，表皮，皮層の内側，維管束のすぐ外側にある。生物顕微鏡で観察して，内皮を確認し，染まっているアミロプラストの細胞内での位置を調べる。〔**感受の場の観察**〕

【観察2】根冠のコルメラ細胞とアミロプラストの観察

① 根の先端を含む数cmを切り取る。主根でも側根でもかまわない。

② 実体顕微鏡（落射照明）で根冠を観察する。根冠の細胞は，すぐに乾いて縮んできてしまうので，観察は手早くおこなう。

③ 観察したい面が垂直方向になるように根を水平にして，上から指で寒天に押し込み固定する。寒天にひびが入ったりつぶれたりするのは気にしない。

④ 実体顕微鏡下（落射照明）に置き，カミソリの刃で根冠部分まで縦断するように切る（**図10**）。根冠の細胞ははがれやすいので，いきなり根冠の部分に刃を入れない方がよい。根の少し上の部分に刃を入れ，根端に向けて刃を引いて切る。茎のときと同様，刃を入れたあとはシャーレを動かすようにした方がコントロールしやすい。縦断切片を作る必要はなく，縦に2つ割りにして縦断の切り口ができればよい。

⑤ 切った根を切り口が上側になるようにスライドガラスに乗せる。ヨウ素液で2分間染めたの

ち，そのまま，カバーガラスをかける。材料に厚みがあるので，カバーガラス内の水が足りない場合はカバーガラスの縁から水を追加する。

⑥ 肉眼，実体顕微鏡で全体像を観察し，顆粒状に青く染まっている部分を記録する。

⑦ 生物顕微鏡で観察する。根冠のコルメラ細胞内のアミロプラストが染まっていれば，その位置を確認し，細胞のどちらが下側になっていたかを調べる。

⑤ 観察結果と授業実践

(1) 茎の観察

目に見えない重力という刺激を意識し，実験の条件を理解するためにも，光を遮断する覆いは生徒の前で外し，覆っていた理由も考えさせたい。豆苗を手に取るときから，茎の向きを把握し，屈曲している場所を確認することも，刺激と応答とのつながりを意識する上で大切である。

豆苗では内皮細胞のアミロプラストは粒が大きく，他の細胞にある葉緑体とはっきりと区別できる。アミロプラストの偏在と観察切片のどちら側が下側であったかを結びつける観察をしたい（**図11，図12**）。ただし，茎の内皮では，アミロプラストは単純に重力に従って沈降しているわけではなく，細胞骨格によって細胞内を常に動いていて，その動きと沈降との平衡で，全体としてみると下側に

偏っている状態であることが報告されている。全部の粒が下側に沈んで見えるわけではない，ということを指導者があらかじめわかった上で観察させる必要がある。

　切片を作るときに，2枚重ねにしたカミソリや教材会社の商品にある切片作製用の2枚刃の器具を押し当てる方法も試してみたが，茎の中の柔組織が柔らかくてつぶれやすい。とがった刃先を滑らせて2本平行に切る方がきれいな切片ができた。多少切片が厚くても，光をしっかりと入れてピントをよく調節すれば，内皮の細胞は観察できる。切片に厚みがあったり，茎の中心部を通る切片ではない場合には，内皮がいくつかの層に見える場合もあるが，横断切片（**図13**）の観察でわかるとおり，内皮は1層だけである。

　豆苗やもやしなど若い茎ではデンプン鞘とよばれる内皮は伸長成長域周辺にあり，先端から基部まで，茎のすべての位置にアミロプラストを持つ細胞があるわけではない。そのため，なかなかうまく行かない，と，切る位置をだんだんと基部側

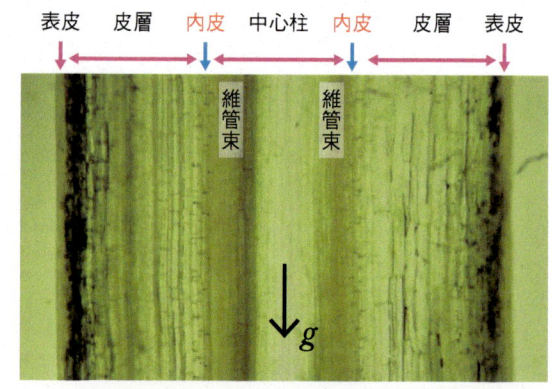

アミロプラストが細胞の下側に偏っている

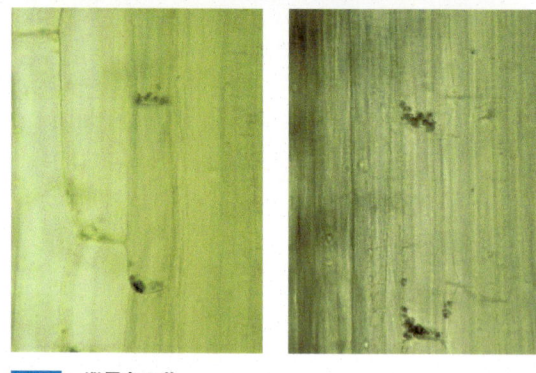

図11　**縦置きの茎**

内皮（デンプン鞘）は維管束の外側にある。アミロプラストが細胞の下側に偏在しているのがわかる。

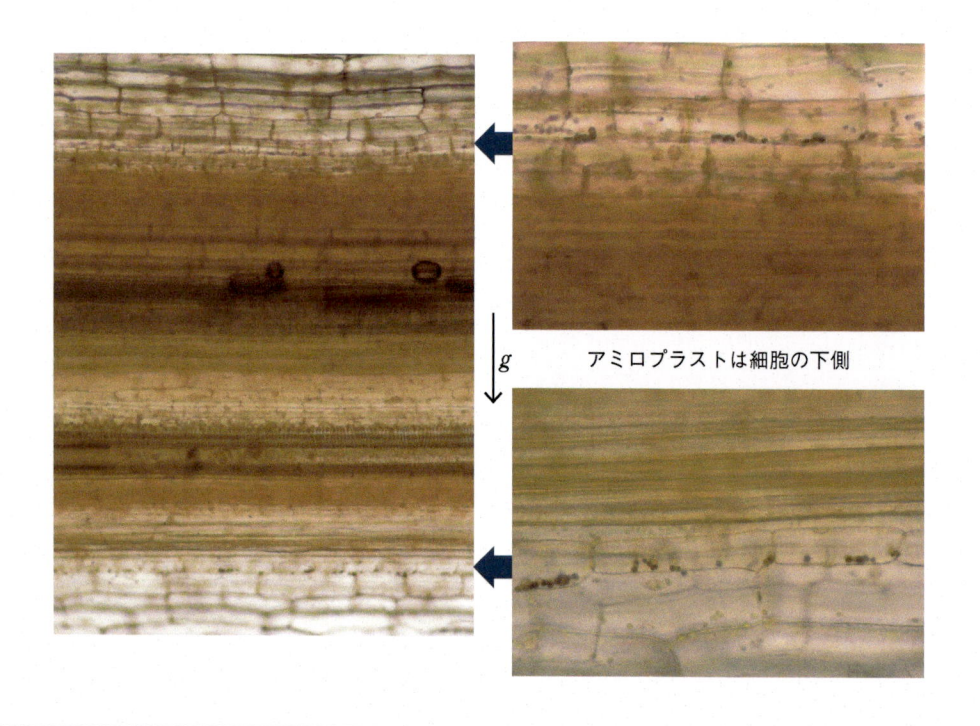

アミロプラストは細胞の下側

図12　**横倒しにした豆苗の茎**

アミロプラストが細胞の下側に偏在している。

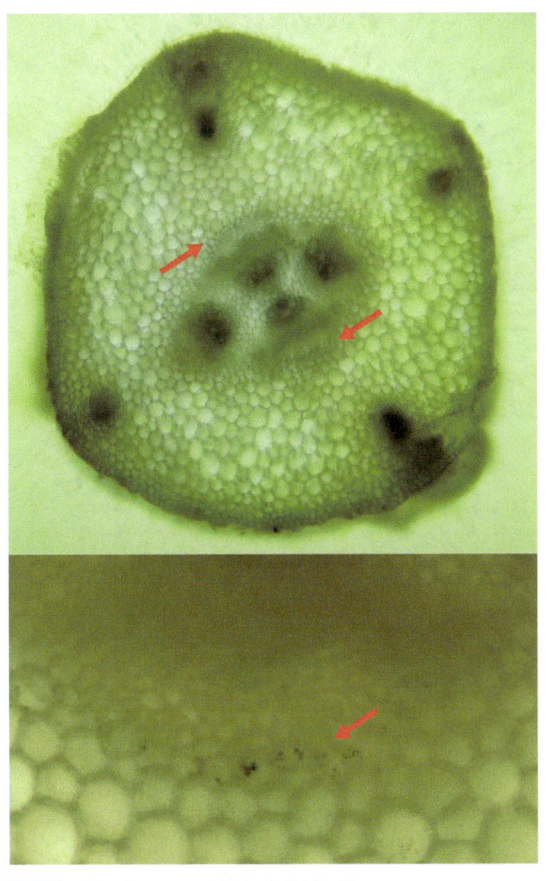

図13 茎の伸長成長域周辺の横断切片

内皮（デンプン鞘）は維管束の外側にあり，アミロプラストが観察できる。

図14 側根の根冠

図15 ヨウ素液をかけると根冠の部分が顆粒状に染まっているのがわかる

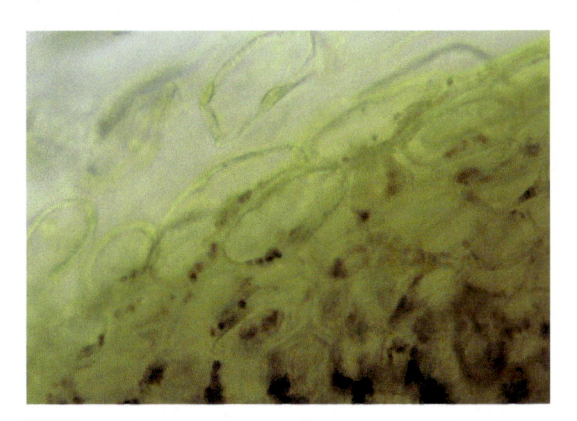

図16 根冠の細胞内でアミロプラストが偏在していることがわかる

にずらしておこなってしまった生徒の切片では，アミロプラストを観察できないことがある。

(2) 根の観察

いきなり切るのではなく，まずは，そのままの根の先端を観察させたい。生徒は根冠の美しさに思わず声を上げている（**図14**）。その後，切る作業に入ると，根冠が意外にももろく，すぐに壊れてしまうことを実感し，その役割との関係を考えることとなる。

染まる場所の観察から，屈曲の応答が表れる伸長領域ではなく，先端部分の根冠にアミロプラストが集中していることがわかる（**図15**）。重力を感受したあと，伸長領域へのシグナル伝達が必要になることへの理解につながるだろう。

なお，この実験では根については，根冠の細胞の中でアミロプラストが偏在していることを観察し（**図16**），観察結果からどちら側が下側だったかを考えさせることにしている。豆苗は購入時に

はすでにたくさんの側根が出て，主根も側根もスポンジに絡まった状態で，一方向に整理されているわけではない。また，根は水分に対する屈性も持ち，さらに，主根は重力方向への，側根では重力に対して横や斜め方向への屈性があるため，必ずしもアミロプラストが偏った側に向かって屈曲しているわけではない。そのため，伸長の方向とアミロプラストの細胞内での位置との関係を考察するには，豆苗はあまり適した材料とはいえない。根の重力屈性（応答）とアミロプラストの位置について考察したいのであれば，主根に着目して，根の状態がもっと単純に整理されている材料を用いた方がよいと考えている。

(3) 生徒の感想より

授業実践は，兵庫県立須磨東高等学校，伊丹市立伊丹高等学校の生物選択者を対象におこない，教員向け実験研修会で手法の共有をおこなった。以下に，生徒感想の例を紹介する。

- 豆苗の茎が上に曲がっているのを見て，ちゃんと曲がるんやと思ったし，どの茎もだいたい同じ場所で曲がっているのがおもしろかった。
- 根冠を実体顕微鏡で見たとき，とてもきれいで感動した。
- 細かい作業で苦労したが，根冠のアミロプラストがはっきり見えたのでうれしかった。
- アミロプラストが細胞の中で沈む，と聞いても，あまりピンとこなかったが，実際に下に寄っているのを見て，ほんまなんやと実感できた。
- アミロプラストがどの細胞でも同じ方に偏っているのがすごかった。
- こんな小さい粒が下に偏ることと，茎が曲がることが結びつくのが不思議だった。

6 おわりに

アミロプラストの沈降という重力と植物の細胞の状態を結びつける現象を目の当たりにする。観察しているのは，顕微鏡でやっと見える，細胞の中の小さな変化である。こんな変化がどのようにして屈曲に結びつくのだろう，という素直な疑問が生じる。これは，屈曲という応答を観察するだけでは出てこない疑問であろう。観察したことが，シグナルの形成や細胞間シグナル伝達という，刺激の感受と応答とをつなぐしくみへの，すなわち，この単元での学習内容への大きな興味喚起になっている。また，目に見える生命現象が小さな細胞で起こる変化に支えられていることに改めて気づくこともできる。

重力は地球上で生活をしている生物にとって逃れることのできない，常に入ってくる刺激である。その感受に，物自体は異なっていても「平衡石の利用」という共通性を持つ方法を植物も動物も使っていることへの気づきや驚きは新鮮で，植物も感じて生きていること，感受するしくみを持っているからこそ，それが応答に結びつくことを実感できる。

「刺激を受け止めるしくみの姿」を実際に観察できることの意義は大きいと考えている。

[謝辞]

2014年に森田（寺尾）美代 基礎生物学研究所 教授（当時は名古屋大学大学院生命農学研究科）のご講演を聴いたことが，茎の内皮のアミロプラスト観察をぜひとも授業に取り入れたいという強い動機となった。森田教授にはたくさんの参考資料を分けていただき，理解に対するご助言をいただいた。また，神戸大学の深城英弘教授には茎の内皮についての詳しい解説や，本稿作成にあたって種々のご助言をいただいた。心から感謝申し上げます。

[文 献]

1) 古谷将彦, 西村岳志, 森田（寺尾）美代. 植物の重力屈性の分子メカニズム. 化学と生物 **155**, 9, 624–630 (2017).

2) 豊田正嗣, 森田（寺尾）美代. 植物の重力感受機構モデル〜デンプン平衡石仮説〜の再検証. 生化学 **82**, 8, 730–734 (2010).

3) 中村守貴, 田坂昌生, 森田（寺尾）美代. 高等植物における重力感受の分子機構. 生物物理 **49**, 3, 116–121 (2009).

4) 深城英弘. 季刊誌「生命誌」通巻19号 (1998).

5) 大学共同利用機関法人 自然科学研究機構 基礎生物学研究所. 環境生物学領域 植物環境応答研究部門, Viewed 2019/11/18 〈http://www.nibb.ac.jp/perhp/〉 (2019).

【光エネルギーと生物】

紫外線と生物影響を複合的に考える観察・実験

小西 伴尚 *Tomotaka Konishi*

三重中学校・三重高等学校 教諭 理科主任

紫外線は，身近に存在するものであり，人間の健康にも関わる大切な生物の題材だと考えている。直接眼に見えないものであり，理解しにくいといった面からも，学校教育で扱うべきだと考えている。すべての生徒に共通して知ってもらいたい内容であることから，筆者らは紫外線教育の実践を義務教育段階の中学校2年生でおこなっている。この実践においては，紫外線量の測定や植物色素の紫外線遮蔽効果の実験をおこなうなど，紫外線を実感をもって学ぶことができるように配慮した。また生物は紫外線に適応して進化してきたという視点も導入した。コンセプトマップを授業前後に描くことで，自分の理解度を自分自身で客観的に理解し，メタ認知を伴う深い理解ができる。

 ① はじめに

近年，生物の学習をするにあたって，健康に関わる問題が取り上げられることが多くなってきた。たとえば，現行の高等学校学習指導要領を見てもわかるように，多くの生徒が履修することを想定し，生物基礎において免疫を扱っている[2]。これには日常生活に関わる内容を扱うことによって，関心を高めているという側面もあると考えられる[3]。

健康について扱う題材として，紫外線の学習は大切だと考えている。紫外線はビタミンDの合成など健康にとって有用な作用がある一方で，発がん，皮膚の老化等，人体に対する有害な作用もあり，あらゆる人にとって普遍的なリスクとなっているからである。紫外線のリスクは，近年，メディ

アで，気象庁の紫外線予報が報道されたり，紫外線の対策を施した衣料や化粧品が大きな市場となっていることからもわかるように多くの人々の関心をひいている。

しかし紫外線やそのリスクは直接眼に見えないもので，生徒にとって大変理解しづらい事象である。教員も学生時代に紫外線に関する教育を受けたわけではなく，「日光を浴びてカルシウムを吸収するためにビタミンDをつくらせよう」など，積極的に紫外線を浴びることが推奨されてきた経緯もある。生物影響への多面的理解を得にくい側面もある。

紫外線を学ぶ教育教材に関する先行研究[4]~[7]はおこなわれてきたが，その数はわずかであり，その多くは，紫外線の物理的性質や生物影響につ

いてのものであり，紫外線防御についての教材はほとんど見られない[8]のが現状だった。そこで筆者は三重大学の荻原彰教授とともに紫外線防御も視野に入れた教材を開発し，実施してきた[1]。すべての生徒に共通して知ってもらいたい内容であることから，実践は義務教育段階の中学校2年生でおこなっている。

② 紫外線による生物影響を観察実験によって体験的に学ぶ実践

紫外線教育に利用できる先行研究[9]~[11]を参考に，(1)紫外線がどんなものかという科学的な性質を理解させるための「紫外線の実体と性質」，(2)人体にどのような影響を与えるかの実例を学ぶ「紫外線による障害」，(3)(1)と(2)を生かして自分たちの身体を守ることを学ぶ「紫外線の適切な防御」，以上の3点の内容での実践を紹介する。

(1) 紫外線の性質とその内容を観察によって調べる

筆者はこの内容に含まれる事項として次の6項目を設定している。

① 太陽光の中に紫外線が含まれている。

プリズムを使って中学校1年生で習った光の屈折の違いを利用して太陽光を分光し［雨の日用に写真教材も準備（**図1**）］，可視光の解説とともに，不可視光として赤色光の外側に赤外線・紫色光の外側に紫外線があることの解説をする。ほとんどの生徒が名前を聞いたことがあり，名前からしてそういうものがあることを納得できる。授業ではおこなわなかったが，可視光の部分と紫色光の外側（可視光が見られない側）で紫外線量を測定・比較すると，光が当たっていない部分のほうが紫外線量が多く，可視光のスペクトルの外側に紫外線が存在していることを確認できる。

その後に，紫外線を発生するブラックライトを紙幣に当てることで，紙幣の蛍光物質が

図1 太陽光の分光（雨の日用の教材）

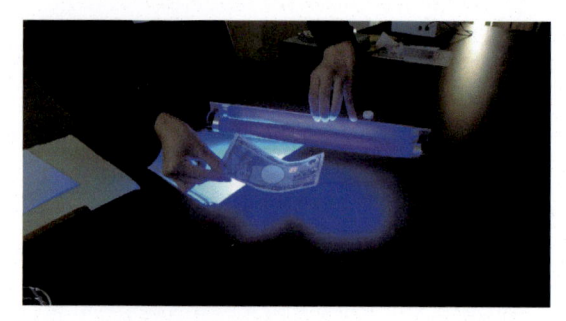

図2 紫外線の可視化（紙幣）

紫外線を吸収し，可視光に変換して光ることを説明する（**図2**）。紙幣以外にもはがきのバーコードや蛍光増白剤でも紫外線の存在を確認できる（**図3**）。このようにして，紫外線を可視化する。

② 紫外線は不可視であるが，エネルギーが高い光であり，化学反応を引き起こす力が強い。

本校の場合，理科室の古い暗幕が褐色に色落ちしているものを見せている。そのほかに，上質紙ではなく，古紙比率の高い再生紙を2枚用意し，紫外線を透過するシャーレ（ハリオシャーレ 90-20MM）2セットにそれぞれ入れて，一方のみ紫外線を遮蔽するフィルム（アズワン UVカットフィルム KU-1000100）で覆い，晴れた日の野外に合計40時間程放置したものを用意して比較させ，紫外線が当たった紙が黄色く変色し，劣化しているのを観察した（**図4**）。

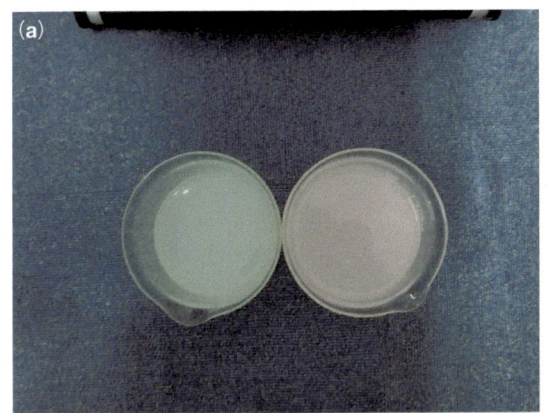

(a)

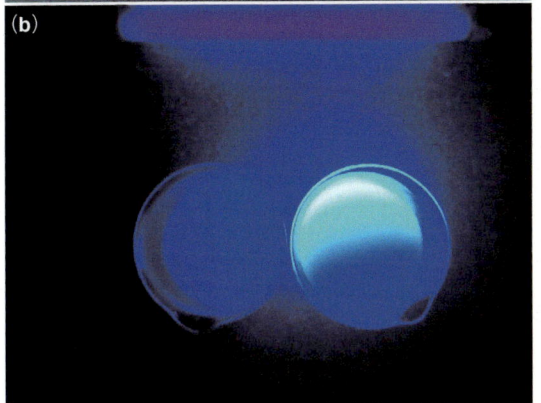

(b)

図3　紫外線の可視化 (蛍光増白剤)

(a) 紫外線照射前：右側が増白剤入り，左側が増白剤が入っていない
　　洗剤

(b) 紫外線照射後：右側が増白剤入り，左側が増白剤が入っていない
　　洗剤 紫外線で光っている

図4　紫外線による紙の劣化

左側：紫外線を遮蔽するフィルムなし，右側：紫外線を遮蔽するフィルム
あり

図5　紫外線で黒ずんだバナナ

左側：アルミホイルを外した紫外線が当たらなかった部分，中央：紫
外線が当たった部分，右側：アルミホイルに包まれた状態

このシャーレの教材の準備は，紫外線が比較的強い初夏から夏休みの間に，周りに紫外線を隔てるものがない屋上でおこなった。また，バナナの果皮が紫外線を浴びると細胞が障害を受けて黒ずむ性質も教材化した。授業の2，3日前に比較的新しい固いバナナを用意しておき，一部をアルミホイルで包んでおき，一般的に紫外線を用いた滅菌装置として売られている紫外線照射機 (BIZAI社 EG0006) で30分照射し，2，3日後にアルミホイルで覆われていない紫外線照射を受けた部分のみが黒ずんでいることを確認した (**図5**)。そのまま数日放置すると黒ずみ部分がわかりにくくなるので，授業の日程を考えての準備が注意である。

③　紫外線は波長の長いものから順にUVA，UVB，UVCに分類でき，最も波長の短くエネルギーの大きなUVCは大気 (オゾン層) に遮られ，地上に届かないが，UVA及UVBは地上に到達することを説明する。

④　紫外線量は太陽高度が高いほど増加するので，1日のうちでは正午ごろ，日本の季節では春から夏にかけて強くなる。オゾン層の季節変動のため，有害性の高いUVBは夏季に多くなる。

　論文作成時[1]に実験したデータを用い，**図6**のスライドを使用して説明する。

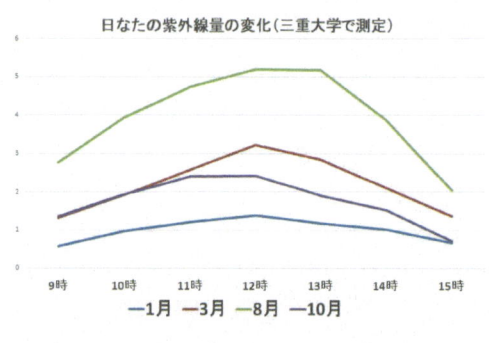

季節による紫外線量の変化

日なたの紫外線量の変化（三重大学で測定）

—1月 —3月 —8月 —10月

図6 季節による紫外線量の変化

図7 紫外線の計測

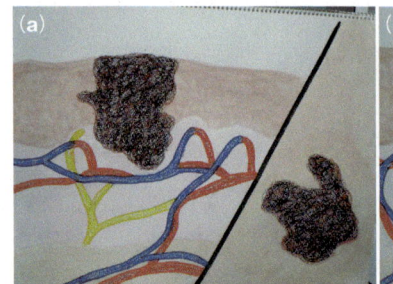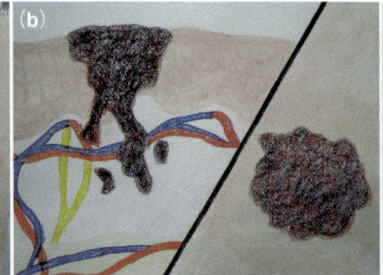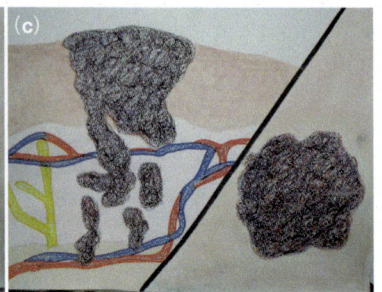

(a) (b) (c)

図8 皮膚がんのでき方

⑤ 紫外線量は，太陽光の直射する日向の方が日陰よりも多い。

ケニスの紫外線強度計YK-35UVを用いて実際計測させた（**図7**）。紫外線の量が数値で明確に日向の方が多いことがわかりやすい。

⑥ 紫外線は太陽からの直射光だけでなく，散乱光や，地面等からの反射光にも含まれ，その量は白い紙など紫外線をよく反射する面上では多くなる。

⑤と同様に紫外線強度計を用いて計測することにより実験をもって学ぶことができた。

（2）紫外線による障害を調べる

この内容に含まれる事項として次の四つを設定した。

① 紫外線は，日焼けはもちろんのこと，皮膚癌，白内障などの病気の原因となることがある。

紫外線が皮膚がんの主な原因の一つであることを，皮膚がんのできかたの紙芝居を使って順を追って説明した（**図8**）。

② 生物は紫外線防御の仕組みを持っており，アントシアニンなどの植物色素はその例である。

ここでは，アントシアンにより紫外線が吸収されることを実験した。実験準備として，ナス3個の果皮をピーラーで取り出し，200 mLの水で15分ほど煮出して，ナスの色素（ナスニンというアントシアニンの一種が含まれている）を抽出して，色素の水溶液をつくった。その水溶液と蒸留水をそれぞれ入れた紫外線を透過するシャーレ（ハリオシャーレ 90–20 MM）を準備し，その下に紫外線により色が変化する紙（ケニス社「色の変わる紙」，紫外線により白色から紫色に変化する）を置き，太陽光を当てた後，シャーレを取り去り，水の入った

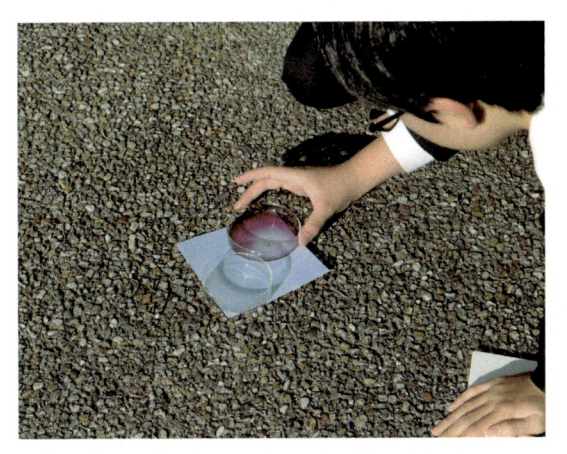

図9 ナスの抽出液による紫外線の吸収の実験の様子

下：水，上：ナスの抽出液

図10 ナスの抽出液による紫外線の吸収の実験の結果

左：水，右：ナスの抽出液

シャーレの置いてあった部分と色素水溶液の入ったシャーレを置いてあった部分の色を比較した（**図9**）。**図10**では，左側の円が水の入ったシャーレを置いた跡で，左側が色素水溶液の入ったシャーレを置いた跡である。この観察の際に，色素水溶液の入ったシャーレを外して用紙をしばらく放置すると，紫外線を受けて紫色に変色するので，できる限り早めの観察が必要である。色の変わる紙の代わりに，UV対策グッズの中に，白色がピンク色に変わるカードや鏡を入れたケースがあるので，それを使うことも可能である。

③ 人体も紫外線に対する適応として黒色のメラニンを産生する。

　ここでは，時間の経過でメラニン色素が表層に出てきて皮膚を守ることを伝えた。

④ 人種によって肌の色が異なるのはそれぞれの人種が進化した地域の紫外線量の違いに対応したメラニンの量の違いによるものである。黒色人種は強い紫外線量に対する適応として肌が黒く，白色人種はビタミンD合成のため，弱い紫外線量に対する適応として肌が白い。黄色人種はその中間である。ちなみに，ビタミンDを形成するには，1日1回15分程度の日向で日光浴すれば十分に足りることも

紫外線防護のためには

・外出時間を考える。

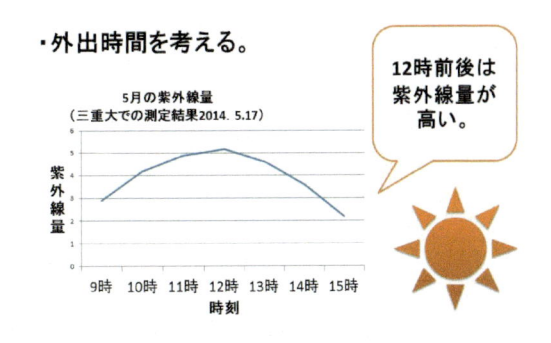

5月の紫外線量
（三重大での測定結果2014. 5.17）

紫外線量

12時前後は紫外線量が高い。

図11 一日における紫外線量の違い

説明した[12]。

　これについては，黒色人種，白色人種，黄色人種の有名人の写真を提示しながらおこなった。

(3) 適切な防御について観察実験や資料から生徒の話し合いを導く

この内容に含まれる事項として次の二つを設定した。

① 紫外線防御のためには皮膚に到達する紫外線量を減らすことが有効である。

　こちらが考えた手法としては，(I)紫外線の強い時間帯での外出を避ける（**図11**）。(II)日

UVインデックスの分布

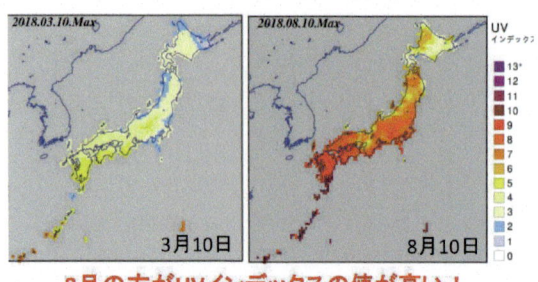

8月の方がUVインデックスの値が高い！

図12 3月と8月のUVインデックスの分布の違い

コンセプトマップを作ろう！

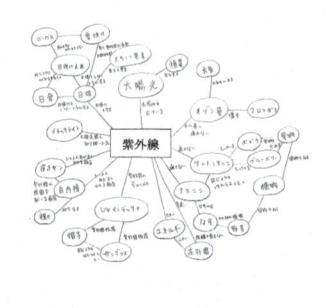

図13 最後に出来上がった紫外線のコンセプトマップ
（生徒の作品）

かげを利用する。(III)帽子，日傘などの道具を使って紫外線を遮る。(IV)日焼け止めを利用する。以上四つを想定した。生徒には，今まで習ったことを生かして，まずは自分の意見を書き，その後，小グループ内で全員が発表し共有することで，自分が持っていない考えを見つけることができると考え，4〜6人の班で考えを共有し，その意見を代表者が全体で発表する形式で進めた。

② 紫外線情報を活用し，行動計画を立てる。

　気象庁では上空のオゾン量を予測し，それをもとにした日本全国の紫外線量の強さの予報であるUVインデックスを公開している。ちなみにUVインデックスとは，紫外線が人体に及ぼす影響の度合いを示すために紫外線の強さを指標化したものである［**図12**，日最大UVインデックス（解析値）の毎日の全国分布図，環境省のWebのデータを使用］。この紫外線情報を活用し，紫外線防御も考慮に入れた行動計画をてる必要があることを扱った。

　上記①と同様に，今まで習ったことを生かして，まずは自分の意見を書き，その後，小グループ内で全員が発表し共有することで，自分が持っていない考えを見つけることができると考え，4〜6人の班で考えを共有し，その意見を代表者が全体で発表する形式で進めた。

3 生徒自身で理解を可視化する。

　今回の実践では，学習を通して自分自身でどれだけ理解が進んだのかを自身で目の当たりにすべく，紫外線を中心の語句とした授業前のコンセプトマップと授業後のコンセプトマップの比較をおこなった。

　コンセプトマップとは，1970年代にNovak, J. D.らによって開発されたもので，概念（コンセプト）と概念とを線で結ぶなどして，概念どうしの間を視覚化する方法である。

　これを，実践の前と後でおこない，自分でその違いについて比較をおこなった。**図13**はある生徒の最終的にできあがった作品である。このように，この授業により精緻な概念ネットワークが形成されたことがわかる。

4 むすびにかえて

　近年，授業の中で多くの実験を取り扱うようになってきた。生徒たちは，いろいろな変化を見て楽しむ機会を多く持ってきている。しかしながら，その結果をまとめ，考察し，法則性や概念を導き出すことへのこだわりが，薄くなってきているように感じる。今回の教材を作成するに当たり，生徒の中で，わからなかったことがわかる楽しさや，合

点がいくといった状況を多く見た。このように，理解して楽しむ理科をもっともっと進めていきたい。

［謝 辞］

本報告をおこなうにあたり，三重大学荻原彰教授に資料の提供など多大な御支援をいただいた。ここに深く御礼申し上げる。

［文 献］

1) 荻原彰, 北川奈々, 小西伴尚. 生物教育 **57(1)**, 20–26 (2016).

2) 田代直幸. サイエンスネット **38**, 2–5 (2010).

3) 文部科学省. 高等学校学習指導要領解説（理科編）(2009).

4) 小池守, 宮田斉, 高津戸秀. 理科教育学研究 **46(1)**, 35–41 (2005).

5) 大倉夕佳, 神田京子, 栗山江梨, 武井雅弘宏, 高濱秀樹. 大分大学教育福祉科学部附属教育実践総合センター紀要 24, 35–43 (2006).

6) 仲島浩紀, 梶原篤. 奈良教育大学教育実践開発研究センター研究紀要 **21**, 193–198 (2012).

7) 森本弘一, 松村佳子, 江藤芳彰. 理科教育学研究 **43(1)**, 19–28 (2002).

8) 佐々木りか子, 大塚藤男, 宮地良樹. 日本小児皮膚科学会雑誌 **27(2)**, 139–145 (2008).

9) 環境省. 紫外線環境保健マニュアル 2008.〈http://www.env.go.jp/chemi/uv/uv_manual.html〉(アクセス 2014.08.11)(2008).

10) 佐々木政子. 絵とデータで読む太陽紫外線—太陽と賢く仲良くつきあう法. p.112 (国立環境研究所, 2006).

11) World Health Organization. SUN PROTECTION AND SCHOOLS.〈http://www.who.int/uv/publications/en/sunprotschools.pdf〉(アクセス 2013.08.11) (2003).

12) 中島英彰. 体内で必要とするビタミンD生成に要する日照時間の推定—札幌の冬季にはつくばの3倍以上の日光浴が必要—国立環境研究所〈https://www.nies.go.jp/whatsnew/2013/20130830/20130830.html〉(アクセス 2014.08.11)(2013).

13) Novak, J. D. & Gowin, D. B. Learning How to Learn (Cambridge University Press, Cambridge, 1984).

小西 伴尚 *Tomotaka Konishi*

三重中学校・三重高等学校 教諭 理科主任

愛媛大学農学部生物資源学科環境コース環境昆虫学研究室，同大学農学研究科森林資源コース森林生態学・遺伝学研究室，同大学連合農学研究科森林資源コース森林生態学・遺伝学研究室。2004年，博士（学術）取得。修士〜博士課程では，マレーシア・サラワク州の熱帯多雨林にて研究をおこなう。2004年より三重中学校・三重高等学校教諭（理科）。専門分野は，昆虫分類学，森林生態学・遺伝学，理科授業研究，環境教育。野依科学奨励賞（2014年），日本科学教育学会科学教育実践賞（2014年）を受賞。

【光エネルギーと生物】

光合成光化学反応を美しくビジュアルに検出する

中西 淳一 *Junichi Nakanishi*
奈良県立奈良北高等学校 教諭

仁科 美奈子 *Minako Nishina*
埼玉県立松山高等学校 主任実習教員

服部 明正 *Akimasa Hattori*
埼玉県立松山高等学校 教諭

光合成において，光の吸収に必要とされる光合成色素は複数知られており，それぞれが吸収できる波長は異なる。この確認には分光光度計が必要となるが，所持している高校は少なく，直視分光器を用いた確認にとどまっている。そこで，本稿では，光合成色素抽出液にマルチLEDの光を当てたときに生じる蛍光を調べる方法や光合成色素透過後のスペクトルをスマートフォンのアプリにより測定する方法を紹介する。これらの方法により，どの波長の光がどの光合成色素に吸収されるかをビジュアル的に理解することができる。

① はじめに

　光化学反応は，光合成色素が光エネルギーを吸収する反応である。この吸収された光エネルギーは，葉の葉緑体中で光化学系II→光化学系I→電子伝達系と伝わり，還元物質NADPHやATPが合成され，これらの物質により二酸化炭素がカルビン・ベンソン回路でグルコースとなる。しかし，葉緑体から抽出した光合成色素溶液では，このエネルギーを光合成に利用できない。そのため，光合成色素は吸収したエネルギーを**蛍光**[*]として放出し，安定な状態に戻ろうとする。放出される蛍光は，光合成色素が吸収した波長よりも長い光（エネルギーが低い）となるために赤い蛍光となる。

　光化学反応は，大学等の研究室では分光光度計による吸収スペクトル分析[1)2)]や分光蛍光光度計を用いた蛍光スペクトル分析[3)~5)]で調べられてい

る。分光光度計は，光合成色素が光エネルギーを吸収した割合を，分光蛍光光度計は光合成色素が光エネルギーを吸収した後に放出する蛍光を測定する装置である（**図1**）。しかし，これらの装置は高価なため，高校で使用することができない。

　そこで，高校でも実施できる二つの方法を紹介する。その一つは，光合成色素抽出液にマルチLEDの特定の波長の光を当てることにより生じる蛍光を調べる方法である。ある波長の光を当てると，クロロフィルaやシアノバクテリアのフィ

用語解説 *Glossary*

【蛍光】
光が蛍光物質（光合成色素）に吸収されると，そのエネルギーにより電子が外側の軌道に移動し，励起状態になる。しかし，この移動した電子は光エネルギーを放出して元の軌道に戻ろうとする。この時の光が蛍光である。

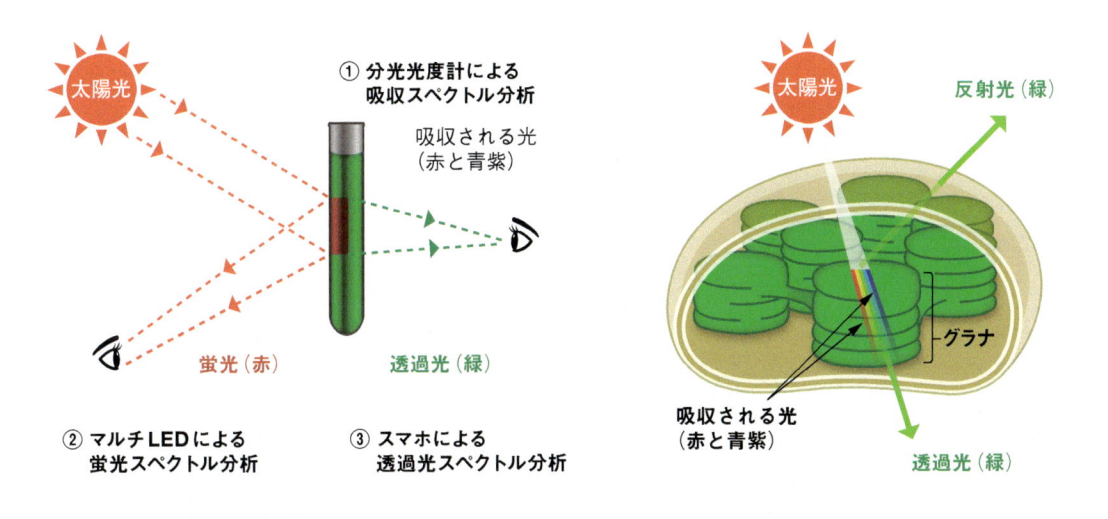

図1 光化学反応の分析方法と蛍光，透過光及び吸収光の関係

抽出したクロロフィルa溶液にマルチカラー LED電球を用い，下から光を当てる。強い光が当たる管の底からでる蛍光を観察する。

フィコシアニンの蛍光

クロロフィルaの蛍光

フィコエリスリンの蛍光

図2 光合成色素の蛍光

蛍光を放出する光の波長のスペクトルと吸収スペクトルはほぼ一致する。

コシアニンは赤の蛍光，紅藻類（ノリ）のフィコエリスリンは橙黄色の蛍光[4)5)]が生じる（**図2**）。二つ目は，光合成色素透過後のスペクトルをiPhoneのアプリにより測定する方法である。直視分光器とiPhoneを用いることにより，透過スペクトルから強度分布グラフが作成できるので，これからどの波長の光がどれだけ吸収され光合成に利用されているかが判断できる（**図3**）。

　アンテナ色素*（光を吸収してエネルギーを**反応中心***に渡す働きを持つ光合成色素）は，光合成をする生物の分類群ごとに異なっており，紅藻類（ノリ）はフィコエリスリン（緑色の光をよく吸収），褐藻類（ワカメ）はフコキサンチン（青–青緑を吸収），シアノバクテリア（スピルリナ）はフィコシアニン（黄–橙を吸収），緑藻類はクロロフィル（青紫と赤を吸収）である。この中で，フィコシアニンとフィコエリスリンは，弱い光（蛍光灯や冷蔵庫の室内灯など）にも反応し蛍光を発するので，光合成色素の蛍光を調べる実験には適した色素である。

② サプリメントとして販売されているシアノバクテリアのスピルリナ錠剤を使用する。以前の分類では属名がスピルリナであったが，現在はアルスロスピラ属（*Arthrospira*）であり，*A. platensis*などが利用されている。青色のフィコシアニンは水溶性なので，乳鉢に水を加えて錠剤を乳棒ですりつぶし，ろ過した水溶液（青色）で調べる。

③ 海苔の多くは表示がなければスサビノリ（*Neopyropia yezoensis*）であるが，紅藻類のノリは，赤色の光合成色素フィコエリスリン（水溶性）を含んでいる。海苔は加熱されていない乾し海苔をグラインダーで粉末にして使用する。水溶性なので，ノリを入れた乳鉢に水を加えて乳棒ですりつぶし，ろ過した水溶液（赤紫色）で調べる。

(2) 分光光度計による吸収スペクトル測定

　カラムクロマトグラフィー*実験キット（富士フイルム和光純薬株式会社）を用いてクロロフィルaを分離・抽出[6)]する。ツバキの葉を，乳鉢で擦りつぶし，

実験方法

(1) 光合成色素の抽出

① ツバキ（*Camellia japonica*）の葉を細かくちぎり，乳鉢に入れ，アセトン（**極性***が大きい）を6 mLほど加え乳棒ですりつぶし，濾過する。3〜5 mLほどの濾液に石油エーテル（極性が小さい）を濾液と等量加え，よく振った後に静置する。極性の違いから上層（アセトンと石油エーテルの混合物の層）と下層（アセトンと水の混合物の層）に分かれる。極性の小さいクロロフィルなどは上層に移動するので，上層のみを別試験管に取る。この上層と等量の92％メタノール（エーテルより極性が小さい）を加え，よく振った後に静置する。上層はクロロフィルa，下層はクロロフィルbに分かれるので，上層のクロロフィルaを使用して調べる。

用語解説 Glossary

【アンテナ色素（集光性色素）】
光エネルギーを集めるためのクロロフィルなどの光合成色素（10から100分子）がまとまった集団で，チラコイド膜に埋め込まれている。集めた光エネルギーを反応中心に送る。

【反応中心】
チラコイド膜に存在し，光化学系Ⅰ反応中心と光化学系Ⅱ反応中心の二つがある。アンテナ色素によって集められた光エネルギーは，反応中心のクロロフィルaの2分子に伝達され，そこから電子が放出される。

【極性】
分子全体としての電荷分布の偏りの大きさ。電荷の偏りがないものを無極性分子，あるものを極性分子という。極性分子どうし，無極性分子どうしは溶けやすいが，極性分子と無極性分子は溶けにくい。

【カラムクロマトグラフィー】
筒状の容器（カラム）に充填剤（シリカゲルなど）を詰め，そこに溶媒に溶かした混合物（光合成色素など）を流すことによって，物質の分離・精製や同定・定量などを分析する方法。

(a) 太陽光・LED白色光スペクトルの測定

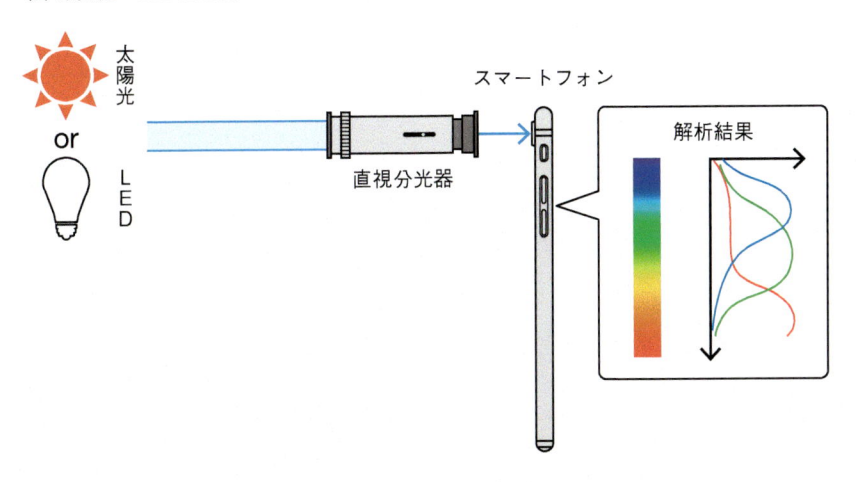

(b) 光合成色素透過スペクトルの測定

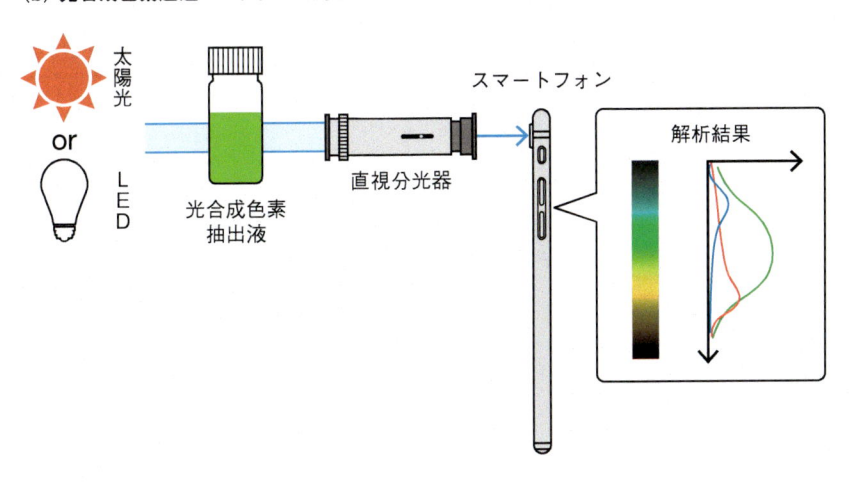

図3 スマホを用いた透過光スペクトル測定法

メタノールで抽出する。この抽出溶液を揮発・乾燥させたものを，カラムクロマトグラフィー展開溶媒（アセトン＋ヘキサン）で懸濁する。この懸濁色素をカラムに添加し，色素の移動を待つ。クロロフィルaは第2画分で分取できる。このクロロフィルaの吸収スペクトルを分光光度計（日本分光株式会社：V-730）で調べる。また，フィコシアニンは(1)の②で抽出した水溶液を用いて，吸収スペクトルを調べる。

(3) マルチLEDを用いた蛍光スペクトル測定

　赤色（波長660 nm）・緑色（520 nm）・青色（450

nm）の発光ダイオードのチップ3個（メーカーによっては波長の組み合わせが異なる）を用いて，各LEDの光量を調節することで任意の色彩に調整できるマルチカラー3W LED電球（定価は1,000から1,500円程度）を購入する。3色LED方式は赤・緑・青の鋭い三つのピークがあるが，黄および青緑のスペクトルがほとんど得られない〔**図5**(d)〕。

　ツバキのクロロフィルa抽出液（緑）とスピルリナのフィコシアニン抽出液（青）にマルチカラーLED電球の光をバイアル瓶の下から光を当てると，光合成色素に光が吸収される場合は瓶の底側

クロロフィルa（ツバキ）

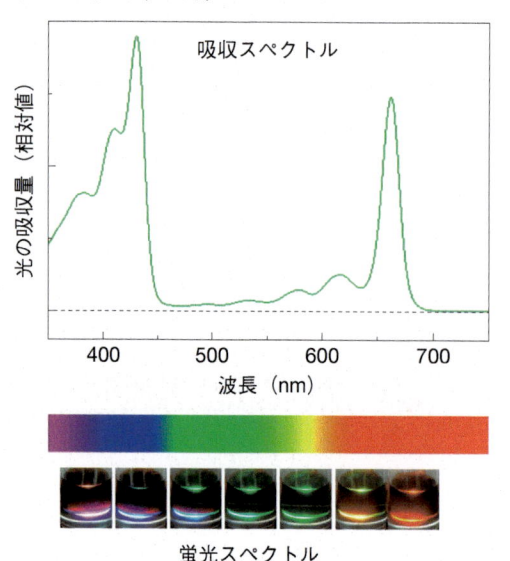

フィコシアニン（スピルリナ）

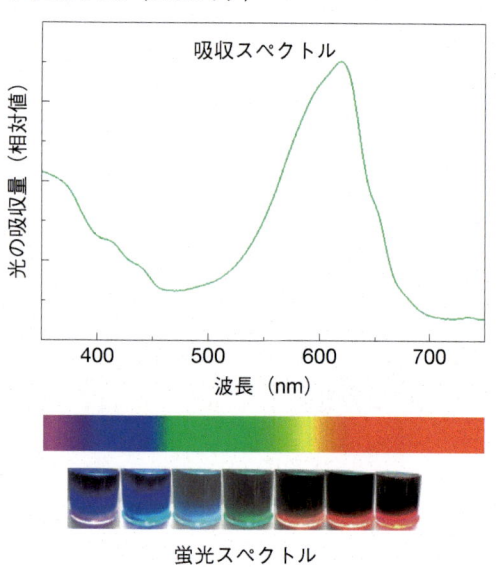

蛍光スペクトル

蛍光スペクトル

図4 クロロフィルaとフィコシアニンの吸収スペクトルと蛍光スペクトル

からの蛍光が観察できる。側面から光を当てる場合，当てた側から観察するとバイアル瓶全体に蛍光が生じるので一番観察しやすい（**図2**）。

⑷ スマホを用いた透過光スペクトル測定

① 直視分光器とスペクトラルビューアを起動したiPhoneもしくはiPadを用いて，太陽光・LED白色光スペクトルの強度分布をグラフ化する［**図3**(a)］。詳細の手順はアプリ中のsupportを参照する。

② 抽出溶媒をバイアル瓶に移し，①と同様の手順で吸収スペクトルの強度分布をグラフ化し，白色光スペクトルとの比較をする［**図3**(b)］。

⑸ アプリの使い方

以下の操作は二人以上でおこなうものとする。

直視分光器側でスリット調節と焦点合わせ，Blankの測定をする［**図3**(a)］。スリットは狭いほうが良い。

iPhoneでアプリ「スペクトラルビューア」を起動し，アプリ上のcameraボタンをタップしてカ

メラを起動させる。（※2019年9月13日現在，アプリ「スペクトラルビューア」の提供は，米Apple社のiPhone，iPadにあげられるiOSのみである。）

直視分光器の観察窓にiPhoneのカメラを密着させて，画面中央の薄暗くなっている長方形の部分にスペクトル画像が入るように調節し，photoボタンをタップする。

graphボタンをタップして，グラフを表示する。このときに，スペクトル画像が白飛びしている場合は Red，Green，BlueそれぞれのMax Countの各値が最大値255を超えないようにスリットを再度，調節する。

詳細手順①と②と同様におこない，光合成色素透過スペクトルの測定をする［**図3**(b)］。

直視分光器の観察窓にiPhoneのカメラを密着させて，画面中央の薄暗くなっている長方形の部分にスペクトル画像が入るように調節する。

もう一人の生徒と協力し，試料の入ったバイアルを直視分光器の前に固定し，photoボタンをタップする。このとき，バイアルを透過した光以外の光が直視分光器のレンズに入らないように直

太陽光

LEDの白色光（光の三原色RGB）

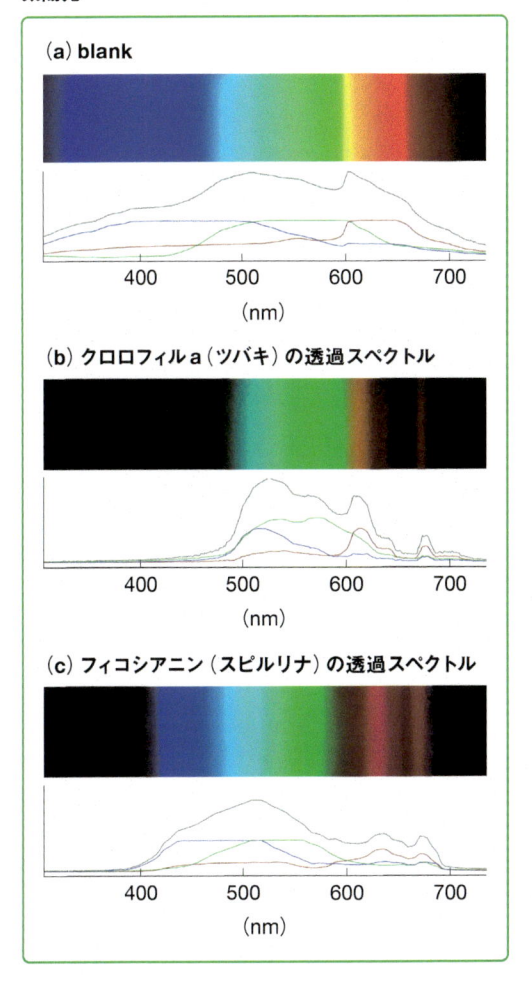

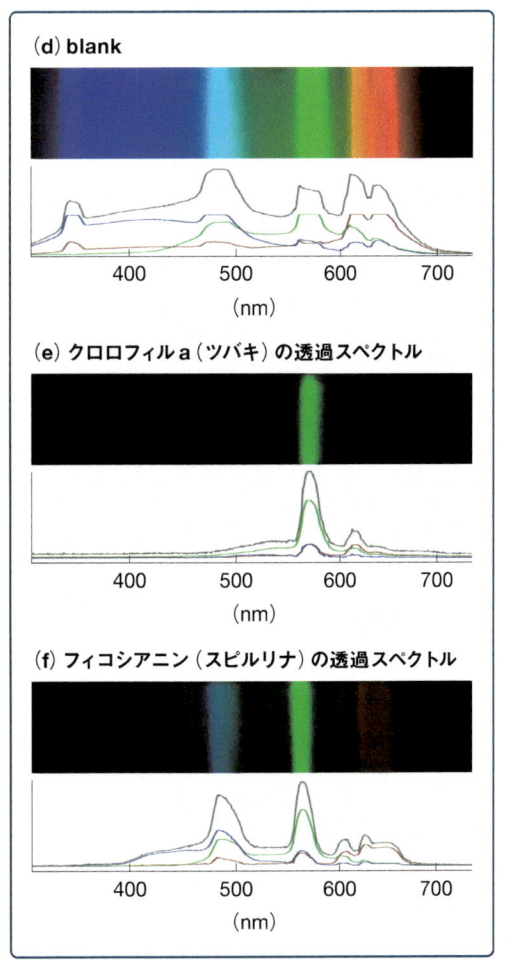

図5 スマホを用いた透過光スペクトルの解析

視分光器のレンズとバイアルを密着させる。

(6) 薄層クロマトグラフィーための光合成色素の濃縮抽出方法

ホウレンソウ（*Spinacia oleracea*）のアセトン（極性が大きい）抽出液700 μLをマイクロチューブに移し，ヘキサン（極性が小さい）150〜200 μLを加えて[7]よく振り静置する（**図6**）。極性の違いからアセトンとヘキサンは混ざらず，極性の小さいクロロフィルなどは上澄みのヘキサンに移るので，この液をスポットする。

③ 結果と考察

(1) マルチLEDを用いた蛍光スペクトル

赤い蛍光が生じる波長は，ツバキのクロロフィルaでは青紫（400〜450 nm）と赤（650〜700 nm），スピルリナのフィコシアニンでは，紫（400 nm）と黄色から赤（560〜700 nm）の広い範囲で，オレンジが一番強い蛍光である（**図4**）。このスペクトルは，分光光度計を用いた吸収スペクトルとほぼ一致する。また，スマホを用いたLEDの透過光スペクトル（**図5**）では，ツバキのクロロフィルaでは緑（560 nm）とオレンジ（610

ホウレンソウ
アセトン抽出液 700 µL

ホウレンソウ
アセトン抽出液 700 µL
＋ヘキサン 150 µL

ウメノキゴケ
アセトン抽出液 700 µL

ウメノキゴケ
アセトン抽出液 700 µL
＋ヘキサン 150 µL
＋水 200 µL

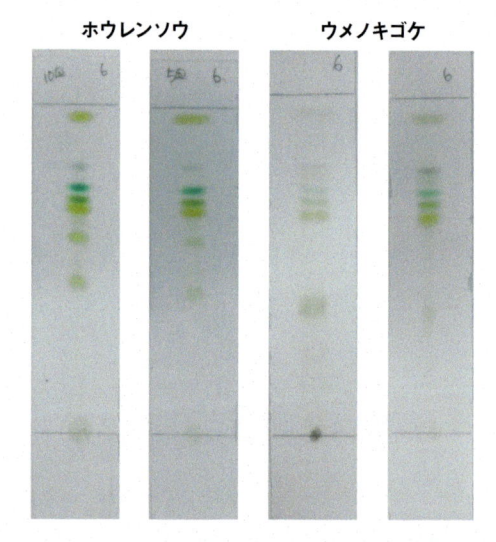

ホウレンソウ　　　　ウメノキゴケ

抽出溶媒	アセトン	アセトン＋ヘキサン	アセトン	アセトン＋水＋ヘキサン
温度	25℃			
スポット数	10回	5回	20回	
展開溶媒	石油エーテル：アセトン＝6：4			

図6　光合成色素の濃縮抽出方法と薄層クロマトグラフィーによる展開

アセトンとヘキサンを用いた方法では、色素が濃縮でき、テーリングも防げる。

nm）が残り，スピルリナのフィコシアニンでは青（480 nm）と緑が残り，オレンジが吸収され消失していることと矛盾しない。

(2) スマホを用いた透過光スペクトル

太陽光のスペクトルと白色LEDのスペクトルの比較では，太陽光のスペクトルは連続的になっているのに対して，白色LEDのスペクトルにおいては不連続なピークが確認できる。これは，白色LEDが赤色光，緑色光，青色光の三色の組み合わせによって白く見えているという事実と一致している［**図5**(a), (d)］。**図5**(d) において赤色光，緑色光，青色光以外にもバンドを確認できる。これは，本実験を暗室のような閉鎖系空間でおこなわなかったことによるバックグラウンド(太陽光)の影響であることが考えられる。

ツバキから抽出したクロロフィルaの透過スペクトルでは，光源に太陽光を用いた場合，青色の波長である約480 nm以下と赤色の波長である約610〜680 nmを除いた領域でピークが見られる［**図5**(b)］。この結果は，クロロフィルaが赤色と青色の光を吸収するため，それ以外の波長の光のみが透過でき，検出されたことを示している。白色LEDを光源に用いた場合の透過スペクトルでは，波長約580 nmの緑色光が見られる。この結果もまた，赤色光および青色光がクロロフィルaによって吸収されていることを示唆している［**図5**(e)］。

スピルリナから抽出したフィコシアニンの透過スペクトルでは，太陽光が光源の場合，波長約570〜610 nmにあたる黄・橙色の部分が欠けたスペクトルが観察される。これは，フィコシアニンが黄・橙色の光を吸収していることを示している［**図5**(c)］。また，白色LEDを光源に用いた場

(a) 太陽光での蛍光スペクトル

 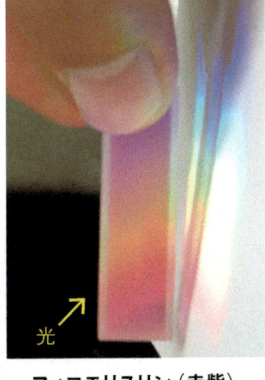

観察する方向の背景は黒にすると蛍光がみやすい。

フィコシアニン（青）　　フィコエリスリン（赤紫）

スピルリナのフィコシアニンの蛍光は赤、ノリのフィコエリスリンは橙黄色である。どの光の色（波長）でその蛍光が生じているかを観察する。

(b) 極性の相違と抽出方法

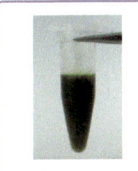 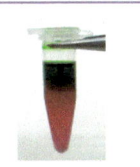

アセトン　　アセトン＋ヘキサン

ムラサキゴテン（アントシアニンを含む）

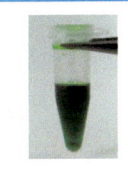 

アセトン　　アセトン＋ヘキサン

アイ（インディゴを含む）

図7　発展的課題の実験方法

合においても，赤色光，緑色光，青色光のスペクトルしか見られない［**図5**(f)］。この結果も，フィコシアニンが黄・橙色の光を吸収していることを裏づけている。

(3) 光合成色素の濃縮抽出方法

　ヘキサン（アセトンより極性が小さい）を併用する方法[7]では，スポットする回数が約半分で色素を展開するのに十分な濃さを得ることができ，試料や試薬が少量で済むメリットもある。また，この方法は色素を抽出しにくい地衣類や一部の藻類などに有効である。地衣類のウメノキゴケ（*Parmotrema tinctorum*）で展開したところ，同じスポット数ではヘキサンを用いたほうが色素をはっきり観察することができる（**図6**）。なお，ウメノキゴケは乾燥しているものをグラインダーで粉末状にしたのちアセトン抽出し，アセトンとヘキサンの極性の違いを出すために水を少量加えている。地衣類は，菌類と藻類（シアノバクテリアあるいは緑藻）との共生体であるが，ウメノキゴケは，クロロフィルaとbを持っているので，緑藻と共生していることがわかる。ウメノキゴケは緑藻の

Trebouxia 属と共生[8]しているが，地衣類の85%は緑藻，10%はシアノバクテリアと共生[9]している。このヘキサンを併用する方法で地衣類の光合成色素と抽出し展開すれば，どちらの藻類と共生しているかを調べることができる。

④ 発展的課題

(1) スサビノリ（*Neopyropia yezoensis*）の光合成色素フィコエリスリンを用いて，マルチLEDで蛍光スペクトルを調べてみよう。

(2) フィコエリスリンを用いて，iPhoneで透過光スペクトルを調べてみよう。光源には，太陽光とLEDの白色光を用いて，両者の相違を比較してみよう。

(3) マルチLEDを用いた蛍光スペクトルでは，赤・緑・青の鋭い三つのピークがあり，黄および青緑のスペクトルがほとんど得られない［**図5**(d)］。そこで，窓際から入ってきた太陽光をプリズムに当て，虹の帯（太陽光のスペクトル）をつくる。このスペクトルの帯に

光合成抽出溶液を入れたセル（丸いバイアル瓶ではなく，四角の分光光度計用のセルがよい）を置き，太陽光の蛍光スペクトルを調べてみよう［**図7(a)**］。

(4) ムラサキゴテン（*Tradescantia pallida* 'Purpurea'）は，紫の色素であるアントシアニン（極性が大きく水溶性）が含まれ，葉は濃い紫色である。また，アイ（*Persicaria tinctoria*）は，葉にインドキシル配糖体インディカンを含み，すりつぶして放置すると空気酸化などにより，藍色色素のインジゴが生成される[10]。インジゴ（極性が小さい）は，青色の染料としてジーンズなどの染色に利用されている。極性が大きいアントシアニンと小さいインジゴは，アセトン（単独）およびアセトンとヘキサン併用の二つの抽出方法でおこなうと，薄層クロマトグラフィーの展開にどのような相異が生じるか調べてみよう［**図7(b)**］。

🔍⑤ 終わりに

　光化学反応は，光合成色素が吸収した光，吸収した光を光合成色素が放出する蛍光，光合成色素が吸収できなかった透過光を分析する三つの方法で調べることができる。本稿で紹介したマルチLEDで蛍光を調べる方法は，筆者の高校（埼玉県立松山高等学校）の授業等で実践してきた方法である。LEDの蛍光実験と薄層クロマトグラフィーによる光合成色素の分離実験を合わせて1時間の授業でできる。また，iPhoneの生徒の所有率から考えて，二人一組で透過光スペクトルの実験を授業で展開できると思う。この方法で実験をおこなうことにより，光化学反応の深い理解がビジュアル的に得られると確信する。

［文献］
1) 永田雅靖. ホウレンソウに含まれるβ-カロテンの分光光度計を用いた簡便定量法 野菜茶業研究所研究報告**8**, 1–5 (2009).
2) 芳竹良彰, 谷野道夫, 森重清利, 重松恒信, 西川泰治. クロロフィル類の標準物質の調製とその分析化学的特性 分析化学**38(4)**, 182–187 (1989).
3) 三室守, 秋本誠志, 山崎巌. 光合成アンテナ系での励起エネルギー転移過程と転移機構 レーザー研究**31(3)**, 212–218 (2003).
4) 山崎巌, 三室守, 村尾俊郎, 山崎トモ子, 吉原経太郎, 藤田善彦 光合成色素系における励起エネルギー移動—紅藻およびらん藻のピコ秒時間分解螢光スペクトル— 日本化学会誌（化学と工業化学）**1984(1)**, 75–81 (1984).
5) 保田正人, 上田泰司, 山添義隆. 浅草海苔の品質に関する研究—3 蛍光分光光度計によるフィコエリスリンの蛍光分析 長崎大学水産学部研究報告**12**, 27–32 (1962).
6) 教育用 Educationシリーズ「カラムクロマトグラフィー実験キット—光合成色素分離—」, 最終閲覧日：2019年9月9日, 〈https://labchem-wako.fujifilm.com/jp/category/01342.html〉
7) Estavillo, G. M., Mathesius, U., Djordjevic, M. & Nicotra, A. B. Plant Detectives Manual: a research-led approach for teaching plant science Activity 4: Qualitative analyses of photosynthetic pigments by thin-layer chromatography (TLC), viewed 09 Sep. 2019, 〈http://press-files.anu.edu.au/downloads/press/p291511/html/index_split_009.html?referer=353&page =11〉
8) 大村嘉人. 地衣類における菌類と藻類の進化的関係に関する考察 遺伝的多様性の解析から 第2回日本植物分類学会奨励賞受賞記念論文 分類**8(2)**, 123–128 (2008).
9) 柏谷博之. 地衣類—菌と藻の共生体 化学と生物**36(9)**, 597–602地衣類 (1998).
10) 河野毅, 古賀信吉, 白根福榮.植物色素インジゴの分離とその合成の教材化 化学と教育**49(11)**, 722–725 (2001).

中西 淳一 *Junichi Nakanishi*

奈良県立奈良北高等学校 教諭

東京理科大学基礎工学部生物工学科卒。同大学大学院基礎工学研究科生物工学専攻修了（医薬モデル生物工学研究室）。SSH指定校である埼玉県立熊谷女子高等学校，春日部高等学校，松山高等学校にて，課題研究や課外活動を実施。現在は，奈良県立奈良北高等学校にて勤務。専門分野は，分子生物学。

仁科 美奈子 *Minako Nishina*

埼玉県立松山高等学校 主任実習教員

埼玉県立川越養護学校（現川越特別支援学校），SSH指定校であった川越高等学校，熊谷女子高等学校を経て，2016年より現職。blogにこれまでの理科実験のデータ等をあげている。〈http://blog.livedoor.jp/web247/〉

服部 明正 *Akimasa Hattori*

埼玉県立松山高等学校 教諭

1978年，東京教育大学農学部生物化学工学科（現筑波大学）卒業後，埼玉県立妻沼高等学校，埼玉県立深谷第一高等学校を経て，埼玉県立松山高等学校教諭。日本学生科学賞 指導教諭賞（2006年），日本水大賞指導者賞（2008年）を受賞。著書に，生物による環境調査事典（分担執筆，内山裕之，栃本武良・編 東京書籍，2003），サイエンスビュー生物総合資料（分担執筆，実教出版，2007～）。

森林の
二酸化炭素吸収量の推定
――自然を体感できる森林調査の実践

秋山 繁治 *Shigeharu Akiyama*

南九州大学 教授　　プロフィールは P.183 参照

近年，化石燃料の消費と森林伐採によって大気中の二酸化炭素濃度が上昇し，地球温暖化が問題になっている。さらに気温の変化によって特定の生物が絶滅するといった生物多様性への影響も危惧されている。多種多様な生物が生息する森林生態系は，地球の生物多様性を支え，森林の二酸化炭素吸収能力は地球温暖化防止に重要な役割を担っているといわれている。今回は，生態系における森林の二酸化炭素吸収の役割に着目して，生徒自らが調査したデータから地球環境を考える野外実習を紹介したい。

 **はじめに**

　中学校理科第2分野の「自然と人間」，高等学校の生物基礎の「生物の多様性と生態系」で環境問題が扱われており，地球温暖化についても説明されている。しかしながら，机上での学習にとどまっており，森林を教材とした実験・実習が掲載された教科書はない。地球規模の環境問題は大きすぎて，生徒は実感しにくい。そこで，生徒自らが森林を調査し，そのデータから森林の二酸化炭素吸収量を推定し，考察することによって，森林の重要性を学び，地球温暖化について考えるという授業を考えた。この実習で生徒の地球環境問題への理解，人間的な成長，両面で著しい効果があったので報告したい。

　森林実習は，当初は野外で活動した経験が少な

い生徒たちに自然を身近なものとして感じてもらうための野外研修として企画した（**図1**）。最初の計画は森林の枝打ちやブナ林でのトレッキングや森林の枝打ち，森林観察用のジャングルジムに

図1　**久米島での地元中学生との合同調査** (P.310–314 参照)

登っての自然観察等，森林体験を中心に据えたものであった。しかしながら，一方で，森林にせっかく入るなら，生徒に樹木を覚えて区別する知識ぐらい身につけさせて，樹木の高さ，直径，年輪を調べる森林の本格的な調査を体験させたいという気持ちもあった。そして，最初の研修で生き生きと取り組む生徒の姿を見て，「森林の調査データを使って樹木の二酸化炭素吸収量を推定する」という具体的な研究目的を据えた研修にすることにした。調査結果をまとめるという目的があることによって，生徒のチームワークは強固になり，より充実した体験になったと感じている。

② 森林実習を設定した背景

「地球温暖化が止まらない。地球温暖化による異常気象で洪水や干ばつが増えている。しかも，それらの原因は私たち人間にある」と国連気候変動に関する政府間パネルは述べている[1]。「人間に原因がある」なら「人間が解決する努力をする義務がある」のではないのか。

地球温暖化は，二酸化炭素やメタンなどの温室効果ガスによって，地球に降り注いだ太陽からの光が熱として大気中に留まるために起こると考えられている。そうであるならば，温室効果ガスの

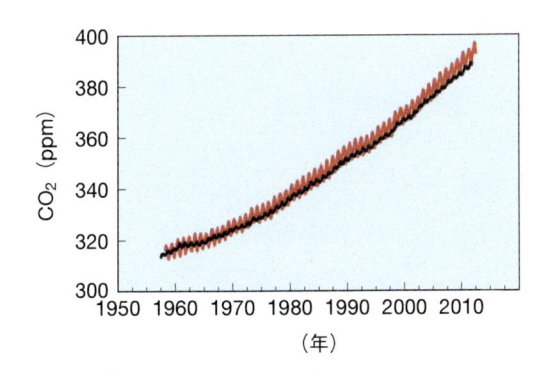

図2 二酸化炭素の経年変化
赤線はハワイマウナロア，黒線は南極のデータ。
［出典：IPCC[1]より環境省（2014）が作成］

排出を減らすか，吸収を促進することによってしか解決する手段はないだろう（図2）。

1997年に京都で開催された気候変動枠組条約の第3回締約国会議（COP3）で，それぞれの国が温室効果ガスを削減する目標を立てた（京都議定書）。この会議では，削減と同時に，森林の二酸化炭素吸収の役割も考慮されて，二酸化炭素を吸収する量を差し引けることも合意された。

このような社会的な背景を踏まえて，森林の二酸化炭素吸収の役割を考えるために役立つデータを得るという方向で，森林実習の内容を考えた。

③ 野外調査の方法

生態系で"二酸化炭素を吸収する"という森林の役割に着目して，森林の二酸化炭素吸収量を推定することを目的に設定した。

森林の二酸化炭素吸収量は，まず一定面積（1プロット）内に生えている樹木を同定し，それぞれの樹木が1年間に吸収する二酸化炭素量を求め，その総和として，森林が1年間に吸収する二酸化炭素量（ton/ha/yr）を求めた。具体的な段階を以下に示す。

［**第1段階**］　生徒が調査地の樹種を同定できるように学習する。講義で樹種の解説をして，樹木の同定のポイントを学ぶ。最後にチェックテストをおこない，十分な知識を身につけているかどうかの確認をする。

［**第2段階**］　調査地で，巻き尺とコンパスを使用して，一定面積のプロットを各班で設定した。プロット内で胸高直径が5 cm以上の樹木を対象にナンバリングし，樹高，胸高直径（DBH），樹齢（年輪数）を測定した（図3）。

樹高の測定には測高竿［図3(a)］または超音波測高器を用いた。測高竿については，測定対象となる樹木の高さと同じ高さになるまで伸ばして目盛りを読んだ。このとき注意すべき点は，下から見上げていたのでは樹木の先端がわからないので，何人かに遠くから見てもらい，測高竿の先端が

図3　樹木の測定

(a) 測高竿の使い方，(b) 超音波測高器の使い方，(c) 直径割巻尺の使い方，(d) 成長錐の使い方。

ちょうど樹木の先端にくるように合図することである。超音波測高器は，距離と角度から三角比を利用して樹高を計算するものである。超音波測高器［**図3**(b)］は，親機（超音波を発信するもの）と子機（超音波を受けるもの）がセットになっている。対象となる樹木の高さ1.3 mのところに子機を設置し，まず親機から子機を覗いて，樹木までの距離を測定する。そのまま樹木の先端を覗いてボタンを押すと液晶画面に測定木までの距離と樹高の数値が表示されるようになっている。

　胸高直径については，直径割巻尺を用いて測定した［**図3**(c)］。このとき注意すべき点は，幹に対して直角になっているかどうかを測定者以外が周囲から見て確かめることである。

　樹齢の測定については，成長錐を用いた［**図3**

(d)］。地表から30 cm程の位置に成長錐をねじり込み，年輪を細長い円柱状にくりぬいた。このように採取したサンプルを「コア」とよぶ。このとき注意すべき点は，反対側に突き抜けないようにすることである。コアの樹皮側から年輪を順番に読むことで，樹齢を推定した。それぞれの樹木の樹齢の平均値を林齢とした。

［第3段階］　測定データから，樹木の体積・重量・炭素含有量・二酸化炭素吸収量を計算した。

　樹木による二酸化炭素の吸収は光合成によっておこなわれ，その量は総生産量とよばれる。一方，呼吸と枯死した部分の分解によって二酸化炭素の排出がおこなわれ，その差は純生産量とよばれる[2]。この純生産量が樹木の成長量となるため，成長量を調べることによって二酸化炭素の吸収量を推定

表1 クヌギ人工林における調査結果 ［プロット面積（10 m×10 m）］

班	平均樹高 (m)	平均DBH (cm)	平均樹齢 (yr)	炭素貯蔵量 (t/ha)	CO_2吸収量 (t/ha)	1年当たりのCO_2 吸収量 (t/ha/yr)
1班	8.0	13.8	17	45.7	167.6	8.0
2班	9.5	13.6	21	58.8	215.7	12.2
3班	11.1	14.6	22	75.8	278.0	11.1
4班	9.1	12.8	17	57.5	210.7	11.1
平均	9.4	13.7	19	59.5	218.0	10.6

することができる。ここでは，高校生レベルの知識で理解できる方法として，日本政府がIPCCに対して報告している樹木による二酸化炭素吸収量の推定方法[3]と同じ方法で，樹木の成長の結果である体積（材積）から二酸化炭素吸収量を推定した。

① 胸高直径と樹高から，円錐近似によって幹の体積（幹材積という）を求める。それに拡大係数（針葉樹は1.7，広葉樹は1.8）をかけて樹木全体の体積を求める。

（注）拡大係数は，幹の体積から根や枝などの樹木全体の体積を計算するための係数である。

② 樹木全体の体積に容積密度（針葉樹は0.4，広葉樹は0.6）をかけることによって樹木の重量に換算する。

（注）容積密度は，体積から質量にするための係数である。

③ 樹木の重量に1/2をかけて，炭素蓄積量を求める。

（注）乾燥時の樹木に含まれる炭素の重量が樹木の重量の1/2といわれている。

④ 炭素蓄積量に44/12をかけて，二酸化炭素吸収量を求める。

（注）炭素の原子量12と二酸化炭素の分子量44を用いた比例計算によって，樹木によって固定された炭素貯蔵量から吸収された二酸化炭素吸収量を推定することができる。

⑤ この値を樹齢で割ることによって，1年当たりの二酸化炭素吸収量を推定することができる。

⑥ 人工林やいろいろな遷移段階の樹林を調査し，

どのような森林が二酸化炭素吸収量が多いのか等を考察する。

④ 森林調査のデータ処理

クヌギ人工林での調査についてまとめた結果を紹介する。**表1**に，クヌギ人工林における樹高，胸高直径（DBH），樹齢，炭素貯蔵量，二酸化炭素吸収量，1年当たりの二酸化炭素吸収量を示す。人工林であるのに，班によって樹齢のばらつきがみられたのは，植栽後数年間は部分的に補植がおこなわれていたことと，他の樹種が侵入してきたためと考えられる。平均樹齢が19年と比較的若齢であったため，平均樹高が9.4 m，平均DBHが13.7 cmと小さかったため，炭素貯蔵量と二酸化炭素吸収量も比較的小さい値を示した。ただし，1年間当たりの二酸化炭素吸収量については，10 t/ha/yr前後の**表2**のクヌギ天然林と類似した値を示した。

図4に，クヌギ人工林における胸高断面積（BA）と二酸化炭素吸収量の関係，**図5**に，樹高の頻度分布を示す。クヌギ人工林では，BAが大きくなるほど1年間当たりの二酸化炭素吸収量も大きくなる傾向が認められた（**図4**）。すなわち，大きな木ほど二酸化炭素吸収量が大きいことを示している。また，樹高の頻度分布より，平均値である樹高10 m前後の個体が多く，ばらつきが小さいこととわかった（**図5**）。

図6に，クヌギ人工林におけるそれぞれの樹種

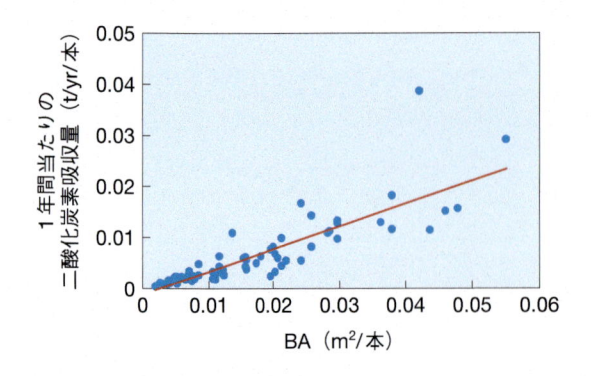

図4　クヌギ人工林におけるBAと二酸化炭素吸収量の関係

（注）BAは胸高断面積で，高さ1.3 mでの幹の断面積のことである。

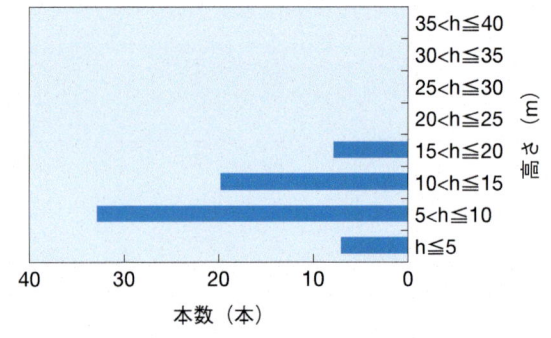

図5　クヌギ人工林における樹高の頻度分布図

（注）クヌギ人工林における最大樹高は20 m以下であったが，他の森林の樹高と比較するために，縦軸を40 mまでとして示した。

の優占度（BA割合）を示す。植栽されたクヌギが50%以上を占めており，この森林の優占種であることを示しているが，ヤマザクラ，コナラ，ミズキ，ウリハダカエデなどの落葉広葉樹も侵入してきていることを示している。

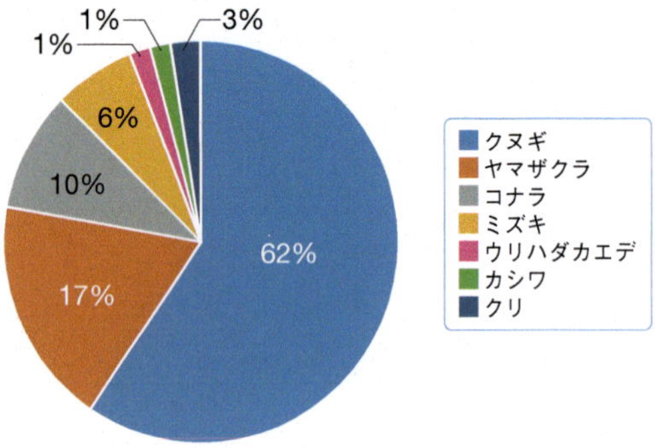

⑤ これまでの調査データとの比較

　これまで調査された森林の区分，林齢，炭素蓄積量，二酸化炭素吸収量を**表2**に表す。天然林4，人工林3の合計の森林を調査した結果である。林齢はブナの天然林が49年と最も大きかったが，ほかの森林の林齢は，人工林も天然林も，ほとんどが20〜40年であった。それに対して，炭素貯

図6　クヌギ人工林における樹種の優占度

蔵量や二酸化炭素吸収量では比較的ばらつきが大きかった。同じ樹種が優占する森林（クヌギ林とブナ林）でも，天然林と人工林では炭素貯蔵量や

表2　森林ごとの林齢，炭素貯蔵量，二酸化炭素吸収量

森林名	区分名	林齢 (yr)	炭素貯蔵量 (t/ha)	CO₂吸収量 (t/ha)	1年当りのCO₂吸収量 (t/ha/yr)
アカマツ林	天然林	33	134.8	494.4	14.98
クヌギ林	天然林	29	87.9	322.2	11.11
コナラ林	天然林	26	61.5	225.5	8.67
ブナ林	天然林	49	222.9	817.3	16.68
クヌギ林	人工林	20	59.5	218.0	10.88
ブナ林	人工林	37	105.6	387.3	10.47
ヒノキ林	人工林	38	100.1	366.9	9.66

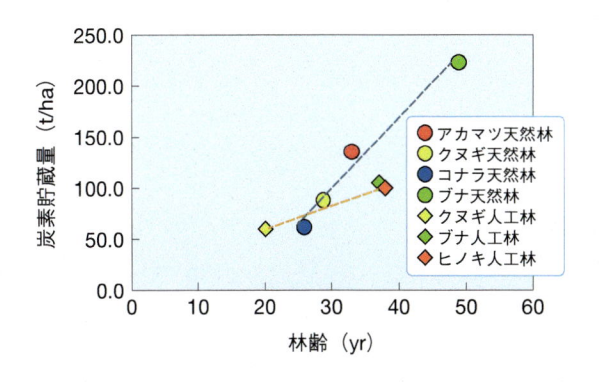

図7 森林の林齢と炭素貯蔵量の関係

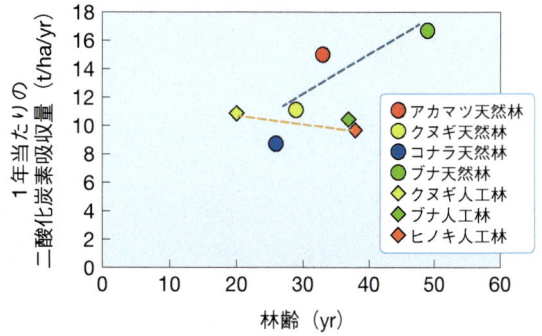

図8 森林の林齢と1年当たりの二酸化炭素吸収量の関係

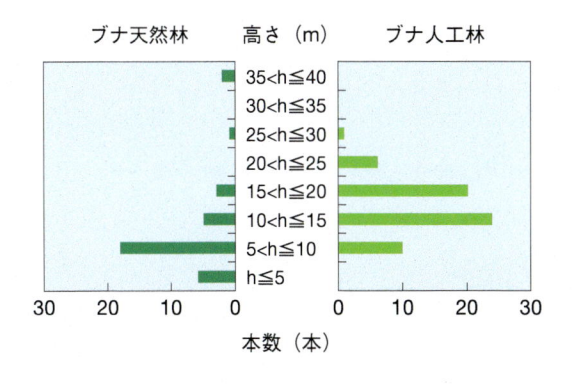

図9 ブナの天然林と人工林における樹高の頻度分布

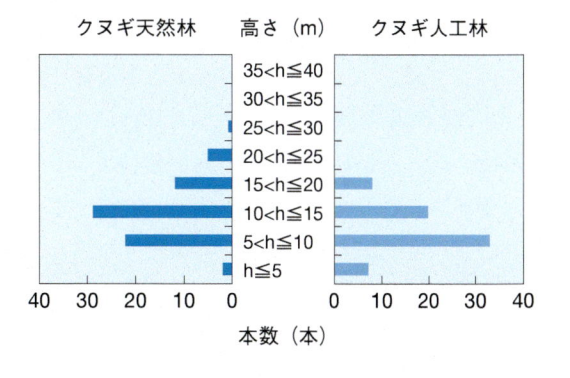

図10 クヌギの天然林と人工林における樹高の頻度分布

二酸化炭素吸収量に違いがみられた。

　図7に，これまで調査されたさまざまな森林の林齢と炭素貯蔵量の関係，**図8**に，林齢と1年当たりの二酸化炭素吸収量の関係を示す。天然林でも人工林でも，林齢が大きくなると炭素貯蔵量は大きくなる傾向があった（**図7**）。特に林齢の大きなブナ天然林の値が比較的大きかった。一方，天然林においては林齢が大きくなるほど1年当たりの二酸化炭素吸収量が大きくなる傾向がみられたが，人工林ではそのような関係はみられなかった（**図8**）。

⑥ 人工林と天然林の比較

　同じ樹種でも天然林と人工林で樹高のばらつき

に違いがあるかどうかを検討するため，**図9**にブナの天然林と人工林，**図10**にクヌギの天然林と人工林における樹高の頻度分布を示す。同じ樹種であっても，天然林の方が人工林より幅広い階層に分布しており，樹高のばらつきが大きいことを示した。

　図11に，これまで調査されたさまざまな森林について，天然林と人工林に分けた場合の樹高の頻度分布を示し，**図12**に，さまざまな森林における構成樹種数と1年当たりの二酸化炭素吸収量を示す。一般的に，天然林の方が人工林より幅広い階層に樹木が分布し，樹高のばらつきが大きい傾向がみられた（**図11**）。また，森林を構成する樹種数が多くなると，すなわち，樹種多様性の高い森林になるほど，1年当たりの二酸化炭素吸収

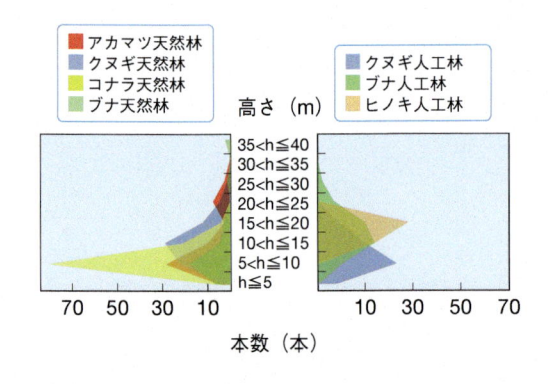

図11　天然林と人工林における樹高の頻度分布

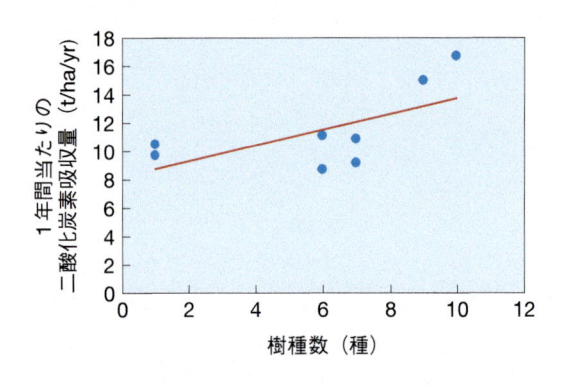

図12　樹種数と1年当たりの二酸化炭素吸収量の関係

量が大きくなる傾向がみられた（**図12**）。

　これまで調査されたさまざまな森林と比較すると，炭素貯蔵量は天然林も人工林も林齢が大きくなるにつれて大きくなっており，天然林は人工林より炭素を多く貯蔵していた（**表2，図7**）。また，天然林では樹齢が大きくなるにつれて1年当たりの二酸化炭素吸収量も大きくなっていた（**表2，図8**）。しかし，人工林では，林齢が約20年であるクヌギ林と林齢が約40年のブナ林およびヒノキ林では二酸化炭素吸収量にあまり違いはなかった（**表2，図8**）。すなわち，人工林では林齢が違っても1年当たりの二酸化炭素吸収量は増加しないことがわかった。このことから，天然林も人工林も樹齢が大きい森林がより多くの二酸化炭素を吸収し，多くの炭素を貯蔵すると考えられる。しかし，人工林は天然林ほど炭素を蓄積せず，林齢を重ねても1年当たりの二酸化炭素吸収量は増加しないことがわかる。人工林が天然林より二酸化炭素を吸収しない理由は，人工林と天然林における樹高のばらつきや樹種の多様性の違いが原因と考えられる。その根拠は，それぞれの調査地の樹高のばらつきをグラフに表すと，人工林であるクヌギ林やヒノキ林，ブナ林はあまり樹高のばらつきがみられなかったが，天然林にはばらつきがみられることである（**図9，図10，図11**）。このことにより，樹高が同じぐらいの木が集まっている人工林は天然林よりよく日光をあびることができず，

二酸化炭素を効率よく吸収することができないのではないかと考えられる。しかし，2013年に調査したコナラ天然林は樹高のばらつきがみられず，他の天然林や人工林よりも二酸化炭素を吸収していなかった（**表2，図11**）。このことは，コナラ林は火入れという攪乱後に一斉に更新したことによって成立した二次林であり[4]，サイズのばらつきが小さかったことが原因であると考えられる。

　樹種数と二酸化炭素吸収量のデータの比較（**図12**）から，樹種数が多い，すなわち種多様性が高いほど二酸化炭素吸収量が多いことが示された。すなわち，これまでの予測[5]と同様に，単一の樹種からなる人工林よりも，多様な樹種からなる天然林のほうが多くの二酸化炭素を吸収できることが明らかとなった。

久米島サマースクールで実施した久米島での調査

　森林の二酸化炭素吸収量を，地球規模で比較したいと提案があり，南西諸島の久米島で地元の中学生と合同で亜熱帯の森林を調査した（**図1**）。

⑦ 中学生との合同で調査した 亜熱帯の森林と比較

気候による違いを検証するため，これまでおこなっていた岡山県の温帯に属する森林だけでなく，亜熱帯に属する沖縄県久米島と座間味島で，同様の方法を用いて森林のフィールド調査をおこなった。久米島では，地元の中学校と協力してリュウキュウマツの優占するだるま山の天然林で調査をおこなった。その調査結果を**表3**に示す。久米島だるま山のリュウキュウマツ林では，平均樹齢が約28年で，1年当たりの二酸化炭素吸収量が約8.46 t/ha/yrであった。

図13に，沖縄県久米島のリュウキュウマツ天然林における胸高断面積（BA）と1年当たりの二酸化炭素吸収量との関係，**図14**に，樹齢と1年当たりの二酸化炭素吸収量との関係を示す。ばら

つきは大きいものの，BAおよび樹齢が大きくなるほど，1年当たりの二酸化炭素吸収量は大きくなる傾向を示した。

図15に，久米島における樹種ごとの1年当たりの二酸化炭素吸収量を示す。優占種であるリュウキュウマツの値が最も大きいが，オキナワスダジイも比較的大きな値を示した。それに対し，シバニッケイ，ハマヒサカキ，コバンモチは比較的小さな値を示した。

亜熱帯と温帯の天然林における炭素貯蔵量と1年当たりの二酸化炭素吸収量を比較する。**図16**に，亜熱帯に属する久米島のリュウキュウマツ天然林と温帯に属する岡山の天然林における炭素貯蔵量と1年当たりの二酸化炭素吸収量を示す。亜熱帯の天然林の炭素貯蔵量は林齢が同じくらいの温帯の天然林と同等の値を示すが，1年当たりの二酸化炭素吸収量は温帯の天然林と同等の値を示した。

表3　沖縄久米島のリュウキュウマツ天然林における調査結果［プロット面積（5 m×5 m）］

	本数	種数	平均DBH (cm)	平均樹高 (m)	平均樹齢 (yr)	炭素貯蔵量 (t/ha)	CO_2吸収量 (t/ha)	1年当りのCO_2吸収量 (t/ha/yr)
1班	4	4	19.4	9.1	42	96.33	353.20	8.51
2班	9	3	12.8	7.6	25	58.40	214.13	8.67
3班	7	5	14.0	6.0	28	60.69	222.55	7.86
4班	8	5	9.5	6.8	25	43.77	160.51	6.42
合計／平均	28	8	13.09	7.18	28.1	64.80	237.60	8.46

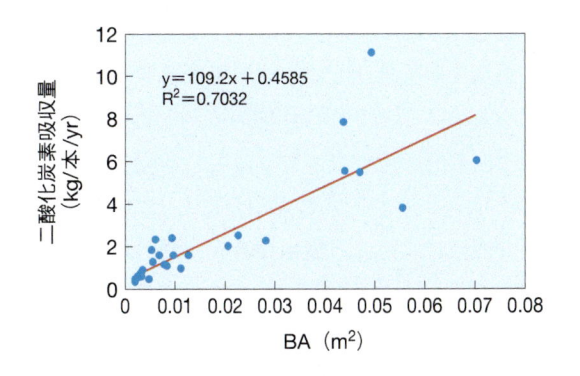

図13　久米島における樹木の**BA**と**CO_2吸収量**の関係

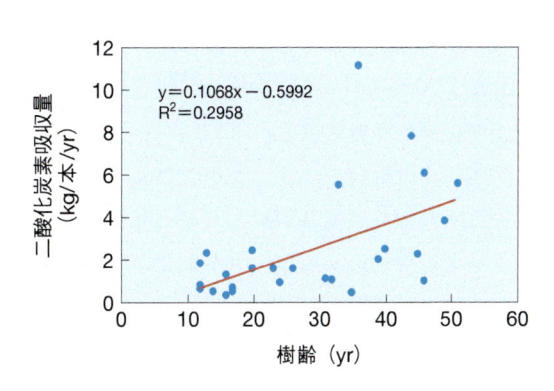

図14　久米島における**樹齢**と**CO_2吸収量**の関係

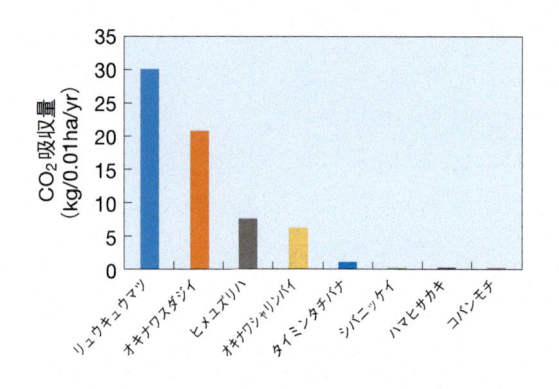

図15　久米島における樹種ごとの合計 CO_2 吸収量

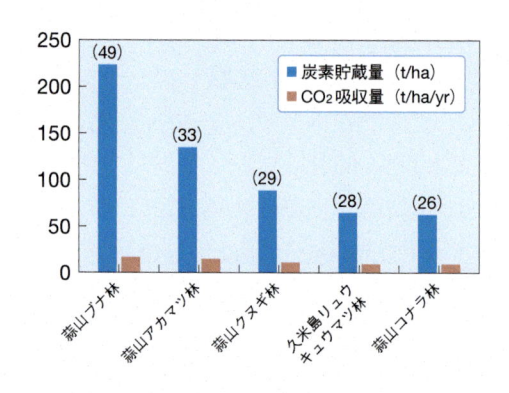

図16　沖縄県久米島と岡山県蒜山の天然林における炭素貯蔵量と CO_2 吸収量の比較

（　）内は林齢

 8 地域の違いによる比較

　沖縄県久米島で得られたデータと岡山県蒜山における天然林のデータとの比較では，炭素貯蔵量は林齢が大きくなると増加するが，1年当たりの二酸化炭素吸収量にあまり差はなかった（**図16**）。このことは，温帯に比べて亜熱帯の総生産量は大きいが，呼吸量も多いため，その差である純生産量すなわち成長量に違いが生じなかったためと考えられる。

 9 いろいろな森林を比較してわかったこと

　森林の二酸化炭素吸収量は，林齢や個体のサイズと関係が深いことが明らかになった。
① 林齢が高いほど多くの炭素を貯蔵し，多くの二酸化炭素を吸収する。
② 天然林では林齢が大きくなるにつれて二酸化炭素吸収量や炭素蓄積量は大きくなるが，人工林では林齢による違いはあまりない。
③ 人工林の炭素貯蔵は天然林に比べて少なく，天然林のほうが効率よく二酸化炭素を吸収する。
④ 森林がより効率よく二酸化炭素を吸収するには，樹種の多様性が高く，樹高にばらつきが

あるほうがよい。
⑤ 同じくらいの林齢であれば，温帯に属する岡山の森林と亜熱帯に属する久米島の森林の1年当たりの二酸化炭素吸収量にはあまり差がない。

　これらのことから，種多様性が高く，垂直的構造が発達し，林齢の大きい森林が最も効率よく二酸化炭素を吸収することがわかった。したがって，地球温暖化を軽減するには，人間による二酸化炭素の排出量を減らす努力をする必要があると同時に，二酸化炭素を多く吸収してくれる天然林の保全が重要であることがわかった。

 10 生徒の課題研究としての森林実習

　調査地周辺では，ヒノキ人工林，ブナ林だけでなく，山焼きができなくなってから放棄された年数が異なるいろいろな遷移状態の森林があるので[4]，多様な樹林を調査対象にできるという利点がある。調査プロットの設定場所を変えることで，「遷移段階の違いによって二酸化炭素吸収量がどのように違うのか」，「人工林と天然林では二酸化炭素吸収量はどちらが高いのか」等のさまざまな研究課題が設定できた。

　森林調査は，1人だけでできるものではなく，

複数の人が協力して測定することが大切で，それぞれの班のメンバーのチームワークの善し悪しが調査の正確さと速さに影響する。

たとえば，樹高の測定では測高竿を用いるが，測定対象となる樹木の高さと同じ長さになるまで測高竿を伸ばして目盛を読む。このとき注意すべき点は，下から見上げていたのでは樹木の先端がわからないので不正確になりやすい。何人かに遠くから見てもらい，測高竿の先端がちょうど樹木の先端にくるように合図するという協力体制をつくることが必要になる。測定方法を全員が完全に理解し，より正確なデータを取ろうという気持ちを共有することが必要になる。

この調査活動を通して，生徒は1週間にも満たない期間で大きく成長した。それは，樹木が同定できるようになったとか，森林調査の方法を知ることができるという知的な成長以上に，協力する気持ちだったり，きちんと最後まで粘り強く頑張ることだったり，とにかく"たくましく"なったというのが筆者の実感である。

⑪ 学校設定科目「自然探求 I」で国際交流

森林実習は「自然探究 I」(1単位) の学校設定科目として設定している。このほかに，「自然探究 II (1単位)」(琉球列島での環境学習)，「自然探究A (1単位)」(マレーシアの大学と連携した環境学習) がある (図17)。

2015年度の「自然探究 I」は，「自然探究A」の研修先であるマレーシアのツン・フセイン・オン・マレーシア大学 (UTHM) から大学生・大学院生10人を受け入れて，合同で森林調査を実施した。

合同で作業したマレーシアからの大学生・大学院生についての生徒への質問で，森林実習の研修前と研究後にアンケートを取った答えが**図18**である[5]。

実習を通して他国の人とも気持ちが通じて，わ

図17　森林調査を通してマレーシア・UTHM大学の学生と交流

【調査前】

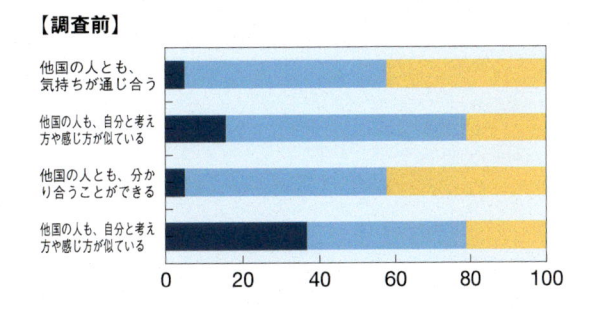

【調査後】

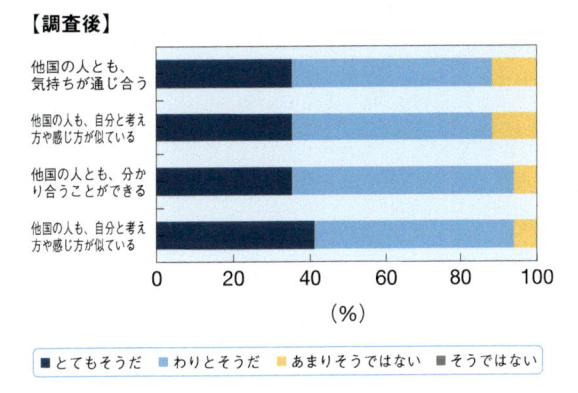

■ とてもそうだ　■ わりとそうだ　■ あまりそうではない　■ そうではない

図18　UTHM大学との合同調査前後での意識の変化

かりあえることができると実感した生徒が大多数を占めており，生徒の意識が大きく変わっている。自然の中での調査を通じて交流することによって他国の人に対して抵抗感が低くなったことは，このような活動がグローバル社会で活躍するための足掛かりになるということだと思う。

また，UTHMを会場に開催された国際学会International Conference on Biodiversity (ICB) 2015に特別に許可をいただいて，「Forest diversity and CO$_2$ absorption」という演題で生徒に発表させていただいた（Best Poster Award受賞，**図19**）。この森林実習を通しての交流が，地球規模の環境問題に取り組む国境を越えた教育プログラムになったと考えている。

 ## ⑫ 森林に足を踏み入れることで 自然を体感

森林実習では，林道を歩くのではなく，林道脇の草叢をかき分けて森林に入っていく。ほとんどの生徒たちにとって，これまでにない体験らしい。森林に入ると草が生い茂っているのかと思うと想像していたら，一面を枯葉で埋め尽くされていて，歩くとフワフワとした歩き心地だったりする。笹に覆いつくされた場所でもかき分けていけば歩けてしまう。山の中を喜んで歩いているのを見ると，感受性の高い高校時代にこそこのような体験をさせてやりたいと感じた。人間は海や山で自然を楽しんでいるときは優しくなる。この体験をしたことで，自然に優しいまなざしを向けられる大人になってくれると信じている。

［謝辞］
この森林実習では，鳥取大学農学部教授の佐野淳之先生にご協力いただき，この森林実習を10年間継続して実施することができました。現地での樹種の同定，調査方法についての先生のご指導がなければ実現できなかったと思います。
そして，この調査をまとめることができたのは，森林実習に参加し，樹木調査してくれた清心女子高等学校生命科学コースの高校生，UTHMの大学生・大学院生，久米島西中学校の中学生および，それぞれの学校の先生方のご協力のお陰です。この場を借りてお礼を申し上げます。また，調査の際にお世話になった鳥取大学農学部教育研究林「蒜山の森」のスタッフの方々に感謝します。

図19 ICB2015で森林調査の成果をポスター発表

［文献］

1) IPCC. Summary for Policymakers. In: Climate Change 2013: The Physical Science Basis. Contribution of Working Group I to the Fifth Assessment Report of the Intergovernmental Panel on Climate Change [Stocker, T.F., D. Qin, G. Plattner, M. Tignor, S.K. Allen, J. Boschung, A. Nauels, Y. Xia, V. Bex and P.M. Midgley (eds.)]. (Cambridge University Press, Cambridge, United Kingdom, 2013).

2) Kira, T. & Shidei, T. 日本生態学会誌 **17**, 70–87 (1967).

3) 松本光朗. 日本の森林における炭素蓄積量と吸収. 森林科学 **33**, 30–36 (2001).

4) 佐野淳之, 大塚次郎. 鳥取大学演習林研究報告 **25**, 1–10 (1998).

5) 鈴木美有紀, 竹居セラ, 秋山繁治, 佐野淳之. 森林の多様性と二酸化炭素吸収量. 岡山県自然保護センター研究報告 **18**, 37–45 (2011).

6) ノートルダム清心学園清心女子高等学校平成23年度指定SSH研究開発実施報告書 5年次. 24–25.

1滴の水の中の小さな宇宙
——植物プランクトンの世界への招待

小川 なみ *Nami Ogawa*

元・埼玉県立高等学校 生物担当教諭

植物プランクトンは，同じものが世界のあちこちで見られる。海産はともかく，淡水産の植物プランクトンも，世界各地で見られる。よく考えてみると実に不思議なことである。雨上がりの水溜りにも，いつの間にかプランクトンが増えている。身近すぎて見過ごされがちなこの生き物に注目してみると，その姿の美しさや生態の多様さに驚かされる。そんな植物プランクトンの世界をのぞいてみませんか。

はじめに

植物プランクトンの説明をするとき，イカダモ，クンショウモ，ミカヅキモ［**図1**(1)，(2)，(5)］などの名前をあげると，たいがいの人が「あー」とうなずいてくれる。ほかになじみのあるプランクトンには，クラミドモナスやアオミドロ（［**図1**(3)，(4)］が教科書の生殖のところで登場している。ほかには，最近ではユーグレナ（ミドリムシ）［**図1**(6)］が健康食品として宣伝されている。

水の中にすむ小さな植物群を藻類というが，世界各地から知られている淡水産藻類は，約1,200属，15,000種といわれている。その中でも浮遊性のものが植物プランクトンである。

植物プランクトンとは

植物と名前がついているが，その言葉の持つイ

メージからかけ離れたものが多くあり一筋縄ではいかない。

動くものも多く，それらは動物プランクトン図鑑にも載っている。単細胞の体や群体全体が，鞭毛をつかって遊泳するのだが［**図2**(7)，(8)，**図4**

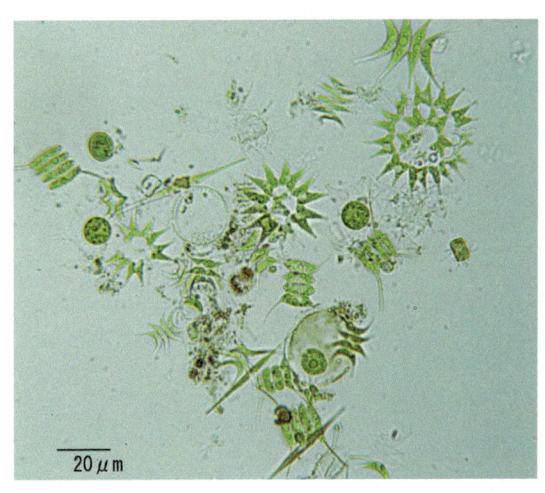

本稿で登場する植物プランクトンの概略のスケールを示した。実際の大きさは個体差が著しいので，同じ種内でも数倍〜10倍程度と多様である。

（1）

ピレノイド

（2）

ピレノイド

（5） （6）

（3）

ピレノイド

（4）

（7）

図1　植物プランクトンのいろいろA

(1) イカダモ（緑藻類）：4または8個の細胞が横並びになった群体で，8細胞の場合，上下2段になって並ぶものもある。細胞の中央にピレノイドがはっきり見える。ピレノイドは，葉緑体の中で明るく見える構造体で，炭素固定に関係している。イカダモは古くから研究されていて，世界各地の湖，池，沼などで普通に見られ，100を超す種が報告されている。

(2) クンショウモ（緑藻類）：4，8，16，32個の扁平な細胞が一平面に同心円状に並ぶ群体。多くの種があり，変種も多い。

(3) クラミドモナス（緑藻類）：単細胞で同じ長さの鞭毛を2本持つ。ピレノイドは大きなものが1個，赤い色をした眼点が1個ある。クラミドモナスは小さく観察するのが難しく，鞭毛も見えないことが多い。また種類が非常に多く，名前を調べるのは難しい。

(4) アオミドロ（緑藻類）：細長い円筒形の細胞が1列に並ぶ。細胞壁の外側はペクチン質でおおわれ，かたまりを触るとぬるぬるしている。葉緑体は螺旋に回転したリボン状で1列に並んだピレノイド［図2-(10)］がある。種類は非常に多い。

(5) ミカヅキモ（緑藻類）：単細胞で細長く湾曲した三日月形をしているがまっすぐなものもある。葉緑体は上下に1個ずつあるので，中央部分の色が薄くなって見える。種類が多く，池沼，湖，水田，湿原の池沼などに普通にみられる。

(6) ユーグレナ（緑虫藻類）：単細胞で前端に1本の鞭毛があり遊泳生活をする。円筒形や細長い紡錘形をしていて，ねじれたり伸びたりして形が変わり，収縮胞や赤色の眼点を持つ。種類が多く，形が変わるので名前を調べるのは難しい。

(7) ミクラステリアス（緑藻類）：単細胞，円形や楕円形で，細胞の中央でくっきりくびれている。著しく扁平。細胞の周縁部から中心に向かっていろいろな形のくびれが入り込む。葉緑体は上下に1個ずつ。平地や湿原の池沼，ため池で見られ，種類は多い。大型で美しいので見つけやすい。

(7)
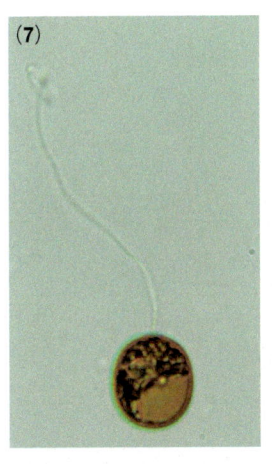

(8)
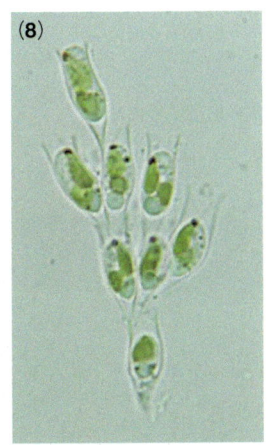

(9)
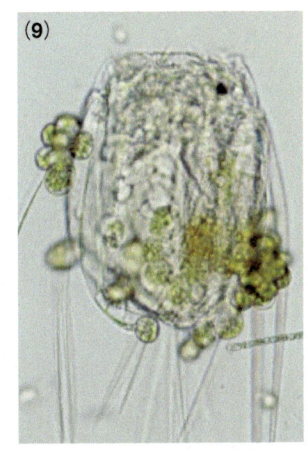

(10)

(11)
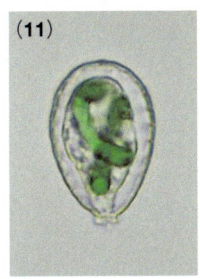

(12)
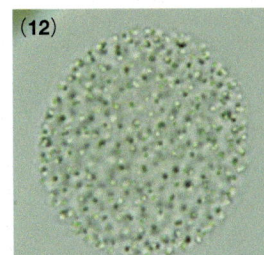

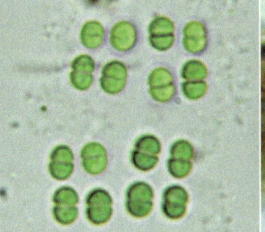

図2　いろいろな特徴を持つ植物プランクトン

(7)　トラケロモナス（緑虫藻類）：前端に1本の鞭毛を持つ。

(8)　ジノブリオン（黄色鞭毛藻類）：各細胞が長短2本の鞭毛を持ち，樹枝状の群体全体で遊泳する。

(9)　コラキウム（緑虫藻類）：ワムシに付着する。

(10)　アオミドロ：リボン状の葉緑体と多数の粒状のピレノイド。

(11)　パウリネラ　クロマトフォラ：ソーセージ状の藍藻が寄生する。

(12)　藍藻4種類。

(22)，(29)〜(32)］，細胞の持つ鞭毛の数は1本，2本，それ以上のものもある。2本あっても，長短があったり，微細な構造が異なっているものもある。コラキウムのように遊泳生活をする時期と付着生活をする時期を持つものもある［図2(9)］。ミカヅキモには鞭毛がないが，細胞の外に粘液質の物質を分泌することで，はいまわったり水中で体の位置を変えたりする。

　葉緑体の形もさまざまで，その形や数が名前を調べる手掛かりとなっている。クラミドモナスは杯状，イカダモは薄板状，アオミドロはリボン状［図2(10)］，ミカヅキモは断面が星状をしていて，教科書によくある葉緑体の図とはかけ離れた形をしている。そして，葉緑体の中に1から数個の粒状のピレノイドがある。ピレノイドのないものも

あるが，イカダモやクラミドモナスでは細胞の中央にはっきり見える［図1(1)，(3)］。また，渦鞭毛藻類やユーグレナの仲間には，葉緑体を持たないものもある。

　植物プランクトンを調べるには顕微鏡が必要だが，大型のものもある。アオミドロやアミミドロは手に取ってすくい上げることができ，数百から数千個の細胞からなる群体のボルボックスは肉眼でも見える。

　藍藻は，水温の高い時期に大発生してアオコ（青粉）として嫌われたりするが，核やミトコンドリアや葉緑体を持たない原核生物で，他の植物プランクトン（真核生物）からは大きくかけ離れている［図2(12)］。

　寄生あるいは共生しているものもいる。パウリ

図3　植物プランクトン採集と，採集に用いる道具類

(13)　採集直後。

(14)　ハンドネット。写真は，径15cm，柄の長さ10 cm，ナイロン20 μmメッシュ。先は，ゴム管とピンチコック。

(15)　プランクトンネット。径20cm。

ネラ クロマトフォラ（*Paulinella chromatophora*）はプランクトンネットで採集されるが，これは有殻アメーバに藍藻類のシネココックス（*Synechococcus*）の一種が寄生したものと考えられている［図2(11)］。サンゴには渦鞭毛藻が共生している。

　水がなくても多少の湿り気と光があれば生活する藻類もいる。湿った土壌の表面，常緑樹の葉の表面にも生育している。コンクリート壁，ガードレール，北側の塀や家の外壁，電柱の根元などが緑色になっていることがある。これらは土壌藻，気生藻とよばれている。雪や氷の上で生活するものもいる。これらは浮遊しないが，植物プランクトンと合わせて淡水藻類とよばれている。

　例外だらけであるが，さまざまな進化の過程を経てきたものが，藻類あるいは植物プランクトンとして一つにまとめられているからだ。

③ 採集と保存と観察

　植物プランクトンは動物プランクトンに比べてかなり小さいので，プランクトンネットは，ナイロンで20 μmメッシュのものを筆者は使ってい

る[注]。水田など浅い水の場合，ロープのついた大型のネット［図3(15)］は使いにくいので，短い柄のついたハンドネット［図3(14)］を使い，さらに浅い場合はコップやひしゃくなどで水をすくい，くりかえしネットに注いで漉す。湿原などではスポイトを使ったり，腐植のしぼり汁を集める。プランクトンには粘質の鞘を持っているものが多く，それが乾くとネットの目をふさぎ水抜けが悪くなるので，乾かないうちに洗剤で洗っておくといい。

　筆者は，同じ場所で2本採集し，1本のびんには採集した液の1/10ほどの量のホルマリン（35〜38％のホルムアルデヒド水溶液）をその場で入れる。こうしておくと，何年たっても腐敗せず観察ができる。もう1本はそのまま持ち帰り，できるだけ早く顕微鏡で観察することにしている。ホルマリンを入れた標本はいわば死体を見ているようなもので，生の標本では本来の色や活発な動きが観察され，プランクトンへの理解が深まる。使い古された表現かもしれないが，1滴の水の中に小さな宇宙が見えてくる。ただ，ホルマリンは劇物なので持ち運びに注意する必要があり，手元にない場合は，筆者は採集した液の4割ほどの量の無水のエタノールを入れ，帰ってからホルマリンを

注) プランクトンネットは，目の細かいものを薦める。仕様を伝えれば離合社 (http://www.rigo.co.jp/, Tel:048-882-3086) で作成してもらえる。

図4　植物プランクトンの多い場所

(16)　農業用のため池。

(17)　古い噴水の池。泥水のような色だが，プランクトンの種類と数が豊富。

(18)　境内のハスの水鉢。

(19)　稲株の根元にアオミドロのかたまり。

(20)　少ない水でも。

(21)　貯水槽。

(22)　(18)の中で見つかったゴニウム（緑藻類）。

(23)　採集びんの底には，おびただしい数のユーグレナ。ひも状のものはスイレンの茎。

(24)　ツヅミモ類（緑藻類）

加えている。エタノールのままでも保存できるが，観察中にカバーグラスの縁からたちまち気化して取り扱いが難しい。ホルマリンを使った場合でも，透明なマニキュアをプレパラート上のカバーグラスの縁に塗っておくと，すきまからの蒸発を防げ，長時間観察できる。

 プランクトンの多い場所

　採集したびんの中に，高密度でたくさんの種類のプランクトンが入っていればいいが，いつもそうだとは限らない。珪藻ばかり，もやもやした腐植ばかりということもある。一概にはいえないが，日当たりがよく長期間水がとどまっている場所に

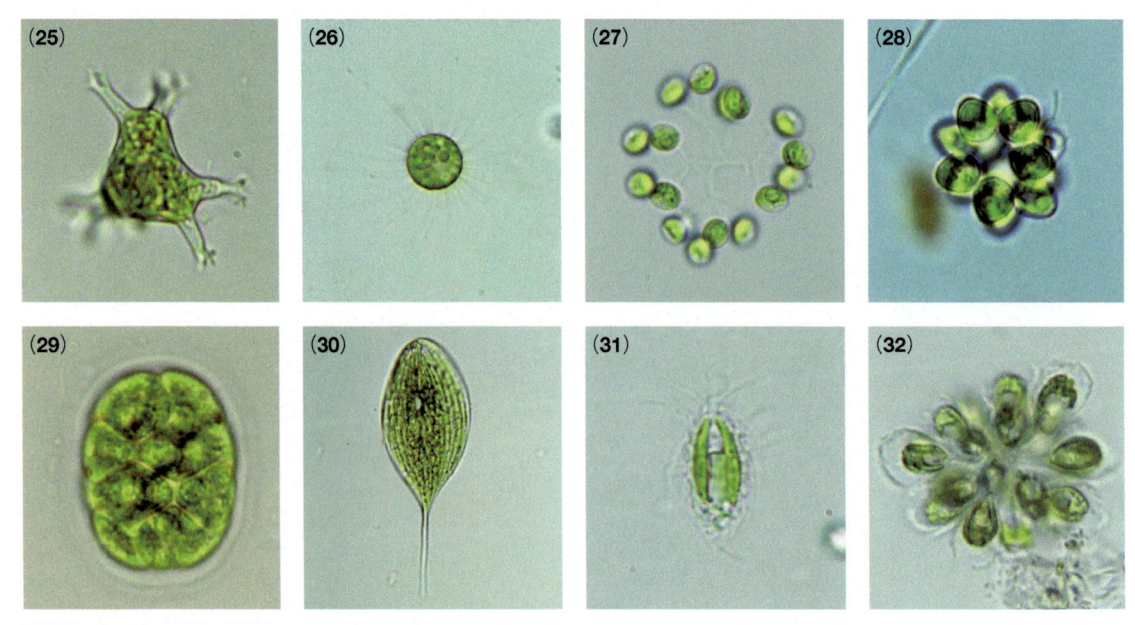

図5　植物プランクトンのいろいろ B

(25)　プセウドスタウラストルム（黄緑色藻類）。ピラミッド型の単細胞。四つの角からは，枝分かれした突起が出ている。

(26)　コレンキニア（緑藻類）。球形の単細胞。周りにたくさんの放射状に伸びる刺がある。

(27)　ジクチオスファエリウム（緑藻類）。群体。各細胞が枝分かれした糸状のものの先に付着している。

(28)　コエラストルム（緑藻類）。球形をした群体。細胞は表面に1層に並び，中は中空。

(29)　パンドリナ（緑藻類）。楕円形をした群体。細胞は隙間なく並び，それぞれが2本の鞭毛を持つ。

(30)　ファクス（緑虫藻類）。単細胞。細胞は扁平で，前端に1本の鞭毛を持つ。

(31)　マロモナス（黄色鞭毛藻類）。単細胞。前端に長短2本の鞭毛を持つ。

(32)　シヌラ（黄色鞭毛藻類）群体。細胞は放射状に配列し，それぞれが2本の鞭毛を持つ。

は多く見られ，透明より薄緑や茶色に濁った水の方が期待できる［**図3**(13)，**図4**(17)］。流れのあるところでは浮遊生活をするプランクトンは流されてしまうので，避けたほうがいい。地図で古くから水が溜まっていそうなところを探したり，ため池のほかにも，貯水槽，水田で田植えから稲が大きく育つ前の時期，冬の学校の緑色をしたプールなども調べてみるといい。湖などの広い所より池や沼の方が多くの種類を採集できる。水たまりや軒先の水盤なども見逃す手はない。栄養豊富な養殖池では，ユーグレナの仲間に出会え，腐植の上にひたひたの水がおおう湿原では，美しいツヅミモ類が採集できる［**図1**(7)，**図4**(24)］。

　わざわざ遠くに出かけなくても，身近なところや思いがけないところにもプランクトンはいる。寺の境内のミニバスを育てている鉢［**図4**(18)］からは，クラミドモナスの仲間，ユーグレナなどが採集できた。水が少ない場所では，1種類が突出して増えていることがあり，この水鉢の中では，ゴニウム［**図4**(22)］がそれだった。採集してきてそのまま放置しておいたびんの底が濃い緑色になってきたので調べてみたら，おびただしい数のユーグレナだった［**図4**(23)］。

　同じ場所でも，季節を変えて行ってみると違った種類が採集できることがある。ため池などでは，6月から9月ごろが種類も数が多いが，水温の低い季節には黄色鞭毛藻類［**図5**(31)，(32)］や渦鞭毛藻類がみられる。また，同じ場所，同じ季節でも，前年とは違った種類が増えていることもある。何年も同じ場所を採集してみて変化を調べてみてはどうだろうか。

⑤ 名前を調べる

採集したプランクトンを顕微鏡観察して，すぐにこれは何の仲間か名前がわかるようになるには修練が必要かもしれない。

まず，単細胞か群体かアオミドロのような糸状か，細胞の形や色，細胞に鞭毛や刺や突起などがあるか，群体なら平板かピラミッド型か球形かなどの細胞の並び方やつながり方に注目してみる［**図5**(25)～(32)］。何度も図鑑をめくって慣れていくしかないが，淡水藻類写真集ガイドブック[4]には身近にみられるプランクトンの代表的なものが載っていて，特徴がつかみやすい。何の仲間か（属名）がわかれば，採集したものをとりあえずまとめることができる。

これまで出てきたユーグレナやクラミドモナスなどは属名である。イカダモ，クンショウモ，ミカヅキモ，アオミドロなどは国内だけで通用する和名で，それぞれの属名は，スケネデスムス（セネデスムス），ペジアストルム，クロステリウム，スピロギラである。

⑥ 地理的分布

藻類図鑑で分布を調べると世界各地となっているものが多い。筆者は，国内で採集したプランクトンの名前を調べるのに，台湾や東南アジアや五大湖の藻類を調査した文献[3]も使っているが，同じものが数多く載っている。海はつながっているので海産のプランクトンが世界のあちこちで見つかっても納得がいくが，淡水のプランクトンではそうはいかない。

新たにできた水たまりにもいつの間にかプランクトンがすみ始めている。5階建ての校舎の屋上にミネラルウォーターを入れた容器を置いておき，1ヶ月後に調べたことがあるが，その中に何種類かの動物プランクトンと植物プランクトンが観察された。

水がたまる場所では干上がってしまうことがよくある。冬の水田はひび割れるほど乾燥しているが，田植えのころには，原生動物やさまざまな植物プランクトンが現れてくる。プランクトンは水がなければ生きてはいけないが，その期間は乾燥に強い休眠胞子などになってすごし，水が満たされれば殻を破って出てくる。水たまりや水田の水がなくなり乾燥し，そこに風が吹くと，姿を変えたプランクトンたちは砂ぼこりとともに空高く舞い上がり，花粉や胞子や黄砂と同じように山脈や海を越えてひろがっていくのかもしれない。

⑦ まとめ

身近な生き物の観察例として，植物プランクトンを紹介した。植物プランクトンは，食物連鎖の一環をなすことはよく知られているが，顕微鏡をのぞくたびに新しい発見と驚きがある。巧みで多様な生き物たちの世界に一歩入ってみることをお勧めしたい。

［文 献］
1) 小川なみ. 植物プランクトン (悠光堂, 2017).
2) 廣瀬弘幸, 山岸高旺・編. 日本淡水藻図鑑 (内田老鶴圃, 1977).
3) G. W. Prescott. Algae of the Western Great Lakes Area (Otto Koeltz Science, 1982).
4) 山岸高旺. 淡水藻類写真集ガイドブック (内田老鶴圃, 1998).
5) 山岸高旺・編. 淡水藻類入門 (内田老鶴圃, 1999).

小川 なみ *Nami Ogawa*

元・埼玉県立高等学校 生物担当教諭

1975年，金沢大学大学院理学研究科生物学専攻修士課程修了。1980～2011年，埼玉県立高校で生物担当教諭。退職後は，子ども向けの科学書の翻訳に携わる。関連する著書に，植物プランクトン (悠光堂, 2017) がある。

オオムラサキ繁殖への
取り組み活動

大川 均 *Hitoshi Ohkawa*

大妻嵐山中学校・高等学校 教諭

大妻嵐山中学校・高等学校は，埼玉県比企郡嵐山町にある私立の中高一貫女子校で，自然が豊かという地域の特性を生かし，この地に生息する国蝶に指定されているチョウの「オオムラサキ」の育成を通じて，環境や生命に対する柔軟な考え方を育もうという取り組みを2003年から進めている。今回，その取り組みの具体的な流れを寄稿いただいた（本誌）。

 ## 1 教育のねらい

① オオムラサキ飼育を通して地域環境保全の意識啓蒙と生命の尊さの醸成
② 研究手法やデータ分析能力の育成，表現する力など社会人基礎力の養成
③ グローバルな視野から問題解決能力の育成

　自然の中で植物や昆虫などに接する機会が少ない現代の子供たちに対し，NPO法人「オオムラサキの会」の協力のもと，オオムラサキの飼育を通して本校の位置する嵐山町の環境に対する理解を深め，あわせて探究する力を養成する。そこから日本や世界へ目を向けグローバルな視点を養うとともにプレゼンテーション能力も育成をおこなう。
　また，本校の女子高としての特性を生かし，女子のみでおこなう研究は，女性の理工系進出だけでなく，主体性を持ち，社会に貢献できる女性の育成を描くロールモデルになりうる。

 ## 2 年間スケジュール

4月中旬	自然観察会を実施し，本校敷地内にてオオムラサキの幼虫を掘り起こす。教室と外でそれぞれ飼育し，クラス内で担当者を決めて体長や横幅，気づいたことなどを日記形式でまとめる。
6月中旬～7月上旬	飼育したオオムラサキを本校敷地内にある「大妻の森」にて放蝶。データ採取と並行して学園祭での発表準備をする。
9月	採取データを整理しつつ，学園祭にて中間報告を発表する。以後，研究発表会に向けて発表資料の作成をおこなう。
12月	自然観察会にて幼虫を越冬準備させる（次年度の中学1年生へ引き継ぐ）。
2月中旬	研究発表会にて発表する。

③ オオムラサキとは

学　名　*Sasakia charonda* Hewitson チョウ目 (鱗翅目) タテハチョウ科

大きさ　翅を拡げるとオスは約10 cm, メスが10〜12 cm, タテハチョウ科の蝶では最大。

食べ物　幼虫時　エノキの葉
　　　　成虫時　クヌギ・コナラなどの樹液

分　布　日本　北海道札幌〜九州宮崎のほぼ全域
　　　　世界　中国・朝鮮・台湾
　　　　日本では生息圏は雑木林であるといわれるが戦後, 農地や宅地開発のため雑木林は急激に減り, 分布域は広いにもかかわらず生息地は局地的であるため珍しい蝶になってしまった。

補　足　国蝶選定は法令や条例などではなく, 1957年 (s32年) 日本昆虫学会が選定。

④ 生徒の取組

　4月中旬に自然観察会をおこない, NPO法人自然の会オオムラサキ　の協力で学校周辺の自然散策をおこないオオムラサキ幼虫が食べるエノキについて学習する。また, 前年度12月に植木鉢の中で越冬したオオムラサキの幼虫を掘り起こす。4月の中旬ごろには活動が活発になり始め, エノキの葉の裏で冬を越した幼虫が植木鉢を覆ったガーゼに這い上がってきている。

　幼虫から蛹になるまでは何回か脱皮をする。卵から孵化したばかりの幼虫を「1齢幼虫」, その「1齢幼虫」が1回脱皮した幼虫を「2齢幼虫」といい, 蛹になる前の幼虫を「終齢幼虫」という。自然状態では一般的に関東以北のものは4齢, 関西以西では5齢で越冬し, 関東でも暖かな房総半島の個体は5齢で越冬すると記載がある (文献：オオムラサキ―日本の里山と国蝶の生活史―を参照)。

　生息地域による越冬齢数の違いは夏の期間の長さ (もしくは冬の早さ) に影響があると思われる。

すなわち, 高温の続く夏の期間が短いと4齢, 長いと5齢で越冬する。特に冬が速い東北や北海道では3齢で越冬することになる。しかし, 越冬後の脱皮の回数は2回おこなうことは全国で共通している。また, この脱皮回数の差は成虫になったときの個体の差に大きく影響し, 北へ行くに従い約5 mmほどずつ小形になる。実際に本校ではNPO法人オオムラサキの会の協力で越冬前の幼虫から飼育するため, おそらく4齢の状態からであると推測される。

エノキの葉の裏で越冬したオオムラサキ

葉などを使って移しかえる

　幼虫には直接手を触れずにエノキの葉などを利用してエノキの木に移し変える。

　移し変えたそれぞれのエノキの鉢を教室と外に置き, 各クラスで担当を決めて毎日エノキに水をやり, 幼虫の体長や横幅を計測する。教室内と外という環境の違いが生長にどのように影響を与えるのか気温や湿度も計測していく。本研究を始め

て数年間はノギスを用いて測定したが，挟んでしまうケースもあり，近年は定規を使って慎重かつ正確に測るようにしている。

　幼虫は移動範囲が広いので別のエノキに移動する場合があり，エノキの鉢には全体をガーゼで覆い，行動範囲を狭めておく必要がある。

エノキをガーゼで覆う

毎日データを採取している

オオムラサキの幼虫

ゴマダラチョウの幼虫

オオムラサキ（♂成虫）

ゴマダラチョウ（成虫）

　エノキの新芽が芽吹くとともにオオムラサキの幼虫は体色を土の色から葉の色へと変化させ，食欲を増していく。

　オオムラサキによく似た蝶にゴマダラチョウがある。幼虫の体色もエサもほぼ同じだが，ここ数年飼育している中での経験ではゴマダラチョウの方がやや大きいものが多い傾向にある。また，羽化時期は，オオムラサキに比べて早い。見分ける特徴としては，背中の突起に特徴があり，4対なのがオオムラサキであり，3対なのがゴマダラチョウである。

　また，オオムラサキのオスはメスに比べるとやや小ぶりではあるが，成長はメスよりも速い。羽化するのは6月中旬〜7月上旬であり，データ採取はとくにこの期間が重要になる。

　データを採る際に

はエノキを覆うガーゼネットを外す必要があるが，エノキの木を覆うガーゼネットをあまり木に密着させ過ぎると，幼虫がネットの方を移動するようになる。足場がエノキよりも安定している分，ネットを移動する場合が多くなり，最終的にはネットで蛹になるものもある。

　無事に蛹から成虫になるまでに2週間ほどかかる。この頃には生徒は，天敵やその他のことも含め，成虫になることの難しさを身をもって知ることになる。そして，単なるイメージとしてではなく，実際の生物の生育を通して生命の尊さを体験として理解できるようになる。

　蛹を経て成虫になったオオムラサキは翅を十分に拡げられず，翅自体が湿っているのですぐに飛び立てる状態ではない。2〜3日様子を見ると翅が乾きバタバタと羽音を立てて飛び立てる準備が完了する。そこで，本校敷地内にある「大妻の森」へ行き，放蝶する。最終的にはオオムラサキが「大妻の森」で生

本校敷地内にある「大妻の森」

育てたオオムラサキを放蝶する

活環を形成できることが理想的である。

　12月に自然観察会を実施し，次年度の中学1年生のためにオオムラサキの幼虫を越冬させる準備をする。鉢に土，腐葉土などを敷き詰め，

飛び立とうとするオオムラサキ

その上に幼虫がついているエノキの葉を置き，鉢の上をガーゼで覆い，空気の確保のためすき間を作った状態で本校敷地内に埋める。

　この埋めた鉢を掘り起こすところから，次年度の4月に新入生が引き継ぐ形になる。

⑤ オオムラサキ研究発表会

　毎年2月中旬に中学1年生はオオムラサキの研究発表を実施する。発表は1グループ5人程度，

発表時間は10分，パワーポイントを使い，1年間の研究の成果を発表する。体長や横幅だけのデータではなく，細かいところまでよく見て考察をしているのが特徴的である。

発表会は全校的取り組みとして行っている。上級生たちは全員が経験してきたことなので，具体的な関心を持って参加している。下級生の異なったアプローチやデータなどについて，質問することで自らの観察・研究体験を相対化し，より理解を深めているようである。

研究発表会の様子

観察記録のまとめ ①気づいたこと

日にち	観察日数	体長(mm)	横幅(mm)	湿度(%)	気温(℃)	気づいたこと
4月16日(金)	1日目	15.5	3.0	59	16.0	4つのとげがあり、木の色に似ている。
5月18日(火)	33日目	43.0	20.0	80	26.0	茶色→黄緑色に変化。
6月1日(火)	47日目	65.0	12.0	57	22.0	よく動く。
6月15日(火)	61日目	55.0	1.0	78	26.0	白い糸が下に入っている。
6月16日(水)	62日目	30.0	10.0	88	25.0	さなぎになっていた。
6月22日(火)	68日目	×	×	81	28.0	動かない。
6月24日(木)	70日目	20.0	10.3	84	26.0	出血した痕が残っていた。
6月28日(月)	74日目	30.0	15.0	76	27.0	動かない。
7月1日(木)	77日目	30.0	15.0	×	×	先生に「もう死んでいる」と言われた。

生徒が作成した資料の一部

上級生による質疑

発表会の様子

総合的な学習の時間を中心にプレゼンテーションの準備をしていくが，パソコン室で採取したデータをグラフにまとめ，気づいた疑問を図書館の文献やインターネットを使って調べていく。そして発表する原稿を作り，何度もリハーサルを繰り返す。この研究発表会には上級生も聞く側として参加し，1年生が発表したのち，上級生が質疑をおこなう。成長グラフの変化，考察へのアプローチ，飼育する中での感想などを指摘やアドバイスしていく。1年生はそれらの質問に対し，綿密な準備をおこない，自分たちの研究発表では発表しきれなかった部分を補足したり，さらに自分の考察をしっかりと述べる。その場にいる教員や保護者，審査員として参加するオオムラサキの会の人たちみんなが温かく見守っている。平成28年度

の研究発表会では英語によるプレゼンテーションもおこなった。

近年ではICT (Information and Communication Technology) 機器を駆使し，タブレット型端末を使ってのプレゼンテーションも取り入れている。

6 年度末アンケートの結果

オオムラサキ研究発表会後，中学1年生にアンケートを実施した。平成21年度，平成27年度，平成28年度を例にあげる。

オオムラサキの研究が楽しかった生徒が半数以上いる一方，やはり「虫が嫌いだから」という生

	H21	H27	H28
楽しかった（%）	81.7	61.9	89.7
オオムラサキに興味を持てるようになった（%）	81.6	81.0	72.4
生き物に興味を持てるようになった（%）	89.2	90.5	82.8
理科に興味を持てるようになった（%）	79.1	71.4	65.5
研究に興味を持てるようになった（%）	75.0	76.2	65.5
オオムラサキの研究を続けたい（%）	36.7	38.1	20.7

興味を持てるようになったには「前から持っている」を含む。

徒が一定の割合でいる以上，そのあたりにオオムラサキを題材にする難しさはあるといえる。

　しかし，

①　オオムラサキに興味を持てるようになった
②　生きものに興味を持てるようになった
③　理科に興味を持てるようになった
④　研究に興味を持てるようになった

　などの好意的な回答が多い。「虫」を解消するにはまずは直接に触れる機会を作ることであるといえよう。その上で生命の尊さをしっかり伝えることが，年間を通して充実したものになっているので教育効果は非常に大きい。また，オオムラサキそのものの研究を続けたい，との回答は少ないが，この研究発表をおこなうことで本研究に対する到達感が生まれ，他のテーマで研究したい，との回答が多かった。中学3年次に本校では科学論文製作があり，オオムラサキの研究を通して研究手法を学んでいるので，その素地ができていることが大きな強みになっている。

　オオムラサキをテーマに1年間かけてじっくり取り組むこと，また，研究発表を多くの人の前で発表することは未来の研究者を生み出すプロセスとして確立できるのではないだろうか。

 ⑦　本校紹介

　本校は学祖・大妻コタカが創設した大妻女子大学の附属高校である。平成15年度に附属中学校を併設し，平成28年度から「世界につながる科学する心，表現する力　Global Eco-Science School」を教育目標に掲げている。その具現化方法として環境学習で中学1年生のときにオオムラサキの棲む環境の研究をおこなっている。

　また，本校のある埼玉県嵐山町は埼玉県のほぼ中心に位置し，山・渓谷・平地の変化に富む環境であり，国蝶オオムラサキの生息する地としても有名である。嵐山町のマスコットキャラクターである「むさし嵐丸」はオオムラサキがモチーフとなっている。

　本校生徒は埼玉県内だけでなく，東京都，群馬県など通学区域が広く，また海外からの帰国生もいる。多彩な生徒が嵐山町という共通の地で，国蝶オオムラサキの飼育・観察を共同でおこなうことは，学園全体の探究的態度の涵養に役立っているものと考えられる。

［最後に］

本研究で丁寧かつ熱心にご指導いただいた本校の元校長真下峯子先生，日常の議論を通じて多くの知識や示唆をいただいた理科主任田渕田恵子先生に深謝申し上げます。
原稿を執筆するにあたり貴重なアドバイスをいただいた半本秀博先生に感謝致します。

［文献］

NPO法人「自然の会・オオムラサキ」他. 里山の生きものたち（1999）.

国蝶オオムラサキを守る会・編. 飛べ オオムラサキ（講談社, 1981）.

栗田貞多男. オオムラサキ―日本の里山と国蝶の生活史―（信濃毎日新聞社, 2007）.

大川 均 Hitoshi Ohkawa

大妻嵐山中学校・高等学校 教諭
1998年，東京電機大学物質工学科卒業。同年より大妻嵐山中学校・高等学校勤務。
日本アクティブラーニング学会所属。専門分野は，化学。特技は，アクティブラーニングを取り入れた理科授業。趣味は，サッカー，バドミントン。［連絡先］355-0221埼玉県比企郡嵐山町菅谷558（勤務先）。

「米のとぎ汁」で食物連鎖の実験観察を提案

渡辺 採朗 *Sairo Watanabe*

神奈川県立山北高等学校 教諭　　プロフィールは P.216 参照

 はじめに

　「水田の土」を「米のとぎ汁」に浸した。3週間後に，水面に生じた「膜」を検鏡したところ，原生動物が群らがり，その中で大形繊毛虫が，細菌や小さな原生動物を食べていた。さらに，3週間置いて「膜」を検鏡すると，多数の後生動物[注1]が原生動物に交じって，減少した細菌や小さな原生動物を爆食していた。その結果，「細菌を出発点とする食物連鎖」と「食物連鎖や競争による動物相の変化」が観察できた。そこで，「米のとぎ汁」と「水田の土」を使った「食物連鎖の観察」を提案したい。詳細を観察マニュアルにまとめた。

 細菌を出発点とする食物連鎖の観察マニュアル

【材料・器具】

　1 Lのビーカー，水田の土[注2]，米のとぎ汁[注3]，スポイド，ホールスライドガラス[注4]，カバーガラス，顕微鏡を用意する。

Ⅰ　微小動物が群れる水面の「膜」の作製

（水田の土を採集した翌日に実施）

【手 順】

a. 水田の土に稲株を混ぜて，1 Lのビーカーに高さ3 cmぐらい盛る（図2）。

b. 水で5倍に薄めた「米のとぎ汁」500 mLを，その上から注ぐ（図3）。

c. ビーカーにラップして，日陰に置く。

d. 1週間に1回の割合で，ラップをはがして新鮮な空気を入れる。

【結 果】

　米のとぎ汁を食べて急増した細菌とカビは，水面でくっついて「膜」をつくった（図4）。

Ⅱ　原生動物の摂食行動の観察

（米のとぎ汁を入れてから，2〜3週間後[注5]に実施）

注1）ワムシ，センチュウ，水生ミミズなどの多細胞動物。

注2）10月初旬，神奈川県小田原市蓮正寺の収穫後の水田から，湿った土を「稲株」といっしょに採集した（図1）。

注3）米のとぎ汁は4合の米を500 mLの水でといだもの。

注4）スライドガラスに比べ，資料が大量に載る。

注5）摂食行動の観察に適したツリガネムシやスティロニキアが増えるのが，米のとぎ汁を注いで2〜3週間後あたり。

図1 稲刈りの終った水田（3月に撮影）

図2 ビーカーに入れた水田の土

図3 その上に，米のとぎ汁を注ぐ

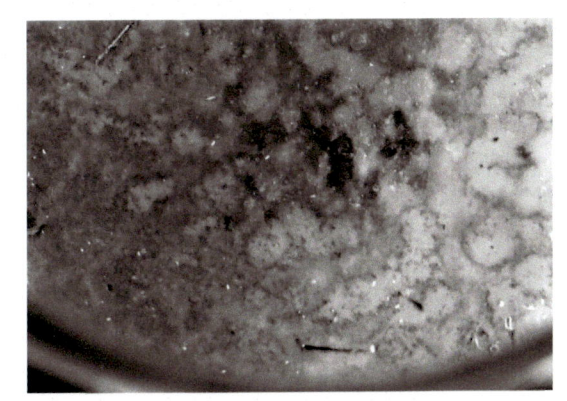

図4 水面に生じた膜（米のとぎ汁を注いで10日後）

【手順】

a. 水面を覆う「膜」を水と一緒にスポイドで吸い取り，ホールスライドガラスの穴に落とす。

b. カバーガラスをかけて，次の手順で「膜」を検鏡する。

① 接眼レンズ10倍・対物レンズ4倍をセットし，「膜」を40倍で視野に出して概観する。

② 対物レンズを4倍から40倍に替えて400倍で，食物連鎖の出発点となる細菌[注6]を観察する。

③ 対物レンズを10倍に替えて100倍で，餌を食べている繊毛虫[注7]を探して，摂食行動を観察する。動かないものは，400倍で観察する。

④ その他の原生動物を観察する。

【観察結果】

(1) **細菌**：食物連鎖の出発点で，体長は2〜5 μm。球状，棒状，バネ状のものに大別できる。活発に動いているものもあり，細菌が生きていることが実感できた［図5(a)，図7(a)］。

(2) **摂食行動をする原生動物（繊毛虫で観察）**

① **コルポダ**（体長60 μmの中形繊毛虫）：回転しながらゴソゴソ動く。繊毛運動で細菌を口に運んだ。

注6) 塊になっている細菌ではなく，浮遊する細菌を観察する。細菌は透明なので，しぼりをしぼらないと観察できない。

注7) 口（細胞口）があり，餌を取り込むのが分かるため。

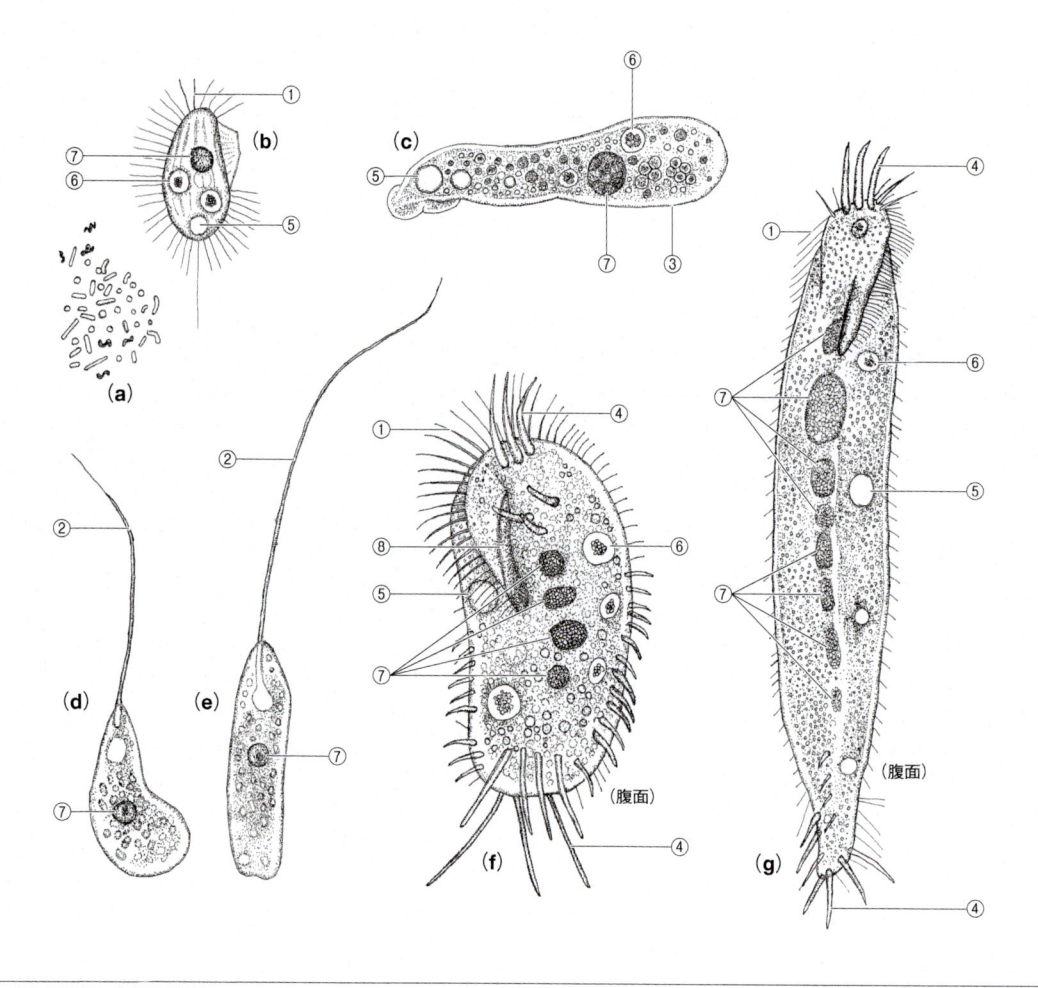

図5　膜で観察した原生動物 (400倍)

① 繊毛　　② 鞭毛　　③ 仮足　　④ 剛毛　　⑤ 収縮胞　　⑥ 食胞　　⑦ 核　　⑧ 口

(a) 細菌　　(b) キクリディウム　　(c) ナメクジ形のアメーバ　　(d) イロナシミドリムシ　　(e) フトヒゲムシ　　(f) スティロニキア　　(g) ウロレプツス

② **ツリガネムシ** (柄を除く体長80 μmの大形繊毛虫)：長い柄で「膜」に付く。ツリガネの開口部に口があり，その回りを繊毛が取り囲む。繊毛を激しく動かして水流をつくり，細菌を取り込んだ。食胞は，食べた細菌で満ちた [**図7**(c)]。

③ **スティロニキア** (体長150 μmの大形繊毛虫)：「膜」の上を剛毛 (繊毛の束) を使って歩く。体は平たく，おしりに3本の刺状の突起を有する。口の周りの繊毛を動かして水流をつくり，小さな原生動物を「口」の中に吸い込んだ。食胞は，食べた原生動物で満ちた [**図5**(f)，**図7**(d)]。

④ **ロクロクビムシ** (首を伸ばすと体長300 μmの大形繊毛虫)：長い首を伸び縮みさせながら「膜」の周りを泳いだ。餌になる小さな原生動物を見つけると，首の先の口で丸呑みして食べた。首の中を呑んだ原生動物が通過するのを観察した [**図7**(e)]。

(3) その他の原生動物

　　上記の繊毛虫のほかにも，「膜」では多種多様な原生動物が確認できた。その一部を次に示す。

キロモナス：爆発的に増えて，水中をくねくねと泳いだ。小形鞭毛虫で，体長20 μm [**図7**(b)]。

キクリディウム：普段は静止していたが，突然，飛び跳ねた。体長20 μmの小形繊毛虫で，長い繊毛を持つ［**図5**(b)］。**フトヒゲムシ**：太い鞭毛の先端を振って前進した。鞭毛を除く体長50 μmの大形鞭毛虫。ミドリムシに似るが，葉緑体を持たない［**図5**(e)］。**イロナシミドリムシ**：フトヒゲムシに酷似する大形鞭毛虫で，体を「くねくね」した［**図5**(d)］。**ナメクジ形のアメーバ**：定まった形のない根足虫で，伸びたときの体長は100 μm。仮足1本を進行方向に伸ばして，移動した［**図5**(c)］。**ウロレプツス**：剛毛で水面の「膜」の上を歩いた。スティロニキアを長くした形の大形繊毛虫で，体長は220 μm［**図5**(g)］。

(4) 動物相の変化（小形鞭毛虫・小形繊毛虫から大形繊毛虫へ）

　観察日が後になるほど，小形繊毛虫や小形鞭毛虫などの小さな原生動物は，大形繊毛虫に摂食されて減少した。逆に，大形繊毛虫は増加した。

Ⅲ　後生動物の摂食行動の観察

（米のとぎ汁を入れてから，6週間後を目安に実施）

【**手順**】

a.　水面の「膜」を水と一緒にスポイトで吸い取り，ホールスライドガラスの穴に落とす。

b.　カバーガラスをかけて，次の手順で「膜」を検鏡する。

　① 接眼レンズ10倍・対物レンズ4倍をセットし，「膜」を40倍で視野に出し，概観する。

　② 餌を食べている後生動物（多細胞動物）を探し，対物レンズを10倍に替えて100倍で，摂食行動を観察する。ただし，「膜」に付くワムシの摂食行動は400倍で観察する。

【**観察**】

(1) 摂食行動をする後生動物

① **ヒルガタワムシ**（体長500 μmの大型のワム

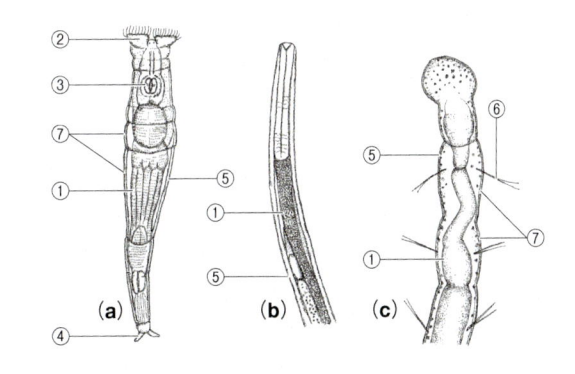

図6　**膜で原生動物に替わり優勢になった後生動物**（100培）
① 消化管　② 輪毛器　③ 咀嚼器　④ 趾　⑤ 角皮（クチクラ）
⑥ 剛毛　⑦ 体節
(a) ヒルガタワムシ　(b) 大形のセンチュウ　(c) アブラミミズ

シ）：ツリガネムシより優勢になった。趾で，「膜」に付く。体節や消化管を有し，角皮は厚い。輪毛器の繊毛運動で水流をつくり，細菌や小さな原生動物を取り込んだ。食べた物は，口の奥の咀嚼器で砕かれて消化管に送られた［**図6**(a)，**図7**(f)］。

② **アブラミミズ**（体長が3 mmの水生ミミズ）：体を伸び縮みさせて「膜」の中を移動した。剛毛・体節（ただし，不明確）・消化管を有し，角皮は薄い。細菌・原生動物をまとめて飲み込んだ。皮膚が透明で，食べた物が，消化管のぜん動によって後方に運ばれるのが観察できた［**図6**(c)，**図7**(h)］。

③ **センチュウ**：上記2種同様に，「膜」の中で目についた。体を左右に振って「膜」の中を移動した。ひも状の形は，アブラミミズと共通する。ただし，体節や剛毛はなく，角皮は厚い［**図6**(b)，**図7**(g)］。

(2) 動物相の変化（原生動物から後生動物へ）

　原生動物のみからなる動物相が，原生動物と後生動物の混在する動物相に変化する。原生動物は，後生動物に食べられたり，後生動物との競争に負けたりして数が減り，多様性を失った。

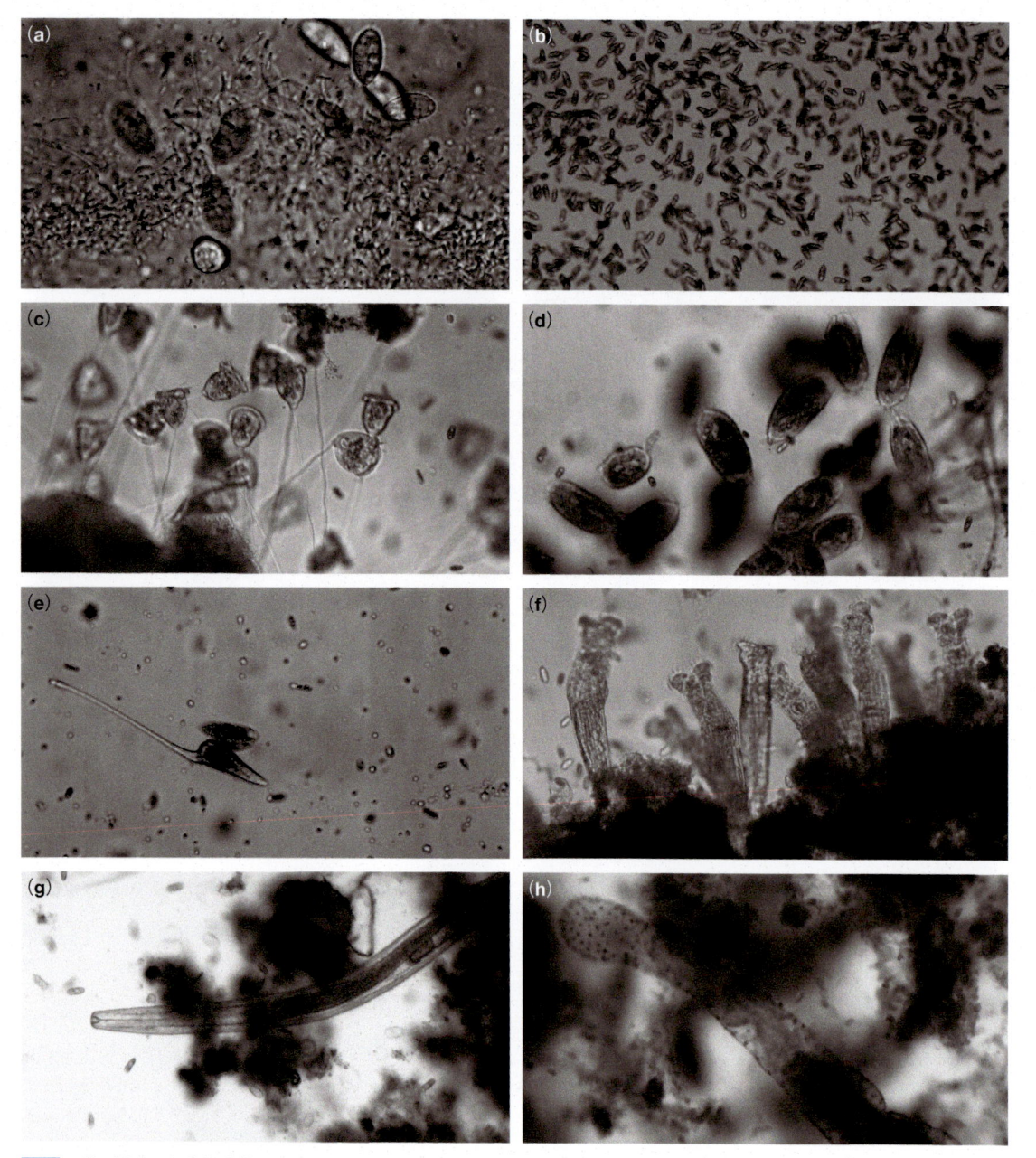

図7　膜で観察した食物連鎖（aは400倍，b〜hは100培）

(a)「うごめく細菌」と「それに群がる小形繊毛虫」（米のとぎ汁を注いで，2週間経過後）　　(b) 激増したキロモナス（同．2週間経過後）

(c) 細菌を食するツリガネムシ（同．3週間経過後）　　(d) キロモナスを摂食するスティロニキア（同．3週間経過後）

(e) 首を伸ばして獲物を探すロクロクビムシ（同．3週間経過後）　　(f) 細菌や小形原生動物を摂食するヒルガタワムシ（同．6週間経過後）

(g) 膜から頭を出す大形のセンチュウ（同．6週間経過後）　　(h) 細菌・カビの塊を飲み込み，消化管がぜん動するアブラミミズ（同．6週間経過後）

③ 実験観察の成果
——高校生は，何を理解したか

実習後の感想から，高校生は次のことを理解した。

① 細菌を出発点とする食物連鎖があること。

② 原生動物と後生動物では，消化方法が異なること。すなわち，原生動物は食胞による細胞内消化，後生動物は消化管の中での細胞外消化。

③　水田の土や稲株には，原生動物・後生動物の
もとになるシスト^{注8)}などが存在すること。

④　食物連鎖など^{注9)}により，動物相は日々替わ
ること。

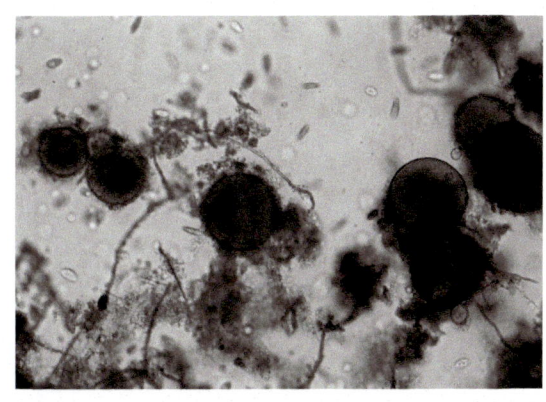

図8　**シスト**（100倍）

 **④** 水田の土は，「どこで」「いつ」採集
しても，食物連鎖は観察できるのか
——**実験の再現性について**

【実　験】

　「別の水田」から「春」に湿った土を採集し，米
のとぎ汁に浸して，水面の「膜」をつくり，同様
の手順で「膜」を検鏡した。

【結　果】

　出現する種が多少異なるが，食物連鎖（食う－
食われるの関係）は観察できた（図9）。

 ⑤ おわりに
——**実験・観察の骨子をまとめて結ぶ**

①　［**水田の土を米のとぎ汁に浸ける**］：土から
発生した多種多様の原生動物，ワムシ，水生
ミミズなどが，「米のとぎ汁を食べて爆発的
に増えた細菌」を食べて，高密度になった。

②　［**水面の膜を検鏡する**］：ツリガネムシやス
ティロニキアなどの大形繊毛虫，ヒルガタワ
ムシや水生ミミズなどの後生動物が密集した。
これらの動物は，摂食行動の観察に最適で
あった。

③　［**日を置いて2回検鏡する**］：動物相が食物連
鎖などによって変化する様子が観察できた。

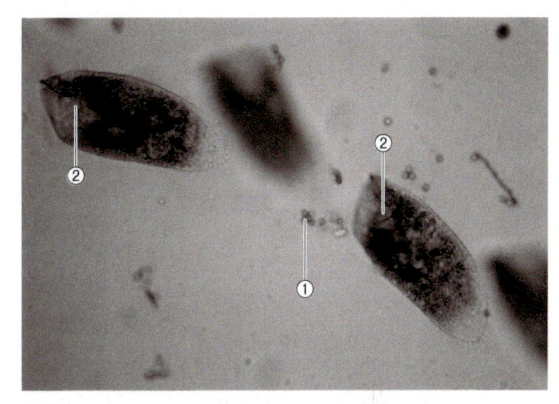

図9　**小形原生動物を摂食する大形繊毛虫**（100倍）

形態・摂食行動とも，スティロニキアに酷似。ただし，体が一回り大
きく，おしりに3本の刺状の突起はない。

① 小形原生動物　　② 大形繊毛虫の口

［文　献］

岡田要. 新日本動物図鑑（北隆館, 1966）.

滋賀県立衛生環境センター・監修，一瀬諭，若林徹哉,滋賀の理科
教材研究委員会・編集. やさしい日本の淡水プランクトン（図解ハ
ンドブック）（合同出版, 2005）.

注8) 多くの高校生が，「膜」の中に散らばる大小の球体（シスト）を観察した（**図8**）。シストは原生動物や後生動物の休眠体で，耐乾
　　性が強い。

注9) 餌不足，水質悪化，新たな生物の侵入も原因と考える。

トノサマガエルの調査・分析から生物環境や保護活動を考える

篠原 望 *Nozomu Shinohara*

香川生物学会・元香川県教員・元香川県自然科学館研修員等

かつて平野に広がる水田地帯のカエルの代表は，トノサマガエルだったが，今，その姿を消しつつある。筆者らは香川県において，1980年代から約15年ごとに3回の生息調査をおこなってきた。特に標高100 mラインを境に変化の様相は大きく異なっていることがわかった。本稿では，この調査結果を，生態環境を考えるうえでの一つの素材として提供し，調査方法のポイントなどを紹介する。

 **① はじめに**

　野外生物の調査・分析は，1シーズン努力したら信頼できる結果が得られるようなものではない。調査方法，調査期間・頻度などを検討したうえで，調査方法に対する事前のトレーニングも必要である。また数シーズンにわたる調査を図やグラフ，表に加工して比較し，先入観にとらわれずに事実を見つめることが求められる。映像を含めたこれらの「見える化」は，関係者の意欲を高め，活動の幅を広げるのにも役立つ。学校の課外活動や地域ボランティアの調査活動なども，以下に述べる調査方法を熟知し何シーズンか経験して初めて見えてくることがある。せっかくの努力も調査方法と分析方法が理解されていないと，単なる自己満足に終わってしまう。香川県のトノサマガエルの調査・分析から見えてきたことは，身近なカエルの実態調査が生態と環境の学習素材の一つになることだった。これらの調査において，地道ではあるが外せないポイントがいくつも認識できたため，その点を踏まえて調査の実践を紹介したい。

草むらに潜むトノサマガエル

② 調査の目的

　1970年代から香川県では，土木建設関係の「3大プロジェクト」が進行していた。①水不足の香川県に徳島県の吉野川から導水するための香川用水を作ること，②瀬戸大橋の建設および香川県を東西に貫く3本の道路を整備すること，③高松空港を移転整備すること，である。元・香川大学教授の須永哲雄先生(故人)は，これらの事業が生物に大きな影響があると予見され，継続的な生物の生息調査の必要性を説かれた。これを受けて，香川県が中心となって1980年から約15年ごとに3回の生物調査をおこなうことになった。対象は，動植物全般。その対象の一つとして，筆者らはトノサマガエルの調査をおこなうことになった。

③ 調査方法

　生物調査には，種の同定や調査方法等について熟練が必要である。集めたデータが正確でないと，信頼性が一挙に失われる危険性がある。一般の方から情報を得ることも多いが，必ず検証する場を持ち，確実な情報のみを扱うことを心がけている。

(1) 調査実施年と調査員等
　調査実施年は，以下の3期にわたった。また調査員は生物調査の経験実績のあるもの数名で構成され，協力者・情報提供者も経験のある人に依頼した。

① 1980〜1985年：香川県全域における生物環境影響調査実施。
② 2000〜2004年：香川県REDデータブック作成に向けての生物調査実施。このときは全種調査ではなく，希少種として両生類5種と爬虫類5種を調査対象種とした。
③ 2015〜2019年：第2回香川県REDデータブック作成に向けての生物調査実施。調査対

象種は前回とほぼ同じで，希少種として両生類6種と爬虫類5種が選ばれた。

(2) 調査地と調査メッシュ
　①の調査は，香川県全域を6地区に分割し，毎年1地区ごと実施した。ただ，調査員の都合で香川県の西部地域と島嶼部の一部は調査が実施されていない。5万分の1の地図を縦10横10に区切り，メッシュとした。

　②の調査は，第1回香川県REDデータブック作成を目的に実施された。香川県全域を5地区に分割し，毎年1地区ごと調査した。前回の調査と異なり，5万分の1の地図を縦20横20に区切り，細かいメッシュで調査(環境省第3次メッシュを利用)をおこなった。

　③の調査は，第2回香川県REDデータブック作成を目的に実施された。香川県全域を5地区に分割し，毎年1地区ごと調査した。調査メッシュは前回の同じ環境省第3次メッシュを利用した。

　香川県全域を地区に分割して1地区ごと調査したり，メッシュを利用したりするのは，調査地の偏りを減らし，香川県全域で均等に調査をおこなうためである。

(3) トノサマガエル識別のポイント
　トノサマガエル(*Pelophylax nigromaculatus*)は，背中に1本の背中線があり，雌雄で体色が異なるカエルである(図1)。雌は全体に白っぽく体長が約10cmにもなる。ウシガエルの幼体を間違ってトノサマガエルと記録してしまうリスクがある。同定の最大のポイントは，背中にある黄緑か白の1本のはっきりした筋があることである。

(4) 生息調査における観点と項目
　調査日時，確認場所(GPSで記録)，調査者，大きさ，個体数，生息環境を調査用紙に記入する。確認したトノサマガエルとその周辺環境を写真に撮っておく。

図1 トノサマガエル

① 鳴き声調査

　カエルの鳴き声でトノサマガエルが確実に判別できなければならない。カエルの鳴き声が収録されたCDが販売されており，まずそれを利用してトレーニングをおこなう。同時期に鳴いているニホンアマガエルやシュレーゲルアオガエルと混同しないよう，ヒアリングのトレーニングを，調査に先立って10回以上積む必要がある。

　4月下旬から6月中旬の田植えの時期に夜間の8〜12時ごろ，狭い範囲ならあまり音を立てない自転車を利用する。広い範囲なら日中に下見をしておき，ヒアリングポイントを決めておく。夜間8〜12時ごろ，自動車の窓を全開にしてヒアリングポイントで停車後1分後に鳴き声を記録する。どちらも夜間のため場所の特定が難しいので，GPSで位置を記録する。念のためトノサマガエルの鳴き声が入ったCDを携帯し，声を確認しながら実施すると確実な調査ができる。

② 卵塊調査

　田植え後約1週間で除草剤の効果が薄れかけたころ，トノサマガエルが鳴いていた水田の畦を午前中歩きながら目視で調査する。畦から1〜2 mのところに直径30 cmぐらいの円盤状または楕円状の卵が浮いていることが多い。水温が上がったり，産卵後日数が経ったりすると沈んでしまうことが多い。

③ 幼生調査

　5〜7月にかけて，水田の畦を歩きながら目視で調査する。幼生で他の種と区別することは難しく難易度が高いが，卵塊を採取し幼生飼育の経験があれば，顔を見ただけで判別できるようになる。

④ 幼体・成体調査

　7〜8月，水田の水口周辺の水がたまるところを中心に，または，水が入った水田の畦を歩きながら目視で調査する。体色緑色，体長2〜10 cm，背に1本の線の3点を満たすことを同定の基本とする。

　9〜10月のイネ刈りの時も見つけやすい。

⑤ 聞き込み調査

　聞き込み調査では必ず，水田で田植えや稲刈りをしている人で，トノサマガエルを見た経験があると考えられる60歳以上の人から情報を得るようにしている。一般の人からの情報は不正確なものが混在していることが少なくない。農業関係者から得られた情報も鵜呑みにせず，現地調査を実施して確認をする必要がある。

(5) 生態調査

① 水質調査

　市販のパックテスト (共立理化学研究所) を用いてpH，COD，PO_4濃度，NO_2濃度の4種類を測定する。測定は各水域の最も水が多い地点の中位層の水を採取しおこなう。3回測定し，平均を記録する。

② 食性

　畦からの目視で捕食を確かめるか，成体を捕獲し吐き出し法で確認する。

③ 草地面積

　地権者の了解を得て水田の畦を現地で実測する方法と，役場等で研究の目的を説明し許可が出れば航空写真をもとにした地籍図をもらうことができる。それらをもとに計算する。

④ 幼体の活動範囲と草地における生息密度推定

　幼体の生息数と大きさ，活動範囲は，畦を歩いての**ラインセンサス***でおこなう。トノサマガエ

ル幼体の成長に合わせ，1～2週間間隔で3回実施すれば発見個体数の変動が見て取れる。草地面積がわかっていれば幼体の成長に伴って生息密度が変化する様子がわかる。

⑤ 成体雄の繁殖期の縄張り

100 haほどの水田を産卵期に自転車を使い，雄の鳴き声の場所を記録していく。ほぼ同じ時期に複数年繰り返し，雄間の平均距離を算出する。

 調査結果

調査結果は各項目ごとに表計算ソフトに入力して整理する。また，PCでその位置情報を用いてメッシュ図を描けるようプログラムを組んでおき，結果を入れていく。

(1) 1980～1985年の調査（第1回目）

1980～1985年の調査では，トノサマガエルは調査地のほぼすべてのメッシュで生息が確認された（図2）。ただ，調査員の都合で香川県の西部地域と島嶼部の一部は調査が実施されていない[1]。香川用水が1974年に完成し，平野部での水田の水環境が大きく変化するきっかけとなったが，この時点ではトノサマガエルに及ぼす影響は小さかったと考えられる。海岸沿いの低地から，平野部，山間地にかけて，まだ広く分布していることが確認された。

(2) 2000～2004年の調査（第2回目）

2000～2004年の調査では，明らかに前回とは大きく違った結果となった（図3）。平野部にはほとんどトノサマガエルの生息確認がなかった[2]。

(3) 2015～2019年の調査（第3回目）

2015～2019年の調査結果でも，前回とほぼ同様で平野部ではほとんどトノサマガエルの生息確認ができなかった（図4）。しかし，山間地での生息範囲が拡大している様子が見て取れる。これは，

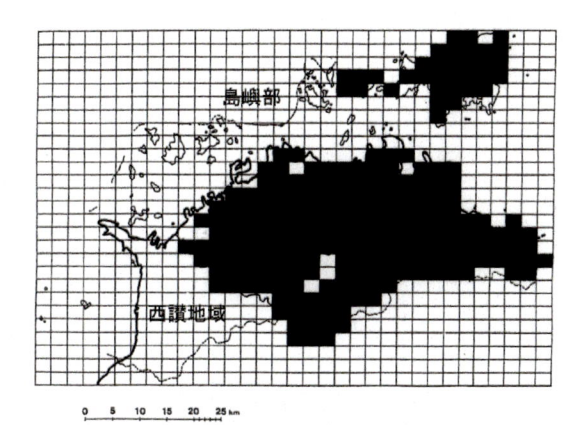

図2 香川県におけるトノサマガエルの分布メッシュ（1980～1985年）

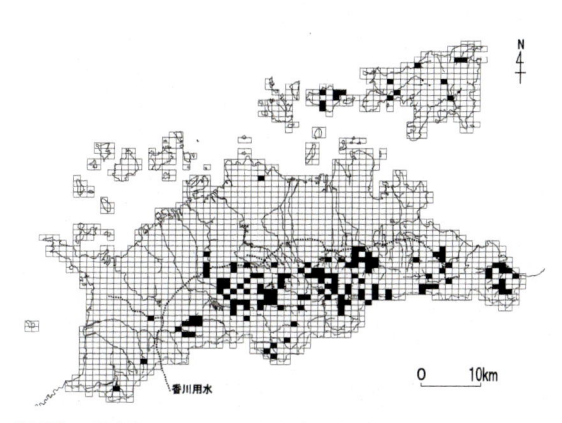

図3 香川県におけるトノサマガエルの分布メッシュ（2000～2004年）と香川用水幹線水路

2010年ごろから農協等の指導で「**中干し**」*が緩くなっているため，その効果が現れてきていると考えることもできる。

用語解説 Glossary

【ラインセンサス】
あらかじめ観察する道順を決め，そこを一定の早さで歩き，出会った生物の記録を取る方法。

【中干し】
コシヒカリ系のイネの茎を強くするため，田植えから約1ヶ月後に水田の水を抜き，約1週間イネを干し上げる作業。

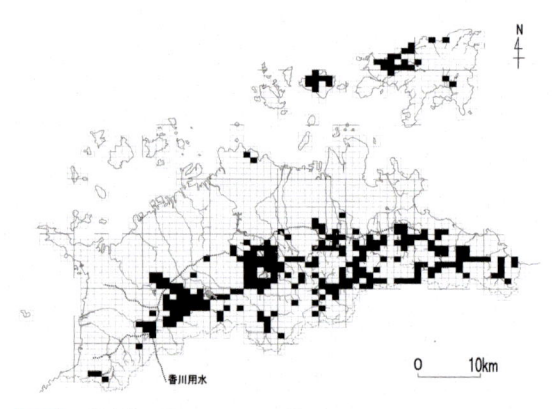

図4　香川県におけるトノサマガエルの
分布メッシュ（2015〜2019年）と香川用水幹線水路

図5　水がなくなった中干し中の水田

⑤ 激減の原因分析

　2000年ごろ，一般にカエル類の減少といえば，農薬の影響，水質の悪化，圃場整備による農地改変，天敵の影響等が影響していると考えられていた。しかし，この**図3**を眺めていてふと気づいたのが香川用水の存在である。標高約100 mで香川県を東西に流れる香川用水の上流と下流ではっきりとした生息状況の差が見て取れる。平野部でも香川用水の幹線水路の到達していない香川県東部の東さぬき市と島嶼部の小豆島，豊島にはまだ多くのトノサマガエルが沿岸部から平野部，山間地まで生息している。そこで，平野部と山間地の水田を比較することで原因を究明することにした[3]。

　香川用水から水が供給される地域では，水路が3方コンクリートとなり水の淀む場所がなく速やかに流れてしまう。水田・ため池周辺も畦等がコンクリート化して草地もほとんどない。小さなため池も埋め立てられ，沼地等もほぼなくなっている。水が溜まる環境がなく，幼体や成体の餌場となる草地もほとんどない状態であった。

　これに反し，香川用水の上流や香川用水が到達していない東かがわ市や小豆島，豊島の水田周辺は，昔ながらの水を溜め，逃がさない環境が残っていた。土と石垣でできた畦や用水路が多く残り，**野壺**[*]も点在し，水が溜まる仕組みが残っていた。草地も多く残されていた。

　平野部は畦がコンクリート化され，草地が少ない。山間地は土の畦が多く草地が多く残されている。実験水田の比較から，幼体の体長と必要な草地面積が明らかとなった。おたまじゃくしから変態し幼体となってからは餌場となる草地が約1.1 m² 以上必要で，生息に大きな影響を与えていることがわかった。

　また，稲の耕作方法も大きく異なっていた[4]。田植えから約1ヶ月後に実施する「中干し」をきつくするか，緩くするか，「中干し」中でも水田に水溜まりがあるのかないのか，である（**図5**）。山間地の水田では「中干し」を緩くする水田が多く，水田も水平でなく，「中干し」中にも水田に水溜まりがあるところが多かった。実験水田で比較しても「中干し」中に水が残る水田でトノサマガエル幼生が多く生存することが確認された[5]。

　イネの田植えの時期も異なっている。香川用水より上流の地域では4月下旬から5月初旬，下流域は6月中旬に田植えをしている。イネの苗を育てる苗代も今では水田に水を溜めておこなっているところは香川県下どこを見てもほとんどない。

香川県でのトノサマガエルの産卵に適した時期は5月上旬から5月下旬までであることからも，下流域で産卵することは難しいと考えられる。

⑥ 効果的な保護活動

これら調査・研究したことを2006年の日本爬虫両棲類学会で発表すると，それがマスコミや出版社[6]の目にとまり，トノサマガエルが一躍脚光を浴びるようになった。調査自体は地道であったが，結果やその重要性がわかりやすいと受け止められたためであろう。さらにこの結果を背景に2009年に小学生とトノサマガエル幼生の救出活動をおこなった。また農業関係者を集めてカエルシンポジウムを実施した。

⑴ 善通寺こどもエコクラブ（小学生）との保護活動

「中干し」をきつくした水田でトノサマガエルの幼生が死んで干からびる様子を観察した。次に，イネの「中干し」中に水田の水口に小さな水たまりを子供たちが作り，その後，水田にトノサマガエルの幼体が多数確認される様子を観察した。子供たちは楽しんでいた。その様子は小学生でもできる保護活動として全国放送（NHK）された。併せて農業関係者の目にもとまった。

⑵ 農業関係者を集めてのカエルシンポジウム

ただトノサマガエルを守れと訴えても，農業関係者は行動を起こしてはくれない。必ず農業とトノサマガエルの両立を目指した内容で方法論を展開しなくてはならない。また，映像を交えて，簡単な耕作方法の変更で害虫，特にカメムシも捕食するトノサマガエルが増加することを説明した。調査事実に基づいて説明することが説得力を持つことを実感した。実際，2009年のシンポジウムが農協や県の農林部を動かし，「中干し」をきつくしないようにという指導がその後，実施されるようになった。

現在トノサマガエルは，香川県を含め全国24府県で希少種に選定され注目されている。

⑦ おわりに

野外での生物調査の信頼性を高めるためには，事前のトレーニングが必要である。調査結果は，数字として表れるがそれだけでは何も役に立たない。図やグラフ，表に加工して比較することで見えてくるものがある。先入観にとらわれずに事実を見つめることが大切であると痛感した。保護活動から見えてきたことは，人を動かしたり，関係者をその気にさせたりするには，「見える化」が必要である。わかりやすく簡単で，さらに活動に参加する人に何かメリットがあることが伝わると，年齢に関係なくさまざまな活動に広がることを経験的に深く感じている。

［文献］

1) 篠原望, 川田英則. 両生・は虫類の分布からみた香川の自然度. 香川県自然環境保全指標策定調査研究報告書（自然度評価の総括）61-71 (1988).

2) 篠原望. 香川県におけるトノサマガエルの現在の分布. 香川県自然科学館研究報告(25) 長期研修生の部 1-4 (2005).

3) 篠原望. 香川県平野部におけるトノサマガエルの激減の原因に関する一考察. 香川県自然科学館研究報告 (25) 長期研修生の部 5-12 (2005).

4) 中讃農業改良普及センター・監修. 水稲栽培のしおり. pp.1 (香川県農業協同組合栄支部, 2004).

5) 篠原望. 圃場整備がトノサマガエルの生息に及ぼす影響. 香川生物 34, 97-105 (2007).

6) 内山りゅう・他. 今, 絶滅のおそれのある水辺の生き物たち (山と渓谷社, 2007).

篠原 望 *Nozomu Shinohara*

香川生物学会・元香川県教員・元香川県自然科学館研究員等

2004年，鳴門教育大学大学院学校教育研究科修了。元香川県自然科学館研究員。2019年まで香川県教員。専門分野は，香川県における両生・爬虫類の分布および生態。主な著書に，今, 絶滅のおそれのある水辺の生き物たち（分担執筆, 山と渓谷社, 2007）がある。

イモリ属の北限に生きる
アカハライモリの繁殖戦略
──秋から春をまたぐ多重交配の謎を解く

秋山 繁治 *Shigeharu Akiyama*

南九州大学 教授　　プロフィールはP.183参照

両生類は大きく分けて，有尾類（サンショウウオ目）と無尾類（カエル目）に分けられる。有尾類は変態して成体になっても尾が残る仲間を指す。無尾類ほど身近な存在ではなく，その存在は一般的には知られていない。有尾類は，声を出すこともなく，朽木の下や石の下，山奥の湿地や水溜まりといったあまり人目につかないところでひっそりと生息しているからだ。その中で唯一，春先に，水田で動き回る姿を見ることができるのがイモリ科イモリ属（*Cynopus*）の仲間である。今回は有尾類で最もよく知られているアカハライモリを中心に，その生態と繁殖戦略を探っていきたい。

 はじめに

アカハライモリは日本の固有種であり，本州，四国，九州とその島嶼（隠岐，壱岐，佐渡，五島）に広く分布している。アカハライモリは有尾類で最も身近な生き物であった。しかしながら，近年，圃場整備，耕作方法の変化，水路や溝のコンクリート化などの人為的な自然環境の改変が進み，農薬散布や水質の悪化の影響で激減していると報告されている。実際にアカハライモリを見たという話を聞くことが少なくなったのではないだろうか。今，その存在が意識されないままに姿を消していっているアカハライモリにスポットをあてて，野外での行動調査と生殖器官の周年変化の観察[1]の成果をもとにして，その繁殖生態を紹介する。

日本のイモリ科の仲間

日本に生息する有尾類は，サンショウウオ科，オオサンショウウオ科（天然記念物のオオサンショウウオのみ），イモリ科の3科に分けることができ

図1　日本に生息している代表的なイモリの3種

(a) アカハライモリ（岡山県産）
(b) シリケンイモリ（沖縄本島産）
(c) イボイモリ（徳之島産）

る。イモリ科で最もよく知られているのはイモリ属のアカハライモリ *Cynops pyrrhogaster* で，そのほかに同属のシリケンイモリ *Cynops ensicauda* と別属のイボイモリ *Echinotriton andersoni* が南西諸島に分布している。いずれも日本固有種である（**図1**）。

環境省レッドリスト 2019 ではアカハライモリとシリケンイモリは，「現時点では絶滅危険度は小さいが，生息条件の変化によって絶滅危惧に移行する要素を有する」という準絶滅危惧（NT）に，イボイモリは，「近い将来，野生での絶滅の危険性が高いものになる」という絶滅危惧 II 類（VU）に指定されている。また，イボイモリは，2016年に国内希少野生動植物種に指定され，卵も含め捕獲・譲渡などが原則禁止され，沖縄県 (1978)，鹿児島県 (2003) でも県の天然記念物の指定も受けている。

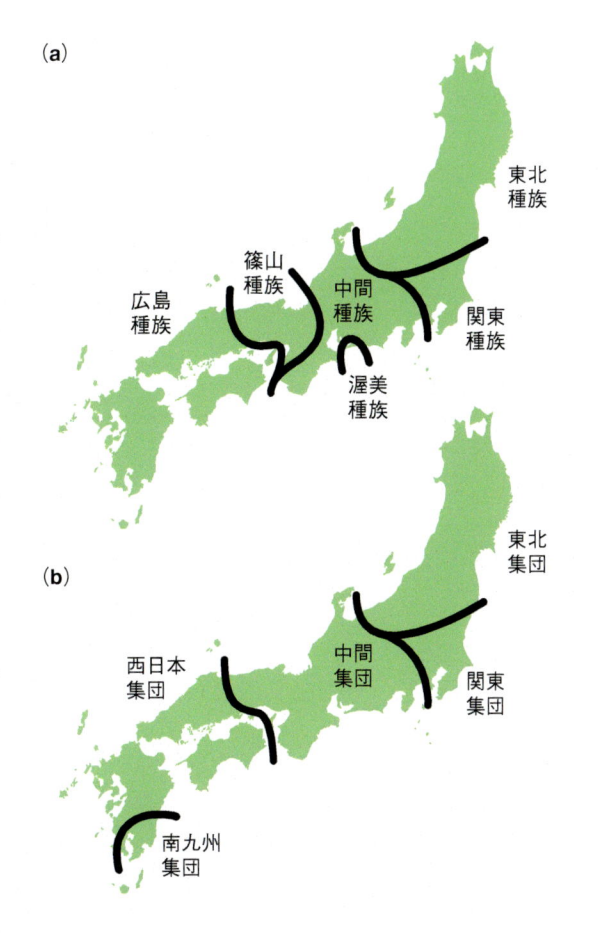

(a)

東北種族
篠山種族
広島種族
中間種族
関東種族
渥美種族

(b)

東北集団
西日本集団
中間集団
関東集団
南九州集団

図2 外部形態と配偶行動での区分 (a) と生化学的分析での区分 (b)

③ アカハライモリについて

イモリは，漢字で「井守」と書くが，「井」が「井戸」や「水田」を表すことから，井戸や水田付近でよく見られるので「井戸を守る」「水田を守る」の意味で名づけられたといわれている。実際，アカハライモリは池や水田側溝，小川のゆるやかな流れのところ，1,000 m を超える山地の湿地，といった水辺周辺に生息している。体長（全長）は成体で雌が 10 〜 13 cm，雄がやや小型で 7 〜 10 cm である。背面は黒褐色で，腹面は赤色に黒色の斑紋がある。

名前に「アカハラ」がついているように，腹部が赤いのが特徴である。この腹部の赤はイモリが毒を持っていることを外敵に伝える警戒色と考えられている。イモリは敵に襲われると皮膚からフグ毒（テトロドトキシン）と似た成分を含む粘液を分泌し，身を守る。腹部の赤色の色調や黒斑の模様は一匹一匹まったく異なっているので，個体識別に利用できる。

広域に分布するので，地域個体群が分化していると考えられており，腹面の斑紋などの外部形態と配偶行動で6種族[2)3)]に分け，生化学的（アロザイム）分析で5集団[4)]に区分している（**図2**）。現在はアカハライモリを対象とした地理的分化と系統の置き換わりに着目した種分化の研究もおこなわれている[5)]。今回は，岡山県北部（岡山県苫田郡鏡野町）の個体を観察した。なお，アカハライモリ生息の北限である下北半島が世界のイモリ科全体の北限になっている[2)3)4)]。

④ アカハライモリの生活史

配偶行動と産卵

日本に生息するほとんどの両生類はすべて体外

図3 春先に見られる配偶行動

図4 1個ずつ葉に包んで産卵

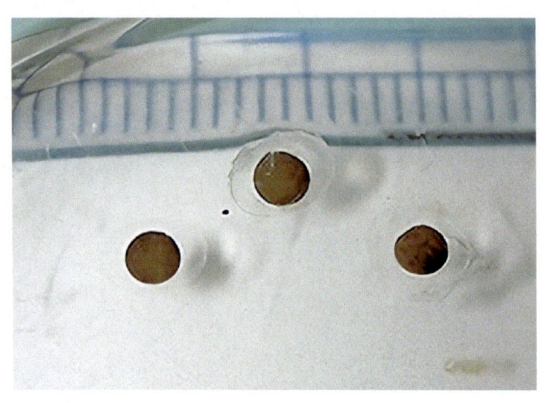

図5 アカハライモリの卵

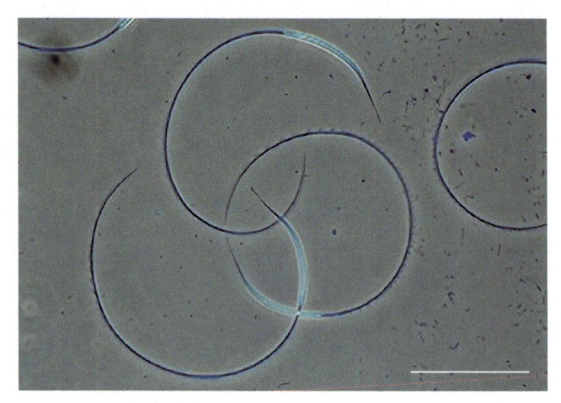

図6 アカハライモリの精子

受精をおこなうのに対し，イモリ類は，体内受精という異なる繁殖様式を備えている。

　アカハライモリの繁殖期は4月から7月上旬で，この時期になると尾と胴の腹側周囲に紫白色の婚姻色が現れ始め，雄が雌を追う姿を見ることができる。これはイモリの配偶行動である（図3）。

　多くの場合，雌は雄を振り切るように泳ぎ去ってしまうが，気に入った相手を見つけると泳ぐのをやめて立ち止まる。すると雄は吻端を雌の総排出腔付近にしつこく押し付ける。これは匂いを嗅いで相手が雌であることを確認していると考えられている。その後，雄は雌の進行方向を遮るようにして，尾全体を折った形にして，雌の鼻先で尾の先端を細かく震わせるような動作をする。このときに雄は総排出腔から雌を誘引するフェロモン（ソデフリン）を分泌している。雌が雄の求愛を受け入

れれば，吻端で雄の頚部あたりを押し，その後雄は雌の前方を真直ぐに歩き始め，その後ろを雌が追尾して，雄が落とした精包（精子の塊）に総排出腔を押し付けて取り込む。そして，雌は雄から受け取った精子を貯精囊に一定の期間蓄え，産卵直前に総排出腔内で受精させるしくみになっている。

　ソデフリンは，アミノ酸残基10個のペプチドで，その命名は，万葉集の額田王の歌「茜さす紫野行き　標野行き　野守は見ずや　君が袖振る」の，"袖振る"が相手の注意を引き付ける動作であることから命名された[6)7)]。

　体外受精をおこなう両生類は交配時期と産卵時期がほぼ一致しているのに対し，イモリの雌は体内に精子を保存し，体内受精をおこなうため，交配が直接産卵を誘導しない。よって，交配時期はそのまま産卵時期を意味せず，交配後長い時間を

図7 孵化した幼生

図8 四肢がそろった幼生

図9 上陸後の幼体

図10 本来の繁殖期でない秋の配偶行動

経過したのち産卵が起こりうる。

産卵は繁殖期に何回かに分けておこなうが、雌は稲の葉などを後脚で折りたたみながら、葉の間に1個ずつ包みこむように卵を産み付ける（**図4**, **図5**）。1個の卵に入る精子（**図6**）は1個ではなく、多精受精である。

孵化から上陸

卵は水温20℃で、約3週間で孵化する。幼生の外形は、無尾類のオタマジャクシとは異なり、外鰓が目立つ形をしている（**図7**）。幼生は水中の無脊椎動物を食べて成長し、8月から9月にかけて3〜4cmの大きさで変態する（**図8**, **図9**）。変態後は、陸上で生活しながら成体まで成熟するのに3年以上かかるといわれている。8月の気温の高い時期には、成体は湧水が流れ込む水溜まりや

水管の中に隠れているが、水田から水が落とされる9月から10月にかけては再び水路で多く見かけるようになる。この時期にも配偶行動（**図10**）を観察することができるが、産卵は確認できていない。

越冬期

11月になって気温が下がると歩き回る姿は見られなくなり、12月から2月の寒い時期には朽木の下や枯葉が溜まった水路、泥の下などで過ごす。1月にコンクリートの瓦礫の下で見つけたものは、捕獲後しばらく経っても固まったように動かなかったので冬眠している状況にあった。県北部では、積雪下の水溜まりで数十匹集まって塊状（イモリ玉）になっており、泥と一緒に取り出すとうごめいて出てくるので、冬眠しているとはいえないかもしれない。

⑤ マイクロチップを使って 野外での行動を探る[8)9)]

マイクロチップとは

　皮下に小さな固有の番号を発信するチップをインプランターで注入して，外からリーダーで読み取ることによって個体識別ができるようになっている。体内に埋め込んでいるので，なくなることがない。

　トローバン社製の個体識別用システムは，体内に埋め込むマイクロチップとリーダーのセット（図11，図12）からなる。リーダーで読み取るチップの情報は，「00-061D-55A0」のような10文字の英数文字配列で，個体識別をおこなう。各マイクロチップには，固有のID番号が製造時にプロ

図11　マイクロチップリーダー

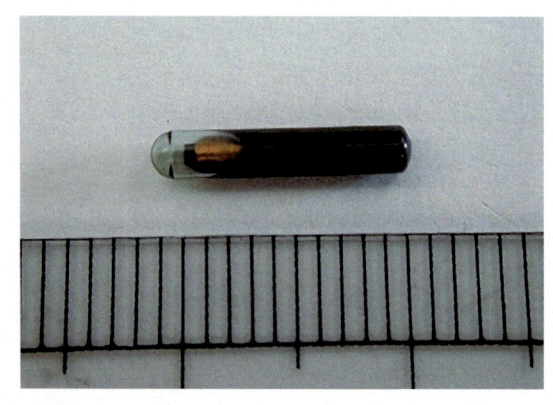

図12　トランスポンダー

グラムされている。チップ内にはコイルが入っており，リーダーからの電磁波に対してコイルが発した共振周波数を読み，ID番号に変換してリーダーの液晶画面に表示する仕組みになっている。バッテリーも必要なく，半永久的に使用できる。

　使用したマイクロチップID 100は2.12×11.5mmとかなり大きさがあり，パイプ状の針で体腔に挿入することで，生存に影響を与えてしまわないかを懸念したが，7ヶ月間の継続飼育で，大きな影響はないことを確認している。

調査地

　調査地は，岡山県北部で，河川に沿って，約20 m×70 mで，幅25 cmのコンクリート側溝が設置された水田2面を含む場所を調査した。標高約700 mで，気温が夏期は31℃まで上がり，冬期には積雪もあり，−11℃まで下がる。河川の水温は夏期19℃，冬期0.5℃くらいである。

　水田は道路を挟んで，二つ（D, Y）ある。側溝が山側（A, X）と下流へ流れ込む側（B, C）にあり，河川の淵にある小さな溜まり（E）に注ぎ込んでいる。

　移動を記録するために，下の水田Dの山側の側溝を6 m間隔で9区画（A1〜A9），河川への出水口付近の溜まりをE，上の水田Y（道路を挟んで2 mくらい高いところにある）の側溝を6 m間隔で5区画（X1〜X5）設定して，再捕獲法（毎月）によって調査した（図13）。

再捕獲による調査でわかったこと

　捕獲調査で，水田側溝に最も多くのイモリを確認できたのは，4・5月（雪解け後の田に水が張られる前）から10・11月（米を収穫した後）までで，これらの時期は水田側溝以外に水環境がない。6月は，水田内で配偶行動のため分散して生活しているので捕獲しにくい。12月から3月は，積雪下の水路の泥の中で越冬している個体の有無の確認はできるが，すべて掘り上げるのは難しいので，捕獲数が少なくなっている（図14）。

　繁殖期は水田の中を徘徊しているが，それ以外の時期は側溝を中心に行動している。行動範囲は想定したより広く，50 m以上を移動し，アスファルトの道路を渡った上段の水田にまで移動する個体も確認した。また，側溝から流されて本流の河川に出た個体は下流に流されると考えていたが，再び水田に回帰する個体も確認した。

6 生殖器官の季節変化から繁殖生態を紐解く

　一般的に野外での繁殖期は春から初夏とされていたが，今回の1年を通した観察で，交配期と考えられていない秋にも配偶行動をしていることや，繁殖期以外でもホルモン注射によって受精卵が得られることを確認している。このことから，雄から雌への精子の受け渡しが繁殖期以外にもなされている可能性があり，もし秋に雄から雌に精子が渡され，雌の貯精嚢中で長期間にわたって受精能を保持するとすれば，次の春の受精に使われる可能性が考えられる。そうだとすれば，イモリの繁殖期は，従来の定説である"春に始まって初夏に終わる"のではなく，"秋から初夏までの長期にわたる"ということになる。

　そこで，生殖器官の周年変化と，貯精嚢中の精子の受精能保持期間を調査した。

生殖器官の周年変化

　卵巣重量／体重の値の変化を調べると，4月，5月で最も大きく，最も小さなときは7月から9月であった。これは，産卵期に向けて卵巣中で卵母細胞が成熟していくことと一致する。輸卵管重量／体重についても同じ傾向であった。精巣重量／体重の値は，繁殖時期後の時期8月から9月に最も大きく，繁殖期直前の3月から4月に最も小さかった。精巣は，精子形成中に大きく，精巣が発達後に精子が作られるとともに減少していくと解釈される。10月には作られた精子が精巣から

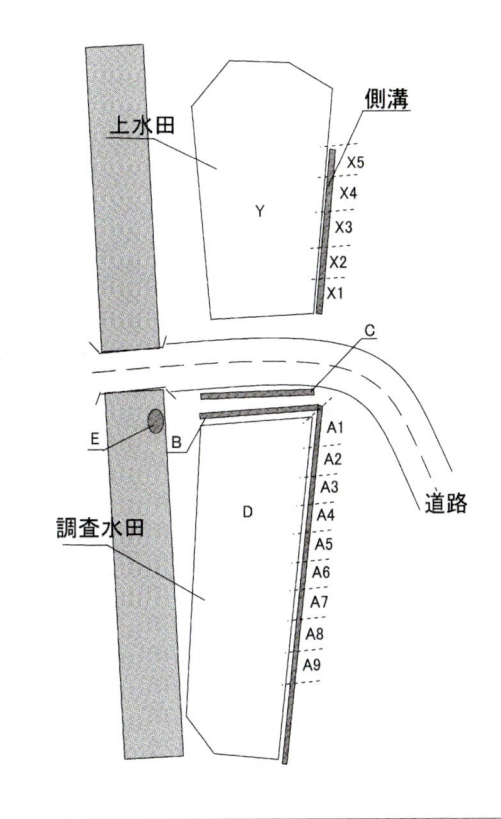

図13 調査した水田での月別再捕獲データ

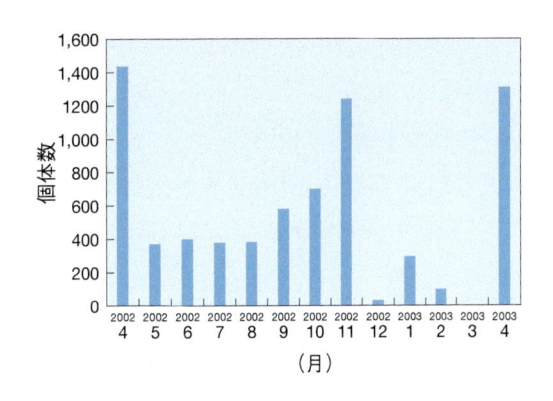

図14 月1回ごとの捕獲数

輸精管に移動し，精子を放出できるような状態になっている（図15）。

貯精嚢中の精子の受精能保持期間

　貯精嚢の管に精子が入っている割合の1年の変

雌の輸卵管の重量変化

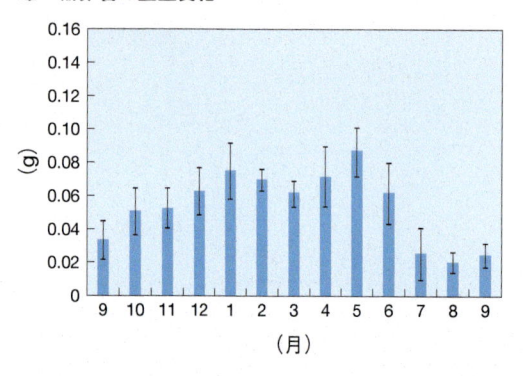

雌の卵巣の重量変化

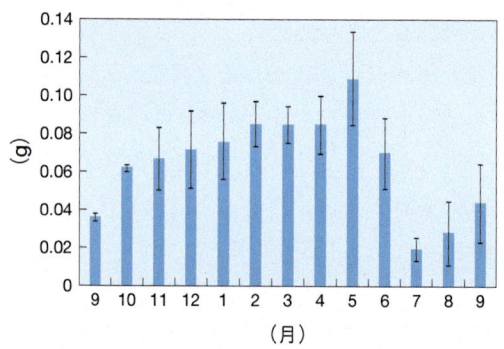

雄の精巣の重量変化

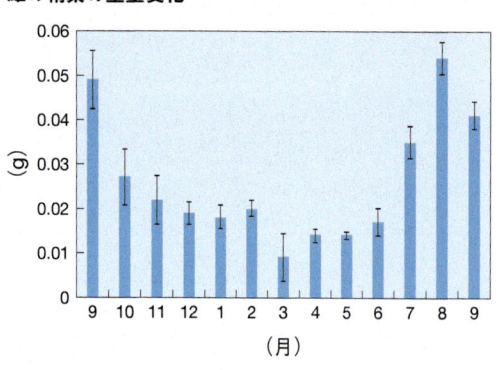

雄の輸精管中の精子数の年変化

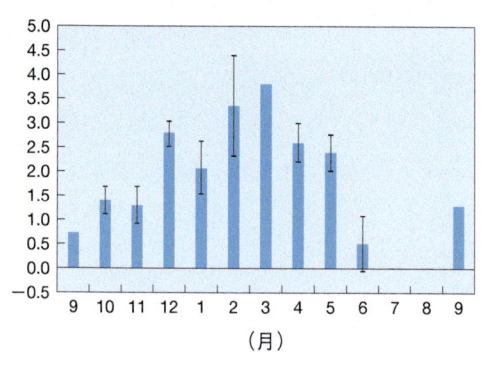

図15 生殖腺の周年変化

化を調べると，繁殖期が7月に完全に終焉すると，8月9月には貯精囊中に精子もほとんど見られなくなり，そこから新たに次の繁殖への準備が始まると考えられる（**図16**）。

ホルモン注射による排卵誘発

　5月に受精卵を産んだ雌を，雄から隔離して屋外で飼育した場合，12月にホルモン（ゴナトロピン）注射による産卵誘発で受精卵を産むことはなかったので，貯精囊中の精子が夏を超えて受精能を維持することはない。一方，野外の雌は，10月以降，次の繁殖期までホルモン注射により受精卵を生むので，秋の配偶行動で精子を取り込んで受精させる準備ができており，卵も受精可能な状態に達していることがわかった。

　また，12月に採取した雌を雄と隔離して翌年

の3月にホルモン注射で受精卵を生むので，このことは秋に受け取った精子が春まで受精能を保持できることを示している。

 ### ⑦ 秋に貯精囊に取り込まれた精子は春に使われるのか

　秋に取り込まれる精子と春に取り込まれる精子を区別するため，生息地の異なる個体（岡山産と大分産）を用い，岡山産と大分産の個体の視物質遺伝子領域のDNA配列の違いをマーカーにしてどちらの遺伝子をもつかを，電気泳動の結果で区別する方法を確立した。具体的には，HincⅡ（制限酵素）で，岡山のDNAは切断できるが，大分のDNAは切断できないので，処理したDNAを

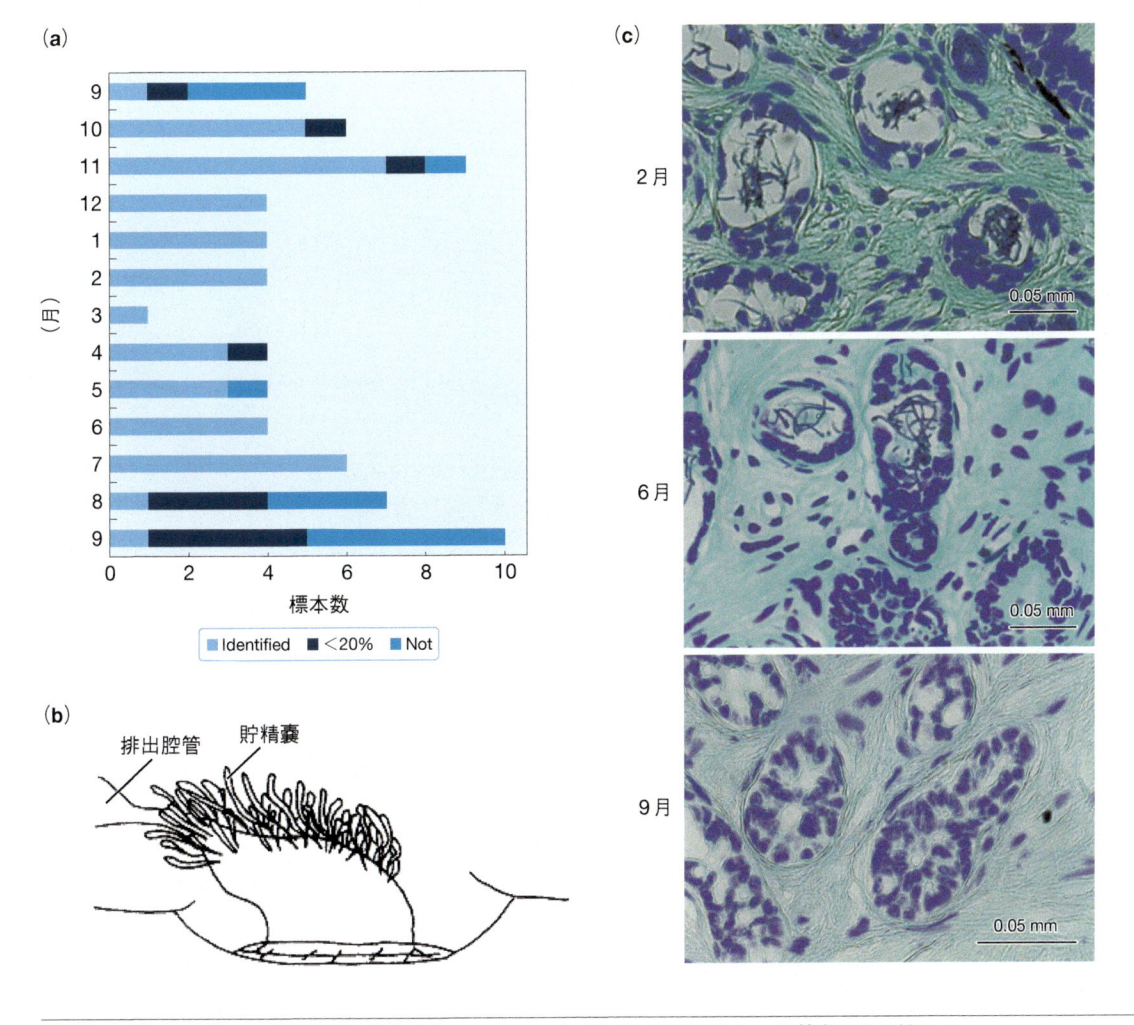

(a)

(b)
排出腔管　貯精嚢

(c)
2月　6月　9月

0.05 mm

図16　貯精嚢中の精子の貯蔵状態の周年変化 (a)，アカハライモリの総排出腔 (b)，貯精嚢の管の断面 (c)

(b) 丸山1977より改写。

(c) 交配前（2月），繁殖期（6月）に貯精嚢中に精子は入っているが、繁殖期が終わった秋（9月）には、貯精嚢中の精子はなくなる。

電気泳動で流せば，**図17**のように違ったバンドを提示する。

　秋の精子が春の受精に使われている事を直接証明するために，卵から成長した胚（幼生）のゲノムを調べることで，由来の産地を調べた。岡山産と大分産の個体を使い，3月に捕獲した雌を別の集団の雄と一緒に飼育し，5月に産卵を誘導した。

　岡山産の雌個体が産んだ胚を調べたところ，岡山と雑種であった。また，大分産の雌個体が産んだ胚でも，大分と雑種を確認できた。つまり，通常どおり雌は春に出会った雄から精子を受け取るが，受精の際にすでに秋に取り込まれた精子とと

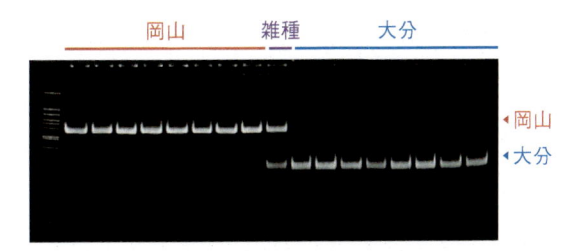

岡山　雑種　大分

◀岡山
◀大分

図17　HincIIで処理したDNAの電気泳動の結果

もに使うことがゲノムで直接的に証明できた。

　アカハライモリの交配は，本来，秋に始まって春まで続く長いものであるが，そこに冬眠が挟

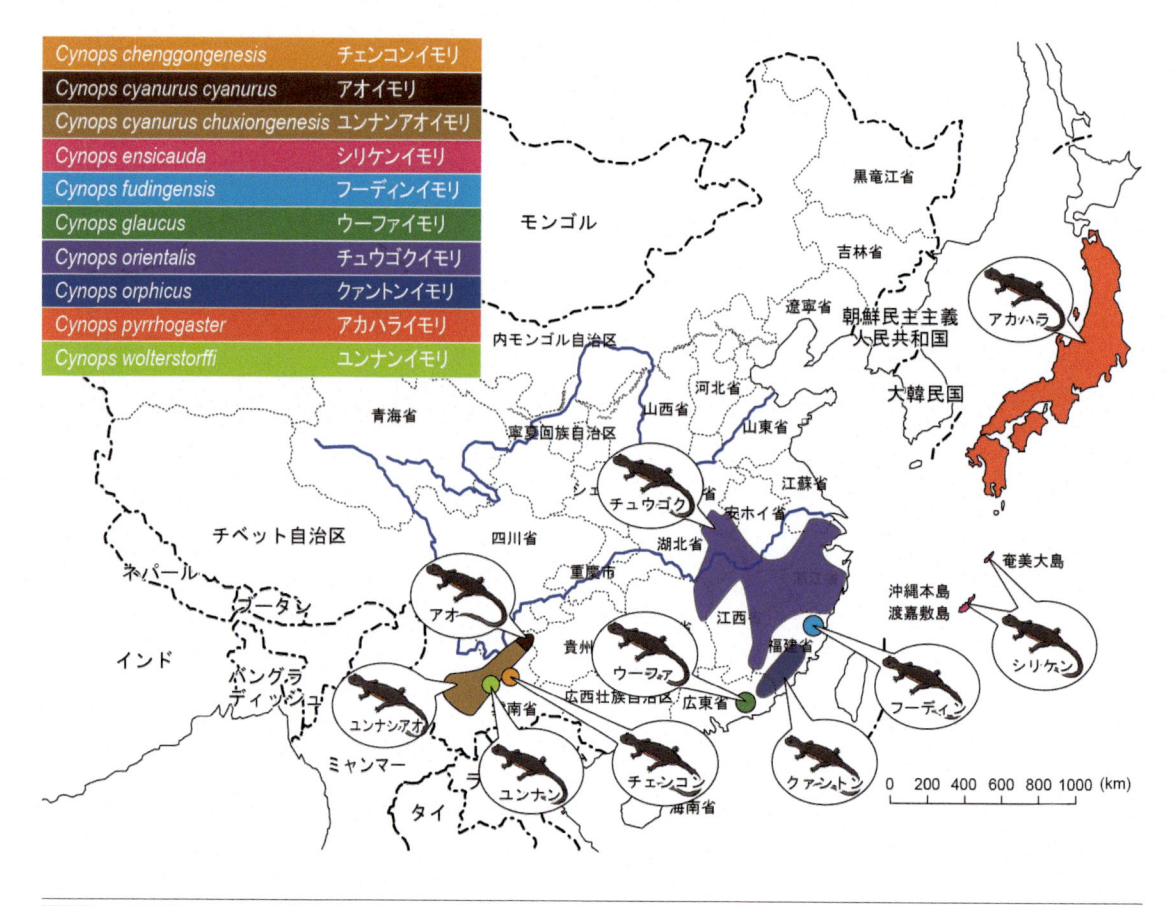

Cynops chenggongenesis	チェンコンイモリ
Cynops cyanurus cyanurus	アオイモリ
Cynops cyanurus chuxiongenesis	ユンナンアオイモリ
Cynops ensicauda	シリケンイモリ
Cynops fudingensis	フーディンイモリ
Cynops glaucus	ウーファイモリ
Cynops orientalis	チュウゴクイモリ
Cynops orphicus	クァントンイモリ
Cynops pyrrhogaster	アカハライモリ
Cynops wolterstorffi	ユンナンイモリ

図18　イモリ属（Cynops）**の分布**[19]

まった結果，現在のような二重の繁殖形態になったと考えられる。

 **まとめ**

　アカハライモリでは，これまで春から初夏に掛けての2〜3ヶ月が繁殖期であると考えられてきた。ところが，秋にも，野外でたびたびイモリの交配行動を観察し，雄の婚姻色もが現れることも確認した。1931年には筒井が，1961年には岩澤が同様にイモリの交配行動を秋に観察しており，石井と岩澤（1990）[10]は精巣の重量が9月〜10月に最大になること，アンドロゲンの分泌が春と秋の2度，ピークに達することを明らかにしている。原口ら（2010）[11]は，雄の脳におけるニューロステ

ロイドの産生酵素遺伝子Cyp7Bの発現が秋に高まることから，秋における雄の交配行動を生理学的に支持している。アカハライモリでは交配が秋にもおこなわれている可能性が十分に考えられる。一方，アメリカのイモリでも同様の秋交配が観察され調べられてきたが，雄の精子形成や雌の貯精嚢中の精子の量は個体によって程度が異なことから，秋はあくまで偽繁殖期（false breeding season）であると解釈されていた[12]〜[14]。

　今回の研究で，アカハライモリの交配期が秋にはすでに開始していることを明らかにした。これまで，日本の両生類では春を中心とした一続きの交配期が常識として信じられてきたが，正確には，秋に開始し，しかも冬期でいったん遮断され初夏まで続く長い交配期が存在するということを証明した。

　では，イモリ属で，アカハライモリだけがこの

ように長い交配期間をもつのだろうか。イモリ属には合計10種存在し，そのうち8種は中国（いずれもアカハライモリより緯度が低い南部）に生息している（**図18**）。イモリ属の起源は中国にあり，日本のアカハライモリは最も緯度の高いところに適応していることになる。中国のイモリ属の仲間の交配期はおよそ3月から7月と報告[15]されており，アカハライモリの近縁種で奄美，沖縄に生息するシリケンイモリの繁殖期は12月から5月とされている。よって，イモリ属の北限に進出したアカハライモリだけが，寒い冬が存在するがゆえに，冬で遮断された長い交配期をもつようになったと考えられる。

なお，シリケンイモリについては，雄が12月から9月まで輸精管内に精液をもつことや，3月から10月まで輸卵管の中に卵をもつ雌が確認されている[17]。夏や秋にも配偶行動があった可能性が高く，実際に那覇岳で産卵が確認されている[18]シリケンイモリの場合は，アカハライモリより低緯度に分布し，本島のような冬期の低温を経ないので，繁殖期が中国のイモリ属に近いと考えられる。

教材研究のために，アカハライモリの継続的な観察を続け，繁殖期でないと考えられていた秋の配偶行動に出会った。秋でもゴナトロピン注射で雌は貯精嚢の精子を使って受精卵を産むという結果について，その謎を解明していく過程で，理科の教員としての好奇心が覚醒され，科学研究の楽しさを体感できたのは事実である。教科書の内容を教えるだけでなく，教員自身が研究に取り組むことが，生徒たちに生物学のおもしろさを伝えることに役立ったと考えている。

［文献］

1) Akiyama, S., Iwao, Y. & Miura, I. Evidence for True Fall-mating in Japanese Newts *Cynops Pyrrhogaster. Zoological Science* **28**, 758–763 (2011).

2) Sawada, S. Studies on the local races of of the Japanese newts, *Triturus pyrrhogaster*, I. Morphological characters. J. Sci. Hiroshima Univ. Ser. B21:1–14 (1963a).

3) Sawada, S. Studies on the local races of of the Japanese newts, *Triturus pyrrhogaster*, II. Sexual isolation mechanisms. J. Sci. Hiroshima Univ. Ser. B21:135–165 (1963b).

4) Hayashi, T. & Matsui, M. Biochemical differentiation in Japanese newts, genus *Cynops* (Salamandridae). *Zool. Sci.* **5**, 1121–1136 (1988).

5) 富永篤, アカハライモリを対象とした地理的分化と系統の置き換わりに着目した両生類の種分化研究. 九州両生爬虫類研究誌10号, 24–31.

6) Kikuyama, S., Toyoda, F., Ohmiya, Y., Matsuda, K., Tanaka, S. & Hayashi, H. Sodefrin:A Female-Attactung Peptide Pheromone. *Newt Cloacal Glands.Science.* **267**, 1643–1645 (1995).

7) Kikuyama, S., Toyoda, F., Yamamoto, K., Tanaka, S. & Hayashi, H. Female-Attracting Pheromone. *Newt Cloacal Glands.Brain Research Bulletin.* **44**,4, 415–422 (1997).

6) Kikuyama, S., Toyoda, F, Ohmiya,Y., Matsuda, K, Tanaka, S.& Hayashi, H. *Science* **267**, 1643–1645 (1995).

7) 豊田ふみよ, 菊山栄. 日本の味と匂学会誌 **5**, 15–22 (1998).

8) 秋山繁治. マイクロチップを使ったアカハライモリの生態の研究. 教育研究叢書 第16集 財団法人福武教育振興財団 91–93 (2003).

9) 秋山繁治. マイクロチップを使ったアカハライモリの生態の研究（その2）. 教育研究叢書 第17集 財団法人福武教育振興財団) 136–138 (2004).

10) Ishii, K. & Iwasawa, H. Biomechanisms of Gonads. (I.P.S. Inc. 1990).

11) Haraguchi, S., Koyama, T., Hasunuma, I., Vaudry, H. & Tsutsui, K. Prolactin increases the synthesis of 7 α-Hydroxypregnenolone,a key factor for induction of locomotor activity, in breeding male newts. *Endocrinology* **151**, 2211–2222 (2010).

12) Sever, D. M. Female cloacal anatomy of *Plethodon cinereus* and *Plethodon dorsalis* (Amphibia, Urodela, Plethodontidae). *J Herpetol* **12**, 397–406 (1978).

13) Sever, D. M. Male cloacal glands of *Plethodon cinereus* and Plethodon dorsalis (Amphibia: Plethodontidae). *Herepetologica* **34**, 1–20 (1978).

14) Sever, D. M. Sperm storage in the spermathecae of the red-back salamander, Plethodon cinereus (Amphibia: Plethodontidae). *J Morphol* **234**, 131–146 (1997).

15) Yang, D.& Shen, Y. Studies on the breeding ecology of *Cynops orientalis. Zool Res* **14**, 215–220 (1993).

16) 田中聡. 瀬底島におけるイボイモリとシリケンイモリの生態についての予備的観察. 沖縄生物教育研究会誌 **26**, 13–21 (1994).

17) 花原務. 今帰村におけるシリケンイモリの繁殖期と水場の利用. 沖縄生物学会誌 **55**, 1–10 (2017).

18) 富永篤, 山越悠貴. 沖縄におけるシリケンイモリの夏季から秋季産卵の観察例. *Akimata* **22**, 9–11 (2011).

19) 西川完途. イモリ科（その1)イモリ属チェンコンイモリについて. クリーパー **68**, 65–68 (2013).

カエル（両生類）は, いつ, どこへ行くと見つけることができるのだろうか

篠原 望 *Nozomu Shinohara*

香川生物学会・元香川県教員・元香川県自然科学館研修員等　　プロフィールは P.339 参照

水田とその周辺で見られる両生類9種の種の特徴とその見つけ方を写真を交えながら紹介する。正確に種を同定するための近縁種との違いについてもそのポイントを示した。それぞれの種の形態や生態と環境との関わりについても説明を加えた。

 ## はじめに

水田周辺にはたくさんの両生類がいる。これらをどのようにして見つけ，調査すればよいのだろうか。一般的には，両生類は冬，冬眠する。だから，水田に水が入った春ごろから活動を始めると考えてよい。ここでは，春から季節を追って水田やその周辺で見られる両生類の特徴や見つけ方，生態等を紹介していく。

 ## 調査方法

(1) 水田に水が入り田植えがおこなわれる4月下旬ごろから水田とその周辺で普通に見られる種

ニホンアマガエル

小型のカエルで体長は約2.5〜4 cmである。水田では体色は黄緑色が多いが，民家周辺の環境では，黒っぽい色や灰色っぽい色になることが多い。

足に吸盤がある（**図1**）。

春先，暖かくなると樹上でいる成体がケロ ケロ ケロと鳴き出す。小型のカエルであるが鳴き声は大きい。平野部の水田から山間部の水田まで幅広く生息する。水田周辺の森や民家の庭でも見つけることもできる。4月下旬から水田に水が入ると水田の稲や植物の茎等にバラバラに少しずつ産卵する。卵を確認することは難しいが，産卵後約3日で孵化する。1ヶ月くらいで変態し体長約1〜1.5 cmの幼体が水田の畦等で多数確認できる。

幼生は，高水温（36℃）にも耐えられる。幼生期間が短く，孵化後約30日で変体し幼体となる。足に吸盤があるため，成体は産卵期以外は樹上など水場から離れた場所でいることが多い。

ヌマガエル

小型のカエルで体長は約3〜5 cmである。体色は茶色で，稀に背中に1本の背中線があるものがある。体に触っても臭い臭いがしないので，ツチガエルと区別できる（**図2**）。

図1　ニホンアマガエル

左上：成体　　右上：鳴のうを膨らませている様子　　下：孵化後の幼生

図2　ヌマガエル成体

図3　トノサマガエル成体

左：雄　　中央：雌　　右：抱接

平野部の水田から山間部の水田まで幅広く生息する。4月下旬から水田に水が入るとキュワ キュワ キュと鳴きだす。ニホンアマガエルの鳴き声が大きいので，聞き分けるのが難しいが，ニホンアマガエルが一時的に鳴き止んだときに，鮮明に聞き取ることができる。水田の浅い場所に少しずつ卵塊で産卵する。1ヶ月くらいで変態し体長約1.5 cmの幼体が水田の畦等で多数確認できる。

幼生は，ニホンアマガエルと同様に高水温に耐え

られる。幼生期間が短く，ふ化後約30日で変態し幼体となる。水田周辺の畑でも見かけることが多い。

(2) 山間地の水田に水が入り田植えがおこなわれる 4月下旬ごろから水田とその周辺で見られる種

トノサマガエル

中形のカエルで体長は約6〜9 cmである。日本のカエルでは例外的に雌雄で体色に差がある。

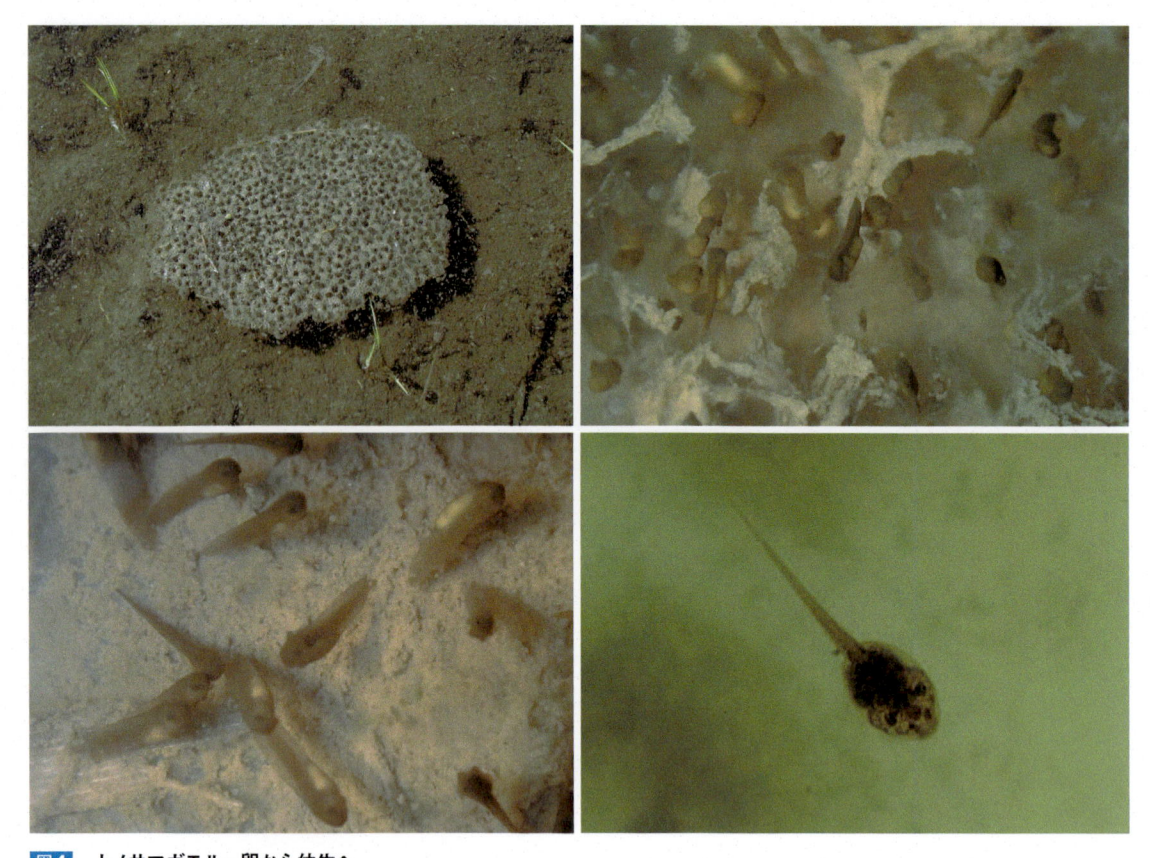

図4　トノサマガエル・卵から幼生へ
左上：卵塊　　右上：孵化1　　左下：孵化2　　右下：幼生

雄は全体に緑色の部分が多く，雌は全体に白っぽい。背中には不規則な黒い斑点と1本の縦筋がある。腹部はダルマガエルと違って全体が真っ白である（図3）。

　山間部の水田や島嶼部の水田，水田の近くの小さな小川，溜池，流れの緩やかな河川で生息する。4月下旬〜6月初旬の夜8〜12時，山間部の田植えの終わった水田に行くと雄がクワ　クワ　クワと鳴いている。雄が鳴いていた周辺を次の日の朝，調べると水田の畦から1〜2 mの所に卵塊が浮いている。卵は大きいものは約20 cmの卵塊状になっている。産卵後約5〜7日で孵化する。ふ化後約45日で変態し幼体となる。7月ごろから水田の畦を歩くと体長約2 cmの幼体が飛び出してくる。稲刈り後の水田を歩くと体長約3〜4 cmの幼体を多数確認できる（図4）。

　幼生は約30℃以下の水温が生息に適している。幼生期間が約45日と長いため，田植え後約30日で実施される中干しで水田に水がなくなると幼生の生存が脅かされる。多くの県でRED指定種に選定されている（図5）。

シュレーゲルアオガエル

　中型のカエルで体長は約3.5〜6 cmである。ニホンアマガエルより一回り大きく，体全体が黄緑色である。雄に比べ雌が大きく1.5倍くらいの大きさである。足に吸盤がある（図6）。

　山間部の水田やその周辺の森で生息する。4月下旬〜5月にかけ水田に水が入り始めると水田の畦の土の中で雄がコロ　コロ　コロと鳴き始める。産卵は土中でおこなわれるが，ときどき，代掻きをした後の水田で，白い直径約10 cmの泡状の

図5 中干しで死んだトノサマガエル幼生

図7 ツチガエル成体

図6 シュレーゲルアオガエル成体
左：雄　　中央：雌　　右：抱接

卵塊を確認することができる。泡の中には黄色い卵が多数ある。夏場は水田周辺の草の上で観察されることが多い。

産卵は土の中でおこなわれるため，外敵に捕食される危険性が小さくなっている。山間地の水が切れない水田で産卵するため幼生の生存率が高い。

ツチガエル

中型のカエルで体長は約3.5〜6 cmである。体色は暗褐色で，背にイボが多数ある。ヌマガエルとよく混同されるが，背を触ると強い匂いがするので区別することができる（**図7**）。

山間部の1年中水が涸れない水田やその周辺で生息する。4月下旬から水田に水が入るころからグー　グー　グーと押し殺したような声で鳴く。幼生は越冬するものがある。全長約8 cmにも達し，

翌年に変態する。生息数が少ない地域が多いので，生息確認には一工夫がいる。両生類の鳴き声を収録した書籍が販売されているので，付録のCDを利用する。夜，鳴き声を流すとそれに雄が反応して鳴き出すので居場所の確認が容易にできる。

幼生期間が長い個体が多いので，中干し等をし，水田やその周辺の溝に水がなくなる環境では生息が難しい。

アカハライモリ

体長約7〜14 cmの有尾類である。体色は，背面は黒色または暗褐色，腹面は赤色またはオレンジ色に黒色の不規則な斑紋がある。尾は薄くて幅広い。幼生には体表に側線器がありセトウチサンショウウオと容易に区別できる（**図8**）。

山間部の1年中水が涸れない水田やその周辺の

図8　アカハラライモリ
左上：成体　　右上：成体の雌と雄　　左下：成体の雄の背面　　右下：生息地（溝）

溝，湧水等で生息する。4月下旬から水田に水が入るころから活動を始め，水草等に1個ずつ産卵する。近年，山間地の水田の乾田化に伴い，生息数が減少している。生息確認は，目視で水田やその周辺の溝，湧水等を探すか，網等で溝をすくう方法がある。

　水辺から離れて生息することができないため，水田の乾田化が生息に大きな影響を与えている。農薬耐性も低いため，農薬の規定量を守らない農家の水田では生息が難しい。環境省がRED種に指定している。

(3) 1〜3月にまとまった雨が降った後，水田とその周辺で見られる種

セトウチサンショウウオ

　全長約7〜12 cmの有尾類である。体色は変異があり淡褐色の個体が多く，暗褐色の個体は少な

い。腹面は，淡黄色または灰色，尾の上下両縁に黄条がある。基色上に銀白色の地衣状の斑点が散在する。孵化直後の幼生にはバランサー（平衡桿）があり，止水性サンショウウオ類に共通の特徴である幅広い尾びれを持っている（図9）。

　成体は丘陵地の落葉広葉樹林や竹やぶの浅い地中，落葉や倒木の下などに生息している。また，湧水や水田の溝，ため池周辺でも生息する。1〜2月にかけて，雨が降り，生暖かい風が吹くと産卵が始まる。まず，雄が丘陵地の水田沿いの溝，用水路の水たまり，湧水，管理放棄された小さい溜池や水田の浅い水溜まりの水深約5〜30 cmに集まる。後からメスが現れる。深夜の交尾の後，木の枝や落ち葉等にバナナ状の卵嚢を1対産み付ける。雌は再び冬眠するが，雄は水溜まりで次の雌を待つ。生息確認は，産卵期のこの時期におこなうのが最も効率的である。

　産卵地の水質は，井戸水程度のきれいな水が必

図9　セトウチサンショウウオ

左上：成体　　右上：産卵地（湧水）　　左下：卵嚢と雄　　右下：卵嚢

図10　ニホンアカガエル

左上：成体　　右上：抱接　　左下：産卵地（水田のよけ）　　右下：卵塊

要である。宅地開発がおこなわれたり，家庭排水が流入したりする環境では生息が難しい。各地でRED指定種となっている。

ニホンアカガエル

中型のカエルで体長は約4〜6 cmである。体色は赤色で，背側線が直線で，鼓膜の後ろで折れ曲がるヤマアカガエルと区別される。腹部は繁殖期を除き，全体が白色である。方言で「三間跳び」といわれ，ジャンプ力が大きい。幼生の背には，左右一対の黒い点があるのでヤマアカガエルと区別できる（図10）。

丘陵地や山間地の森林周辺に生息している。1〜2月にかけてまとまった雨が降ると，雄がキョッ

図11　ニホンヒキガエル
左：幼体　　中央：成体の雄　　右：抱接

図12　ニホンヒキガエル
左上：産卵池1　　右上：産卵池2　　左下：卵囊（溜め池）　　右下：卵囊（水田）

キョッ キョッと鳴き始める。水田や畑の水溜まりや溜め池の浅瀬等で産卵する。卵塊は直径約5〜10 cmで水深5〜30 cmのところに産み付けられていることが多い。生息確認は，産卵期の夜か，夏期の雨上がりの後，丘陵地や山間地の森林周辺の水田の畦等を歩くことでおこなう。

丘陵地等の開発がおこなわれている地域では個体数が減少している。RED指定種に選定している県も多くなっている。

ニホンヒキガエル

大型のカエルで体長は70〜150 mm。背面は，幼体時は黒褐色で成長に伴い茶褐色となる。背面全体にイボ状突起があり，圧迫すると毒液を出す。頭部は長さより幅が広く，四肢は太く短い（**図11**）。

丘陵地や山間地の森林周辺に生息している。また，石垣や石積の多い島でも生息が確認されている。2〜3月にかけて雨が降り，生暖かい風が吹くと雄が産卵池周辺等でクウ クウ クウと鳴き始める。3月初旬の20時ごろ，産卵池等の水深10〜20 cmの場所で雌1に対し雄10以上が群がり，ガマ合戦がおこなわれる。翌朝，水中の木の枝等に紐状の卵嚢が産み付けられている。1卵嚢で約30 mの長さになるものもある（**図12**）。雌は産卵後，周辺の山林に帰り2度目の冬眠に入る。雄は，産卵池にとどまり次の雌を待ち受ける。生息確認はこの時期におこなうのが最も効率的である。雌雄の総数から大まかな生存個体数が推測できる。卵は水温にもよるが約1週間で孵化する。幼生は真っ黒で，他の種とは容易に区別できる（**図13**）。梅雨ごろに幼生が変態し体長約1 cmの真っ黒な幼体となる。陸上に上がった幼体は森林へと拡散していく。

主に森林の湿った環境で生息し，昆虫等を捕食している。このため，丘陵地や山間地の森林が開発されたり，マツクイムシ対策の農薬が散布されると生息に大きな影響がある。また，最近は産卵池にウシガエルが侵入し，越冬中のウシガエルの幼生がニホンヒキガエルの卵を捕食し生息数が大

図13 ニホンヒキガエルの幼生（真っ黒）

きく減少している。このため，最近多くの県で絶滅危惧種に選定されている。

③ おわりに

両生類は古くから身近な生き物として扱われてきた。また，採捕も容易で，個体数が多く，解剖教材となったり，卵の発生過程を観察したりするにも適した生物であった。しかし，最近の農業・林業の衰退とともに，耕作放棄水田が増え，森林も荒れてきている。今後，個体数の減少に伴い，多くの両生類が希少種に指定されていくものと考えられるため，その取り扱いには留意が必要になってくる。

［文 献］

1) 比婆科学教育振興会・編. 広島県の両生・爬虫類（中国新聞社, 2001）.

2) 蒲谷鶴彦, 前田憲男.［声の図鑑］蛙の合唱（山と渓谷社, 1997）.

3) 千石正一・編. 原色／両生・爬虫類（家の光協会, 1983）.

4) 内山りゅう・他. 今, 絶滅のおそれのある水辺の生き物たち（山と渓谷社, 2007）.

フィールドが新たな問いを生む
——伊豆大島のスコリア原の調査から

市石 博 *Hiroshi Ichiishi*

東京都立国分寺高等学校

課題研究のテーマはフィールドに落ちている。ある問いを立てて調査をおこなうと，連鎖的に新たな問いが見つかり，自然のありようがより深く理解できる。伊豆大島をフィールドにアリとイタドリのスコリア原*の定着を解明した。

 ## はじめに

課題研究のテーマを何にするか，どのような問いを設定するかは，生徒も指導する教師も悩むところである。漠然とした興味・関心はあっても何をどのように調べていったらよいかを具体的に見いだせず，テーマの周辺で思考は空回りし，時間はいたずらに過ぎていく。焦れば焦るほど答えを出せずにいると，形だけ整えて充実感のない課題研究として終わってしまう。

このようにならないために，フィールドに飛び出して生の自然を何気なく見に行ってはどうだろうか？　できれば自然観察のベテランや教師と共に出かけてみれば，テーマはいくらでも落ちていることがわかる。また，研究を進めていくと，新たな問いが生まれ，自然に対する理解がより深まり充実感のある課題研究が成就する。かたわらに

【スコリア原】
火山噴出物であるガサガサした多孔質の小石が「スコリア」で，そのスコリアでできた荒原を「スコリア原」と名づけた。

ある教師もそれを共に楽しむことができる。

 ## 初めての課題研究

平成27年学校設定科目の「研究生物」（2年生の必修選択科目 2単位）において「課題研究」をおこなうことにした。2学期からテーマを決めて，研究を始めた。授業の最後の15分間などを使って話合わせ，不足する部分は自分たちで時間を作るように指示した。指導者である教員とは始業前や昼休み，放課後等を利用して面談をおこない，テーマや仮説，実験方法などを相談した。一早くテーマを決め，実験や観察に入れるグループがあるかと思うとなかなか具体的なものが決まらないグループもあった。その中の3人の女子生徒に伊豆大島で遷移によるアリの種類の違いを調べてみてはどうかという提案した。虫に興味があるとは思えなかったが，テーマも決まらず困っていたのか，話にのってきた。時間的な制約の中でデータは確実に取れ，ある程度の達成感は得られるとの予測のもとの指導者側の選択である。実際に

図1　スコリア原

図2　ススキ草原

図3　低木混交林

フィールドに出てみて調査をおこない，観察された結果から考察し，自然に対する理解を深めてもらおうと考えた。課題研究のすべてを生徒の手でおこなわせることは正直大学生でも難しいと思う。生徒の自主性を育みながらも，教師が折に触れ適切なアドバイスをおこない，達成感のある研究を目指すべきであると考える。

　調査に向かうにあたって，東京農工大学の吉田智弘先生からアリの採集法について教えていただいた。

　伊豆大島では次の植生のところでサンプリングをおこなった（**図1〜図4**）。

① スコリア原でハチジョウイタドリ（以下イタドリ *Fallopia japonica var.hachidyoensis*）がぽつぽつと生えている場所

② ハチジョウススキ（以下ススキ *Miscanthus condensatus*）が優先している草原

③ オオシマザクラ（*Cerasus speciose*），イヌツゲ（*Ilex crenata*）などの低木混交林

図4 極相林

図5 アリを誘引する厚紙上のチーズ

表1 遷移と生息するアリの種類と個体数 (2015秋)[1]

		パルメザンチーズ	種数	個体数
スコリア地帯	昼	0	0	0
ススキ草原	昼	ヒメトビイロケアリ×47	1	47
低木混交林	昼	アシナガアリ×335	2	340
		アメイロアリ×5		
高木陰樹林	昼	アシナガアリ×182	4	244
		アメイロアリ×20		
		オオハリアリ×41		
		イトウカギバラアリ×1		
種類	昼	5		
個数	昼	631		

④　スダジイ（*Castanopsis sieboldii*）などの極相林

　調査は 10 cm四方の厚紙にパルメザンチーズをのせ（図5），時間を決めてその紙に集まるアリを吸虫管で採取した。

　結果を表1に示した。5種類のアリが採取された。遷移の進行に伴い種数は増加し多様性が増していた。またスコリア原ではアリは観察されず，有機物の少ない環境なのでそうなるのだろうと考察した。

　この作業を通じて生徒が大きく変わる姿が見られた。虫に対してそれほどの興味はなく，テーマも決まらず伊豆大島に行ってみたい程度くらいの動機づけだったのではないかと思う生徒が，アリの採取に夢中になって，声をかけないとやめないのである。これは学校に帰ってからも続き，昼休みに級友の眼も気にせず駐車場で伊豆大島のアリと比較しようとアリを吸っているのである。フィールドの持っている魅力は座学では味わえないモチベーションの喚起を生むことを実感した。

3 フィールド調査は新たな問いを容易に生む

(1) スコリア原にもアリがいた

　前年のアリの研究は別の3年生が引き継ぎ，初

表2 遷移と生息するアリの種類と個体数 (2016初夏)[2]

		パルメザンチーズ	ドッグフード	蜂蜜	種数	個体数	合計
スコリア地帯	昼	クロヤマアリ×5	クロヤマアリ×5	クロヤマアリ×1	1	11	
	夜	0	0	クロヤマアリ×53	1	53	
	合計				1	63	
ススキ草原	昼	トビイロケアリ×90	トビイロケアリ×51	トビイロシワアリ×2	5	197	
			クロヒメアリ×3	アメイロアリ×50			
				ウロコアリ×1			
	夜	クロクサアリ×10	クロクサアリ×3	アメイロアリ×47	4	62	
			アシナガアリ×1	トビイロシワアリ×1			
	合計				7	259	
低木混交林	昼	アシナガアリ×20	アシナガアリ×52	アシナガアリ×39	3	126	
		アメイロアリ×1	アメイロアリ×2	アメイロアリ×11			
				ウメマツアリ×1			
	夜	アシナガアリ×12	アシナガアリ×14	アシナガアリ×12	3	43	
		ミカドオオアリ×1		アメイロアリ×4			
	合計				4	169	
高木陰樹林	昼	アシナガアリ×52	アシナガアリ×7	アシナガアリ×7	4	138	
		アメイロアリ×9	アメイロアリ×23	オオシワアリ×25			
			アミメアリ×4	ヒゲナガケアリ×11			
	夜						
	合計				4	138	
種類	昼	4 〈4〉	6 〈5〉	7 〈5〉			9 〈7〉
	夜	3	2	4			6
	合計	6	7	8			11
個数	昼	177 〈116〉	147 〈113〉	148 〈105〉			472 〈334〉
	夜	23	18	117			219
	合計	200 〈139〉	165 〈131〉	265 〈222〉			630 〈492〉

夏まで研究を続けた。吉田先生のアドバイスもあって，日中だけでなく夜間も調査をおこなうことにした。また，エサも前回使ったパルメザンチーズのほかにドッグフード，蜂蜜なども用意した。その結果は**表2**のとおりである。

餌と採集時間を変えたことで前回に加えて新たなデータが得られ，特にスコリア原でクロヤマアリ（*Formica japonica*）が多数生息していることを確認できたことは喜びであった。特に日中の暑い時間帯を避け，夜にエサを集めに動いているのを懐中電灯の下で見つけたときは感動であった。夜間にも採集をおこなったことと餌に多様性を持たせたことで，採集した種数は11種類となった。

(2) スコリア原のアリの生態

これらの研究は生物室前に掲示されているので，翌年それを見て引き続きスコリア原のアリの生態をおこないたいという生徒が出てきたので夏から研究を始めた。はじめは「スコリア原のアリの生態」という漠然としたテーマであったが，現場に行くと新たなテーマが落ちているものである。

巣穴の入り口を探そうとスコリア原を生徒と歩き回った。6月にクロヤマアリを採取した場所の近くに，三原山の火山活動を調査する計測機器が設置されており，その基礎部分のコンクリートからアリが出入りしているのが見つかったのである（**図6**）。また，その巣穴から出てくるアリが，近

図6 巣穴付近の様子[3]

図7 ススキの茎に集まるアミメアリ[3]

くのイタドリのパッチ（島状の群落）との間を行き来しているのが見られ，そこをえさ場としているのではないかと仮説を立てた。

また，巣穴の入り口を探している時，スコリアの裸地ではほとんど見られないが，イタドリのパッチ内にもクロヤマアリがいることがわかった。イタドリのパッチをどのように使っているのだろうかという疑問が新たに沸いた。さらに，イタドリにススキが混じったパッチ内のススキの節の部分にアミメアリ（*Pristomyrmex punctatus*）が集まっているのを見つけた（**図7**）。

そこで両者がどのように環境を使い分けているかを調査した。3回調査をおこない，10月に食物と7月，10月，12月に行動圏を調べた。食物としては，蜂蜜（糖類）のほかに，米粒（でんぷん），ソーセージ（タンパク質）を用意した。

食物の調査では，クロヤマアリは用意した3種類のどれにも関心を示し，米粒とソーセージは運ぼうとしていた。アミメアリは蜂蜜にしか集まらなかった。

季節による行動圏の調査では，クロヤマアリは日中黒いスコリアの上では見られなかったが，秋になるとスコリアの上も歩いていた。地表の温度が熱いとクロヤマアリは死んでしまうようなので，先行研究と一致した。アミメアリは植物のパッチ内のみで見られ，暑い日中はイタドリの葉の陰等に隠れていた。どちらのアリも12月に調査した

時は地表には見られなかった。これらのことから，クロヤマアリは温度条件が極端に暑い時は，植物質，動物質のさまざまなエサ資源を求めて歩き回り，冬季は巣穴にこもって秋までに集めたエサで生活していることが予想される。一方，アミメアリは，夏から秋にかけてイタドリやススキのパッチ内で主に植物の光合成の産物である糖類をその餌として暮らしていることが予想される。アミメアリは巣穴を持たないアリとして知られているが，上記のような生活を終えた後，忽然と消えてしまう。どのような生活史を送っているのか，新たな疑問を残してこの年の研究は終った。

(3) スコリアに棲むアリのオアシス

クロヤマアリの巣を見つけたことで，アリの観察はたやすくなった。雑食性のアリが巣穴にどのようなものを運んでくるのかを次の年の生徒と調べてみることにした。吸虫管を使って巣にエサを持ち帰ってくるアリを捕獲してその種類を調べた。スコリア原には動物はアリとクモくらいしか見られないので，そのエサはイタドリやススキの種子などではないかと仮説を立てていたが，実際は予想に反して昆虫類ばかりであった。生徒が採取して分類したものを**表3**に示す。

スコリア原のイタドリなどのパッチの土壌に棲んでいる土壌動物であるトビムシやヤスデなど以外のテントウムシやカミキリムシ，バッタなどが

獲物として運んでいることがわかった。イタドリの種子などは1時間じっと観察していても，一切持ち帰ってこない。見事に仮説が外れてしまったことに，生徒と驚いてしまった。試しに歩行中のアリの目の前にイタドリの種子を落としても，見向きもせず，踏みつけて通り過ぎてしまう始末である。土壌動物以外の昆虫類は，植生遷移の進んだ場所に生息していたものが風に吹き飛ばされてスコリア原に到達し，食料資源がない中で絶命したものがイタドリのパッチが網としてとらえ，それをクロヤマアリが利用していることが考えられる。巣穴から出て行ったアリたちの多くはイタドリのパッチに向かい，そこから昆虫類の死体を持って帰ってくる姿が頻繁に観察される。

　生徒はスコリア原を頂上付近まで広く歩き回って観察し，ある相関に気づいた。イタドリがあるところにのみ，アリがいるのである。クロヤマアリがイタドリの花外蜜腺に集まって吸蜜している様子を見つけた。また，イタドリのパッチの中に巣穴が開いているのも見いだした。イタドリがごつごつしたスコリアに根を伸ばして間隙を作り，巣穴を作るのを容易にしていることが予想される。

　クロヤマアリはこのようにイタドリを食料源として利用するだけでなく，昆虫類の死体のトラップ，巣穴を作る場所として多面的な利用をしている。初期遷移でイタドリが定着することで，クロヤマアリが生きていく足場が築かれていく。

表3 調査で得られたクロヤマアリの餌資源[4]

動物質	脱皮動物	節足動物	クモ類	クモ
			甲殻類	ダンゴムシ
			多足類	ゲジ，ヤスデ
			内顎類	トビムシ
			昆虫類	ゴミムシ，テントウムシ，ゴミムシダマシ，カミキリムシ，ハムシ，ガ，ハエ，アブ，ハチ，アリ，カイガラムシ，カメムシ，セミ，アワフキ，ウンカ，アブラムシ，キジラミ，バッタ，チャタテムシ
	冠輪動物	軟体動物	腹足類	カタツムリ
植物質	ハチジョウイタドリの蜜			

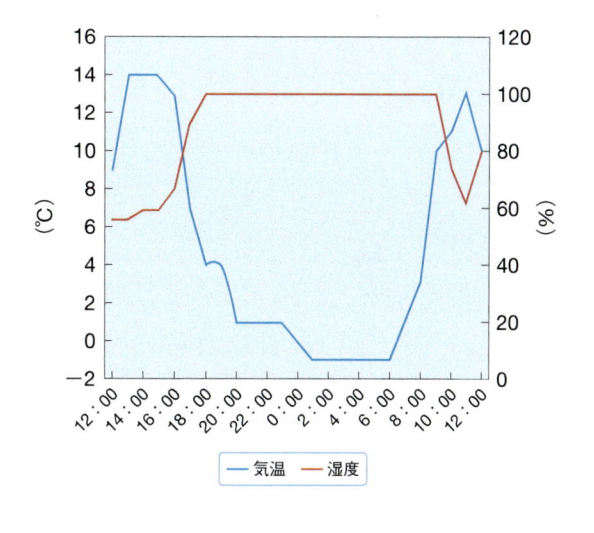

図8 スコリア原の気象の日変化 （2016年11月17〜18日）[5]

④ イタドリはなぜスコリア原で生きていけるのか

(1) 水分や養分をどう確保しているのか

　イタドリが唯一優先して伊豆大島のスコリア原で生きながらえて，それを起点に植生遷移が進行する。そして，その場所はアリなどの生物の生存にも重要な役割を担っている。水分や栄養分も少なく，寒暖差も激しい厳しい環境にどのようにして生きていくかも課題研究で生徒と取り組んだ。

　まずは植物にとって重要な水分の吸収について調査した。スコリア原の表面は日中からからに乾いており，植物の生存には厳しい感じがする。ところが朝早くスコリア原に行くと表面は湿っており，イタドリの葉には水滴がついていることもある。自動気象測定装置を置いて，気象条件の日変化を調べてみた。乾燥しやすい冬のデータを**図8**に示した。

　日が落ちてから急激に気温が下がるとともに湿度が高まっていくのがわかる。日中でもスコリアを掘っていくと数cmの塊状になったスコリアの下に

砂状の火山灰がある場所とスコリアが続く場所がある。その両者でイタドリの根の様子を確認した。

　イタドリの根がどのくらい伸びているのか，根の展開の仕方を調査した。調査結果は右上のとおりである。**表4**は火山灰層が見られず，スコリアの塊でできた表土に生えたイタドリを調べたものである。これらのイタドリは，主根が根を真下に伸ばした後，側根が横に広げて伸ばす傾向が見られた。根をスコリアの塊の中に貫通したり，絡みついているものが見られた。生徒はそこでスコリアを割ってみる行動にでた。その結果，高温の夏季でもスコリアの表面は乾燥しているが，多孔質なため透水性と保水性が高く内部は湿っていることを発見した。

　スコリアの塊の下5 cm〜10 cm位の所から火山灰が存在する場所もある。その火山灰のところは湿っていることに生徒は気がついた。2 cm位の地上部の幼体も根がこの湿った火山灰に届き，水分を得ることがわかる。これらのイタドリは根を横に広げて伸ばす傾向が見られた。

　夏と冬の根の様子も観察した（**図9**）。イタドリは冬に葉を落としている。冬に採取したものは夏に採取したものと異なり，根の上部に膨らみが存在し，春の芽吹きに備えて養分が蓄えられていると考えられる。

🔍 ⑤ 課題研究を続けてみて

　初めは懐疑的だった課題研究だったが，紹介してきたように生徒と共にフィールドに出かけ，自然のありようを直接観察した。その中で次々と仮説を作ってはさらに調査をおこない，得られたデータを生徒と議論して可能な限り各種学会の高校生ポスターなどで発表してきた。何より感じたのは生徒の学ぶ姿勢が変わることだった。自分自身の手を動かし，自分の頭で考え，議論やプレゼンをおこなう中で表現力が養われる。また指導する側も変わった。生の自然のありようを生徒と共に観察し，思考し，議論し，こちらもわかっていないことを共に学ぶことの面白さを味わうことができ，これこそ学びの場としての学校ではないかと思えてきたことである。

　高等学校の現場に「総合的探究活動の時間」が設けられ，理科関連では新学習指導要領では「理数探究」が設けられる。今までの教える側が教える内容を決めて生徒がそれに従うやり方とは大きく違った学習方法が入ってきたのである。このような時代にあって生徒と教師が共に学び合うことで，お互いにより深く相手の思考を理解し，「より深い学び」に通じると思える。

　形が決まっているわけではないので，臨機応変

表4 スコリアによって構成される表土のイタドリとその根の様子[5]

No.	地上部の長さ	根の長さ	根の状態	葉の枚数
①	6.5 cm	10.7 cm	3つに分かれる	2枚
②	4.5 cm	15.0 cm	3つに分かれる	3枚
③	5.0 cm	19.5 cm	大きく3つに分かれる	5枚

表5 スコリアの下に火山灰がある地点のイタドリとその根の様子[5]

イタドリ 小サイズ

No.	地上部の高さ	根の長さ	根の状態	葉の枚数
④	1.5 cm	11.9 cm	横に伸びる	5枚
⑤	2.2 cm	16.8 cm	根の上部で3つに分かれる	7枚
⑥	1.8 cm	15.0 cm	根が2又に分かれる	9枚
⑦	2.5 cm	15.0 cm	根が4つに分かれる	9枚

イタドリ 中サイズ

No.	地上部の高さ	根の長さ	根の状態	葉の枚数
⑧	2.8 cm	23.0 cm	主根以外切れている	7枚
⑨	3.0 cm	15.0 cm	主根含めて切れている	9枚
⑩	4.5 cm	25.0 cm	大きく3つに分かれる	4枚

イタドリ 大サイズ

No.	地上部の高さ	根の長さ	根の状態	葉の枚数
⑪	5.0 cm	44.5 cm	大きく3つに分かれる	14枚
⑫	6.5 cm	60.0 cm	大きく3つに分かれる	8枚

夏

冬

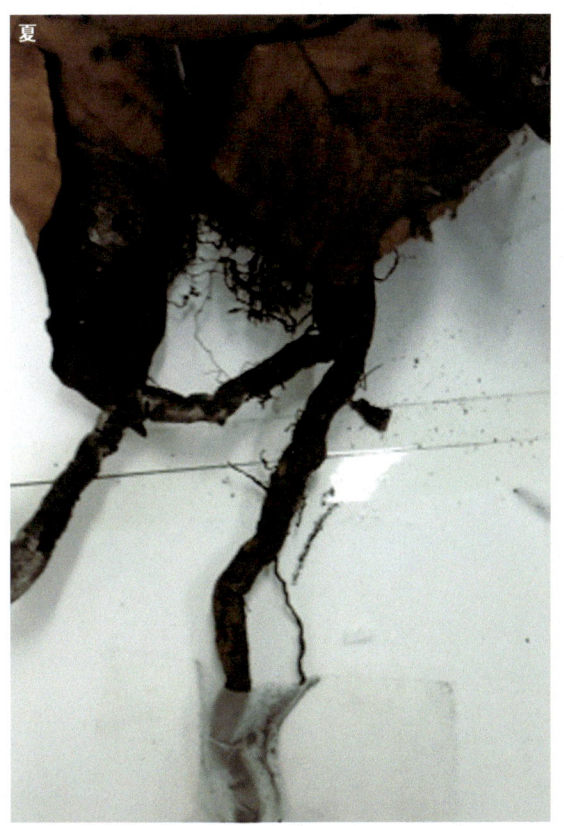

図9 イタドリの根 [5]

の対応が求められる。外部の大学などの研究者の応援も効果的だし，その時々に合わせての個別の面接なども大切である。教員の側も好奇心を持ってより深く対象を理解しようと思うのなら，自然の摂理に共に出会って喜び合うことができる。多くの教員がこの楽しさを知り，積極的に子供にかかわり始めたら，課題研究は，学校を変える一つの契機になるにちがいない。

[謝辞]
何より共に自然に向き合い，自然の摂理を追い求めてきた生徒に感謝の気持ちを伝えたい。また，ご指導いただいた東京農工大学 吉田智弘，立教大学 吉澤樹理，筑波大学 上條隆志，首都大学東京 鈴木準一郎，林文男，東京学芸大学 中西史の各先生に感謝したい。また，本実践をおこなうに当たって次の三つの事業の応援をいただいた。併せて感謝したい。
2015〜17年度 JST 中高生の科学研究実践活動推進プログラム，2017〜18年度 東京都理数リーディング校指定，2019〜21年度 東京都理数イノベーション校指定，2016年度科研費奨励研究助成

[文中に引用した生徒の課題研究（記の番号は図中の番号と一致）]

1) 膳若菜，後長加奈絵，安川優紀「伊豆諸島の植生遷移とアリの関係」2016年日本生態学会仙台大会においてポスター発表

2) 丸山以音，膳若菜，後長加奈絵，安川優紀「伊豆諸島の植生遷移とアリの関係」2016日本霊長類学会鹿児島大会にてポスター発表

3) 大野百合香，大薗有希「大島のアリ」2018年国分寺高校課題研究発表会にて口頭発表

4) 寺島優響，三瓶晃太「火山地帯に生息するアリの生態」2020年日本生態学会名古屋大会にて発表予定

5) 坪井由明，三浦純，根本直彦「他者ができないことをする先駆者イタドリ」2017年日本生態学会東京大会にてポスター発表

市石 博 *Hiroshi Ichiishi*

東京都立国分寺高等学校

筑波大学大学院環境科学研究科修士課程修了（学術修士）。東京都立大島高校南分教場，町田高校，府中東高校，国分寺高校で生物の教員として勤務。伊豆大島赴任中割れ目噴火を経験。専門分野は，環境科学。主な著書に，「生物」「生物基礎」（東京書籍），つい誰かに教えたくなる人類学63の大疑問（共著，講談社，2015），日常の生物事典（共著，東京堂出版，1998），生物を科学する事典（共著，東京堂出版，2007）ほか。

海洋プラスチックごみの調査研究に関する課外活動から見えてきたこと

石川 正樹 *Masaki Ishikawa*

兵庫県立神戸商業高等学校

① はじめに

　筆者が理科教員となったのは，大学院で学んだ魚類生態学の知識が活かせる職業だと思ったからだ。しかし実際に教壇に立ってみると，理科に興味を持たない生徒が多く，その理由の一つは生徒たちが科学的思考に触れる機会が少ないことではないかと気づいた。座学中心の授業の中で伝えきれない表やグラフを通してのデータ分析，結論を導き出す論理的思考を生徒に学ばせるには，部活動や課題研究は絶好の機会である。

　筆者が顧問をする理科研究部は，神戸市垂水区にある長さ400 mほどの西舞子海岸を定点調査地として漂着ごみの調査研究を2013年からしている。この海岸は瀬戸内海にありながら海外製のごみが漂着する。それらの流入経路に疑問を持ち，生産国と賞味期限のわかるペットボトルを用いて漂流ルートを明らかにした。海洋ごみに多く含まれるプラスチックは今や世界的な問題となっており，生物による誤食や有害物質が吸着する可能性など，海洋生態系に大きなダメージを与える要因となる。理科研究部の活動とともに，その教育的成果について紹介する。

② 調査方法

　ペットボトルに着目したのは，記載されている文字やロゴ，バーコード，ボトルの形状から生産国がわかり，記載された賞味期限からはおおよそ捨てられた時期が推定できるためである。また耐久性があり，データを取るのに十分な数を集めることができることも調査に好都合であった。

　2014年からは夏休みや修学旅行なども活用して部員たちと瀬戸内海を中心とした西日本の各地および大阪市淀川（流程75.1 km）の庭窪ワンドと神戸市垂水区の山田川下流部（流程3.8 km）で漂着ペットボトルを回収した（**図1**；大阪湾：1〜3，紀伊水道：4〜5，播磨灘：6〜8，備讃瀬戸：9〜10，燧灘：11，伊予灘：12〜14，別府湾：13〜14，豊

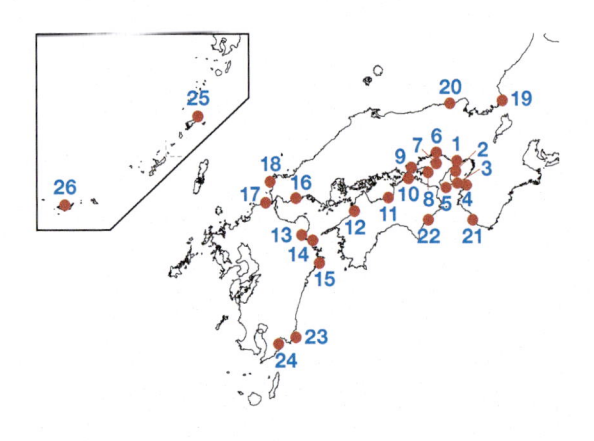

図1　ペットボトルの採集地点

後水道：15，周防灘：16，響灘：17〜18，日本海：19〜20，太平洋：21〜26）。野外調査の経験のない高校生にとっては，実際の海岸を目にすることは重要であり，その後の研究発表においても実体験をもとにプレゼンテーションすることができる。また西舞子海岸では毎月欠かさず調査を実施し，ペットボトルをすべて回収している。同じ場所を定期的に見ることで，海岸の環境が季節や気象によって変化することを知ることができる。

　海岸に漂着したごみがその後どうなるかを調べるため，西舞子海岸で漂着ペットボトルの標識再捕調査を毎月1回の調査と並行しておこなった。調査は2017年7月17日から8月6日，2017年12月10日から2018年1月7日，2018年6月8日から7月1日の3期間おこなった。複数回おこなったのは，データの信頼性を上げるために必要なことであると部員に感じてもらうためである。

　調査にあたって，生徒には，それぞれのペットボトルを拾い上げた場所で調査日と通し番号をボトル本体に油性ペンで書き込み，写真撮影した後で元あった場所に戻すことを徹底させた（図2）。写真を撮ることは非常に重要で，ノートを取ることが苦手な生徒でも後から映像を確認しながらデータの処理ができる。ラベルをしてからからおよそ1週間後に浜全体をくまなく探した。ラベルの有無を確認し，再び拾い上げられたペットボトルには調査日と通し番号をさらに書き込み，写真撮影した後で元あった場所に戻した。およそ1週間ごとに，ラベルの確認と書き込みを繰り返し，翌月のペットボトル回収日にすべて回収して1期間を終了した。

【結果と考察】

③ 漂着した海外製ペットボトルについて

　西舞子海岸には中国，台湾，韓国，マレーシアなどアジア各国からのペットボトルが流れ着いていた。図3に西舞子海岸に漂着した海外製ペット

図2　日付と番号をラベルしたペットボトル

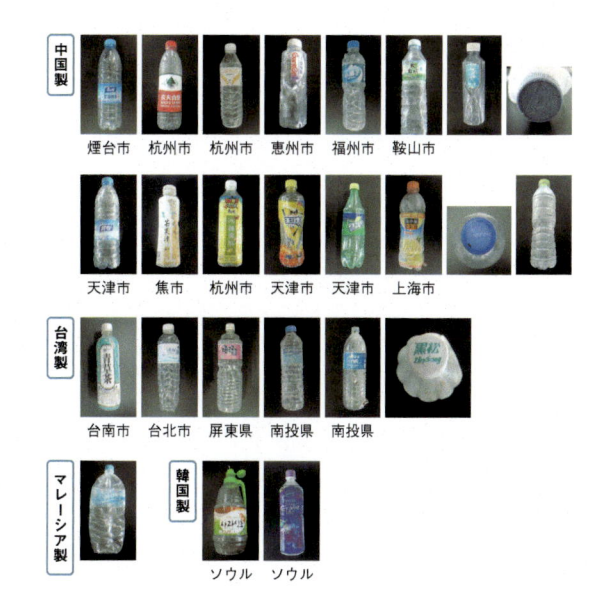

図3　西舞子海岸に漂着した海外製ペットボトルの一部
2013年6月〜2016年8月まで38回の調査

ボトルの一部を示す。

　瀬戸内海を中心とした西日本の26地点に漂着したペットボトルの生産国を**表1**に示した。"不明"とあるものはボトルの形状などから海外製である可能性が高いが生産国がわからないものである。海外製の割合を算出する際には，これらも加えて計算した。データをとったあとは洗浄して資源ごみとして処理したが，"海外製"と"不明"のボトルは後で検証できるよう取り置いた。また，片道何時間もかけて苦労して手に入れた漂着ごみ

表1 調査地ごとの漂着ペットボトルの生産国

地図番号	調査地点	調査日	ペットボトルの生産国															合計（本）	海外割合（%）
			日本	韓国	中国	台湾	フィリピン	ベトナム	タイ	マレーシア	シンガポール	インドネシア	オーストラリア	ニュージーランド	ロシア	UAE	不明		
1	西舞子（兵庫）	2013/9/13~2016/8/7	2,070	2	36	8				1							19	2,136	3.1
2	大磯（兵庫）	2015/8/30	484	2	19					1							22	528	8.3
3	友ヶ島（和歌山）	2018/8/11	73	3	14	1			1					1			2	95	23.2
4	磯ノ浦（和歌山）	2014/4/20	87	1	6												2	96	9.4
5	阿万（兵庫）	2014/7/12	74		1												2	77	3.9
6	室津（兵庫）	2014/9/14	116															116	0.0
7	家島（兵庫）	2014/9/14	136		2													138	1.4
8	小豆島（香川）	2015/10/31	127		1												1	129	1.6
9	渋川（岡山）	2014/3/31	65															65	0.0
10	小与島（香川）	2017/9/2	66															66	0.0
11	伊予寒川（愛媛）	2017/4/8	179	1														180	0.6
12	伊予（愛媛）	2015/7/28	153		5													158	3.2
13	別府（大分）	2016/8/23	87		3	2											2	94	7.4
14	小志生木（大分）	2016/8/23	70		2	1		1										74	5.4
15	浅海井（大分）	2016/8/22	22		1			1								1	2	27	18.5
16	床波（山口）	2017/8/22	156		2												1	159	1.9
17	巌流島（山口）	2017/8/23	63	2	1													66	4.5
18	小串（山口）	2017/8/23	77	16	24			1			1	1					8	128	39.8
19	敦賀（福井）	2018/8/15	80	10	7	2											14	113	29.2
20	竹野（兵庫）	2014/3/25, 2016/3/21,7/26	91	39	22										5		30	187	51.3
21	白浜（和歌山）	2015/3/26,8/28	276	2	6					1							4	289	4.5
22	牟岐（徳島）	2015/10/17	93	2	8												20	123	24.4
23	日南（宮崎）	2018/7/24	75		23	7											1	106	29.2
24	志布志（鹿児島）	2018/7/24	75		18	4											7	106	29.2
25	奄美大島（鹿児島）	2019/8/25	11	5	30	4		1		1							8	60	81.7
26	小浜島（沖縄）	2014/11/20	1	2	14	3	1	10		2	2		1					36	97.2
	淀川（大阪）	2017/6/11	232														1	233	0.4
	山田川（兵庫）	2017/6/14	70															70	0.0

不明は海外製だが生産国がわからないもの

は自分たちにとって"宝物"だが，日付と採取地の記載のないものは"ただのごみ"になってしまうと新入部員が入るごとに伝えている。

表1の結果をわかりやすく表示するため，海外製（不明を含む）の割合から**図4**を作成した。また韓国製ペットボトルが漂着した地点を☆印で示した。大阪湾・紀伊水道の5地点と伊予灘・別府湾・豊後水道の4地点では中国，台湾，韓国，ベトナム，マレーシアなど複数の国の製品が3.1～23.2％含まれているが，播磨灘・燧灘の6地点では中国製または韓国製のものがわずかに（0～1.6％）含まれるだけであった。外洋に近づくほど生産国数と海外製品の割合は増える傾向にあり，大阪湾・紀伊水道から奄美大島・小浜島にかけて韓国製が漂着していた。一方で関門海峡に近い日本海側の小串では海外からのペットボトルが39.8％含まれているのに対し，関門海峡にある巌流島では韓国製，中国製を合わせて4.6％しかなかった。関門海峡は，紀伊水道や豊後水道と比べて海峡の幅が極めて狭いこと，外洋との海水交換

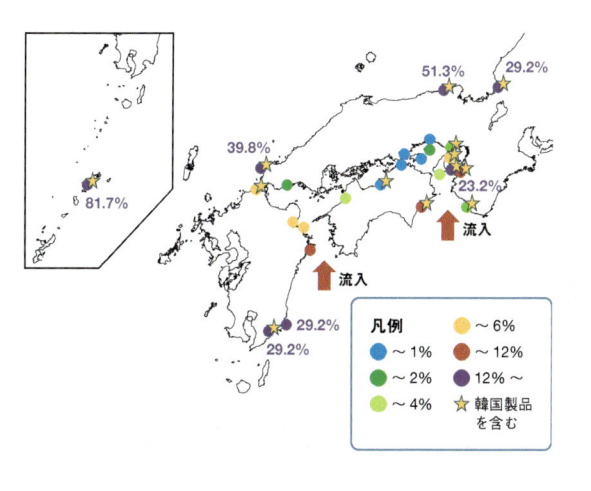

図4 海外製品の割合（%）と韓国製品の漂着地点

12％以上は割合を図中に表記　　　　　（国土地理院白地図を改変）

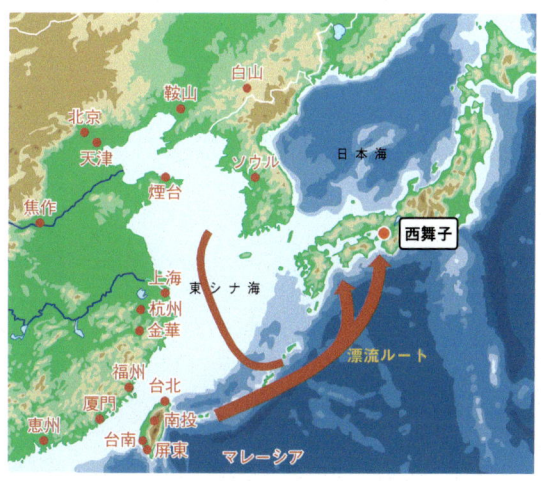

図5 海外製ペットボトルの漂流ルート（イメージ図）

赤丸はペットボトルに表示されていた都市名を示す

図6 エスチュアリー循環流と海外製ペットボトルの割合（%）

［文献2）を改変］

全体の1.5％しかないこと[1]から考えて，海外製品の流入はごくわずかであると考えた。

　当初，韓国製ペットボトルは最短ルートである関門海峡を通過するのだと生徒と推測していたが，データが蓄積するとともに生徒も太平洋側からの流入へと確信を深めていった。そしてこれらの結果をもとに，海外製ペットボトルは，韓国製品を含め中国東北部で発生した海洋ごみは一度南下してから，東南アジアからのものとともに黒潮に乗り豊後水道と紀伊水道から瀬戸内海に流入するが，瀬戸内海中央部まではほとんど到達しないと推定した（**図5**）。

　ではなぜ瀬戸内海中央部には海外製品が流入しないのだろうか。小林と藤原は備讃瀬戸に流れ込む吉井川，旭川，高梁川といった大きな河川によってできる塩分濃度の薄い軽い海水に，豊後水道，紀伊水道の深層部から密度が高く重い海水流れこむことによって，瀬戸内海中央部から二つの水道に向かい表層水が流れ出るエスチュアリー循環流の存在を示した[2]。

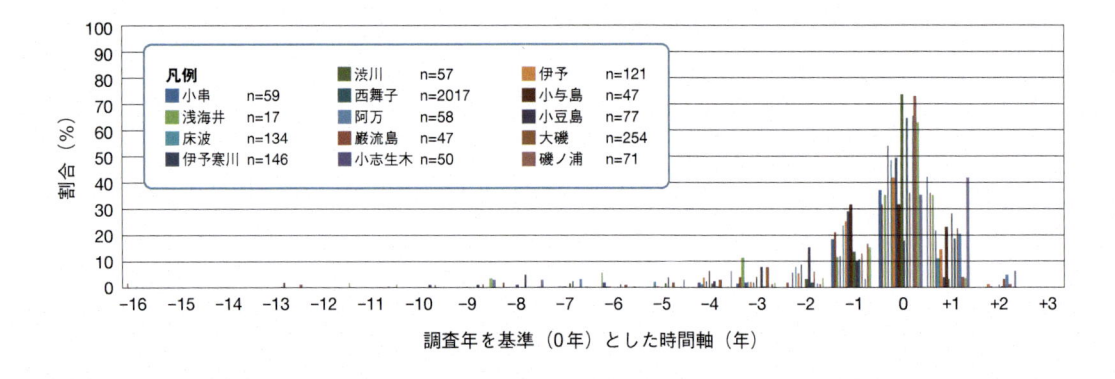

図7 瀬戸内海14地点に漂着したペットボトルの賞味期限（読み取れなかったものを除く）

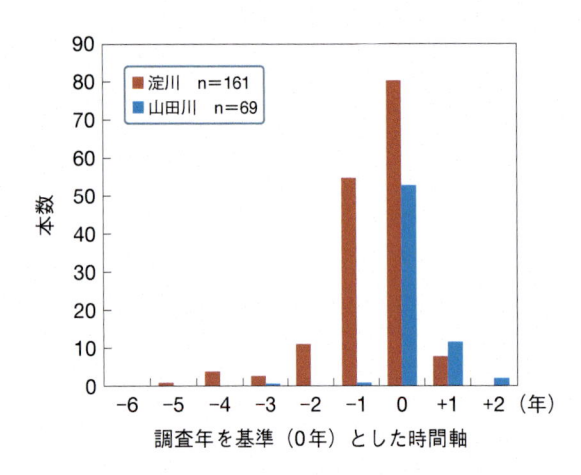

図8 河川内の漂着ペットボトルの賞味期限（読み取れなかったものを除く）

ここに**図4**に従い色分けした海外製品の割合をプロットすると，海外製ペットボトルの動きがエスチュアリー循環流の表層水の流れによって説明できる（**図6**）。表層水の流れ上流部（備讃瀬戸）付近には海外製が少なく，紀伊水道，豊後水道に近づくほど割合が高くなっているからだ。瀬戸内海独特の地形が漂流物にも影響しているのはとても興味深いことである。

 ④ **漂着ペットボトルの賞味期限**

瀬戸内海各地に漂着したペットボトルの賞味期限

を調査した年を基準（0年）として，それから何年前（−で表示）または後（＋で表示）に賞味期限を迎えたか，あるいは迎えるかを整理した（**図7**）。瀬戸内海の海岸に漂着したペットボトルは，この数年の間に賞味期限を迎えたものがほとんどであることがわかった。

また，山田川で回収したペットボトルでは調査した年が賞味期限である0年，まだ賞味期限を迎えていない＋1年のものがほとんどで，流路の長い淀川では−1年がある程度あったが，どちらも賞味期限を過ぎて3年以上経ったものはわずかであった（**図8**）。大きな河川では河川内に滞留するものもあるが，大雨などの増水によって時を置かず瀬戸内海へ流入すると考えられる。

⑤ **標識再捕調査**

2017年〜2018年の3期間に，延べ563本の漂着ペットボトルにラベルした。結果を表2に示す。再捕率はラベルした本数に対する再捕された本数の割合（％）とした。

およそ1週間後の再捕率は12.5％〜88.2％であり，平均57.7％であった。言い換えると，平均42.3％が1週間後に海岸からなくなっていたのだ。海洋ごみは，海岸に漂着して一時的にはとどまるものの，再び漂流して移動して行くとわかった。

表2 ラベルしたペットボトルの数と再捕数

	1期目 (2017年)			2期目 (2017〜2018年)				3期目 (2018年)		
ラベル日	7月17日	7月23日	7月29日	12月10日	12月17日	12月25日	12月31日	6月8日	6月15日	6月22日
ラベル数	8	83	182	37	50	61	51	14	23	54
再捕日	7月23日	7月29日	8月6日	12月17日	12月25日	12月31日	1月7日	6月15日	6月22日	7月1日
再捕数	1	57	102	21	34	39	45	7	17	21
再捕率 (%)	12.5	68.7	56.0	56.8	68.0	63.9	88.2	50.0	73.9	38.9

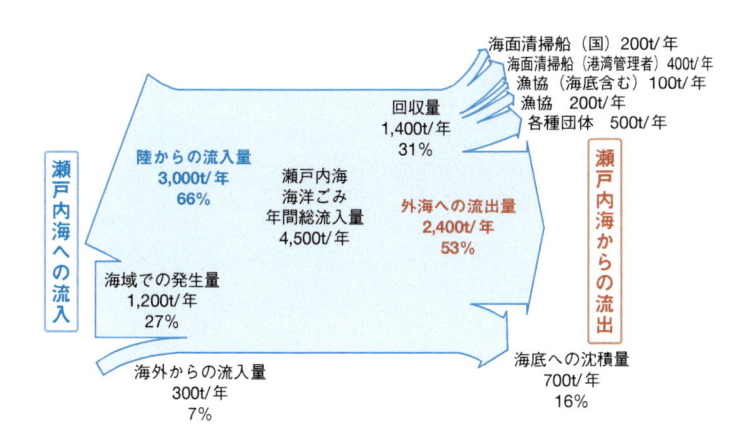

図9 瀬戸内海における海洋ごみの状況

［文献3）を改変］

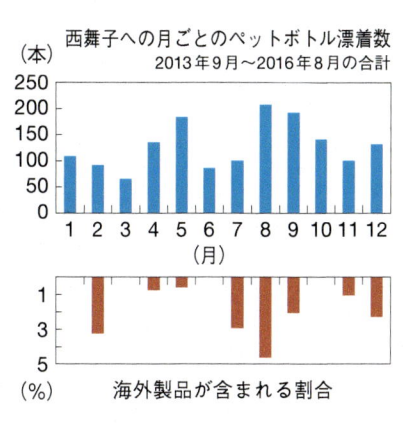

図10 西舞子海岸の漂着ペットボトルに含まれる海外製品の月ごとの割合

この調査で生徒たちは，毎月海岸に行ってごみを回収してもなくならないことが理解できた。そして海岸に漂着したごみを少しでも多く回収することが海ごみを減らす方法だと考えるようになった。

 6 瀬戸内海の漂着ゴミのゆくえ

藤枝らは瀬戸内海の海洋ごみの流れを，野外におけるモニタリングデータをもとに計算し，海洋ゴミの53％は毎年外洋へ流出していると試算した（**図9**）[3]。また，藤原によると瀬戸内海の海水は1.4年で90％が外洋水と入れ替わる[1]。これらの先行研究は，漂着したペットボトルがこの数年の間に賞味期限を迎えたものが大半であったこと，一時的に海岸に漂着してとどまるものの，再び漂流して移動して行くことをよく説明する。生徒たちは，海ごみが次々に外洋へと流れ出ていること

に危機感を感じており，研究発表を通してその気持ちが伝わると，とてもうれしい言っている。

 7 瀬戸内海へ流入する時期について

西舞子海岸に2013年9月〜2016年8月までの3年間に漂着したペットボトルの生産国の季節変化を**図10**に示した。海外製品の割合は，夏と冬に多く，春と秋は少ない傾向が見られた。2016年8月には外洋性のフジツボの仲間であるエボシガイが付着した台湾製ペットボトルが西舞子海岸に漂着した。海外製ペットボトルは梅雨前線の北上に伴い南からの風が強まることで，外洋から大阪湾に流入するのだろう。一方で12月，2月の増加には，冬季の西よりの風などにより起こる西から東への瀬戸内海の海水の流れ'通過流'[4]が関

わっているかもしれない。しかし，3月の岡山県渋川と4月の愛媛県伊予寒川での調査で見つかった海外製品は一つだけであり，説明がつかず部員と頭を抱えている。

ところで通過流は，イカナゴの稚魚を運ぶ流れでもあるという[5]。海洋ごみの漂流ルートは，流れ藻につく稚魚，暖海性の魚の死滅回遊，温暖化による海洋生物の生息域の拡大などにも関わるテーマだと考えている。筆者としては，部員たちに生物学へ興味関心が広がってくれることも望みたい。

 ## ⑧ まとめ

海外で発生した海洋ごみは黒潮に乗り，紀伊水道と豊後水道から瀬戸内海に進入する。韓国，中国東北部で発生した海洋ごみも関門海峡を経ず東シナ海をいったん南下して黒潮に乗り瀬戸内海へ流入する。夏の季節風により外洋から瀬戸内海に流入するが，エスチュアリー循環流により瀬戸内海の中央部には達することはなく，再び外洋へと流出する。海岸に漂着した海洋ごみは一時的にとどまるものの，再び漂流して移動を繰り返す。そして，瀬戸内海の海岸には比較的新しいペットボトルのみが漂着する。

この結論を導き出すまでに6年を費やした。初めに入った部員も卒業し，あとを後輩たちが受け継いでくれている。常に前進していくために，発表の機会があれば，どんどんチャレンジさせている。海ごみの問題は，純粋な科学としてだけではなく，海ごみ問題解決に向けたエコ活動であり，海ごみを拾うこと自体がボランティア活動である。生徒たちは日々の活動をそれぞれのテーマにおける発表の場で総括して成長していく。

発表前は部員たちが集まって発表原稿の修正と発表練習を繰り返す。説明できない内容は，本人が理解していないか原稿が悪いかのどちらなので，一緒に考えて修正していく。研究のテーマ，トピックについては教師主導でおこなっているので，引用文献を生徒に読ませることもあるが，海洋学の論文は表現も内容も難解で生徒には理解できない部分が多いようだ。しかしそれを補うように生徒自身はインターネットで関連分野を検索して調べるようになるなど変化がみられた。発表内容は自分で理解したことしか伝えられないと言い聞かせているので，発表では原稿を用意していない。

発表を通して教師の側も研究内容を整理し，次のステップへ進んでいける。高校生の研究発表会では，理科に特化した学科の生徒でなければ，顧問の先生の色が発表に現れることが多い。筆者が敬意を払う理科教員は「常に研究のことを考えている」という。指導するにあたっては生徒任せではいけない。生徒とともに成長していくためには，教師自らが情熱をもって研究に対峙し，日々の研鑽は欠かすことができないだろう。

[文献]

1) 藤原建紀. 瀬戸内海水と外洋水との海水交換, 海と空, **59**, 7-17 (1983).

2) 小林志保, 藤原建紀. 瀬戸内海における海峡部混合水の灘部への進入深度の季節変化, 海と空, **81(2)**, 63-72 (2006).

3) 藤枝繁, 星加章, 橋本英資, 佐々倉諭, 清水孝則, 奥村誠崇. 瀬戸内海における海洋ごみの収支. 沿岸域学会誌, **22(4)**, 17-29 (2010).

4) 藤原健紀, 中田英昭. 瀬戸内海における物質の輸送と収支, 水産海洋環境論 (杉本隆成, 石野誠, 杉浦健三, 中田英昭・編) 201-214 (恒星社厚生閣, 1987).

5) 藤原健紀. 瀬戸内海の水温・塩分と海況変動, 瀬戸内海の気象と海象 (海洋気象学会・編), 37-58 (2013).

石川 正樹 *Masaki Ishikawa*

兵庫県立神戸商業高等学校

2000年3月，神戸大学大学院自然科学研究科博士課程後期修了，博士（理学）。2009年，兵庫県高等学校教員に採用。2013年より県立神戸商業高校へ赴任し，理科研究部顧問となる。専門分野は，魚類生態学。主な著書に，トゲウオの自然史─多様性の謎とその保全（共著，北海道大学出版会，2003）淡水魚研究 水中のぞき見学（分担執筆，東海大学出版部，2014），改訂版 高校生物基礎ハンドブック（共著，2018）など。理科研究部の受賞歴は，海ごみゼロアワード2019 環境大臣賞，AEON eco-1 グランプリ2019 文部科学大臣賞，日本自然保護大賞2018 選考委員特別賞。

Index

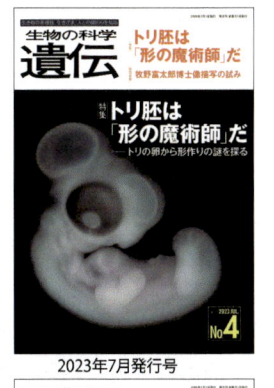

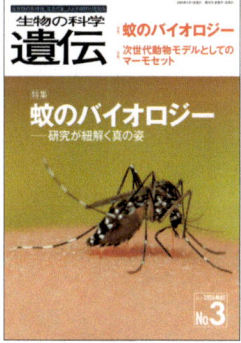
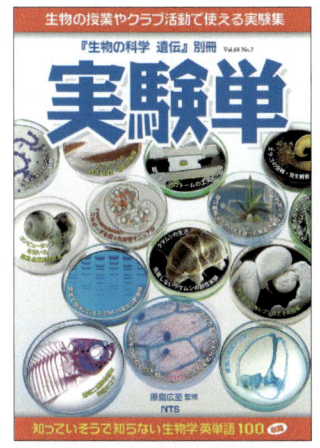

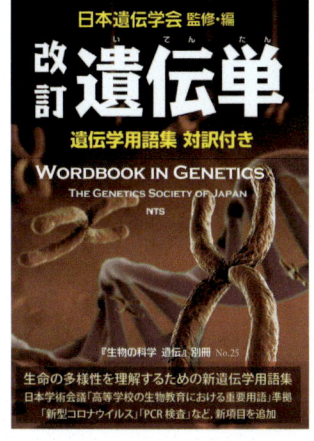
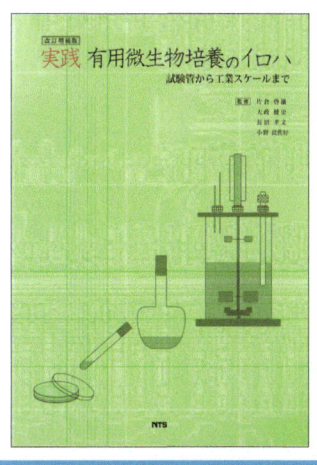

『生物の科学 遺伝』別冊No.27

実践 生物実験ガイドブック 新装版
—— 実験観察の勘どころ

発 行 日	2025年4月29日　初版第一刷発行
監　　修	半本秀博
編　　集	『生物の科学　遺伝』編集部
発 行 者	吉田 隆
発 行 所	株式会社エヌ・ティー・エス

〒102-0091 東京都千代田区北の丸公園2-1 科学技術館2階
Tel. 03-5224-5430　http://www.nts-book.co.jp/

ブックデザイン	坂 重輝（有限会社グランドグルーヴ）
印刷・製本	株式会社ウイル・コーポレーション

ISBN978-4-86043-961-3
